JN418810

공작기계와 절삭이론

허 성 중 저

머리말

인간이 나무에 내려와 지상에서 생활하면서부터 인류문명의 발달과 더불어 보다 나은 삶을 위해 새로운 도구(tools)나 재료(materials)와 이들을 이용한 가공방법을 끊임없이 개발하기 시작하였습니다.

더불어, 우리는 우리가 만든 공작기계의 도움을 받아 전반적인 산업·과학기술을 발전시키기 위해 보다 유용하고 진보된 이론과 기술에 바탕을 둔 절삭공구(cutting tools)와 공작기계(machine tools)를 앞으로도 계속 만들어 내어야 할 것입니다.

최근에 공작기계는 초고속, 고정밀, 고능률, 고지능화 등으로 급속하게 발전하고 있으며, 국내외 각국에서도 이 분야에 대해 정책적인 기술개발 노력을 경주(傾注)하고 있습니다.

이 책은 『공작기계(工作機械)』와 이를 이해하기 위해 필수적인 『절삭이론(切削理論)』을 별개의 과정으로, 정해진 시간에 학습하기에는 무리가 있다고 판단되었기 때문에 같이 취급하기로 하여 대학, 전문대학의 학생들이나 절삭가공 및 공작기계 제작에 관련된 일에 종사하는 기술자들에게 『절삭이론과 공작기계』에 대한 가장 기본적이고 필수적인 지식을 전달하고자 합니다.

이 책은 한국학술진흥재단의 대학교육 멀티미디어 컨텐츠 제작 지원사업의 연구에 의하여 수행된 결과물(http;//hsi.doowon.ac.kr/)을 바탕으로 하여 편저한 것이며, 이 과정에서 참고하거나 인용한 국내외 저서, 자료의 원저자 여러분께도 심심한 사의를 표합니다.

그리고, 미흡한 원고를 책으로 출판하기까지 열성을 다해주신 대영출판사 김재현 사장님께 진심 어린 감사를 드리는 바입니다.

저작 과정 중에 본인의 지식이 아직 얼마나 얕고 좁은지 새삼 깨달았으므로 향후, 신기술과 이론에 대한 공부를 게을리 하지 않음으로써 이 책은 지속적으로 수정·보완될 것임을 약속드립니다. 또한 미처 다루지 못한 부분과 잘못 표기된 니용에 대해서는 독자 여러분의 많은 조언과 편달이 절실하니, 가르쳐 주시어 해당되는 이에게 꼭 필요한 저술로 발전될 수 있도록 머리 숙여 부탁드립니다.

2009년 4월
저자 드림

차 례

PART 3
특수가공 공작기계

PART 1

총 론

Chapter 1 공작기계의 개요

학습 목표

1. 공작기계를 모기계(mother machime)이라고 부르는 이유를 설명할 수 있다.
2. 같은 재질의 공작물을 사용하여 같은 형상의 제품을 선반과 연삭기에서 가공할 때, 공작 정밀도와 생산능률 측면에서 공작기계의 특성을 비교할 수 있다.
3. 공작기계의 발달사에 대해 일반인에게 재미있게 이야기할 수 있다.
4. 공작기계가 갖추어야 할 조건을 3가지 이상 말할 수 있다.
5. 원주형과 상자형의 공작물을 가공할 때, 공작기계의 3가지 기본운동이 공작물 및 공구에 어떻게 작용하는지 설명할 수 있다.
6. 공작기계에 관련된 용어를 2가지 이상 설명할 수 있다.

1. 공작기계의 정의

학습 Point

- 공작기계 = 기계를 만드는 기계(mother machine)
- 절삭가공기술 = 공작기계 + 절삭공구
- 공작기계의 분류 = 절삭 공작기계 + 비절삭 공작기계

공작기계(machine tool)란 넓은 의미로서는 여러 가지 재료를 필요한 형상, 치수, 표면 상태로 가공하는 기계를 말한다. 즉, 공작기계는 기계를 만드는 기계이므로 흔히 모기계(mother machine)라고 하며, 한 나라가 생산하는 공산품의 품질과 정밀도는 바로 그 나라가 생산하는 공작기계의 품질과 기술력에 의해 결정된다고 할 수 있다.

이 공작기계는 우리들의 생활에 유용한 기계, 기구 및 장치를 만들며, 가공되는 재료에 따라

① 금속가공 공작기계

② 목재가공 공작기계

③ 그 외 공작기계(플라스틱 가공기계, 석재 가공기계, 종이 가공기계 등)

가 있다.

또한, 이들 재료들을 변형시키는 가공 방식의 종류에 따라 칩(chips)이 발생하는 가공 방법과 칩이 생기지 않는 가공방법이 있으므로 넓은 의미에서의 공작기계를 그림 1.1과 같이 나눌 수 있다.

그러나, 일반적으로 공작기계라고 하는 것은 보다 좁은 의미로 사용되어지며, 용도에 맞는 금속재료를 절삭 칩을 배출하면서 바라는 모양, 치수, 표면 상태로 가공하는 기계를 말한다.

지금, 어떤 재료를 사용하여 하나의 제품을 만들고자 할 때, 그 재료의 일정 부분을 깎아 내어야만 원하는 형상, 치수에 가까운 모양으로 될 것이다. 이때, 깎으려고 하는 재료를 공작물(work)이라 하며, 도면에 따라 불필요한 부분을 깎아낼(절삭할) 때 생기는 잔재물을 절삭 칩(chips)이라 하여 소성가공에서 생기는 잔재물인 스크랩(scrap)과 구분하여 표현한다. 또한, 이와 같은 가공법을 절삭가공이라 하며, 공작기계와 함께 절삭공구에 관한 전반적인

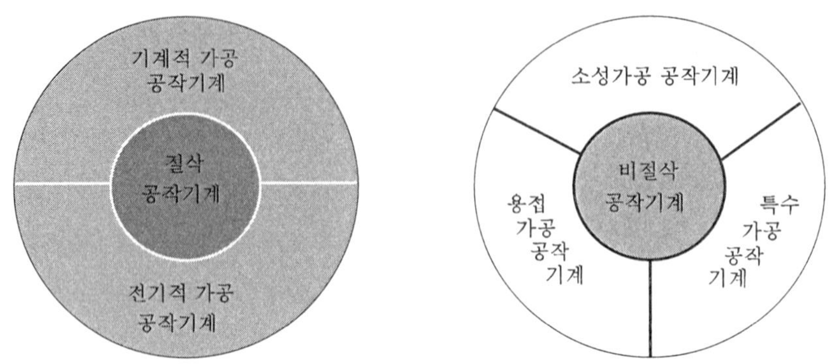

그림 1.1 넓은 의미로서의 공작기계의 분류

지식을 일컬어 절삭가공 기술이라고 부른다.

이 책에서는 이와 같이 좁은 의미의 공작기계와 각종 공작기계에서 사용되는 여러 가지 절삭공구를 주로 다루고자 한다.

1) 절삭 공작기계

① 기계적 가공 공작기계

선반, 밀링머시인, 드릴링머시인, 플레이너, 연삭기, 브로우칭 머시인, 전용기, 보오링 머시인, 기어절삭기, 톱기계, 각종 특수공작기계, 각종 CNC 공작기계 등

② 전기적 가공 공작기계

방전가공기, 전해연삭기, 플라즈마가공기 등

2) 비절삭 공작기계

① 소성가공 공작기계

- 열간가공 공작기계

  열간단조기, 햄머기계, 열간프레서, 열간압연기, 관압연기, 정밀단조기

- 냉간가공 공작기계

  냉간단조기, 인발기, 냉간프레서, 냉간압연기, 굽힘프레서 등

② 용접가공 공작기계

주조기, 용접기 등

③ 특수가공 공작기계

화학 가공기, 분말야금 가공기, 레이저 가공기 등

확인하고 넘어 갑시다

- 칩(chip)이란?
  - 공작물(work, workpiece)에서 필요 없는 부분이 제거된 재료
  - 가공 후에 생긴 쇠 부스러기
- 가공의 결과 칩이 생기느냐에 따라 가공방법을 두 가지로 분류할 수가 있다.
  ① 칩이 생기는 가공방법 = 절삭가공
  ② 칩이 생기지 않는 가공방법 = 비절삭가공
- 넓은 의미의 공작기계 = 절삭공작기계 + 비절삭 공작기계

여기서 잠깐 !!

Q: 전기드릴, 전기 톱, 핸드 그라인더는 공작 기계일까?

A: 정밀도와 제작된 제품에 대한 신뢰성면에서 소위 모성원칙을 구비하고 있지 않아 공작 기계에서 제외되고 있습니다.

용어 해설 모성원칙(母性原則, copying principle)이란?

공작물의 가공정도는 그것을 생기게 하는 공작기계의 정도를 넘어서는 이루어질 수 없다는 것으로 가공정도 한계를 결정하는 원칙을 말한다.

2. 공작기계의 발달과 역사적 배경

학습 Point

- 공작기계의 발명원리와 시대적 변화 과정을 알아본다.
- 초기의 밀링머시인, 보오링머시인 등의 모습과 현재의 공작기계를 비교하여 그 차이점이 어디에 있는지 살펴보자.
- 공작기계의 종류 = 절삭 공작기계, 비절삭 공작기계

그림 1.2는 현재까지 밝혀진 가운데 세계에서 가장 오래된 선반으로서 고대 중국의 작업풍경을 나타낸 것이다. 이와 같은 형식과 같은 것은 기원전 3000년의 이집트에서도 발견된 적이 있으며, 2사람이 양쪽방향으로 당겨서 회전운동시키는 형식이다.

그러나, 근대 공작기계의 가장 오랜 선구자는 15세기의 대천재, 근대 문명부흥의 시조라고도 불리는 레오날드 다빈치(Leonard Davinchi, 1452~1519)이다. 레오날드 다빈치는 유명한 모나리자라는 그림을 남긴 것뿐만 아니라 자연과학이나 해부학, 또 군사공학이나 기계공학의 면에서도 위대한 공적을 남겼다.

그림 1.3은 다빈치가 설계한 것이며, 크랭크 기구를 채용한 발 밟기식 선반이다. 당시의 궁선반 또는 볼선반은 축이 좌회전과 우회전에 서로 반전을 거듭하는 것이며, 가공능률의 면에서도 매우 나쁜 것이었다. 다빈치의 이 선반은 간단한 크랭크기구를 채용함으로써 절삭가공이 한 방향으로 연속적으로 회전하게 되어 있고, 공구손상이나 가공능률 개선의 면에서도 매우 획기적인 발명이었다.

그림 1.2 고대중국의 작업풍경

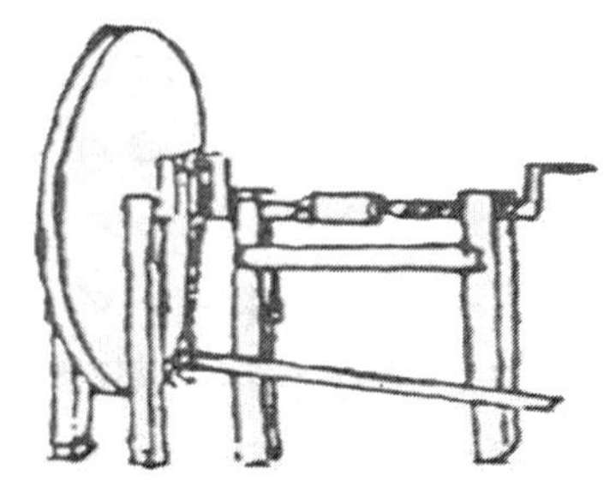

그림 1.3 레오날드 다빈치의 발밟기 선반의 구상도

그림 1.4의 궁선반은 가공물을 회전시키기 위해 강의 한쪽을 화살형식으로 나무로 연결하여 한 사람의 작업자로 조작할 수 있도록 하였으며, 시계제작자용으로 만들어진 가장 초기의 기계이다.

그림 1.5도 다빈치가 제작한 것이다. 수도용의 목관을 가공하는 수평형 드릴링머시인이며, 좌측의 센터링 척으로 소재를 고정하고, 그 척이 회전하면 드릴을 설치한 헤드스토크가 자동적으로 이송하는 형식의 것이다. 이 드릴링머시인도 당시의 기계공학에서 보면 그 설계의 개념은 가히 획기적인 것이었다. 그러나 다빈치의 이와 같은 천재적인 기술성은 그가 사망 후, 약 200년 간에 걸쳐서 실현되지 못하고 18세기 말까지 공작기계로 간주할 만한 것은 나타나지 못하였다.

다빈치 이후로 공작기계의 설계에 공적을 남긴 사람은 공작기계의 아버지라 불리우는 헨리 모즐리(Henry Maudslay, 1771~1876)를 비롯하여, 조셉 휘트워스(Joseph Whitworth, 1803~1887), 조셉 R 브라운(Joseph Rogers Brown, 1810~1876) 등이었다.

그림 1.6의 사진은 모즐리의 나사깎기 선반이며, 1797년에 제작된 것으로 현재 런던의 과학박물관에 보존되어 있다. 공작기계 전체가 금속으로 되어 있고, 어미나사로서 공구대를 이송하는 구조로 되어 있다. 또 변환기어를 설치하여 나사깎기의 범용성을 높이고 절삭 깊이량도눈금이 있는 다이얼로 지시하도록 되어 있다.

그림 1.7은 1821년 휘트워스(Joseph Whitworth, 1803~1887)가 만든 밀링머시인이며, 그림 1.8은 1862년 런던 만국박람회에 출품된 휘트워스의 직립 보오링머시인으로서 현재의 보오링머시인과 외형에 있어서 큰 차이가 없음을 알 수 있다. 휘트워스는 1850년대 중반, 선반을 비롯하여 플레이너, 셰이퍼, 슬로터, 펀칭머시인, 전단 나사절삭기, 기어 절삭기 등

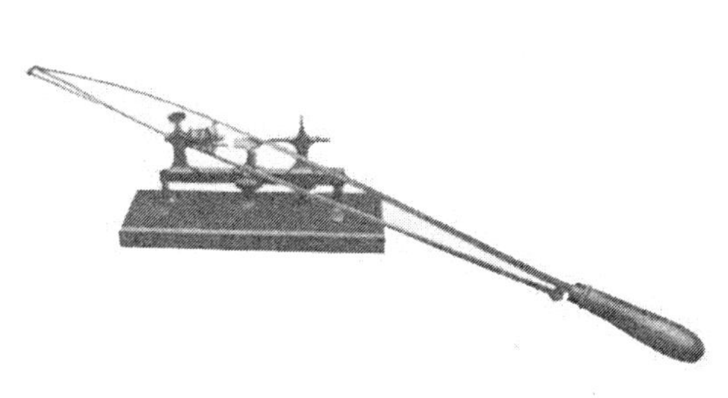

그림 1.4 궁선반

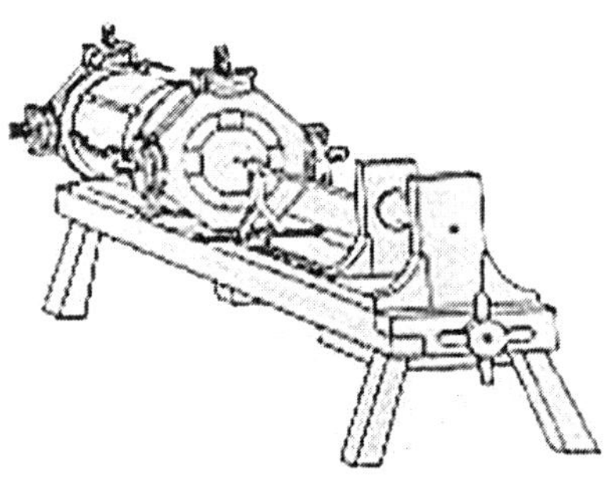

그림 1.5 레오날드 다빈치의 수평드릴링머시인

그림 1.6 모즐리의 나사깎기 선반(1797)

그림 1.7 휘트워스의 밀링머신(1821)

그림 1.8 휘트워드의 직립 보링머신(1828)

그림 1.9 브라운샤프사(Joseph Rogers Brown)의 만능 밀링 머신(1862)

많은 공작기계를 제작한 사람이다.

그림 1.9의 사진은 브라운(Joseph Rogers Brown, 1810~1876)의 밀링머시인이며 1862년에 제작한 것이다. 당시, 밀링머시인의 베드는 고정식이며, 가공면의 높이는 주축을 상하로 이동시킴으로써 조절하는 것이 보통이었다. 브라운의 이 밀링 머신은 요즈음의 니이 타입, 범용밀링머시인과 큰 차이가 없고 베드를 위아래로 이동시키는 형식으로 한 점에서 그 의의가 매우 크다고 할 수 있다.

그림 1.10은 1500년 무렵의 상상도로 대포의 포신의 안지름을 대부분 사람의 힘에 의존하여 가공하였다. 본격적인 공작기계의 원류는 1769년 영국의 제임스 와트가 방적업의 동력원으로서 그림 1.11과 같은 증기기관을 발명하여 산업혁명이 일어났을 때라고 할 수 있다.

그림 1.10 대포의 포신 내부를 가공하고 있는 초기의 보링머 시인

그림 1.11 제임스 와트가 개발한 유성 기어운동에 운동에 의한 증 기기관의 정교한 모형

그림 1.12 와트의 증기기관의 실용화에 큰 공헌을 한 윌킨슨의 수평 보오링 머시인

증기기관을 이론대로 제작하기 위해서는 그 심장부인 실린더의 내면과 피스톤의 외면을 정확한 치수로 가공하는 것이 절대 조건이었는데, 이 가공을 가능하게 하였던 것이 그림 1.12의 수평 보오링 머시인으로서 영국의 존 윌킨슨이 1775년 완성하여 증기기관 제작에 크나 큰 공헌을 하였던 것입니다.

그 후, 선반, 평면연삭기, 셰이퍼, 보링머시인, 드릴링머시인과 같은 기본적인 공작기계가 19세기 중엽까지 실용화 되었던 것이다. 19세기 후반부터 미국에서는 잇단 전쟁으로 인한 병기의 대량생산의 필요때문에 밀링머시인, 터릿선반, 자동선반, 브로칭머시인 등 양산에 적합한 기종이 개발되고 제작되었으며, 20세기가 되어서는 자동차의 비약적인 발전과 더불어 자동차 생산을 위해 기어 셰이핑 머시인, 호닝머시인, 트랜스퍼머시인 등 철저한 양산지향형의 공작기계가 등장하였는데, 이것이 오늘날에도 미국 공작기계의 특징으로 되어 있다.

3. 공작기계의 특성

학습 Point

- 공작기계의 특성 = 공작 정밀도 + 가공능률 + 융통성 + 안전성
- 공작기계의 바른 선택 = 「적재적소(適材適所)의 원칙」 준수

일반적으로 공작기계는 단일작업에도 사용되나 대부분은 다양성 있는 작업을 하게 되므로 그림 1.13과 같이 제품의 공작 정밀도(accuracy)가 높고, 가공능률(efficiency)이 우수해야 하며, 융통성(flexibility)이 풍부해야 하고, 안전성(safety)이 있어야 한다.

공작기계는 이 4가지 특성이 구비됨으로써 어떠한 물품도 가공할 수 있고, 신뢰성을 가질 수 있게 되는 것이다. 이와 같은 4가지 특성을 전부 갖춘 공작기계를 실현시킨다는 것은 현재까지는 곤란한 것이므로 현 단계에서는 주로 공작 정밀도에 중점을 둔 공작기계, 주로 생산능력을 중요시한 공작기계 및 융통성을 주관으로 한 공작기계 등으로 구분하여 각각을 중점적으로 설계하여 제작하는 경우가 많다.

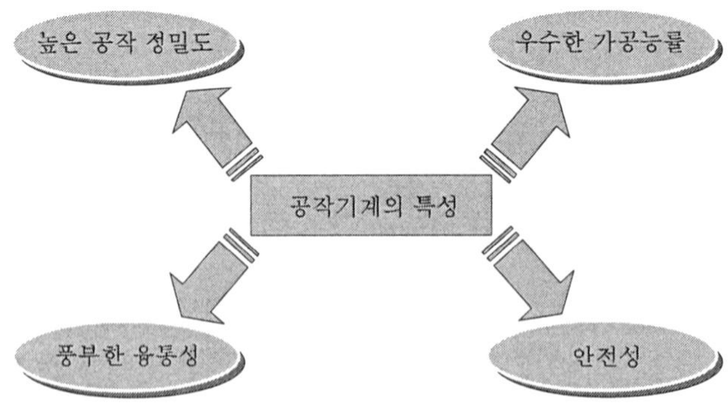

그림 1.13 공작기계가 구비해야 할 특성

1) 공작 정밀도(accuracy)

공작정밀도란 공작기계로 가공된 공작물의 치수가 정확한 정도를 말한다. 따라서 '공작정밀도가 높다'라는 것은 가공된 면이 아름답고, 정확한 치수로 가공되었으며 기하학적으로도 올바른 형상을 가지고 있는 제품을 말하는 것이다.

공작정밀도는 공작기계, 공구 및 공작물의 재질과 같은 요소에 영향을 받지만 여기서는 우선 공작기계가 가공의 과정에서 공작물에 주는 인자만으로 공작정밀도를 알아본다.

공작정밀도를 결정하는 인자 가운데는 공작기계 자체의 주축의 회전 정밀도, 안내면의 직선 정밀도, 온도 변화에 대한 변형 등이 있다. 따라서 공작기계의 정밀도를 높게 하려면 정적 및 동적하중에 대한 변형을 적게 하고, 고유진동에 대한 대책으로서 정강성 및 동강성을 크게 해야 할 것이다.

이러한 공작기계의 정밀도는 점차 향상되어 최근에는 십만 분의 일 밀리미터 단위 이상까지 가공이 가능한 공작기계도 출현하고 있다.

다듬질 종류	가공 방식	가공면 확대도	절삭깊이 ㎛
선삭	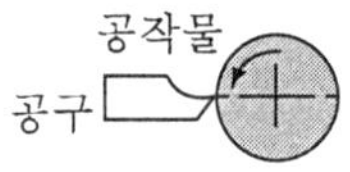 공작물, 공구	 A, 깊이	1.2~2
면삭	 공작물, 숫돌	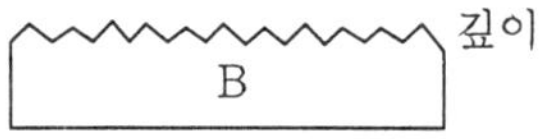 B, 깊이	0.9~5
호우닝	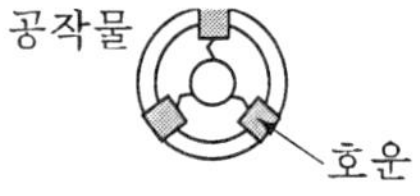 공작물, 호운	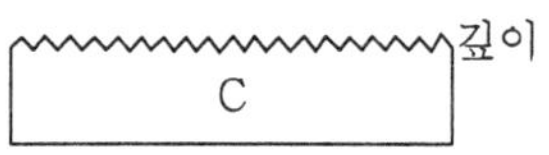 C, 깊이	0.1~1.2
래핑	 랩, 공작물	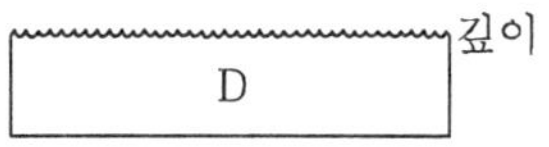 D, 깊이	0.01~0.2
슈우퍼피니싱	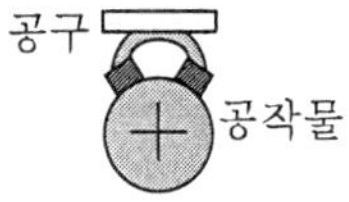 공구, 공작물	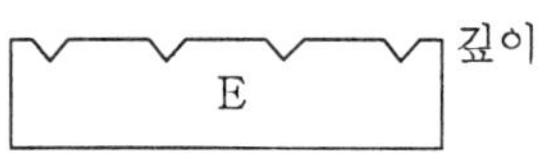 E, 깊이	0.01~0.2

그림 1.14 가공 방식에 따른 가공 표면 정밀도

여기서 잠깐 !! 

Q: 공작기계의 정밀도를 높게 하려면 어떻게 해야 할까?

A: 정적 및 동적하중에 대한 변형을 적게 하고 고유진동에 대한 대책으로서 정강성(静强性) 및 동강성(動强性)을 크게 해야 한다.

그림 1.14는 여러 가지 공작기계로 가공할 때, 그 가공방식에 따른 가공 표면의 정밀도를 비교하여 나타낸 것으로 선반에 의한 절삭(선삭), 연삭, 호우닝, 래핑, 슈우퍼피니싱의 순서로 정밀도가 높아진다는 것을 알 수 있다.

그러나 절삭깊이의 양을 보면 알 수 있듯이 가공의 정밀도와 뒤에서 설명할 가공의 능률은 상반된 관계를 가짐으로써 가공비는 비싸질 것이라는 것도 알 수 있다. 그러므로 모든 경우 고정도의 공작기계를 사용하는 것이 반드시 좋다고는 말할 수 없다는 것을 염두에 두어야 한다. 예를 들어, 선반으로 가공이 가능한, 다시 말해 요구되는 정밀도를 맞출 수 있는 정도의 부품에 가공비가 비싼 원통 연삭기를 사용하여 가공할 필요는 없다는 것이다. 이와 같이 다듬질 된 가공물의 표면은 가공의 방식과 절삭조건, 절삭공구의 형상이나 재질에 따라서 영향을 받으므로 제품의 기능에 따른 최적의 가공방식과 공작기계를 사용하는 이른바 적재적소의 원칙(適材適所의 原則)을 지켜야 할 것이다.

용어 해설 공작기계에서 적재적소의 원칙(適材適所의 原則)이란?

제품의 기능에 따른 최적의 가공방식과 공작기계를 선택하여 사용하는 것을 말한다.

2) 가공능률(efficiency)

납기의 단축과 가공비 절감의 필요성과 함께 공작기계들에도 고도의 가공능률(efficiency)이 요구되고 있다. 가공능률은 생산성(productivity)과도 직접적인 연관이 있는 것으로, 공작기계의 경제적 활용에 있어서 기계적 효율(mechanical efficiency)과 생산능력의 기준이 되는

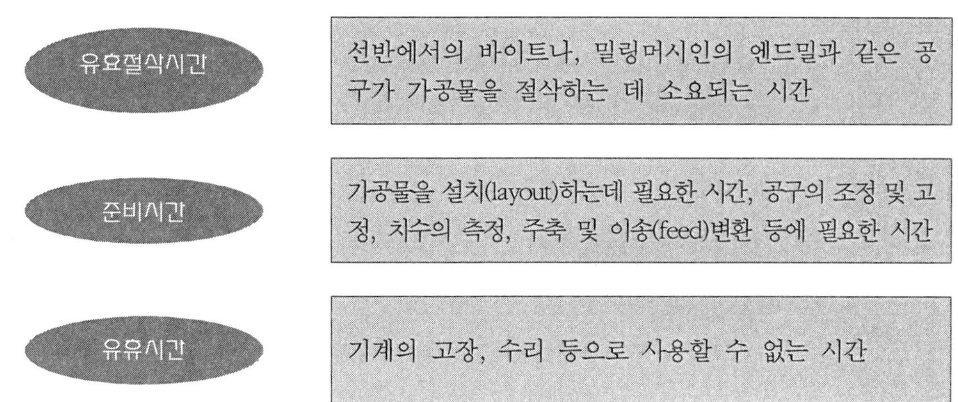

그림 1.15 제품 가공에 필요한 시간

절삭효율(cutting efficiency)을 말한다.

절삭효율이란 단위동력, 단위시간 당 절삭 된 칩의 양으로 표시하는데 이것은 공작기계에 따라 본질적인 차이가 있고, 또 공구 및 가공물의 재질에 따라서도 크게 달라지게 되는 것이다.

일반적으로 공작기계를 사용하여 어떤 제품을 가공할 때, 필요한 시간은 아래의 그림 1.15과 같이 유효절삭시간, 준비시간 및 유휴시간이 있다.

일반적으로 절삭효율이 큰 공작기계는 유효절삭시간이 짧은데, 유효 절삭시간을 짧게 하기 위해서는 속도를 상승시키는 고속절삭(high speed cutting)과 절삭면적을 크게 하는 강력절삭(heavy cutting) 등의 방법이 사용되고 있다.

공업의 획기적인 발전과 함께 최근에는 절삭 날이나 주축이 많은 다인(multi-cut), 다축(multi-spindle) 공작기계나, 멀티 스테이션(multi-station)으로 된 공작기계를 사용하여 한꺼번에 절삭함으로써 절삭시간을 가능하면 줄이고 있다.

3) 융통성(flexibility)

공작기계의 융통성이란 가공하고자 하는 제품의 변화범위에 따라 이용할 수 있는 범위가 넓은 것을 말한다. 우리는 제품을 만들고자 할 때, 제품의 형상, 크기와 종류 및 그 제품이 가져야 하는 정밀도 등에 따라 공작기계를 선택하고, 같은 공작기계 가운데서도 가장 알맞은 규격을 결정하게 된다. 따라서 공작기계는 융통성이 커야 유리하다고 볼 수 있다.

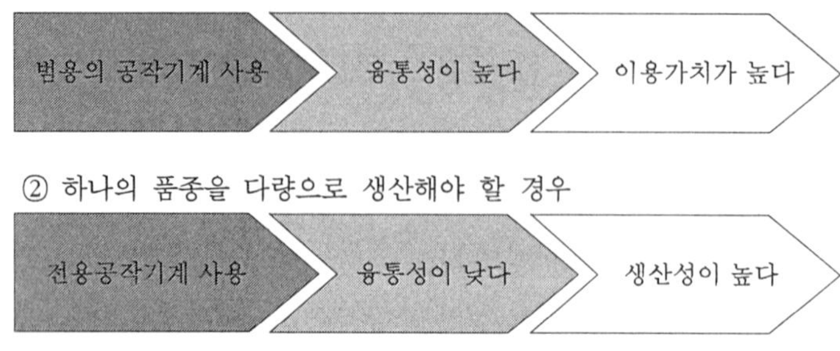

그림 1.16 융통성을 고려한 공작기계의 선택

그러나 융통성이 크면 이용할 수 있는 범위는 넓어지지만 생산 능률이 저하되기 때문에 목적에 따라서 융통성의 범위를 정하는 것이 중요할 것이다. 예를 들어 그림 1.16에 나타낸 바와 같이 가공할 제품이 다양하여 작업내용을 예측하기 어려운 경우는 범용의 공작기계를 사용함으로써 융통성을 가급적 크게 하여 그 이용가치도 넓히는 것이 좋지만 하나의 품종을 다량으로 생산해야 할 경우와 같이 제품이 처음부터 결정된 것은 전용공작기계를 이용한다면 융통성은 좁아지는 대신 생산성은 높일 수가 있을 것이다.

4) 안전성(safety)

공작기계를 다룰 때는 두 가지 측면에서의 안전성을 고려해야 한다.

첫째, 공작기계를 다루는 작업자가 지켜야할 안전성으로, 조작의 잘못이 다른 부분에 간섭을 주어 파손이나 손상 등의 안전사고를 일으키는 경우가 있기 때문이다.

둘째, 공작기계 자체에 대한 안전성도 갖추어져야 한다.

공작기계에는 작업 중 주축의 속도 조정이나 위치 조정, 공작물의 고정과 분리를 많은 레버와 핸들이 구비되어 있으며 이들 레버와 핸들의 조작 가운데는 서로 독립되어 직접 관계가 없는 것도 있지만, 적절한 부분의 운동들을 조합한 연동장치(interlocking device)를 첨가하여 상호 간섭을 사전에 방지하여 안전성을 확보하는 것이 필요하다.

용어 해설	연동장치(interlocking device)란?

몇 개의 기계를 상호간에 연결하여 그 작용을 연관시키는 장치를 말하는 데, 신호기와 분기기 상호간 연락의 경우 등을 그 일례로 들 수 있다.

4. 공작기계의 기본 운동

학습 Point

- 절삭운동 = 공구가 칩의 길이 방향으로 움직이는 운동 즉, 공작물과 공구와의 상대적인 운동
- 위치조정운동 = 절삭운동과 이송운동이 시작되기 전에 공작물과 공구의 상대위치 조정 운동
- 이송운동 = 절삭방향에 대한 수직방향에서 공작물과 공구의 상대운동

절삭가공을 수행하기 위해서는 기본적으로 절삭할 때, 공구가 칩의 길이 방향으로 움직이는 절삭운동(cutting motion)과 공구 또는 가공물을 절삭방향으로 이송하는 이송운동(feed motion), 그리고 공작기계에서 절삭운동과 이송운동을 하기 위한 준비단계의 운동, 즉 기계의 운동중심과 가공물의 중심 또는 가공면의 상대 위치 조정 작업 등을 하는 위치조정운동(positioning motion)이 그것이다.

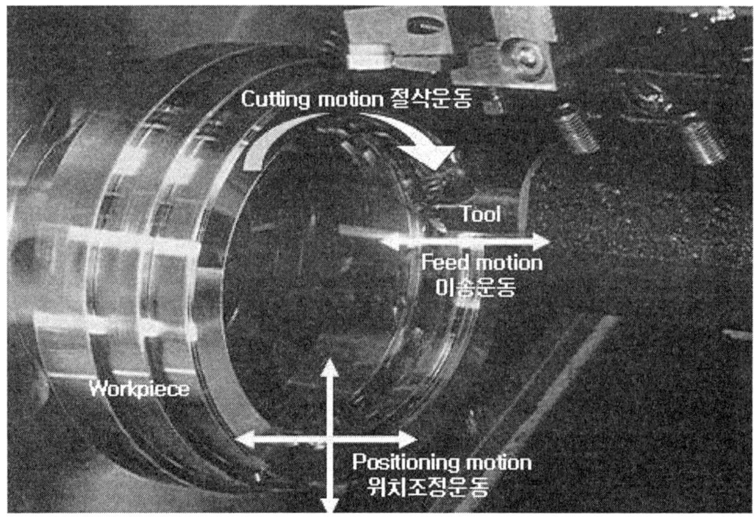

그림 1.17 공작기계의 3가지 기본 운동

① 공구는 일정위치에 고정된 상태로 공작물의 이동으로 이루어지는 절삭운동	⇨	선반, 플레이너 등에 이용
② 공작물이 일정위치에 있고 공구의 운동으로 이루어지는 절삭운동	⇨	셰이퍼, 드릴링 머신, 브로우칭 머신 등에 이용

그림 1.18 절삭운동의 유형

그림 1.17은 선반에서 보오링 바이트라는 공구를 사용하여 공작물의 내면을 가공할 때의 세가지 기본운동을 나타낸 것으로 공작물이 회전 절삭운동, 공구가 직선 이송운동을 하고 있는 것을 알 수 있다.

1) 절삭운동(cutting motion)

절삭운동이란 공작물과 공구와의 상대적인 운동을 말하며 공작기계 대부분의 동력은 이 절삭운동에 소비된다.

절삭운동은 그림 1.18과 같이 두 가지 유형으로 이루어지며, 이 가운데, 선반, 드릴링머시인, 밀링머시인, 연삭기 등은 회전절삭운동을 하고, 셰이퍼, 플레이너, 브로우칭 머시인 등은 직선절삭운동을 한다.

2) 이송운동(feed motion)

공작기계의 기본 운동 중, 절삭운동인 선요소를 면요소로 되게 하는 운동으로서 일반적으로 공작물의 새로운 면을 가공하기 위하여 절삭방향에 대한 수직방향에서 공작물과 공구의 상대운동을 이송운동이라 한다. 예를 들어 평삭 및 형삭에서는 절삭이 중단되는 귀환행정에서 이송운동이 되고, 선삭, 드릴링, 연삭 및 밀링 등에 있어서는 절삭운동의 중단 없이 연속적으로 이송운동이 된다.

이송운동의 크기는 공작물 또는 공구의 1회전당 이송운동량(mm/rev, inch/rev) 혹은 절삭행정, 즉 1왕복 당 이송운동량(mm/stroke, inch/stroke)으로 나타내며, 이송운동 또는 이송운동량을 단순히 이송(feed)이라고도 한다.

가공 방식	공작 기계	절삭 운동	이송 운동
선반 절삭(turning)	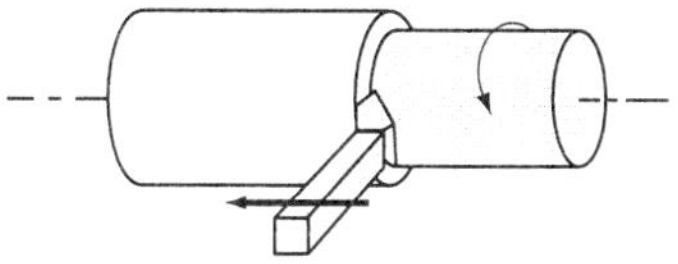	공작물(회전운동)	공구(진선운동)
드릴링(drilling)	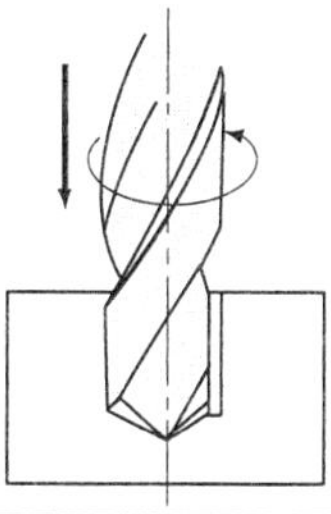	공구(회전운동)	공구(직선운동)
		※ 공작물은 고정상태	
원통 연삭(grinding)	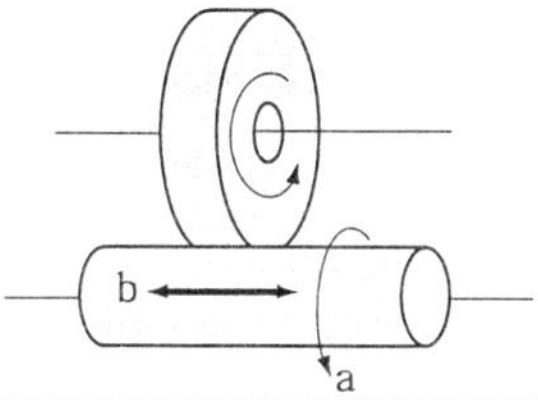 b a	공구(회전운동)	공작물(a 직선운동) 공구(b 직선운동 또는 a+b 직선운동)
밀링(milling)	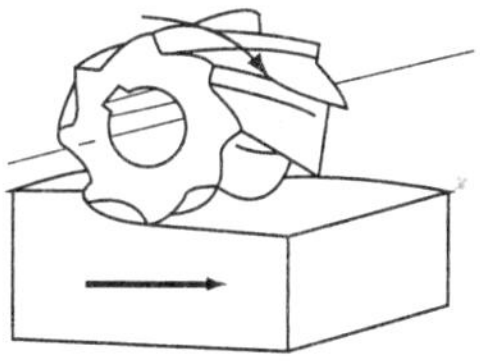	공구(회전운동)	공작물(직선운동)
평삭(I)(planning)	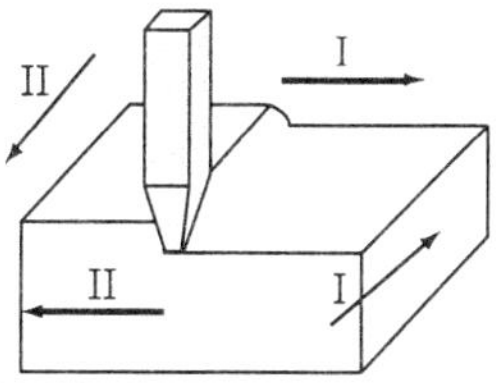 II I II I	공작물(직선운동)	공구(직선운동)
형삭(II)(shaping)		공구(직선운동)	공작물(직선운동)

그림 1.19 공작기계의 가공방식에 따른 절삭운동과 이송운동

3) 위치조정운동(positioning motion)

공작기계의 기본 운동 가운데 다른 하나인 위치조정운동은 절삭운동과 이송운동이 시작되기 전에 공작물과 공구의 상대위치를 조정하는 운동으로서, 다음의 세가지 형태로 행해진다.

첫째, 기계의 운동중심과 공작물의 중심 또는 가공면의 상대 위치 조정 운동

둘째, 가공 소요 시간의 절약을 위하여 이송방향으로 공작물과 공구의 거리를 미리 단축시켜 놓는 조정 작업

셋째, 소정의 치수 및 표면거칠기를 얻기 위한 절삭 깊이 및 이송(feed)의 위치 조정이 그것이다.

따라서 앞에서 설명한 공작기계의 3가지의 기본 운동 가운데 절삭운동과 이송운동이 직접 절삭에 사용되며, 위치조정운동은 절삭운동과 이송운동을 위한 보조운동이라고 볼 수 있다.

5. 기본적인 가공 방법

학습 학습 Point

- 선반절삭 =선반 절삭용 공구인 바이트에 의한 가공 가운데 회전 절삭운동
- 평면절삭 = 바이트를 이용한 가공으로, 직선절삭운동과 직선이송운동의 조합
- 드릴링 = 공작물을 고정하여 드릴, 리이머, 탭 등의 공구에 회전절삭운동과 회전축의 직선 이송 운동을 행하여 가면서 공작물의 원형 구멍, 구멍 다듬기, 나사를 내는 가공방법
- 밀링 = 원주에 많은 절삭날을 가진 공구를 회전 절삭운동 시키면서 공작물에는 직선이송운동을 시켜 평면이나 홈을 깎아 내는 방법의 작업
- 연삭 = 숫돌에 고속의 회전 연삭운동을 주어 절삭을 하며, 연삭숫돌과 가공물 사이에는 적당한 이송운동을 주는 방식
- 연마 = 숫돌 등에 연마제와 연마액을 혼입시켜 공작물에 마찰을 가하듯이 비비는 가공조작을 반복함으로써 거울면(경면)의 가공표면을 얻는 가공공정(래핑(lapping), 폴리싱(polishing), abrasive finishing)
- 전기, 광 에너지의 응용 = 단단한 금속이나 광물대신 전기 에너지나 광 에너지를 절삭공구로서 활용하여, 이것을 NC 장치에서 디지털 제어하는 자동가공 방법

공작기계에서 절삭 또는 연삭 가공을 하기 위해서는 공구와 공작물이 서로 접촉한 상태에서 3가지의 상대적인 운동을 하지 않으면 안 된다는 것을 우리는 앞에서 배웠다.

여기서는 선반 절삭(선삭), 평면 절삭(평삭), 드릴링 및 보오링, 밀링, 연삭 등 기본적인 가공법의 개요를 알아본다.

milling cutters

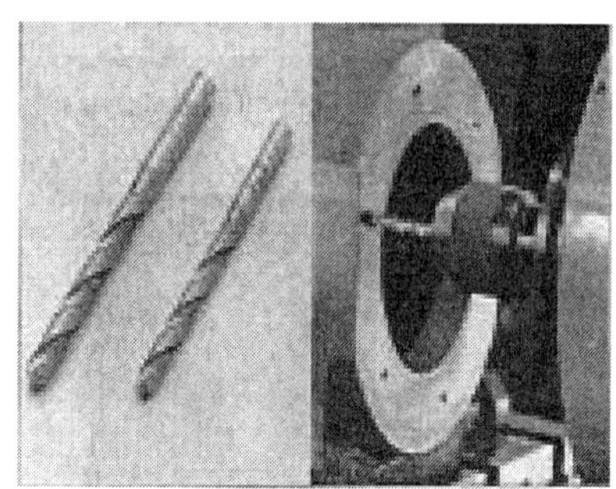

drills

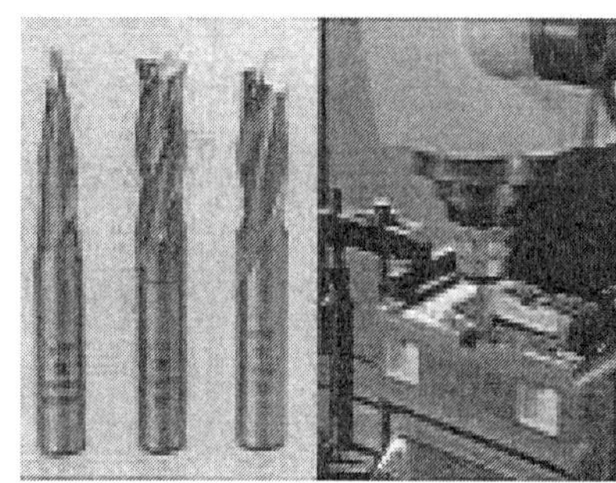

end mills

turning bites

그림 1.20 절삭날의 의한 가공(cutting by tool edge)

grinding wheels

그림 1.21 입자에 의한 가공(cutting by abrasive grains)

그런데, 현재의 생산공장에서는 자동화와 생산효율을 추구함으로써 머시닝센터나 터어닝 센터 등의 복합가공기가 발전되어, 실제 규모가 큰 가공 공장에서는 이와 같은 개개의 전용 가공기와 복합 가공기를 사용하여 대부분의 가공을 수행하는 경우도 많아지고 있다는 것을 미리 일러둔다.

공작기계로 수행할 수 있는 기본적인 가공방법은 크게 둘로 나눌 수 있다. 그 하나는 그림 1.20에서 보는 바와 같이 밀링 머시인의 밀링 커터나 엔드밀, 드릴링 머시인에서의 드릴, 선반 바이트 등 절삭 날에 의한 가공이 있으며, 다른 하나는 그림 1.21과 같이 단단한 입자들을 적당한 결합제를 사용하여 제작한 이른바 연삭숫돌이나 입자의 예리하고 굉장히 많은 날로써 가공물 표면에서 칩을 깎아 내는 작용을 하면서 가공을 하는 입자에 의한 가공이 있다.

1) 선반절삭(turning)

그림 1.22는 대표적인 선반 절삭 작업을 나타낸 것으로, 회전 절삭운동과 직선 이송운동이 조합되어 있음을 알 수 있다. 직선 이송운동이 회전중심과 평행한 경우에는 그림 (a)와 같이 원통형의 형상을 깎아 낼 수 있으며, 이송운동의 방향을 기울이면 (b)와 같이 테이퍼의 형상을 깎을 수 있다. 일반적으로는 주로 이러한 종류의 운동을 행하는 공작기계가 선반이다.

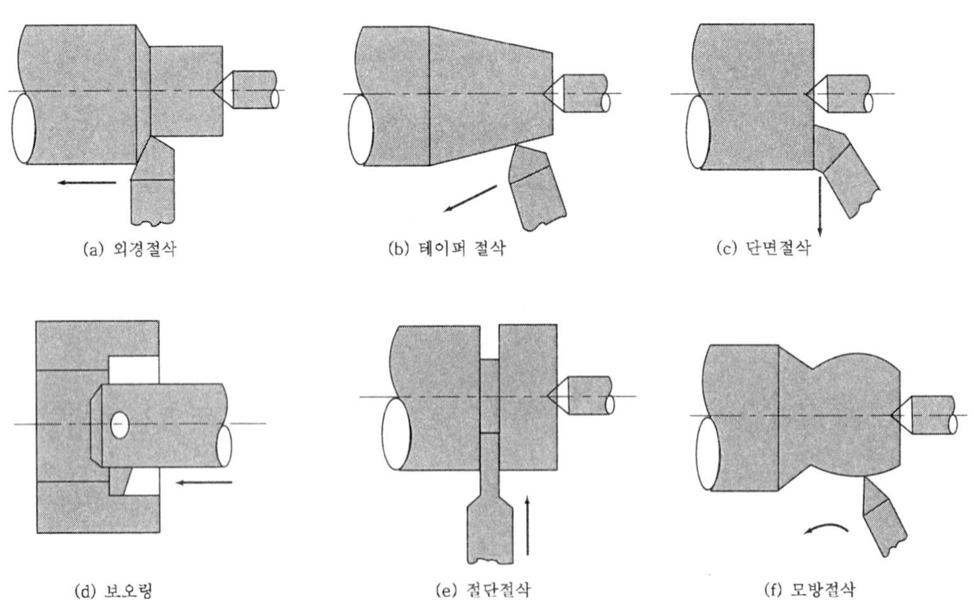

그림 1.22 대표적인 선반 절삭 가공

또한, 이송운동의 방향이 회전중심선에 대하여 직각의 경우에는 그림 (c) 같이 공작물의 측면을 깎을 수 있다. 이 방법을 단면 절삭, 또는 정면 절삭이라 하며 정면선반과 수직선반 등이 사용되어지고 있다. 같은 원리로 (d)와 같이 원통형의 내면을 깎을 수도 있는데, 이것은 우선 드릴 등으로 구멍을 뚫은 다음 그것을 크게 하는 가공으로 척 또는 면판에 공작물을 고정시켜 가공한다.

폭이 좁은 절단 바이트에 이송을 주어 공작물을 절단하는 것이 그림 (e)의 절단 가공이며, 복잡한 형상을 많이 가공할 때, 선반에 고정시키는 모방장치, 또는 모방선반으로 가공품과 같은 형상의 모델에 모방바이트를 자동으로 이송하여, 소정의 형상을 가공하는 것이 그림 (f)와 같은 모방 절삭이다.

2) 평면절삭(planning)

공작기계의 기본적인 가공방법 가운데 바이트를 이용한 가공으로, 직선절삭운동과 직선이송운동의 조합이 평삭, 즉 평면 절삭이다. 이 경우, 직선절삭운동은 당연히 이송운동이 된다.

그림 1.23에서 보는 바와 같이 비교적 소형의 공작물에는 공구인선이 직선의 절삭운동을 행하여지는 슬로터라 부르는 형삭반을, 또 큰 피가공물의 형상이 큰 경우에는 가공물에 직접 절삭운동을 주는평삭반, 즉 플레이너(planner)를 사용한다.

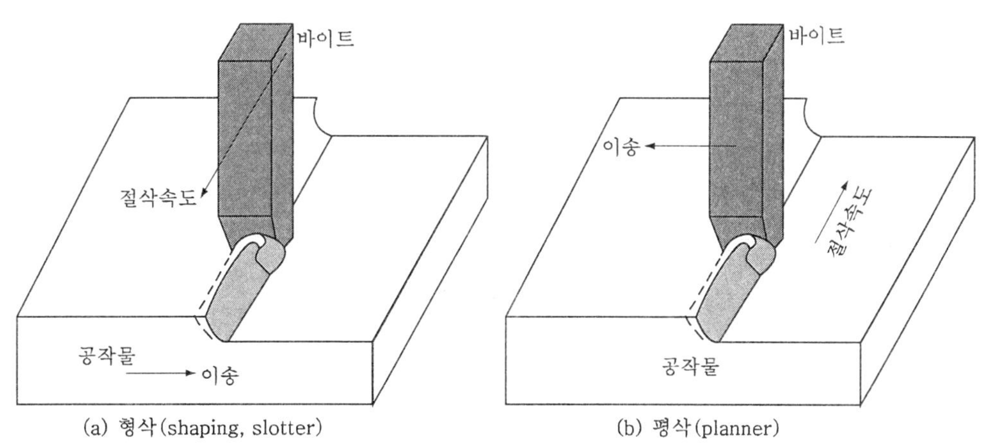

(a) 형삭(shaping, slotter) (b) 평삭(planner)

그림 1.23 슬로터(slotter)와 플레이너(planner)를 이용한 가공

3) 드릴링(drilling)

드릴링이란 그림 1.24와 같이 공작물을 고정하여 드릴, 리이머, 탭 등의 공구에 회전절삭 운동과 회전축의 직선 이송 운동을 행하여 가면서 공작물의 원형 구멍, 구멍 다듬기, 나사를 내는 가공방법이다.

드릴링을 행할 수 있는 기계로는 드릴링 머시인과 테핑 머시인 외에 머시닝센터도 사용되고 있다. 특히, 드릴 지름의 4배 정도이상의 깊은 구멍을 뚫는 경우에는 절삭 칩의 배출 문제가 생기므로 드릴의 직진, 후퇴를 반복하는 이른바 스텝 피이드(step feed)방식으로 가공하여야 한다. 또, 손에 쥐고 구멍을 뚫을 때 많이 사용하는 구멍 뚫기 전용 건드릴이 있으며, 이것은 건드릴 머시인에 사용되어지고 있다.

그림 1.24 스텝 피이드 방식 드릴링

용어 해설	스텝 피이드(step feed)방식이란?

드릴 지름의 4배 정도 이상의 깊은 구멍을 뚫는 경우, 절삭 칩(chip)의 배출이 어려운 문제가 생기므로 드릴의 직진, 후퇴를 반복하여 칩의 배출이 용이하게 하는 가공방식

4) 밀링(milling)

그림1.25와 같이 원주에 많은 절삭날을 가진 공구를 회전 절삭운동시키면서 공작물에는 직선이송운동을 시켜 평면이나 홈을 깎아 내는 방법의 작업을 밀링이라고 한다.

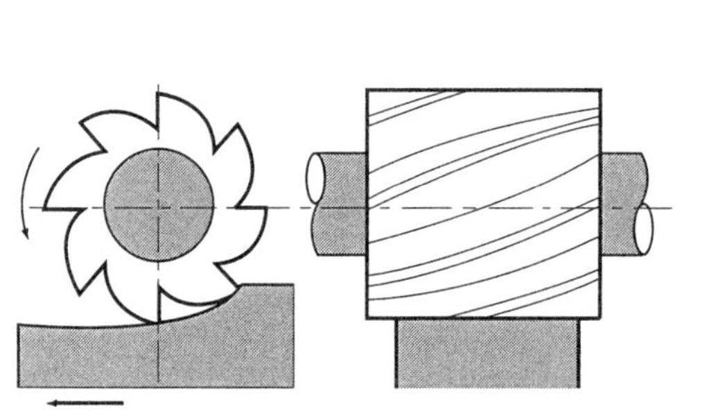

(a) 플레인 밀링(planning milling)

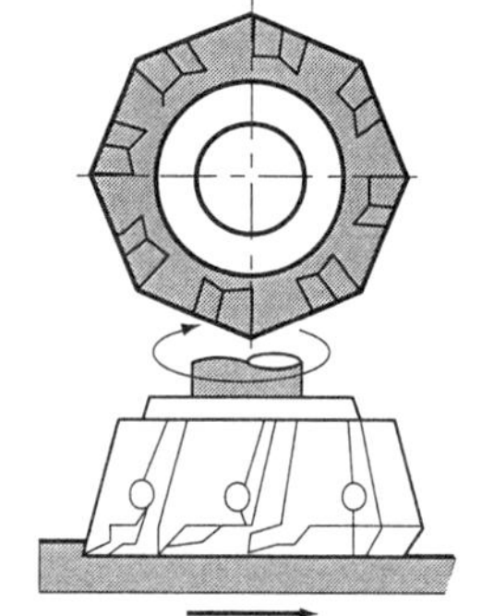

(b) 페이스 밀링(face milling)

그림 1.25 밀링(milling)

왼쪽의 그림과 같이 회전공구의 원주를 사용하는 플레인 밀링(planning milling)에는 수평축을 가진 수평 밀링 머시인(horizontal milling machine)이 사용된다. 오른쪽의 그림은 회전공구의 단면을 사용하는 페이스 밀링(face milling) 또는 엔드 밀링(end milling) 가공방식으로, 수직 밀링 머시인에 의한 가공에 사용한다.

최근에는 머시닝센터와 터어닝 센터가 많이 사용되고 있으며, 밀링커터를 사용한 특수한 가공에 사용되는 기어 절삭기(gear cutting machine), 회전 원판톱기계(circular sawing machine) 등도 있다.

5) 연삭(grinding)

연삭 숫돌은 단단한 입자를 적당한 결합제로 결합한 것이며, 연삭은 연삭숫돌의 표면에 돌출되어 있는 예리한 입자날에 의해 가공물의 표면에서 소량씩 깎아 내는 방식으로서, 앞에서 설명한 대로 주로 정밀도를 필요로 하는 다듬질가공에 사용되는 가공법이다.

즉, 그림 1.26과 같이 숫돌에 고속의 회전 연삭운동을 주어 절삭을 하며, 연삭숫돌과 가공물 사이에는 적당한 이송운동을 주는 방식이다. 이송운동과 공작물의 형상에 의한 기본적인 연삭가공 방식으로서는 그림 (a)와 같은 원통연삭, (b)의 내면연삭, (c)의 평면연삭이 있으며, 각각의 연삭 방식에 따라 연삭기가 만들어지게 된다.

우리나라 산업현장의 기술자들은 흔히 연삭 가공과 연마의 가공공정을 구별하지 않고 연삭 숫돌을 연마 숫돌이라 표현하기도 하며 같은 의미로 사용하고 있는 경우가 있는데, 단단

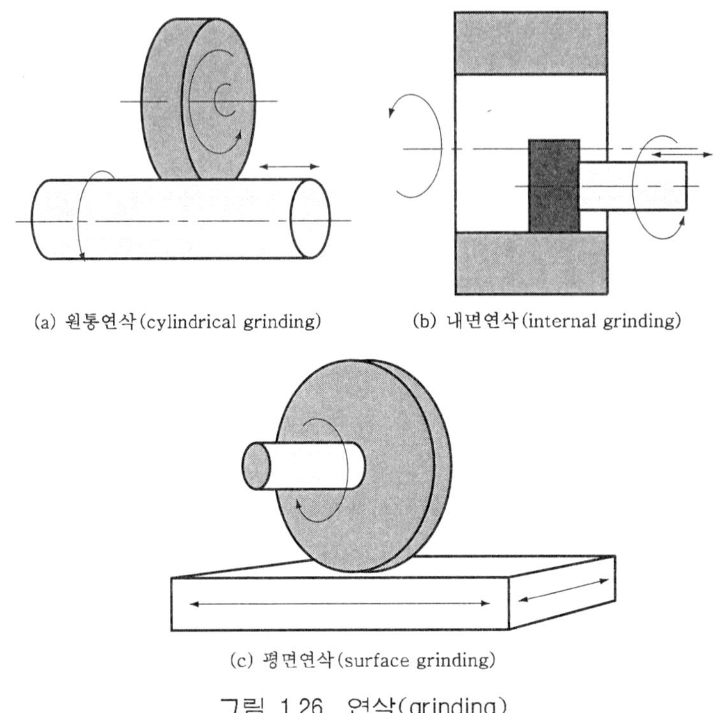

(a) 원통연삭(cylindrical grinding) (b) 내면연삭(internal grinding)

(c) 평면연삭(surface grinding)

그림 1.26 연삭(grinding)

한 입자가 결합된 공구인 연삭숫돌을 사용하여 미소한 칩을 내며 재료를 깎아 내는 것을 「연삭」이라고 한다면 래핑(lapping), 폴리싱(polishing), 연마 다듬질(abrasive finishing)과 같이 숫돌 등에 연마제와 연마액을 혼입시켜 공작물에 마찰을 가하듯이 비비는 가공조작을 반복함으로써 거울면(경면)의 가공표면을 얻는 가공공정을 「연마」라고 정의할 수 있다.

따라서 전문적인 지식을 가지기를 원하는 우리는 사소한 용어의 사용에 있어서도 이와 같이 구별하여 사용하는 것이 바람직할 것이다.

6) 전기, 광 에너지의 응용

전기, 광에너지를 응용한 가공방법이란 단단한 금속이나 광물대신에 전기 에너지나 광 에너지를 절삭공구로서 활용하여, 이것을 NC 장치에서 디지털 제어하는 자동가공 방법이다. 그 예로서는 그림 1.27과 같이 방전가공과 레이저 가공 등이 있다.

방전가공은 절연성의 액체 속에 전극과 공작물을 수 미크론에서 수십 미크론의 간격을

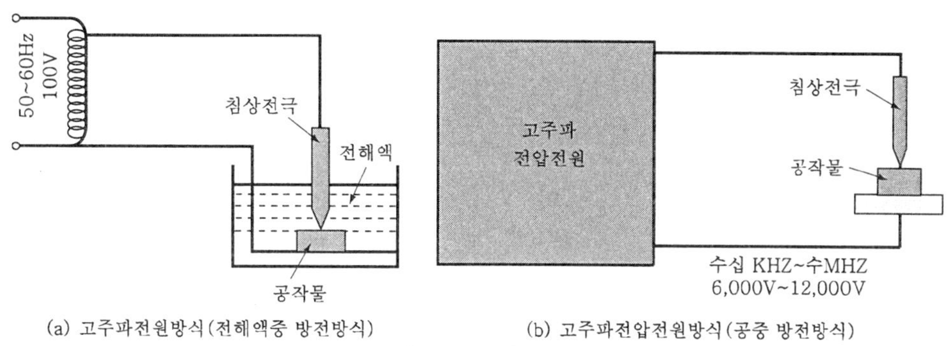

(a) 고주파전원방식(전해액중 방전방식) (b) 고주파전압전원방식(공중 방전방식)

그림 1.27 방전가공

두고 대항 시켜, 보통 약100V의 전압을 걸어 둘 사이의 간격을 서서히 좁히면서 아크 방전을 반복시킴으로써 금속가공을 행하는 것으로 금속 등의 복잡한 형상을 그대로 가공할 수 있는 특징이 있다.

레이저 가공은 파장과 위상이 동일한 이른바 폐구광속(閉口光束)이므로, 집광성능이 높은 레이저의 특징을 응용한 가공법이다. 광 에너지 밀도는 10^8/1cm^2 W이상의 높은 파워 밀도가 용이하게 얻어지기 때문에 비틀림 없는 고속가공이 가능하게 되는 것이다.

또한 비접촉식 가공이므로 원격조정과 자동화에 적당한 가공이기도 하다. 탄산가스 레이저 가공과 YAG(Yttrium Aluminum Garnet)레이저 가공이 있고, 스폿 가공과 미세가공 등 응용범위가 넓다. 이외에도 전기적 원리를 이용한 가공법에는 전자 빔 가공 등도 있는데, 이에 대해서는 뒤에 자세히 알아보기로 한다.

체크 포인트

1. 공작기계란, 기계를 만드는 기계로 Mother Machine이라고 한다.

2. 공작기계가 갖춰야 하는 특성으로는
   ① 높은 공작 정밀도(accuracy)
   ② 풍부한 융통성(flexibility)
   ③ 우수한 가공능률(efficiency)
   ④ 안전성(safety)
   이 있다.

3. 공작기계의 기본운동
   ① 절삭운동(cutting motion)
   ② 이송운동(feed motion)
   ③ 위치조정운동(positioning motion)

4. 공작기계의 대표적인 가공방법
   ① 선반 절삭(Turning)
   ② 평면 절삭(평삭, Slotting, Planning)
   ③ 드릴링(Drilling)
   ④ 밀링(Milling)
   ⑤ 연삭(Grinding)
   ⑥ 전기, 광에너지를 응용한 가공

연습문제

1. 다음 중 가공방법이 나머지 공작기계와 다른 것은?
   ① 드릴링머시인
   ② 트랜스퍼 머시인
   ③ 냉간 단조기
   ④ 플라즈마 가공기

2. 길이 L=250mm, 지름 $200^{\pm 0.15}$mm인 공작물을 가공하고자 할 때, 어떤 공작기계를 사용하는 것이 좋은가?
   ① 선반
   ② 원통 연삭기

3. 다음의 대표적인 공작기계에 대한 공작물의 운동에 대한 설명으로 틀린 것은?
   ① 선반 : 공작물을 고정하고 회전시킨다.
   ② 드릴링머시인 : 공작물을 고정하고 회전시킨다.
   ③ 밀링머시인 : 공작물을 고정하고 이송한다.
   ④ 플레이너 : 공작물을 고정하고 이송한다.

4. 절삭공구(cutting tool)로써 공작물(work)을 절삭하여, 필요없는 재료를 깎아내는 작업을 기계 가공(machining)이라고 한다. 또 기계 가공에 의해 공작물로부터 제거된 재료는 칩(chip)이라고 불리어진다. 또 여러 가지 형상의 가공표면을 절삭하기 위해 여러 종류의 공작기계(machine tools)가 제작되어 지고 있다는 것도 알았다. 현재, 공작물을 크게 원주형과 상자형(회전체 이외의 부품)으로 나누고 있는데, 그 이유를 생각해 보자.

정답 및 해설

1. 넓은 의미에서 공작기계는 절삭 공작기계와 비절삭 공작기계로 나눌 수 있다. 드릴링머시인, 트랜스퍼 머시인, 플라즈마 가공기는 칩이 생기는 가공 방법인 절삭가공을 위한 공작기계 이다. 냉간 단조기와 프레스, 압연기 등은 칩이 생기지 않는 비절삭 가공 즉, 금속의 소성(塑性)을 이용한 소성가공 기계 혹은 비절삭 공작기계 이다.

2. 드릴링머시인은 공작물을 고정하여 드릴, 리이머, 탭 등의 공구에 회전절삭운동과 회전축의 직선이송 운동을 행하여 가면서 공작물의 원형 구멍, 구멍 다듬기, 나사를 내는 가공방법인 드릴링을 행할 수 있는 기계이다.
   참고로 드릴 지름의 4배 정도 이상의 깊은 구멍을 뚫는 경우에는 절삭 칩의 배출 문제가 생기므로 드릴의 직진, 후퇴를 반복하는 이른바 스텝 피이드(step feed) 방식으로 가공하여야 한다.

3. 우선 선반과 원통 연삭기를 비교해 보면, 정밀도(accuracy)의 면에서는 원통연삭기가 훨씬 우수하지만, 가공능률(efficiency)과 융통성(flexibility), 안전성(safety)을 생각할 때는 선반이 유리하다. 다음으로 L=250mm, $\phi={}^{200\pm0.15}$mm인 공작물을 머리속에 그려 보자. 이 부품의 완성치수는 직경 200mm를 기준으로 치수 공차 0.15 범위의 비교적 정밀한 가공은 아니므로 가공능률 면에서 굳이 원통 연삭기를 사용할 필요는 없을 것이다.
   그러나 만약 ±0.01mm 이상의 치수 공차를 가진 공작물의 경우라면. 비교적 정도가 좋은 선반을 사용한다 해도 0.02mm인 좁은 영역의 치수를 완성하는 데는 어려움이 있으므로 선반으로 대강의 치수를 가공한 후, 0.005mm 정도의 가공이 충분히 가능한 원통연삭기를 사용하는 것이 옳다. 물론 가공 시간은 길고, 가공비는 비싸질 것이다.

4. 공작기계의 기본 운동에는 절삭운동, 이송운동, 위치조정운동이 있으며, 원주형의 가공은 공작물이 회전하고, 절삭공구가 고정되어 이송을 주면서 절삭작업을 행하는 것이다. 또한 육면체와 같은 상자형 재료의 가공에서는 공작물이 고정되고, 절삭공구가 회전하여 절삭가공이 이루어진다. 즉, 사용하는 공작기계가 다르므로 공작물을 크게 2가지로 분류하게 되는 것이다.
   이것은 G.T(Group Technology)의 수법에 응용되어지고 있는데, G.T는 여러 종류의 부품과 제품을 가공조건의 동일성 혹은 유사성을 이용하여 그룹으로 모아서, 공작물의 고정과 분리 시간의 단축을 꾀한다든지 공작기계 그룹을 구성한다든지 하여 생산 롯트의 크기(lot size)를 증가시켜 대량생산에서 얻을 수 있는 생산성 향상의 효과를 다종소량생산에서도 얻을 수 있도록 하기 위한 기법을 말한다.

용어 해설

▸ 소성가공(塑性加工)이란?

재료에 외력을 크게 가하면 내부의 응력에의한 영구변형이 남는 것을 소성변형이라 하며 이를 이용하여 제품을 만드는 것을 소성가공이라 한다.

소성가공의 종류로는 단조(forging), 압연(rolling), 압출(extruding), 인발(drawing), 전조가공(roll forming), 판금가공(sheet metal working) 등이 있다.

▸ 치수공차(tolerance)란?

기계 부품의 각 부분 치수를 0.001mm도 어긋나지 않게 정확하게 완성가공하기는 대단히 어려우므로, 사용목적에 어긋나지않는 범위 내에서 기계 부품의 각 부분에 요구되는 허용치수를 미리 도면상에 주는 편차를 치수공차라 하며 기준치수에 공차가 주어졌을 때의 상한과 하한을 나타내는 2개의 치수를 한계 치수라 한다. 따라서 우리나라 말에 "한치의 오차도 없이…"라는 말은 어떤 일을 그만큼 정확해야 한다는 강조의 표현이라고 여겨진다.

Chapter 2 공작기계의 절삭이론

학습 목표

1. 금속절삭에 있어서 절삭 칩의 형태를 분류하고 각각의 특징을 설명할 수 있다.
2. 구성인선의 방지법을 설명할 수 있다.
3. 2차원 절삭에 있어서 절삭속도와 절삭비의 관계를 설명할 수 있다.
4. 공작물의 직경과 길이를 알고, 절삭속도, 절삭길이와 이송속도 등 절삭조건을 알 때, 절삭저항의 주분력과 필요한 동력을 계산할 수 있다.
5. 절삭온도와 절삭속도의 관계를 설명할 수 있다.
6. 절삭에서 소요되는 동력을 알 때 바이드 경사면과 전단면에서 발생하는 열량을 계산할 수 있다.
7. 다음과 같이 마멸 형태를 나타낸 용어에 대하여 그림을 그리고 발생원인 등에 대하여 설명할 수 있다.
8. 공구 수명 방정식을 구할 수 있다.
9. 절삭유제의 기능을 말할 수 있다.
10. 수용성절삭유제와 비수용성절삭유제를 구분할 수 있다.
11. 환경을 고려하여 절삭유를 줄이는 가공방법을 한가지 이상 말할 수 있다.
12. 표면거칠기의 종류를 3가지로 분류하여 말할 수 있다.
13. 가공변질층을 설명할 수 있다.
14. 생산량에 따라 범용기계, NC 기계, 도는 전용기계 중 어느 것을 택하는 것이 경제적인가를 설명할 수 있다.

1. 절삭 기구

학습 Point

- 2차원절삭과 3차원절삭의 차이
- 칩의 기본 형태 = 유동형, 전단형, 경작형, 균열형
- 구성인선(BUE : Built Up Edge)과 그 방지법
- 절삭비, 전단각, 전단변형의 관계

1) 절삭(切削, cutting)의 정의

절삭(切削, cutting)이란, 공작물(workpiece) 보다 경도가 큰 공구(tool)로 공작물을 칩(chip)의 형태로 깎아 내는 작업을 말한다.

그렇다면 칩은 어떠한 원리에 의해 생성되게 되는 것일까? 그림 2.1과 같이 먼저, 외부에서 절삭공구(바이트)에 힘을 주면 주어진 힘에 의해 공작물이 압축된다. 압축력은 공구 또는 공작물이 전방으로 이동하는 절삭동작이 되어 전단응력(剪斷應力, shearing stress)이 공작물의 내부에 발생한다. 이 응력집중은 공작물을 전단시키는 소성변형(塑性變形, plastic deformation)을 일으켜 변형 부분이 공구의 경사면을 따라 칩을 발생시키게 되는 것이다.

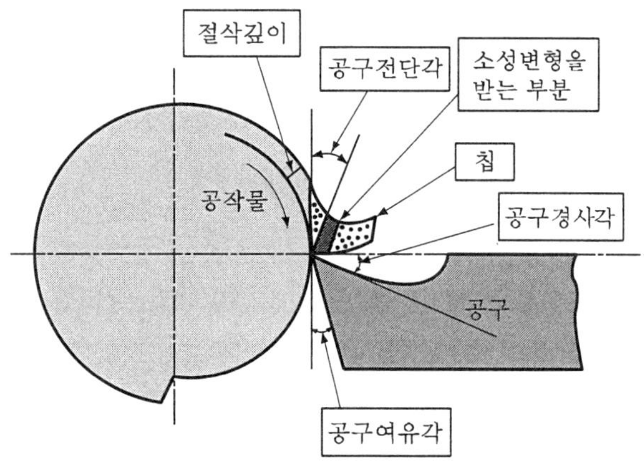

그림 2.1 칩(chip)의 생성 원리

절삭이론(cutting theory)이란 절삭작업에서 일어나는 제반 문제를 취급하고 과학적으로 탐구하는 것이다. 또 절삭기구의 해석은 공작물이 절삭 될 때의 변형이나 절단되는 상태 및 그때의 칩의 형상을 이론적으로 정의하는 것을 말한다. 이것은 절삭가공이론의 기초가 되는 가장 중요한 사항으로 이러한 연구를 통해 절삭저항, 절삭유제의 작용, 절삭열, 다듬질면의 상태 등에 관한 이론이 밝혀지게 되었다.

여기서, 절삭에서 취급해야 할 문제에는 어떤 것들이 있을지 생각해 보자.

확인하고 넘어 갑시다

▸ 절삭에서 연구해야 할 문제에는 다음과 같은 것들이 있습니다.

① 절삭과정에서 공구의 날끝 형상, 이송량, 절삭속도의 변화 상태
② 가공된 면의 표면거칠기(surface roughness)
③ 공구의 형상 및 절삭조건과 공작물의 강도가 절삭저항에 미치는 영향
④ 절삭열의 발생원인과 공구수명에 미치는 영향
⑤ 절삭유제가 절삭온도, 표면거칠기에 미치는 영향
⑥ 환경 친화적인 제반 문제

2) 2차원 절삭과 3차원절삭

그림 2.2와 같이 절삭공구의 날이 공구의 진행방향과 직각인 경우, 즉 절삭저항이 공구의 진행방향과 가공면에 직각 방향으로 작용하는 것을 2차원 절삭(two dimensional cutting, orthogonal cutting)이라고 한다.

또한 3차원 절삭은 절삭공구의 날이 공구의 진행방향과 직각이 아니라 임의의 경사 각 i

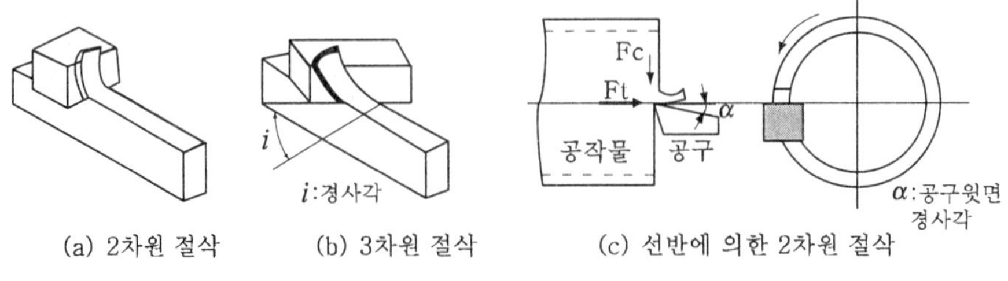

그림 2.2 2차원 절삭과 3차원 절삭

만큼 경사지게 되는 경우, 즉 절삭저항이 공구의 진행방향과 경사방향 및 절삭날의 방향으로 작용하는 절삭을 말한다.

절삭에 있어서의 공작물의 변형은 일반적으로 3차원의 소성변형이다. 따라서 절삭현상을 이론적으로 취급하는데도 3차원의 관점에서 응력과 변형률을 논해야하는데 이와 같은 3차원의 이론이란 매우 복잡하고 이해하기 어려우므로 먼저 2차원의 문제로서 절삭을 취급하여 여기서 얻은 이론을 3차원으로 응용하는 것이 편리하다. 따라서 일반적으로 절삭에서 일어나는 제 현상은 2차원적으로 설명되어 지는 것이다.

3) 칩(chip)의 기본 형태

공작물을 공구로 절삭할 때 공작물의 일부는 칩으로 형성된다는 사실은 앞에서 배운 바와 같다. 이 칩의형성은 칩의 두께 비에 영향을 받으며, 공구의 형상, 공작물의 재질, 절삭속도, 절삭 깊이와 이송 등의 영향을 받게 된다.

칩의 기본 형태는 그림 2.3과 같이 일반적으로 유동형(flow type), 전단형(shear type), 열단형(tear type)과 균열형(crack type)으로 나누며, 이 중에서 전단형, 열단형 및 균열형을 불연속형(discontinuous type)이라 하고 유동형은 연속형(continuous type)이라 한다. 또한 연속형은 뒤에서 배우게 될 구성인선(built up edge) 없는 연속형과 구성인선 있는 연속형으로 나눌 수 있다. 아래에 각각의 유형들을 보다 자세히 살펴보자.

(a) **유동형 칩**(flow type chip)

공구가 진행함에 따라 일감이 미세한 간격으로 계속적으로 미끄럼 변형을 하여 칩이 생기는 것으로, 연속적으로 공구 윗면을 흘러 나가는 모양의 칩이다.

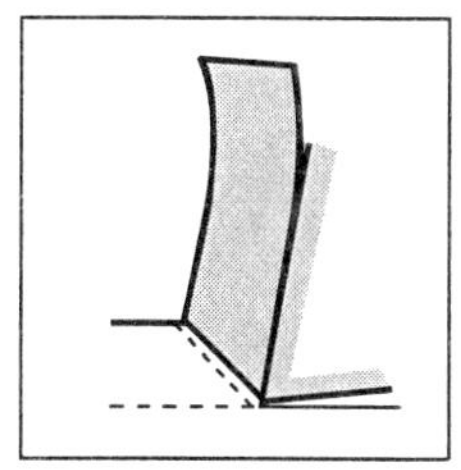
(a) 유동형(flow type)

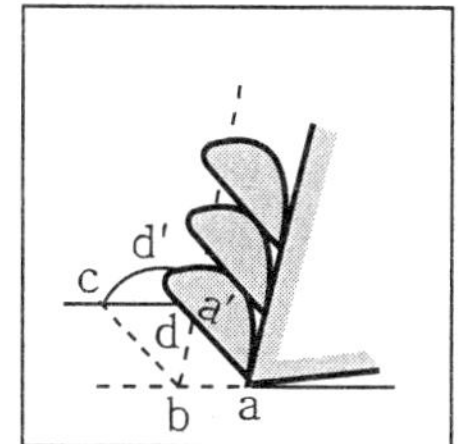

(b) 전단형(shear type)

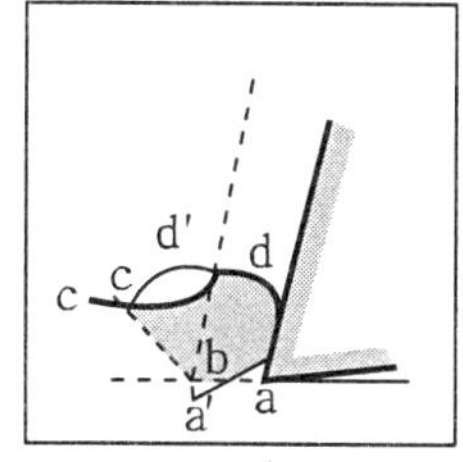

(c) 열단형(tear type)

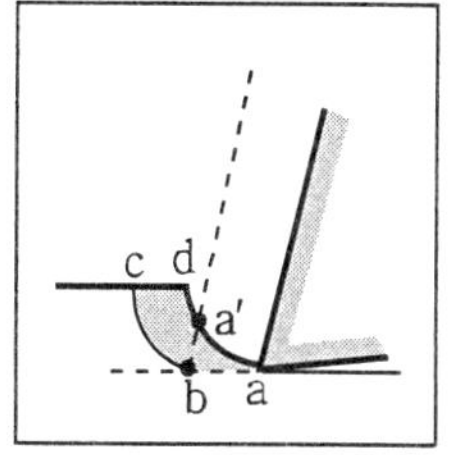

(d) 균열형(crack type)

그림 2.3 칩의 기본 형태

가공면은 깨끗하고 절삭력의 변동이 적으므로 가능한 한 이 모양의 칩이 발생하도록 절삭 조건을 정하는 것이 좋다. 유동형 칩은 공작물의 재질이 연하고 인성이 많을 때, 윗면 경사각이 크고, 절삭 깊이가 작으며 절삭 속도가 크며, 알맞은 절삭유제를 사용할 때 나타난다.

유동형 칩과 같이 연속형 칩은 일반적으로 가공면의 표면정도를 양호하게 해 주지만 항상 바람직하지는 않으며, 특히 자동공작기계의 사용에서는 더욱 그렇다. 즉, 연속형 칩은 절삭작업에서 공구 홀더 주위에 엉기기 쉬우며, 이를 제거하기 위해서는 작업을 일시 중단해야 하는데, 이러한 문제를 해결을 위해 칩 브레이커(chip breaker)가 사용되고 있다.

(b) **전단형 칩**(shear type chip)

전단형 칩은 그림 2.3 (b)와 같이 공구 날 끝이 앞쪽 a로 진행하면 칩 a, b, c, d 부분이 압축되어 a', b, c, d'로 변형하고, 이어서 전단면을 따라 전단이 생겨 칩이 분리된다. 이 형태의 칩은 10° 정도의 작은 윗면 경사각(그림 2.2 (c)의 α)을 가진 공구로, 절삭깊이가 비교적 작은 연강이나 주철을 절삭할 때 나타나는데, 이러한 전단형 칩은 절삭력의 변동이 크고 가공면에 요철이 나타나는 것과 같이 거칠다.

(c) **열단형 칩**(tear type chip)

열단형 칩은 경작형칩(耕作形: pluck type chip)이라고도 하며 일감의 재질이 공구에 눌어 붙기 쉬울 때, 공구의 윗면 경사각이 작을 때, 절삭 깊이가 클 때, 재료가 공구 윗면에 점착하여 흘러나가지 못하고 공구의 전진에 따라 압축되어 그림 2.3 (c)와 같이 공구 날 끝으로부터 앞의 밑쪽인 a' 방향으로 균열이 생기고, 이어서 bc면을 따라 전단이 생겨 분리되는 모양의 칩을 말한다. 균열과 파단이 반복적으로 진행되기 때문에 전단형보다 절삭저항의 변동폭이 훨씬 커져서 진동이 심하고 또 가공면에 균열의 흔적이 남기 때문에 표면가공 상태도 매우 불량하다.

(d) **균열형 칩**(crack type chip)

주철과 같은 취성 재료에서 그림 2.3 (d)와 같이 bc 방향으로 순간적으로 균열이 발생하여 거의 소성 변형을 일으키지 않은 상태에서 발생된 균열이 순간적으로 공작물 표면까지 진행되면서 공작물로부터 분리된다. 절삭저항의 급격한 변화로 인하여 표면가공 상태는 열단형과 함께 매우 불량하다.

참고로, 그림 2.4는 칩의 형태를 더욱 잘 살펴보기 위해 주사형 전자현미경(SEM)으로 관찰

유동형(flow Type)

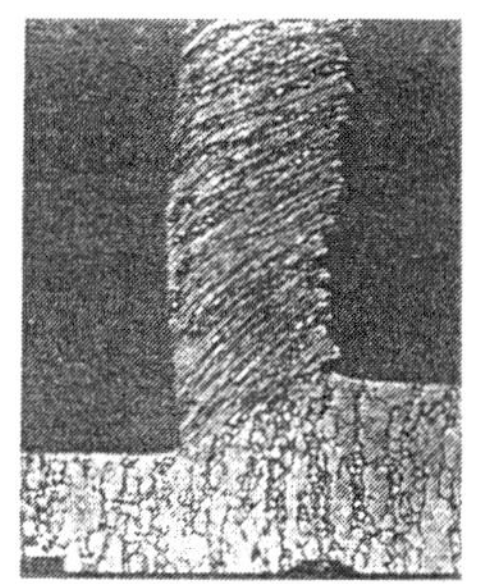

연속형 칩

- 6-4 황동의 절삭
- 절삭속도 100m/min
- 절삭깊이 0.2mm

전단형(shear Type)

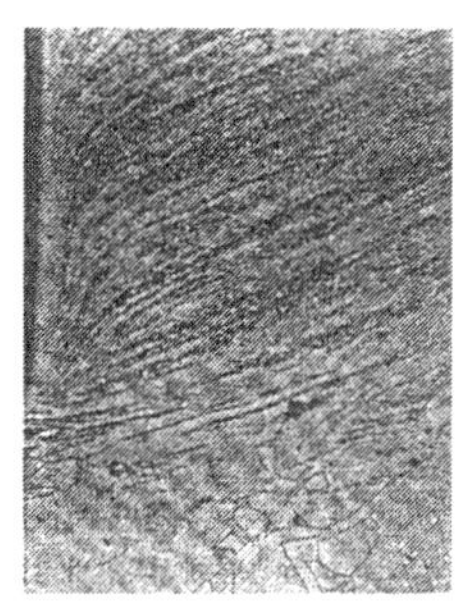

이차전단부

- 구리의 절삭
- 절삭속도 100m/min

열단형(tear Type)

전단형 칩

- 321스테인레스강
- 절삭속도 75m/min
- 절삭깊이 0.2mm

균열형(crack Type)

이차전단부

- 6.4 황동의 절삭
- 절삭속도 15m/min
- 미세한 구성인 선이 발생

그림 2.4 칩(Chip) 형태의 현미경(SEM) 사진

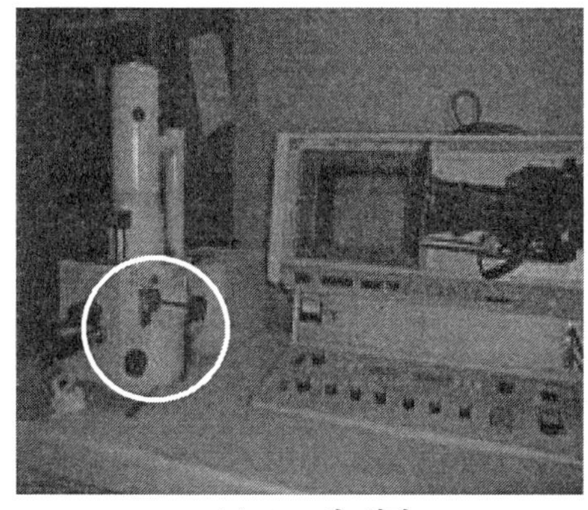

(a) SEM의 외관

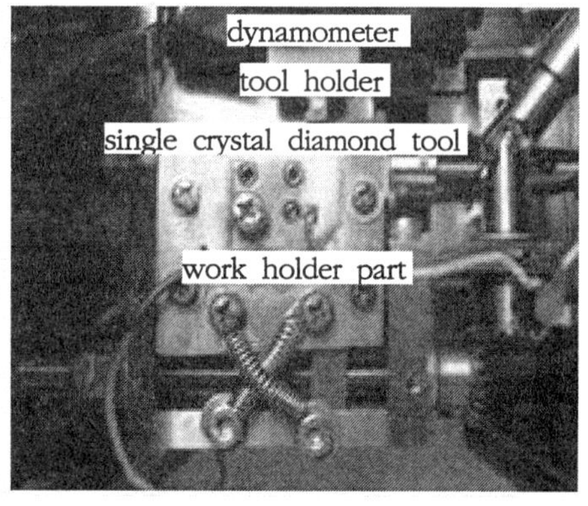

(b) SEM내 절삭 실험장치(원 내부)

그림 2.5 주사형 전자현미경(SEM)을 이용한 절삭실험장치

한 사진이며, 그림 2.5는 절삭 칩의 형태 및 절삭상태를 미시적으로 관찰하기 위한 주사형 전자현미경을 이용한 실험장치의 외관과 내부 사진이다.

용어 해설 칩 브레이커(chip breaker)란? 긴칩을 짧게 잘라주는 장치

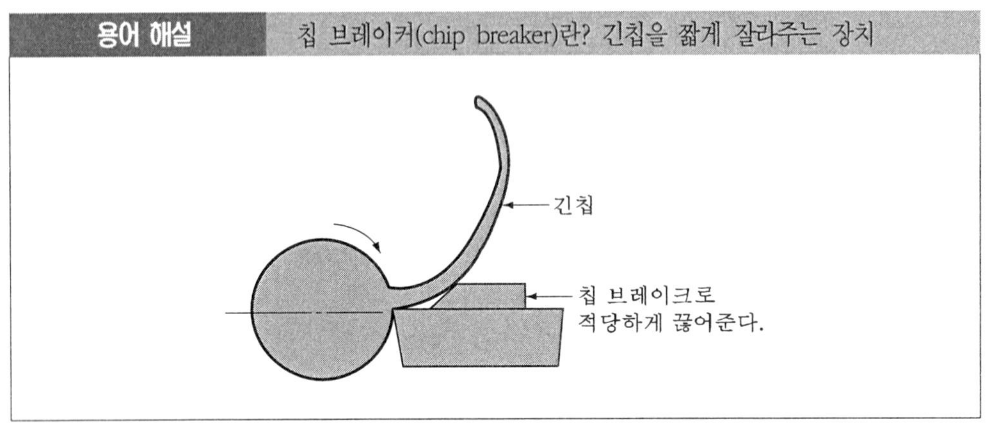

표 2.1 절삭조건과 칩의 형태

칩의 구분	공작물 재질	공구 경사각	절삭속도	절삭속도
Flow type	연질, 점성	크다	크다	작다
Shear type	↓	↓	↓	↓
Tear type	경질, 취성	작다	작다	크다

표 2.1은 절삭조건에 따른 칩의 형성 경향을 정성적으로 표시한 것이며, 그림 2.6은 앞서 연구한 과학자(W. Rosenhein 등)가 연구하여 얻은 공구의 경사각과 절삭깊이에 따른 칩의 형태의 변화를 정리한 그림으로 공작물을 연강으로 하고 절삭속도를 일정하게 하였을 때, 절삭깊이를 작게 하고 경사각을 크게 하면 유동형 칩이 형성된다는 것을 알 수 있다.

이와 같이 같은 재료를 절삭하더라도 그때의 절삭조건에 의하여 여러 가지 형식의 절삭작용이 생기게 되므로 정밀가공을 실현하기 위해서는 절삭속도, 절삭깊이, 이송속도 등 절삭조건을 충분히 고려하여 공작물의 재질과 사용하는 공구에 가장 알맞은 것으로 결정하여야 한다.

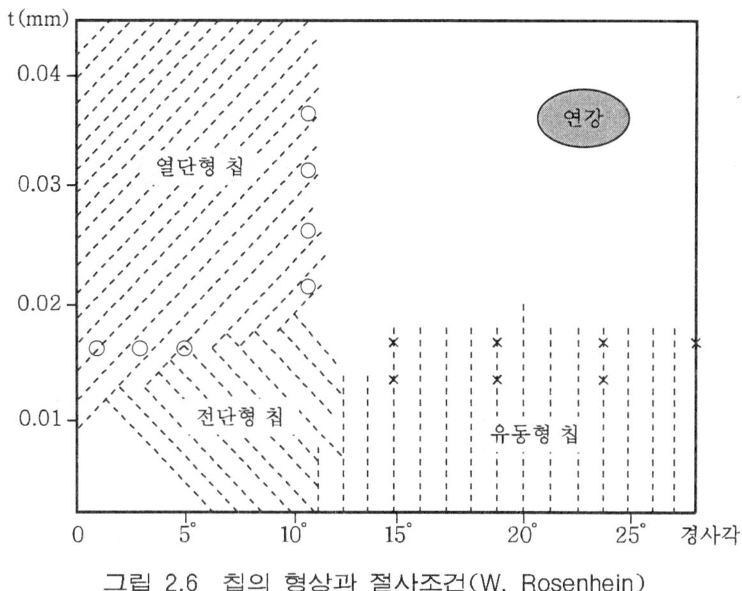

그림 2.6 칩의 형상과 절사조건(W. Rosenhein)

4) 구성인선(BUE: Built Up Edge)

(a) **구성인선의 발생**

구성인선은 연강, 스테인리스강, 알루미늄 등 유연한 재료를 절삭할 때 절삭영역에서 칩은 공구 윗면과 마찰에 의하여 마찰열이 발생하고 절삭열과 합쳐져서 고온이 되며, 공구윗면의 높은 압력에 의해 칩이 눌어붙어 나타나는 것이다. 그림 2.7은 소결 다이아몬드 공구를 사용하여 알루미늄을 절삭할 때 발생한 구성인선의 SEM 사진으로서, 이를 자세하게 도식적으로 나타내면 그림 2.8과 같다. 구성인선은 가공 경화된 것으로 매우 단단하고 절삭날과 같은 모양을 하여 절삭 날의 마멸을 감소시키기도 하지만, 공구각을 변화 시키며 발생과 탈락이 되풀이되어 공작물의 표면거칠기를 나쁘게 할 뿐만 아니라 공구의 떨림과 가공물의 표면정밀도를 저하시키는 원인이 된다.

이러한 구성인선은 그림 2.9와 같이 가공 중에 발생하여 성장하고 최대로 성장한 다음에 분열과 탈락 등의 과정을 1/50초에서 1/200초의 주기로 반복하고 있음이 확인된 바 있다.

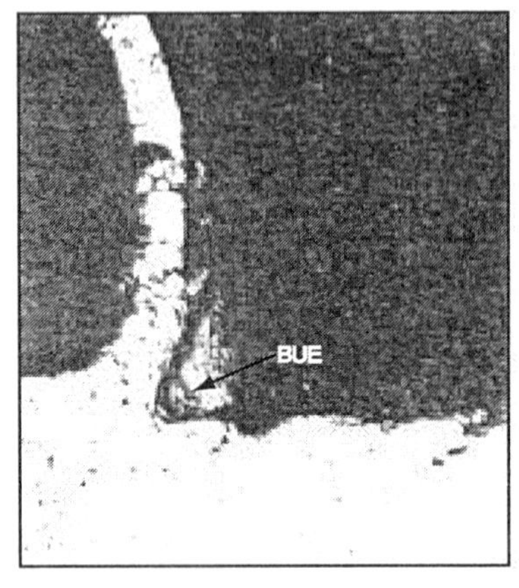

그림 2.7 구성인선의 SEM 사진

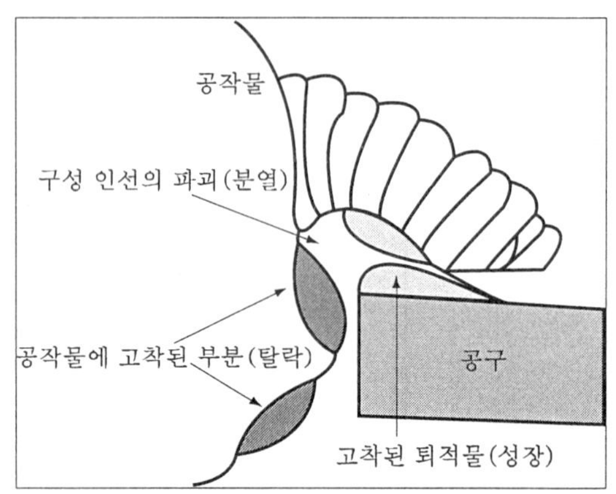

그림 2.8 구성인선(BUE: Built Up Edge)

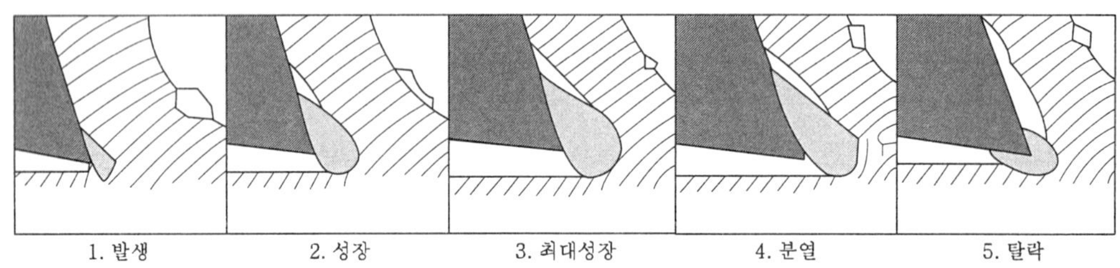

그림 2.9 구성인선의 발생과정(Schwerd)

(b) 구성인선의 방지법

구성인선은 다듬질면이 불량하고 가공에 나쁜 영향을 끼치는 경우가 많으므로 이것을 방지하는 것이 바람직하다. 구성인선의 일반적인 방지법은 다음과 같다.

① 절삭깊이(depth of cut)를 작게 한다.

② 공구의 경사각(rake angle)을 크게 한다

③ 공구의 날끝(cutting edge)을 예리하게 한다.

④ 윤활성이 좋은 절삭유제(cutting fluid)를 사용한다.

⑤ 절삭속도(cutting speed)를 크게 한다.

일반적으로 구성인선은 절삭조건에 따라 다르므로 위에서 열거한 것 이외에 절삭온도가 어떤 온도에 도달하면 구성인선이 발생하지 않는다는 보고도 있다.

한편, 구성인선은 경사각을 크게 하므로 절삭저항을 감소시키고, 또한 공구의 날 끝이 구성인선으로 보호되는 경우가 있으므로 때에 따라서는 바이트의 수명을 연장시키는 유리한 점도 있다. 이와 같은 장점을 이용한 절삭법을 실버화이트 커팅법(SWC: Silver White Cutting Method) 또는 은백절삭법(銀白切削法)이라고 한다. 실제로 SWC 바이트와 표준 바이트를 사용하여 탄소강을 절삭한 결과, 은백색의 칩이 유출되는 은백절삭법이 가공효과가 뛰어난 것이 증명된 예도 있다.

5) 절삭비(cutting ratio)

칩의 두께와 절삭깊이의 비를 나타내는 절삭비는 공작물과 공구에 대한 절삭 정도의 좋고 나쁨을 판단하는데 좋은 기준이 된다.

그림 2.10은 칩의 두께와 절삭깊이의 관계를 알아보기 위해 2차원 절삭면의 단면을 나타낸 것이다.

유동형 칩을 배출하는 절삭에 있어서 바이트의 절삭 정도가 좋을 때는 나쁠 때보다 칩의 길이는 길게 되고, 두께는 얇게 된다. 따라서 일정한 절삭 칩의 두께로 깎으려면 큰 힘이 필요할 것이다. 그림 2.10에서 전단각(ϕ)이 작을 때에는 전단면의 길이가 커져서 칩의 두께가 두껍게 된다. 전단각이 크면 이 관계는 전혀 반대가 될 것이다. 이때의 전단현상을 해석하기 위하여 전단각의 측정이 필요하고, 이들을 아는 가장 간단한 방법이 이른바 절삭비를 측정하는 것이다. 그럼, 절삭비를 산출하는 방법은 어떻게 되는지 알아보자.

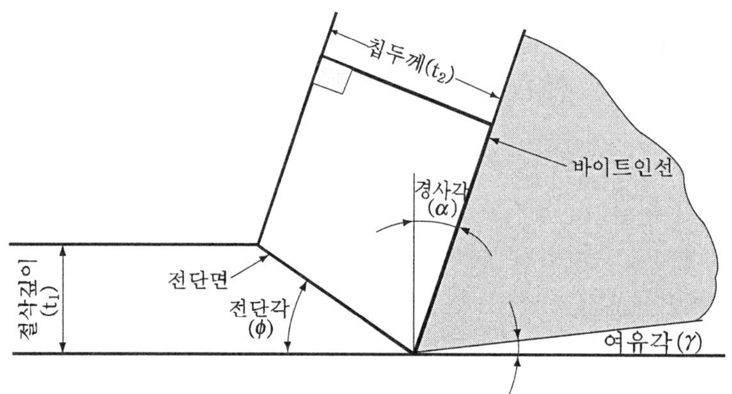

그림 2.10 2차원 절삭면의 단면

절삭비를 산출하는 공식은 다음 같다.

$$r_c = \frac{t_1}{t_2} = \frac{\text{절삭깊이}}{\text{칩두께}}$$

r_c는 절삭비, t_1은 절삭 깊이, t_2는 칩의 두께라 할 때, 「$r_c = t_1/t_2 =$ 절삭 깊이/칩두께」가 된다. 전단각(ϕ)와 공구경사각(α)이 같을 때, 전단면의 길이(length of shear plane)과 칩의 두께(chip thickness)는 같아지므로 칩의 두께(t_2)는 항상 절삭깊이(t_1)보다 크게 된다. 따라서 절삭비 r_c는 항상 1보다 작은 값이 될 것이다. 절삭비 산출 공식에서 t_1은 환봉의 단면 절삭과 같은 2차원 절삭, 또는 절삭깊이에 대해서 이송이 작은 일반의 3차원 절삭에서 주축 1회전에 대한 바이트의 이송(feed)에 해당하는 값이다. 그러므로 t_1의 측정은 이송을 계산하는 것만으로도 정확한 측정값이 얻어진다. 그러나, t_2는 칩 표면에 작은 요철(凹凸) 등이 있으므로 정확한 측정이 어렵다.

그렇다면, 칩 두께 t_2는 어떤 방식으로 측정해야 정확할까?

일반적인 칩 두께(t_2)의 측정방법에는 측정기에 의한 방법, 중량에 의한 방법, 체적에 의한 방법이 있다.

(a) 측정기에 의한 방법

측정기에 의한 방법은 마이크로미터 또는 공구현미경에서 측정한다. 그러나, 마이크로미터로 측정할 경우에는 칩은 일반적으로 굽혀(curl)져 있기 때문에 앤빌(anvil)과 스핀들(spindle)이 뾰족하게 생긴 포인트 마이크로미터(point micrometer) 등을 사용하는 것이 효과적이다.

(b) 중량에 의한 방법

중량에 의한 방법은 칩 길이 l(mm)의 중량을 구하여 절삭폭 b(mm), 피삭재 밀도(mg/mm^3)에 의하여 계산한다. 즉 $W = t_2 \cdot l \cdot b \cdot r$로 되므로 t_2는 $W/(l \cdot b \cdot r)$가 된다.

단 이때 역시 칩은 일반적으로 굽혀(curl)져 있으므로 칩의 길이 l은 가는 철사를 칩의 형태와 같이 구부린 다음 다시 펴서 측정하면 된다.

(c) 체적에 의한 방법

용접관 등의 단면을 2차원 절삭할 때에는 이 용접이음에서 주축 1회전의 칩의 길이 l_2를 알고 절삭 전후에서의 칩의 체적은 변하지 않는 것과 절삭 폭과 칩 폭은 같은 것으로 하면 l_1 : 절삭길이(mm)(feed), l_2 : 칩의 길이(mm) b : 절삭 폭(mm)으로 놓으면 다음과 같이 된다.

$$l_1 \cdot t_1 \cdot b = l_2 \cdot t_2 \cdot b$$

즉, $r_c = t_1 / t_2 = l_2 / l_1$, 또 이것을 그림 2.10과 함께 생각하면

$r_c = \sin\phi / \{\cos(\phi - \alpha)\}$가 된다.

용어 해설 포인트 마이크로미터(point micrometer)란?

칩(chip)은 굽혀져 있으므로 앤빌과 스핀들의 표면이 편평한 외측 마이크로미터로는 지나친 측정력이 작용하여 정확한 측정이 어렵다.따라서 앤빌(anvil)과 스핀들(spindle)이 뾰족하게 생긴 포인트 마이크로미터(point micrometer) 등을 사용하는 것이 효과적이다.

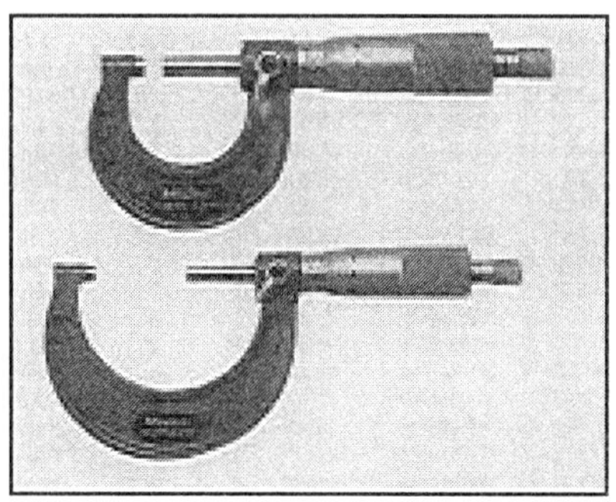

(a) 표준 외측 마이크로미터

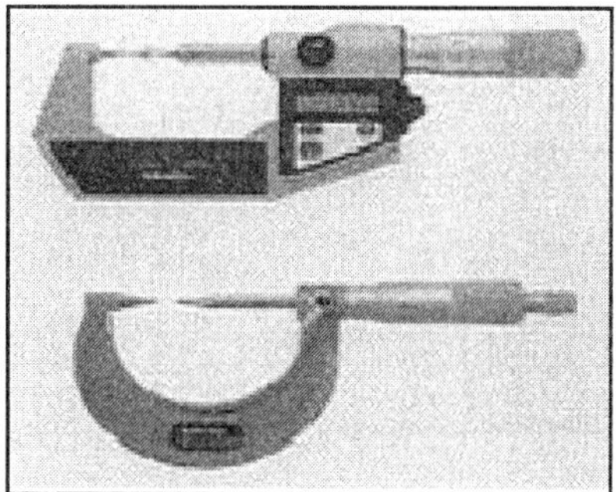

(b) 포인트 마이크로미터

그림 2.11 마이크로미터(Micrometer. Mitutoyo, Japan)

여기서 잠깐 !! 

Q: 칩의 기본적인 형태에서 설명하였던 칩 브레이커(chip breaker)에 대해 좀 더 자세히 알아 보자!!

A: 유동형 칩과 같이 연속형 칩은 절삭작업 시 공구 홀더 주위나 공작물에 엉겨 다듬질면과 바이트에 상처를 주고, 절삭유의 급유와 절삭작업을 방해한다. 이러한 문제의 해결을 위한 방안으로 칩 브레이커(chip breaker)가 사용되고 있다.
칩 브레이커로는 여러 가지 형식이 있으나 대표적인 것은 그림 2.12와 같다. 즉, 경사면에 홈을 파거나(a) 단을 두거나 하는 방법도 있고, 또는 툴 홀더(tool holder)에 별도의 초경합금 조각을 경사면에 고정하는 경우(b)도 있다.

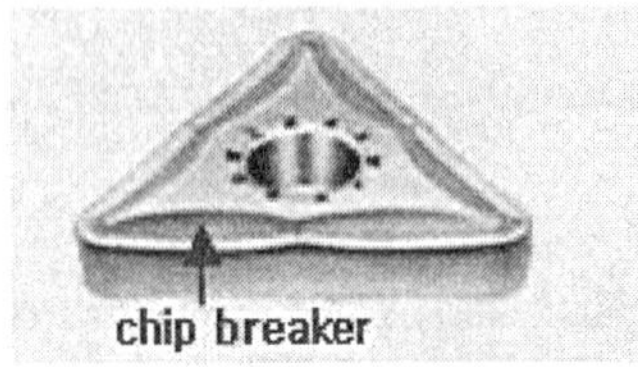

(a) 긴 칩이 발생하면

① 작업자에게 위험을 준다
② 공구와 공작물에 손상을 준다
③ 칩 처리(청소)가 어렵다
④ 생산성이 저하된다(약 17배의 경제적 손실)

(b) 칩 브레이커를 설치하면

① 절삭저항을 감소시킨다
② 공구마모를 줄인다
③ 절삭날이 강해진다
④ 계속적인 작업을 할 수 있다.

그림 2.12 칩 브레이커(Chip breaker)

보충 설명 칩 브레이커의 조건 및 종류

1. 칩 브레이커의 조건 및 작용 : 칩 브레이커는 기본적으로 어떤 작용을 하는지 그림을 보며 생각해 보자.

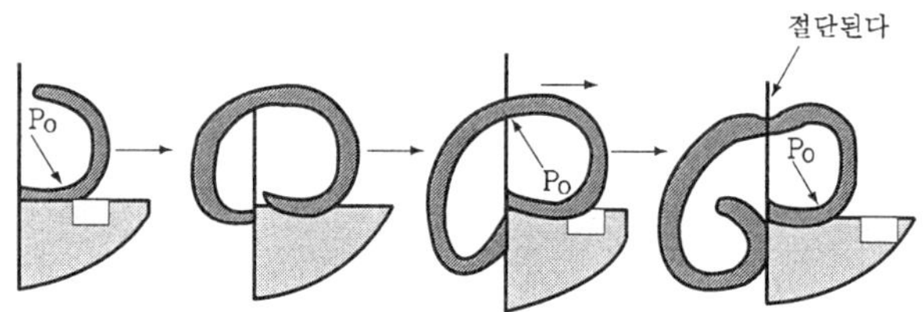

☞ 칩의 흐름이 어떻게 되었는가?
- 칩이 칩브레이커에 의해 굽혀져 곡률반경(P_o)으로 배출된다.
- 칩선단이 공구의 여유면, 공작물을 표면에 부딪혀 굽혀진다.
- 곡률반경(P_o)이 점차 커져 칩이 펴진다.
- 곡률반경(P_o)이 최대로 되어 한계점에 부딪혀 절단된다.

2. 칩 브레이커의 종류 : 칩 브레이커는 크게 홈형(groove type)과 방해형(obstruction type) 2가지가 있다.
   ① 홈형(팁 붙이 바이트용)
      ㉠ 강인한 재료 - 평행형, 각도형
      ㉡ 절삭깊이 자유일 때 - 홈달림형
      ㉢ 절삭깊이가 크게 변할 때 - 역각도형

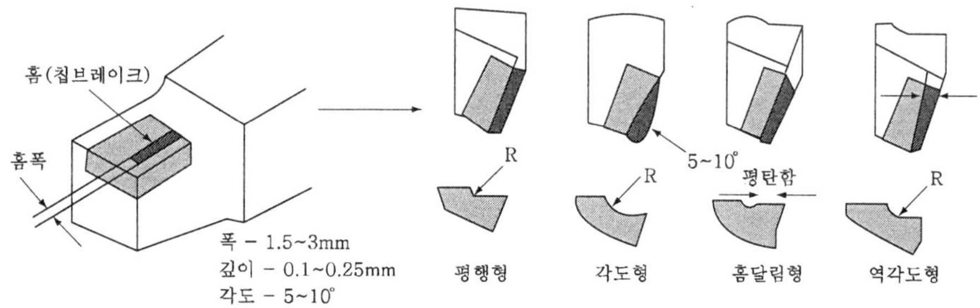

   ② 홈형(인서트 바이트용) 최근의 인서트 공구 중에서 가장 널리 이용되고 있다. (ISO 규격)

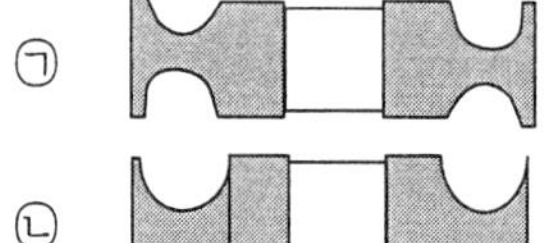

㉠ G-type : 일반적으로 중, 경 절삭용으로 양쪽면 사용이 가능하다.

㉡ M-type :중절삭용 칩브레이커는 홈이 크다. 한쪽만 사용한다.

ⓒ R-type : 내경 보링용으로 많이 사용한다.

ⓓ X-type :특별형태(주문형)

③ 방해형(obstruction type)

㉠ Attached obstruction type-중절삭용에 적합하다.

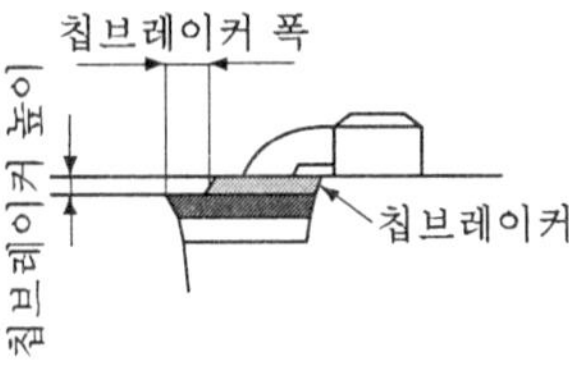

㉡ Integral obstruction type- ISO규격의 F type이다. 팁 붙이 공국(brazing tool)의 경우 이에 속한다.

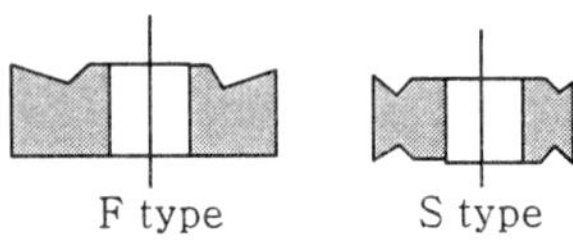

6) 전단변형(shearing strain)과 전단각(shear angle)

그림 2.13은 전단변형을 구하기 위하여 적은 범위에서 전단(shearing)되는 유동형 칩의 과정을 나타낸 것이다. 공구 앞 부분이 A에서 B로 진행되는 사이에 왼쪽의 부분은 전단변형(shearing deformation)으로 ΔS의 변형이 생긴다. 그러므로 AB⊥CD를 작도하고, 경사각(rake angle) α, 전단각(shear angle) ϕ, 전단 변형(shearing strain)을 γ라고 하면 그림 2.13의 (b)에서 $\gamma = \Delta S/\Delta y = AB/CD = (AD+DB)/CD$ 임을 알 수 있다.

여기서 $\angle BCD = \phi - \alpha$ 이고, $\tan(\phi-\alpha) = DB/DC$ 이므로

전단변형 $\gamma = AB/CD = \cot\phi + \tan(\phi-\alpha)$

또는 $\gamma = \dfrac{\cos\alpha}{\{\sin\phi + \cos(\phi-\alpha)\}}$가 된다.

한편, 전단각 ϕ는 앞에서 배운 $r_c = t_1/t_2 = \dfrac{\sin\phi}{\{\cos(\phi-\alpha)\}}$에서

$$\sin\phi = r_c\cos\phi\cos\alpha + r_c\sin\phi\sin\alpha$$

그러므로 $(1-r_c\sin\alpha)\sin\phi = r_c\cos\alpha\cdot\cos\phi$, $\tan\phi = \dfrac{r_c\, ws\ \alpha}{1-r_c\sin\alpha}$로 계산할 수 있다.

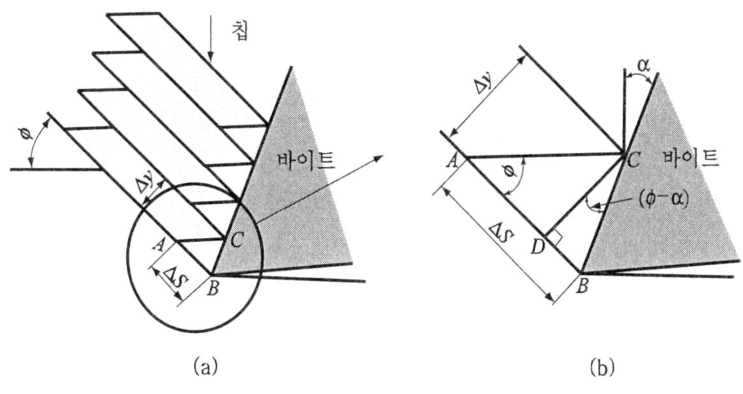

그림 2.13 전단변형과 전단각

체크 포인트

1. 칩의 기본형태
   ① 유동형 ② 전단형
   ③ 경작형 ④ 균열형

2. 구성인선(BUE : Built Up Edge)의 방지법
   ① 절삭깊이(depth of cut)을 작게 한다.
   ② 공구의 경사각(rake angle)을 크게 한다.
   ③ 공구의 날끝(cutting edge)을 예리하게 한다.
   ④ 윤활성이 좋은 절삭유제를 사용한다.
   ⑤ 절삭속도(cutting speed)를 크게 한다.

3. 절삭비(cutting ratio)의 산출 공식
   $r_c = t_1/t_2$ =절삭 두께 / 칩 두께

   칩 두께(chip thickness)를 측정하는 방법
   ① 측정기에 의한 방법
   ② 중량에 의한 방법
   ③ 체적에 의한 방법 등
   이 있다.

   전단변형(shearing strain)과 전단각(shear angle)의 관계식

   $$\gamma = \frac{\cos\alpha}{\{\sin\phi + \cos(\phi-\alpha)\}},$$

   여기서 전단각 ϕ는 $\tan\phi = (r_c\cdot\cos\alpha)/(1-r_c\cdot\sin\alpha)$

연습문제

1. 다음 가운데 칩의 형태에 영향을 주는 인자가 아닌 것은?
   ① 절삭유제 ② 공구 날의 형상
   ③ 절삭속도 ④ 칩의 크기
   ⑤ 절삭온도 ⑥ 공작물의 재질

2. 구성인선을 유리하게 이용한 절삭법은?
   ① 저온 절삭법 ② 건식 절삭법
   ③ 은백 절삭법 ④ 크리피드 절삭법
   ⑤ 미소 절삭법 ⑥ 고압 절삭법

3. 바깥지름이 60mm인 둥근 강봉을 선반에서 절삭한다. 공구의 윗면경사각 $\alpha=6°$, 절삭 깊이 $t_1=0.2\text{mm}$, 공작물 1회전에 대한 연속 칩의 길이 $l_1=120\text{mm}$일 때,
   ① 절삭비 t_c와 칩 두께 t_2
   ② 전단 스트레인 γ를 구하라.

정답 및 해설

1. 칩의 형태는 절삭유제와 경사각, 여유각 등 공구 날의 형상, 절삭 속도 등의 절삭 조건, 칩의 크기, 공작물의 경도 등 재질에 따라 달라진다. 그러나, 절삭온도는 직접적으로 칩의 형성에 영향을 미치지 않는다.

2. 구성인선을 적극적으로 이용한 절삭법은 은백 절삭법(SWC: Silver White Cutting Method)이다. 여기서 「은백」이란 이름이 붙은 것은 SWC 바이트(Silver White Chip Bite)를 사용하여 절삭하였을 때, 절삭 칩은 산화작용을 거의 받지 않아 은백색으로 배출된다고 해서 지어진 이름이다.

3. 1) 절삭비(cutting ratio) $r_c = t_1/t_2 = l_1/l_2 = 120/\pi D = 120/188.5 = 0.64$

   칩 두께(chip thickness) $t_2 = t_1/t_2 = 0.2/0.64 = 0.31\,(\mathrm{mm})$

   2) 전단각(shear angle) ϕ는 $\tan\phi = (r_c\cos\alpha)/(1 - r_c\sin\alpha)$

   $= (0.64.99)/(1 - 0.64 \times 0.1)$

   $= 0.67 \quad \therefore \phi = 33.8°$

   따라서 $\gamma = \cot\phi + \tan(\phi - \alpha) = 1/0.67 + \tan(33.8 - 6) \fallingdotseq 2.02$

용어 해설 SWC 바이트(Silver White chip Bite)란?

SWC 바이트(Silver White chip Bite)는 경사면에 2단의 경사각이 주어져서 선단의 제1단 경사각은 -30에서 -35, 제2단 경사각은 +30이다. 마이너스 경사각의 부분에는 구성인선을 발생시키지만, 구성인선의 경사각은 약 30이므로 구성인선의 경사면과 절삭공구의 경사면과는 완전히 평행이 된다.

이 경우에는 구성인선이 이탈하기 시작할 때, 공구 쪽으로 유출시키지 않고, 절삭진행과 함께 측면으로 유출된다. 따라서 공구의 경사면과 여유면에 구성인선에 의한 마모가 없어져 공구수명이 길어지게 되는 것이다.

2. 절삭저항

학습 Point

- 절삭저항 = 절삭공구가 가공물을 절삭할 때 공구가 공작물로부터 받는 저항력
- 절삭저항의 1분력 = 주분력, 이송 분력, 배분력

1) 절삭저항의 3분력

일반적으로 절삭저항이라고 하면 주분력 만으로 표시하는 일이 많은데, 이것은 절삭하는 공구에서는 주분력을 알면 다른 분력도 대략 추정할 수 있기 때문이다. 그러나 공작기계 및 가공물의 변형에는 각 분력이 모두 영향을 미친다.

그림 2.14는 선반을 이용한 절삭가공에서 3차원 절삭에 의한 절삭저항을 3분력으로 나타낸 것으로 아래에 각각에 대한 설명을 정리하여 나타낸다.

① 주분력(vertical component of cutting force, F_c)

- 직접 절삭에 참여하는 분력이다.
- 일반적인 금속재료의 절삭에서는 3분력 중 가장 크다.
- 절삭소요동력(HP, kW)의 계산에 사용된다.

② 배분력(radial component of cutting force, F_t)

- 공구의 축 방향으로 작용하는 분력이다.
- 절삭깊이 방향, 즉바이트를 밀고 밀리는 방향의 분력이다.
- 일반적인 금속재료의 절삭에서는 주분력의 0.3~0.5배 정도이다.

③ 이송 분력(axial component of cutting force, F_z)

- 이송방향에 대한 저항력이다.
- 일반적인 금속재료의 절삭에서는 주분력의 0.1~0.2배 정도를 나타낸다.

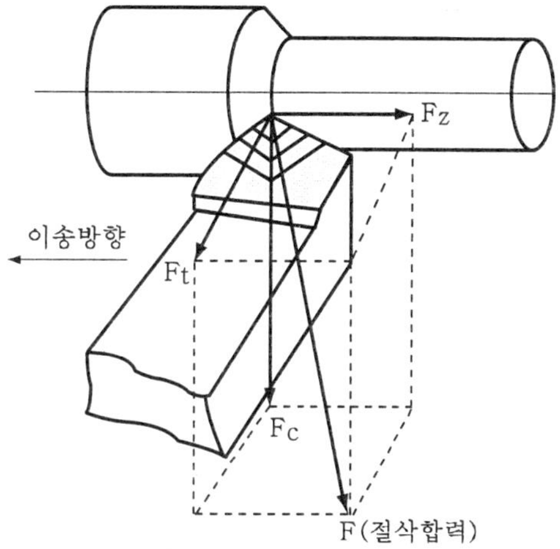

그림 2.14 절삭저항의 3분력

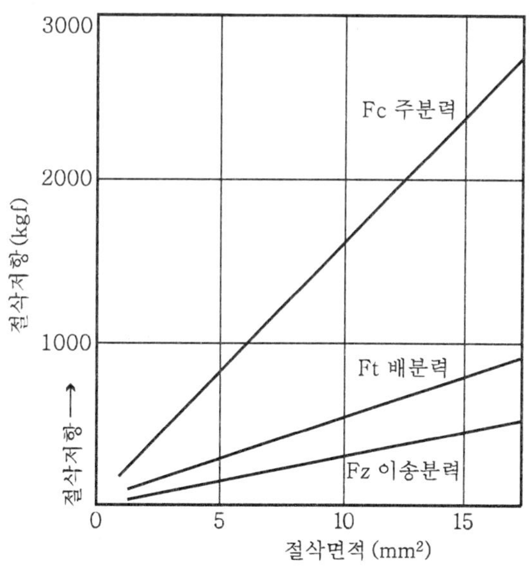

그림 2.15 탄소강의 절삭에서 절삭면적과 절삭저항의 관계

그림 2.15는 탄소강을 선반 절삭하였을 때, 절삭면적에 따른 절삭저항의 변화를 나타낸 것으로 절삭면적이 증가됨에 따라 절삭저항은 증가됨을 알 수 있다. 이때, 각분력의 크기를 비교해 보면 F_c, F_t, F_z가 대략 10:3~5:1~2로 추측할 수 있다.

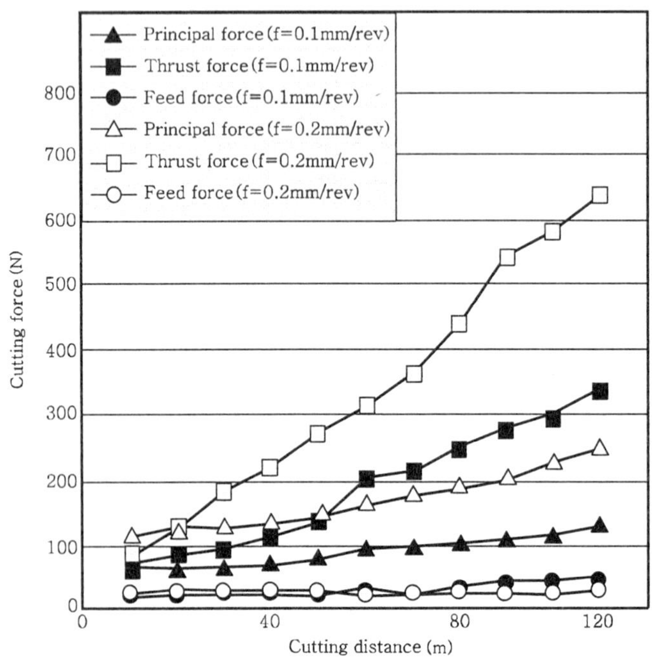

그림 2.16 절삭면적과 절삭저항의 관계 절삭속도 : 15m/min, 절삭깊이 : 0.1mm, 공작물 : 초경합금(V30) 공구 : PCD TNGA160408 공구형상 : -5, -5, 5, 5, 30, 0, 0.8

그러나 이 절삭저항의 크기는 절삭조건에 따라 달라지며, 경우에 따라서는 이송분력이 배분력보다 커질 수도 있으며, 가공하는 공작물의 재질에 따라 배분력이 주분력보다 큰 경우도 있다. 즉, 금형용 초경합금재와 같은 난삭재(difficult-to-cut-materials, 難削材)를 선반 절삭할 때의 절삭저항의 각 분력의 크기는 배분력 〉주분력 〉이송분력의 순서라는 것이 저자의 연구 등을 통해 밝혀진 바 있다.(참고 : 일본정밀공학회 논문집 제 69권 12호, 2003년)

그림 2.16은 이에 대한 하나의 예로서 금형용 초경합금재 V30을 이송속도 0.1mm/rev 및 0.2mm/rev로 선반 절삭하였을 경우, 절삭 거리에 대한 절삭저항의 변화를 나타낸 것이다.

한편, 절삭가공에서 주분력을 알면 절삭동력의 계산이 가능하다. 그림 2.17에서 공작물지름 = D(mm), 절삭속도=V(mm), 주축 회전수 = N(mm)라 하면, 절삭속도(V) = 각속도반경이므로 식 (2-1)과 같이 되며 여기서 절삭동력 H를 마력(PS) 또는 kW로 나타내면 식 (2-2)와 식 (2-3)과 같이 된다. 그럼, 이러한 공식이 적용될 수 있는 다양한 문제들을 풀어 보자.

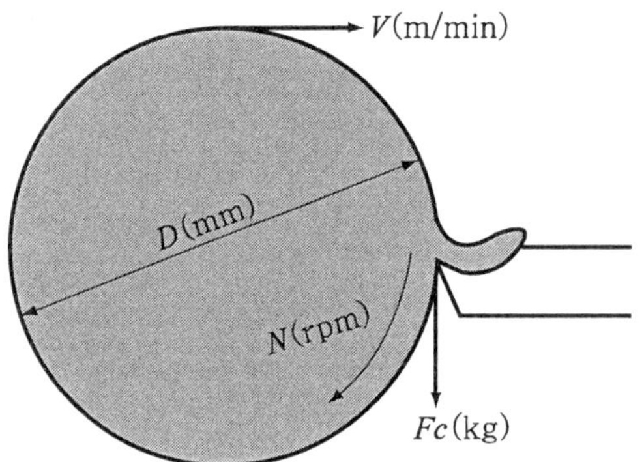

그림 2.17 선반절삭의 동력

$$V = 2\pi N \times \frac{\frac{1}{2}D}{1000} \times \frac{\pi DN}{1000}(m/\text{min}) \tag{2-1}$$

$$H = \frac{F_c V}{75 \times 60} = \frac{F_c \pi DN}{75 \times 60 \times 1000}(PS) \tag{2-2}$$

$$H = \frac{F_c V}{102 \times 60} = \frac{F_c \pi DN}{102 \times 60 \times 1000}(KW) \tag{2-3}$$

예제 1

100mm의 환봉을 선반에서 주축 회전수 600rpm으로 절삭할 때 주분력이 120kg이었다. 이때의 절삭동력은 얼마인가?

풀이

$$H = \frac{F_c \pi DN}{75 \times 60 \times 1000}(PS) = \frac{120 \times \pi \times 600 \times 100}{75 \times 60 \times 1000} = 5.03(PS)$$

$$H = \frac{F_c \pi DN}{102 \times 60 \times 1000}(KW) = \frac{120 \times \pi \times 600 \times 100}{102 \times 60 \times 1000} = 3.7(KW)$$

예제 2

위의 문제에서 선반전동기의 전력계가 4kW를 나타내었으면 이 선반의 기계적 효율은 얼마일까?

풀이 기계적 효율

$$\eta = \frac{output}{input} = \frac{3.7}{4} \times 100 = 92.5(\%)$$

따라서 이 선반에서는 100% - 92.5% = 7.5%는 이론적인 기계적 손실이다.

2) 절삭저항의 이론

① 바이트 경사면의 마찰계수(friction coefficient)

유동형 칩이 발생하는 경우, 칩은 바이트의 경사면을 마찰하면서 흘러나온다는 것을 기억할 것이다. 물론, 이 마찰은 일반적인 금속간의 마찰과는 다르고 바이트의 마멸, 절삭열, 절삭유제 등에 영향을 미치므로 절삭에서 바이트 경사면의 절삭 분력을 생각하여 마찰계수 및 칩의 압축, 전단응력과 절삭저항의 관계를 다시 한 번 살펴보기로 한다.

그림 2.18은 절삭 가공의 이론에 대하여 많은 업적을 남긴 Merchant가 정립한 2차원 절삭의 설명도이며 각부 명칭은 오른쪽 박스에 설명된 바와 같다. Merchant는 2차원 절삭에 있어서의 절삭저항에 대한 해석을 그림과 같이 하였는데 이때의 힘의 관계는 식 2-4와 같다.

2차원 절삭의 힘의 관계 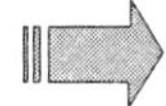

$$\angle caFc = \angle Fcad - \angle cad = 90° - \alpha - (90° - \beta) \tag{2-4}$$

$$= 90° - \alpha - 90° + \beta = \beta - \alpha$$

여기서 칩은 힘 N에서 바이트의 경사면을 눌러 마찰력 F를 일으키게 된다. 그러므로

$$\cos\beta = \frac{N}{R} \qquad \sin\beta = \frac{F}{R} \tag{2-5}$$

또 앞의 그림에서

$$N = Fc\cos\alpha - Ft\sin\alpha \tag{2-6}$$

$$F = Fc\sin\alpha - Ft\cos\alpha$$

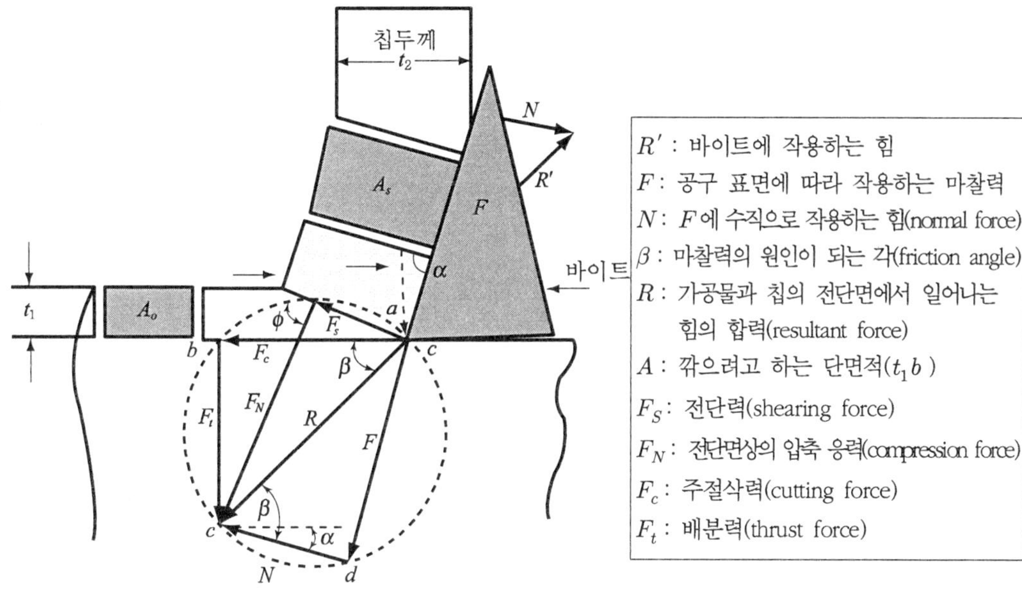

그림 2.18 2차원 절삭기구(M. E. Merchant)

그러므로 경사면의 마찰계수 μ는

$$\mu = \tan\beta = \frac{F}{N} = \frac{Fc\sin\alpha - Ft\cos\alpha}{Fc\cos\alpha - Ft\sin\alpha} \tag{2-7}$$

$$= \frac{Fc\dfrac{\sin\alpha}{\cos\alpha} + Ft}{Fc - Ft\dfrac{\sin\alpha}{\cos\alpha}} = \frac{Fc\tan\alpha + Ft}{Fc - Ft\tan\alpha}$$

이 된다. 이 식에서 주분력 F_c, 배분력 F_t, 바이트 경사각 α를 알면 경사면의 칩과 바이트와의 마찰계수를 계산할 수가 있을 것이다.

마찰계수는 절삭현상을 연구함에 있어서 아주 중요한 의미를 가지고 있는 것이므로 절삭저항의 이론을 해석하는데 있어서 꼭 기억해 두어야 할 부분이다.

② 칩의 압축응력과 전단응력

칩이 전단변형 하는 부분에서의 절삭저항의 분력과 전단면의 면적 당 응력의 크기에 대하여 그림 2.19의 절삭기구도를 보며 생각해 보자.

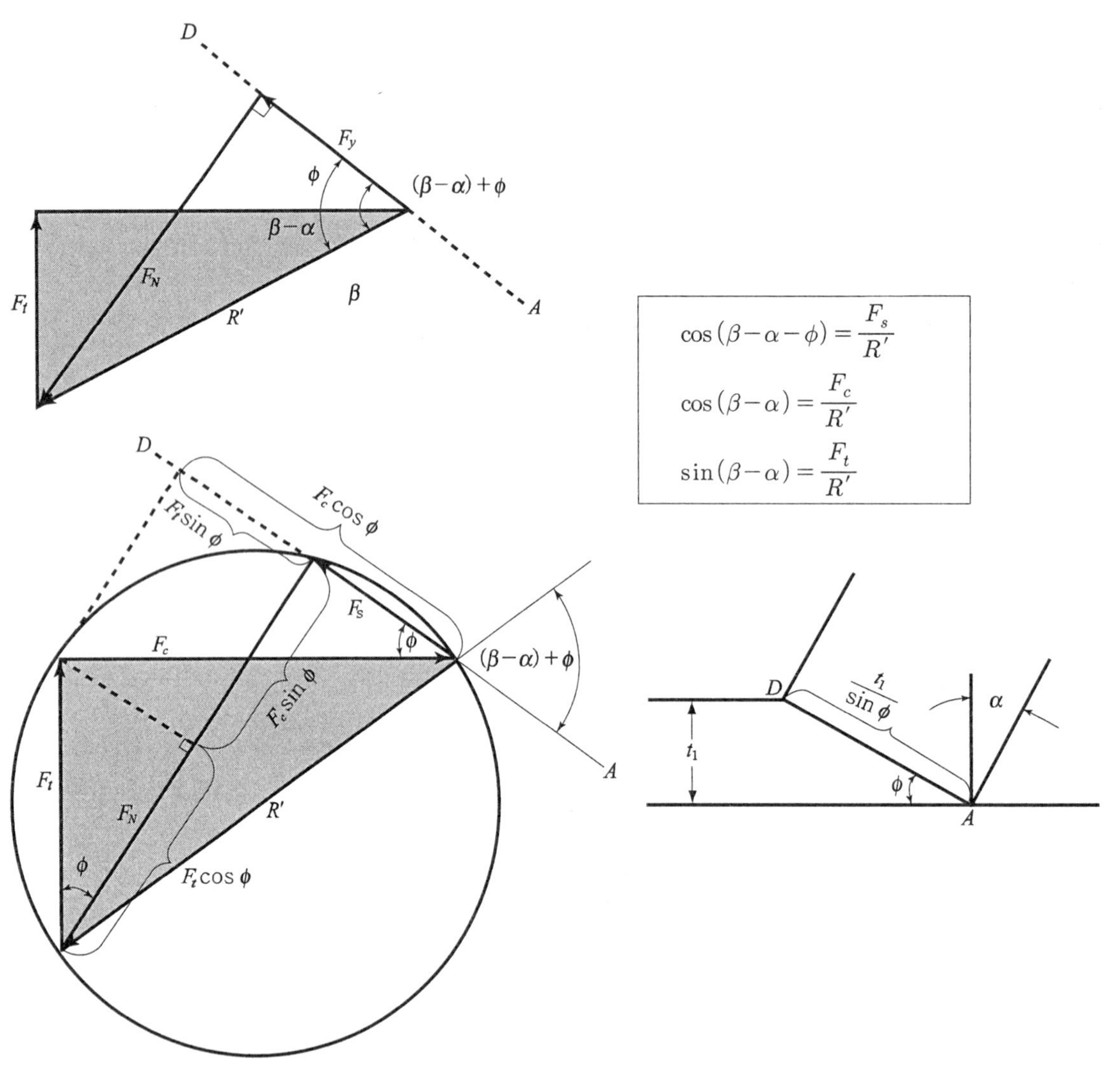

그림 2.19 2차원 절삭기구도

전단면에 작용하는 응력이 일반적인 재료시험에서의 전단응력과 같은 값이면 절삭저항은 절삭깊이나 이송에서 계산할 수가 있어서 편리하지만 크게 다르다는 것을 알 수 있을 것이다.

그림 2.19에서 R'는 주분력으로, 배분력의 합력 R의 반력이지만 이 R'를 공작물이 전단변형하는 전단면 AD에 수직인 분력 F_N과 전단면 AD에 평행한 분력 F_S로 살펴본다. 여기서 공작물은 전단면 AD에 전단력 F_S을 받아서 전단변형 할 때, 동시에 압축력 F_N을 받고 있다고 볼 수 있을 것이다.

여기서, 전단각을 ϕ로 하면

$$F_S = Fc\cos\phi - Ft\sin\phi \tag{2-8}$$

$$F_N = Fc\sin\phi - Ft\cos\phi$$

로 된다. 전단면 AD에 대한 전단응력을 τ라 하면

$$\tau = \frac{F_S}{A}$$

여기서, A는 전단면의 면적이며, 전단면 AD에 대한 압축응력을 σ라 하면

$$\sigma = \frac{F_N}{A}$$

이다. 전단면의 단면적은 절삭 폭을 b라 하면 AD×절삭 폭, 즉 $\frac{t_1}{\sin\phi}\times b$이기 때문에

$$\tau = \frac{F_S\sin\phi}{t_1 b} = \frac{(F_c\cos\phi - F_t\sin\phi)\sin\phi}{t_1 b} \tag{2-9}$$

$$\sigma = \frac{F_N\sin\phi}{t_1 b} = \frac{(F_c\sin\phi - F_t\cos\phi)\sin\phi}{t_1 b} \tag{2-10}$$

로 된다. 또,

$$F_S = \frac{\tau \cdot b \cdot t_1}{\sin\phi}$$

으로 쓸 수 있으며, 그림 2.19에서 $\cos(\beta - \alpha + \phi) = \frac{F_S}{R'}$이므로 주분력, 배분력의 합력 R의 반력 R'는

$$R' = \frac{F_S}{\cos(\beta-\alpha+\phi)} = \frac{\tau \cdot b \cdot t_1}{\cos(\beta-\alpha+\phi)\sin\phi} \quad (2\text{-}11)$$

이 된다. 그림 2.19에서

$$\cos(\beta-\alpha) = \frac{F_c}{R'}$$

$$\sin(\beta-\alpha) = \frac{F_t}{R'} \text{ 이므로}$$

주분력 F_c 및 배분력 F_t는

$$F_c = R'\cos(\beta-\alpha) = \frac{\tau b t_1 \cdot \cos(\beta-\alpha)}{\cos(\beta-\alpha+\phi)\sin\phi} \quad (2\text{-}12)$$

$$F_t = R'\sin(\beta-\alpha) = \frac{\tau \cdot b \cdot t_1 \cdot \sin(\beta-\alpha)}{\cos(\beta-\alpha+\phi)\sin\phi} \quad (2\text{-}13)$$

이다.

식 (2-12)와 식 (2-13)에서 절삭 주분력 및 배분력은 바이트 경사각, 전단각, 마찰각 및 전단면의 전단응력 τ를 알면 계산에 의해서 구할 수 있게 된다.

앞에서도 언급하였듯이 만약 τ의 값이 재료시험에 의해서 구한 값과 일치하게 되면 재료시험 결과에서 주분력 및 배분력을 구하는 것이 가능해서 상당히 편리 하지만 이 τ의 값은 약 70~80kg/mm^{2}로 되는데 일반적인 재료시험 결과 값과 비교하면 상당히 큰 값임을 알 수 있다.

왜 τ의 값이 이와 같이 큰 값일까? 이것은 바로「절삭」이라는 현상이 일반적인 파괴 현상과는 다르다는 것을 잘 나타내고 있기 때문이다.

3) 절삭저항의 측정

공구에 의해 공작물을 절삭할 때, 그 절삭저항은 공작물의 재질, 절삭조건, 공구의 형상등에 의해 변화한다. 절삭저항은 절삭이론의 연구는 물론, 재료의 피절삭성의 시험, 절삭유제의 성능실험, 절삭조건의 검토, 공작물과 기계에 미치는 정밀도 상의 문제 등 넓은 범위에 걸쳐 중요한 문제이다.

따라서 절삭저항을 알면 각각의 공작기계를 능률적으로 사용할 수가 있으므로 이전부터 각종 절삭저항의 측정법이 연구되어지고 있다.

절삭저항의 측정법은 무수히 많지만 이들 측정법을 가공현장에서 사용한다는 관점에서 검토하면 현재 실용화되어 있는 것으로서는 다음과 같다.

절삭동력 측정에 의한 방법
스트레인 게이지(strain gauge)형 절삭공구동력계
압전형(壓電型, piezo electric type) 절삭공구동력계

① 절삭동력 측정에 의한 방법

절삭할 때의 주축용 전동기의 전류 값을 검출하는 방식으로 절삭동력 H(PS)를 알면 다음식에 의해 절삭 주분력을 알 수 있다.

$$F_c = \frac{75 \times 60 \times 1000}{\pi DN} (\mathrm{kg}_f) \tag{2-14}$$

절삭동력 H를 KW로 측정하면

$$F_c = \frac{102 \times 60 \times 1000}{\pi DN} (\mathrm{kg}_f) \tag{2-15}$$

- N : 주축동력(rpm)
- D : 공작물의 지름(mm)
- F_c : 절삭 주분력(kg_f)
- H : 절삭동력(PS 또는 kW)

식 (2-14)와 식 (2-15)에서 절삭동력 H를 알기 위해, 절삭할 때의 주축용 전동기의 전력 값을 측정하는 데 있어서 옛날에는 프로니 브레이크(prony brake) 혹은 프로니 동력계(prony dynamometer)를 사용하였으나 계측기의 발달로 그림 2.20과 같은 삼상의 AC/DC power meter를 이용하여 편리하고 정확하게 계측할 수 있다.

그림 2.20 Three-phase AC/DC power meter(made by HIOKI E.E Corp., Japan)

용어 해설 프로니 브레이크(prony brake) 혹은 프로니 동력계(prony dynamometer)란?

Tera(1856~1915)가 오래 전에 이용한 방법으로 원동기의 벨트차나 플라이 휠에 목편을 눌러 원동기의 출력을 흡수시킴으로써 그 크기를 측정하는 동력계이다. 정밀한 절삭현상의 해석을 위한 절삭저항의 측정 등에는 부적당하지만 대략의 절삭저항은 알 수 있다.

한편, Tera는 1880년경 약 20년간에 걸쳐서 절삭시험을 행한 과학적 관리법의 창시자로서 공정관리의 원조 연구자로 유명하며 1900년경 파리 만국 박람회에 고속도강(C 0.65~0.7%, Cr 4.0%, W 18.0%, V 0.5~1.5%)을 출품한 바 있다.

② 스트레인 게이지(strain gauge)형 절삭공구동력계

위에서 설명한 절삭동력 측정에 의한 방법은 간편하지만, 절삭저항의 3분력을 동시에 측정할 수 없는 단점이 있다.

따라서 실험용으로는 그림 2.21과 같은 저항선 스트레인 게이지를 이용하여 제작한 절삭공구동력계가 널리 사용되고 있다.

그러면 스트레인 게이지형 절삭공구동력계의 원리에 대해 살펴보자. 이 원리를 잘 이해하면 생산 현장에서도 쉽게 제작하여 사용할 수 있을 것이다.

그림 2.22는 저자가 직접 제작해 본 스트레인 게이지형 절삭공구동력계의 내부모양이다.

여기서 R_1, R_2, R_3, R_4는 주분력 측정용 스트레인 게이지 부착 지점이며 이에 직각인 부분은 배분력 측정용이 된다.

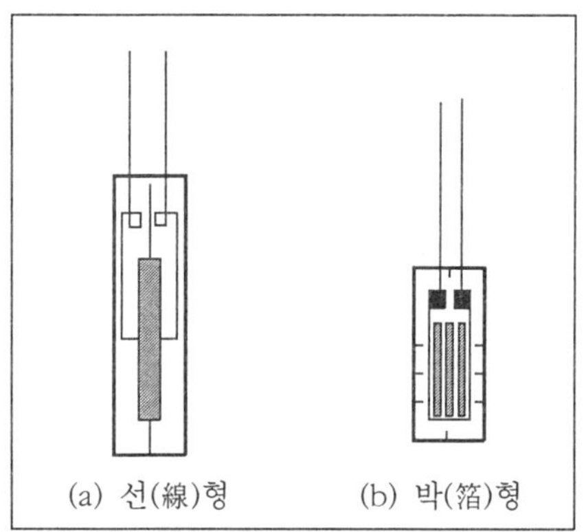

그림 2.21 스트레인 게이지(strain gauge)

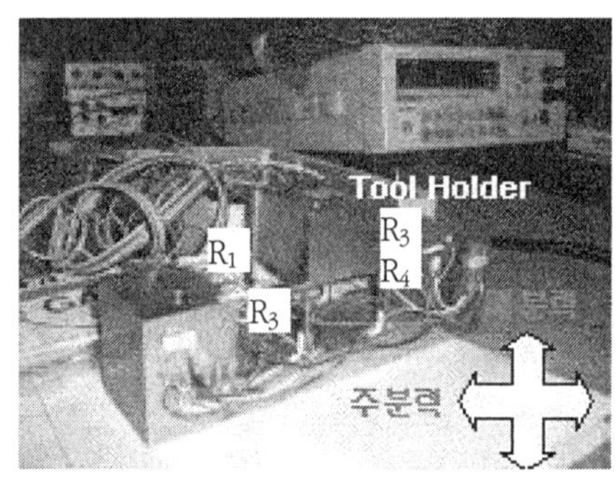

그림 2.22 스트레인 게이지형 절삭동력계의 제작 예

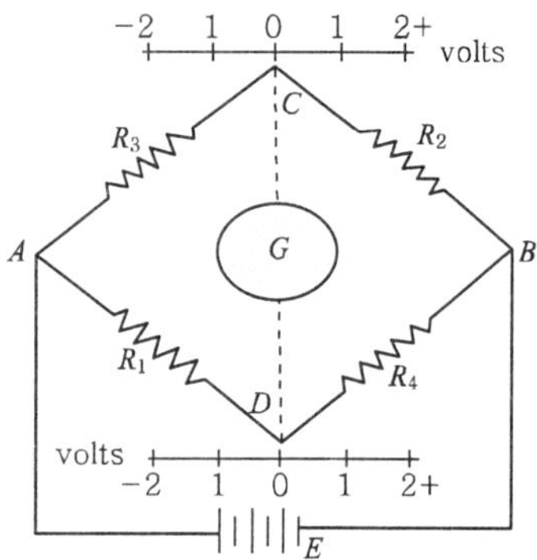

그림 2.23 휘이스톤 브리지 (Wheatston bridge)

만약 R_1, R_3 방향으로 절삭이 진행된다면 R_1, R_3 부분에 압축력을 받으며 반대쪽 게이지는 늘어 날 것이다. 그러므로 브리지박스(bridge box)의 저항 R_1, R_4로써 그림 2.23과 같은 브리지를 만들면 R_1은 저항을 증가하고 R_3는 감소하므로 전류계의 지침이 움직일 것이다. 따라서 툴 홀더의 구멍에 봉을 끼워 추 또는 스프링의 측정으로 부하와 전류계의 읽음을 교정시켜 놓으면 절삭시의 절삭저항을 측정할 수 있게 된다.

그림 2.24는 시판되고 있는 전기적 확대에 의한 AST스트레인 게이지형 절삭공구동력계와 절삭저항 실험 장치이며 그림 2.25는 이 장치를 이용한 절삭실험 결과의 한 예를 나타낸 것이다.

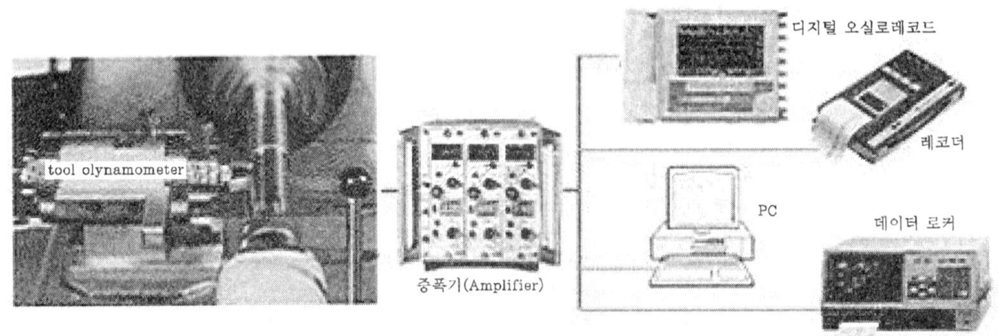

그림 2.24 절삭동력 실험 장치

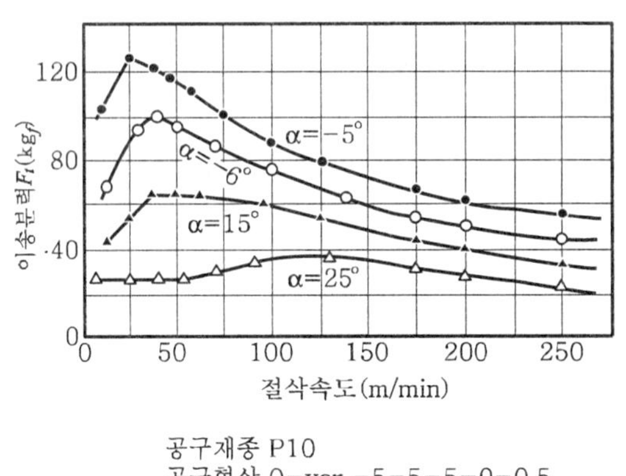

공구재종 P10
공구형상 0−var −5−5−5−0−0.5
절삭깊이 2.0mm
이송속도 0.2mm/rev
건식절삭

그림 2.25 절삭실험 결과의 일례(S10의 경사각과 절삭저항의 관계)

③ **압전형**(壓電型, piezo electric type) **절삭공구동력계**(dynamometer)

수정(水晶)으로 대표되는 압전체라고 불리는 결정체에 압력을 주면 피에조(piezo)의 전기효과로 작용압력에 비례하는 정전기가 발생한다. 압전형 절삭동력계는 이와 같은 성질을 가지는 압전체를 검출소자로 하여 절삭(또는 연삭)력을 측정하는 것이다.

현재의 동력계는 기계적 강도 및 안전성의 관점에서 압전체로서 수정체를 이용하는데, 그림 2.26은 시판되고 있는 각종 압전형 공구동력계의 외관 및 실험에서 공작기계에 장착된 모습이다.

압전형 절삭공구동력계의 특징은 다음과 같다.

그림 2.26 압전형 절삭동력계(made by KISTLER Instrument)

㉠ 스트레인 게이지형 공구동력계에서는 탄성체의 소자와 검출소자를필요로 하지만 압전형에서는 이 두가지의 기능을 한 개의 소자로 충족시킬 수 있다. 또한 힘의 작용으로 발생하는 정전압은 0.4V/N이고 감도는 양호한 편이다.

㉡ 수정의 탄성계수는 약 8,000kN/cm^2로 주철과 거의 비슷하며 소자의 치수도 상당히 크게 할 수 있다.(지름 20mm, 두께 10mm까지 가능) 따라서 다른 탄성체의 소자와 비교하여 동일한 힘이 작용하였을 때의 변위는 작고(일반적으로 수 μm의 범위) 단위소자의 고유진동수를 60~200kFz로 하는 것이 가능하다.

㉢ 가운데가 빈 원판 형상의 소자로서, 볼트로 소자를 강력하게 조일 수가 있다. 이 고정력은 절삭력에 있어서 정적성분의 측정 범위에 관계가 있다.

그림 2.27은 선반절삭에 있어서 압전형 공구동력계를 이용한 절삭실험 장치의 구성도 이며, 이때 절삭저항의 측정은 일반적으로 다음의 4단계로 이루어진다.

㉠ 변환장치를 통하여 절삭저항은 기계적(변위), 전기적(전류, 전압) 등의 시그널(signal)의 형태로 바꾸어 준다.

㉡ 시그날을 확대 및 여과하고 안정하게 한다.

㉢ A/D 변환기에서 아날로그(analog) 검출량을 디지털(digital)형태로 변환한다.

㉣ 오실로스코프(oscilloscope)와 절삭분석 프로그램이 내장된 컴퓨터에서 모니터링(monitoring)하고 프린터로 출력한다.

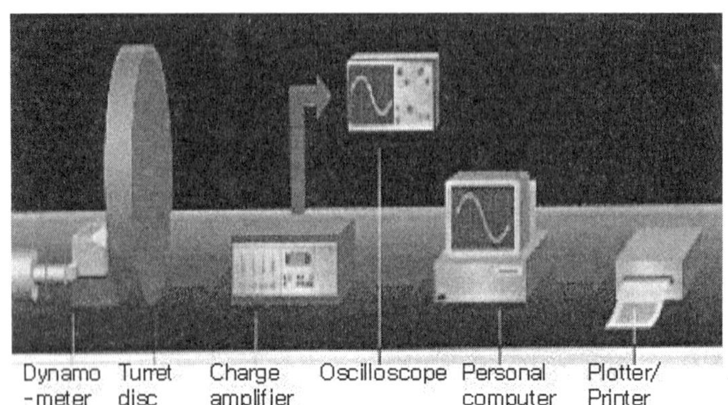

그림 2.27 압전형 공구동력계를 이용한 선반 절삭실험 장치의 구성도(Kistler)

4) 절삭조건과 절삭저항의 관계

① 절삭속도와 절삭저항

절삭저항은 절삭조건 가운데 절삭속도의 변화에는 거의 영향을 받지 않는다고 생각해 왔지만, 근래에는 절삭공구 재료와 공작기계의 발달로 고속절삭이 가능하게 되어, 이때의 절삭속도는 절삭저항에 큰 영향을 미친다는 것을 알게 되었다.

예를 들어 그림 2.28을 보면 절삭속도 200m/min 부근까지는 주분력, 배분력이 함께 감소하고 그 이상의 속도에서는 큰 변화가 없다는 것을 알 수 있을 것이다.

특히 최근과 같이 초경합금, CBN 등 내열성이 우수한 절삭공구료와 코팅기술이 발달됨으로써 고속절삭할 때 절삭열을 충분히 견딜 수 있는 공구를 사용할 수 있고, 이 절삭열에 의해 가공물이 강도가 현저히 낮아지면 절삭저항의 감소에 의한 절삭효율은 좋아지고, 또한 다듬질면이 좋아져서 능률적인 가공이 가능하게 될 것이다.

예제 3

그림 2.28에서 공구경사각 = 6°로써 절삭속도 250m/min일 때 주분력은 절삭속도 50m/min일 때의 몇 배가 되는가?

풀이 그림에서 V_1=250m/min 일때, 주분력(F_c)=100kg, V_2=50m/min 일때, 주분력(F_c)=160kg 이므로 100/160=0.625배로 감소되었음을 알 수 있다.

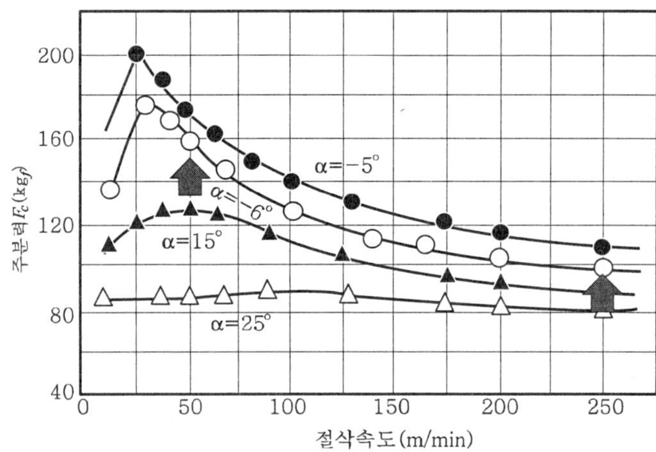

그림 2.28 절삭속도와 절삭저항의 관계

여기서 잠깐 !!

Q: 절삭조건에는 어떤 인자가 있는지 좀 더 자세히 알아보자!

A: 절삭조건이란?

공구의 날 끝 모양과 함께 공작물 표면 거칠기에 영향을 주는 것으로 크게 절삭속도, 이송속도, 절삭깊이로 말할 수 있으며, 공작물과 공구의 재질, 사용하는 공작기계 등에 따라 최적의 절삭조건을 선정하는 것은 대단히 중요하다.

① 절삭속도(cutting speed)

공작물이 단위 시간에 공구의 인선을 통과하는 속도 : (m/min)

절삭속도 = 각속도(W)×반경

$$\frac{D}{2} \cdot V = \pi \cdot N \times \frac{\frac{D}{2}}{1000} = \frac{\pi \cdot D \cdot N}{1000}(\text{m/min})$$

- V : 절삭속도(m/min)
- D : 공작물 직경(mm)
- N : 주축회전수(rpm)
- π : 원주율(3.14)

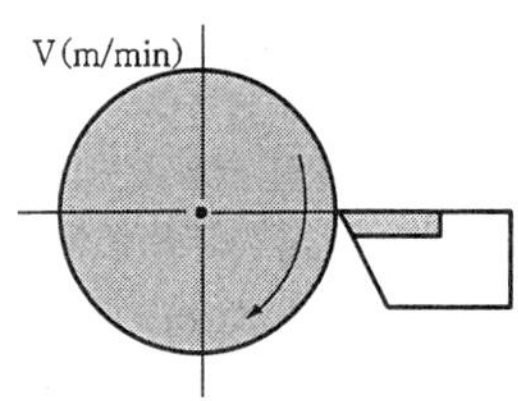

② 이송속도(feed speed)

주축(spindle)이 1회전 할 때 마다 공구가 이송하는 속도(mm/rev)

$$f = \frac{f}{N}(\text{mm/rev})$$

- f : 이송속도(mm/rev)
- F : 1분당 이송(mm/min)
- N : 주축 회전수(rpm)

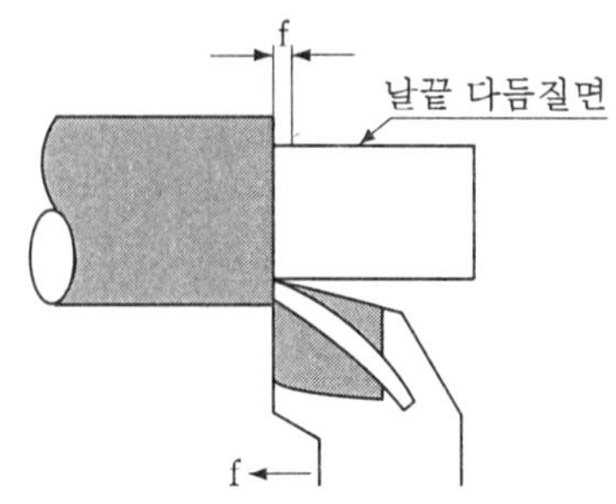

③ 절삭깊이(depth of cut)

공작물의 표면과 절삭되는 면과의 거리, 즉 공구가 절삭하기 위한 깊이.

- 선반 환봉 절삭에서의 절삭단면적(A) = 절삭깊이(t) × feed(f) 이때, 이송(f)에 따라 칩의 두께가 변화하고 절삭깊이 t에 따라 칩의 폭이 변화한다.
- 평삭(2차원 절삭)에서의 절삭단면적(A) = 절삭깊이(t) × 가공물의 폭(b)

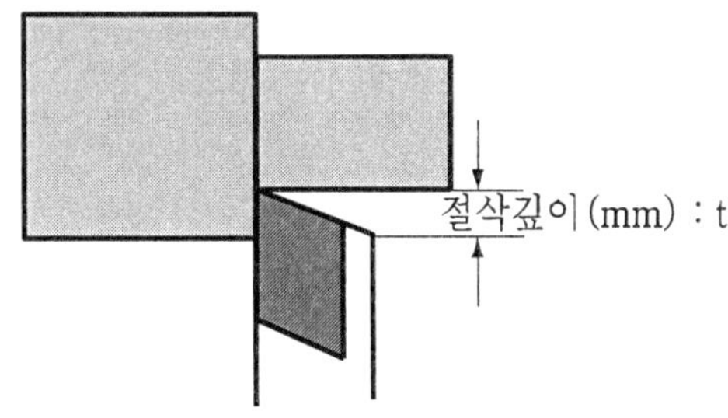

② 절삭깊이 및 이송과 절삭저항

그림 2.29와 그림 2.30은 이송 속도(f)와 절삭깊이(t)에 대한 절삭 주분력의 변화를 고찰하기 위한 실험 결과의 예를 나타낸 것이다.

그림에서 이송에 대한 주분력의 변화를 살펴 보면 f가 커짐에 따라 증가율은 점점 떨어지고, 절삭깊이 t와 주분력의 관계는 거의 직선적으로 증가한다. 그러나 이송을 2배로 한다고 해서 주분력은 2배로 증가하지 않음도 알 수 있는데, 이것은 측정한 그림 중의 한 점을 이송 0에 연장시켜도 주분력은 0이 되지 않는 것을 보면 알 수 있다.

이것은 『치수효과』의 영향인데 절삭공구 날 부분의 둥근 정도와 공작물의 미소조직강도(微少組織强度)가 원인이라 생각하고 있다.

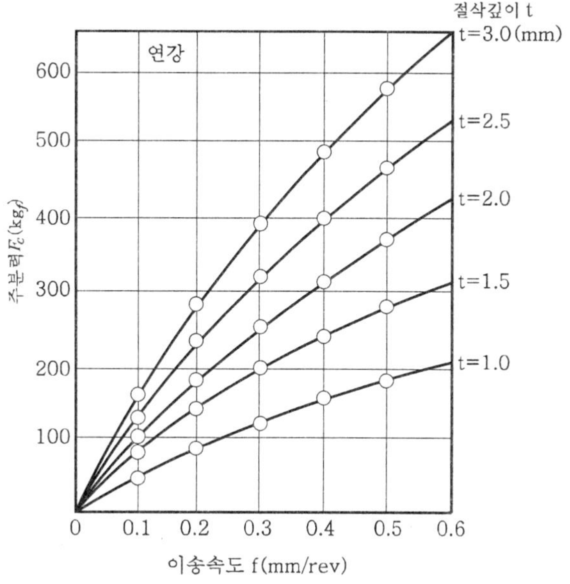

그림 2.29 이송속도의 변화에 대한 절삭저항

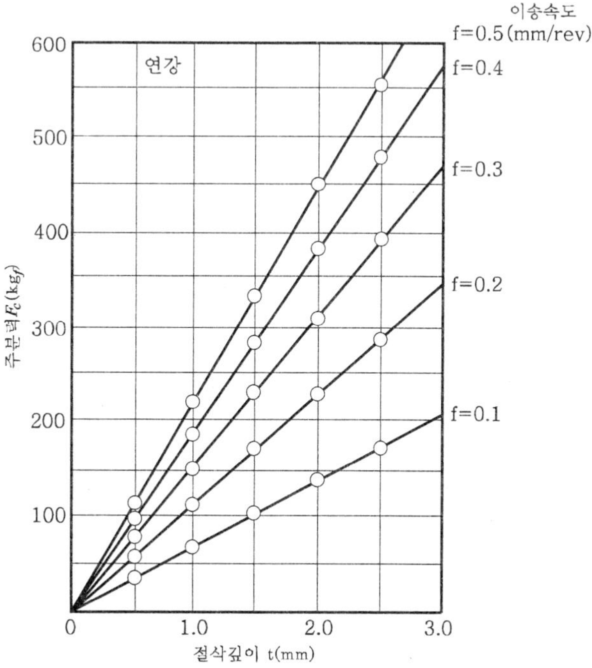

그림 2.30 절삭깊이의 변화에 대한 절삭저항

③ 공구각과 절삭저항

절삭저항은 공구의 형상에 크게 영향을 받고 그 중에서도 절삭각의 영향이 가장 크다. 이와 같은 절삭각과 절삭력의 관계에 대한 앞선 공학자들의 실험 결과를 그림 2.31에 나타내었다.

그림에서 가공재료에 따라 절삭저항의 크기는 물론 다르지만 증감의 변화 추이는 같음을 알 수 있다. 또한, 절삭각이 90°보다 작아지면 절삭저항은 거의 직선적으로 감소하지만 60° 부근에 이르면 거의 일정하다. 따라서 절삭력과 공구수명을 같이 고려한다면 공구의 절삭각은 일반적으로 60°인 것이 좋다고 할 수 있다.

그림 2.32은 H.Ernst의 연구결과이며 공구의 경사각에 따른 절삭저항의 변화를 나타낸 것이다.

경사각이 크면 칩의 유동이 쉽게 되며 칩의 변형도 작아 절삭저항이 감소한다는 것을 알 수 있다. 또 경사각이 마이너스(−)가 되면 절삭 저항은 현저히 크게 된다.

한편, 3차원 절삭에서는 공구의 설치각(setting angle)도 절삭저항에 영향을 주는데, 설치각으로서는 주절삭날각(major cutting edge angle)을 예로써 설명하는 경우가 많다.

그림 2.33에서 설치각의 증가와 더불어 주분력과 배분력은 감소하지만 이송분력은 극히 적은 증가율을 보이는 것을 알 수 있다.

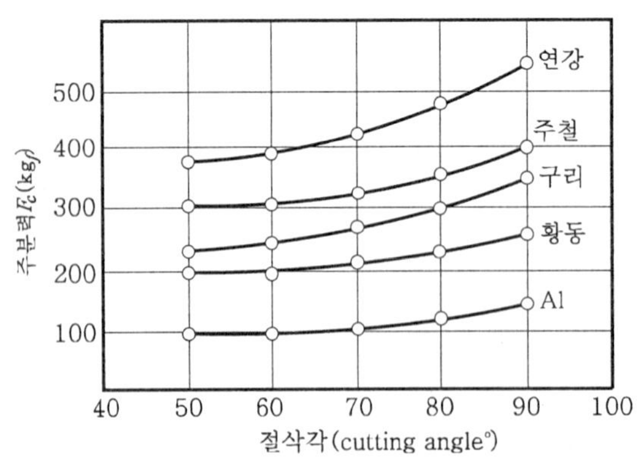

그림 2.31 절삭각과 절삭저항의 관계

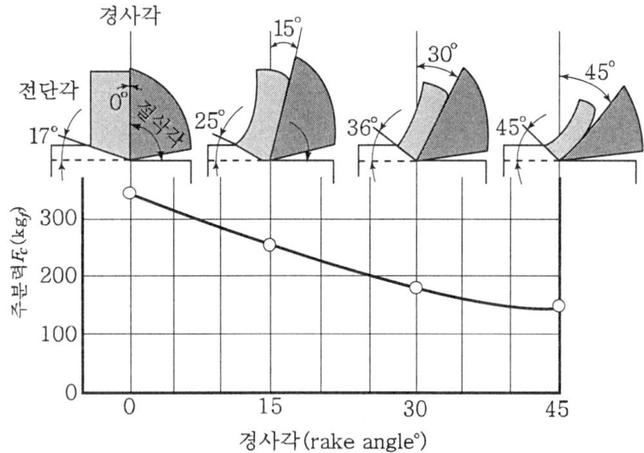

그림 2.32 경사각과 절삭저항의 관계

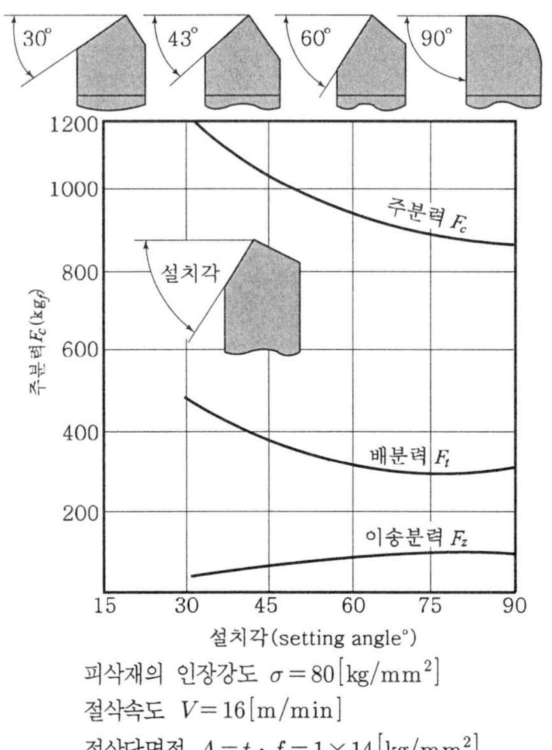

피삭재의 인장강도 $\sigma = 80$[kg/mm²]

절삭속도 $V = 16$[m/min]

절삭단면적 $A = t \cdot f = 1 \times 14$[kg/mm²]

그림 2.33 공구의 설치각과 절삭저항의 관계

④ 절삭면적과 절삭저항

단위면적 당 절삭저항을 비절삭저항이라 하는데 식 (2-16)과 같이 나타낼 수 있으며 각종 재료의 비절삭저항 값 K는 표 2.2와 같다.

표 2.2 각종 재료의 비절삭저항 값

피삭재	인장강도 또는 경도(kg/mm²)	이송(mm/rev)			
		0.1	0.2	0.3	0.4
보통강	< 50	360	260	190	136
	50~60	400	290	210	152
	60~70	420	300	220	156
	70~85	440	315	230	164
	85~100	460	330	240	172
주강	50~70	360	260	190	135
	> 70	390	285	205	150
합금강	70~85	470	340	245	176
	85~100	500	360	260	185
	100~140	530	380	275	200
망간강		660	480	350	252
경망간강	60~70	520	375	270	192
주철	브리넬 < 200	190	136	100	72
	브리넬 200~250	290	203	150	108
합금주철	브리넬 250~400	320	230	170	120
칠드 주철	쇼어 65~90	360	260	190	125
황동	브리넬 80~120	160	115	85	60
청동		340	245	180	128
알루미늄 합금		140	100	70	52

$$K = F_c \cdot \frac{V}{V \cdot b \cdot t} = \frac{F_c}{b \cdot t} (\text{mm/rev}) \qquad (2\text{-}16)$$

- F_c : 절삭저항(주분력)
- V : 절삭 속도
- b : 절삭폭
- t : 절삭깊이

그림 2.34은 절삭깊이의 변화에 따른 비절삭저항의 변화를 나타낸 것이다. 이와 같이 절삭깊이의 감소와 함께 비절삭저항이 증대하는 현상을 절삭에 대한 치수 효과라 하며, 여기서의 절삭저항은 커진다. 이 치수효과 현상은 선반 절삭 보다 절삭깊이가 적은 밀링 절삭이나 연삭 작업에서 더욱 그 경향이 크게 된다.

치수효과 현상은 선반 절삭 보다 절삭깊이가 적은 밀링 절삭이나 연삭 작업에서 더욱 그 경향이 크게 된다. 예를 들면 그림 2.35에서 절삭작업에 의해 공작물이 전단되는 것으로 하여 절삭깊이와 공작물의 전단응력과의 관계를 보면 절삭깊이 1mm 정도의 선반 절삭에서는

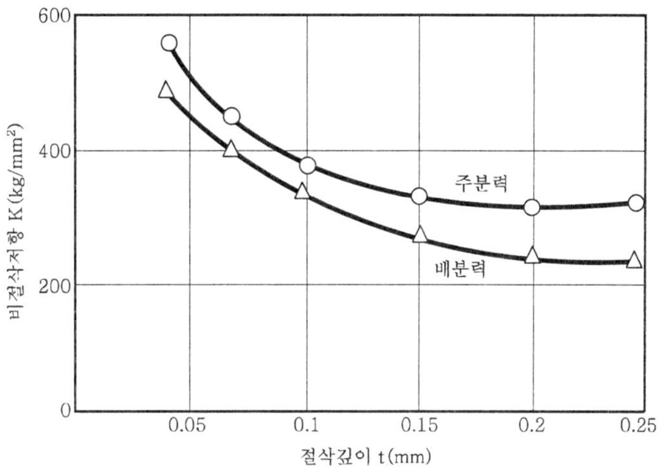

그림 2.34 절삭깊이와 비절삭저항의 관계

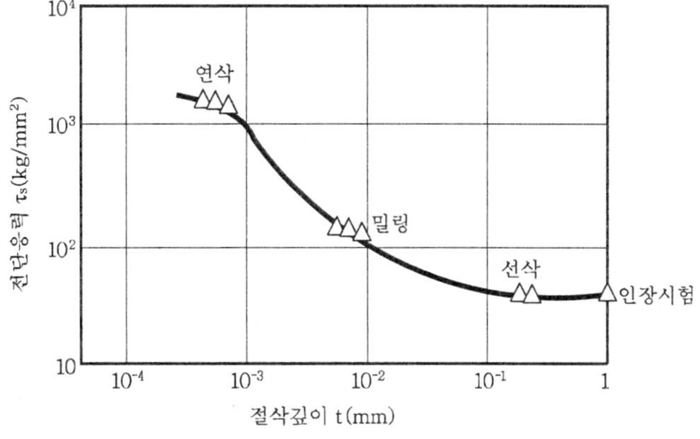

그림 2.35 절삭깊이와 전단응력의 비교

그 전단응력은 재료시험의 결과와 거의 같지만 절삭깊이가 상당히 작은 0.01mm 이하로 되면 2~3배로, 절삭깊이 0.7m 이하의 연삭 작업에서는 10배 이상으로 된다는 것을 알 수 있다.

여기서 잠깐 !! 

Q: 치수효과(Size effect)의 원인에는 어떤 것이 있는지 좀 더 자세히 알아보자!

A: 치수효과의 원인

① 선반절삭과 밀링 작업 등에서는 바이트와 밀링 절삭날 무딤의 영향이 절삭깊이의 감소와 함께 크게 나타나기 때문이다.

② 그림 2.35와 같이 미소한 절삭깊이의 치수효과는 재료의 결정조직 안의 격자의 결함과 가공경화 때문이라고 볼 수 있다.

③ 가공경화에 대하여 미소절삭깊이에서는 항상 앞의 절삭에 의해서 가공경화된 층을 절삭하고 있기 때문에 비절삭저항이 크게 되는 것이다.

예제 4

인장강도 40(kg/mm^2)인 탄소강을 절삭깊이 1.5mm, 절삭속도 200m/min, 이송을 0.3mm/rev로 할 때 절삭동력을 구해 보자. 단 기계적 효율은 80%로 한다.

풀이 표 2.2에서 비절삭저항은 190 kg/mm^2 이므로

$$N = \frac{t \cdot s \cdot K \cdot V}{102 \times 60 \times \eta}$$

$$= \frac{1.5 \times 0.4 \times 190 \times 200}{102 \times 60 \times 0.8} = 4.66(\mathrm{kW})$$

체크 포인트

1. 절삭저항의 3분력에는 주분력, 이송분력, 배분력이 있다.
2. 정밀하고 능률적인 가공을 위해 알아 두어야 할 절삭저항 이론에는
   ① 바이트 경사면의 마찰계수(Friction coefficient, μ)
   ② 칩의 압축응력과 전단응력
   등이 있다.
3. 절삭가공이 바람직한 조건으로 잘 되고 있는지를 판단하기 위한 절삭 저항 측정 방법에는
   ① 절삭동력 측정에 의한 방법
   ② 스트레인 게이지(strain gauge)형 공구동력계(tool dynamometer)를 이용한 방법
   ③ 압전형(壓電型, piezo electric type) 공구동력계(tool dynamometer)를 이용한 방법
   등이 있다.

연습문제

1. 다음 절삭저항 중 가장 적은 값을 가지는 것은?
   ① 저항합력 ② 이송분력
   ③ 배분력 ④ 주분력

2. 바깥지름이 60mm인 둥근 강봉을 선반에서 절삭한다. 공구의 윗면경사각 = 6°, 절삭 주분력 $F_c = 216\text{kg}_f$, 배분력 $F_t = 80\text{kg}_f$일 때, 칩과 공구 윗면과의 마찰계수를 구하라.

정답 및 해설

1. 절삭 저항의 3분력 중 주분력은 가장 큰 값을 나타내고 절삭동력은 이 주분력의 크기에 의해 결정되어진다. 공구의 축 방향으로 작용하는 배분력은 주분력의 0.3~0.5배 정도이며, 이송분력은 이송방향에 대한 저항력으로 주분력의 0.1~0.2배 정도가 된다.

2. 식 (2-7)에서 $\mu = \tan\beta = \dfrac{F}{N} = \dfrac{F_c \tan\alpha + F_t}{F_c - F_t \tan\alpha} = \dfrac{216 \cdot \tan6 + 80}{216 - 80 \cdot \tan6} = 0.494$

3. 절삭온도

학습 Point

- 절삭할 때의 열량 계산식
- 절삭열의 발생 구역 = 전단면, 공구 경사면, 여유면
- 절삭 온도의 측정법

1) 절삭열의 발생

① **절삭할 때의 에너지**(energy by cutting)

앞 장에서 설명한 절삭기구의 고찰로 부터 절삭열이 어디에서 어떻게 발생하는가를 생각해 보자.

절삭에 소요되는 동력, 즉단위 시간의 절삭 일량을 E_o라 한다면 E_o는 절삭속도 V_c에 그 방향의 절삭저항 F_c를 곱한 것이므로

$$E_o = F_c \cdot V_c \tag{2-17}$$

로 나타낼 수 있다. 이 동력의 95% 이상의 대부분은 열로 변하며, 이 열은 그림 2.36과 같이 전단면 및 공구의 경사면에의 저항을 이겨 운동하는데 소모된다.

사실은 이 외에 여유면과 가공면과의 마찰 등도 있으나 이것들은 적다고 하여 일반적으로 생략한다. 즉, 칩의 전단면에 따르는 속도를 V_s, 공구면에 따르는 속도를 V_f 라고 하면 전단면 및 공구면에서 단위시간에 하는 일량 E_s, E_f는 각각

$$E_s = F_s \cdot V_s \qquad E_f = F_f \cdot V_f \tag{2-18}$$

이다. V_c, V_s 및 V_f 사이에는 그림 2.36의 삼각형으로 표시하는 관계가 있고,

$$\gamma = 90 - (\phi - \alpha)$$

이므로

$$\frac{V_c}{\sin\{90-(\phi-\alpha)\}} = \frac{V_s}{\sin\{90-\alpha)\}} = \frac{V_f}{\sin\phi}$$

가 된다.

따라서,

$$V_s = V_c \frac{\cos\alpha}{\cos(\phi-\alpha)} \tag{2-19}$$

$$V_f = V_c \frac{\sin\phi}{\cos(\phi-\alpha)} \tag{2-20}$$

$$E_s = F_s \times V_c \times \frac{\cos\alpha}{\cos(\phi-\alpha)} \tag{2-21}$$

$$= (F_c\cos\phi - F_t\sin\phi)\frac{V_c\cos\alpha}{\cos(\phi-\alpha)}$$

$$E_f = F_f \times V_c \times \frac{\cos\phi}{\cos(\phi-\alpha)} \tag{2-22}$$

$$= (F_c\sin\alpha - F_t\cos\alpha)\frac{V_c\sin\phi}{\cos(\phi-\alpha)}$$

또는

$$E_f = (F_c\sin\alpha + F_t\cos\alpha) \cdot V_c r_c \tag{2-23}$$

가 된다.

위의 식들에서 F_s, F_c는 각각 앞에서 설명한 절삭저항의 해석에서 얻을 수 있다.

또, 절삭저항에 대하여 생각해 보면 그림 2.36에서 공구에 미치는 절삭저항합력을 R이라 할 때, 이것을 측정하는 데는 절삭방향의 힘인 주분력 F_c와 이에 직각방향의 힘인 배분력 F_t를 각각 측정하여 합성하면 될 것이다.

② 절삭열 발생 영역

절삭할 때 생긴 에너지의 대부분은 열로 소비된다. 발생열의 발원이 되는 절삭일(에너지)은 그림 2.37의 (a), (b)와 같이 생각된다. 그림 2.37의 (a)는 절삭열의 발생원을 나타낸 것이며 (b)는 절삭점 부근의 온도분포 예를 나타낸 것으로 숫자는 온도를 나타낸 것이다.

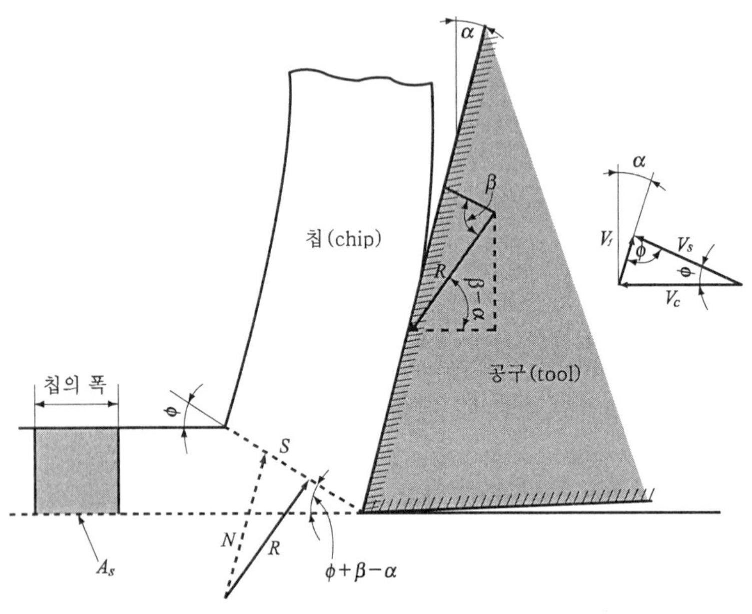

그림 2.36 절삭에 작용하는 힘과 속도

다음 그림에서

□ 전단변형	절삭저항에 대응하여 절삭부 부근의 변형인 전단면 AB에서 생기는 전단 에너지
□ 칩의 소성변형과 마찰	절삭칩이 공구표면인 AC에 대하여 가압하면서 통과할 때 생기는 마찰에너지
□ 공구선단과 공작물의 마찰	공구의 앞 부분이 절삭 표면인 AO면을 통과할 때 생기는 마찰 에너지

를 말한다.

이 때 발생된 열의 일부는 절삭으로 인하여 제거되고, 일부는 공구에 전달되며, 또한 일부는 가공물의 내부에 들어가서 일정한 양의 열이 절삭부의 어떤 온도로 나타나게 되는데 이 온도가 바로 절삭 온도이다.

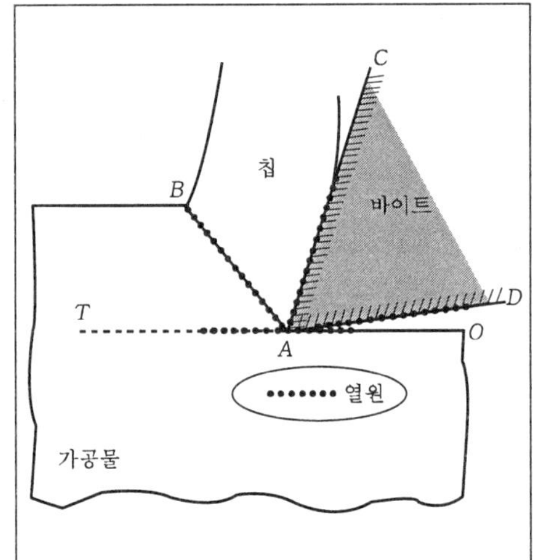

(a) 절삭열의 발생원

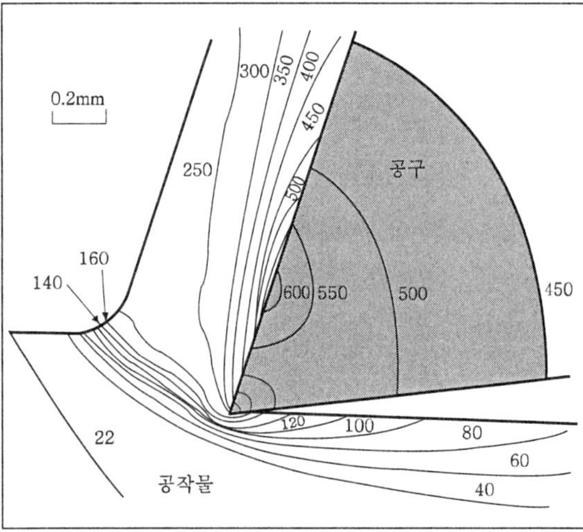

(b) 절삭점 부근의 온도 분포 예

* 숫자는 온도(℃)

• 공작물: 0.13%C 쾌삭강	• 공구: 초경합금 경사각 20° 여유각 6°	절삭폭: 9.5mm 절취두께: 0.274mm 절삭속도: 78m/min

그림 2.37 절삭열의 발생

용어 해설 절삭온도(切削溫度, cutting temperature)란?

발생된 열의 일부는 절삭으로 인하여 제거되고, 일부는 공구에 전달되며, 또한 일부는 공작물의 내부에 들어가서 일정한 양의 열이 절삭부의 어떤 온도로 나타나게 되는 것.

③ **절삭열의 분포**(by Trigger)

앞에서 설명한 2차원적인 절삭열의 분포는

ⓐ 칩의 전단면의 온도

ⓑ 공구의 경사면에서의 칩 마찰온도

ⓒ 계산에 의한 칩의 온도

ⓓ 공구(바이트)와 가공물의 열전대에 의한 측정온도

로 나타낼 수 있으며 이와 같은 각종 온도를 그림 2.38에 비교하여 나타내었다.

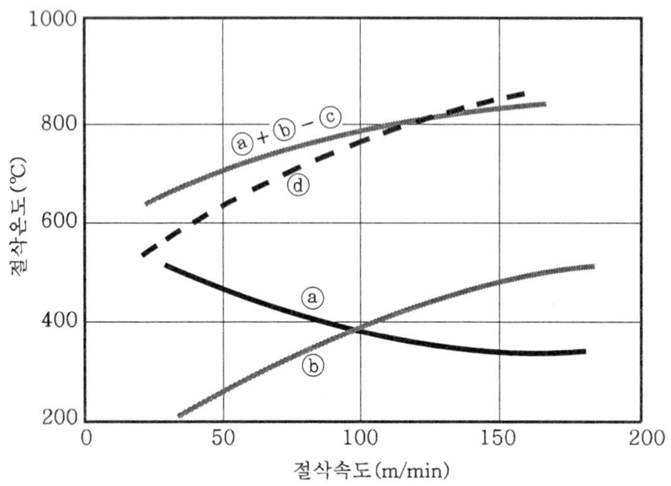

그림 2.38 절삭속도에 따른 절삭온도

그림에서 절삭속도가 낮은 부분에서는 전단면의 소성변형에 의해 발생하는 열이 가장 많고, 절삭속도가 높은 곳에서는 마찰열에 큰 영향을 받는 것을 알 수 있다. 또한, 공작물이 절삭 칩으로 제거되는 열은 절삭속도의 증가와 함께 크게 되고, 이와 더불어 금속의 저항은 감소되고, 공구의 경도는 저하되어 마멸은 증가될 것이다.

여기서 잠깐 !! 

Q: 절삭온도의 의미에 대해 생각해 보자.

A: 절삭온도는 공구의 수명과 절삭공구재료의 선정, 절삭조건의 결정에 큰 의미를 가지므로 이에 관한 연구는 대단히 중요하다. 특히 최근에 환경 문제를 고려한 고속, 건식절삭의 필요성이 높아지고 있는 가운데 절삭유의 작용에 관한 연구와 함께 대단히 중요시 되고 있다.

그러면, 이제부터 앞서 배운 공식들을 적용할 수 있는 문제들을 풀어보자.

예제 5

두께 1.6mm의 탄소강 환봉을 절삭깊이 $t_1 = 0.125$mm로 2차원 절삭을 할 때 절삭 주분력 $F_c = 75.2\text{kg}_f$, 배분력 $F_t = 45\text{kg}_f$이고 칩의 평균 두께 $t_2 = 0.85$mm이다. 이때 전

단면 및 공구면에서 단위시간에 하는 일량 E_s와 E_f를 구해 보자.

단, 절삭속도 V=120m/min, 공구의 경사각 $\alpha=6$이다.

풀이 전단각 ϕ는 제2장 공작기계의 절삭이론, 1. 절삭기구, (6) 전단변형과 전단각에서 공부한 대로

$$\tan\phi=\frac{\frac{t_2}{t_1}cos\alpha}{1-\frac{t_2}{t_1}sin\alpha}=\frac{\frac{0.125}{0.850}cos6°}{1-\frac{0.125}{0.850}sin6°}=0.148 \qquad \therefore \phi=8°43'$$

앞에서 설명한 식 (2-21), (2-22), (2-23)에서

$$E_s=(F_c\cos\phi-F_t\sin\phi)\frac{V_c\cos\alpha}{\cos(\phi-\alpha)}$$

$$=(75.2\times\cos8°43'-45\times\sin8°43')\times\frac{120\times\cos6°}{\cos(8°43'-6°)}$$

$$≒8100(\mathrm{kg}_f\cdot \mathrm{m/min})≒135(\mathrm{kg}_f\cdot \mathrm{m/sec})$$

$$E_f=(F_c\sin\alpha+F_t\cos\alpha)\cdot V_c r_c$$

$$=52.61\times120\times0.147≒15.47(\mathrm{kg}_f\cdot \mathrm{m/sec})=\frac{15.47}{75}(PS)≒0.21(PS)$$

예제 6

두께 1.6mm의 탄소강 환봉을 절삭깊이 $t_1=0.125$mm로 2차원 절삭을 할 때 절삭 주분력 $F_c=75.2\mathrm{kg}_f$, 배분력 $F_t=45\mathrm{kg}_f$이고 칩의 평균 두께 $t_2=0.85$mm이다. 이때 E_s와 E_f가 전부 열로 변환되었을 때 각 열량을 구해보자.

(단, 절삭속도 V= 120m/min, 공구의 경사각 $\alpha=6$이다.

풀이 전단면에 발생하는 열량을 U_s라고 하면 1kcal는 426.9$\mathrm{kg}_f\cdot$m에 상당하므로

$$U_s=135(\mathrm{kg}_f\cdot \mathrm{m/sec})\times\frac{1}{426.9}(\mathrm{kcal/kg}_f\cdot \mathrm{m})=\frac{135}{426.9}(\mathrm{kcal/sec})$$

경사면에 발생하는 열량을 U_f라고 하면

$$U_f=15.47(\mathrm{kg}_f\cdot \mathrm{m/sec})\times\frac{1}{426.9}(\mathrm{kcal/kg}_f\cdot \mathrm{m})=\frac{15.47}{426.9}(\mathrm{kcal/sec})$$

가 각각 된다.

2) 절삭온도의 측정

금속 절삭에 관한 연구에서 절삭온도의 측정은 절삭저항의 측정과 함께 중요한 계측 인자 가운데 하나이다. 예를 들면 공구의 수명을 연속적으로 측정하여 판정하고자 할 때, 절삭저항을 측정하여 그것이 급격하게 변동하거나 증가할 때를 공구의 마멸이나 결손, 또는 절삭상태의 좋고 나쁜 것 등 판정의 기준으로 할 수가 있고, 절삭온도를 측정하여 이것이 상승하는 상태를 보고 판정하는 방법이 있다.

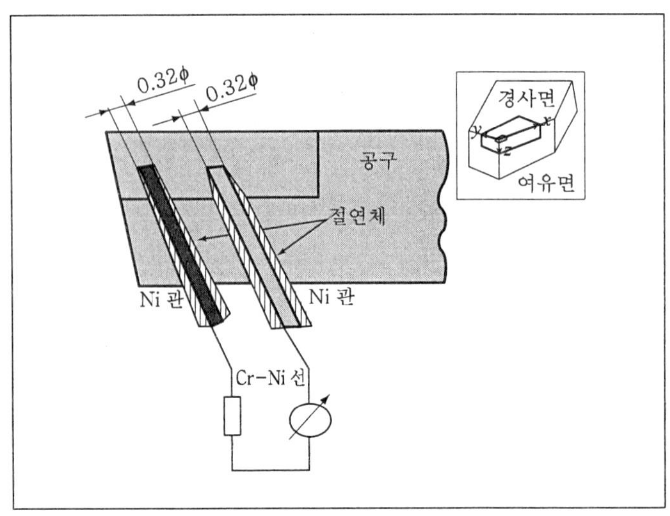

(a) 공구(선반 바이트)에 열전대 삽입

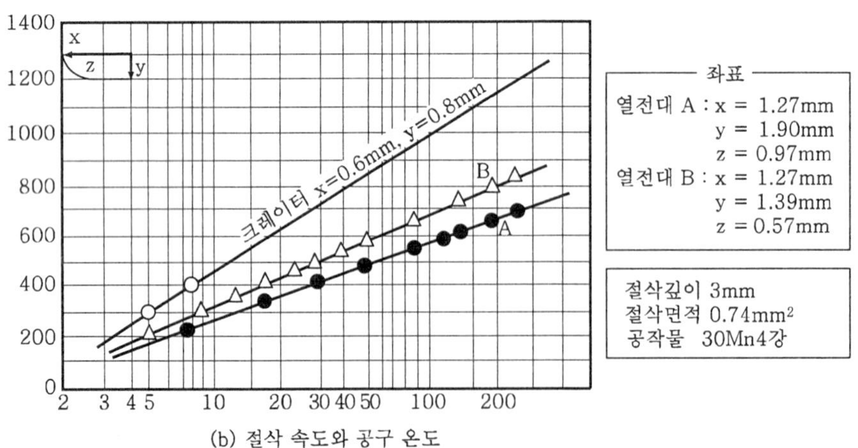

(b) 절삭 속도와 공구 온도

그림 2.39 열전대에 의한 절삭온도 측정 예(by Künster)

절삭온도를 측정하는 방법으로서는 이전부터 많은 연구가 진행되어 왔지만 여기서는 실용적이고 가장 많이 쓰이는 공구에 열전대(thermo-couple)를 삽입하는 방법, 공구-공작물 열전대(thermo-couple)법, 복사고온계(輻射高溫計, radiation pyrometer)에 의한 방법에 대하여 설명한다.

① 공구에 열전대(thermo-couple)**를 삽입하는 방법**

공구에 열전대(thermo-couple)를 삽입하는 방법은 그림 2.39와 같이 공구의 앞 부분 측면에 방전 가공 및 초음파가공법으로 몇 개의 작은 구멍을 뚫고 작은 열전대(thermo-couple)를 삽입하여 절삭 중에 각 점의 온도를 측정하는 방법으로 가장 간편하고 실용적인 방법 가운데 하나이다.

그림 2.39 (a)는 앞서 연구한 학자(Kü nster)의 제시한 절삭공구 온도 측정방법을 나타낸 것으로 여기서는 1개의 바이트에 2개의 열전대를 삽입하여 그림 2.39 (b)와 같이 절삭속도에 따른 절삭온도의 관계를 정확히 측정하였다고 알려져 있다.

그림 2.40은 공구에 열전대를 삽입하는 방법으로 절삭온도를 측정한 다른 연구의 예이다. 바이트 내부에 지름 0.5mm의 구멍을 방전 가공법으로 뚫고, 지름 0.04mm의 가는 열전대선을 삽입하여 측정한 것이다.

② 공구와 공작물 열전대(thermo-couple)**법**

공구-공작물 열전대(thermo-couple)법은 공구와 공작물의 다른 금속적 성질에 의해 일어나는 열기전력을 측정하는 것으로서 가장 많이 사용되어 지고 있다.

이 방법에서는 칩과 공구의 접촉 부분의 온도만을 알 수 있고 또 그 접촉부 중에서도 장소에 따라 온도가틀릴 것이므로 그 평균값 밖에 알 수 없다. 그러나 절삭에 있어서 가장 고온이 되는 곳은 이 부분이고, 또 공구의 수명, 기타 실제의 절삭작업에 영향을 주는 것도 이 부분의 온도이므로 실용적으로는 이 부분의 온도만을 알게 되며 보통 절삭온도라고 할 때이 온도를 말하는 것이다.

그림 2.41은 한 개의 바이트에 의한 공구와 공작물 간의 열전대법에 의한 절삭온도 측정방식(한 개 바이트 법)을 나타내었다. 원리적으로는 극히 간단하지만 공구와 리드선, 혹은 공작물과 리드선이 다른 종류의 금속일 경우, 그 접점에 있어서 기전력이 발생하므로 측정점이외의 접점온도를 일정하게 하거나 이들 점에서 발생하는 열기전력을 측정하여 보정할 필요가 있다. 또한 세라믹바이트 팁과 같은 비전도체 공구에서는 사용할 수 없는 단점이 있다.

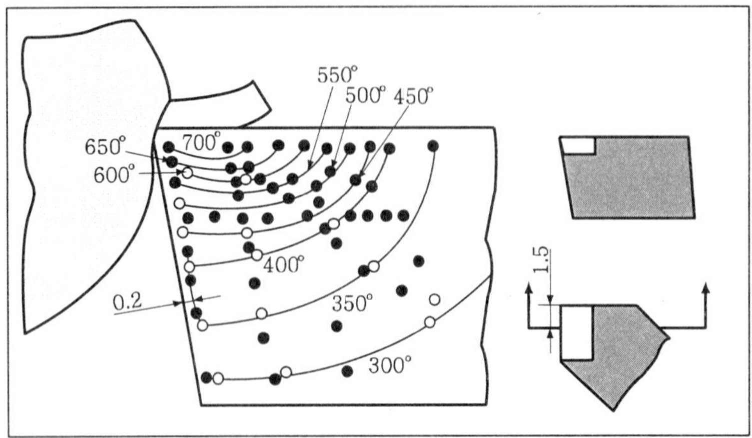

그림 2.40 열전대에 의한 절삭 공구 내 온도 분포 측정 예(by Opitz)

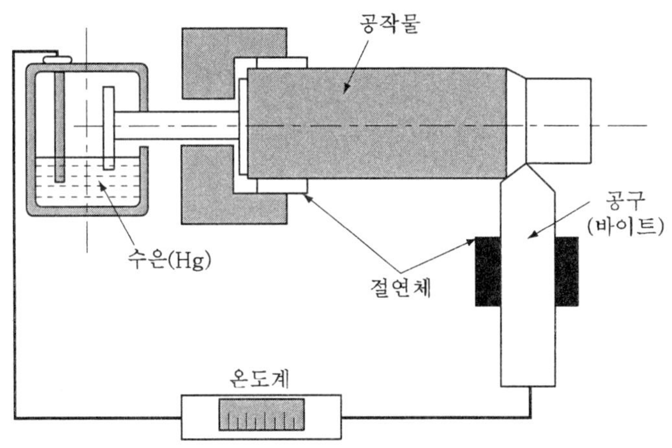

그림 2.41 공구-공작물 열전대법

③ 복사고온계(輻射高溫計, radiation pyrometer)**에 의한 방법**

복사고온계에 의한 방법이란 고온도 물체의 복사에너지를 측정함으로써 표면온도를 구하는 방법이다.

검지기는 다음과 파장선택성의 광전적 검지기(photoelectric detector)와 비선택성의 열적 검지기(thermal detector)의 2종류로 나눌 수 있다.

검지기	파장선택성의 광전적 검지기(photoelectric detector)
	비선택성의 열적 검지기(thermal detector)

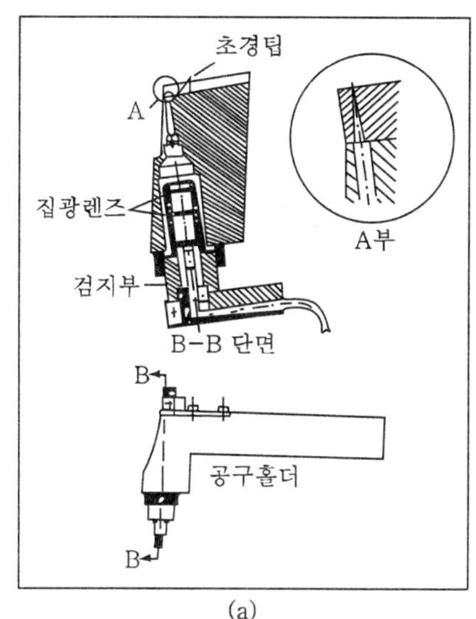

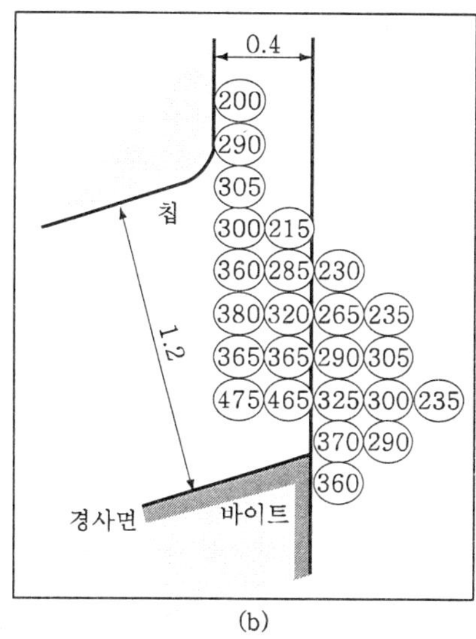

그림 2.42 복사고온계에 의한 온도측정 예(by E.Lenz)

그림 2.42 (a)는 복사온도계에 의해 공구와 칩 접촉면 온도 분포를 측정한 하나의 예이다. 이 방법은 공구표면에서 인선 근방의 경사면에 관통 테이퍼 구멍을 뚫고 절삭 칩 뒷면에서 복사에너지를 측정함으로써 접촉부의 절삭칩 온도를 측정하는 방법이다.

복사고온계에 의하면 대단히 작은 부분의 온도 혹은 접촉점에 가까운 고온도를 고정도로 측정할 수 있으므로 열전대에 의한 측정에서 한걸음 진보한 측정법이라 할 수 있다.

그림 2.42 (b)는 측정결과의 일례로서 절삭점의 온도는 공구의 직전에서 공구날로부터 조금 위쪽에 있으며, 전단면 근방의 온도는 이 부분보다 약 100℃ 낮고, 공작물은 내부까지 온도가 상승되어 있음을 알 수 있다.

④ 기타 절삭온도 측정법

앞에서 설명한 방법 외에도 절삭부의 측면 온도를 측정하는 방법으로서는

㉠ 적외선 필름에 의한 사진 투영법

㉡ 휴대용 비접촉식 적외선 온도계에 의한 방법

㉢ 칩의 색으로 절삭온도를 측정하는 방법

㉣ 열량계(calorimeter)에 의한 측정법

등이 있다.

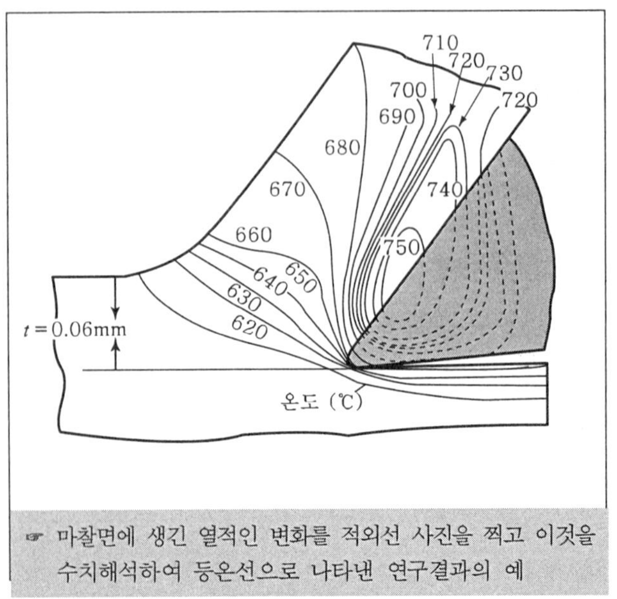

그림 2.43 적외선 필름에 의한 절삭부 온도분포의 측정예(by Boothroyd)

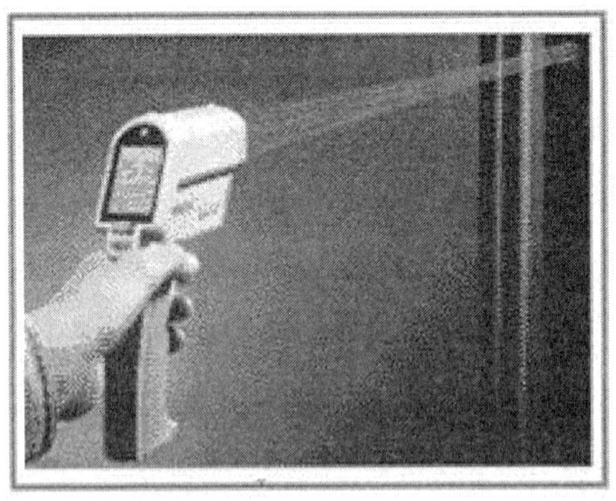

그림 2.44 휴대용 비접촉식 적외선 온도계

적외선 필름에 의한 사진 투영법은 절삭부 측면 온도의 측정법으로서 그림 2.43은 마찰면에 생긴 열적인 변화를 적외선 사진을 찍고 이것을 수치 해석하여 등온선으로 나타낸 연구 결과의 예이다.

그림 2.44와 같이 최근에 산업 현장의 여러 분야에서 많이 사용되는 설치식 및 휴대용 비접촉식 적외선 온도계는 절삭부의 온도를 측정하기 위해 개발된 것은 아니지만 절삭에서 넓은 범위의 절삭온도를 측정하는 방법으로 응용할 수 있다고 생각된다.

이들 각각에 대한 차이를 정리하여 나타낸 것이 표 2.3과 같으며, 구체적으로 각각의 장단점을 파악함으로써 각 절삭온도 측정방법을 비교한 것을 표 2.4에 나타내었다.

표 2.3 기타 절삭온도 측정법의 차이

적외선 필름에 의한 사진 투영법	휴대용 비접촉식 적외선 온도계에 의한 방법
절삭부 측면 온도를 측정하는 방법이다.	적오선 온도계는 절삭부의 온도를 측정하기 위해 개발된 것은 아니지만 절삭에서 넓은 범위의 절삭온도를 측정하는 방법으로 응용할 수 있다.
칩의 색에 의한 측정	**열량계(calorimeter)에 의한 측정**
금속이 가열온도에 따라 색이 달라지며 같은 온도에서도 가열시간에 따라 달라지는 것을 이용하여 육안으로 절삭온도를 추정하는 방법이다.	공구와 칩, 그리고 공구와 칩의 전체 열량을 열량계로 측정하여 칩과 공구 또는 이들의 질량과 비열로 나누고 평균온도를 구하는 방법이다.

표 2.4 각 절삭온도 측정방법의 비교

	특징 및 장점	단 점
적외선 필름에 의한 사진 투영법	넓은 부분의 온도 분포를 동시에 측정할 수 있다.	저온영역에서의 감도가 낮아진다.
휴대용 비접촉식 적외선 온도계에 의한 방법	-	공구와 공작물의 각 부분에 대한 세부적인 온도를 계측하는 데는 한계가 있다.
칩의 색에 의한 측정	-	공작물의 재질과 크기에 따라서도 차이가 있으므로 숙련도가 필요하며, 정확한 온도를 아는 것이 어렵다.
열량계(calorimeter)에 의한 측정	평균온도를 쉽게 측정할 수 있다.	공구수명에 직접 관계되는 최고 온도는 구할 수 없다.

여기서 잠깐 !! 

Q: 절삭온도와 관련된 연구에는 어떤 것이 있는지 생각해 보자.

A: 절삭온도와 관련된 또 다른 연구에는 다음과 같은 것들이 있다.
* 고온절삭(hot machining, thermally assisted machining)
- 가공물을 가열하여 절삭하기 쉬운 상태에서 절삭하는 방식을 말한다.
* 저온절삭(cold machining, cryogenic machining)
- 가공물을 냉각하여 저온으로 만든 후 절삭하는 방식을 말한다.

용어 해설 고온 · 저온절삭

1. 고온절삭(hot machining, thermally assisted machining)이란?

실온에서는 절삭하기 어려운 고경도 금속재료나 엔지니어링 세라믹스를 고온으로 가열하여 연화시킨 후에 절삭하는 가공을 말한다.

이 방법에 의해

① 절삭저항의 감소, 채터링(chattering) 진동의 억제, 공구의 긴 수명화가 실현되므로 가공능률이 높아진다.

② 열원으로서는 화염, 레이저 등의 고 에너지 빔이나 플라즈마 아크가 이용되어 진다.

③ 그림과 같이 절삭공구의 바로 앞에서 국소적으로 가열하며 가공정도 등에 대한 열의 영향은 적다.

④ 그러나 가열조건과 절삭조건의 설정이 어렵고, 실용화되어 있는 것으로는 압연 롤의 재성형 등에 한정되어 있다.

열원
연화영역
공구
공작물

2. 저온절삭(cold machining, cryogenic machining)란?

공기와 유체질소 등의 냉매에 의해 공구 또는 공작물을 냉각시켜 가면서 절삭하는 가공법으로, 냉각절삭이라고도 부른다. 절삭열이 냉매에 효율 좋게 전달된다면 절삭온도가 저하되고 그 결과 공구마멸의 저감과 가공정도의 향상이 이루어진다.

3) 절삭조건과 절삭온도의 관계

① 가열온도와 절삭저항

다음 그림은 절삭조건과절삭온도의 관계를 나타낸 것이다. 그림에서 보는 바와 같이 절삭속도가 증가하면 절삭열에 의해 가공물이 연화되면서 절삭저항은 감소하게 된다.

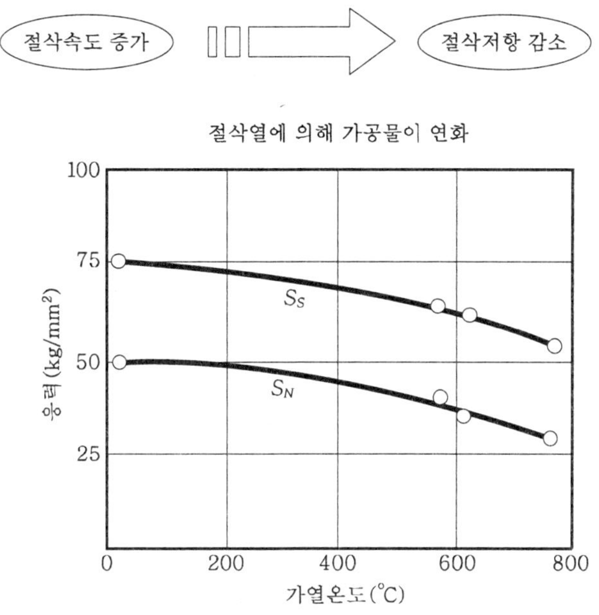

그림 2.45 공작물의 가열 온도와 절삭저항의 관계

이때 발생하는 열과 절삭저항과의 관계는 그림 2.45에 정리한 것과 같은데, 그래프가 의미하는 바를 잘 살펴보자.

공작물을 가열한 후, 절삭할 때 전단면의 전단응력 S_S 및 압축응력 S_N이 온도 상승과 함께 감소되는 경향을 나타낸다. 그림 2.45에서 공작물을 800℃로 가열하면 압축응력 S_N은 25kg/mm^{2}로 감소되어 상온의 S_N의 50kg/mm^{2}의 1/2이 됨을 알 수 있다.

이와 같은 연구 결과들로부터 가공물이 가열되면 절삭저항이 감소된다는 사실을 다시 한 번 확인할 수 있다.

지금까지 단순히 절삭온도와 절삭저항의 관계만을 살펴봤는데, 이러한 절삭온도는 공구의 폭과 절삭깊이에 따라 어떻게 달라질 수 있는지, 이들의 관계를 알아보자.

② 공구폭 · 절삭깊이와 절삭온도

그림 2.46과 그림2.47은 절삭온도가 공구의 기하학적 형상에 의해 받는 영향을 검토하기 위해, 공구의 폭과 절삭 깊이의 영향에 대한 계산 값과 실험값을 비교하여 나타낸 연구 결과의 예이다.

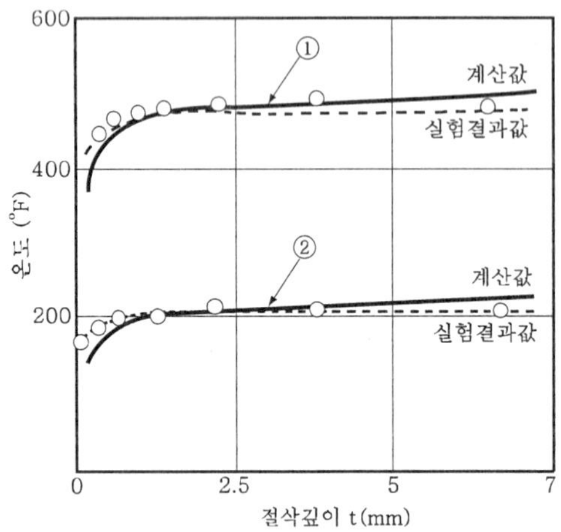

공작물(work)	SAE-B-1113강
공구(tool)	WC-Co
경사각 (rake angle)	20°
절삭속도 (cytting speed)	① 68.88m/min ② 4.57m/min

그림 2.46 공구 폭과 절삭온도의 관계

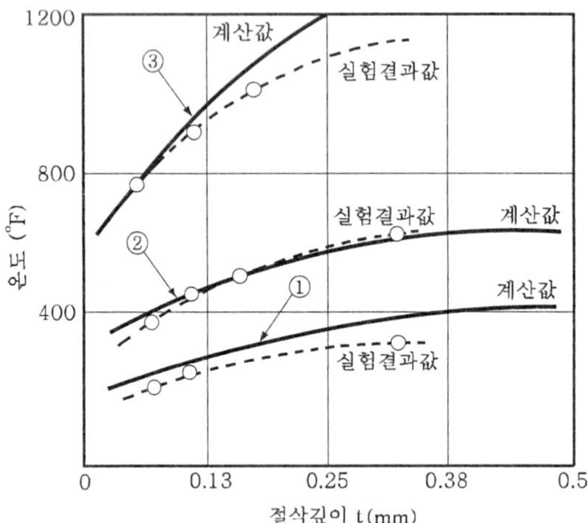

공작물(work)	SAE-B-1113강
공구(tool)	WC-Co
경사각 (rake angle)	20°
절삭속도 (cytting speed)	① 3m/min ② 18.29m/min ③ 137.16m/min

그림 2.47 절삭깊이와 절삭온도의 관계

그림에서 실선은 계산 값, 점선은 실험결과 값을 나타낸 것인데, 계산 값과 실험값은 비교적 잘 일치하고 있으며 공구의 폭과 절삭깊이 모두 커질수록 절삭온도는 상승하지만 공구의 폭에 대한 영향 보다 절삭깊이에 대한 영향이 더 크다는 것을 알 수 있다.

4) 절삭온도와 공구 수명

일반적으로 절삭속도가 증대하면 절삭온도가 상승한다는 것을 우리는 앞에서 배웠다.

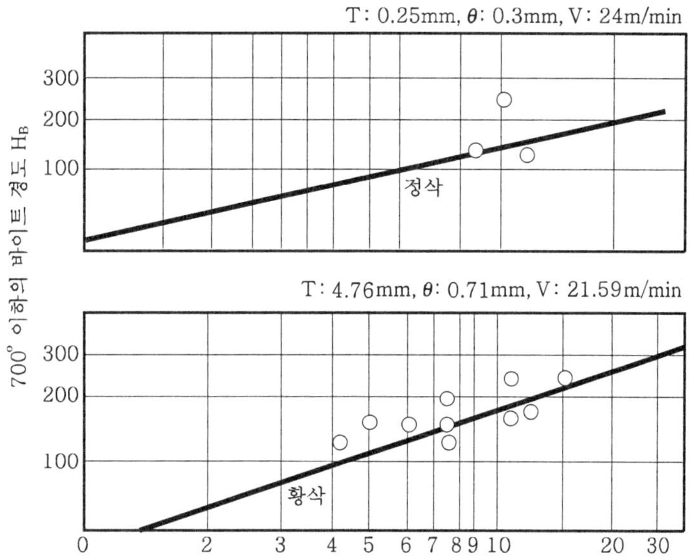

그림 2.48 공구 수명과 공구경도의 관계(by Taylor) 공작물 3.5% Ni 강

Taylor란 학자는 700℃ 이하에서 공구재료의 온도와 수명관계를 그림 2.48과 같이 나타내었으며 절삭속도의 연구에서 시작하여 공구 수명문제를 고찰할 때, 절삭온도와 내구 시간의 관계를 아래와 같은 실험식으로 발표하였는데, 이와 같이 절삭온도가 조금만 변하여도 내구시간에 큰 영향을 줌을 알 수 있다.

$$\theta T^m = C \qquad (2\text{-}24)$$

θ : 절삭온도(℃)	T : 공구 재연삭까지의 시간
C : 상수(대략 800)	m : 1/25~1/10의 범위의 지수

또한 절삭열은 절삭저항을 감소시켜 절삭효율을 좋게하는 면도 있지만 탄소공구강, 고속도강 바이트 등과 같이 인선온도가 공구수명에 직접적인 영향을 미치는 공구재료에서의 절삭온도는 공구수명을 단축할 것이다.

예를 들면 그림 2.49의 X축에 절삭온도 와 Y 축에 공구수명 T를 대수눈금으로 나타내면 직선관계로 된다. 즉 절삭온도의 상승과 함께 공구수명은 현저히 낮아지는 것을 알 수 있다. 그림에서 Ⅰ, Ⅱ, Ⅲ은 재료성분 함량이 다른 각각의 고속도강을 나타낸 것이다.

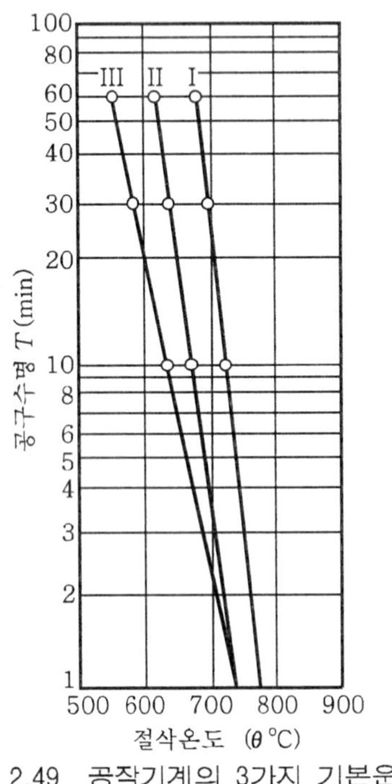

그림 2.49 공작기계의 3가지 기본운동

표 2.5 고속강 재질에 따른 절삭온도와 공구수명의 관계식

고속도강	성 분	공구수명방정식
I	W 16.5~18.5 Cr 4.0~4.5 Mo 0.8~1.0 C 1.65~0.75	$\theta T^{\frac{1}{19}} = 740$
II	W 18.0 Cr 4.0 V 1.2 Co 10.0 Mo 0.7 C 0.6	$\theta T^{\frac{1}{22}} = 785$
III	W 18.0~19.0 Cr 4.0~4.5 V 1.5~1.8 Co 2.2~2.6 C 0.65~0.7	$\theta T^{\frac{1}{11.5}} = 770$

예를 들어 표 2.5의 III의 재질에서 570℃에서는 공구수명이 60분이지만 700℃에서는 불과 3분 정도이다. 또 II의 재질과 같이 코발트(Co)의 함유량이 많은 것은 비교적 내열성이 있는 것도 알 수 있다.

그림 2.49에서 절삭온도와 공구내구시간의 관계를 식으로 나타내면 다음의 표 2.5와 같다. 따라서 공구수명은 절삭온도의 약 10~25승에서 변화하며 절삭온도가 공구수명을 좌우하는데 중대한 영향을 주는 것을 이해할 수 있다.

체크 포인트

1. 절삭할 때의 열량 계산식

$E_o = F_c \cdot V_c$

$E_s = F_s \cdot V_s$

$E_f = F_f \cdot V_f$

2. 절삭열의 발생 구역

① 전단면

② 공구 경사면

③ 여유면

3. 각종 절삭 온도의 측정법

① 공구에 열전대(thermo-couple)를 삽입하는 방법

② 공구 - 공작물 열전대(thermo-couple)법

③ 복사고온계(복사고온계, radiation pyrometer)에 의한 방법

④ 기타 적외선 필름에 의한 사진 투영법, 휴대용 비접촉식 적외선 온도계에 의한 방법 칩의 색으로 절삭온도를 측정하는 방법, 열량계(calorimeter)에 의한 측정법 등이 있다.

연습문제

1. 그림과 같은 절삭열의 발생원 가운데 절삭속도를 높게 할수록 가장 온도가 높은 곳은?

   ① AB ② AC

   ③ AD ④ AO

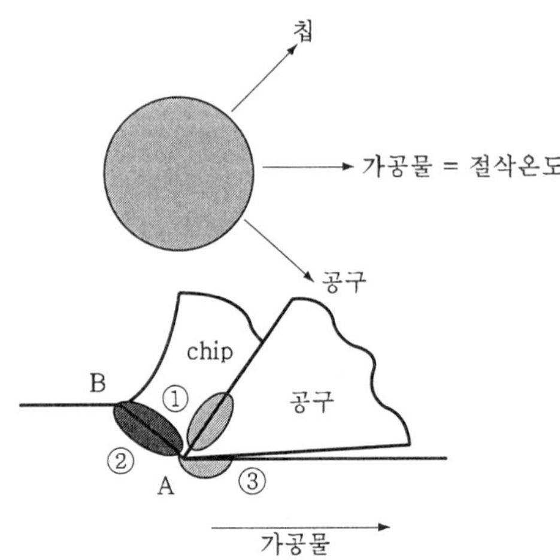

2. 공구-공작물 열전대(thermo-couple)법을 간단히 설명하고 이 방법에 의해 절삭온도를 측정할 때 주의하여야 할 부분에 대해 설명해 보자.

정답 및 해설

1. 아래 그림을 다시 생각해 보자.
   그림에서 절삭속도가 낮은 부분에서는 전단면의 소성변형에 의해 발생하는 열이 가장 많고, 절삭속도가 높은 곳에서는 마찰열에 큰 영향을 받는 것을 알 수 있다.

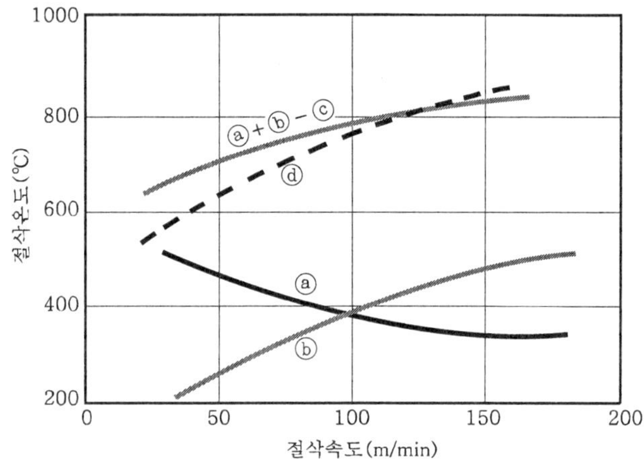

2. 이 방법은 공구와 공작물의 다른 금속적 성질에 의해 일어나는 열기전력을 측정하는 것으로서 가장 많이 사용되어 지고 있다. 원리적으로는 극히 간단하지만 공구와 리드선, 혹은 공작물과 리드선이 다른 종류의 금속일 경우, 그 접점에 있어서 기전력이 발생하므로 측정점 이외의 접점온도를 일정하게 하거나 이들 점에서 발생하는 열기전력을 측정하여 보정할 필요가 있다. 또한 세라믹 바이트 팁과 같은 비전도체 공구에서는 사용할 수 없는 단점이 있다.

4. 절삭공구의 마멸과 수명

학습 Point

- 공구재료의 구비조건
- 공구의 마모 형태 = 크레이터 마모, 여유면 마모, 경계마모, 치핑 등
- 공구 수명 방정식

(1) 공구재료

1) 공구재료의 구비조건

공구재료가 갖추어야 할 구비조건은 다음과 같다.

1 고온에서의 경도(高溫硬度, hot hardness)가 클 것

2 마멸저항(磨滅抵抗, wear resistance)이 클 것

3 마찰계수(摩擦係數, friction coefficient)가 작을 것

4 인성(靭性, to ughness)이 클 것

5 가격(價格, cost)이 저렴할 것

절삭에서 발생하는 고온에서 공구의 경도는 공작물의 경도보다 커야 한다. 이러한 성질은 절삭속도가 증가할수록, 또는 공작물의 온도강도가 클수록 더욱 중요시 된다.

또한, 절삭 공구의 사용속도 범위 내에서 지나친 마멸이 생기지 않아야 하며, 사용 절삭조건에서 칩과 공구의 경사면과의 마찰계수는 작아야 하는데, 이것은 공구마멸 면에서 뿐만 아니라 가공면의 표면거칠기의 측면에서도 중요하다.

그리고, 공구의 경도가 너무 크면 취성이 커지고 인성이 너무 작아지는 경우가 생기는데 이것을 피해야 한다. 이점은 특히 단속절삭에 있어서 더욱 중요시 된다.

새롭게 선택한 공구재료에 투자한 값이 생산성 증가, 인건비 절감, 공구 수명의 향상 등에 의해서 얻는 이익 보다 초가해서는 안될 것이므로 가격(價格, cost)이 저렴하여야 할 것이다. 그러나 현재로서는 이상과 같은 조건들을 전부 만족하는 공구재료는 존재하지 않는다고 해도 과언이 아니다. 즉, 제품의 가공상태, 생산량, 가공작업의 형태, 공구의 기하학적 형태, 가공재료의 물리적 성질 등에 따라 위의 조건은 상대적 중요성이 달라지기 때문이다.

그렇다면 공구재료에는 어떤 것들이 있는지 살펴보자.

2) 공구재료의 종류

공구재료로서는 옛날부터 탄소공구강을 사용하여 왔지만 공작기계의 성능의 향상과 함께 점차 새롭고 우수한 재료가 개발되어 지고 있다. 현재, 널리 사용되어지고 있는 절삭공구재료로서는 다음과 같은 것들이 있다.

공구재료 종류	
탄소공구강 (carbon tool steel)	서-멧 (cermet)
합금공구강 (alloy tool steel)	코팅공구 (coated tool)
고속도공구강 (high speed tool steel)	세라믹 (ceramic 또는 oxide tool)
스텔라이트 (stellite)	CBN 소결체 공구 (cubic boron nitride tool)
초경합금 (sintered carbide 또는 cemented carbide)	다이아몬드 (diamond)

① **탄소공구강**(Carbon tool steel)

탄소공구강은 0.60~1.50% C의 탄소강으로 열처리에 의해 어느 정도의 경도와 인성이 비교적 용이하게얻어 진다. 그러나 고온경도가 낮고 절삭날이 300℃ 정도가 되면 사용할 수 없으므로 금속절삭에 있어서 현재는 거의 사용되고 있지 않다.

② **합금공구강**(alloy tool steel)

탄소공구강에 특수원소를 첨가한 강이 합금공구강이다. 주된 합금원소는 Cr, W, Mn, Ni, Co, Mo, V이다. 합금공구강은 탄소공구강에 비해 많은 장점을 가지고 있으므로 절삭공구용, 내충격공구용, 냉간금형용, 열간금형용 등 널리 사용되고 있다.

금속절삭용으로서는 절삭성능 면에서 고속도공구강 보다 떨어지므로 바이트로서의 사용량은 많지 않으나 그림 2.50과 같은 탭, 다이스 및 띠톱 날 등에는 사용되고 있다.

③ **고속도공구강**(high speed tool steel)

고속도공구강은 적당한 열처리를 가함으로써 두드러지게 경화되어 내마모성과 인성이 우수하고, 특히 금속재료를 비교적 높은 속도에서 절삭하여도 절삭성이 뛰어난 장점을 가지고 있다. 이와 같이 우수한 절삭능력은 절삭공구류에 큰진보를 가져왔다.

고속도공구강에는 표준으로서 18-4-1형, 즉 0.8% C, 18% W, 4% Cr, 1% V를 함유한 강(SKH 2)가 있다. 여기에 Co를 첨가한 것(SKH 4 등), Mo를 W 대신 사용한 Mo계, 고V계의 고속도공구강 등이 주로 사용되고 있다.

고속도강의 열처리는 탄소공구강에 비해 어려우므로 그 어닐링(annealing) 온도는 다량의 탄화물을 고용시켜야 하므로 1200~1350℃ 정도로 높게 할 필요가 있다. 또한 최근의 고속

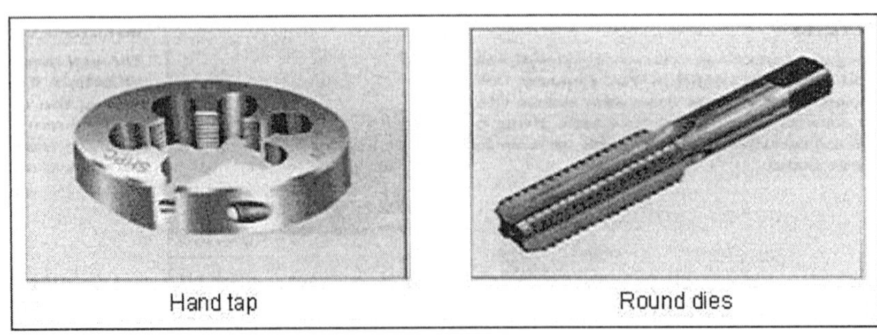

그림 2.50 합금공구강(alloy tool steel) 공구의 예

표 2.6 고속도강의 종류와 화학성분 및 용도(KS D 3522)

종류의 기호	화학성분 (%)										참고 용도 보기
	C	Si	Mn	P	S	Cr	Mo	W	V	Co	
SKH 2	0.73~0.83	0.40 이하	0.40 이하	0.030 이하	0.030 이하	3.80~4.50	-	17.00~19.00	0.80~1.20	-	일반절삭용 기타 각종 공구
SKH 3	0.73~0.83	0.40 이하	0.40 이하	0.030 이하	0.030 이하	3.80~4.50	-	17.00~19.00	0.80~1.20	4.50~5.50	고속 중절삭용 기타 각종 공구
SKH 4	0.73~0.83	0.40 이하	0.40 이하	0.030 이하	0.030 이하	3.80~4.50	-	17.00~19.00	1.00~1.50	9.00~11.00	난삭재 절삭용 기타 각종 공구
SKH10	1.45~1.60	0.40 이하	0.40 이하	0.030 이하	0.030 이하	3.80~4.50	-	11.50~13.50	4.20~5.20	4.20~5.20	고 난삭재 절삭용 기타 각종 공구
SKH51	0.80~0.90	0.40 이하	0.40 이하	0.030 이하	0.030 이하	3.80~4.50	4.50~5.50	5.50~6.70	1.60~2.20	-	인성을 필요로 하는 일반절삭용 기타 각종 공구
SKH52	1.00~1.10	0.40 이하	0.40 이하	0.030 이하	0.030 이하	3.80~4.50	4.80~6.20	5.50~6.70	2.30~2.80	-	
SKH53	1.10~1.25	0.40 이하	0.40 이하	0.030 이하	0.030 이하	3.80~4.50	4.60~5.30	5.70~6.70	2.80~3.30	-	비교적 인성을 필요로 하는 고속 중절삭용 기타 각종 공구
SKH54	1.25~1.40	0.40 이하	0.40 이하	0.030 이하	0.030 이하	3.80~4.50	4.50~5.50	5.30~6.50	3.90~4.50	-	
SKH55	0.85~0.95	0.40 이하	0.40 이하	0.030 이하	0.030 이하	3.80~4.50	4.60~5.30	5.50~6.70	1.70~2.20	4.50~5.50	
SKH56	0.85~0.95	0.40 이하	0.40 이하	0.030 이하	0.030 이하	3.80~4.50	4.60~5.30	5.50~6.70	1.70~2.20	7.00~9.00	비교적 인성을 필요로 하는 고속 중절삭용 기타 각종 공구
SKH57	1.20~1.35	0.40 이하	0.40 이하	0.030 이하	0.030 이하	3.80~4.50	3.00~4.00	9.00~11.00	3.00~3.70	9.00~11.00	
SKH58	0.95~1.05	0.50 이하	0.40 이하	0.030 이하	0.030 이하	3.50~4.50	8.20~9.20	1.50~2.10	1.70~2.20	-	인성을 필요로 하는 일반 절삭용 기타 각종 공구
SKH59	1.00~1.15	0.50 이하	0.40 이하	0.030 이하	0.030 이하	3.50~4.50	9.00~10.00	1.20~1.90	0.90~1.40	7.50~8.50	비교적 인성을 필요로 하는 고속 중절삭용 기타 각종 공구

* 비고: 각종 모두, 불순물로서 Cu 0.25%, Ni 0.25%를 넘지 않아야 한다.

도공구강에는 내마모성을 향상시키기 위해 공구표면에 코팅(coating) 처리한 것, 인성을 증가시키기 위해 분말야금법으로 제조한 것 등도 있다.

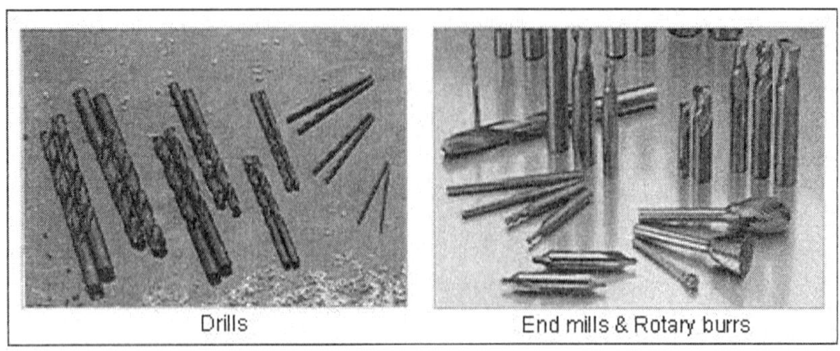

그림 2.51 고속도공구강(high speed tool steel) 공구의 예

그림 2.51은 고속도공구강(high speed tool steel) 공구의 일례를 나타낸 것이다.

한편, KS D 3522에서는 표 2.6과 같이 고속도강의 종류와 화학성분 및 용도를 규정해 놓고 있는데, 이는 우리나라의 현장에서 더러 사용하고 있는 JIS와는 그 명칭 등에서 다소 차이가 있다.

④ **스텔라이트**(stellite)

공구재료 가운데 주조합금의 대표적인 것으로 스텔라이트가 있다. 그 주성분은 1.5~3.5% C, 40~55% Co, 12~20% W, 25~35% Cr, 5% 이하의 Fe로 구성되어 있다.

금속절삭의 경우, 초경합금과 고속도강의 중간적 성능을 나타내지만, 초경합금의 발달로 인해 내열재료로서 주로 사용되며 현재, 절삭공구로서는 그다지 사용되지 않고 있다.

⑤ **초경합금공구**(sintered carbide 또는 cemented carbide)

초경합금은 W, Ti, Ta 등의 탄화물의 미분말에 Co의 미분말을 결합제로 첨가하여 프레스로 성형하고 1400℃ 전후에서 소결(sintering)한 것이다.

그림 2-52와 같이 초경합금은 공정점(1320℃) 이하에서 조직변화가 없고, 강계 공구재에 비하여 고온에서도 경도 저하가 적으므로 고속도에서의 절삭이 가능하다. 그러나 비교적 깨지기 쉬우므로 특히 공작기계의 진동 등에 주의하여 사용할 필요가 있다.

초경합금은 표 2.7에 정리한 바와 같이 최초에 WC-Co계(일원 탄화물계)로 시작되었는데, 현재에는 주철, 비철금속절삭용(G종)으로 사용되고 있으나 강종의 고속절삭의 경우 경사면 마멸이 두드러지게 크게 되므로 WC-Co계에 TiC를 첨가, WC-TiC-Co계(일원 탄화물계)가 강절삭용 초경합금(S종)으로 사용되고 있다.

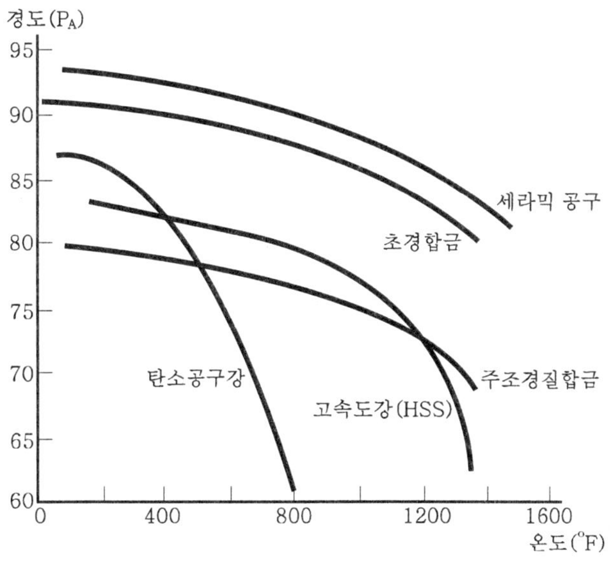

그림 2.52 공구재료의 고온 경도

표 2.7 초경합금의 개발 단계

G종	WC−TiC−Co계 (일원 탄화물계, S종)	WC−TiC−TaC−Co계 (3원 탄화물계)
최초에 사용된 WC-Co계(일원 탄화물계), 현재에도 주철, 비철금속 절삭용으로 사용.	WC-Co계에 TiC를 첨가, 강종의 고속절삭의 경우 경사면 마멸 방지를 위해 사용하는 강절삭용 초경합금.	새로운 S종보다도 인성이 높고 주철이나 강, 어느 것의 절삭에도 사용할 수 있는 초경합금.

또한, S종 보다 인성이 높고 주철이나 강, 어느 것의 절삭에도 사용할 수 있는 WC-TiC-TaC-Co계(3원 탄화물계)의 초경합금도 개발되어 사용되고 있다.

한편, 초경합금은 품종의 다양화에 따라 이것들을 종래의 규격으로 표시하는 것이 곤란하므로 KS에서는 초경합금의 사용 선택 기준을 규정해 놓고 있다. 이 규격은 절삭작업을 3개의 경우로 크게 나누어 연속적이고 긴 칩을 생성하는 절삭을 P, 짧은 절삭 칩이 나오는 절삭을 K, 공작물 재료가 특수하여 두 가지 형태의 칩이 모두 유출될 수 있는 경우에는 M종을 선택하도록 하고 있다.

표 2.8 초경합금공구의 사용 선택 기준

대분류	사용분류기호	경도(HRA) 항절력(kg/mm)	피삭재	절삭방식	작업 조건	성능 증가 방향	
						절삭 조건	팁 재질
P	P01	92.0 이상 120 이상	강, 주강	정밀 선삭, 정밀 보오링	고속에서 소절삭면적일 때, 또는 가공품이 치수정도와 표면의 다듬질 정도가 양호하길 바랄 때, 단 진동이 없는 작업조건일 때	↑ 절삭속도 ↓ 이송속도	↑ 내크레이터마모 ↓ 인성
	P10	91.5 이상 150 이상	강, 주강	선삭, 총형절삭, 나사절삭, 정삭, 밀링	고~중속에서 소~중절삭면적일 때, 또는 작업조건이 비교적 좋은 경우		
	P20	91.0 이상 165 이상	강, 주강, 가단주철 (연속형 chip이 나오는 경우)	선삭, 총형절삭, 밀링, 평절삭	중속에서 중절삭면적작업일 때 또는 P계열 가장 일반적 작업일 때 평절삭에서는 소절삭면적일 때		
	P30	89.5 이상 175 이상	강, 주강, 가단주철 (연속형 chip이 나오는 경우)	선삭, 총형절삭, 밀링, 평절삭	저~중속으로 중~대절삭면적일 때, 또는 그다지 좋지 않은 작업조건일 때		
M	M10	91.5 이상 140 이상	강, 주강, 주철	선삭, 밀링	중~고속에서 소~중절삭면적일 때, 또는 강주철에 대해서 공용하고자 할 때, 비교적 작업조건이 좋을 때	↑ 절삭속도 ↓ 이송속도	↑ 경도 ↓ 인성
	M20	90.5 이상 170 이상	강, 주강, 주철	선삭, 밀링	중속에서 중절삭면적일 때, 또는 강, 주철에 대하여 공용하고 싶을 때, 그다지 작업조건이 좋지 않을 때		
			고망간강, 오스테나이트강, 특수주철	선삭, 밀링	중속에서 절삭면적일 때, 그다지 작업조건이 좋지 않을 때		
	M40	88.5 이상 220 이상	강, 주강, 주철, 오스테나이트강, 특수 주철 내열합금	선삭, 밀링, 평절삭, 절단	중속에서 중 ~ 대절삭면적일 때, 또는 M20보다 작업조건이 나쁠 경우		

K	K01	92.5 이상 130 이상	주철	정밀절삭, 정밀 보오링, 정삭, 밀링	고속에서 소절삭면적일 때, 또는 진동이 없는 작업조건일 때		
			고경도주철, 소입강	선삭	고속에서 소절삭면적일 때, 또는 진동이 없는 작업조건일 때		
			흑연, 경질지, 도자기, 고 Si-Ai		진동이 없는 작업조건일 때		
	K10	92.0 이상 140 이상	주철(Hb200 이상), 가단주철 (비금속형 chip이 나올 때)	선삭, 밀링, 브로우칭, 리이밍 가공	중속에서 소~중절삭면적일 때, 계열중 비교적 일반작업인 경우 또 비교적 진동이 없는 작업조건일 때	↑ 절삭속도 ↓ 이송속도	↑ 경도및내마모성 ↓ 인성
			소 입 강	선삭	저속에서 소절삭일 때 비교적 진동이 없는 작업조건일 때		
			Si-Al 합금, 고경도통유리, 도자기, 경질 고무, 경질지, 합성수지	선삭, 밀링, 평절삭, 리이밍 가공, 브로우칭	비교적 진동이 없는 작업조건일 때		
	K20	90.5 이상 160 이상	주철 (Hs 200이하)		중속에서 중~대절삭면적일 때, K계열중 일반작업일 때, 또 큰 인성을 요구하는 조건일 때		
	K30	89.0 이상 210 이상	저항장력강, 저경도주철, 동, Al	선삭, 밀링, 평절삭, 총형절삭	저속에서 대절삭면적일 때 그다지 좋지 않은 작업조건일 때, 큰 상면각을 사용하고 싶을 때		

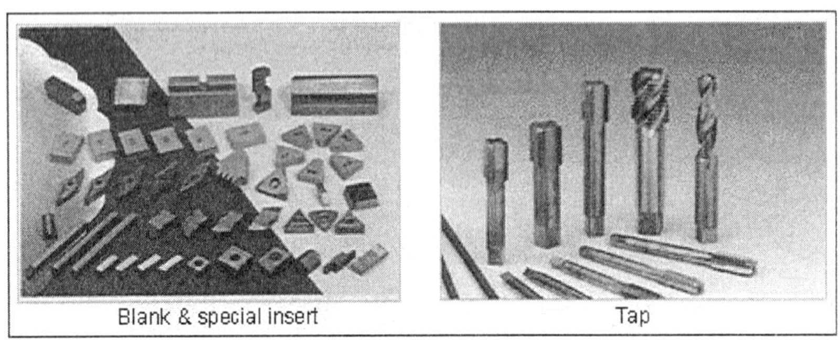

그림 2.53 초경합금(sintered carbide 또는 cemented carbide) 공구의 예

특히, 각각에 대하여 고속 경절삭, 저속의 중절삭, 저속의 단속절삭의 순서로 숫자로써 표 2.8과 같이 선택기준을 분류하여 사용한다.

초경합금은 그림 2.53의 사용 예와 같이 현재 가장 많이 사용되어 지고 있는 절삭공구 재료이며, 최근에는 WC 입자를 초미세화하여 항절력과 인성을 높이고 저속절삭에 뛰어난 성능을 가질 수 있도록 개선하고 있다.

⑥ **서-멧**(cermet)

그림 2.54의 예와 같은 서-멧(cermet)은 초경합금과 같은 소결공구 재료로서 주성분인 TiC를 Mo-Ni계 결합제로 소결시킨 서-멧 공구가 실용화 되어 있으며, 그 성능은 내용착성, 내산화성 등의 점에서 초경합금보다 우수하다.

개발 초기에는 취성이나 열연화의 점에서 초경합금보다 뒤떨어 졌으나 현재는 인성과 내마멸성을 향상시켰으므로 TiC의 일부를 TiN으로 치환한 TiN 계 서-멧이 주류를 이루고 있으며 WC계 초경합금의 일부를 대체할 수 있는 것으로 기대되고 있다.

⑦ **코팅공구**(coated tool)

사용영역이 넓은 초경합금이나 고속도공구강을 합금으로 하여, 내마모성이 우수한 TiN, TiC, Al_2O_3 등의 얇은 층을 코팅한 것으로, 보다 고속절삭을 가능하게 한 공구가 그림 2-55와 같은 코팅공구이다.

최근에는 다른 특성을 가진 재료로 여러 층 코팅하여 내마멸성, 내결손성을 향상시킨 것도 있다.

그림 2.54 서-멧 인서트(cermet insert)

그림 2.55 코팅공구(coated tool)

⑧ **세라믹공구**(ceramic 또는 oxide tool)

고순도의 Al_2O_3의 미립자를 주성분으로 하여, 이것에 입자성장을 제어하는 첨가물을 가하여 1700~1800℃로 가열, 소결시킨 것이다.

초경합금과 같이 비교적 융점이 낮은 결합제를 포함하고 있지 않으므로 연화온도가 다른 공구재료에 비해 현저히 높고, 내마멸성이 높으므로 초경합금보다 더욱 고속의 영역에서 절삭이 가능하다.

그러나 인성이 낮으므로 치핑(chipping)을 일으키기 쉬운 결점이 있고, 현재는 알루미나 탄화물(TiC)의 혼합물을 열간 프레스(hot press)한 것이 실용화 되어 있다.

⑨ **CBN 소결체 공구**(cubic boron nitride tool)

입방정 질화 붕소, 즉 CBN 소결체 공구(cubic boron nitride tool)는 미국의 GE(General Electric)사가 1972년에 개발한 것으로, 다이아몬드에 버금가는 높은 경도를 가지고 철계 금속에 대한 반응성이 적은 획기적인 공구이다.

CBN 입자는 천연에 존재하는 것은 아니며 5만 기압 이상, 1600℃ 이상의 초고압 고온발생장치에서 인공적으로 합성한 것으로, CBN 입자를 금속 또는 특수 세라믹의 결합제를 사용하여 초경합금의 합금상에 소결 결합시킨 것을 CBN 공구로서 사용하고 있다.

우수한 내열성과 내마멸성을 가진 CBN 공구의 출현에 의해 고경도의 열처리강이나 칠드주철의 고속, 고능률적 절삭이 가능하게 되었다.

⑩ **다이아몬드 공구**(diamond tool)

다이아몬드 공구(diamond tool)는 연신용 다이스, 조각용 공구 및 연삭숫돌용 드레서(dresser)

그림 2.56 세라믹 인서트(ceramic inserts)

그림 2.57 PcD와 PcBN

로서 옛날부터 사용되어 왔지만 절삭공구로서는 값이 비싸고, 결손 되기 쉽고, 날붙이기도 쉽지 않으므로, 특수한 경우 이외에는 잘 사용하지 않았다. 그러나 경도가 극히 높고, 내마멸성이 우수하며 절삭 가공면이 양호하므로 현재에는 연삭 가공으로 적당하지 않는 동합금, 경합금 등의 금속, 고무, 합성수지 등의 고속정밀 다듬질 가공용으로서 사용되어지고 있다.

또한, 최근에는 다이아몬드 입자를 특수한 결합제로써 고온, 고압으로 초경합금에 소결시킨 다결정 소결다이아몬드공구(PCD; Poly-Crystalline Diamond Tool)가 개발되어 있다.

(2) 공구의 마멸 형태

절삭 중 공구의 날은 절삭 칩과 공작물 사이에서 고온, 고압의 가혹한 상태로 접촉하여 이동 하고 있다. 이 때문에 절삭 날에는 그림과 같은 여러 가지 손상이 생긴다.

절삭 공구의 마멸은 그림 2.58과 같이 극히 복잡하며, 여러 가지 현상으로 나타나므로 다른 기계부품의 운동면으로서 생기는 마멸과는 일반적으로 종류가 다르다.

표 2.9는 주로 발생하는 공구 마멸의 형태에 대해 정리하여 나타내었으며, 그림 2.59에 공구날 마멸 및 파손의 영향을 도식적으로 설명하였다.

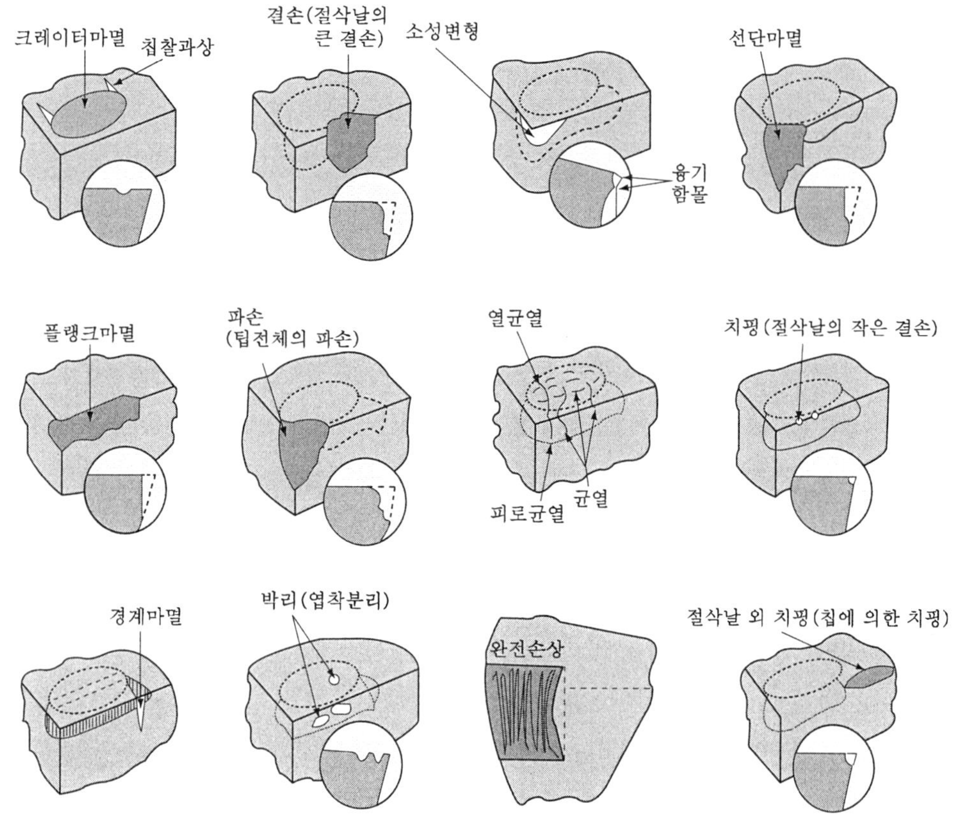

그림 2.58 공구의 마멸 형태

표 2.9 주된 공구의 마멸

치핑 (chipping)	- 공구날 모서리의 미소한 결손 - 공작기계의 진동, 단속절삭 등의 기계적 작용에 의해 발생. - 깨지기 쉬운 초경공구나 세라믹 공구에 잘 생기며, 고속도강 공구에서는 드물게 발생.
경사면 마멸 (크레이터 마멸, crater wear)	- 공구경사면 상에 움푹 패이는 마멸 - 칩과 경사면의 마찰에 의해 고온 · 고압으로 생긴 열적 마멸
여유면 마멸 (플랭크 마멸, frank wear)	- 공구 여유면이 후퇴하는 마멸 - 노우즈 반경 부의 마멸 폭이 크게 되어 노우즈 마멸 이라고도 부릅니다. - 노우즈 마멸이 크게 되는 것은 일반적으로 고속절삭의 경우 에 많이 발생.
경계 마멸	- 경사면과 여유면이 동시에 후퇴하여 절삭날 모서리가 둔화하는 마멸 - 공작물재질과 공작물의 표면 상태에 지배되어 단조, 주조, 열간가공재의 흑피부 및 가공 경화성이 큰 스테인리스 강과 다이스 강 등에 있어서 전가공면의 가공 경화층 때문에 발생.

그 외, 공구마멸에 의한 트러블의 원인과 이에 대한 대책은 표 2.10과 같다.

표 2.10 공구마멸에 의한 트러블의 원인과 대책

트러블 내용 \ 원인 \ 대책		절삭조건				공구형상						인써트제증		기타	
트러블 내용	원인	절삭속도	이송량	절의량	절삭율	경사가	여유각	위절인각	전절인각	노즐반경	효능	인셀	경도	오비씰	기계장설
플랭크마멸	공구재중부적합 절삭조건부적합	⬇	⬆		○	⬆				⬆			⬆		
크레이터마멸	절삭조건부적합 공구재중부적합 냉각액부적합	⬇	⬇	⬇	○	⬆							⬆		
치핑	절삭조건부적합 부정확한 Setting 진동발생 구성인선의 발생	⬆	⬇			⬇				⬆	⬆	⬆			
결손, 파손	치핑성장 공구선택부적합 이송과다		⬇	⬇							⬆	⬆		⬇	
열균열	절삭조건부적합 공구재중부적합												⬆		
가공면불량	절삭조건부적합 마모된인써트시용 부적합한절삭유 공구형성부적합	⬆	⬇		◎	⬆	⬇	⬆	⬇	⬆					
떨림발생	기계동력부족 오버형과다 절삭조건부적합 노즈 Y 과다	◎	⬆	⬇										⬇	⬆
버어발생(burr)	기계동력부적합 절삭조건부적합 오버형과다 노즈 Y 과다	◎	⬆	⬇						⬇				⬇	⬆
소성변형	절삭조건부적합	⬇	⬇	⬇			⬆			⬇					

⬆ 증가 ⬇ 감소 ○ 증가 ◎ 감소

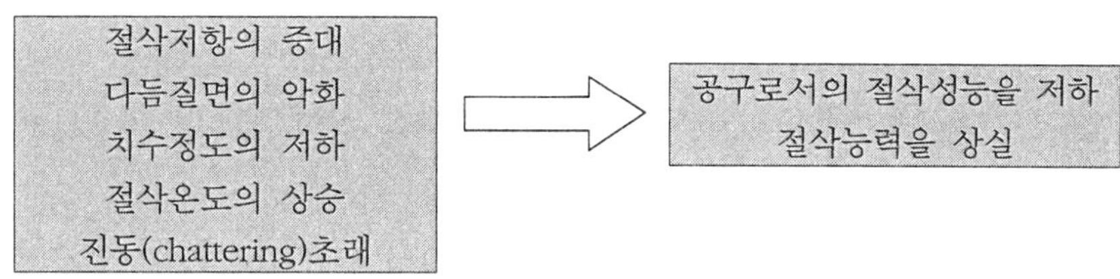

그림 2.59 공구날 마멸 및 파손의 영향

(3) 공구수명의 판정

절삭공구를 사용하여 절삭가공 할 때, 그 절삭 공구의 수명은 어떻게 판정할까? 공구수명(tool life)이란 절삭공구의 사용시작점으로부터 수명판정 기준에 도달하기까지의 시간을 말하며 보통 분(minute)으로 나타낸다.

공구수명은 공구와 공작물 또는 가공조건(속도, 절삭깊이, 이송, 절삭유제의 종류와 공급방법, 사용하는 공작기계 등)에 의해 좌우된다. 조금 더 구체적으로 공구수명의 판정기준을 정리해 보면 다음과 같다.

또한, KS에서는 공구 수명의 판정기준 표 2.11과 같이 규정하고 있다.

1. 가공면 거칠기가 나빠질 때
2. 절삭 날의 여유면과 경사면 마멸이 일정량에 도달했을 때
3. 공구 날이 완전히 손상되어 절삭이 불가능하게 되었을 때
4. 공작물 치수의 변화가 일정량에 도달했을 때
5. 절삭동력의 변화가 증대했을 때
6. 칩의 색깔 및 형상의 변화와 불꽃이 발생했을 때

표 2-11 공구 판정기준(KS B0813)

여유면 마멸폭(mm)	
0.2mm	정밀 경절삭, 비철합금 등의 다듬질 절삭
0.4mm	특수강 등의 절삭
0.7mm	주철, 강 등의 일반절삭
1~1.25mm	보통 주철 등의 절삭
경사면 마멸 깊이(mm)	통상 0.05~0.1

(4) 공구수명 방정식

공구는 보통 공구와 공작물의 접촉면인 측면과 공구와 칩의 접촉면 공구윗면의 마멸에 의하여 수명을 다하게 된다는 것을 앞에서 알아보았다.

일반적으로 절삭속도를 크게 하면 단위시간당 절삭량이 증가하여 절삭능률이 증가하지만 절삭속도가 지나치게 빠르면 공구 앞부분의 경도가 저하되어 발생열이 증가함으로써 공구 마멸을 촉진시킨다.

테일러(Frederic W. Taylor)를 비롯하여 많은 학자들은 공구수명과 절삭속도의 관계에 대하여 연구하였는데, 테일러에 의해 어느 속도 범위에 있어서 공구수명과 절삭속도 사이의 관계를 실험에 의해서 나타낸 식을 공구 수명 방정식이라 하며 다음과 같이 나타내었다.

$$VT^n = C \tag{2-25}$$

V : 절삭속도(m/min)	
T : 공구수명(min)	
n : 지수 고속도강	n = 0.005~0.2
초경합금	n = 0.125~0.25
세라믹	n = 0.4~0.55
C : 상수(공구 및 절삭조건에 따라 다름)	

또 이와 같이 절삭속도에 대한 공구수명의 변화를 나타낸 곡선을 공구수명곡선 이라 한다. 공구 수명방정식에서 지수 n은 그림 2.60의 log-log 그래프 직선상에서 식 (2-26)으로 구한다.

$$\frac{1}{n} = \frac{\log T_1 - \log T_2}{\log V_2 - \log V_1} = \frac{\log \frac{T_1}{T_2}}{\log \frac{V_2}{V_1}}$$

$$\therefore n = \frac{\log \frac{T_1}{T_2}}{\log \frac{V_2}{V_1}} \tag{2-26}$$

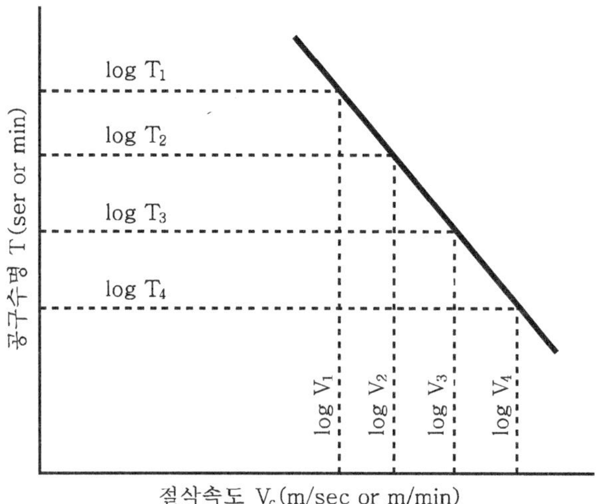

그림 2.60 공구수명방정식에서 지수(n)을 구하기 위한 log-log 그래프

용어 해설 공구수명곡선(tool life curve)이란?

절삭가공에 있어서 절삭속도 만을 변화시키고 다른 절삭조건은 대부분 일정하게 한 경우, 절삭속도(V)에 대한 공구수명(T)의 변화를 나타낸 곡선이다. 양 대수 그래프로 저이하면 절삭속도가 넓은 범위에서 공구수명은 직선으로 되는 것을 알 수 있다. 속도를 나타내는 V와 공구수명시간을 나타내는 T로부터 V-T곡선이라고 부른다.

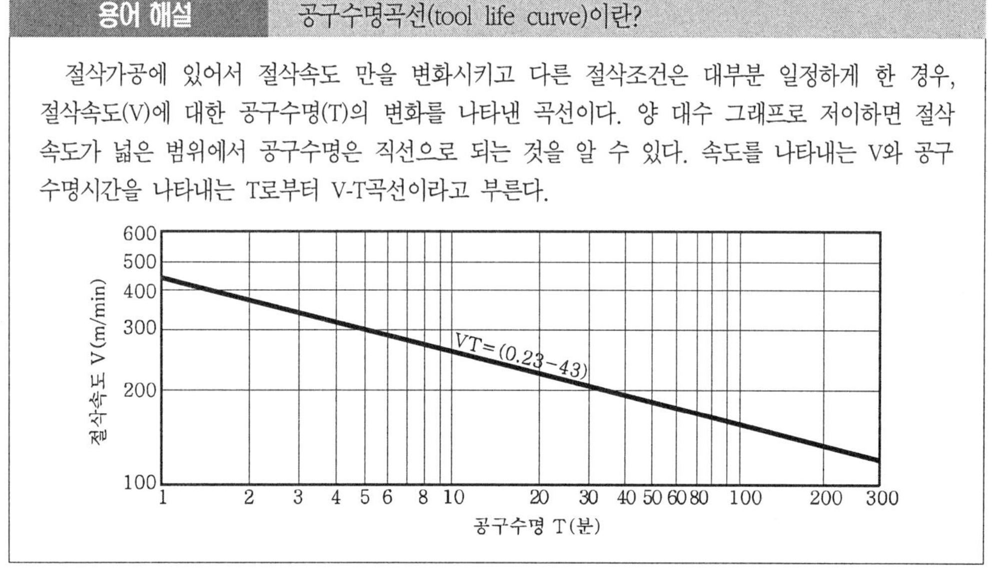

1) 선반 절삭실험에 의한『V-T 곡선』작성 방법 예

V-T 곡선은 이론적으로 구해지는 것이 아니라, 실험적으로 구해지는 것이다. 가공 로트(lot)수가 극히 많은 양산 형태의 회사에서는 V-T 곡선을 구하기 위해 직접 절삭 실험을 하

는 것이 바람직하므로, 일례로 초경합금 바이트에 의한 절삭실험 방법(KS B4011)을 나타낸다.

① 보통선반을 사용하여, 공작물, 공구, 절삭깊이 이송량을 일정하게 하여, 절삭속도를 V_1, V_2 ………로 변화시켜 절삭을 행하여, 일정 시간 플랭크 마멸폭 VB, 크레이터 마멸 깊이 KT를 측정한다. 플랭크 마멸은, 마멸이 비교적 같은 모양일 때에는 그 평균값을 취하지만, 균일하지 않게 발생할 경우에는 최대 마멸폭을 구한다. 또, 경계마멸을 일으키는 경우에는 최대 마멸폭과 평균값의 각각을 추적한다.

② 그림 2.61과 같이 등 간격 그래프 용지에 절삭시간과 마멸량과의 관계를 그리고, 이 곡선을 수명판정 기준량(KS B0813)의 가로선으로 잘라, 각각의 절삭속도에 대한 수명시간 T_1, T_2 ………를 구한다.

③ 그림 2.62와 같이 양대수 그래프 용지에(T_1 V_1), (T_2 V_2) ………의 각 점을 plotting하여, 이들 점을 포괄하는 선을 연결하여 수명곡선을 만든다.

이상이 절삭실험 방법의 개요이지만, 통상의 피삭재를 보통의 절삭조건으로 실험하는 경우에는 수명곡선은 시험오차의 범위 내에서 직선이 된다. 또, 구한 점은 3점 이상을 취해, 수명시간은 1min 이상의 점으로 구하여야만 한다.

그림 2.63의 -0.125 및 -0.25 곡선은 앞의 ASME의 n의 값을 사용한 공구수명에 대한 절삭속도의 수정율을 구한 곡선이다.

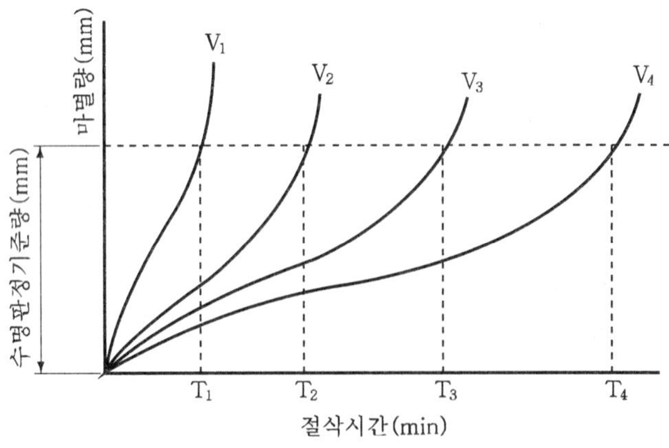

그림 2.61 마멸량 경과곡선

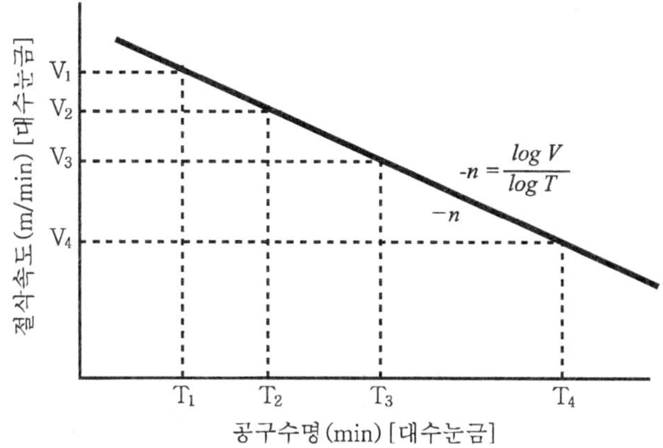

그림 2.62 마멸량 경과곡선

- ASME(*ASME Manual on the Cutting of Metals)
  고속도강의 강 절삭 n=0.215
  초경합금의 강 절삭 n=0.250
- Cincinati Milling Machine(*A Treatise on Milling and Milling Machine)
  고속도강의 주철 face cutting n=0.12
  초경합금의 주철 face cutting n=0.43
- Oxford of National Twist Drill & Tool Co(*Report of the American Society of Tool Engineers)
  고속도강 드릴에 의한 강 drilling n=0.25~0.35
  초경합금 드릴에 의한 강 drilling n=0.36
- St. Clair(*Design and Use of Cutting Tools 요 St. Clair)
  고속도강에 의한 금속절삭 n=0.14
  12% Co 고속도강(JIS SKH 5에 해당)에 의한 금속절삭 n=0.19
  초경합금에 의한 금속절삭 n=0.43

예를 들면, 초경에 의한 강 절삭에서 공구수명 60min일 때, 절삭속도 100m/min의 경우, 다른 제 조건이 동일하여 공구수명 120min를 필요로 할 때에는 R=120/60=2를 위로 찾아, -0.25곡선과의 교점에서 왼쪽으로 찾아가면, 수정율 0.84에 의해 $V_{120}=V_{60}\cdot 0.84 = 84$m/min 가 된다.

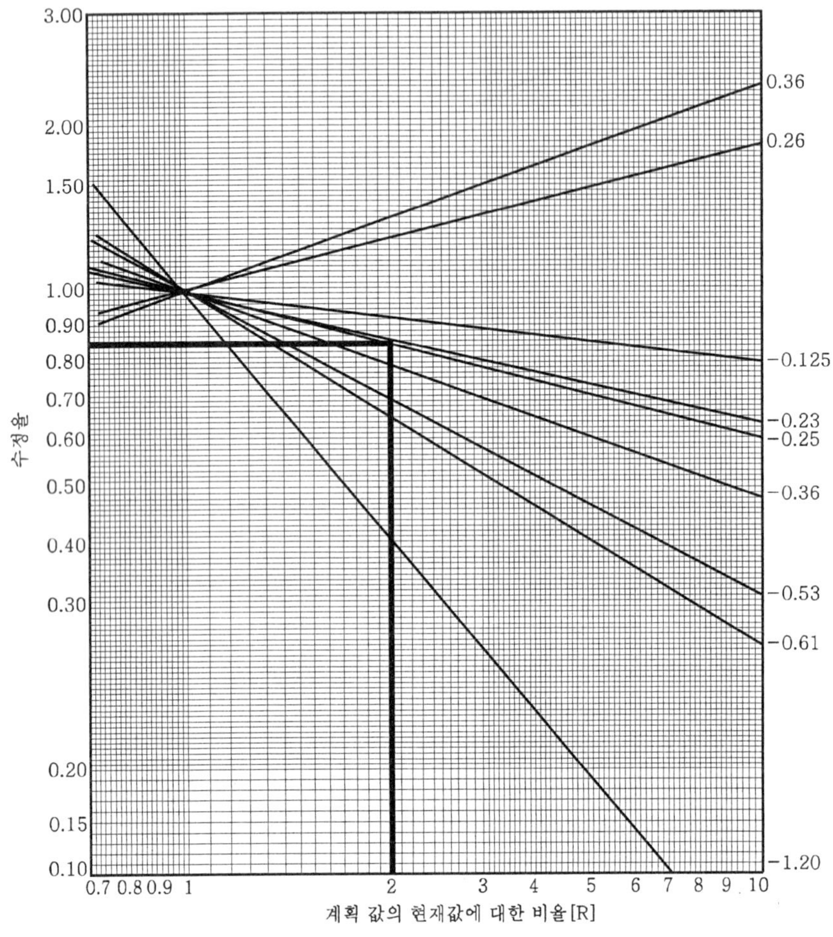

그림 2.63 가공조건에 대한 절삭속도 수정율

2) 공구수명을 고려한 절삭속도 선정 방법

절삭능률 향상의 하나의 수단으로서 절삭속도를 높일 필요가 있지만, 공구수명이 이를 제한한다. 그런데, 공구수명을 일정하게 한 경우, 절삭속도는 공구의 형상, 가공품의 재질과 경도, 절삭깊이, 이송량 등 다른 절삭조건에 의해 영향을 받는다.

가공 기술의 전문서적 등에서 제시하고 있는 것은 대체적인 사용 기준을 나타내고 있는 것에 불과하므로, 이것만으로 절삭조건을 선정하는 것으로 충분하지 않으며, NC 공작기계 제작사나 NC 장치 메이커가 제공한 소프트웨어(software)의 절삭조건을 그대로 프로그래밍

(programming) 하고 말 경우, 자칫하면 실수를 유발하기 쉬우므로 유의해야 한다.

임의의 가공조건에 있어서 적정한 절삭속도를 구하기 위해서는 절삭속도와 그것에 영향을 끼치는 제요소와의 관계를 명확하게 하여 적절하게 수정하여야만 되는데, 절삭속도에 영향을 주는 요소는 다음과 같으므로 하나하나 알아보자.

① 공구재료	② 피삭재의 피삭성	③ 피삭재의 표면상태
④ 절삭유제	⑤ 피삭재의 경도	⑥ 공구 종류
⑦ 날끝 반지름	⑧ 측면 절삭각 (side cutting angle)	⑨ 측면 경사각 (side rake angle)
⑩ 절삭 깊이	⑪ 이송량	⑫ 공구 수명

① 공구재료와 절삭속도

절삭동력와 발생열은 일반적으로 절삭속도에 비례한다. 발생열은 전단형(shear type) 칩이 생기는 절삭에서는 절삭칩 전단일에 의해, 또 유동형(flow type) 칩이 생기는 절삭에서는 칩과 절삭 공구면과의 마찰일에 의해 발생하여, 이들의 90% 이상이 전단면 및 공구 날에서 열로 되며, 남은 10%가 피삭재 중에 비축된다.

고속절삭 영역에서는 급속한 날 끝의 연화현상을 일으키며 절삭능력을 상실한다. 그러므로 절삭속도의 범위는 적열경도(red hardness)로서 알려진 공구재료의 가공 가능 온도에 의해 정한다. 그림 2.64에 공구재료의 고온경도를 나타내었으며, 표 2.12에 공구재료와 절삭속도비를 나타내었으므로 다른 제반 조건이 동일할 경우, 이것을 기준으로 절삭속도를 정하면 좋다.

② 공작물의 피삭성과 절삭속도

앞에서도 언급되었지만 공작물의 피삭성(machinability)이란 재료가 절삭작용에 의해 깎이기 쉽고, 어려운 정도이며, 재료의 성분, 금속조직 등에 의해 정해지는 재료 고유의 성질이다. 일반적으로 고경도(高硬度), 고항장력(高抗張力), 가공경화성(加工硬化性)을 가짐으로써, 내구성(耐久性), 내열성(耐熱性), 내식성(耐蝕性) 등이 높은 재료일수록 피삭성이 나쁜 공구수명에 직접 영향을 준다.

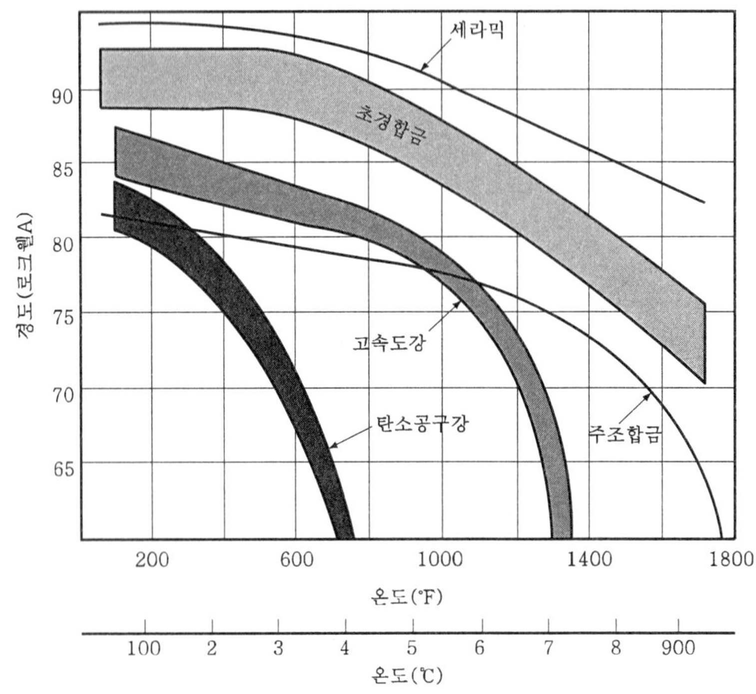

그림 2.64 공구재료의 고온경도

표 2.12 공구재료와 절삭속도비

공구재료	절삭속도(약)	가공가능 온도(℃)
HS(SKH 3)	1.00	400~500
HS(SKH 4A)	1.20	400~550
HS(SKH 5)	1.36	400~600
스텔라이트	2.00	480~700
초경합금	4.00	약 1,100
세라믹	6.00	최고 1,300
다이아몬드	10.00 이상	한계치 알 수 없음

그리고, 전연성(展延性)이 커서 무른 재료는 표면거칠기, 칩처리 등에 영향을 받는다.

공작물의 피삭성을 나타내기 위해 피삭성 지수(machinability ratio, %)가 사용되어지는데, 피삭성 지수란 어떤 종류를 기준으로, 이것에 대해 다른 재료를 가공하는 경우의 공구수명을 지수(%)로 나타내며, 가공의 어려운 정도를 나타내는 것이다. 이 경우, 공구수명과 절삭속도, 피삭성 지수와의 관계는 다음과 같다.

$$VT^n = C_m (\mathrm{m})$$

여기서 m : 피삭성지수, C_m : AISI(American Institute of Steel & Iron) B1112 유황쾌삭강(피삭성 지수 100) 절삭시, 1분간 수명의 절삭속도와 일치하는 정수를 말한다.

따라서, 공구수명을 일정하게 하여 다른 제조건이 동일할 때는 피삭성 지수를 사용하여 절삭속도를 수정하면 좋다.

일반적으로 피삭성 지수 45 이하를 일반적으로 난삭재라 한다. 안정된 절삭을 행하기 위해서는 피삭성이 좋은 재료인 것이 필요하지만, 구조용 탄소강, 특수강, 합금강 등은 열처리 온도에 의해 마이크로 조직이 변화하여 피삭성이 변동하는 경우가 많으므로, 이 관계를 실험에 의해구해 가장 좋은 피삭성이 얻어지는 열처리 온도로 온도 관리를 하는 것이 요망된다.

③ 공작물의 표면상태와 절삭속도

공작물의 표면상태가 흑피, 주강, 편심, 이형 등의 이유로 단속절삭이 되는 경우 등에서는 공구의 마멸이 빠르고, 공구수명이 저하되므로 공구수명을 일정하게 한 경우, 절삭속도를 적당하게 아래쪽으로 수정할 필요가 있다.

표 2.13, 표 2.14에 공구의 수명이 일정할 때, 가공품 표면상태와 절삭속도비와 가공상태와 절삭속도비를 각각 나타내었다.

④ 공작물의 경도와 절삭속도

공작물의 경도가 높게 되면 공구수명이 저하하므로, 공구수명을 일정하게 한 경우, 절삭속도를 적당하게 아래쪽으로 수정할 필요가 있다. 이와 같이 공구수명과 절삭속도, 가공재료의 경도와의 관계식은 다음과 같다.

표 2.13 공작물 표면상태와 절삭속도비(수명 일정)

표면 상태	절삭속도비
청결한 면	1.00
열처리의 스케일이 붙어있는 면	0.86
쇼트 블라스트(shot blast)를 한 주조품	0.75
쇼트 블라스트(shot blast)를 하지 않은 주조품	0.70

(출처: Operating Manual of the Carboloy)

표 2.14 가공상태와 절삭속도비(수명 일정)

표면 상태	절삭속도비
강의 연삭절삭(초경)	1.00
강의 단속절살(초경)	0.60
강의 연속절삭(HS)	1.00
강의 단속절삭(HS)	0.70
주철의 연속절삭(초경)	1.00
주철의 단속절삭(초경)	0.70
주철의 연속절삭(HS)	1.00
주철의 단속절삭(HS)	0.80

(출처: Design and Use of Cutting Tools by St.Clair)

$$VT^n = C_h h^{-v}$$

여기서 h : 공작물의 브리넬 경도수, -v : 실험적으로 구한 브리넬 경도수에 대한 정수를 나타내며 v의 값은 다음과 같다.

- υ의 값
  - ① ASME
    H_B = 150~260에 대해 1.20, H_B = 150이하에 대해 1.40
  - ② Carboloy 1.72
  - ③ Cincinati Milling Machine Co 1.56

그림 2.63『가공조건에 대한 절삭속도 수정율』의 −1.20 곡선은 ASME 값을 사용한 브리넬 경도수에 대한 절삭속도의 수정율을 구한 곡선을 나타낸 것이다. 예를 들어 브리넬 경도수 150의 가공재료에서 절삭속도 100m/min의 경우, 다른 제 조건은 동일하며, 브리넬 경도수 250의 가공재료에서는, 그림에서 R = 250/150는 약 1.6을 위로 찾아 -1.20 곡선과의 교점으로부터 왼쪽으로 찾으면 수정율 0.58에서 V_{HB200}=V_{HB150} · 0.58 = 58m/min 가공재료의 경도는 동일재료에서도 열처리 조건에 의해 달라지며, 앞공정의 절삭에 의한 가공경화 등의 영향에 의해 달라지므로, 이점을 충분히 고려하여 절삭속도를 수정할 필요가 있다.

⑤ 공구의 재종과 절삭속도

공구의 종류에 의해 절삭기구가 달라져 절삭 날 마멸의 형태에도 차이가 있으므로, 공구수명을 동일하게 한 경우는 절삭속도를 적당하게 수정할 필요가 있다.

수정율에 대해서는 직접 실험에 의해 구하는 것이 바람직하지만 일반적으로 많이 사용하고 있는 공구에 대해서는 기존의 데이터에 의해 유사한 값을 찾을 수 있으므로, 실험 데이터가 없는 경우는 이것을 기준으로 수정하는 것이 좋다.

표 2.15 공구종류와 절삭속도 비

공구 종류	절삭속도비
선반 바이트	1.00
밀링	0.92
리이머	0.82
드릴	0.70

(출처: Carboloy Machinability Computer Operating Manual)

⑥ 공구의 날끝 반지름과 절삭속도

공구 날끝 반지름(nose radius)이 작으면, 절삭날 가운데 가장 약한 부분인 날끝 선단에 절삭저항이 집중하므로 열적 마멸과 치핑(chipping)에 의해 공구수명이 저하된다.

날끝 반지름을 크게 하면 그림 2.65에 나타낸 바와 같이 절삭 칩의 두께가 얇아져서 절삭저항이 감소하므로 공구수명은 길게 된다. 따라서, 일정의 한도 내에서 날끝 반지름을 크게 하면 공구수명을 일정하게 한 경우, 절삭속도를 높일 수 있다.

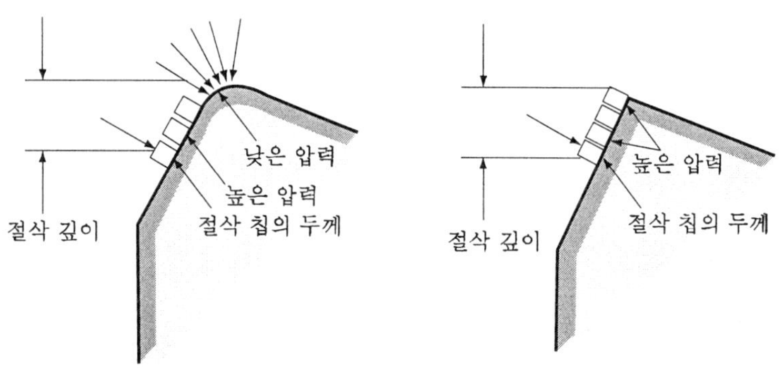

그림 2.65 날끝 반지름의 효과

한편, 날끝의 둥근 정도는 절삭 칩의 두께를 줄이며, 바이트의 가장 약한 점에 걸리는 압력을 감소시킨다. 날끝이 예리한 바이트는 선단에 높은 압력을 주는 절삭날에 평행인 절삭 칩을 만들어 선단이 빨리 파손되는 원인이 된다.

날끝 반지름과 공구수명, 절삭속도와의 관계식(by Boston -Metal Processing by O.W. Boston-)은 다음과 같다.

$$VT^n = C_r(r+0.8)^{0.36}$$

여기서 r : 날끝 반지름, C_r : 정수, 0.8 : 임의의 날끝 반지름에 대한 부가수(付加數)

그림 2.63 『가공조건에 대한 절삭속도 수정율』의 0.36 곡선은 위 식을 사용한 날끝 반지름에 대한 절삭속도의 수정율을 구한 곡선을 나타낸 것이다. 예를 들어 날끝 반지름 0.8mm 일 때, 절삭속도 100m/min의 경우, 다른 제 조건은 동일하며, 날끝 반지름 1.2mm로 한 경우, R = 1.2 + 0.8 / 0.8 + 0.8 = 1.25를 위로 찾아 0.36 곡선과의 교점으로부터 왼쪽으로 찾으면 수정율 1.08에서 $V_{r1.2}$ = $V_{r0.8}$ · 1.08 = 108m/min가 된다.

⑦ 측면 절삭날 각(side cutting edge)**과 절삭속도**

공구의 진행 방향의 절삭날을 측면 절삭날 각(side cutting edge)이라 한다. 측면 절삭날 각을 주면, 절삭 초기에 있는 충격하중을 절삭날 선단 부분 보다 강한 측면 절삭날이 받으므로 가장 약한 부분인 절삭 날 선단부가 보호된다.

그림 2.66과 같이 이송량과 절삭깊이 양이 같을 경우, 이 각도가 클수록 절삭 칩의 두께가 얇게 되어, 단위 절삭날 당의 절삭저항이 감소되므로 공구수명이 길어지고, 같은 공구수명에서 절삭속도를 높일 수 있다.

측면 절삭날 각과 공구수명, 절삭속도와의 관계식(by Boston -Metal Processing by O.W. Boston)은 다음과 같다.

$$VT^n = C_e(C+15°)^{0.26}$$

여기서, C : 측면 절삭날 각, C_e : 정수, 15° : 임의의 측면 절삭날 각에 대한 부가수(付加數)

그림 2.63 『가공조건에 대한 절삭속도 수정율』의 0.36 곡선은 위 식을 사용한 측면 절삭날 각에 대한 절삭속도의 수정율을 구한 곡선을 나타낸 것이다.

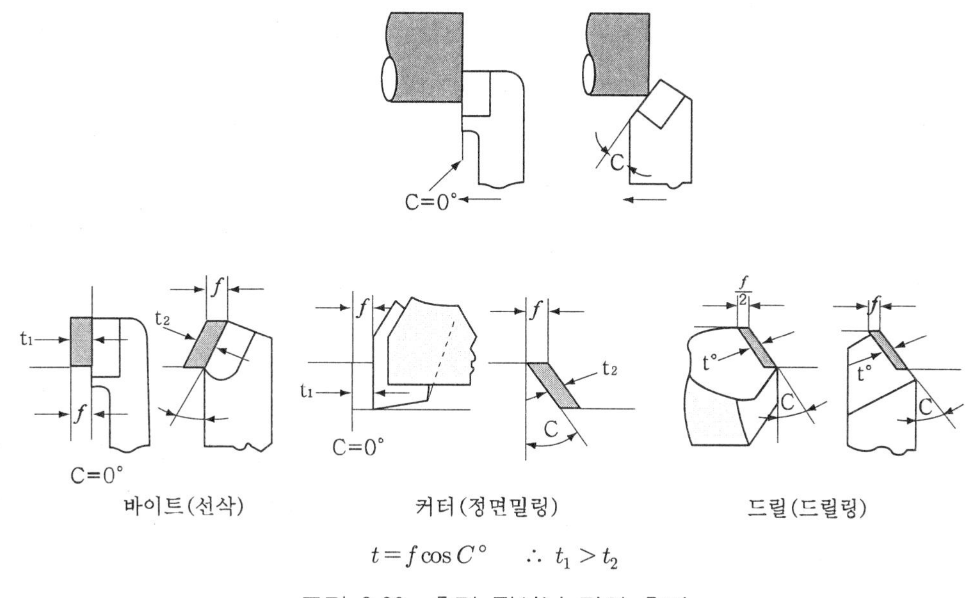

$t = f\cos C°$ $\quad \therefore\ t_1 > t_2$

그림 2.66 측면 절삭날 각의 효과

예를 들어 측면 절삭날 각 15°일 때, 절삭속도 100m/min의 경우, 다른 제 조건은 동일하며, 절삭날 각 20°의 공구를 사용한 경우는, 그림에서 R= 20°+ 15°+ 15°는 약 1.17을 위로 찾아 0.26 곡선과의 교점으로부터 왼쪽으로 찾으면 수정율 1.05에서

$$V_{c20°} = V_{c15°} \cdot 1.05 = 105\text{m/min}$$

가 된다.

⑧ 측면 경사각(side rake angle)**과 절삭속도**

경사면의 측면 방향의 기울기를 측면 경사각(side cutting angle)이라 한다. 측면 경사각은 절삭날을 피삭재 가운데 절입되기 쉽게하며, 칩을 절삭날의 진행방향과 반대 방향으로 유출시키는 작용을 한다. 절삭에 있어서, 피삭재가 미끄럼을 발생한 면을 전단면이라 말하고, 전단면과 절삭날이 전진하는 방향과의 각을 전단각이라 한다.

그림 2.67과 같이 측면 경사각(α)가 클 수록 전단각(ϕ)이 크게 되어, 절삭깊이량(d)이 같은 경우는 절삭 칩 두께(c)는 얇아져서 절삭저항이 감소하여 발열양도 작아져서 가공성이 좋다.

측면 경사각이 크게 되면 절삭날의 방열면적(放熱面積)이 작아지므로, 공구수명은 이 두 가지의 관계를 고려하여 결정한다. 따라서 공구수명을 일정하게 한 경우, 절삭속도는 현재 사용하고 있는 측면 경사각에 대하여, 이 각도를 크게 하거나 작게 하여도 적당하게 아래쪽으로 수정할 필요가 있다.

그림 2.68는 측면 경사각이 기준각도 8°, 14°, 22°에 대하여 변화시킨 경우, 절삭속도의 수정율을 구한 곡선이다. 이때, 피삭재는 강 이외에서도, 공구재료는 고속도강, 초경합금의 어떤 경우에도 근사적으로 적용 가능하다.

⑨ 절삭깊이와 절삭속도

절삭깊이를 증가시키면 절삭저항은 증가하지만 그 만큼만 절삭날 길이가 증가하므로, 단위 절삭날 당 절삭저항은 거의 변화하지 않으므로, 절삭 깊이량이 공구수명에 미치는 영향은 일반적으로 작다고 생각해도 좋다.

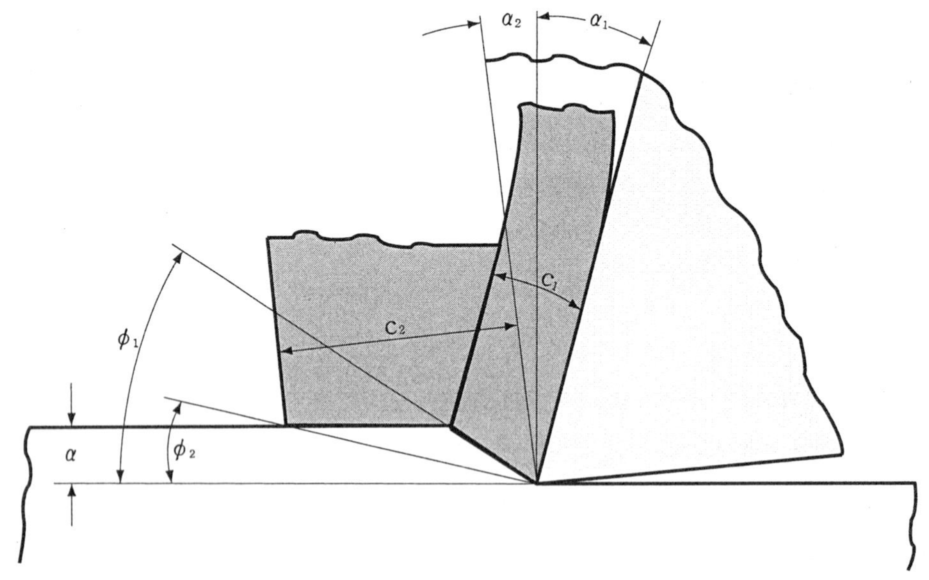

그림 2.67 측면경사각과 칩의 두께

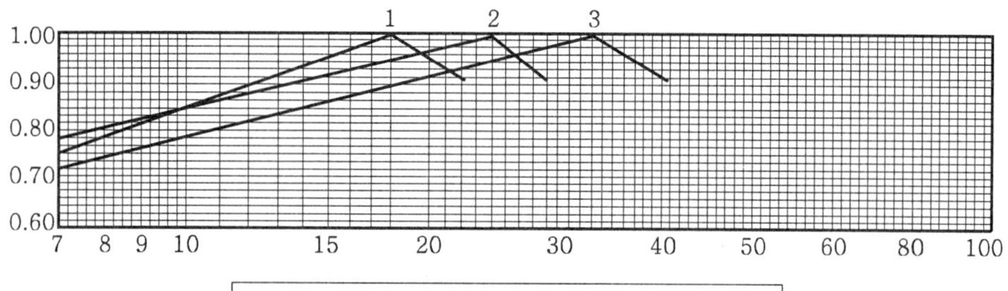

- 곡선1 : 기준 측면 경사각 8°
- 곡선2 : 기준 측면 경사각 14°
- 곡선3 : 기준 측면 경사각 22°

그림 2.68 측면경사각에 대한 절삭속도 수정율

절삭깊이와 공구수명, 절삭속도와의 관계식(by Boston -Metal Processing by O.W. Boston-)은 다음과 같다.

$$VT^n = C_d d^{-x}$$

여기서, d : 절삭깊이량(mm), C_d : 정수, x : 실험적으로 구한 절삭깊이량에 대한 정수 강 절삭에 대하여 x=0.36, 주철 절삭에 대하여 x=0.23이다.

그림 2.63『가공조건에 대한 절삭속도 수정율』의 -0.36 및 -0.23 곡선은 위의 x값을 이용하여 절삭깊이량에 대한 절삭속도의 수정율을 구한 것이다. 예를 들어, 강 절삭에서 절삭깊이량 4mm 일 때, 절삭속도 100m/min의 경우, 다른 제 조건은 동일하며, 절삭깊이량 8mm 로 증가시킨 경우, 그림에서 R = 8/4 = 2를 위로 찾아 0.36 곡선과의 교점으로부터 왼쪽으로 찾으면 수정율 0.78에서 V_{d8} = $V_{d4} \cdot 0.78$ = 78m/min가 된다.

⑩ 이송량과 절삭속도

이송량을 증가시키면 절삭 칩 단면적이 증가하여 절삭저항이 증가하지만 그 만큼만 부하를 받아 경사면이 증가하므로, 단위 면적 당 절삭저항은 거의 변화하지 않으므로, 이송량이 공구수명에 미치는 영향은 일반적으로 작다고 생각해도 좋다.

이송량과 공구수명, 절삭속도와의 관계식(by Boston -Metal Processing by O.W. Boston-)은 다음과 같다.

$$VT^n = C_f d^{-y}$$

여기서, f : 이송량(mm/rev, mm/1날), C_f : 정수, y : 실험적으로 구한 이송량 에 대한 정수, 강 절삭에 대하여 x=0.61, 주철 절삭에 대하여 x=0.53이다.

그림 2.63『가공조건에 대한 절삭속도 수정율』의 -0.61 및 -0.53 곡선은 위의 y값을 이용하여 이송량에 대한 절삭속도의 수정율을 구한 것이다. 예를 들어, 강 절삭에서 이송량 0.25mm/rev 일 때, 절삭속도 100m/min의 경우, 다른 제 조건은 동일하며, 이송량 0.5mm/rev 로 증가시킨 경우, 그림에서 R= 0.5/0.25=2를 위로 찾아 -0.61 곡선과의 교점으로부터 왼쪽으로 찾으면 수정율 0.65에서 $V_{f0.5}$ = $V_{f0.25} \cdot 0.65$ = 65m/min가 되는 것이다.

체크 포인트

1. 공구재료의 구비조건
   ① 고온에서의 경도(高溫硬度, hot hardness)가 클 것
   ② 마모저항(摩耗抵抗, wear resistance)이 클 것
   ③ 마찰계수(摩擦係數, friction coefficient)가 작을 것
   ④ 인성(靭性, toughness)이 클 것
   ⑤ 가격(價格, cost)이 저렴할 것

2. 공구의 마모 형태
   ① 크레이터마모
   ② 여유면 마모
   ③ 경계마모
   ④ 치핑 등

3. 공구 수명 방정식
   $VT^n = C$

연습문제

1. 오늘날 일반적인 가공 공장에서 가장 많이 쓰이는 절삭공구는?
   ① 고속도강 ② 초경합금
   ③ 서-멧 ④ 다이아몬드

2. 공구수명이란 무엇인가? 또 수명판정기준에는 어떤 것들이 있는지 설명해 보자.

3. 선반에서 절삭공구 수명을 측정하기 위하여 절삭조건을 일정하게 하고 절삭속도를 변화시켜, 다음과 같은 측정값을 얻었다. 이 공구재료의 공수수명식을 유도하라.
   즉, 측정값 V_1 = 100m/min 일 때, T_1(공구수명) = 60min,
   V_2 = 150m/min 일 때, T_1(공구수명) = 10min

정답 및 해설

1. 절삭공구재료로서는 초기의 탄소공구강 (carbon tool steel), 합금공구강(alloy tool steel) 에서부터 고속도공구강(high speed tool steel), 스텔라이트(stellite), 초경합금(sintered carbide)를 비롯하여 비교적 최근에 개발된 서-멧(cermet), 세라믹(ceramic), CBN 소결체 공구(cubic boron nitrid tool), 다이아몬드(diamond) 등 그 종류가 다양하다. 이들 중 절삭공구가 갖추어야 할 성능과 가격면에서 초경합금공구가 가장 많이 사용되어 지고 있다.

2. 공구수명(tool life)이란 절삭공구의 사용시작을 기점으로 수명판정 기준에 도달하기까지의 시간을 말하며 보통 분(minute)으로 나타냅니다. 공구수명은 공구와 공작물 또는 가공조건(속도, 절삭깊이, 이송, 절삭유제의 종류와 공급방법, 사용하는 공작기계 등)에 의해 좌우됩니다. 또 수명판정기준은
   - 가공면 거칠기의 악화
   - 절삭날의 마멸이 일정량에 도달했을 때
   - 공구날이 손상되어 절삭이 불가능하게 되었을 때
   - 공작물 치수의 변화가 일정량에 도달했을 때
   - 절삭동력의 변화가 증대했을 때
   - 칩의 색깔 및 형상의 변화와 불꽃이 발생했을 때 등으로 판단한다.

3. $VT^n = C,\ V_1 T_1{}^n = C = V_2 T_2{}^n$

   $\therefore\ V_1/V_2 = (T_2/T_1)^n$, 양변 $\log$, $\log(V_1/V_2) = n\log(T_2/T_1)$

   $n = \log(V_1/V_2)/\log(T_2/T_1) = \log(100/150)/\log(10/60) = -0.176/-0.778 = 0.226$

   $\therefore$ 공구수명식은 $C = V_1 T_1{}^n = 100 \cdot 60^{0.226} = 252.2$

   $VT^{0.226} = 252$

5. 절삭유제

학습 Point

- 절삭유제의 기능 = 유활작용, 냉각작용, 세척작용
- 첨가제의 종류 = 유성제, 극압첨가제, 계면활성제, 무기염류
- 절삭유제의 종류 = 비수용성절삭유(1종~3종), 수용성절삭유(W1종~W3종)
- 절삭유제와 공구수명 및 표면거칠기의 관계

(1) 절삭유제의 기능

절삭유제의 1차적 기능으로는

① 가공면과 공구여유면, 칩과 공구경사면의 마찰(friction)을 감소시킴

② 공구의 마멸을 제어하여 수명을 연장

③ 가공표면의 거칠기가 작게 하여 양호한 다듬질 면을 얻음

④ 칩의 표면이 유착되거나 녹아 붙는 것을 감소시킴

⑤ 발생되는 열을 제어함으로써 공작물 표층부의 재료적 변화 및 잔류응력, 열변형(thermal deformation)을 방지

⑥ 절삭 된 칩이나 조각, 미세한 가루, 잔여물 등의 유출 용이

⑦ 가공계의 진동을 제어하는 것

등이 있으며, 이외에도 절삭유제의 2차적인 기능으로는

① 가공된 표면의 부식 방지

② 뜨거워진 가공표면을 냉각시켜 취급을 용이하게 하는 것

등이 있다.

(2) 첨가제(additive)와 그 기능

절삭성이 좋은 금속을 경절삭(輕切削)하는 경우, 기유(base oil)를 단독으로 사용하게 되는데요, 알루미늄, 마그네슘, 황동 및 황 또는 납이 첨가된 쾌삭강 등이 그것이다.

이러한 첨가제는 절삭유의 종류와 제품의 특성에 따라 첨가되는 그 양과 성분이 달라질 수 있으며, 첨가제의 종류에는 다음과 같은 것들이 있다.

1) 유성제(유성향상제, oilness agent)

유성제는 하중을 견디는 내하중력(耐荷重力)이나 절삭능력을 증가시키기 위하여 광유에 첨가되는 것을 말한다. 이러한 유성제에는 기름(oil), 지방, 왁스 성분 및 합성물질 등이 있는데, 이 중에 지방과 지방유 및 왁스 등은 육상동물, 식물 또는 해상 동물에서 얻을 수 있으며, 수용성 절삭유제와 비수용성 유제에 사용된다.

지방유는 대표적인 유성제로서 대부분의 비수용성 절삭유제에 사용되고 있으며 지방유분의 함유량은 절삭 성능의 한 표준이다.

절삭유제에 흔히 사용되는 것은 식물의 열매나 씨에서 기름을 짠 식물 유지이며 그 예로

여기서 잠깐 !! 

Q: 에스테르유와 유성제에 대한 단점 등에 대해 좀 더 알아보자!!

A: 에스테르유는 합성유성 첨가제로 지방유, 지방산, 복합 알코올 등이 있다. 이것은, 지방유에 비하면 점도가 낮고 침투성이 우수하다.
지방산 유도체는 비수용성 절삭유제 뿐만 아니라 수용성 절삭유제에도 사용된다. 지방산의 알칼리 비누, 아민 비누, 아미드 등의 유도체는 유화제이고, 방청제인 동시에 유성제이기도 하다. 또한 지방유에 염소나 유황을 반응시키면 유성제의 작용을 가진 극압첨가제가 된다.
지방유 또는 유성첨가제는 기유와 금속 사이의 계면장력을 감소시킴으로써 칩-공구 경계면에 침투한다. 이것은 금속표면에 대한 유성첨가제(지방산)의 양극성, 즉 화합성에 의향 이루어지는 것이다. 금속절삭에서 발생하는 열이 흡착막으로 하여금 금속표면과 반응을 하게 하여 극성물질이 전단강도가 낮은 유기질 금속막(금속비누)을 생기게 하고, 이 막이 칩-공구간의 마찰을 줄여 줌으로써 윤활효과를 내게 되는 것이다. 그러나, 이 막의 융점이 낮기 때문에 인성(靭性)에 제한이 있다. 따라서 혹독한 조건에서는 여기에 황 및 염소와 같은 첨가제를 보충하여야 한다.
극성물질은 금속에 대한 화합성 때문에 방청첨가제로서도 중요한 역할을 한다. 이 극성물질이 점착성이 큰 극성막을 형성하여 대기로부터의 보호막 역할을 한다. 금속염막이 경계 또는 극압윤활제의 역할을 하지만 상용하는 극압첨가제 중에서 효과가 가장 낮은 것에 속하며, 그 이유는 융점이 상대적으로 낮기 때문이다.

서는 채종유(평지 기름), 쌀겨 기름, 면실유 등이 있고, 그 외에 동물 유지인 우지(牛脂)나 돈지(豚脂) 등도 널리 사용된다.

지방산의 금속비누도 우수한 윤활제이지만 납 따위의 중금속은 안전위생의 문제 때문에 사용되지 않게 되었습니다. 지방산의 유도체인 에스테르유도 유성제로 사용된다.

2) 극압첨가제(extreme pressure additives, E.P.A.)

극압첨가제는 고온에서의 눌음을 방지하고 마멸을 감소시키는 목적으로 사용한다.

고능률적인 난삭재 가공을 위해서 유성첨가제 외에 경계윤활제 또는 극압윤활제를 비수용성 유제에 첨가하여 보다 탄력있고 안정된 고체막 윤활이 되도록 한다.

금속가공에서 발생되는 열에 의해 활성화되면 절삭저항을 감소시키고, 칩 두께를 얇게하며, 용융(welding)을 방지하고, 과다한 금속의 깎임과 표면의 파쇄를 방지하여 가공면을 곱게 한다. 따라서 절삭유제는 일반 윤활유에 비해 극압첨가제의 함유량이 많은 것이다.

극압첨가제 작용은 오늘날 황, 염소 또는 인이 칩의 표면뿐만 아니라 상당한 깊이까지도 곧 잘 반응하여 전단 영역(專斷領域)의 전단강도를 감소시킨다.

이와 같은 현상에 의하여 에너지의 총감소량은 50~80%이며, 모서리 생성(built-up edge)이 억제되고, 가공 정도가 향상되며, 공구수명의 조정이 용이하게 된다.

용어 해설 경계윤활제란?

기름으로 2개의 면을 윤활할 때 기름이 너무 적거나 걸리는 압력이 너무 클 때 마찰면 상에는 면에 달라붙은 채로 흐르지 않는 층만이 생기고 양 경계층 간에 액체의 유막이 개재되지 않는 경우가 일어나는데, 이런 상태의 윤활을 경계윤활이라 하며 이의 윤활제를 경계윤활제 라고 한다.

3) 계면활성제(surface active agent)

계면활성제의 사전적 의미는 액체에 가하여 그 계면장력을 현저하게 감소시키는 물질을 말하는데, 여기에는 고급지방산과 나프텐산의 알칼리비누, 아민비누, 석유술폰산나트륨 등의 음이온활성제, 폴리옥시에틸렌 유도체, 솔비탄에스테르 등의 비이온 활성제 등이 있다.

여기서 잠깐 !! 

Q: 황, 염소, 인은 어떤 경우에 사용할 수 있을까?

A: 황을 광유 또는 비수용성 절삭유제에 첨가할 수 있다.
황으로 처리된 극압첨가제를 포함한 비수용성 절삭유제는 부식을 유발하는 경향이 있는데 광유에 용해된 황이 더 쉽게 구리나 황동 및 청동과 같은 비철금속을 부식시킨다.
염소도 효과적인 극압첨가제로서의 기능을 한다.
염소는 긴 연쇄상의 염소로 처리된 왁스 또는 고분자로 염소 처리된 에스테르의 형태로 기유인 광유에 넣어서 사용하는 것이 일반적입니다. 계면에서 염소의 반응과 기능은 황의 경우와 근본적으로 같은 것이다. 그러나 황보다 반응이 더 활발히 되며 비철금속에 대한 부식이 적다. 극압첨가제로 사용되는 염소화 파라핀(chlorinated paraffins)에 대해 국립암연구소(National Cancer Institute)에서는 긴 사슬상과 짧은 사슬상의 염소화 파라핀(C_{23}, 43% 염소, C_{12}, 60% 염소)에 관한 독성과 발암성을 평가한 바 있다. 또 미국국립환경보건과학 연구소(National Institute of Environmental Health Sciences)에서 수행한 NTP(National Toxicology Program)에서는 긴 사슬상과 짧은 염소화 파라핀 모두 실험동물에게서 암을 일으키는데 짧은 사슬상이 더 위중하게 암을 일으킨다는 보고도 있다. 중간 크기의 염소화 파라핀은 평가되지 않았으나 NTP 결과는 짧은 사슬상 염소화 파라핀은 금속가공유의 첨가제로 사용되면 안 된다는 것을 제시하고 있다.
인의 경우는 약한 극압첨가제나 내마모첨가제의 역할을 한다. 이것은 인산염막이 황이나 염소 막보다 저온에서 파괴되기 때문입니다. 인은 마찰과 마모를 줄이는데 효과적이고, 대부분의 철금속 과 비철금속에 녹이 생기지 않는다.

수용성 절삭유에는 광유와 계면활성제를 주성분으로 하여 이것을 물에 희석시킨 것(W1종), 계면활성제만을 주성분으로 하여 물에 희석시켜 반투명으로 한 것(W2종)이 있는데, 각각의 용도는 다음과 같다.

- W1종 : 광유를 물에 유화시키기 위해 사용
- W2종 : 유성의 향상, 방청성, 침투성, 세정성 등을 주기 위해 사용

계면활성제의 종류와 첨가량은 계면의 성질을 크게 좌우하므로 절삭유제의 성능과 효과에 밀접한 관계가 있다.

이러한 계면활성제는 다음과 같은 기능을 한다.

- 피유화제(被乳化劑)를 수중에 유화 분산시킨다.

- 물의 침투성, 흡수성을 향상시킨다.
- 세정성을 준다.
- 종류에 따라서는 그 자체에서 윤활성과 방청성을 갖는 것도 있다.

그리고, 유화를 목적으로 하는 경우, 친유성이 강한 계면활성제를 사용하며, 세정작용을 목적으로 할 때는 친수성이 강한 계면활성제를 선택하여야 한다.

용어 해설 절삭유제

- 내식성이란?
  이 시험은 가공하는 공작물, 공작기계, 희석액의 순환장치, 쿨런트 탱크 등의 금속 재료에 미치는 유제의 녹이나 부식의 영향을 판정하는 시험으로서 KS분류의 한 지표로 삼고 있다. 부식이란 금속체가 외부에서의 화학작용에 의해 소모되는 현상을 말하며, 철의 경우는 특히 이 현상을 "녹이 슬었다"고 한다.
- 계면이란?
  2개의 상의 경계면, 기상과 닿는 고상과 액상은 표면이라 불리는데 고체와 액체, 액체와 액체 등의 경계면도 포함해서 말합니다.
- 계면장력이란?
  표면장력은 공기 속의 수적 등의 표면이라고 불릴 때 사용하는 말이며 수중의 유적 등에 확장했을 때에는 계면장력이라고 하는 말을 사용한다.
- 동점도란?
  비수성 유제의 점성을 나타내는 값이며, 동점도 「40℃의 세티스톡스(cSt)」로 표시한다. 동점도는 절삭유제의 윤활성이나 연삭유제의 침투성에 영향을 미치는 요인이며, 고점도의 유제일수록 마찰면에서 형성되는 유막은 두껍고, 공구-칩, 공구-공작물의 마찰을 감소시키는 효과 크므로 윤활성이 우수하다.

4) 무기염류

무기염류는 주로 연삭에 사용되는 용해형의 수용성 절삭유제에 첨가하여 용착의 방지와 방식의 역할을 하는데, 이러한 무기염류에는 소다, 크롬산 소다 등이 있다. 무기염류의 효과는 무기염류가 수중에서 이온화 하여 숫돌입자나 공작물의 표면에 흡착층을 만들기 때문이라고 알려져 있다.

무기염류의 수용액에서 Al_2O_3 연삭 숫돌입자의 표면에 양 이온의 흡착막을 형성시키면 입자와 공작물(Fe)사이의 이온 결합이 방해 받게 되는데, 내용착성, 방식성을 향상시키기 위해서는 적당한 무기염류의 원소를 선택하는 것이 중요하다.

(3) 절삭유제의 종류와 용도

KS에서는 금속 절삭유제를 그냥 원액으로 사용하는 비수용성 절삭유제와 물로 희석해서 사용하는 수용성 절삭유제로 나눈다.

1) 비수용성 절삭유제(非水溶性切削油劑 cutting oil, oil type cutting fluid)

① 특징 및 용도

비수용성 절삭유제는 반용착성(反熔着性) 및 침투성(浸透性)을 이용해서 열발생을 적게 하여 윤활 기능, 가공표면 마무리 향상, 녹방지 등의 역할을 한다.

이러한 절삭유제는 여러 가지 기준에 따라 1종과 2종으로 같이 나눌 수 있으며 각각의 특징과 용도는 다음과 같다.

<table>
<tr><th>극압 첨가제 유무에 따라</th><th>유황계 극압첨가제 활성도</th><th>특 징</th><th>용 도</th></tr>
<tr><td rowspan="2">1종(= 혼성유)</td><td>1~6호</td><td>불활성</td><td rowspan="2">쾌삭강, 동 및 합금 등의 피삭성이 좋은 재료의 경절삭과 일반강재의 고속절삭에 주로 사용됨.
(그러나, 고속절삭의 경우 수용성유제로 대체되고 있는 실정)</td></tr>
<tr><td></td><td></td></tr>
<tr><td rowspan="2">2종(= 극압유)</td><td>1~6호</td><td>불활성</td><td rowspan="2">극압첨가제를 함유함.</td></tr>
<tr><td>11~17호</td><td>활성</td></tr>
</table>

염소량과 유황량에 상한치가 설정되어 있는 것은 폐유가 되어 소각처리 되는 경우의 대기오염을 고려했기 때문이다. 그러나 실제 산업현장에서는 브로우치 가공 등에서 첨가제량이 상한치를 넘고 있는 유제가 사용되는 예도 많으나 이를 지양해야 될 것이다.

비수용성 오일의 기본 조성은 광유와 유성제, 극압첨가제의 혼합물로서 필요에 따라 방청첨가제나 산화방지제 등의 첨가제가 가해진다. 사용되는 광유는 적용분야에 따라 잘 정제된 나프텐 계열과 파라핀계 오일 종류이다.

비수용성 절삭유제의 종류와 성상(KS M2173)은 표 2.16과 같으며, 조성과 주요 성분은 표 2.17과 같다.

② 비수용성 절삭유제의 열화요인

비수용성 절삭유제의 전형적인 열화는, 계(系)외에서 혼입되는 윤활유와 적동유 등 타유(他油,)나 수분 및 칩(chip)에 의해 발생하는데 이에 대해 각각 알아보자.

첫째, 타유가 혼입된 경우, 타유가 비수용성 절삭유제에 혼입되면, 절삭유제에 이미 배합되어 있는 각종 첨가제의 농도가 상대적으로 저하되어 가공성능과 내열화성(耐劣化性)이 저하된다.

염소계 극압첨가제의 양이 적은 경우, 절삭저항은 높아지고 가공표면의 거칠기도 증가되는데, 여기서 우리는 첨가제의 농도와 절삭유제의 성능은 밀접한 관계가 있는 것을 알 수 있다.

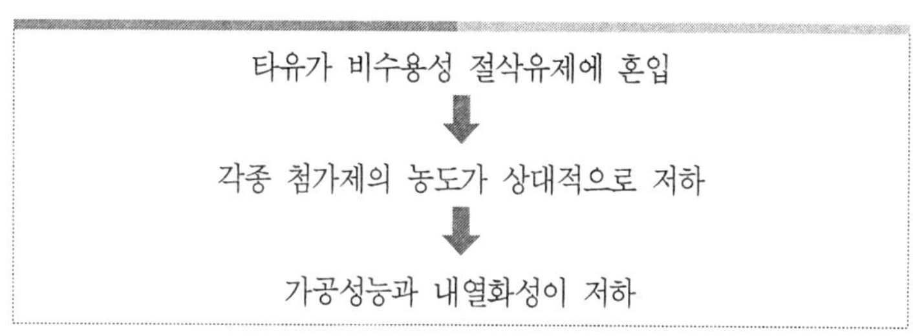

둘째, 수분이 혼입된 경우, 수분의 혼입은 가공성능의 저하와 더불어 가공물과 기계의 녹 발생의 원인이 된다. 또한 염소계 극압첨가제는 가수분해에 의해 염화수소를 생성하여 녹 발생을 촉진하므로, 염소계 극압첨가제를 함유한 절삭유제의 수분혼입에는 특별히 주의할 필요가 있다.

일반적으로 사용중인 비수용성 절삭유제의 수분량은 0.05%이하인 것이 바람직하며, 약 0.05% 이상의 수분이 혼입되면, 액체의 외관이 탁해지기 시작한다.

수분은 전공정에서 사용되고 있는 수용성 절삭유제와 세정제외에 빗물 등이 보관용기에 침입하여 비수용성 절삭유제에 혼입되는 경우도 있다. 따라서 수분의 혼입이 의심스러울 경우, 우선 혼입경로를 확실히 파악하여 혼입을 막는 대책을 세워야 한다.

셋째, 칩(chip)에 의해 광유가 산화(酸化)한 경우, 비수용성 절삭유제의 열화요인 가운데는 칩(chip)에 의한 광유의 산화(酸化)에 의한 것도 있다. 비수용성 절삭유제의 주성분인 광유(鑛油)와 지방유(脂肪油)는 사용시 공기중의 산소에 의해 산화중합 하여 고분자화 하고,

표 2.16 비수용성 절삭유제의 종류와 성상(KS M2173)

종류		성상 / 기호	동점도(c St) (30℃)	염소분 (%)	지방유분 (%)	동판부식 100(℃) C1h	동판부식 150(℃) C1h	인화점 (℃)	유동점 (℃)
1종	1호	A110	12미만	-	8미만	-	1이하	70이상	-5이하
	2호	A120	12미만	-	8~15미만	-	1이하	70이상	-5이하
	3호	A130	12미만	-	15이상	-	1이하	70이상	-5이하
	4호	A210	12이상	-	8미만	-	1이하	130이상	-5이하
	5호	A220	12이상	-	8~15미만	-	1이하	130이상	-5이하
	6호	A230	12이상	-	15이상	-	1이하	130이상	-5이하
	1호	B101	12미만	5미만	-	2이하	2(e)이상	70이상	-5이하
	2호	B102	12미만	5이상	-	2이하	2(e)이상	70이상	-5이하
	3호	N211	12~70미만	5미만	10미만	2이하	2(e)이상	130이상	-5이하
	4호	B212	12~70미만	5이상	10미만	2이하	2(e)이상	130이상	-5이하
	5호	B221	12~70미만	5미만	10이상	2이하	2(e)이상	130이상	-5이하
	6호	B222	12~70미만	5이상	10이상	2이하	2(e)이상	130이상	-5이하
	7호	B301	70이상	5미만	-	2이하	2(e)이상	150이상	-
	8호	B302	70이상	5이상	-	2이하	2(e)이상	150이상	-
	1호	C101	12미만	5미만	-	3이상	-	70이상	-5이하
	2호	C102	12미만	5이상	-	3이상	-	70이상	-5이하
	3호	C211	12~70미만	5미만	10미만	3이상	-	130이상	-5이하
	4호	C212	12~70미만	5이상	10미만	3이상	-	130이상	-5이하
	5호	C221	12~70미만	5미만	10이상	3이상	-	130이상	-5이하
	6호	C222	12~70미만	5이상	10이상	3이상	-	130이상	-5이하
	7호	C301	70이상	5미만	-	3이상	-	150이상	-
	8호	C302	70이상	5이상	-	3이상	-	150이상	-

* 최근에 2종과 3종을 통합하여 2종으로 개정되었다.

기계회전시 더러워지는 원인이 된다. 비수용성 절삭유제에는 미리 산화방지제가 배합되어 있는 것이 많지만, 영구적인 작용은 하지 못하므로 지나치게 신뢰할 수는 없다.

산소에 의해 산화 중합 ⇨ 고분자화 ⇨ 기계회전시 오염의 원인

표 2.17 비수용성 절삭유제의 조성과 주요 성분

조 성	종 류	
기유	광유	등유, 경유, 기계유 등
	합성유	폴리올레핀유, 디에스테르계, 힌더드에스테르계 등
유성제	유지류	식물계(대두유, 채종유, 미강유 등) 동물계(라드, 유-라놀린 등)
	지방산류	올레인산, 팔미틴 등
	에스테르류	지방산의 에스테르류
	고급알코올류	올레일알코올, 스테아릴알코올 등
극압 첨가제	염소계 극압제	염소화 파라핀, 염소화 지방산, 염소화 지방산 에스테르
	황계 극압제	황화 광유, 황화 유지, 황염화 유지, 설파이드류
	인계 극압제	포스테이트류, 포스파이트류
	유기금속화합물	티오 인산염, 몰리브텐 화합물, 붕소 화합물
기타 첨가제	방청제	카르본, 술폰산염, 에스테르(알코올)류, 아민, 인산 및 인산염
	산화안정제	페놀계, 아민계, 황계
	유동점 강하제	염소화 파라핀과 나프탈린의 축합물, 폴리알킬메타크릴레이트 등

③ 비수용성 절삭유제의 현장에서의 관리점

비수용성 절삭유제의 열화요인 등을 참고로 현장에서 비수용성 절삭유제를 관리하기 위해서는 다음 4가지 질문을 생각해 볼 수 있다.

- 공구수명과 가공품위(加工品位)가 저하하지 않는가?

  ⇨ 이를 통해 가공성을 판정할 수 있습니다.

- 절삭유제에 이물질(異物質)이 개재되어 있지 않은가?

  ⇨ 이를 통해 외관의 변화를 관찰할 수 있습니다.

- 점도를 관찰

  ⇨ 이를 통해 절삭유제의 수명을 파악할 수 있습니다.

- 윤활유, 작동유, 절삭유제의 사용량 점검

  ⇨ 이를 통해 타유(他油)가 혼합되었는지를 판단할 수 있습니다.

즉, 공구수명과 가공품위(加工品位)가 저하하지 않는가를 판단하여 가공성을 판정하고, 절삭유제의 색과 탁한 정도에는 변화가 없지만 이물질(異物質)이 개재되어 있는 지를 확인함으로써 외관 변화를 관찰하며 점도를 관찰함으로써 적삭유제의 수명을 파악한다.

또한 윤활유, 작동유, 절삭유제의 사용량을 주기적으로 점검하는 등 관리함으로써 타유(他油)가 혼입되었는지를 판단할 수 있을 것이다.

2) 수용성 절삭유제(水溶性切削油劑 water soluble cutting fluid)

① 특징 및 용도

수용성 절삭유제는 물로 희석하여 사용하므로 가격이 저렴하고, 표 2.18, 표 2.19에 종류 및 성분과 함량이 제시되어 있으니 자세하게 알아보자.

수용성 절삭유제는 어떤 기능들을 가지고 있을까? 먼저, 냉각, 청정작용이 크므로 고속절삭이 가능하다. 또한 수용성 절삭유제는 절삭공구의 구성인선(BUE)과 가공표면의 눌음 방지, 고온에서의 마모 방지와 잔열로 인한 뒤틀림(distortion)을 방지하는 기능을 가지고 있다.

표 2.18 수용성 절삭유제의 종류(KS M2173)

종류	기호	성상	표면장력 (dyn/Cm)	유화안정도 (실온 24H)	비휘발유 (%)	비중 (15/4℃)	PH	염소분 (%)	기포시험 (24±2℃)	부식 (실온48H)
W1종	1호	W11	-	합격	60이상	-	8.5~10.5	-	합격	강판합격
	2호	W12	-	합격	60이상	-	8.5~10.5	보고	합격	강판합격
	3호	W13	-	합격	60이상	-	6.0~8.5		합격	알루미늄 또는 강판 합격
W2종	1호	W21	40미만	-	30이상	-	8.5~10.5	-	합격	강판합격
	2호	W22	40미만	-	30이상	-	8.5~10.5	보고	합격	강판합격
	3호	W23	40미만	-	30이상	-	6.0~8.5	-	합격	알루미늄 또는 강판 합격
W3종	1호	W31	40미만	-	30이상	1100이상	8.5~10.5	-	합격	강판합격
	2호	W32	55미만	-	30이상	1100이상	8.5~10.5	-	합격	강판합격

*비고 : 비중 및 비휘발분을 제외한 표 2.10의 규정은, 표준 희석배율, 증류수 용액으로 규정한다.
표준 희석배율은 실온(20~30℃)에서 1종에 대하여 10배, 2종에 대해서는 30배, 3종에 대해서는 50배로 한다.
*최근에 W2종과 W3종을 통합하여 W2종으로 개정되었다.

수용성 절삭유제는 아래 표와 같이 외관 및 주성분인 광유와 계면활성제의 비율에 의해 W1종과 W2종으로 분류되어 있다. 물로 희석하면 우유 빛으로 되는 W1종은 광유와 유화제

(계면활성제)가 주성분이고, 주로 절삭가공에 사용되며, 희석비율은 10~40배 정도이며 에멀젼이 되는 유화유형(乳化油形, 에멀젼형)이라 부른다. W2종은 반투명한 겉모양을 보이며 주성분은 계면활성제이며, 연삭가공에 주로 사용된다. 희석비율은 30~80배 정도이며 용해형(溶解形, soluble type)이라 부르고 있다.

여기서 희석배율은 절삭유제의 성능을 좌우하는 중요한 기준이며, 적정배율로 사용하지 않으면 기대하는 성능을 얻을 수 없다. 참고로 희석액이 우유 빛으로 보이는 것은 유화입자가 투사광을 반사하는데 충분한 크기임을 나타내는 것이고, 투명하게 보이는 것은 입자가 매우 작아서 투사광을 대부분 통과시키기 때문이다.

	외 관	주성분	주용도	희석비율	특 징
W1	우유 빛	광유, 유화제	절삭가공	10~40배	에멀젼이 되는 유화유형 (에멀젼형)
W2	반투명	유화제(계면활성제)	연삭가공	30~80배	용해형(솔러블형)

수용성 유제의 사용 농도는 1~10%이므로 베이스인 물의 성질이 절삭유제의 성능에 미치는 영향이 크다. 물은 비열이 크고 열전도율도 좋으며 증발 잠열도 크므로 냉각제로서는 가장 뛰어난 물질이지만, 금속이 녹슬게 되어 습윤성이나 윤활성은 오일에 비해 떨어진다.

이러한 결점을 보완하기 위해 방청 첨가제나 계면 활성제를 사용하여 윤활성을 높인 것이 수용성 절삭유제 이다. 수용성 금속가공유의 방청과 방부식성이 약한 단점을 보완하기 위해 최근에는 새로운 첨가제의 개발로 수일에서 1주일정도는 부식방지가 가능하다고 한다. 수용성 절삭유제는 인화되지 않고 오일처럼 끈적거리지 않는 등, 물의 장점을 유지하고 있으므로 작업환경이 비교적 깨끗해서 작업자에게는 유리하지만 부패되면 악취가 나는 단점이 있다.

② 수용성 절삭유제의 열화(劣化)요인

수용성 절삭유제가 열화하게 되면, 가공성능과 방청성능 저하, 악취발생, 사용유의 오염 등의 현상이 나타나는데 이는 미생물의 서식, 칩의 혼입, 타유의 혼입에 의한 것이 대부분이다. 그럼, 수용성 절삭유제의 열화 요인을 하나씩 살펴보도록 하자.

표 2.19 수용성 절삭유제의 성분 예

조 성	종 류	
기유 및 유성제	광유	기계유 등
	합성유	폴리올레핀유, 디에스테르계, 힌더드에스테르계 등
	유지류	식물계 유지, 동물계 유지
	에스테르류	식물계 유지의 에스테르(메틸에스테르, 팜메틸에스테르 등)
계면 활성제	이온계	지방산 유도체(지방산 비누, 나프텐산 비누), 황산 에스테르계(장관 알코올 황산에스테르, 동식물유의 황산화유 등)
	비이온계	폴리옥시에틸렌계(폴이옥시에틸렌 알킬페닐에테르, 올리옥시에틸렌모노 지방산 에스테르 등), 다매 알코올 계(소르비탄모노 지방산 에스테르 등), 알킬롤아미드계(지방산 디에탄올 아미드 등)
방청제	유기계	카르본산, 카르본산염, 에스테르 알코올류, 아민계
	무기계	아질산염, 인산염, 붕산염, 몰리브텐, 탄산 금속염 등
극압 첨가제	염소계	염소화 파라핀, 염소화 지방산, 염소화 지방산 에스테르 등
	황계	황화광유, 황화유지, 황염화유지, 설파이드류
	인계	포스페이트류, 포스파이트류
	유기금속 화합물	티오인산염, 몰리브텐 화합물
커플링유	알코올류	이소프로필알코올, 다매 알코올(글리콜 류)
비칠금속 부식방지제	질소 화합물	벤조트리아졸, 아미다졸린 등
	황, 질소 화합물	티오디아졸 폴리설파이드, 알킬디티오 벤조이미타졸 등
	기타	디알킬디티오 인산아연염 등
방부제	페놀계	O : 페닐페놀, 테트라클로로페놀, P : 클로로, m : 키실레놀 등
	포름알데히드	헥사히드로 트리아딘 등
	기타	트리브로모살리실 아닐리드와 디프로모 살리실아닐리드이 혼합물
기타	소포제	실리콘의 에멀션, 고급 알코올
	금속이온 봉쇄제	EDTA. Na 염 등
	착색제	
	향료	

A. 미생물의 서식

그 원인은 사용유에 서식하는 미생물, 칩의 혼입, 타유의 혼입에 의한 것이 대부분이다. 즉, 수용성 절삭유제의 열화(劣化)요인 중에서 가장 큰 부분은 미생물의 서식에 의한 부패 트러블이다.

용어 해설	절삭유제의 부패 트러블이란?
미생물이 절삭유제의 성분을 영양원으로써 분해, 농도저하를 발생시키며, 그 대사물(代謝物)이 방청성의 저하와 악취를 발생시키는 것	
원 인	수질, 사용유의 농두, 칩, 타유의 혼입, 부패한 사용유의 혼입 등
방지법	항균성, 살균성이 높은 절삭유제의 사용과 사용유 방부관리의 양면에서 대책이 필요, 특히 방부관리가 중요

B. 칩의 혼입

수용성 절삭유제의 구성 성분 중 윤활성분, 방청성분 및 방부성능은 금속에 흡착이 용이하다. 이 성분이 칩에 흡착되면, 사용유의 가공성능과 방청성 및 방부 성능이 저하되는데, 칩의 양이 많으며 칩의 형태가 미세한 만큼 흡착손실은 커지게 된다. 주철의 칩에 의한 흡착손실은 알루미늄합금의 칩 경우 보다 많다.

용어 해설	흡착이란?
칩에서 금속이온의 용출이 사용유를 불안정한 상태로 만드는 것. - 최근의 트러블 사례 : 마그네슘을 비교적 많이 함유한 알루미늄 합금(AC8A材)의 가공에서 사용유의 유화(乳化)가 불안정하게 되는 경우가 있다.	

C. 타유(他油)의 혼입

사용유에 타유(윤활유·작동유 등)가 혼입되면, 사용유 중의 친유성(親油性)이 높은 성분(예를 들면, 광유와 계면활성제의 일부)은 타유에 융합하여 동시에 떠오른다. 그 다음에 수용성 절삭유제를 구성하는 성분의 비율이 줄어들고, 여러 가지 열화를 발생시키며, 타유와 미생물의 영양원으로도 된다.

③ 수용성 절삭유제의 현장에서의 관리점

수용설 절삭유제를 관리하는 데에는 농도관리, 방부관리, 청정화 관리가 기본이다.

A. 농도관리

그렇다면 농도관리를 위해서는 어떻게 해야 할까?

농도가 높은면	거품이 일어나고 피부장애가 발생한다.
농도가 낮으면	가공불량과 녹 발생, 부패 트러블의 원인이 된다.

다음의 도표에서 설명하는 바와 같다.

① 농도관리의 체제를 만든다.
절삭유제의 통일, 전임 관리자를 정한다.

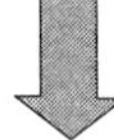

② 정기적인 농도 측정을 하고, 농도 보정을 한다.
간이측정기구에 의한 농도측정

③ 원액과 물의 보급을 적절하게 한다.
농도저하의 최대 요인을 해결한다.

B. 부패방지대책

앞서 살펴본 것처럼 미생물의 번식은 사용하는 절삭유제의 열화 및 농도저하의 주요인이다.

용어 해설 절삭유의 부패 방지를 위한 방법

① 내(耐)부패성능이 양호한 절삭유제를 선정한다.
② 타유의 혼입을 억제한다.
③ 칩을 사용유 외부로 제거한다.
④ 인산 이온의 혼입을 방지한다.
세정제와 희석수에서 사용유에 혼입하는 것이 많은 인산 이온은 미생물의 영양원으로써 증식을 촉진한다.
⑤ 사용유 농도를 적정하게 조정하여 pH를 9이상에서 유지한다.
간이 메타와 pH시험지를 일상관리에 사용하면 좋다.
⑥ 정기적으로 사용유중의 미생물에 대하여 검사한다.
미생물을 시판되는 간이측정기구로 용이하게 측정할 수 있다.
⑦ 미생물의 증식이 확인되면 살균제를 사용유중에 필요량을 첨가하여 살균한다.
⑧ 연휴대책
연휴 등에 기계를 정지시킬 때에는 미리 방부제를 사용유에 첨가하여 놓는다.

수용성 유제의 부패가 미생물의 번식에 의한 것임이 판명되어도 사용유의 상황은 미생물의 번식조건에 적합하며, 미생물의 혼입을 방지하는 것도 어려운 상황에 있으므로 부패를 완전히 방지하기는 어렵다. 절삭유의 부패를 최대한 방지하기 위해서는 다음에 유의해야 한다.

C. 청정화 관리

청정화 관리는 열화방지에 효과가 있다. 이때, 청정화 관리의 기본이 되는 것은 정기적인 청소작업과 누유의 방지이다. 사용유 중의 칩을 제거하기 위해서는 전용제거장치를 활용해야 하는데, 각각의 장치에 따라 조금씩 차이가 있다.

여기서 잠깐 !! 

Q: 칩 제거장치

A: 컨베이어, 마그네틱, 원심분리식, 하이드로 메이션 등이 있는데, 칩제거장치는 절삭 칩의 크기와 양, 형태를 고려하여 적정한 장치를 선정해야 한다.

Q: 타유(他油)의 제거장치

A: 특히, 특수한 친유성의 벨트에서 부상유(浮上油)를 회수하는 부상유 회수장치가 개발되었는데, 이 장치는 종래의 오일 스커머보다도 능률적으로 부상유를 회수하는 것이 가능하다.

(4) 절삭유제의 공급

지금까지, 금속 절삭유제의 종류에는 비수용성 절삭유제와 수용성 절삭유제의 둘로 나누며 그 용도와 특징 등에 대해서도 알아 보았는데, 여기서는 절삭유제의 공급에 대한 사항, 즉 절삭가공에서 절삭유제의 침입 방향과 공급 방식에 대해 보자.

금속 절삭에서 공급된 절삭유제의 절삭날 부근, 경사면 및 여유면 등의 침입 방향은 그림 2.69와 같이 나타낼 수 있다.

절삭유제는 그림에 표시된 화살표 방향, 즉 A, B, C 및 D의 각 방향으로 침입된다고 생각할 수 있는 데, 경사면 및 여유면으로 부터의 침입이 가장 일반적일 것이다.

절삭유제는 절삭지역에 효과적으로 공급되어야만 그 역할을 수행할 수 있다. 예를 들어 냉각을 목적으로 사용하는 절삭유제는 공구의 절삭날까지 침투되어야 하며, 윤활을 위한 절삭유제는 미끄럼면 위에 얇은 막을 형성할 수 있도록 공급되어야 할 것이다.

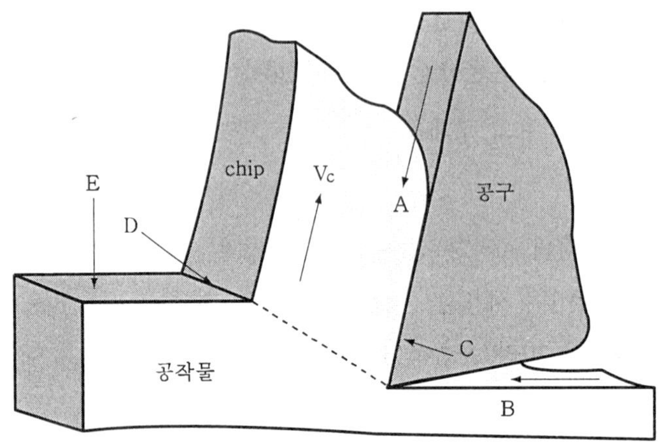

* 화살표 방향, 즉 A, B, C 및 D의 각 방향으로 침입된다고 생각할 수 있는데, 경사면 및 여유면으로부터의 침입이 가장 일반적일 것이다.

그림 2.69 절삭유제의 침입 방향

생산현장에서는 냉각 및 윤활의 효과를 지나치게 의식한 나머지 절삭유제를 넘칠 정도로 과도하게 사용하는 경우가 있으나, 현재 지구환경보존의 차원에서 절삭유제의 사용량에 대하여 신중하여야 할 것이다.

1) 수동공급

수동공급은 작업용 붓, 브러쉬 등을 이용하는 가장 쉽고 비용이 싼 절삭유제의 공급방식으로, 작업량이 적을 때 사용한다. 그러나, 공급이 단속적이고, 칩의 제거가 불충분하며, 절삭유제의 공급이 제한적이라는 단점이 있다.

2) 유동공급

유동공급은 가장 많이 사용되는 공급 방법으로 적당하게 조준된 저압노즐로 분사된 절삭유제를 공구와 공작물, 절삭영역에 유동시키는 것을 말한다.

이것은 절삭영역에 절삭유제의 연속적인 공급을 가능하게 하고 칩 제거를 돕는다. 절삭유제는 기계 아래쪽의 유제 통으로 배출되고, 여기서 여과장치를 거쳐 펌프에 의해 분사 노즐로 다시 보내지는 순환을 되풀이 한다.

절삭과정의 기구학적 특성에 따라 절삭유제가 공작물이나 공구회전에 의해 절삭영역으로부터 이탈되지 않도록 분사노즐의 방향과 분사 속도에 신중한 주의가 필요하다.

3) 분무공급

절삭유를 공기와 함께 분무형태로 공급하는 방식으로 밀링 작업과 같이 절삭속도가 높고 미절삭 칩의 두께가 상대적으로 작은 작업에 보통 사용된다.

유동공급이 불가능한 곳에 효과적으로 사용될 수 있으며, 접근이 어려운 절삭영역에 절삭유제를 공급하는 수단이 된다. 분무공급의 주된 단점은 작업자가 미세한 절삭유제의 입자를 흡입할 수 있다는 것으로 건강상 위험할 수 있기 때문에 계속적인 환기가 필요하다.

여기서 잠깐 !! 

Q: 수동(연속식) 공급 방식이 유동(단속식) 공급방식에 비해 일반적으로 많이 사용되는 이유는 무엇일까?

A: 이것은 온도변동은 단단하고 취성인 공구재료에 미세한 균열을 형성하여 결국 공구의 수명을 단축시키기 때문이다.

(5) 절삭유제와 공구수명 및 표면거칠기

1) 절삭유제와 공구수명

그러면, 절삭 유제가 공구수명 및 공작물의 표면거칠기에 어떤 관계가 있을까? 절삭유제와 공구수명과의 관계를 알아보기 위해 선반에서 고속도강과 초경합금 공구를 사용하여 SAE 2340강과 18-8 스테인레스 강을 절삭할 때, 건식절삭 한 경우와 각종 절삭유제를 사용한 경우의 공구수명을 비교하여 그림 2.70에 나타내었다.

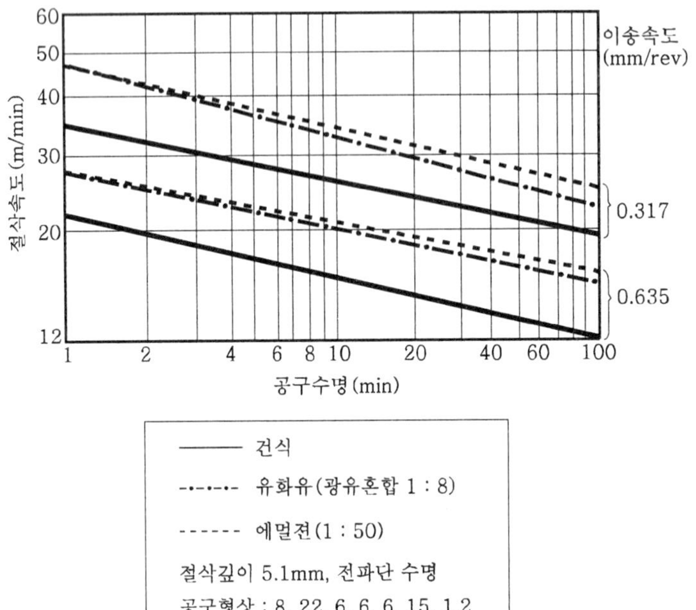

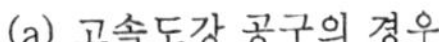
(a) 고속도강 공구의 경우

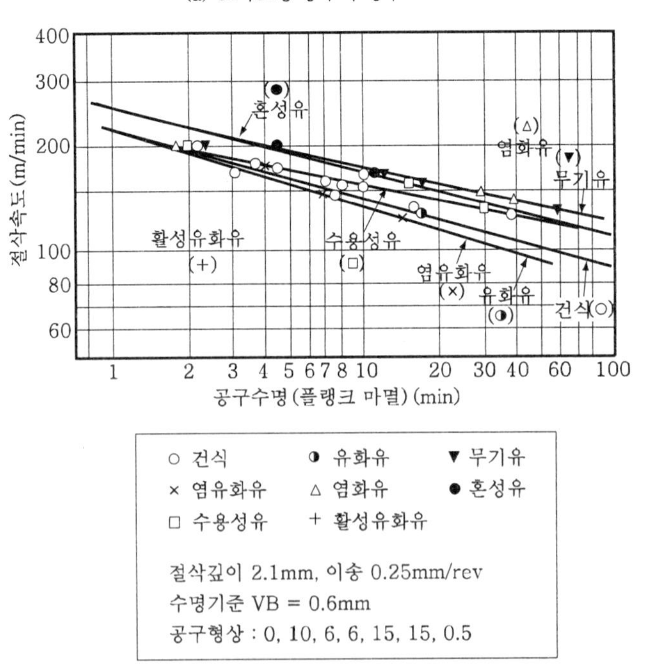

(b) 초경합금 공구(P20)의 경우

그림 2.70 공구수명에 미치는 절삭유제의 효과

그림에서 같은 절삭조건 일 때, 건식절삭에 비해 습식절삭의 경우 공구수명이 증가하며, 같은 습식 절삭일 경우에는 절삭속도의 변화와 사용하는 절삭유제의 종류에 따라 공구의 수명이 달라진다는 것을 알 수 있다.

2) 절삭유제와 표면거칠기

다음으로 절삭유제와 표면거칠기와의 관계를 알아보기 위해 연강을 윗면경사각(α) 20° 인 고속도강 공구으로 각종 절삭유제를 주유하여 절삭하였을 때의 공구수명 및 다듬질 거칠기를 표 2.20에 나타내었는데, 절삭유제가 공구수명과 표면거칠기에 미치는 영향이 대단히 크다는 것을 알 수 있다.

그림 2.71은 2차원 절삭의 경우 절삭유제와 표면거칠기의 관계를 나타낸 것으로, 그림에서 각종 절삭유를 주입하였을 때, 거칠기가 현저히 좋아지며 사용절삭유와 절삭조건의 선정에 따라 다소의 차이가 있는 것을 알 수 있다.

표 2.20 절삭유제와 공구수명 및 다듬질면 거칠기

절삭유 명칭	다듬질면 거칠기(μ m)	공구수명(min)
건식절삭	15.25	21.1
물	8.16	45.2
종류 + 석유	4.33	91.0
유화유	7.10	76.0
비누용액	7.71	58.0
스핀들유	5.40	82.0
유화유 + 석유	4.87	72.5

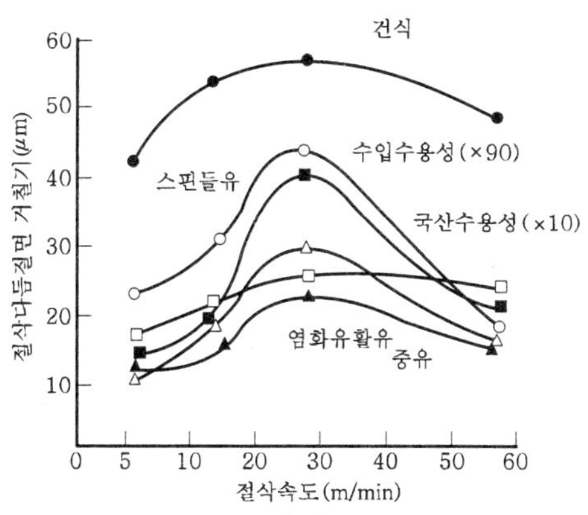

그림 2.71 절삭유제와 표면거칠기의 관계

3) 절삭유량과 공구수명

공급하는 절삭유량과 공구수명의 관계를 알아보기 위한 실험의 결과를 살펴보자.

실험에 사용된 주축회전수는 1000, 2500 rpm의 조건이고, 건식절삭, 절삭유량은 분당 $0.5l$, $1l$, $2l$, $4l$로 절삭유량을 변경시켜 절삭실험을 실시하였다. 그림 2.72에 절삭시간에 따른 공구 마멸량의 변화를 나타내었다.

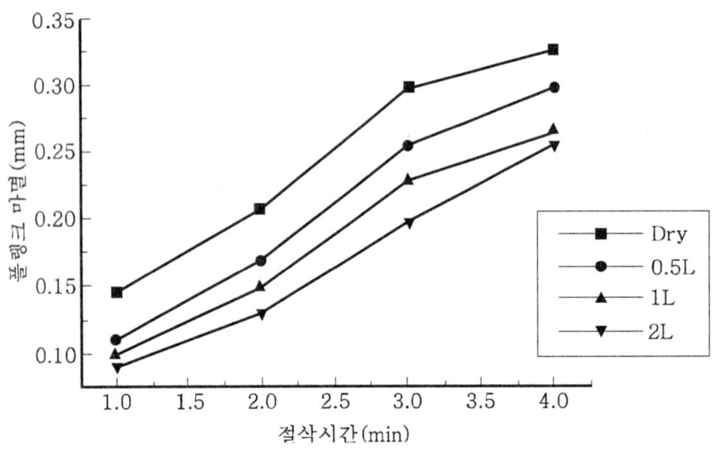

그림 2.72 건식절삭과 습식절삭의 공구마모

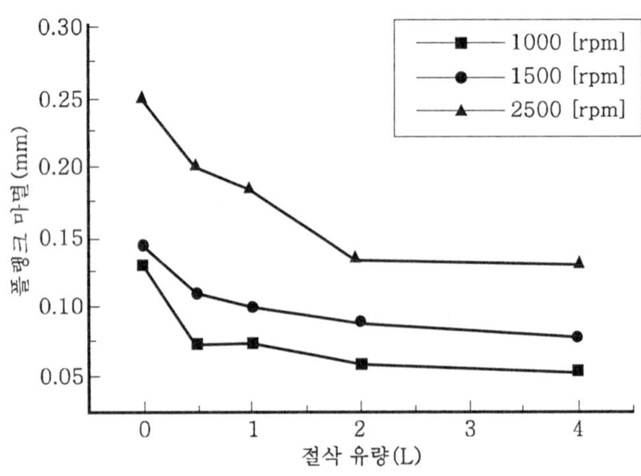

그림 2.73 절삭유량과 공구마멸 특성

그림에서, 건식절삭에 비해 절삭유 공급량이 증가할수록 공구 마멸량의 증가폭은 크게 둔화되고 있음을 확인할 수 있으며, 이는 절삭유의 윤활, 냉각효과에 기인함을 알 수 있다. 또한 절삭유량에 따른 공구 마멸량의 관계를 그림 2.73에 나타내었으며, 건식절삭과 비교하여 0.5l/min 이상의 임계유량에서는 마멸량 감소폭이 상대적으로 크지 않음을 알 수 있다.

▸ 지구환경과 절삭유제의 사용

- 지금까지 공부하였듯이 절삭가공에 있어서의 절삭유제의 사용은 윤활, 냉각, 방청 작용 등으로 제품의 품질을 향상시키는데 큰 역할을 하고 있다. 기계가공에 있어서 절삭유의 탁월한 효과에 힘입어 가공품질의 향상을 가져온 것은 사실이며, 대부분의 기계가공 공정에서 사용되고 있는 실정이다. 그러나, 최근 환경과 건강에 대한 관심이 고조되면서, 이러한 절삭유 사용에 따른 부정적인 측면들, 예를 들어, 사용수명이 다된 폐유처리 문제, 절삭유가 인체에 유해한 문제 등을 중심으로 생산기술의 개선이 요구되고 있는 시점이라 할 수 있다.
- 최근에 공업선진국에서는 생산현장에서의 절삭유제의 사용이 지구환경에 미치는 나쁜 영향을 고려하면서 앞 다투어 지구환경보호를 의식한 생산활동을 지향하게 되었고 2000년대에 들어 우리나라도 환경에 대한 관심이 고조되면서 대기업 뿐만 아니라 중소기업에서도 환경 관리 시스템(EMS: Environmental Management System)에 관한 국제표준 ISO 14001의 인증취득과 운용관리를 검토하고 개선하는데 관심을 가지기 시작하고 있다.
- 절삭유제의 사용으로 일어날 수 있는 환경파괴를 근원적으로 막기 위하여 최소량 윤활(MQL: Minimal Quantity Lubrication) 절삭, 미스트 절삭, 냉풍 절삭, 질소가스 응용 절삭, 완전 건식 절삭 등 절삭유를 사용하지 않는 가공기술의 연구와 실용화가 추진되고 있다.

용어 해설

▸ ISO 14001이란?

ISO 14001은 기업 활동이나 공업제품에 의해 유발되는 환경부하를 경감하는 국제적인 지침을 국제표준화기구(ISO)가 정한 것이다. 1993년에 본 시스템의 작성에 관한 기술위원회 TC207이 발족하여 3년 여의 검토를 거쳐 1996년에 발효하게 되었다.

▸ MQL(Minimal Quantity Lubrication) 절삭 혹은 미스트 절삭이란?

이 절삭법은 지구환경과의 조화뿐만 아니라 생산가공의 원가절감 측면에서도 유리하다는 것이 판명되었습니다. 극히 미량의 오일 미스트(oil mist)를 핀 포인트로 공급하는 것만으로, 금형제작에 있어서 엔드밀 절삭은 물론, 초경드릴에 의한 강철의 드릴가공 등 여러 가지 면에서 커다란 효과를 나타내고 있다.

이 절삭법은 인체와 환경에 무해한 식물성유를 고압공기와 혼합하여, 초미세립화한 미스트를 분사함으로써 무공해한 생산 활동으로 환경을 보전하고 기존의 절삭에 비해 가공능률을 높임으로써 원가절감을 꾀할 수 있다. 아래 그림 에 미스트 분사장치를 예를 나타내었다.

미스트 분사장치

(made by Ebara Co. Ltd.(Japan)

체크 포인트

1. 절삭유제의 기능
   ① 가공면과 공구여유면, chip과 공구경사면의 마찰(friction)을 줄인다.
   ② 가공표면의 거칠기가 작게하여 양호한 다듬질면을 얻는다.
   ③ 발생되는 열을 제어함으로써 공작물 표층부의 열변형 등을 방지한다.
   ④ 절삭된 칩이나 조각, 미세한 가루, 잔여물 등의 유출을 용이하게 한다.

2. 첨가제의 종류
   ① 유성제
   ② 극압첨가제
   ③ 계면 활성제
   ④ 무기염류

   등이 있으며 고온에서의 눌음을 방지하고 마멸을 감소시키는 목적으로 절삭유제에 극압제를 계면장력을 현저하게 감소시키는 목적으로는 계면 활성제를 첨가한다.

3. 절삭유제와 공구수명 및 표면거칠기의 관계
   절삭유제가 공구수명과 표면거칠기에 미치는 영향은 크다는 것을 알 수 있었다.

연습문제

1. 다음 절삭유제의 첨가제 가운데 고온에서의 눌음을 방지하고 마멸을 감소시키는 목적으로 첨가하는 것은 무엇인가?

   ① 유성제　　② 계면 활성제

   ③ 무기염류　　④ 극압첨가제

2. 가공성을 잃지 않으면서 절삭유제의 사용으로 일어날 수 있는 환경파괴를 근원적으로 막으려면 어떤 가공 방법으로 나아가야 하는지 생각해 보자.

정답 및 해설

1. 첨가제는 절삭유의 종류와 제품의 특성에 따라 첨가되는 양과 성분이 달라진다.
   첨가제에는 기능에 따라 20가지 정도로 분류할 수 있으며, 다시 성분에 따라서 세분되지만 절삭유제의 성능에 영향을 크게 미치는 유성제, 극압제, 계면활성제, 무기염류의 4종류가 있다. 이들 가운데 유성제는 절삭능력을 증가시키기 위하여 광유에 첨가하며 고온에서의 눌음을 방지하고 마멸을 감소시키는 목적으로 극압제를, 계면장력을 현저하게 감소시키는 목적으로는 계면 활성제를 첨가하며 수중에서 이온화 하여 숫돌입자나 공작물의 표면에 흡착층을 만들기 위해 무기염류를 첨가한다.

2. 절삭유제의 사용으로 일어날 수 있는 환경파괴를 근원적으로 막기 위하여 최소량 윤활(MQL: Minimal Quantity Lubrication) 절삭, 미스트 절삭, 냉풍 절삭, 질소가스 응용 절삭, 완전 건식 절삭 등 절삭유를 사용하지 않는 가공기술의 연구와 실용화가 추진되고 있다. MQL 절삭법은 인체와 환경에 무해한 식물성유를 고압공기와 혼합하여, 초미세립화한 미스트를 분사함으로써 무공해한 생산 활동으로 환경을 보전하고 기존의 절삭에 비해 가공능률을 높임으로써 원가절감을 꾀할 수 있는 새로운 절삭법이다.

6. 절삭 다듬질면

학습 Point

- 다듬질면의 상태 = 표면거칠기, 파상도, 흠, 평탄도
- 표면거칠기의 종류 = 최대높이(Rmax), 십점 평균거칠기(Rz), 중심선 평균거칠기(Ra)
- 표면거칠기의 이론식 = $R_{th} = \frac{f^2}{8r} \times 1000$
- 가공변질층(deformed layer, cold worked layer)이란?

(1) 다듬질면의 상태

절삭 다듬질면의 상태는 표면거칠기, 파상도, 흠, 평탄도 등으로 표시할 수 있으며, 이들을 정리하면 다음과 같다.

1) 표면거칠기(surface roughness)

- 가공된 표면상에 작은 간격으로 나타나는 미세한 요철(凹凸).
- 凹凸의 발생이 많은 것은 거칠고, 적은 것을 매끈하다고 한다.
- 주로 절삭과정에서 가공방법, 다듬질 방식에 따라 모양과 크기가 다르게 나타난다.

2) 파상도(waveness)

- 표면거칠기의 간격보다 큰 간격으로 나타나는 표면의 굴곡.
- 연삭숫돌의 불평형, 이송나사의 불균일, 기계의 고정 부위가 느슨할 때, 진동, 재료의 열처리 상태가 균일하지 못할 때 등 주로 기계적인 특성에 의해 형성될 수 있다.

3) 흠(flaw)

- 어떤 한 점 또는 극히 드물게 나타나는 불규칙적인 凹凸로서 생기는 긁기(scratch), 주름살(ridge), 블로우 홀(blow hole), 크레이터(crater) 등

4) 평탄도(flatness)

- 이상적인 평면과 실제 가공면의 차이 정도
- 주로 사용하는 공작기계의 정밀도에 영향을 받는다.

주어진 면을 그것에 직각으로 절단하면 그 단면의 형상은 그림 2.74와 같이 얻어 진다. 이것을 다듬질면의 단면곡선(sectional curve)이라 하며 대체로 곡선 A, B, C로 형성되어 있으며, 각각의 측정방법은 다음과 같다.

- 표면거칠기(A 곡선) 측정 방법
  측정범위에서 최소의 길이를 L_1으로 하여 凹凸의 최대치 H_1을 H_{max}로 한다.
- 파상도(B 곡선)의 측정 방법
  측정범위를 L_2로 확대하여 최대높이 H_2를 측정한다.
- 평탄도(C 곡선)의 측정 방법
  측정범위를 확대하여 L_3로 하여 H_3를 측정한다.

얻어지는 단면곡선에 대하여 측정거리 L_1, L_2, L_3 등을 어떤 정도로 정하는가에 따라서 거칠기, 파상도, 평탄도 등 서로 다른 상태가 된다.

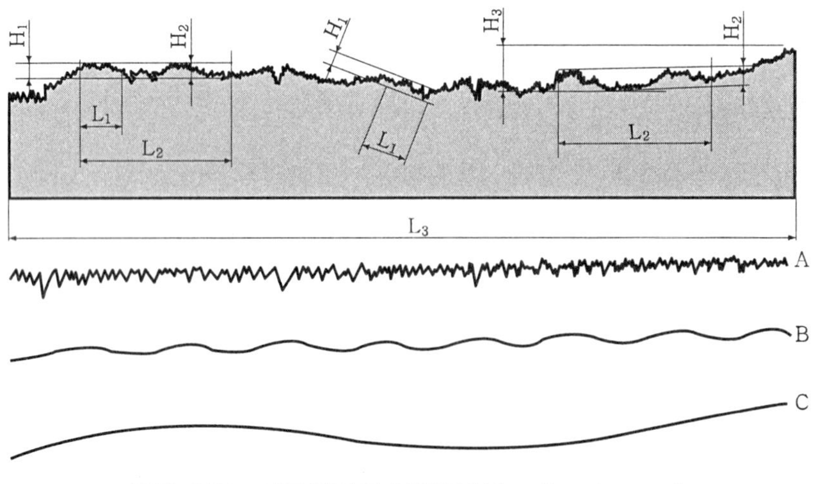

그림 2.74 다듬질면의 단면곡선(sectional curve)

(2) 표면거칠기

다듬질면의 표면거칠기는 그 면의 품위를 좌우하는 중요한 인자이므로, 정밀공작을 하는데 있어서는 표면거칠기를 작게 하여야 한다.

1) 표면거칠기의 측정

절삭 가공면의 표면 거칠기(表面粗度)는 측정하는 방향에 따라서 2종류의 것을 들 수 있는데 선반 절삭의 예를 들면 다듬질면은 그림 2.75와 같이 공작물의 회전과 공구의 이송으로 인한 미세한 나사모양의 표면을 이루고 있으므로 표면거칠기는 측정하는 방향에 따라 전혀 다르게 나타난다.

그림에서 공구의 절삭방향(方向)의 표면거칠기(A)와 공구의 이송방향(方向)의 표면거칠기(B)가 존재하게 된다.

① 절삭방향의 표면거칠기

절삭방향의 표면거칠기는 주로 공구의 절삭성(machinability)에 영향을 받게 되며 이송방향의 표면거칠기는 공구 날 끝의 반지름(nose radius)과 공작물 1회전의 이송량에 따라서 기하학적(幾何學的)으로 결정되는 것이다.

보통의 절삭 다듬질면의 표면거칠기는 이송방향의 것이 큰 값을 나타내고 있으므로 이것을 측정하여 표면거칠기로 나타낸다.

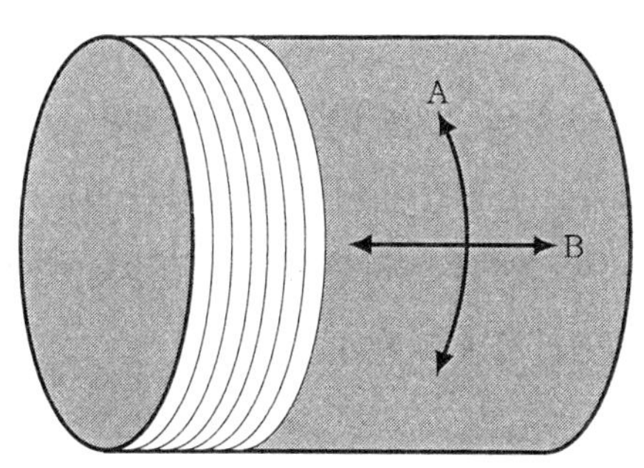

그림 2.75 표면거칠기 측정방향

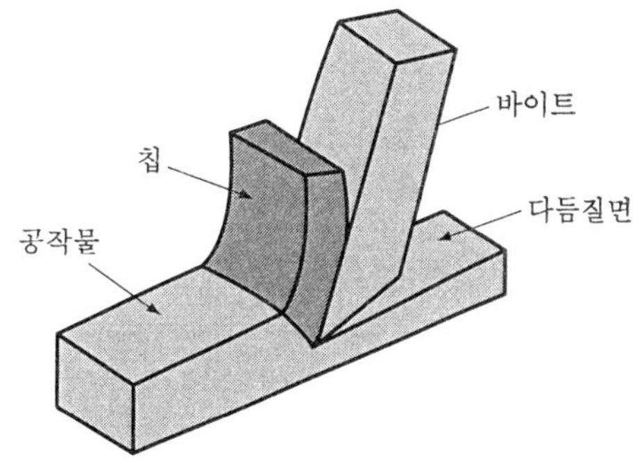

그림 2.76 절삭방향의 표면거칠기

절삭방향의 표면거칠기는 그림 2.76과 같이 절삭상태가 이상적인 유동형의 칩일 경우에는 당연히 절삭방향의 다듬질면 凹凸은 없이 완전한 평면이 되어야 한다. 그러나 실제로는 진동(채터), 구성인선의 발생에 의해 평면은 되지 않는다.

용어 해설	절삭성(machinability)이란?

절삭공구들의 작업상의 성질을 일컫는 말로서, 재료의 깎기 쉬운 정도를 나타낸다.
절삭성의 평가기준으로서는 통상

① 절삭저항(cutting resistance),
② 공구수명(tool life),
③ 다듬질된 표면 상태(surface finishing),
④ 절삭 칩 처리성(chip treatment),
⑤ 절삭에 필요한 동력(cutting power)

등을 들 수 있다.

절삭성은 가공특성에 의해 획일적으로 정해지는 것이 아니며, 가공법, 공작기계와 공구, 가공조건 등의 영향을 받습니다. 따라서 평가 기준을 명확하게 하는 경우는 「공구수명으로부터의 절삭성」, 이라든지 「절삭칩 처리성에서 본 절삭성」이라는 표현을 사용한다.

② 이송방향의 표면거칠기

이송방향의 표면거칠기는 바이트 이송에 의해서 인선의 凹凸이 그림 2.77과 같이 다듬질면에 나타나는데 이것은 절삭 방향의 표면거칠기와 비교하면 대단히 크다.

일반적으로 브로우치, 리이머, 기어절삭 등의 작업에서는 절삭방향의 표면거칠기가 크지만 선삭, 형삭, 평삭, 밀링, 보오링 등의 작업은 이송방향의 표면거칠기가 더 크다.

그림 2.77은 선반 절삭에서 공구인선의 형상이 그대로 가공면에 나타나는 경우인데 다듬질면은 공구인선과 이송의 크기에 의해 주기적인 파형곡선이 기하학적으로 결정되어진다. 이때 파형곡선에서 凹凸의 최대치를 이송방향의 표면거칠기라고 한다.

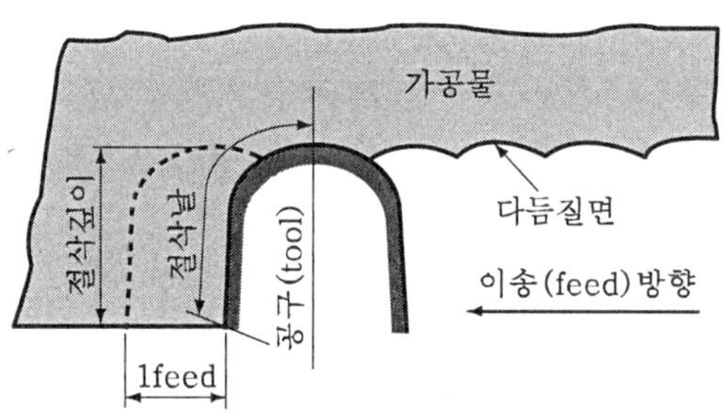

그림 2.77 이송방향의 표면 거칠기

2) 표면거칠기의 표시법 및 종류

① 표면거칠기의 표시법

표면 기호는 KS에 의해 표면거칠기의 구분치, 기준길이, 가공방법의 약호 및 가공모양의 기호로 되어 있고, 그 배치는 그림 2.78과 같다. 특별히 필요 없는 것은 생략할 수 있으며 구분치 하한의 수치 및 그 기준 길이의 값은 필요한 경우에만 기입한다.

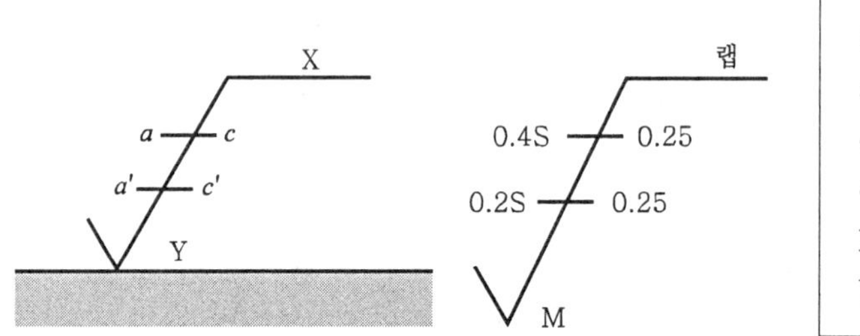

그림 2.78 KS의 표면거칠기 기호

② 표면거칠기의 종류

표면거칠기의 종류에는 표 2.21과 같이 최대높이, 십점 평균거칠기, 중심선 평균거칠기 등이 있다.

표 2.21 다듬질기호와 표면거칠기

다듬질기호	표면 거칠기 구분치(μm)		
	R_y	R_z	R_a
▽▽▽▽	0.8s	0.8Z	0.2a
▽▽▽	6.3s	6.3Z	1.6a
▽▽	25s	25Z	6.3a
▽	100s	100Z	25a
~	특별히 규정하지 않는다.		

A. 최대높이(R_y)

최대높이(R_y)란 단면곡선에서 기준길이를 빼고, 그 부분의 최대높이를 구하여 이것을 미크론(micron)단위로 나타낸다. 이때 흠으로 간주되는 유별나게 높은 산이나 골은 제외한다.

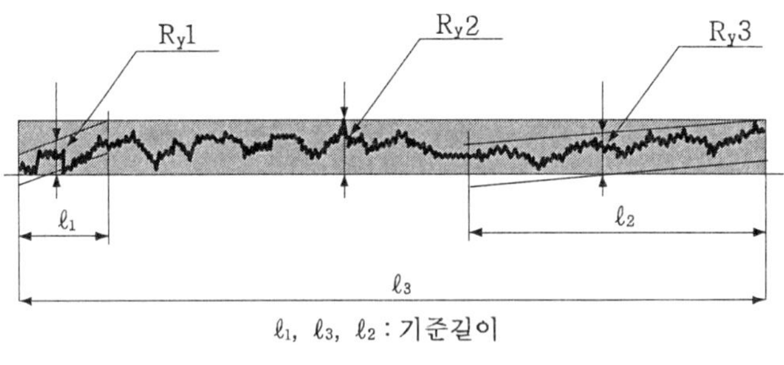

그림 2.79 최대높이(R_y)

B. 십점 평균거칠기(R_z)

십점 평균거칠기(R_z)란 단면곡선에서 기준길이를 빼고, 높은 쪽에서 3번째의 산과 깊은 쪽에서 3번째의 골을 통하는 2줄의 평행선의 간극을 측정하여 미크론(micron)단위로 나타낸다.

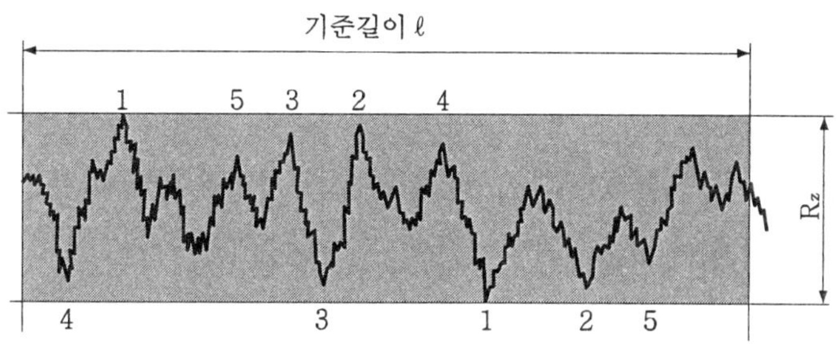

그림 2.80 십점 평균거칠기(R_z)

C. 중심선 평균거칠기(R_a)

중심선 평균거칠기(R_a)란 단면곡선을 중심선에서 뒤집어 사선을 그은 부분의 면적을 길이로 나눈 값으로, 일반적으로 중심선 평균거칠기 측정기로 눈금을 바로 읽는다.

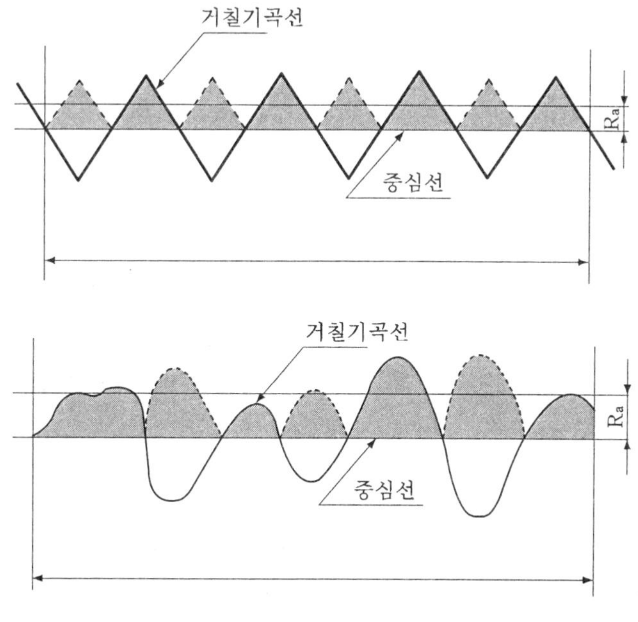

그림 2.81 중심선 평균거칠기(R_a)

(3) 이론적 표면거칠기(ideal surface roughness)

이론적 표면거칠기란 주어진 공구의 형상과 이송속도의 기하학적 결과로써 얻을 수 있는 최상의 가능한 표면 거칠기를 말하며, 구성인선, 진동, 기계와 공구의 부정확성 등은 고려하지 않고 이상적인 조건에서 구한다.

1) 선반 절삭의 표면거칠기

그림 2.82은 선반 바이트로 2차원 절삭할 때 바이트의 날끝형상과 이송 방향에 따른 표면거칠기를 나타낸 것으로 선반바이트에서 공구 날끝 반지름(nose radius)이 0인 경우에 그림에서의 (a)에 대한 표면거칠기 R은 이송을 f라 할 때,

$$R = \frac{f}{(\tan C_s + \cot C_s)} \tag{2-27}$$

과 같고, 중심선평균거칠기(center-line average roughness) R_{CLA}는

$$R_{CLA} = \frac{H}{4} = \frac{f}{(\tan C_s + \cot C_s)} \tag{2-28}$$

이다.

그림 2.82 (b)와 (c)와 같이 반지름이 0이 아닌 바이트에서는 표면거칠기 표시 방법이 다른데, 그림 2.83에서 이송을 f, 공구 날끝 반지름 r이라 하면 이론적 표면거칠기를 R_{th}는 △BCD와 △DCA는 닮은꼴이므로 BC/CD=CD/CA가 된다.

따라서 식 (2-29)와 같이 되는데 R_{th}는 $2r$에 비하면 매우 작은 값이므로 근사적으로 $2r - R_{th} = 2r$이며, R_{th}는 $8r$ 분의 f 제곱이 된다. 이것을 미크론 단위로 고치면 식 (2-30)이 된다.

이송을 작게 하고 반지름 r을 크게 하면 표면거칠기는 좋아지지만, 공구 날끝반경이 너무 크면 배분력이 커져 떨림이 일어나서 오히려 표면 거칠기를 나쁘게 할 수 있으므로 인선의 곡률반지름 r의 적절한 크기는 이와 같은 실험식에서 선택하는 것이 좋다.

$$\frac{BC}{CD} = \frac{CD}{CA} (\triangle BCD \approx \triangle DCA)$$

$$\frac{R_{th}}{\frac{f}{2}} = \frac{\frac{f}{2}CD}{2r - R_{th}} \tag{2-29}$$

$$\therefore R_{th} = \frac{f^2}{8r} \times 1000 \tag{2-30}$$

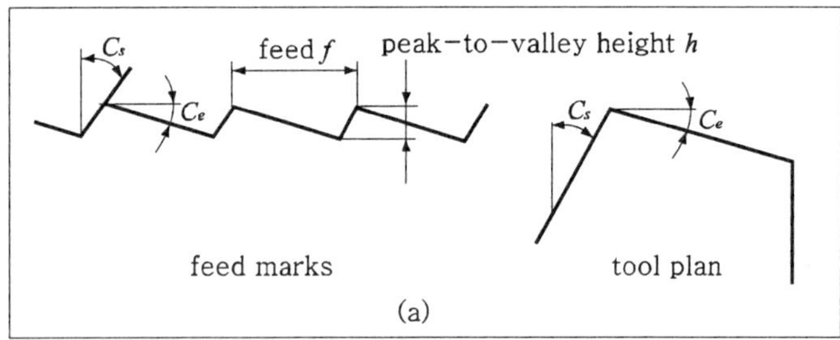

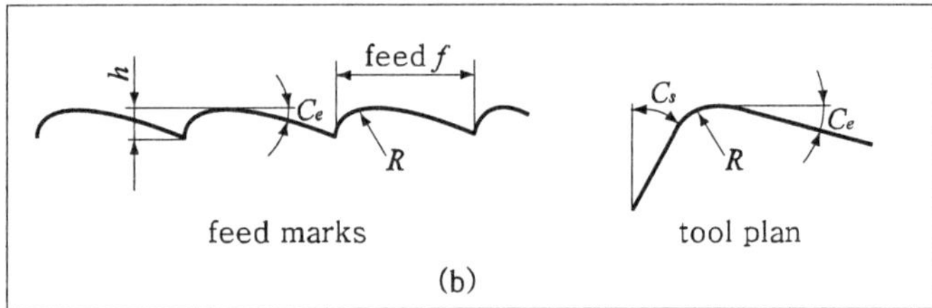

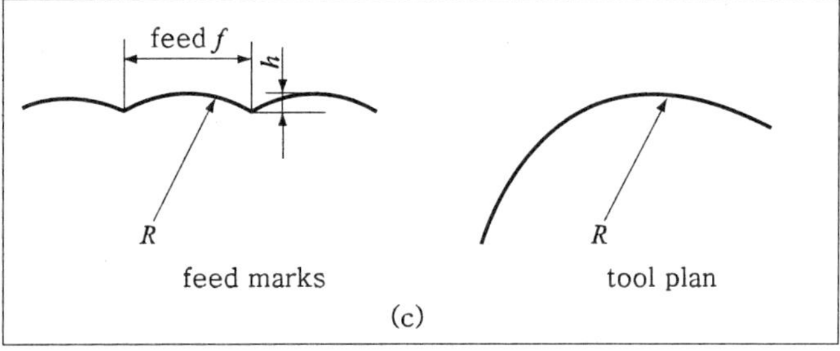

그림 2.82 바이트 형상에 따른 표면 거칠기

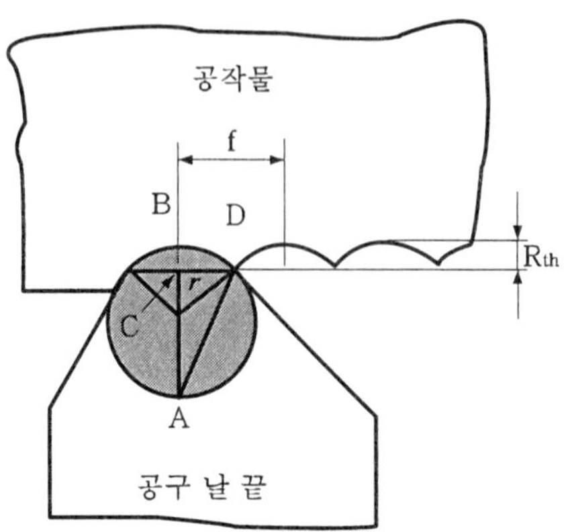

그림 2.83 공구 날끝 반경부분의 표면 거칠기

2) 밀링 절삭의 표면거칠기

밀링 절삭에 있어서도 그림 2.84와 같이 선반 절삭의 경우와 같습니다. 먼저 공구 날 끝 반지름(nose radius) r이 있는 경우인 식 (2-30)으로부터 공구 날끝 반지름(nose radius) r이 없는 경우는 식 (2-31)과 같이 된다.

$$\therefore R_{th} = f_z \left(\frac{\tan\alpha \cdot \tan\beta}{\tan\alpha + \tan\beta} \right) \times 1000 \tag{2-31}$$

여기서, R_{th} : 이론적 표면거칠기(m)

f_z : 1날 당 이송(feed, mm/날)

r : 공구 날끝 반지름(nose radius, mm)

α : 코너 각

β : 부 절입각

실제 밀링 절삭의 경우에는 그림 2.85와 같이 날 수가 많으므로 당연히 각 날에는 단차가 생기는데 이 최대의 차를 흔들림(chattering)이라고 부르며, 여러 개 날의 거칠기는 그림과 같이 한 날 공구에 비해 크게 되고, 한 날만 돌출되는 경우 등은 한 날 공구의 경우와 비슷하게 되지만 f_z(mm/날)을 (mm/rev)로 치환한 큰 값이 된다.

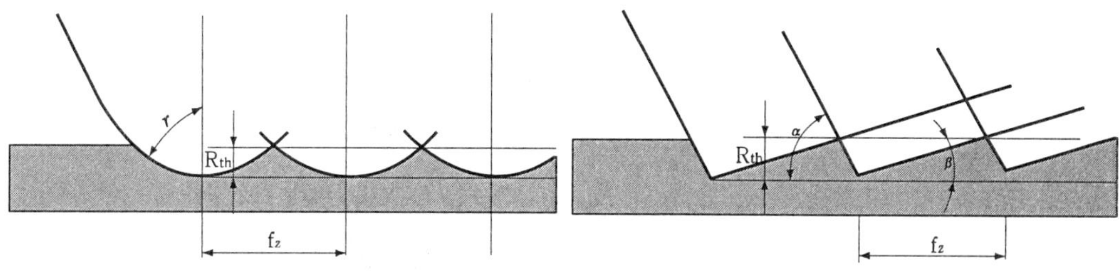

(a) 공구 날 끝 반지름 r이 있는 경우 (b) 공구 날 끝 반지름 r이 없는 경우

그림 2.84 밀링 절삭의 표면거칠기

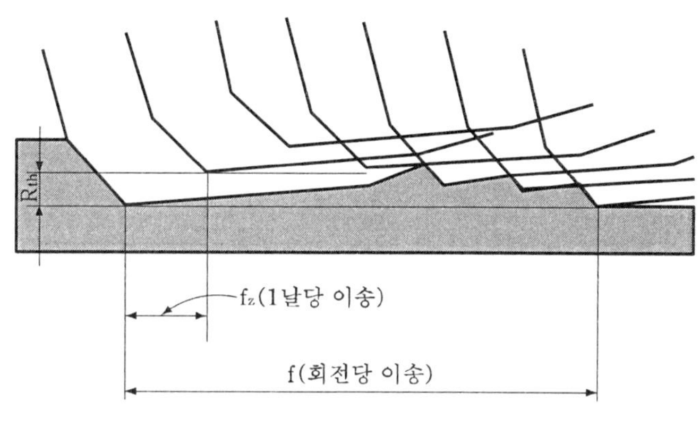

그림 2.85 실제 밀링 절삭의 경우

(4) 절삭조건과 표면거칠기

1) 절삭속도와 표면거칠기

이번에는 절삭조건의 변화가 표면거칠기에 미치는 영향에 대해 알아보자. 먼저 절삭속도와 표면거칠기의 관계에서 절삭속도의 변화에 대한 다듬질면의 거칠기를 알아보기 위해 중탄소강 SM45C를 초경바이트 P10으로 절삭깊이 1mm, 이송 0.15mm/rev으로 절삭하였을 때의 결과를 그림 2.86에 나타내었다.

그림에서 120m/min 이상으로 되면 다듬질면 거칠기가 상당히 좋게 되는 것을 알 수 있는데 낮은 절삭속도 영역에서 다듬질면이 나쁜 것은 구성인선의 발생, 탈락에 의한 것으로 높은 절삭속도 영역에서 구성인선이 없어지면 이 영향은 없어진다는 것도 알 수 있다.

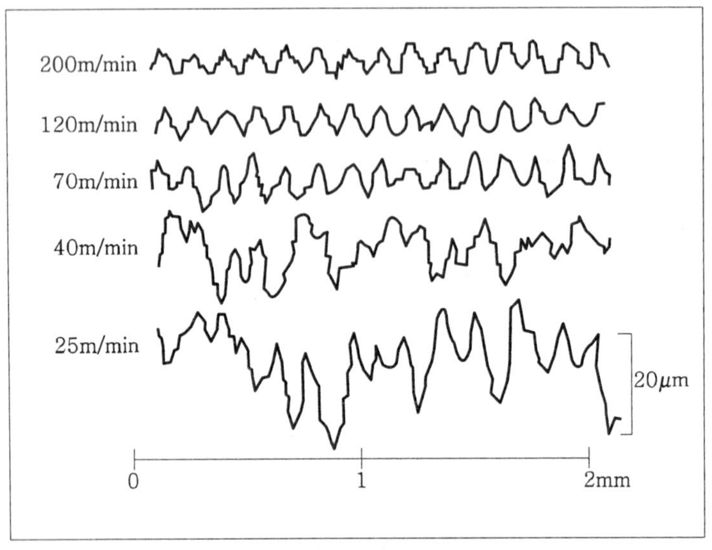

그림 2.86 절삭속도와 가공면 거칠기의 관계

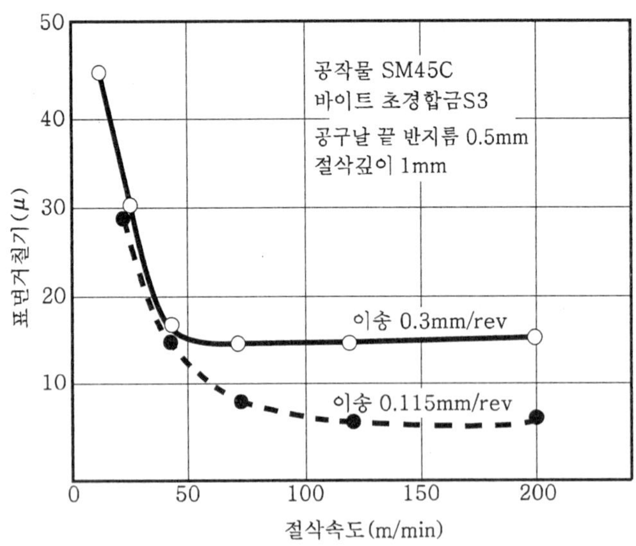

그림 2.87 절삭속도의 변화에 대한 표면거칠기

그림 2.87은 다듬질면의 凹凸의 최대 값을 μm단위로 나타내고 절삭속도의 변화에 따른 다듬질면 거칠기의 관계를 나타낸 것이다. 이 그림에서 이송의 영향도 알 수 있지만 이송이 증가하면 절삭온도가 증가하여 구성인선의 소멸 한계가 낮아져 표면거칠기가 나빠진다는 것도 알 수 있다.

2) 이송과 표면거칠기

다음으로 이송과 표면거칠기의 관계를 알아보면, 앞의 그림에서도 보았듯이 기하학적으로는 당연히 이송이 적은 쪽이 그림 2.88과 같이 거칠기가 작은 것을 다시 한번 확인할 수

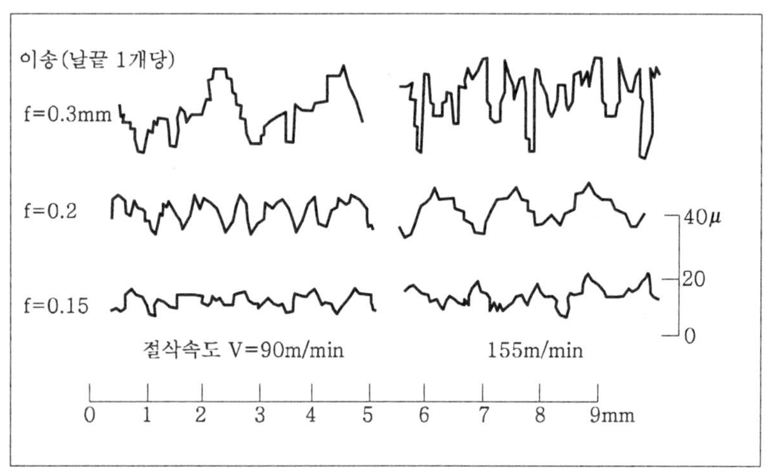

그림 2.88 이송과 가공면 표면거칠기의 관계

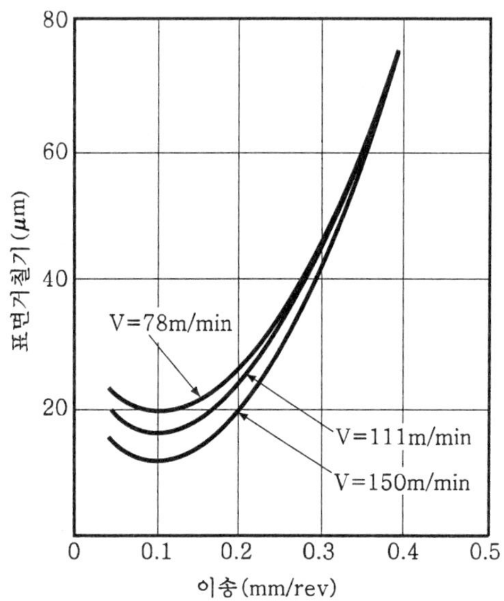

그림 2.89 밀링 이송의 변화에 대한 표면거칠기

있는데 단, 너무 이송이 작으면 이송 이외의 영향에 따라 다듬질면 거칠기가 나쁘게 된다. 그러므로 그림 2.89와 같은 절삭조건에서의 한계 이송속도는 약 0.1mm/rev이다.

3) 공구 날끝 반지름(nose radius)과 표면거칠기

세번째로 공구 인선반경의 크기와 표면거칠기에 대해 알아보자. 그림 2.90에서와 같이 공

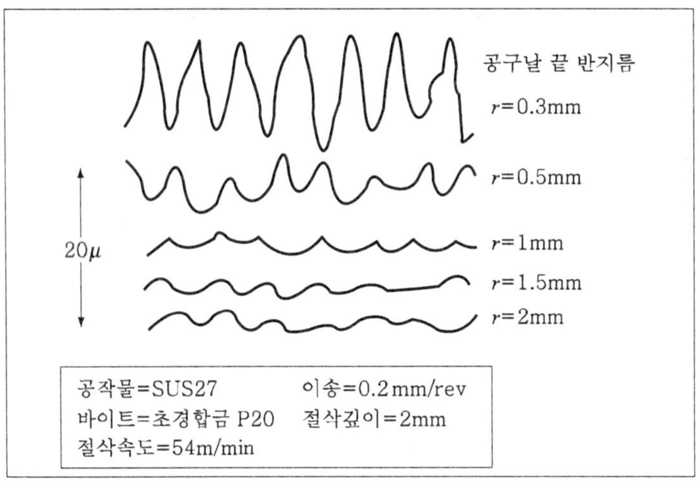

그림 2.90 인선반경과 표면거칠기의 관계

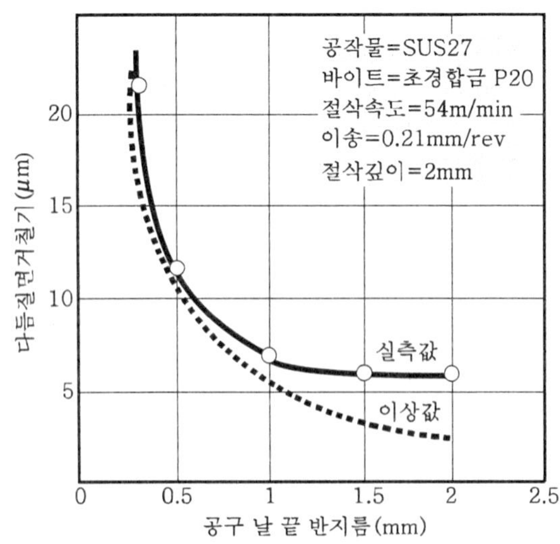

그림 2.91 공구 날 끝 반지름의 변화에 대한 표면거칠기

구의 날끝 반지름 r이 큰 만큼 이송 방향의 다듬질면 거칠기가 좋게 되는 것은 당연하지만, 너무 커지면 균열을 일으켜 반대로 나쁘게 됨을 알 수 있다.그러나 주철과 같이 유동형 칩이 발생하지 않는 절삭인 경우에는 이와 관계가 없다.

그림 2.91 역시 인선 반경과 다듬질면 거칠기와의 관계를 나타낸 것인데 점선은 기하학적으로 당연히 생기는 다듬질면 거칠기를 나타내고, 실선은 실제 측정한 값을 나타낸 것이다. 실측값과 이상값은 공구의 날끝 반지름이 작을 때는 거의 일치하지만 날끝 반지름이 커질수록 그 차이도 커짐을 알 수 있으며 두 가지 경우 모두 날끝 반지름 r이 큰 만큼 이송 방향의 표면거칠기가 향상 된다는 것을 다시 한번 확인 할 수 있다.

(5) 가공 변질층

금속 재료를 기계가공하면 그 표면 혹은 표면으로부터 어느 깊이까지의 표층부는 모재와 다른 성질을 가지게 되는데 변질의 내용과 정도는 가공의 방법이나 조건에 따라 다르게 나타나지만 변질된 층이 나타나는 것 자체는 대부분의 가공에 공통적으로 일어나는 현상으로서 이와 같은 층을 가공변질층(deformed layer, cold worked layer)이라고 한다.

표 2.22는 절삭가공에서 일어나는 변질의 항목을 나타낸 것으로 외적인 원소와 물질에 의한 변형, 결정조직의 변질 및 응력분포상태의 불균일로 크게 나눌 수 있다.

그림 2.92는 각종 표면 가공법에 의한 가공변질층을 나타낸 것으로 여기서 방향이 변질된 깊이를 나타내는 것이다.

표 2.22 가공변질층의 분류

I	외적인 원소의 작용에 의한변질	오염, 흡착층(물리흡착, 화학흡착), 화합물층, 이물질의 혼입
II	조직의 변화에 의한 변질	미세결정층, 전위밀도의 상승, 쌍정의 생성, 섬유조직, 연마변태, 가공에 의한 결정의 변형, 마찰열에 의한 재결정
III	응력 중심의 변질	잔류 응력층

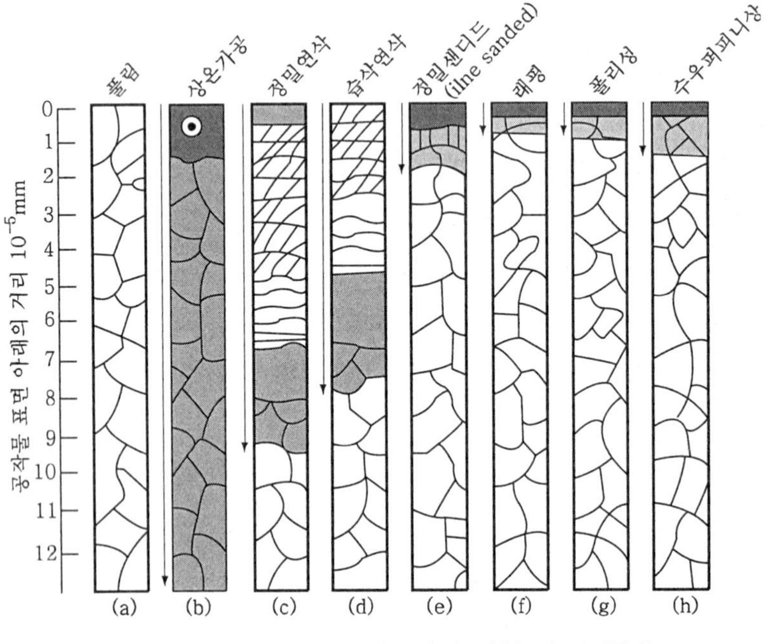

그림 2.92 각종 표면 가공법에 의한 가공변질층

체크 포인트

1. 표면거칠기의 종류
   ① 최대높이(Rmax)
   ② 십점 평균거칠기(Rz)
   ③ 중심선 평균거칠기(Ra)

2. 표면거칠기의 이론식
   ① 선반 절삭의 경우

   $$\therefore R_{th} = \frac{f^2}{8r} \times 1000$$

   ② 밀링의 경우

   $$\therefore R_{th} = \frac{{f_z}^2}{8r} \times 1000$$

   ③ $\therefore R_{th} = f_z \left(\frac{\tan\alpha \cdot \tan\beta}{\tan\alpha + \tan\beta} \right) \times 1000$

연습문제

1. 공구의 날끝 반지름(nose radius)이 있는 바이트로 절삭한 이론적인 표면 거칠기 H_{th}(m)를 바르게 표시한 것은 어느 것인가?(단 f : feed, R : nose radius)

① $R_{th} = \frac{f}{8r} \times 1000$ ② $R_{th} = \frac{2f}{8r} \times 1000$

③ $R_{th} = \frac{f^2}{8r} \times 1000$ ④ $R_{th} = \frac{f^2}{8r}$

2. 가공변질층(deformed layer, cold worked layer)이란 무엇인가? 또, 가공변질층이 기계 부품에 미치는 영향을 생각해 보자.

정답 및 해설

1. ▸ 선반 절삭의 경우 $R_{th} = \frac{f^2}{8r} \times 1000$

▸ 밀링의 경우

- 날 끝 반지름(nose radius) 이 없는 경우 $R_{th} = \frac{{f_z}^2}{8r} \times 1000$

- 날 끝 반지름(nose radius)이 없는 경우 $R_{th} = f_z \left(\frac{\tan\alpha \cdot \tan\beta}{\tan\alpha + \tan\beta} \right) \times 1000$

2. 금속 재료를 기계가공하면 그 표면 혹은 표면으로부터 어느 깊이까지의 표층부는 모재와 다른 성질을 가지게 된다. 변질의 내용과 정도는 가공의 방법이나 조건에 따라 다르게 나타나지만 변질된 층이 나타나는 것 자체는 대부분의 가공에 공통적으로 일어나는 현상으로서 이와 같은 층을 가공변질층(deformed layer, cold worked layer)이라고 한다.
가공변질층에는 변질의 항목을 나타낸 것으로 외적인 원소와 물질에 의한 변형, 결정조직의 변질 및 응력분포상태의 불균일 등으로 크게 나눌 수 있다. 가공된 기계요소부품에 가공변질층이 존재하면 표면의 균열 등으로 수명의 감소 등 기능의 저하를 일으키게 된다.

7. 기계가공의 경제성과 절삭조건

학습 Point

- 가공의 경제성을 위해 고려하여야 할 사항 = 공작기계, 절삭공구, 절삭조건
- 경제적 절삭속도 $V_{\min cost} = V_e = C\left(\frac{n}{1-n}\right)^n \left(\frac{k_d}{k_d \cdot t_c + k_t}\right)^n$
- 능률적 절삭속도 $V_p = V_{\max II} = \frac{C}{\left(\frac{1}{n}-1\right) \cdot t_c^{\ n}} = \frac{C}{T_{\max II}^n}$
- 기계가공의 최적화를 위한 프로그래밍에서의 제약조건 = 절삭속도, 이송, 절삭깊이

(1) 기계가공의 경제성

부품을 절삭 가공할 때 고려하여야 할 사항으로서는

1. 공작기계(工作機械, machine tools)

2. 절삭공구(切削工具, cutting tools)

3. 절삭조건(切削條件, cutting conditions)

등이 있다.

1) 공작기계의 선택

공작기계를 선택할 때는 가공의 종류를 고려해야 하는데, 가공의 종류가 같다 하더라도 생산량에 따라 그 선택이 달라질 수 있다. 선반을 사용하여 환봉 절삭작업을 행할 경우의 예를 들면 선반의 소요동력, 공구대상의 진동과 양 센터 사이의 거리 등 기계의 용량, 주축의 회전수, 치공구, 기계의 강성, 기계의 설비비 등을 고려하여 적절한 크기의 선반을 선정할 필요가 있다.

선반 절삭 작업에서 생산량 X 를 얻기 위한 총비용Cr은 식 (2-32)와 같다

$$C_r = C_P + C_R X \tag{2-32}$$

여기서, C_P : 생산에 관계없는 공작기계에 설비비, 상각비, 공구, 지그 그 밖의 부속품의 비용과 간접비

C_R : 가공물의 착탈, 절삭작업, 공구교환, 계측검사의 조무비 등 1개마다의 운전비용

이 식으로 나타나는 총비용과 생산량과의 관계는 공작기계의 종류에 따라 다르며, 일반적으로는 그림 2.93과 같다. 그림에서도 알 수 있듯이 생산량이 적을 때는 범용기계가 유리하나, 생산량이 증가함에 따라 NC 기계, 또는 전용기계를 택하는 것이 경제적임을 알 수 있다.

이 그림에서도 알 수 있듯이 생산량이 적을 때는 범용기계가 유리하나, 생산량이 증가함에 따라 NC 기계, 또는 전용기계를 택하는 것이 경제적임을 알 수 있다.

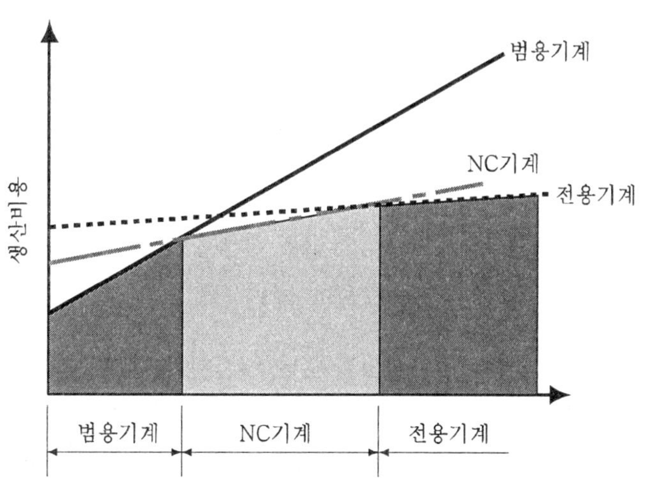

그림 2.93 생산량에 의한 효과적인 공작기계의 선정

여기서 잠깐 !! 

Q: 절삭 가공 전 미리 생각하여야 될 점으로는 어떤 것이 있을까요?

A: ‣설계단계 ⇒ 가공하기 쉬운 모양으로 설계할 것
‣가공재료 ⇒ 피삭성이 좋은 재료를 선택
☞ 이것이 완전히 결정된 후에 비로소 다른 또 하나의 점인 절삭가공의 경제성을 검토하게 됩니다.

2) 절삭공구의 선택

사용할 공작기계가 결정되면 다음은 절삭공구, 절삭조건을 고려한다. 여기에서 두 가지 점을 미리 생각하여야 하는데, 하나는 절삭전의 설계단계에서 가공하기 쉬운 모양으로 설계하며, 다른 하나는 가공재료를 피삭성이 좋은 재료로 선택하는 일이다.

이것이 완전히 결정된 후에 비로소 다른 또 하나의 점인 절삭가공의 경제성을 검토하게 되는 것이다.

절삭공구를 선택할 때는 다음 몇 가지 사항에 대해 고려해야 한다.

① 어떤 품종의 것을 어떤 기하학적 형상으로 사용할 것인가를 결정

② 공구의 수명, 가공재료의 영향, 절삭조건 등을 고려하여 공구의 재종, 공구의 모양과 각도를 결정

③ 공구의 형식을 고려, 예를 들어 바이트의 팁을 경납땜 하는가, 스로우 어웨이(throw-away) 팁을 사용하는가 등에 따라 공구 교환과 재연삭에 소요되는 간접비가 달라진다.

여기서 아래의 그림에서 정리한 대로 경납땜 공구는 교환하는데 시간이 걸리고, 재연삭이 필요하므로 공구연삭기, 연삭숫돌차 등에 대한 설비비 및 상각비, 연삭비가 필요하며, 드로우 어웨이 팁은 날 교환에 소요되는 시간이 짧고, 또 날은 1회에 한하여 사용되므로 재연삭비가 필요하지 않다.

이와 같이 날 1개마다의 연삭비를 포함한 비용은 제품생산원가에 크게 영향을 미친다.

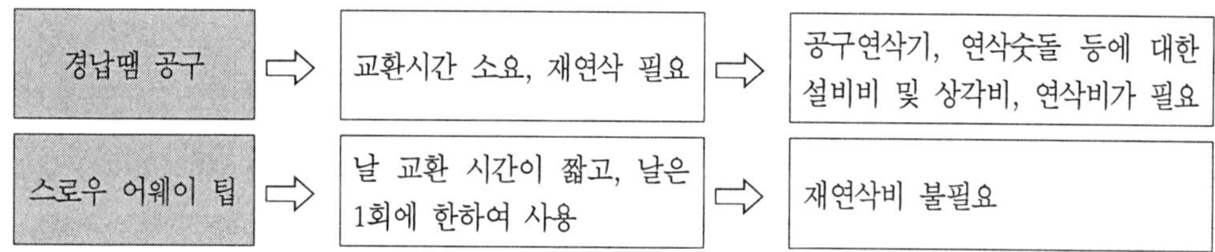

3) 절삭조건의 결정

절삭조건에는 절삭깊이, 이송, 절삭속도, 절삭유제 사용 유무 등이 있습니다. 그 이에도 휴지(休止, idle) 비용, 절삭비용, 공구교환비용, 공구 비용 등을 고려하여 능률적인 절삭조건을 결정하게 되는데, 각각의 절삭 조건에 대해 자세히 살펴보도록 하자.

① 절삭깊이 및 이송

- 절삭면적을 좌우한다.
- 크게 하면 생산성은 높아지고 제품 1개마다의 생상원가는 감소하나 공구수명이 짧아지고 절삭동력이 증가한다.

② 절삭속도

- 생산성에 가장 큰 영향을 미친다.
- 속도가 높을수록 절삭가공비는 감소하나 공구수명은 지수함수적으로 짧아지므로 공구교환비, 재연삭비가 증가한다.

따라서 제품 1개마다 총비용을 최소로 하는 최적절삭속도가 존재할 것이다.

③ 절삭유제

- 절삭유제 종류, 또는 사용 유무에 따라 공구수명이 달라진다.
- 절삭공구가 절삭열로 마멸될 때는 절삭유제가 효과적이나, 단속절삭과 같은 경우에는 냉각효과가 오히려 공구의 손상을 촉진 시킨다.

이상과 같은 절삭조건과 공구수명 사이에는 식 (2-33)과 같은 관계가 성립한다.

절삭조건과 공구수명 T 관계

$$V^{\frac{1}{n}} \cdot t^{\frac{1}{n'}} \cdot S^{\frac{1}{n''}} \cdot T = C_0 \tag{2-33}$$

여기서, t : 절삭깊이, S : 이송, V : 절삭속도, $C_0, n,\ n'$ 및 n'' : 가공재료, 절삭공구의 재질과 모양, 사용 공작기계의 종류, 절삭유제의 종류, 절삭상태 등에 따라 달라지는 상수

4) 그 밖의 인자

직접 노무비, 간접비, 제품의 정밀도 및 품질, 공구연삭기 등의 설비비, 유지비, 경납땜비, 공구 재 연삭비 등이 제품의 제조원가 산정에 영향을 준다.

(2) 경제적 절삭속도(최소 비용 절삭속도)의 산출

경제적 절삭속도(economic cutting speed)란 제품 1개마다의 가공 총비용을 최소로 하는 절삭속도를 말한다.

공구 1개마다에 관한 비용은 아래의 식 (2-34)와 같은 준비비용과 식 (2-35)의 절삭비용, 그리고 식 (2-36)과 같은 공구교환비용과 식 (2-37)의 공구절삭비용으로 분류할 수 있다.

준비비용 $C_i = k_d t_i$ (2-34)

절삭비용 $C_m = k_d t_m$ (2-35)

공구교환비용 $C_c = k_d \dfrac{t_m}{T} t_c$ (2-36)

공구절삭비용 $C_t = k_t \dfrac{t_m}{T}$ (2-37)

여기서, k_d : 직접노무비(원/min)

k_t : 절삭공구 1개마다의 구입비, 상각비, 연삭비(원/tool)

t_i : 가공물 1개마다의 손실시간(가공물의 착탈, 공구의 접근 등)(min/pc)

t_c : 공구교환시간(min)

T : 공구수명(min)

한편, 지름 D cm, 길이 L cm인 소재를 이송량 f mm/rev, 절삭속도 V m/min로 절삭할

때의 절삭 시간 t_m은

$$t_m = \frac{\pi \cdot D \cdot L}{10 \cdot f \cdot V} = \frac{\lambda}{f \cdot V}$$

여기서,

$$\lambda = \frac{\pi \cdot D \cdot L}{10} \qquad (2\text{-}38)$$

식 (2-38)과 같이 나타낼 수 있으며, 앞에서 배운 Taylor의 공구수명방정식

$$VT^n = C \text{에서 } T = C^{\frac{1}{n}} \cdot V^{\frac{1}{n}} \qquad (2\text{-}39)$$

를 식 (2-35) ~ (2-37)에 대입하면 아래의 식 (2-40), (2-41), (2-42)가 된다.

$$C_m = \frac{kd \cdot \lambda}{f \cdot V} \qquad (2\text{-}40)$$

$$C_c = \frac{kd \cdot \lambda \cdot V^{\frac{1}{n}-1}}{f \cdot C} tc \qquad (2\text{-}41)$$

$$C_t = \frac{kt \cdot \lambda \cdot V^{\frac{1}{n}-1}}{f \cdot C} \qquad (2\text{-}42)$$

따라서 제품 매개의 가공에 소요되는 총비용은

$$C_r = C_i + C_m + C_c + C_t$$

$$= kd \cdot ti \frac{kd \cdot \lambda}{f \cdot V} + \frac{kd \cdot \lambda \cdot V^{\frac{1}{n}-1}}{f \cdot C^{\frac{1}{n}}} tc + \frac{kt \cdot \lambda \cdot V^{\frac{1}{n}-1}}{f \cdot C^{\frac{1}{n}}} tc \qquad (2\text{-}43)$$

이것을 최소로 하는 절삭속도는 $\frac{dCr}{cV} = 0$ 으로 구해진다.

즉, 경제적 절삭속도 V_e는 제품 한 개당의 전체 가공 비용을 정성적으로 나타낸 그림 2.83에서의 V_e와 같이

$$V_{\text{min}\cdot\text{cost}} = V_e = C\left(\frac{n}{1-n}\right)^n \left(\frac{k_d}{k_d \cdot t_c + k_t}\right)^n \tag{2-44}$$

또한, $V_{\text{min}\cdot\text{cost}} T^n_{\text{min}\cdot\text{cost}} = C$ 이므로 경제적 절삭가공의 공구수명은

$$T_e = T_{\text{min}\,\cdot\,\text{cost}} = \left(\frac{1}{n} - 1\right)\frac{k_d \cdot t_c + k_t}{k_d} \tag{2-45}$$

제품 1개마다의 최소생산 원가는

$$C_r = k_d \cdot t_i + \frac{\lambda}{f} = \frac{(1-n)^{1-n}}{n^n} \cdot k_d^{1-n} \cdot (k_d \cdot t_c + k_t)^n \cdot \frac{1}{C} \tag{2-46}$$

이와 같이 경제적 절삭속도 및 그때의 공구 수명은 직접노무비 k_d, 절삭공구비 k_t, 공구교환 시기 t_c, 공구수명 방정식이 두 상수 n 및 C에 의하여 정해진다.

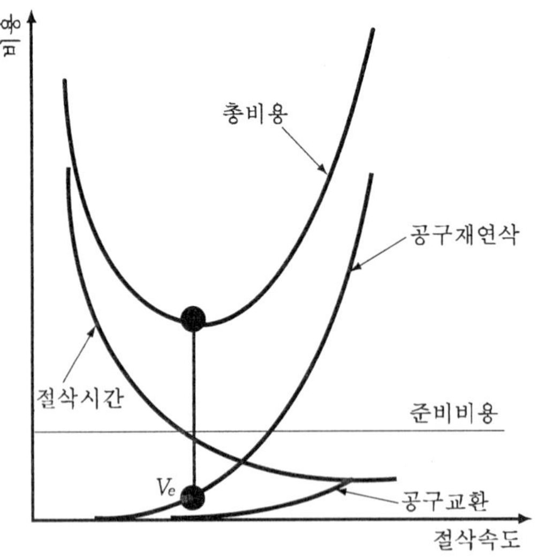

그림 2.94 절삭속도와 가공비

(3) 능률적 절삭속도(최대 능률 절삭속도)의 산출

생산성을 높이기 위하여 어느 정도 경제성을 무시해서라도 될수록 생산량을 증가시키는 것이 필요하다. 이와 같이 최대생산량을 얻기 위해 공구비용과 연삭비용을 무시하여 절삭속도를 높이면 되나, 너무 고속이면 공구수명이 아주 짧아지므로 공구의 교환도수가 너무 많아져서 도리어 생산성이 저하한다. 따라서 이에 적절한 절삭속도가 존재하게 되는 것이다.

여기서는 이와 같이 능률적인 절삭속도, 즉 최대 능률 절삭속도를 산출하는 것에 대하여 알아보자.

능률적 절삭속도란 제품 1개마다의 제작시간을 최소로 하는 절삭속도, 즉 최대생산성 절삭속도(maximum production cutting speed)를 말한다. 여기에 관계되는 인자는 모두 제품 1개마다에 필요한 시간으로 다음 세 가지를 생각할 수 있다.

① 준비시간 t_i : 절삭시간에 관계없이 일정하다.

② 절삭시간 t_m : 절삭속도의 증가에 따라 감소한다.

③ 공구교환시기 $\frac{t_m}{T}T_c$: 절삭속도와 함께 증가한다.

여기서 공구의 절삭에 필요한 시간은 경우에 따라 고려하지 않아도 좋다. 그러므로 제품 1개마다 총 가공 시간은

$$t_r = t_i + \frac{t_m}{T}t_c \tag{2-47}$$

와 같이 되며, 앞에서의 식 (2-38), (2-39)를 고려하면 식 (2-48)과 같이 된다.

$$t_r = t_i + \frac{\lambda}{f \cdot V} + \frac{\lambda \cdot V^{\frac{1}{n}-1}}{f \cdot C^{\frac{1}{n}}}t_c \tag{2-48}$$

제품 1개마다 총가공 시간을 최소로 하는 절삭속도는 식 (2-49)와 같이 구할 수 있으며 이것이 능률적 절삭속도를 나타내는 식이다.

이에 해당되는 공구수명은 식 (2-50)과 같다. 따라서 최대생산성을 얻기 위한 공구수명은 수명방정식의 지수 n과 공구교환시간 t_c에 의하여 결정되어 진다.

➡ 능률적 절삭속도의 식

제품 1개마다 총가공 시간을 최소로 하는 절삭속도는 $\frac{dt}{dV}=0$ 이므로

$$V_p = T_{\max} \cdot \Pi = \frac{C}{\left[\frac{1}{n}-1\right] \cdot t_c^n} = \frac{C}{T_{\max}^n \cdot \Pi} \tag{2-49}$$

➡ 능률적 절삭속도에 해당되는 공구수명

$$T_p = T_{\max} \cdot \Pi = \left[\frac{1}{n}-1\right] t_c \tag{2-50}$$

(4) 기계가공의 최적화와 절삭조건의 자동설정

지금까지 설명한 바와 같이 생산성을 높이기 위하여 여러 가지 인자를 검토하며 적절한 것을 택하고, 최소가공비용이 되는 절삭속도, 혹은 최대 생산율이 되는 절삭속도를 구할 수 있다. 따라서 우리는 비용과 생산성을 함께 고려한 최적 절삭속도를 선정하여 기계가공의 최적화를 도모하여야 할 것이다. 여기서 생산성을 증가시키기 위한 방법으로서 고능률 절삭영역의 개념을 알아보자.

고능률 영역(high efficient area or range)이란 앞에서 구한 경제적 절삭속도 V_e와 능률적 절삭속도 V_p사이의 절삭속도 구간으로서 그림 2.95와 같이, 절삭속도와 가공비의 관계를 나타낸 그림 2.94와 제품 1개의 가공에 필요한 여러 가지 시간과 절삭속도와의 관계를 나타낸 그림 2.96을 조합한 것으로 나타낼 수 있으며, 두 곡선은 아래로 볼록한 형태이다.

이 최소위치에 해당하는 절삭속도가 V_e 및 V_p이므로 그림에서 사선을 한 영역이 고능률 절삭을 할 수 있는 최적 절삭속도 영역이다. 여기서 총가공비를 적게 하려면 V_e에 가까운 절삭속도를 취하고, 생산성이 문제가 되는 경우에는 V_p에 가까운 절삭속도를 취하는 것이 좋을 것이다.

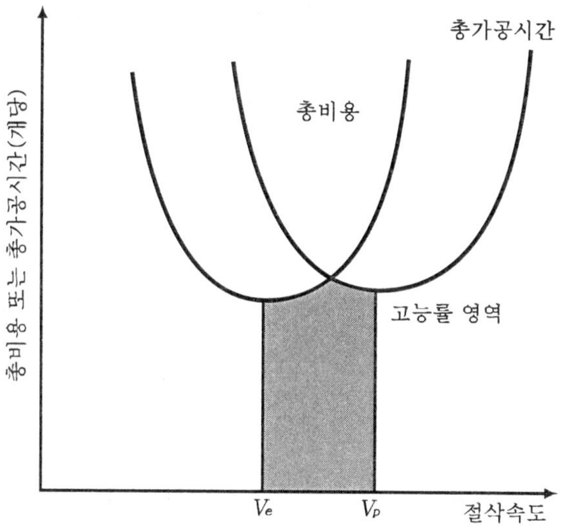

그림 2.95 고능률 절삭을 위한 구간

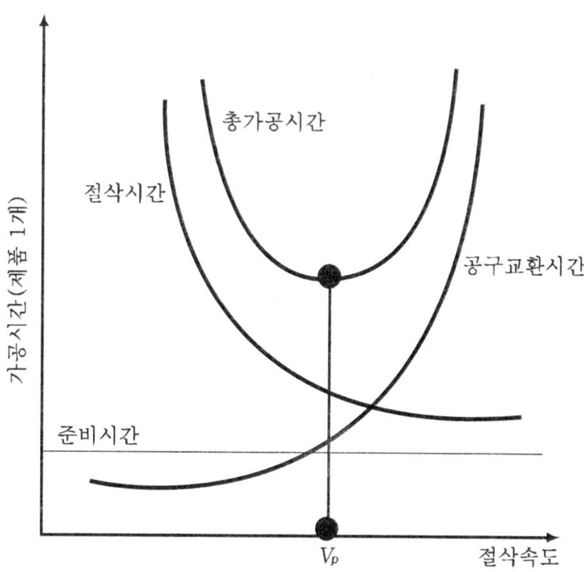

그림 2.96 제품1개의 가공에 필요한 여러 가지 시간과 절삭속도와의 관계

한편, 앞에서 배운 최적절삭조건의 선정 방법을 이용하여 자동적으로 최적 절삭 조건을 결정하기 위한 컴퓨터 프로그램의 작성이 가능하다.

절삭조건의 자동 설정이란 자동적으로 최적 절삭 조건을 결정하기 위한 컴퓨터 프로그램의 제약조건으로서, 다음과 같은 것이 있다.

1) 절삭깊이에 대한 제약조건

절삭깊이에 대한 제약조건으로는 사용하는 절삭공구의 절삭날 형상으로부터 절삭깊이의 최대치를 결정하여 그 이상의 절삭 깊이가 주어지면 2회 이상의 절삭깊이로 한다.

2) 이송에 대한 제약조건

이송을 일정하게 하면 각 이송에 대한 최소가공비용 절삭속도가 존재할 것이므로 이송에 대한 제약조건을 알기 위해 가공비용과 절삭속도 및 이송속도의 관계를 알아본다.

즉, 이송이 크면 클수록 최소 가공비용 절삭속도에서 행하는 가공비용은 적게 들 것이므로 이송은 가능한 큰 값을 가질 수 있도록 하여야 하지만 그 최대값은 표면거칠기에 의해 결정된다.

표면거칠기와 공구형상, 공구마모 등의 관계는 이론적 표면 거칠기 공식인 $R_{th} = \dfrac{f^2}{8r} \times 1000$ 을 이용하여 이송의 최대치를 결정한다.

이송의 제한 조건은 이외에 공장기계(예를 들어 선반)가 가진 최대, 최소의 이송에 대해서도 고려하여야 한다.

3) 절삭속도에 대한 제약조건

절삭깊이와 이송이 결정되면 최소가공비용 절삭속도가 절삭공구의 수명방정식을 이용하여 되어 지지만, 이 속도에서 절삭가공이 가능한지를 점검할 필요가 있다. 속도의 제약이 되는 것은 우선 선반이 가진 최소 회전수와 최대 회전수 사이에서 가공물의 지름으로부터 얻은 최소절삭속도 $V_{\min}$과 $V_{\max}$이 결정된다.

다음에 선반이 보유한 주전동기의 동력을 고려하여, 허용동력 이하의 절삭속도에서 가공하여야 한다. 즉, $N(kW)$의 주전동기의 경우, 총합효율을 80%로 하면 절삭속도의 상한

V_N은 식과 같이 계산되며,

$$V_N = N \times 102 \times 60 \times 0.8 / ks \cdot d \cdot f$$

여기서 ks 는 재료의 비절삭 저항이다.

이상과 같은 평가함수와 제약조건으로부터 최적의 이송과 최적절삭조건을 그림 2.98의 흐름도(flow chart)에 따라 결정한다. 그림 2.98은 최소가공비용 절삭속도 V_e 를 결정하는 것이지만 최대 절삭률 절삭속도를 구할 때에는 식 (2-45) 대신에 식 (2-49)를 사용한다.

체크 포인트

1. 가공의 경제성을 위해 고려하여야 할 사항
   ① 공작기계(工作機械, machine tools)의 선택
   ② 절삭공구(切削工具, cutting tools)의 선정
   ③ 절삭조건(切削條件, cutting conditions)의 선정
2. 경제적 절삭속도(최소 비용 절삭속도)의 산출공식

$$V_{min \cdot cost} = V_e = C\left(\frac{n}{1-n}\right)^n \left(\frac{k_d}{k_d\ \ t_c + k_t}\right)^n$$

3. 능률적 절삭속도(최대 능률 절삭속도)의 산출공식

$$V_p = T_{max \cdot \Pi} = \frac{C}{\left[\frac{1}{n} - 1\right] \cdot \ t_c^n} = \frac{C}{T_{max \cdot \Pi}^n}$$

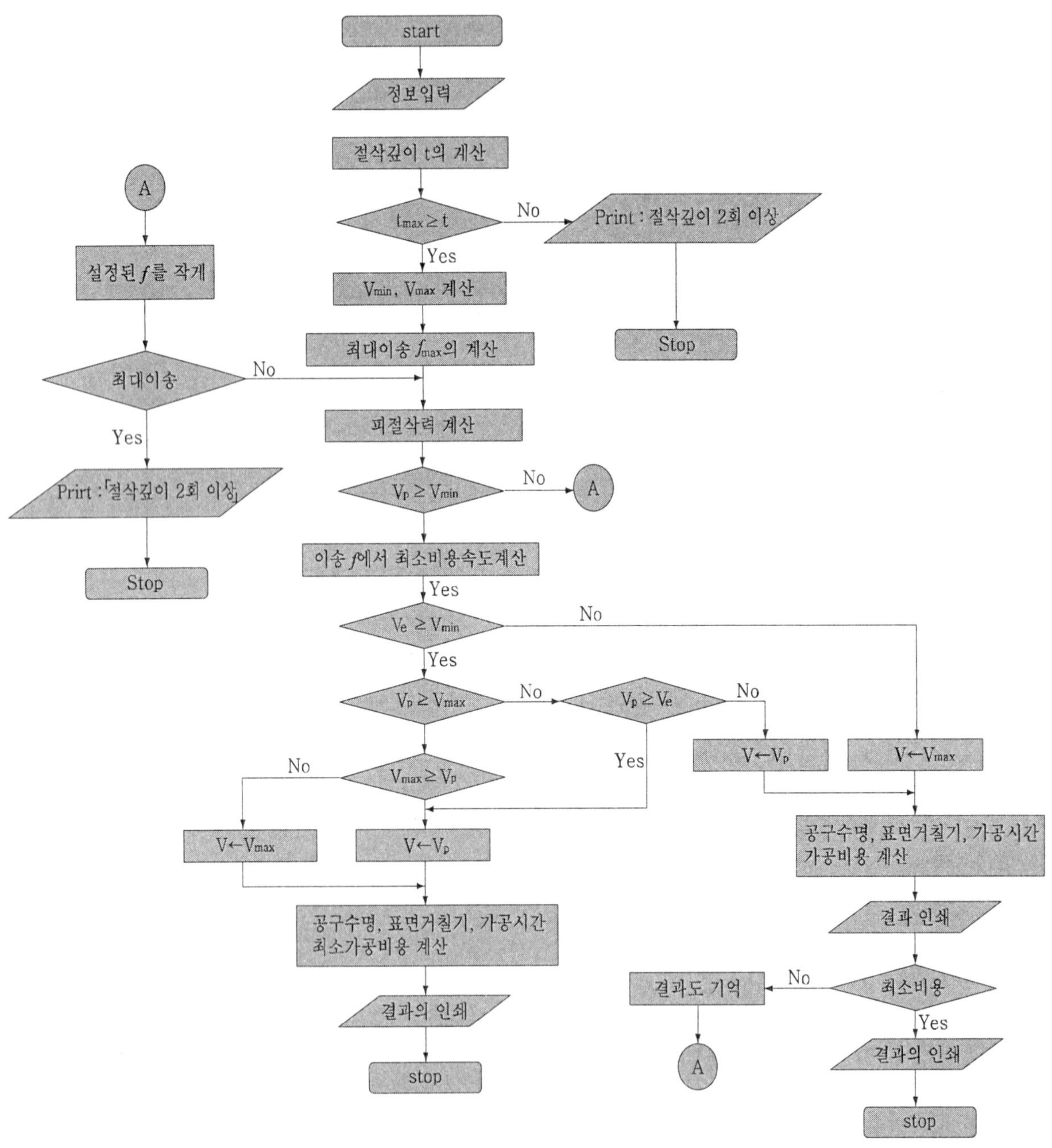

그림 2.98 최적 절삭조건의 산출 흐름도(flow chart)

연습문제

1. 기계가공의 최적화를 위한 프로그래밍에서의 제약조건이 아닌 것은 무엇인가?
   ① 공작물의 재질 ② 절삭깊이
   ③ 이송속도 ④ 절삭속도

2. 다음의 생산 자료를 이용하여 최적절삭속도를 계산해 보자.
   (1) 공구수명 매개변수 : 기울기 상수 $n = 0.23$(mm),
   1분 수명절삭속도 $C = 430$(m/min)
   (2) 절삭 매개변수 : 절삭깊이 $t = 1.0$(mm), 이송량 $f = 0.20$(mm/rev)
   (3) 재료 매개변수 : 절삭지름 $D = 500$(mm), 절삭길이 $L = 2{,}000$(mm)
   (4) 시간 매개변수 : 준비시간 $ti = 0.75$(분/개),
   공구교환시간 $tc = 1.50$(mm/edge)
   (5) 비용 매개변수 : 직접노무비 $kd = 0.15$(원/분), 간접비 $ki = 0.35$(원/분), 절삭간접비 $km = 0.05$(원/분), 공구비 $kt = 2.5$(원/edge), 재료비 $mc = 20.0$(원/분), 총수입 $ru = 32.0$(원/분)

정답 및 해설

1. 기계가공의 경제성을 생각하여 부품을 절삭 가공할 때 고려하여야 할 사항으로서는 공작기계(工作機械, machine tools), 절삭공구(切削工具, cutting tools), 절삭조건(切削條件 cutting conditions)이며, 자동적으로 최적 절삭 조건을 결정하기 위한 컴퓨터 프로그램의 제약조건은 절삭깊이, 이송속도, 절삭속도 이다.

2. 직접 계산해 보는 것이 중요하다.
재료 매개변수를 이용하여 λ를 구하고, 식

$$V_{\text{min-cost}} = V_e = C\left(\frac{n}{1-n}\right)^n \left(\frac{k_d}{k_d t_c + k_t}\right)^n$$

$$V_p = V_{\max ROD} = \frac{C}{\left(\frac{1}{n}-1\right) \cdot t_c^n} = \frac{C}{T^n_{\max ROD}}$$

에 의해서 다음과 같이 계산된다.
경제적 절삭속도 $V_e = 296(\text{m/min})$, 능률적 절삭속도 $V_p = 216(\text{m/min})$이다.

Chapter 3 공작기계의 구성

학습 목표

1. 공작기계 안내면의 종류와 특징을 3가지 이상으로 분류하여 설명할 수 있다.
2. 공작기계에 사용되는 정압 베어링의 구조와 원리를 설명할 수 있다.
3. 등비급수 속도열에서 주축의 단수를 알면 공비를 구할 수 있다.
4. 계단식 구동장치와 무단구동장치를 비교하여 그 장단점을 말할 수 있다.

1. 공작기계의 구성 요소

학습 Point

- 공작기계 몸체의 구비 조건 = 강도(强度), 정적(靜的) 및 동적(動的) 강성 등
- 공작기계 안내면의 종류와 특징 = V형(산형), 더브테일형, 평형 안내면 등
- 주축의 구비 조건 = 정밀도, 강성, 안전성
- 정압 베어링의 구조와 원리

(1) 공작기계의 주요 구성 요소

공작기계를 구성하는 요소로는 다음의 4가지를 들 수 있다.

1. 기본 구성 요소(基本 構成 要素)
2. 일반부품(一般部品)
3. 기본 구성 요소의 결합부(結合部)
4. 기타 부속품(附屬品) 및 공구(工具)

1) 기본 구성 요소

기본 구성 요소는 그 형상에 따라 대부품, 소부품 등으로 나눌 수 있는데, 주로 대부품이라는 것은 베드, 컬럼, 베이스와 같은 형태를 가진 것으로 기계의 골조라고 볼 수 있다.

소부품은 축, 기어, 베어링, 실린더, 피스톤 등 산업기계 및 기타 기계류에 사용되는 요소부품과 대략 동일하다. 그러나 공작기계는 보통 높은 정밀도를 요구하므로 다른 용도에 비하여 가공 방법 및 재질에 특징이 있다.

대부품	기계의 골조 예) 베드, 컬럼, 베이스
소부품	기계류에 사용되는 요소 부품 예)축, 기어, 베어링, 실린더, 피스톤 등

2) 일반부품(一般部品)

공작기계의 일반부품 가운데 체결용 부품에는 볼트, 너트, 핀, 키이 등이 있고- 연결 부품에는 클러치, 유니버셜 조인트, 풀리, 벨트, 전기부품에는 구동에 사용되는 전동기, 제어 장치, 릴레이 등이 있습니다. 그 외, 케이스, 커버, 스프링, 세트 스크류우 등의 기타 부품이 사용된다.

체결용 부품	볼트(bolt), 너트(nut), 핀(pin), 키이(key) 등
연결 부품	클러치(clutch), 유니버셜 조인트(universal joint), 풀리(pulley), 벨트(belt) 등
전기 부품	구동에 사용되는 전동기, 제어 장치, 릴레이(relay)와 같은 전기 부품 등
기타 부품	케이스(case), 커버(cover), 스프링(spring), 세트 스크류우(set screw) 등

3) 기본 구성 요소의 결합부(結合部)

공작기계 기본 구성 요소의 결합부는 선반, 보오링 머시인의 다리와 베이스를 보울트로 결합한 고정 결합부와, 선반의 베드와 새들을 안내 결합한 것과 같이 클램프 장치를 사용함으로써 쉽게 고정 결합부로 되는 미끄럼 결합부가 있다.

기본 구성 요소의 결합부는 최근 대량 생산을 위한 트랜스퍼 머시인(transfer machine)의 사용 증대 및 범용공작기계에 대한 BBS(Building Block System), 또는 모듈러형 공작기계(modular type machine tool)의 발전 등으로 더욱 중요시 되고 있다.

고정 결합부	예) 선반, 보오링 머시인의 다리(leg)와 베이스를 보울트로 결합
미끄럼 결합부	예) 선반의 베드(bed)와 새들(saddle)을 안내결합(案內結合)

용어 해설 트랜스퍼 머시인(transfer machine), BBS(Building Block System)이란?

▸ 트랜스퍼 머시인(transfer machine)
가공 스테이션을 직선적으로 배치하여 공작물을 순차적으로 이동시켜 가공하는 방식의 전용기를 트랜스퍼 머시인이라 하며, 1910년대에 미국에서 실용화 되었다. 가공 공정을 각 스테이션에 분할함으로써 여러 가지 공정의 공작물도 짧은 사이클 타임(cycle time)으로 가공할 수 있는 양산 산업(量産 産業)의 대표적인 시스템이다. 공작물의 투입, 가공, 제거는 물론, 공구날의 파손, 중요 정도(精度)의 감시까지 자동화로 이루어지므로 소수의 운전요원으로 양산가공과 균일한 정도가 확보된다.

▸ BBS(Building Block System)
빌딩 블록(Building Block)을 조립하는 것과 같이 기계와 시스템 전체 만들어 주는 방식으로, 모듈(module) 구성법 이라고도 부른다. 기본이 되는 최소단위의 것(빌딩 블록 또는 모듈)을 조합하는 것에 의해 제품, 기계, 소프트웨어 시스템 등을 구성하는 방법으로 조합된 것을 변화시킴에 따라 여러 가지 것이 만들어 질 수 있으므로 다양성, 호환성이 풍부한 방법이다.

▸ 모듈러형 공작기계(modular type machine tool)
모듈(module)이라 함은 기본적인 기능, 역할을 가진 하드웨어 혹은 소프트웨어의 집단을 나타내는 기본 단위이다. 공작기계의 각부를 모듈화하여 분해될 수 있도록 한 것과 함께, 여러 가지 모듈을 조합하여 목적에 맞는 공작기계의 구조를 구성하는 것을 가르켜 모듈러형 공작기계라 한다.

(2) 공작기계의 몸체

1) 공작기계 몸체의 구비 조건

공작기계 구조의 골격이 되는 대형 부품을 총칭하여 몸체라고 부르며 몸체에는 여러 가지 절삭가공 기능을 가진 장치와 부품을 부착하여 기계를 구성한다.

공작기계 몸체의 구비 조건으로서는

① 모든 구성요소 들이 필요한 강도(强度, strength)

② 여러 가지 외력에 대하여 충분한 정적(靜的) 및 동적(動的) 강성(剛性, stiffness)

③ 변형(strain)이 되도록 적으며 진동이 잘 생기지 않는 구조

④ 운동의 전달 및 안내가 쉽게 되는 구조

⑤ 제작, 조립 등이 용이

⑥ 칩(chip)의 처리, 절삭유제의 순환 및 부수적인 작업이 용이

⑦ 인간공학적인 면에서 공작물의 고정 위치, 각종 핸들의 위치가 작업에 적합

하여야 한다.

그렇다면, 공작기계의 몸체는 어떤 재료로 만들어지는 것일까?

2) 공작기계 몸체 구조재료(構造材料)

① 베드(bed), 컬럼(column), 베이스(base)는 인장강도 25~40kg/mm^{2}의 고급 주철로 만들어진다.

② 종래 10~20%의 강철 스크랩을 넣어 용해한 반강주철(半鋼鑄鐵, semi-steel casting), 합금주철(alloyed cast iron), 미하나이트주철(meehanite cast iron)이 사용된다.

확인하고 넘어 갑시다 

주철은 복잡한 형상을 주조하여 만들기 쉽고 가격이 저렴하지만 강도가 작으므로 중량이 많아지는 단점도 있다.

3) 공작기계 몸체 구조

① 공작기계에 필요한 가공 능력, 가공 정밀도, 구성 요소의 배치 및 각종 운전 방식에 따라 몸체의 구조 형태가 결정된다.

② 몸체 벽 내부에는 보강을 하기 위하여 리브(rib)를 붙여 강성을 높이고 있으며, 진동을 흡수할 수 있도록 여러 가지 모양으로 만들어진다.

③ 높은 정밀도의 기계는 보통 3점 지지법(3點 支持法)으로 설치되고 있으며, 이 3점 지지 법은 선반 베드뿐만 아니라 스핀들에도 많이 사용되고 있다.

확인하고 넘어 갑시다 

> 공작기계 몸체는 여러 가지 작동과 기능을 가진 부품을 부착하기 위한 공간이 필요하므로, 상자 모양의 구조로 만든 것이 많다.

공작기계 몸체의 구조를 살펴보자. 그림 3.1은 공작기계 몸체의 보기로서 선반의 베드부분을 나타낸 것이고, 그림 3.2는 드릴링 머시인에 작용하는 힘을 표시한 것이며, 컬럼(columm)은 드릴의 트러스트 P에 의해 굽힌 모우먼트와 비틀림 모우먼트를 받게 된다.

공작물의 무게 및 드릴링머 시인의 자중을 무시하면 굽힘 모우먼트 $P \cdot l$에 의한 컬럼의 경사는 허용범위 내에 있어야 하며, 특히 비틀림에 의한 드릴의 편심은 절삭력의 변동을 일으켜 진동의 원인이 되고 이와 같이 공작기계에서는 힘의 분포에 대한 충분한 강성과 절삭 저항이 필요하다.

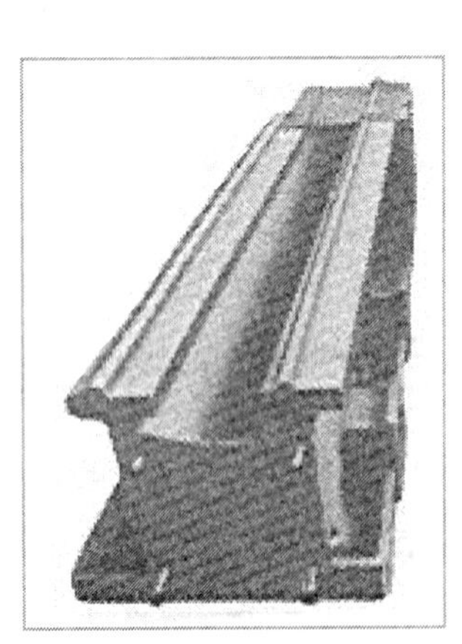

그림 3.1 공작기계 몸체의 보기
[선반의 베드(bed) 부분]

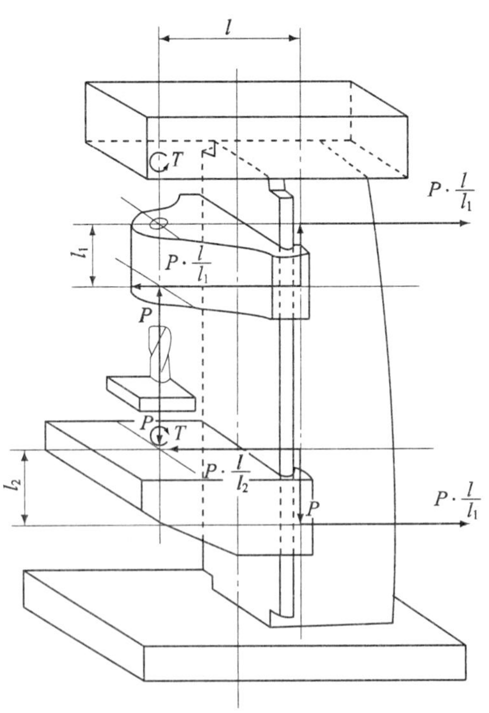

그림 3.2 드릴링 머시인의 구조와 작용 힘
(by Koenigsberger)

여기서 잠깐 !! 

Q: 공작기계 몸체 구조를 설계할 때 주의할 사항!

A: ▸자중을 무시하면 같은 방향에 비틀림 모우먼트(moment)와 트러스트(thrust)가 각각 작용.
▸비틀림에 의한 변형은 한계범위에 있어야 하며, 특히 비틀림에 의한 드릴의 편심은 절삭력의 변동을 일으켜 진동의 원인이 된다.
이와 같이 공작기계에서는 힘의 분포에 대한 충분한 강성과 절삭저항이 필요하다.

(3) 안내면(案內面, slide surface or slide way)

안내면은 크게 직선 운동과 회전운동을 주는 것으로 나누어지는데, 베어링과 더불어 공작기계의 모성원칙(母性原則, copying principles)을 실현하기 위한 구성요소로서 매우 중요하다.

1) 안내면의 구비 조건

안내면은 다음과 같은 조건을 갖춰야 한다.

1 가공이 쉽고, 조립 및 수리하기에 편리하도록 가급적 간단한 형상을 선정한다.

2 미끄럼(sliding) 운동하는 부분에 생기는 마멸을 적게하고, 안정성을 높게 하여야 한다.

3 안내면 상호간의 간격을 필요 이상 크게 하지 않도록 가공하고, 조정할 수 있도록 하여야 한다.

안내면이 받는 압력은 유막의 두께 및 하중에 영향이 있고, 압력이 낮을수록 마멸이 적고 미끄럼 운동이 원활하다. 안내면 작용에는 슬라이딩 운동을 하는 것과 위치조정운동을 한 후에 슬라이딩 운동을 하지 않는 것이 있다.

2) 안내면의 재질

안내면으로 쓰기 위해서는 먼저, 내마멸성이 좋고, 슬라이딩 운동이 원활해야 하는데, 일반적으로 고급 퍼얼라이트 주철 또는 특수 주철이 널리 사용된다. 미하나이트주철(meehanite cast iron)은 인장강도뿐만 아니라 내압력이 공구강 정도로 크고, 마찰계수가 적어서 안내면 재료로서 우수한 성질을 가지고 있다.

사용 조건에서 특히 내마멸성이 요구될 때에는 안내면에만 경화된 별개의 재료를 붙이든지 또는 미하나이트주철 이나 구상흑연주철(球狀黑鉛鑄鐵, nodular cast iron)을 화염열처리(flame hardening) 또는 고주파 경화(induction hardening) 열처리로 마찰면을 경화시킨다.

접촉상태를 조절하기 위하여 쐐기, 테이퍼 조정판, 로크 너트(lock nut)를 사용하는 경우도 있다.

3) 안내면의 구조

① 직선운동 안내면

공작기계에서 각 운동 부분에는 기하학적으로 필요한 운동을 정확하게 주기 위하여 여러 가지 형상의 안내면이 만들어진다.

안내면은 직선 운동과 회전운동을 주는 것으로 크게 나누어지고 베어링과 더불어 공작기계의 모성원칙을 실현하기 위한 구성요소로서 매우 중요하다.

직선운동 안내면을 살펴보면 슬라이딩을 이용한 안내면과 로울러 또는 볼을 사용한 안내면으로 크게 분류할 수 있다.

슬라이딩을 이용한 안내면은 단면 형상에 따라 선반에 주로 사용하는 그림 3.3과 같은 V형 안내면과 플레이너에 주로 사용하는 그림 3.4의 역 V형 안내면으로 나눌 수 있다.

그리고 선반의 공구대 또는 밀링머시인의 니이(knee)의 안내면에 주로 사용하는 그림 3.5의 델타 형(delta type) 또는 더브테일 형(dove tail type) 안내면과 핵소오잉 머시인(hack sawing machine)에 주로 사용되는 그림 3.6의 평형 또는 각형 안내면이 있다.

또한 다음과 같이 원통형 안내면 또는 4각, 8각, 프리즘 형을 안내면으로 사용한 예가 많다.

원통형 안내면	레이디얼 드릴링 머시인의 컬럼, 드릴링 머시인의 주축의 슬리이브, 선반의 심압대의 축 등에 사용한다.
4각형 안내면	핵 소오잉머시인(hack sawing machine)에 사용한다.
8각형 안내면	수직 선반 바이트의 이송봉에 가끔 사용한다.

종 류	단면 형상에 따른 안내면의 종류	사 용
V형(산형)안내면 (V shaped slide way)	그림 3.3	선반에 주로사용
역 V형 안내면 (inverted V shaped slide way)	그림 3.4	플레이너에 주로사용
델타형 또는 더브테일형 안내면 (delta or dovetail shaped slide way)	그림 3.5	선반의 공구대 또는 밀링의 니이의 안내면에 주로사용
평형 또는 각형 안내면	그림 3.6	핵소잉 머신에 주로 사용

이외에 로울러 또는 볼을 사용한 안내면은 안내면의 마찰을 감소시킨다든지 마찰력을 일정하게 하기 위해서 슬라이딩 부분과 고정안내면 사이에 로울러(roller), 볼(ball), 니들 로울러(needle roller) 등을 사용한 실례가 많다. 그림 3.7은 로울러 또는 볼을 사용한 안내면이며 그림 3.8은 볼을 사용한 안내면이다.

안내면의 설계에 있어서 운동을 원활히 하고 각종 힘의 합리화를 기하기 위해 내로우 가이드(narrow guide)로 하는 것이 필요하다.

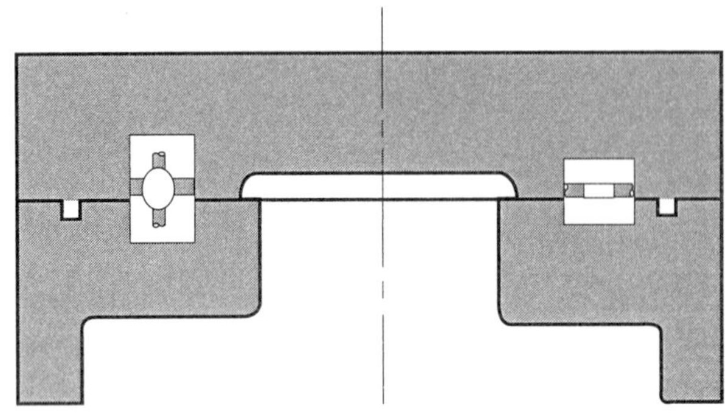

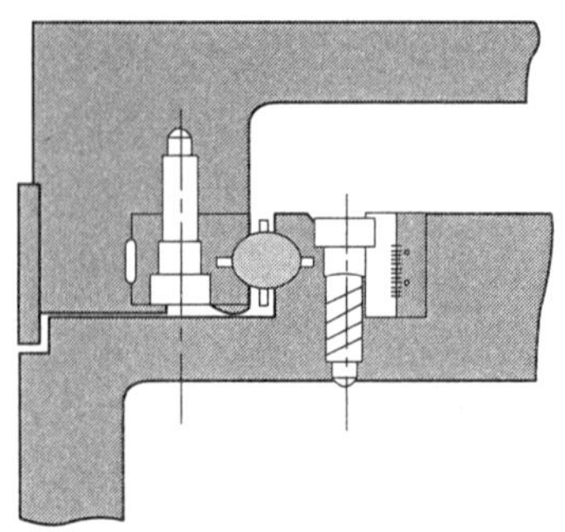

그림 3.7 볼 또는 로울러를 사용한 안내면

그림 3.8 볼을 사용한 안내면

② 회전운동을 받는 안내면

회전운동에 대한 안내면은 정확한 회전을 얻기 위한 목적 외에 큰 중량의 회전체를 지지하는데 사용한다. 또, 안내면에 작용하는 압력이나 마멸의 조정을 위해서는 회전 주축의 아래쪽에 트러스트 베어링(thrust bearing) 조정 장치를 만들며, 특히 안내면의 압력을 작게 조절하고, 회전의 원활과 회전체가 아래로 처지는 것을 방지할 목적으로 안내면에 압력유를 사용한 구조를 가진 것도 있다.

용어 해설	내로우 가이드(narrow guide)란?
직선운동을 구속하는 2개의 안내면을 가급적 접근시킨 구조를 말한다.	

(4) 주축과 베어링

1) 주축과 주축계

회전 절삭운동 하는 공작기계에서 가공물 또는 공구를 고정하고, 이것에 회전운동을 전달하는 축을 주축이라고 하며, 이것은 공작기계를 구성하는 매우 중요한 요소로서 공작물의 중량 및 절삭저항이 작용한다.

주축은 절삭동력에 필요한 구동동력과 토오크를 전달하며 절삭공구 또는 공작물에 대한 위치 조정을 한다.

주축의 구비 조건은 다음과 같다.

정밀도(精密度)	항상 정확한 회전운동을 하고, 축심(軸心)이 잘 맞아야 한다.
강성(剛性)	절삭력, 구동력 등의 외력에 의해 변형이 없어야 한다.
안전성(安全性)	사용 회전수 변화에 따라 정밀도 및 성능을 해치는 요소가 없어야 한다.

이와 같은 구비조건을 충족시키고 공작물의 가공 정밀도 및 표면 거칠기의 정도를 높이기 위해서는 주축의 강성, 베어링의 지지 및 안내 장치가 매우 중요한 조건이므로, 주축의 설계, 재질, 베어링의 위치와 구조, 주축과 베어링의 끼워맞춤, 진동 등에 유의하여야 한다.

최근에는 공구 재료가 현저하게 개발, 개선되어 공작기계는 보다 더 고속 및 강력 절삭에 견딜 수 있는 강도를 갖게 되었다. 즉, 고속절삭에는 고속계 주축으로 높은 가공 정밀도를 필요로 하고 있으며, 강력절삭에는 강력 회전력계 주축으로 강력 절삭 상태에서도 주축의 높은 강성을 유지할 수 있는 것이 요구되고 있다.

2) 주축용 베어링

베어링은 주축의 자중에 의한 처짐, 비틀림, 모우먼트, 절삭작용에 의하여 일어나는 축 방향과 반지름 방향으로 작용하는 힘을 받는다. 공작기계의 주축 베어링에는 로울러 베어링과 플레인 베어링이 널리 사용되고 있다.

① 로울러 베어링(roller bearing)

로울러 베어링에는 여러 가지가 있는데, 우선 앵귤러 콘텍트 볼 베어링(angular contact ball bearing)은 볼의 자전축이 시시각각으로 변하므로 볼은 항상 내륜 · 외륜과 접촉하면서 정밀도를 오래 유지하여 회전 정밀도가 좋고, 어느 정도 트러스트 하중에도 견디므로 하중이 크지 않은 소형 공작기계, 특히 내면 연삭기의 숫돌 축에 사용된다.

그림 3.9은 주축의 주 베어링으로 앵귤러 콘텍트 볼 베어링을 사용한 밀링 머시인의 주축이다.

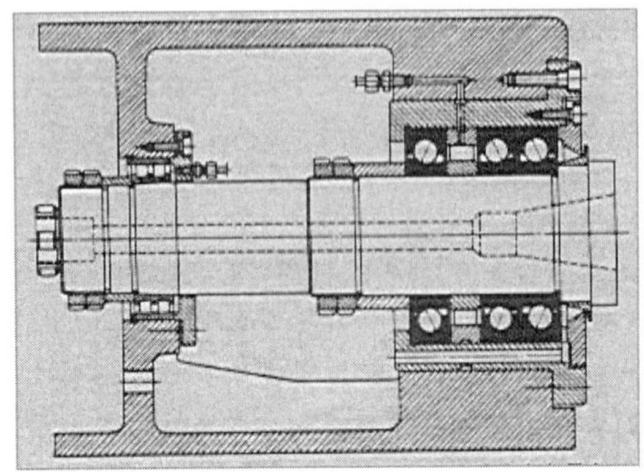

그림 3.9 앵귤러 콘텍트 볼 베어링을 사용한 밀링 머시인의 주축

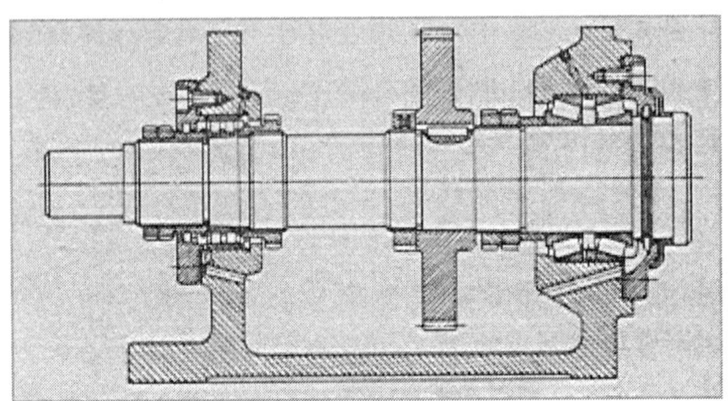

그림 3.10 테이퍼 로울러 베어링을 사용한 선반 주축

공작기계 주축용 베어링에는 복열 로울러 베어링으로서 내륜의 내경이 테이퍼로 된 것이 주로 사용된다. 원통 로울러 베어링(cylindrical roller bearing)은 레이디얼 하중에 대해서는 강력하나 트러스트 하중에 대해서는 약한 특성이 있다는 것도 알아 두자.

테이퍼 로울러 베어링(taper roller bearing)은 레이디얼 하중 및 트러스트 하중에 대해서도 상당히 좋은 특성이 있어 공작기계에 널리 사용된다.

그림 3.10은 주축의 주 베어링으로 테이퍼 로울러 베어링을 사용한 선반의 주축이다. 이 외에도 로울러 베어링에는 니이들 로울러 베어링(needle roller bearing), 트러스트 볼 베어링(thrust ball bearing) 등이 있다.

② **플레인 베어링**(plain bearing)

고속회전에서 높은 정밀도가 요구될 경우에는 로울러 베어링보다 플레인 베어링이 사용되고, 고속 회전용 정압 플레인 베어링은 그림 3.11과 같다.

고속 회전용 정압 플레인 베어링의 원리는 일정한 압력을 가진 윤활유를 공급하여 축과 베어링 사이에서 순환시켜 축이 베어링 안에서 한쪽으로 치우치면 기름통에 압력차가 나타나며, 이 압력차가 균형이 잡힐 때까지 축을 바로 잡아 주도록 되어 있으므로 정밀 연삭기 주축 등에 사용된다.

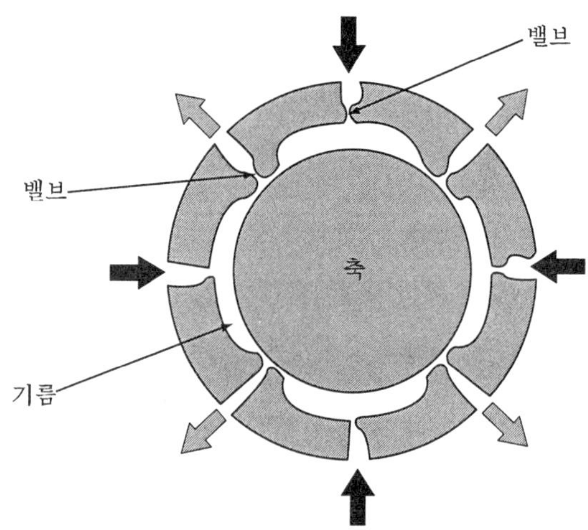

그림 3.11 정압 플레인 베어링의 원리

체크 포인트

1. 공작기계 안내면의 종류와 특징
   ① V형(산형) 안내면(V shaped slide way)
      - 선반에 주로 사용
   ② 델타형 또는 더브테일형 안내면(delta or dovetail shaped slide way)
      - 선반의 공구대 또는 밀링머시인 니이(knee)의 안내면에 주로 사용
   ③ 평형 또는 각형 안내면
      - 핵 소오잉 머시인에 주로 사용

2. 정압 플레인 베어링의 구조와 원리
   ① 일정한 압력을 가진 윤활유를 공급하여 축과 베어링 사이에서 순환시켜 축이 베어링 안에서 한쪽으로 치우치면 기름통에 압력차가 나타나며, 이 압력차가 균형이 잡힐 때까지 축을 바로 잡아 주도록 되어 있으므로 정밀 연삭기 주축 등에 사용된다.

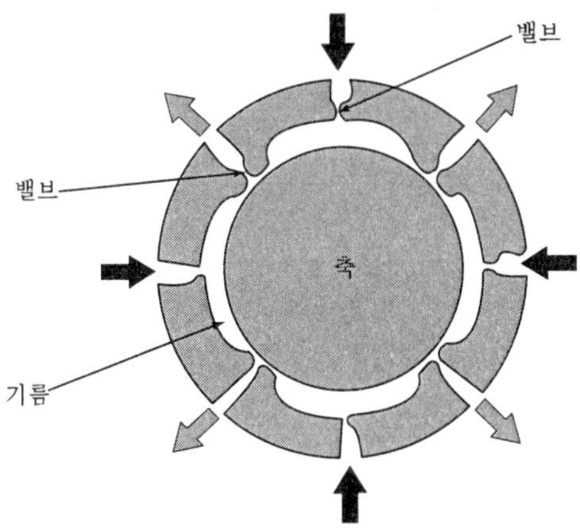

연습문제

1. 공작기계의 몸체와 안내면을 만드는데 가장 적합한 재료는 무엇인가?
   ① 열처리강 ② 고탄소강
   ③ 연강 ④ 미하나이트주철

2. 다음 주축의 구비 조건이 아닌 것은?
   ① 정밀도(精密度) ② 강성(剛性)
   ③ 안전성(安全性) ④ 절삭성(切削性)

정답 및 해설

1. 몸체의 재질: 반강주철(半鋼鑄鐵, semi-steel casting), 합금주철(alloyed cast iron), 미하나이트주철(meehanite cast iron)이 사용된다.
   안내면의 재질 : 사용 조건에서 특히 내마멸성이 요구될 때에는 미하나이트주철이나 구상흑연주철을 화염열처리(flame hardening) 또는 고주파 경화(induction hardening) 열처리로 마찰면을 경화 시킨다.

2. ① 정밀도(精密度) : 항상 정확한 회전운동을 하고, 축심(軸心)이 잘 맞아야 한다.
   ② 강성(剛性) : 절삭력, 구동력 등의 외력에 의해 변형이 없어야 한다.
   ③ 안전성(安全性) : 사용 회전수 변화에 따라 정밀도 및 성능을 해치는 요소가 없어야 한다.
   ④ 절삭성(切削性) : 주축의 구비조건과는 전혀 무관한 것으로, 공작물이 구비하여야 할 일반적인 성질이다.

2. 공작기계의 구동장치

학습 Point

- 등비 급수 속도열에서 공비 $\phi = \sqrt[z-1]{\frac{n_{max}}{n_{min}}} = \sqrt{B_R}$
- 계단식 구동 장치 = 기어의 조합으로 구동하는 방식으로, 단차식 구동장치보다 큰 회전력을 확실하게 전달
- 무단 구동장치 = ① 기계적 방법 ② 전기적 방법 ③ 유압을 이용한 방법

(1) 공작기계의 운전 방식

공작기계의 운전방식으로는 단독 운전 방식(單獨 運轉 方式; individual drive method), 집단 운전 방식(集團 運轉 方式), 군집단 운전 방식(群集團 運轉 方式)의 세 가지가 있다.

자, 그럼 각각의 운전방식에 대해 좀더 자세히 살펴보도록 하자.

1) 단독 운전 방식(單獨 運轉 方式, individual drive method)

단독운전 방식이란, 개개의 공작기계에 모터를 설치하여 각개의 기계가 단독으로 운전되는 방식을 말한다. 그 특징으로는 공장의 분위기를 좋게 하고, 능률적인 생산이 가능하므로 재래식의 집단운전 방식은 현재 거의 사용되지 않는 경향이 있다.

단독 운전 방식은 다음과 같이 직접 단독 운전 방식과 간접 단독 운전 방식으로 나눌 수 있다.

직접 단독 운전 방식	모터를 플랜지 커플링(flange coupling)으로 연결하는 방식이 보통 많이 사용, 필요한 경우에 모터의 회전자(回轉子, rotor)를 공작기계 주축으로 사용한 것도 있다.
간접 단독 운전 방식	평벨트(plain belt), V벨트, 기어 또는 체인(chain) 등의 매개로 공작기계를 운전

2) 집단 운전 방식(集團 運轉 方式)

집단운전방식이란, 한 무리의 공작기계를 1대의 모터로써 동력 전달 장축(動力 傳達 長軸, line shaft)을 회전시키고, 이것으로부터 각 공작기계를 운전 시키는 방식을 말한다.

장축과 공작기계 사이에 중간축(counter shaft)이 있는 것을 간접 집단 운전 방식이라 하며, 1대의 모터로 2조 이상을 집단 운전하는 방식을 복합 집단 운전 방식이라고 한다.

3) 군집단 운전 방식(群集團 運轉 方式)

군집단 운전방식이란, 집단 운전과는 차원이 다른 전자적인 조정을 사용한 CNC를 집단화하여 1대의 컴퓨터로 여러 대의 공작기계 또는 트랜스퍼 머시인을 작동시키는 방식을 말한다. 이것은 최근에 발달되고 있는 방식으로, 특히 산업용 로보트를 이용한 군집단 운전 방식은 성력화와 대량 생산의 목적에 잘 맞아 더욱 각광을 받고 있다.

(2) 주축의 회전 속도열

공작기계의 절삭속도는 공작물과 공구의 재질, 가공 조건에 대하여 가장 적합하게 조정할 수 있어야 하며, 그 변속은 연속적으로 할 수 있는 것이 바람직하다. 그러나, 일반적으로는 제한된 수로써 배열된 속도비로 변속하고 있다. 이때, 속도비는 일정한 비율로 하고, 그 속도비의 수도 몇 가지로 제한하여 규격화 되고 있다.

일반적으로 회전 속도열은 다음과 같이 크게 4가지로 구분하고 있는데, 이 중에서도 공작기계에 가장 많이 사용되는 속도열은 등비 급수 속도열이라 할 수 있다.

여기서는 등비 급수 속도열에 대해 보다 자세히 살펴보도록 하자.

첫째	등비 급수 속도열(等比級數 速度列, geometric progression)
둘째	등비 급수 속도열(等比級數 速度列, arithmetic progression)
셋째	대비 급수 속도열(對比級數 速度列, logarithmic progression)
넷째	복합 등비 급수 속도열(複合 等比級數 速度列, combined progression)

1) 등비 급수 속도열(等比級數 速度列, geometric progression)

아래의 그림 3.12는 주축의 절삭 속도와 공작물의 지름을 각각 종축과 횡축에 취하고, 최고 절삭속도와 최저 절삭 속도 사이에서 톱니 선도로 나타낸 것이다.

공작물 지름의 대소에 관계없이 각 회전 속도 사이에서 절삭속도의 강하율이 일정하므로 공작기계에서 가장 많이 사용된다.

이 그림에서의 지름 d와 절삭속도 V에 대한 관계는 다음과 같다.

각각의 회전수 n_1, n_2, n_3, n_4에 대한 지름을 d_1, d_2, d_3, d_4...... 등으로 표시한다면,

$$V = \frac{\pi d n}{1000} \text{에서 상수 } k = \frac{\pi}{1000} \text{라고 하면, } V = k\ d\ n$$

단,

$V_{max} = 40\text{m/min}$: 상한의 절삭속도,
$V_{min} = 28\text{m/min}$: 하한의 절삭속도

로 가정한다.

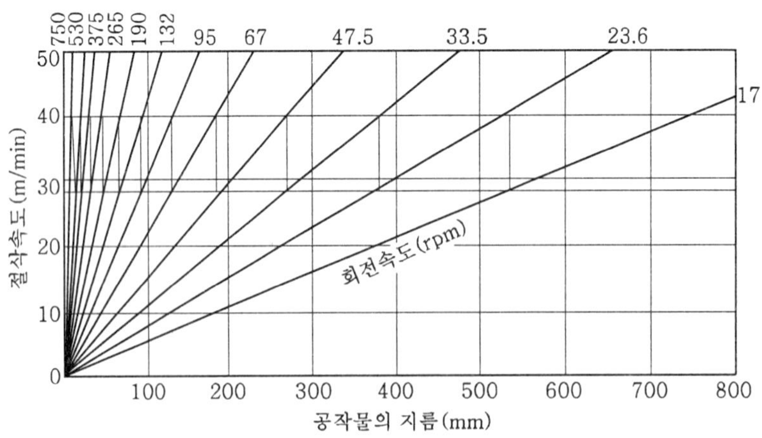

그림 3.12 등비 급수 속도열 선도

$V = kdn$에서

$$V_{\max} = kd_1n_1 = kd_2n_2 = kd_3n_3 = \cdots = k_{i-1}n_{i-1} = kd_in_i$$

$$V_{\min} = kd_2n_1 = kd_3n_2 = kd_4n_3 = kd_5n_4 = \cdots = k_{di}n_{i-1}$$

$$\frac{V_{\max}}{V_{\min}} = \frac{kd_2n_2}{kd_{2n_1}} = \frac{kd_3n_3}{kd_3n_2} = \frac{kd_4n_4}{kd_4n_3} = \cdots = \frac{kd_in_i}{kd_in_{i-3}}$$

$$\therefore \frac{n_2}{n_1} = \frac{n_3}{n_2} = \frac{n_4}{n_3} = \cdots = \frac{n_i}{n_{i-1}} = \phi \text{ 그러므로}$$

$$n_2 = n_1\phi, n_3 = n_2\phi = n_1\phi^2, n_4 = n_3\phi = n_1\phi^3, n_5 = n_4\phi = n_1\phi^4$$

$\therefore n_i = n_{i-1} = n_1\phi^{i-1} \Rightarrow$ 등비급수. 따라서 공비 ϕ를 구하는 일반식은

$$\phi = \sqrt[z-1]{\frac{n_{\max}}{n_{\min}}} = \sqrt{B_R} \tag{3-1}$$

여기서, z : 단수, $\frac{n_{\max}}{n_{\min}}$: 속도역비(速度逆比)B_R

등비 급수적 속도열의 경우, 전체 속도역 (速度逆)에 걸쳐 회전 속도선의 집중된 정도 ϕ 는 일정하고, 공비 ϕ에 의해 다음과 같이 아주 간단히 표시된다.

$$A = \frac{1}{\phi} \times 100\% \tag{3-2}$$

이 속도열의 섬세한 정도를 나타내는 값은 공비의 역수인데, 이것은 보통 쓰는 양으로는 절삭속도 감소의 백분율로서 식 (3-3)과 같이 표시하는 것이 알기 쉽다.

$$A = \frac{\phi - 1}{\phi} \times 100\% \tag{3-3}$$

그림 3.12에서 경제적 절삭속도는 $V_c = 40\text{m/min}$로 할 때, 등비급수적 속도열에 있어서의 톱니이빨 선도(saw-diagram)의 현저한 특징은 그 이(齒)의 높이가 모두 일정한 것이다.

각 회전수에 대해서 다음 것보다 높은 회전수로 변환하기 전에는 절삭속도가 같은 최소값 $V_{\min}$까지 내려갑니다. 최소값 $V_{\min}$와 최대값 $V_{\max}$에 대한 백분율은 속도열의 섬세한 정도의 척도가 되고 $V_{\min} = V_{\max}$, 즉 백분율 100%인 때에는 무단변속의 경우에 아주 가

까워졌다는 것을 나타낸다.

속도열을 자유로이 선택한다면 다음에 정리한 바와 같이, 같은 공작기계가 제조자에 따라 서로 다른 공비의 속도열을 채용하므로 사용자에게 불편을 주고, 또한 제작자도 설계에 있어서 복잡한 계산을 되풀이해야 하며, 공작에서 기어의 종류, 부품수가 많아질 것이다.

따라서 주축 및 피이드 속도열에 제한을 두어 단순화하고 규격화 하게 되었다. 따라서 ISO 및 DIN, ASA를 참고하여 만든 표 3.1(ISO), 표 3.2(DIN)와 같은 속도 역비 규격(速度域比規格)이 널리 사용되고 있다.

예제 1

그림 3.12에서 절삭속도 $V_{max} = 40\text{m/min}$, $V_{min} = 28\text{m/min}$ 일 때, 주축 회전수 67rpm 일 때 회전수 비(공비)와 절삭속도 감소율을 구해 보자.

풀이 $V_{max} = 40\text{m/min}$, 주축 회전수 67rpm 이면 공작물의 지름은

$d_{max} = \dfrac{1000 \cdot V_{max}}{\pi \cdot n} = 190\text{mm}$ 이며, 절삭속도 $V_{min} = 28\text{m/min}$ 주축 회전수 67rpm이면

공작물의 지름은 $d_{min} = \dfrac{1000 \cdot V_{min}}{\pi \cdot n} = 133\text{mm}$ 임을 나타낸다. 이것은 공작물의 지름 190mm의 것을 계속 절삭하여 133mm가 되면 주축의 회전수 95rpm으로 변속하여 최고 절삭 속도 40m/min으로 할 수 있음을 나타내고 있는 것이다.

위에서 설명한 예에 의하여 인접한 속도단의 회전수 비(공비) ϕ는

$$\phi = \frac{750}{530} = \frac{530}{375} = \frac{375}{265} = \frac{265}{190} = \varphi = \frac{23.6}{17} = 1.414 = \sqrt{2}$$

그런데,

$$n_2 = n_1\phi, n_3 = n_2\phi = n_1\phi^2, n_{12} = n_1\phi^{10}$$

$$\phi = \sqrt[11]{\frac{n_{12}}{n_1}} = \sqrt[11]{\frac{750}{17}} \fallingdotseq 1.414$$

로 주어진다. 한편, 절삭속도 감소율은

$$A = \frac{\phi - 1}{\phi} \times 100\% = (1 - \frac{1}{\phi}) \times 100 \fallingdotseq 30\%$$

이다.

표 3.1 공작기계 전동기구의 속도 규격(ISO 규격)

속도비					속도비						속도비						속도비					
1.06	1.12	1.58	1.41	2.0	1.06	1.12	1.26	1.58	1.41	2.0	1.06	1.12	1.26	1.58	1.41	2.0	1.06	1.12	1.26	1.58	1.41	2.0
1.18	1.18	1.18			11.8	11.8	11.8	11.8	11.8	11.8	118	118	118	118			1,180	1,180	1,180			
1.25					12.5						125						1,250					
1.32	1.32				13.2	13.2					132	132	…	…	132		1,320	1,320				
1.40					14.0						140						1,400					
1.50	1.5	…	1.5	1.5	16.0	15	15				150	150	150				1,500	1,500	1,500	…	1,500	1,500
1.60					16.0						160						1,600					
1.70	1.7				17.0	17	…	…	…		170	170					1,700	1,700				
1.80					18.0						180						1,800					
1.90	1.9	1.9			19.0	19	19	19			190	190	190	190	190	190	1,900	1,900	1,900	1,900		
2.00					20.0						200						2,000					
2.12	2.12	…	2.12		21.2	21.2					212	212					2,120	2,120	…	…	2,120	
2.24					22.4						224						2,240					
2.36	2.36				23.6	23.6	23.6	…	23.6	23.6	236	236	236				2,360	2,363	2,363			
2.50					25						250						2,500					
2.65	2.65				26.5	26.5					265	265	…	…	265		2,650	2,650				
2.80					28						280						2,800					
3.00	3.0	3.0	3.0	3.0	30	30	30	30			300	300	300	300			3,000	3,000	3,000	3,000	3,000	3,000
3.15					31.5						315						3,150					
3.35	3.35				33.5	33.5	…	…	33.5		335	335					3,350	3,350				
3.55					35.5						335						3,350					
3.75	3.75				37.5	37.5	37.5				375	375	375	…	375	375	3,750	3,750	3,750			
4.00					40						400						4,000					
4.25	4.25	…	4.25		42.5	42.5	42.5				425	425					4,250	4,250	…	…	4,250	
4.50					45						450						4,500					
4.75	4.75	4.75			47.5	47.5	47.5	47.5	47.5	47.5	475	475	475	475			4,750	4,750	4,750	4,750		
5.00					50						500						5,000					
5.30	5.3				53	53					530	530	…	…	530		5,300	5,300				
5.60					56						560						5,600					
6.00	6.0	…	6.0	6.0	60	60	60				600	600	600				6,000	6,000	6,000	…	6,000	6,000
6.30					63						630						6,300					
6.70	6.7				67	67	…	…	67		670	670					6,700	6,700				
7.10					71						710						7,100					
7.50	7.5	7.5			75	75	75				750	750	750	750	750	750	7,500	7,500	7,500	7,500		
8.00					80						800						8,000					
8.50	8.5	…	8.5		85	85					850	850					8,500	8,500	…	…	8,500	
9.00					90						900						9,000					
9.50	9.5				95	95	95	…	95	95	950	950	950				9,500	9,500	9,500			
10.00					100						1,000						10,600					
10.60	10.6				106	106					1,060	1,060	…	…	1,060		10,600	10,600				
11.20					112						1,120						11,200					

표 3.2 공작기계 표준 주축 속도 규격(DIN)

공 비	단 $\sqrt{10}$ $\phi=1.12$	계 열 $\sqrt{10}$ $\phi=1.25$	계 열 $\sqrt{2}$ $\phi=1.4$			계 열 $\sqrt{10}$ $\phi=1.58$		계 열 $\phi=2$		
						1400	1600			
표 준 주 축 회전수	100				1000					
	112	112	11.2				112	11.2		
	125			125						
	140	140			1400	140				1400
	160		16							
	180	180		180			180		180	
	200				2000					
	224	224	22.4			224		22.4		
	250			250						
	280	280			2800		280			2800
	315		31.5							
	355	335		355		355			335	
	400				4000		450	45		
	450	450	45							
	500			500						
	560	560			5600	560	710			5600
	630		63							
	710	710		710					710	
	800				8000					
	900	900	90			900		90		
	1,000				10000					

(3) 계단식 구동장치

계단식 구동장치란, 한정된 계단으로 배열되고 규정의 속도비로 구동되는 장치를 말한다. 많은 계단을 갖는 등비급수적 속도열의 대부분이 2개의 축 사이의 기본적 속도 변환 기구를 한하여 구성한 것이다. 전동기의 회전 속도가 일정할 때에는 규정된 속도열에서 최고에서 최저까지 변속된다.

실제 설계되는 속도 변환기구에서 얻어지는 속도열은 기어(gear)의 톱니수의 문제 및 기구 (mechanism)의 크기에 제한이 있으므로 이론적인 등비급수의 치수와 꼭 일치시키기는 어려운 경우가 많다. 설계된 실제 속도와 이론 값의 차이는 대략 3% 이내로 한다.

계단식 구동장치에는 단차식, 기어식, 무단변속기구 등이 사용되지만, 여기서는 최근의 공작기계에 주로 많이 쓰이고 있는 기어식 구동장치에 대해 알아보기로 하자.

기어식 구동장치는 그림 3.13과 같이 기어의 조합으로 구동하는 방식으로, 단차식 구동장치보다 큰 회전력을 확실하게 전달할 수 있으며, 클러치(clutch)를 축 위에서 미끄러지게 하는 방식과 기어를 미끄러지게 하는 방법이 있다.

그림 3.13는 I 및 III축 위의 기어를 축의 길이 방향으로 미끄럼 이동을 시켜 I 축과 축의 회전 속도를 주축의 기어와 물리게 하여 계단적으로 변화시키는 것이다.

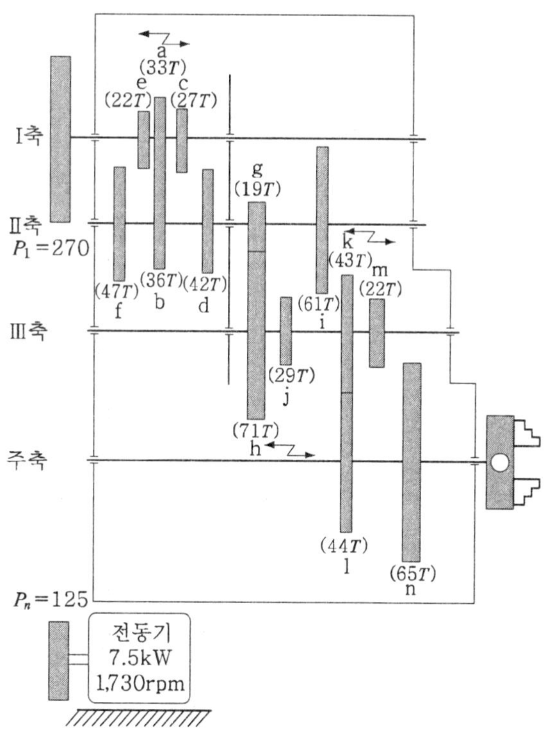

그림 3.13 주축대의 기어열 예

(4) 무단 구동장치

제한된 회전속도 범위 안에서 변속을 무단으로 할 수 있는 장치를 무단 구동장치라고 한다. 이것은 절삭에 적합한 속도를 일정한 범위 안에서 임의로 선택할 수 있어 작업이 매우 효율적이다.

현재 사용되는 무단 구동장치에는 기계적 방법(mechanical method), 전기적 방법(electrical method), 유압을 이용한 방법(hydraulic method)이 있다.

1) 기계적 방법(mechanical method)

기계적 방법에는 다음 두 가지가 있다.

① 마찰 전동기구	직접식(로울러 사용), 간접식(벨트 사용)
② 강제 전동기구	PIV 식, 하이드로 콘(hydro-cone) 식 - 마찰차, 벨트, 체인 등을 이용하여 기계적으로 변속하는 방식 - 공작기계 구동장치에 이용되고 있다. - 기어식 변속장치의 보조적인 것으로도 사용된다.

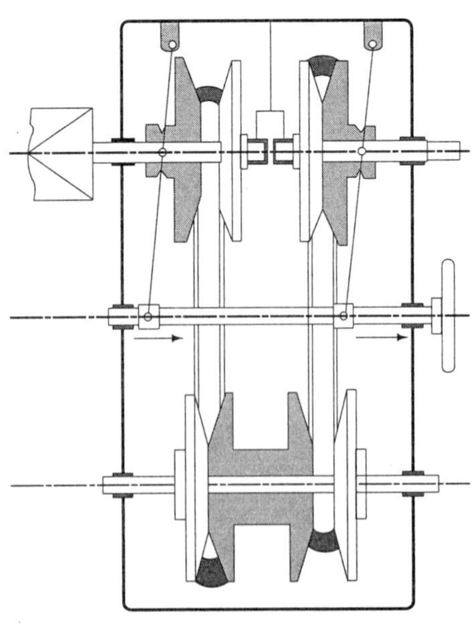

그림 3.14 2쌍 원추형 원반 V벨트 구동 방식

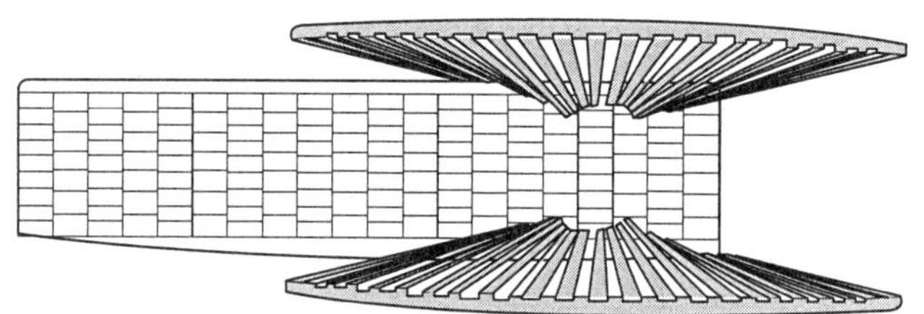

그림 3.15 PIV(positive infinitive drive)식 구동장치

2) 전기적 방법(electrical method)

전기적 방법이란, 직류 발전기의 전압을 변환시키는 방법과, 교류 발전기의 주파수를 변환시키는 방법을 말한다. 그림 3.16은 발전기의 가변 전압을 전동기의 저항기에 보내 전동기의 전압을 바꾸어 회전수를 변동시키는 보기로서 이것을 워너-레너드(Ward Leonard)방식이라고 한다. 이러한 워너-레너드 방식은 플레이너의 테이블 구동에 사용된다.

또한 발전기의 전압을 0에서 (−)로 변동시키면 「정지」에서 「역전」으로 되며, 레버, 기어 및 축을 사용함으로써 비교적 기계의 손실이 큰 기계적 제어 장치에 비해 전기적 제어에서의 진동 요소는 질량이 없고, 또 원거리에서도 쉽게 연장할 수 있는 도체로 치환될 수 있는 장점이 있다.

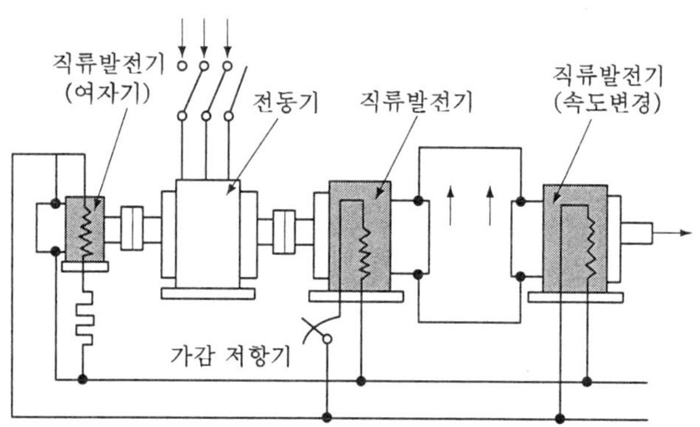

그림 3.16 워너-레너드(Ward Leonard)방식

3) 유압을 이용한 방법(hydraulic method)

유압을 이용한 방법은 다음과 같은 장점을 가지므로 자동 선반의 바이트 이송, 연삭기, 밀링 머시인의 테이블 이송과 직선운동에 많이 쓰이며 드물게는 회전 운동에도 이용되고 있다.

- [1] 속도의 조절이 쉽고 확실하다.
- [2] 운전이 원활하고 진동이 적다.
- [3] 광범위한 무단 변속이 쉽게 된다.
- [4] 운동 제어성이 좋다.
- [5] 운동이 원활하게 되며 기계구조가 간단하게 된다.
- [6] 초과 하중에 대하여 안전 장치가 간단하게 된다.

체크 포인트

1. 등비 급수 속도열에서 공비와 절삭 속도 감소율 공식

$$\phi = \sqrt[z-1]{\frac{n_{\max}}{m_{\min}}} = \sqrt{B_R} \quad A = \frac{\phi - 1}{\phi} \times 100\%$$

2. 무단 구동장치의 방법 및 장점
   ① 기계적 방법(mechanical method)
   - 공작기계 구동장치에 이용된다
   - 기어식 변속장치의 보조적인 것으로도 사용된다.

   ② 전기적 방법(electrical method)
   - 진동 요소에서 질량이 없다.
   - 원거리에서도 쉽게 연장할 수 있는 도체로 치환될 수 있다.

   ③ 유압을 이용한 방법(hydraulic method)
   - 속도의 조절이 쉽고 확실하며, 운전이 원활하고 진동이 적다.
   - 광범위한 무단 변속이 쉽게 되며, 운동 제어성이 좋고, 운동이 원활하게 되며 기계 구조가 간단하게 된다.

연습문제

1. 기어구동식 주축대의 속도열은 등비급수로 할 것을 규정하고, 스핀들의 최대 회전수 $n_{\max} = 600\text{rpm}$, 최소 회전수 $n_{\min} = 20\text{rpm}$일 때 속도의 단수를 15로 하면 속도열의 공비와 속도감소율을 바르게 구한 것은 다음 중 어느 것인가?
   ① 공비 = 1.255, 속도감소율 = 20%
   ② 공비 = 1.275, 속도감소율 = 22%
   ③ 공비 = 2.815, 속도감소율 = 64%
   ④ 공비 = 3.524, 속도감소율 = 71%

2. 무단구동장치 가운데 유압을 이용한 방법(hydraulic method)을 사용하였을 때의 장점이 아닌 것은 무엇인가?
   ① 속도의 조절이 쉽고 확실하다.
   ② 광범위한 무단 변속이 쉽게 되며, 운동 제어성이 좋다.
   ③ 초과 하중에 대하여 안전장치가 간단하게 된다.
   ④ 운전이 원활하고 진동이 많다.

정답 및 해설

1. $\phi = \sqrt[z-1]{\dfrac{n_{\max}}{m_{\min}}} = \sqrt[15-1]{\dfrac{600\text{rpm}}{20\text{rpm}}} = 1.275$

   $A = \dfrac{\phi - 1}{\phi} \times 100\% = \dfrac{1.275 - 1}{1.275} \times 100\% = 22\%$

2. - 속도의 조절이 쉽고 확실하며, 운전이 원활하고 진동이 적다.
   - 광범위한 무단 변속이 쉽게 되며, 운동 제어성이 좋고, 운동이 원활하게 되며 기계구조가 간단하게 된다. 또한 초과 하중에 대하여 안전장치가 간단하게 된다.
   * 자동 선반의 바이트 이송, 연삭기, 밀링 머시인의 테이블 이송과 직선운동에 많이 쓰이며 드물게 회전 운동에도 이용되고 있다.

PART 2
공작기계를 이용한 절삭가공

Chapter 1

선반(旋盤, Lathe)

학습 목표

1. 보통 선반의 운동원리를 설명할 수 있다.
2. 선반을 이용하여 가공할 수 있는 작업을 10가지 이상 말할 수 있다.
3. 선반의 주요 구조를 5가지로 구분하여 말할 수 있다.
4. 보통 선반의 크기를 나타내는 방법을 말할 수 있다.
5. 바이트를 보고 경사각, 여유각, 측면 절삭날각 부분을 구분할 수 있다.
6. P S K N R 25 25 M 12라고 표기된 선삭용 인서트와 공구 홀더의 규격 표시 방법을 설명할 수 있다.
7. 바이트 생크에 생기는 굽힘 응력을 구할 수 있다.
8. 절삭 조건이 주어지면 선반의 절삭동력과 효율을 구할 수 있다.

1. 선반의 기초

학습 Point

- 선반을 이용하여 가공할 수 있는 종류 = 원통 깎기, 단면, 측면 깎기, 홈파기, 절단, 테이퍼 깎기, 구멍 뚫기, 보오링, 수나사 깎기, 나사 깎기, 정면 깎기, 총형 깎기, 너얼링 등
- 선반의 주요 구조 = 주축대, 심압대, 왕복대, 이송기구, 베드
- 보통 선반의 크기를 나타내는 방법 = 베드 위의 스윙, 왕복대 위의 스윙, 양 센터 사이의 최대 길이, 베드의 길이

(1) 선반(lathe)의 정의

선반이란 공작물을 주축과 함께 회전시키고 절삭공구[바이트(bite)]를 공구대에 고정하여 절삭깊이와 이송운동을 시켜서 주로 원통형의 공작물을 가공하는 공작기계를 말한다.

이것은 기계제작 공정에서 가장 큰 비중을 차지하고 있는데, 그 역사를 살펴보자면 다음과 같다.

그림 1.1과 같은 초기의 선반은 산업혁명과 더불어 1797년 영국인 기술자 헨리 모우즐리(Henry Moudslay)에 의해 발명되었으며, 그 후 동력을 이용하여 왕복대를 기계적으로 자동

그림 1.1 현재 런던의 박물관에 보관되어 있는 초기의 선반

이송하도록 만들어 근대공업 발달의 시초가 되었고, 최근에는 강력, 고속, 자동, NC, CNC선반으로 발전되었다.

1) 선반(lathe)의 종류

선반의 종류에는 작업목적, 구동방식, 기계의 크기, 작업방식 등 그 기준에 따라 여러 가지로 분류할 수 있다. 여기서 각종 선반의 특징과 용도를 중심으로 알아보고 우리가 사용할려고 하는 목적에 맞는 선반을 선택할 수 있도록 하자.

그림 1.2의 보통선반(engine lathe)은 선반의 종류 가운데 가장 널리 사용되는 것으로 각종 선반의 기본이 되며, 용도가 다양하고, 거의 대부분의 가공을 할 수 있다.

그림 1.3의 탁상선반(bench lathe)은 작은 부품을 절삭할 때 탁상에 설치하여 작업하는 소형 선반이며, 정밀 소형기계 및 시계부품 가공에 적합하다.

그림 1.4의 수직선반(vertical lathe)은 주축이 수직으로 되어 있고 테이블이 수평으로 되어 있어 공작물 설치가 용이하며, 작업이 편리하다. 중량이 큰 공작물이나 직경이 크고 폭이 좁으며 불균형한 공작물 및 내면 가공에 적합한 선반이다.

그림 1.5의 터릿선반(turret lathe)의 특징은 보통 선반의 심압대 대신에 터릿(turret)으로 불리는 선회 공구대를 사용하여 여기에 여러 가지 공구를 설치한 선반으로서, 다수의 공구를 가공 순으로 장착하고 1행정이 끝날 때마다 터릿을 돌리고 다음 절삭공구를 절삭 위치에

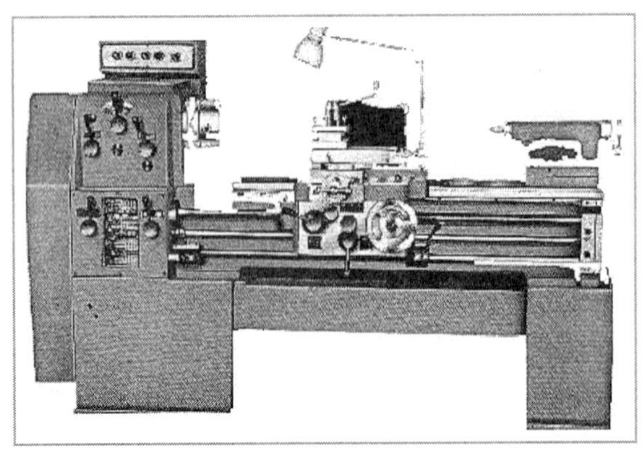

그림 1.2 보통선반(engine lathe)

그림 1.3 탁상선반(bench lathe)

그림 1.4 수직선반(vertical lathe)

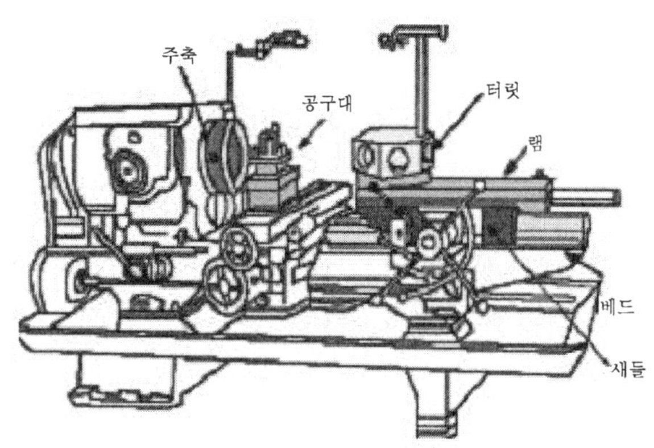

그림 1.5 터릿선반(turret lathe)

용어 해설 터릿(turret)이란?

여러 가지 공구를 설치할 수 있는 선회 공구대로, 다수의 공구를 가공 순으로 장착, 1행정이 끝날 때마다 터릿을 돌리고 다음 절삭공구를 절삭 위치에 오게 하여 공구를 돌려가며 가공하게 된다.

보통 선반에서 많은 시간이 걸리는 일감도 터릿의 1회전으로 가공을 끝낼 수 있다.

오게 하여 공구를 돌려가며 가공한다. 따라서 보통 선반에서 많은 시간이 걸리는 일감도 터릿의 1회전으로 가공을 끝낼 수 있다. 볼트, 너트, 작은 나사, 핀, 와셔 등과 같이 비교적 작은 부품의 대량 생산용으로 사용되고 있다.

그림 1.6과 같은 형상의 공구선반(toolroom lathe)의 주축은 기어 변속장치를 통하여 많은 속도를 변환 시키며, 테이퍼 가공장치, 콜릿장치, 방진구, 릴리빙 장치 등이 부착되어 있다. 주로 작은 공구, 게이지, 다이(die), 기타 정밀기계부품 등의 가공에 적합한 선반이다.

그림 1.7의 자동선반(automatic lathe)은 조작을 캠(cam)이나 유압기구를 이용하여 자동화한 것으로 대량 생산에 적합하다. 한 사람의 작업자가 여러 대의 선반을 조작할 수 있으며, 작업방식에 따라 척(chuck) 작업용, 바아(bar) 작업용으로 나누어지며, 주축의 수에 따라 단축, 다축 자동 선반으로 분류하고 있다. 주로 핀(pin), 볼트 및 시계, 자동화 부품 등을

그림 1.6 공구선반(toolroom lathe)

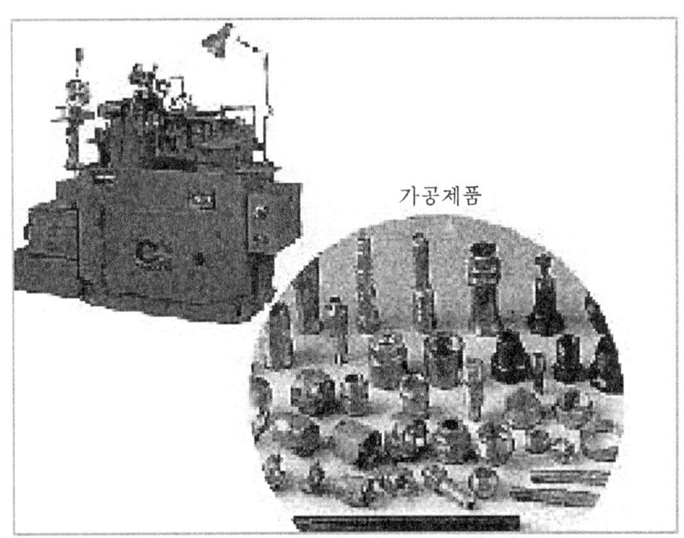

그림 1.7 자동선반(automatic lathe)

대량으로 가공하는 데 사용된다.

그림 1.8의 CNC 선반(Computerized Numerical Control lathe)은 가공에 필요한 절삭조건을 컴퓨터의 정보처리의 회로와 서보(Servo) 기구를 이용하여 공구와 새들을 제어시킴으로써 자동적으로 절삭 가공이 이루어지도록 만든 선반이다.

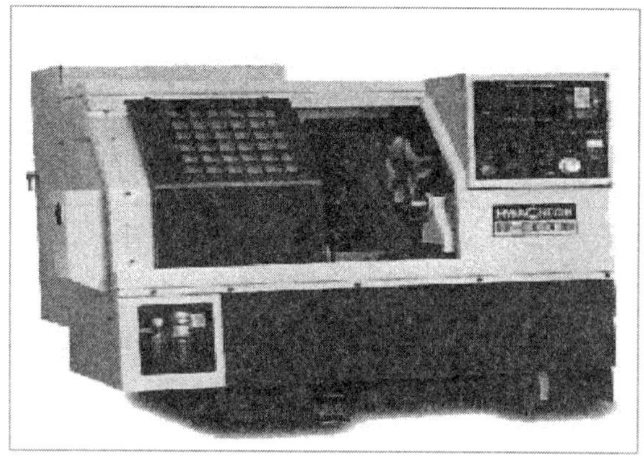

그림 1.8 CNC 선반(Computerized Numerical Control lathe)

주로 자동화 공장에서 많이 사용하지만 CNC 선반의 중요도는 갈수록 커지고 있으므로 CNC 프로그램의 방법과 종류 등에 대하여 자세히 공부할 필요가 있다.

이외에도 자동 모방 장치를 이용하여 모형이나 형판(tempate)를 따라 바이트를 안내하며 테이퍼(taper) 및 곡면 등을 절삭하는데 사용되는 모방선반(coping lathe)과 철도 차량용 차축을 가공하는 선반으로, 면판붙이 주축대를 2개 마주 세운 구조를 가진 차축선반(axle lathe) 및 베드 양쪽에 크랭크 핀(crank pin)을 편성시켜 고정하는 주축대가 있어, 크랭크축의 베어링 저널 부분과 크랭크 핀을 가공하는 선반인 크랭크축 선반(crank shaft lathe) 등이 있다.

(2) 선반의 운동

1) 선반의 운동 방향

여기서는 선반의 기본 운동방향과 선반에서 가공할 수 있는 작업의 내용을 살펴보자.

먼저, 그림 1.9와 같이 바이트의 움직임을 살펴보면서 선반의 운동 방향을 알아보면 선반은 공작물이 고정되어 있는 척을 회전시키고 절삭공구인 바이트(bite)를 공구대에 설치하여 x축 방향으로 절삭 깊이를 주면서 z축 방향의 이송운동을 시켜 주로 원통형의 공작물을 가공하는 것으로, 숙련된 작업자라면 이러한 작업 외에도 얼마든지 응용하여 다양한 작업을 할 수 있는 공작기계가 바로 선반이다.

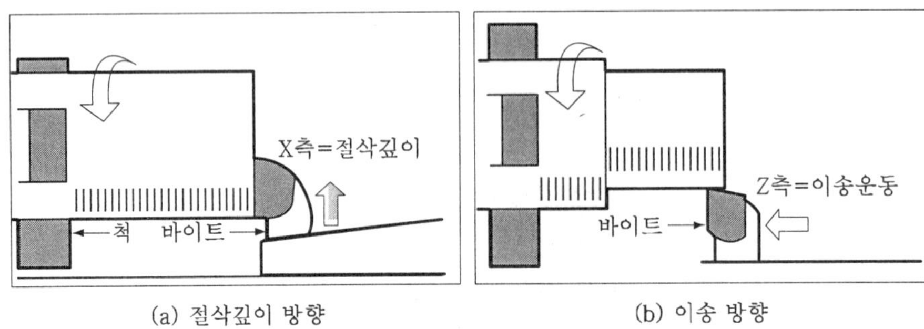

그림 1.9 선반의 운동방향

2) 선반작업의 종류

그러면 선반에서 할 수 있는 작업에는 어떤 것들이 있을까? 그림 1.10를 보면서 선반작업의 종류를 생각해 보자.

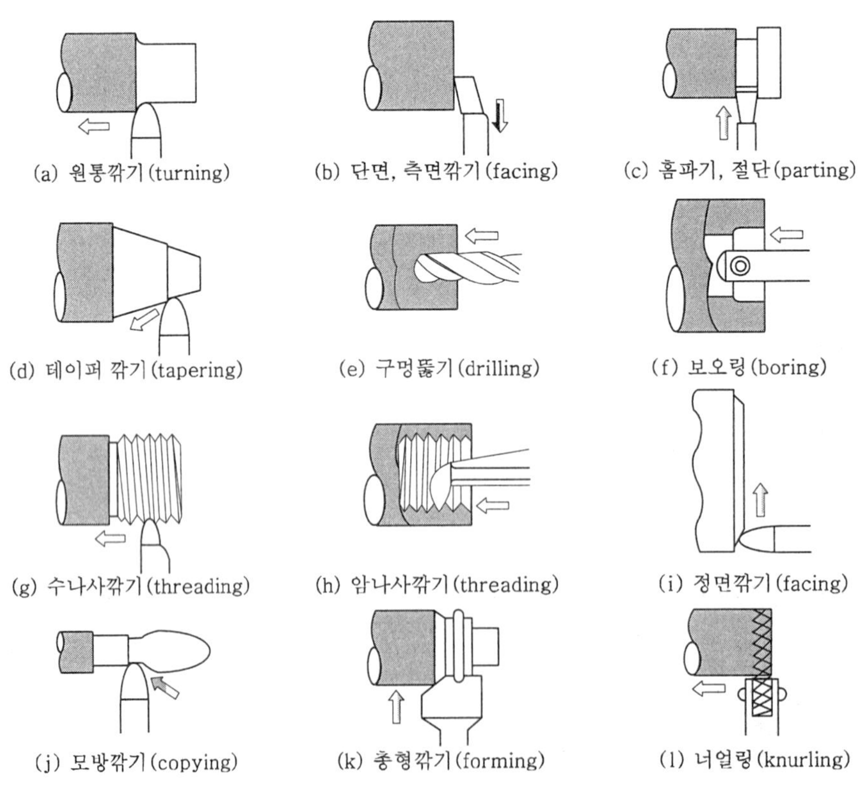

그림 1.10 선반 작업의 종류

(3) 선반의 구조

가장 많이 사용되고 있는 보통 선반을 중심으로 선반의 구조에 대하여 알아보자.

선반은 그림 1.11과 같이 (1) 주축대(head stock), (2) 심압대(tail stock), (3) 왕복대(carriage), (4) 이송기구(feed Mechanism), (5) 베드(bed)와 같은 주요 5대 부분으로 구성되어 있으며, 최근에는 공구 재료의 발달에 따라 고속화됨으로써 강력절삭에 견딜 수 있는 구조로 발전하였다.

그림 1.12은 선반 주요 부분의 명칭을 좀 더 구체적으로 나타낸 것이다.

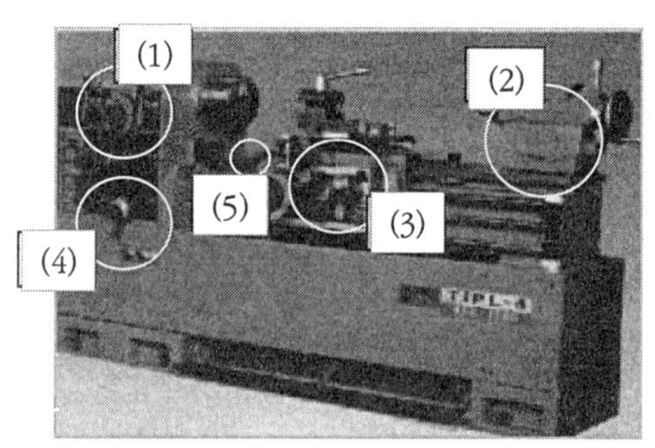

(1) 주축대(head stock)

(2) 심압대(tail stock)

(3) 왕복대(carriage)

(4) 이송기구(feed Mechanism)

(5) 베드(bed)

그림 1.11 선반 주요부분의 명칭(I)

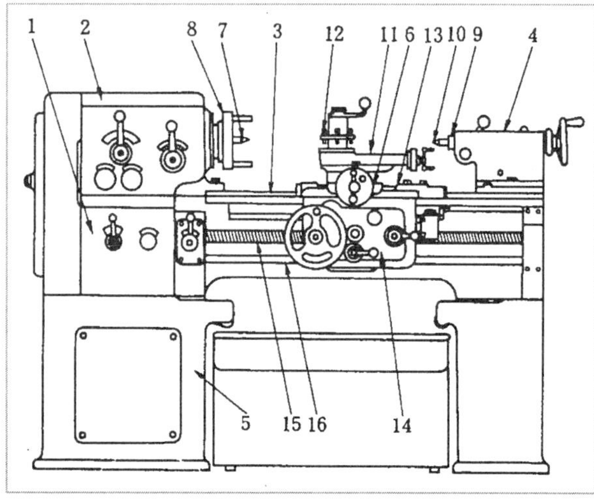

1. 이송변환기어상자
2. 주축대
3. 베드
4. 심압대
5. 다리
6. 왕복대
7. 회전센터
8. 면판
9. 심압축
10 정지센터
11. 복식공구대
12. 공구대
13. 새들
14. 에이프런
15. 리이드 스크루우
16. 이송축

그림 1.12 선반 주요부분의 명칭(II)

1) 주축대

주축대는 그림 1.13과 같이 주축과 속도 변환 장치로 구성되어 있다.

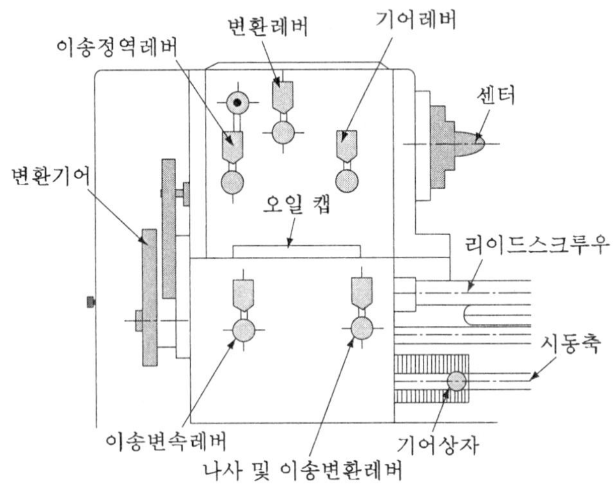

그림 1.13 주축대의 구성

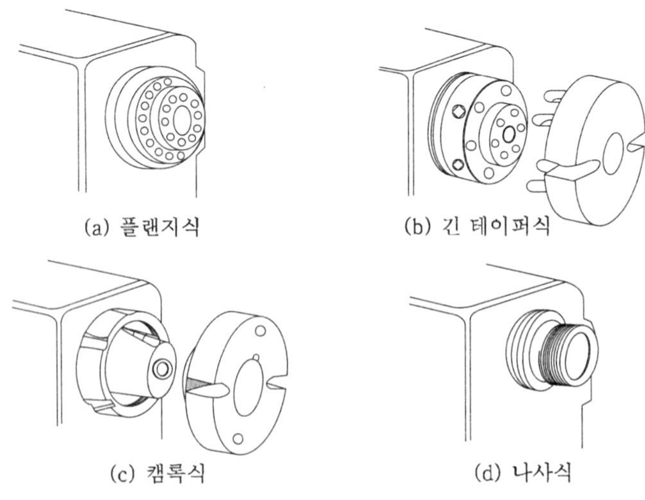

그림 1.14 주축 끝 모양의 종류

① 주축

매우 정밀한 회전을 하며 무게를 감소시키고 긴 재료를 가공할 수 있도록 중공축으로 하고 끝 부분은 밀착성과 회전시 동심 변위가 최적인 각도를 가진 모오스 테이퍼(morse taper)로 되어 있다.

절삭저항이나 진동에 견디기 위하여 강도가 크고 높은 정밀도가 요구되므로, Ni-Cr 합금강이 사용된다. 주축의 오른쪽 끝에 척이나 면판 등을 고정하는 부분에는 (a) 플랜지식, (b) 긴 테이퍼식, (c) 캠록식, (d) 나사식의 구조를 이루고 있다.

용어 해설 모오스 테이퍼(morse taper)란?

원추 테이퍼의 일종으로, 모오스 테이퍼 0~6번까지가 있다. 주로 드릴, 리이머 등의 생크부분에 이용되어진다. 아래 그림과 표를 참고하자.

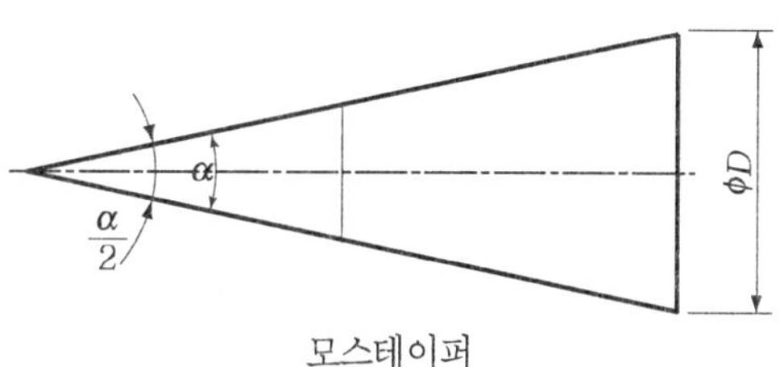

모스테이퍼

모오스테이퍼 번호	테이퍼 비(C)	테이퍼 비 (추산치) α	모스테이퍼 생크의 기준지름(φD)
0	1/19.212	2° 58'53.8"	9,045
1	1/20.047	2° 51'26.9"	12,065
2	1/20.020	2° 51'40.8"	17,780
3	1/19.922	2° 52'31.4"	23,825
4	1/19.254	2° 58'30.4"	31,267
5	1/19.002	3° 0'52.4"	44,399
6	1/19.180	2° 59'11.7"	63,348

2) 심압대

심압대는 그림 1.15와 같이 주축대와 상대되는 베드 위에 설치하는 것으로, 공작물의 길이에 따라 임의의 위치에서 고정할 수 있으며, 주축과 심압대 사이에서 일감을 고정할 때 이용한다.

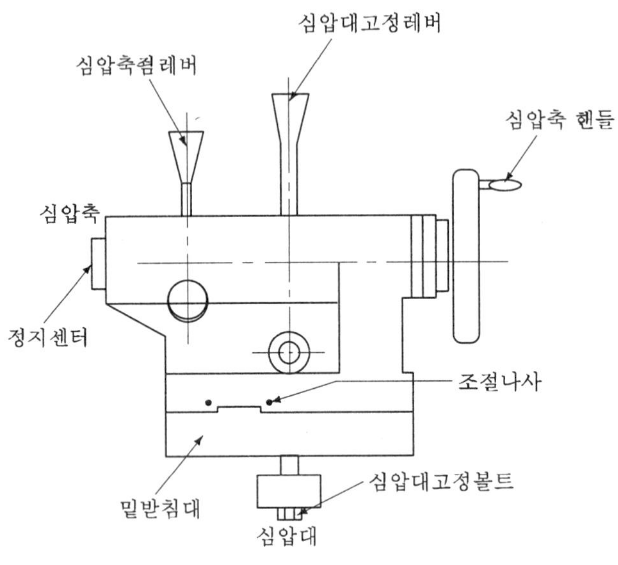

그림 1.15 심압대의 구성

센터 작업을 할 때 공작물을 지지 하거나 심압대 중심축의 편위를 조정할 수 있어 이것을 이용하여 테이퍼 절삭도 가능하다.

심압축은 모스 테이퍼 구멍으로 되어 있으므로 드릴(drill), 리머(reamer), 탭(tap) 등의 공구를 끼워 작업을 할 수 있다. 심압대는 선반의 베드 위 어느 곳이든 임의로 고정할 수 있다.

3) 왕복대

왕복대는 주축대와 심압대 사이의 베드 안내면 상에서 좌우 왕복 운동을 하며 다음 표에서 정리한 바와 같이 새들, 공구대, 에이프런 등으로 구성되어 있다.

① 새들(saddle)	② 에이프런(afron)
▸ 새들은 I자형으로 베드 위를 왕복하고 바이트에 세로 이송을 주는 부분을 말한다. 그 위에 가로 이송대가 있으며, 세로 이송 가로 이송은 수동 이송과 자동 이송을 할 수 있다. ▸ 가로 이송대 위에는 회전대, 공구 이송대 사각 공구대 등으로 되는 복식 공구대가 있으며 공구 이송대는 회전대에 의하여 임의의 각도로 회전시킬 수 있으므로, 비교적 큰 테이퍼를 깎을 수 있고, 공구대는 바이트를 고정하는 곳이다.	▸ 새들 앞에 매달려 있으며, 전후 이송, 가로 이송의 자동 이송이나 나사 깎기 이송 등의 이송장치 등, 동력전달용 기어(gear)가 내장되어 있으며, 전면에는 조작 핸들과 레버가 붙어 있다.

그림 1.16 왕복대의 구성

4) 이송 기구

이송 기구는 에이프런 안에 장치되어 있으며, 이송 방식에는 수동과 자동이 있다. 그림 1.17은 이송장치의 구성을 나타낸 것이며, 세로 이송, 가로 이송의 자동 이송은 이송축에 의하여 에이프런 내부의 기어 장치에 의하고, 나사깎기 이송은 리드 스크류의 회전을 하아프 너트로 왕복대에 전달하여 이송시킨다.

이송축과 리드 스크류의 회전은 주축의 회전이 변환 기어 장치와 이송 변환기어를 통하여 전달되며, 변환기어의 조합과 이송 변환 레버에 의하여 이송속도가 변환된다. 이송축, 리

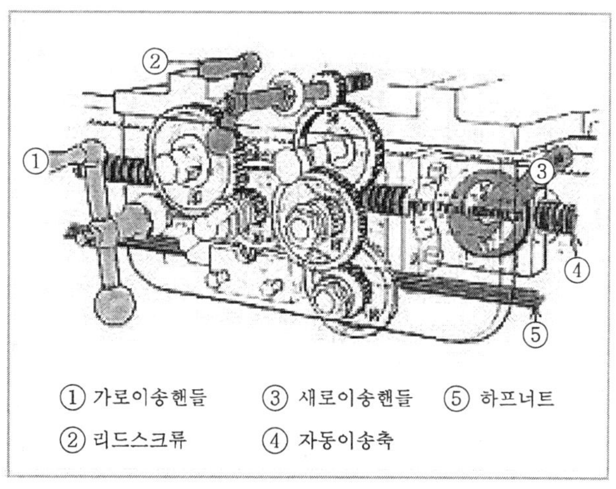

그림 1.17 이송장치

드 스크류의 회전 방향 변환은 주축대 안에 장착되어 있는 정 · 역 변환 기어를 변환 레버로 써 조정하여 이루어진다.

5) 베드

베드는 주축의 회전이나 절삭에 의한 힘도 받으며, 변형도 되지 않도록 충분한 강성을 가져야 하므로 주로 40~60%의 강철 파쇠를 넣어 만든 강인 주철로 제작한다.

미끄럼면은 기계 가공 또는 스크레이핑(scraping)하며, 내마멸성을 높이기 위하여 표면 경화 처리를 하고 연삭 가공 한다.

베드는 또 주축대, 왕복대 및 심압대를 지지하며, 이들의 하중에 전달할 수 있고, 각각을 운동을바르게 안내하는 역할을 한다. 베드의 단면은 그림 1.18과 같이 산형, 평형, 이 두형을 조합한 절충식이 있다.

(4) 선반의 크기

선반의 크기는 어떻게 나타낼까? 선반의 크기를 결정하는 요소는 선반의 종류에 따라 각각 틀리게 표시 된다.

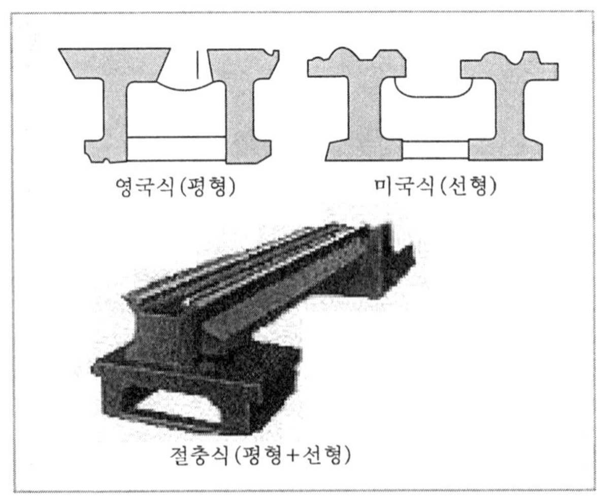

그림 1.18 베드의 단면 모양

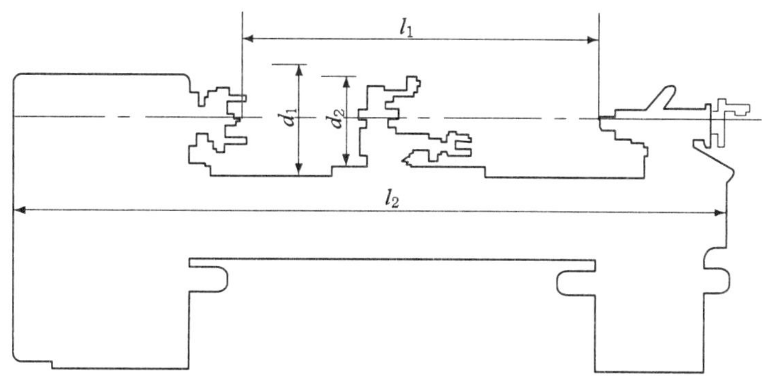

그림 1.19 선반의 크기 표시

여기서는 그림 1.19를 보면서 보통 선반의 크기를 나타내는 방법을 알아보자. 선반의 크기는 베드 위의 스윙(swing)(d_1)과 왕복대 위의 스윙(d_2), 양 센터 사이의 최대 길이 (l_1)과 베드의 길이(l_2)로 나타낸다.

우리나라의 생산현장에서는 아직 '베드의 길이가 5척'이라는 표현을 가끔 쓰고 있는데, 이는 몇 mm 짜리 왕복대를 가진 선반일까? 1척이 30.3cm이므로 5척은 151.5cm=1515mm, 약 1500mm 선반을 말하는 것이다.

체크 포인트

1. 선반을 이용하여 가공할 수 있는 작업
   원통 깎기, 단면, 측면 깎기, 홈파기, 절단, 테이퍼 깎기, 구멍 뚫기, 보오링, 수나사 깎기, 나사 깎기, 정면 깎기, 곡면 깎기, 총형 깎기, 너얼링 등

2. 선반의 주요 구조
   ① 주축대 ② 심압대
   ③ 왕복대 ④ 이송기구
   ⑤ 베드

3. 보통 선반의 크기를 나타내는 방법
   ① 베드 위의 스윙 ② 왕복대 위의 스윙
   ③ 양 센터 사이의 최대 길이 ④ 베드의 길이

연습문제

1. 보통 선반의 규격으로 표시되지 않는 것은 다음 중 어느 것인가?
   ① 베드상의 스윙
   ② 양 센터 사이의 최대거리
   ③ 왕복대의 스윙
   ④ 척의 직경

2. 다음 중 왕복대를 구성하고 있는 장치는 어느 것인가?
   ① 에이프런과 심압대
   ② 주축과 공구대
   ③ 새들과 에이프론
   ④ 공구대와 심압대

정답 및 해설

1. 보통 선반의 크기는 베드 위의 스윙, 왕복대 위의 스윙, 양 센터 사이의 최대 길이, 베드의 길이로 나타낸다.

2. 왕복대는 주축대와 심압대 사이의 베드 안내면 상에서 좌우 왕복 운동을 하며 새들, 공구대, 에이프런 등으로 되어 있다.

2. 선반 절삭공구(bite)와 절삭작용

학습 Point

- 바이트의 형상(tool geometry) = 경사각, 여유각, 측면 절삭날각
- 선삭용 인서트와 공구 홀더의 규격 = 예) P S K N R 25 25 M 12
- 바이트 생크에 생기는 굽힘 응력(bending stress) 및 날끝 처짐량

$$S = \frac{6 \times F \times L}{b \times h^2}$$

- 선반의 절삭동력과 효율

$$N_r = N - N_n = N_n\left(\frac{1-\eta}{\eta}\right)$$

(1) 선반 절삭공구(bite)

1) 선반 절삭공구(바이트, bite=cutting tool)의 정의

바이트라는 말은 원래 끌이라는 의미를 가진 네델란드어 Beitel, 날 또는 물다 라는 의미를 가진 영어의 Bit와 Bite에서 유래되었다.

이러한 바이트는 주로 선반이나 셰이퍼 등에서 금속 절삭에 사용하는 공구로서 생크(shank) 즉, 자루에 고속도강이나 초경합금으로 만든 팁(tip)을 붙여 사용하였는데, 최근에는 공구의 발달로 그림 1.21과 같은 스로우어웨이 바이트(throw away bite)가 널리 사용되고 있다.

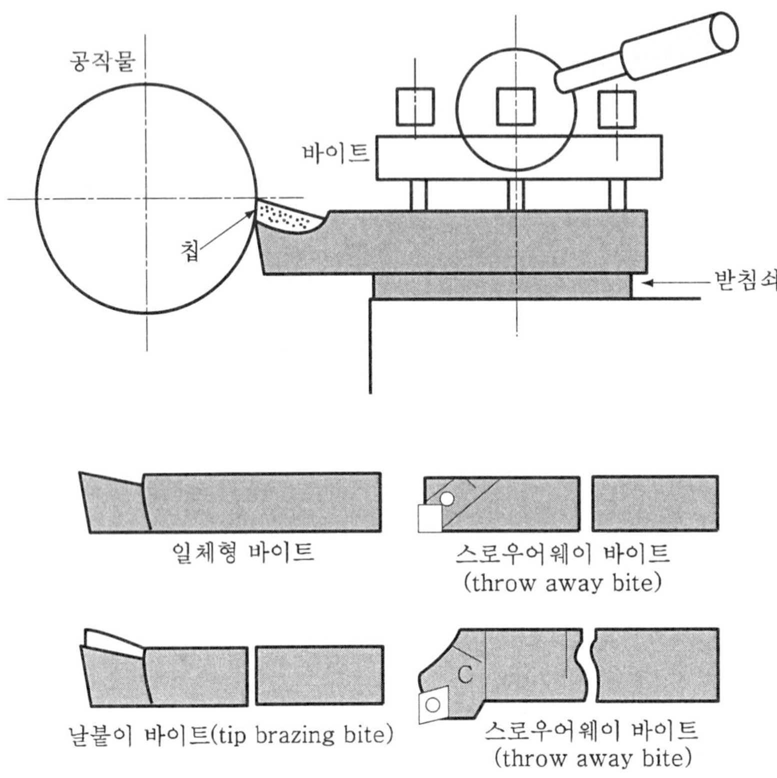

그림 1.20 선반 바이트

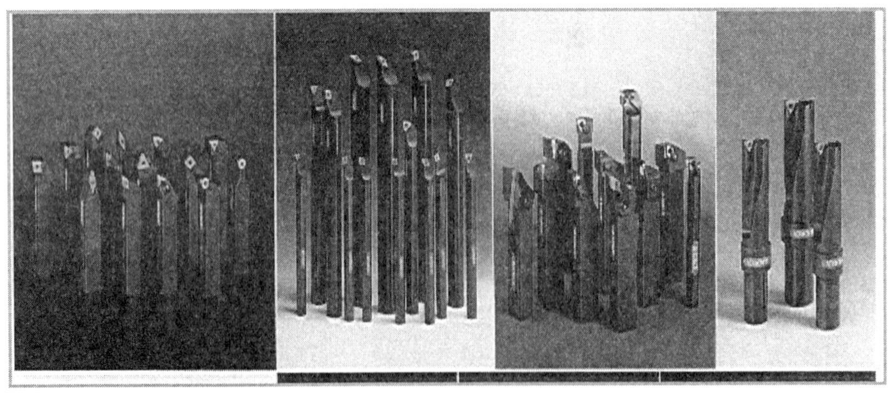

그림 1.21 스로우어웨이 바이트(throw away bite)

용어 해설 **스로우어웨이 바이트(throw away bite, indexable insert)란?**

공구 수명에 도달한 경우, 통상 재연삭하여 사용하지 않고 버리는 팁(tip)을 그림 1.22와 같이 생크에 나사나 쐐기, 누름괴 등으로 고정한 클램프 바이트(clamp bite)의 일종을 말한다.

많은 경우 그림 1.23과 같은 모양들을 가진 팁의 방향을 바꾸어 고정시킴으로써 복수의 절삭날을 사용할 수가 있으므로 인덱서블 인서트(indexable insert)라고도 부른다.

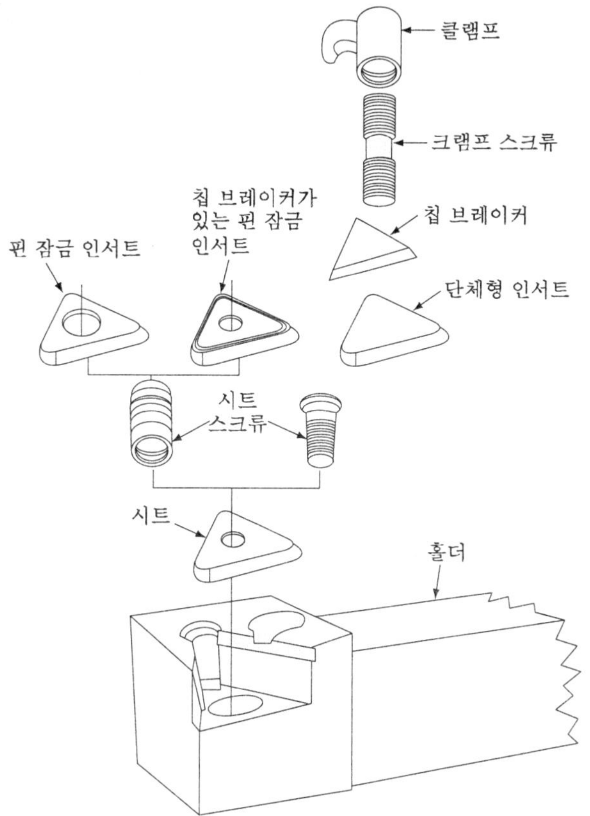

그림 1.22 스로우어웨이 바이트의 고정 방식

그림 1.23 스로우어웨이 바이트 팁(throw away bite tip)

2) 바이트의 형상(tool geometry)

바이트는 날이 한 개인 단인 공구로서 6개의 공구각과 1개의 날끝 반지름(nose radius)으로 이루어져 있다. 여기서 가장 중요한 것은 "공구의 각 부위(각도)가 어떠한 작용을 하는가" 하는 것이다.

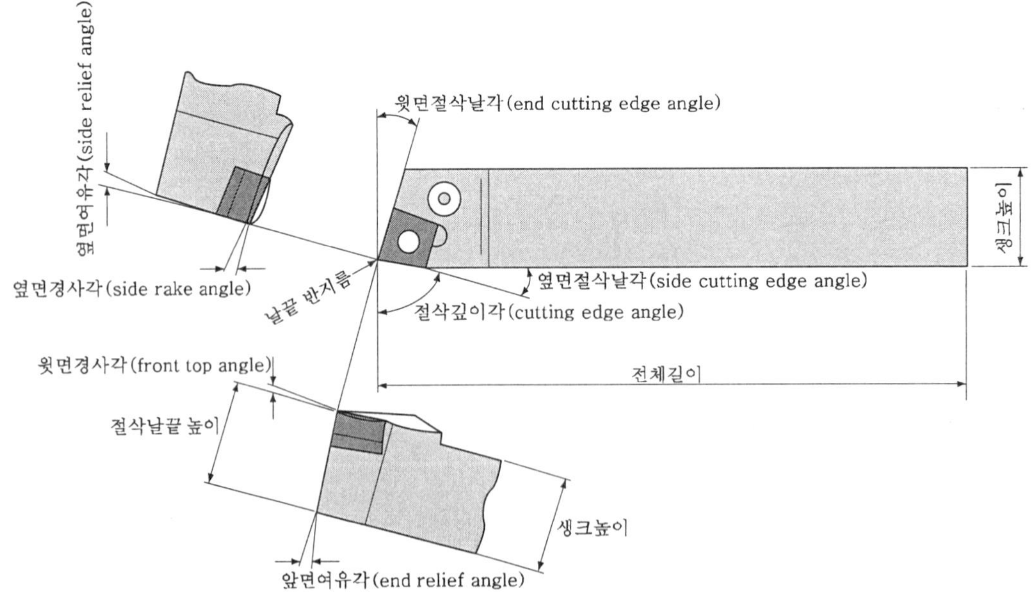

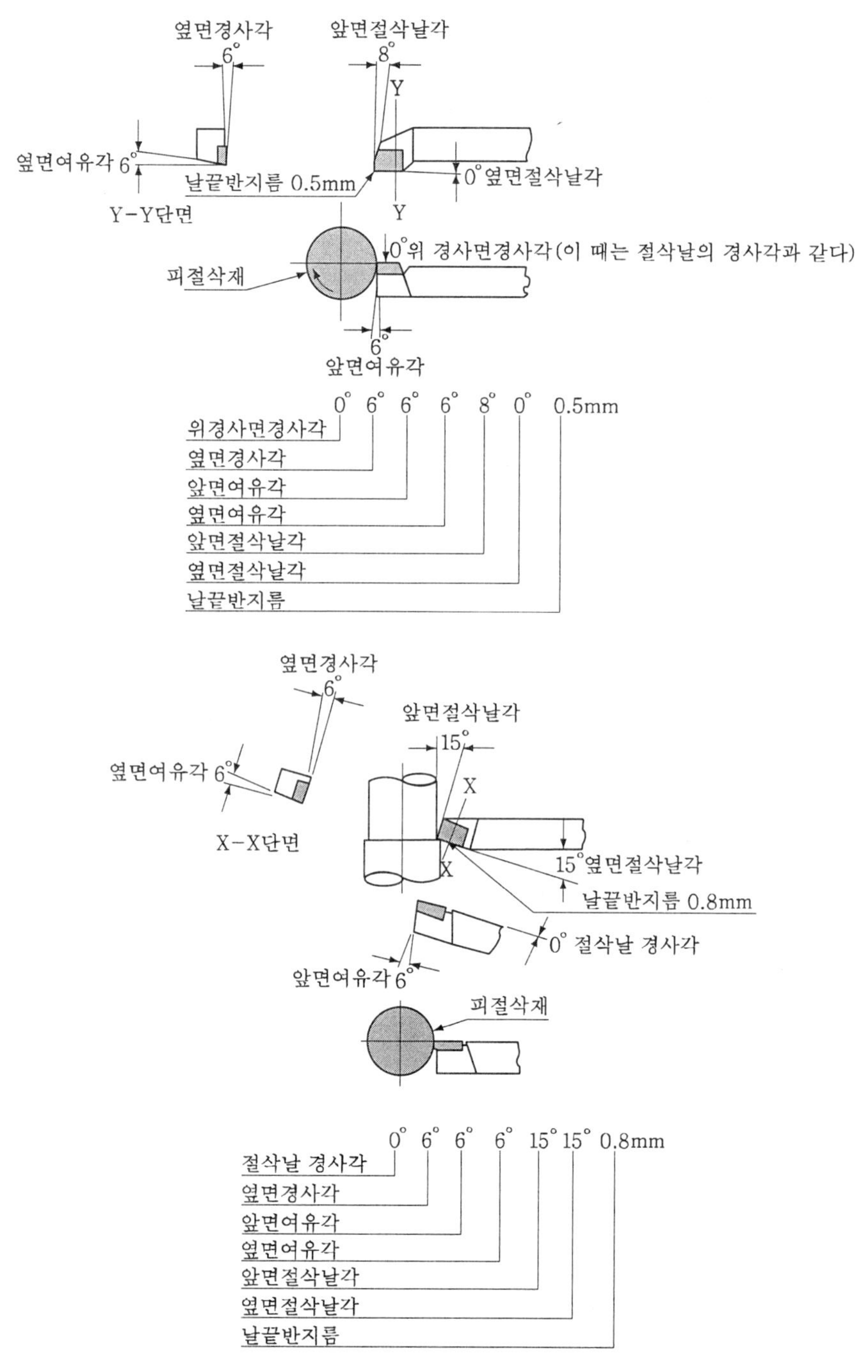

그림 1.24 바이트의 형상(tool geometry-ⓚB0813)과 각부 명칭

바이트의 날끝각은 용도, 수명, 마멸 상태, 일감의 기계적 성질과 공구의 재료 등을 고려하여 가장 적절한 것으로 결정하게 되는, 바이트의 여러 가지 공구각의 영향에 대해서는 뒤에 자세히 알아보도록 한다.

3) 바이트의 종류

바이트는 그 모양, 용도, 구조, 재질 등에 따라 나누어진다.

그림 1.25은 선반 가공에 주로 쓰이는 초경합금 팁 바이트를 모양, 용도에 의하여 분류한 것이다. 그림 1.26은 스로우어웨이 바이트의 종류에 대하여 나타낸 것이므로, 각각의 형상에 따른 용도를 구별하여 사용하여야 한다.

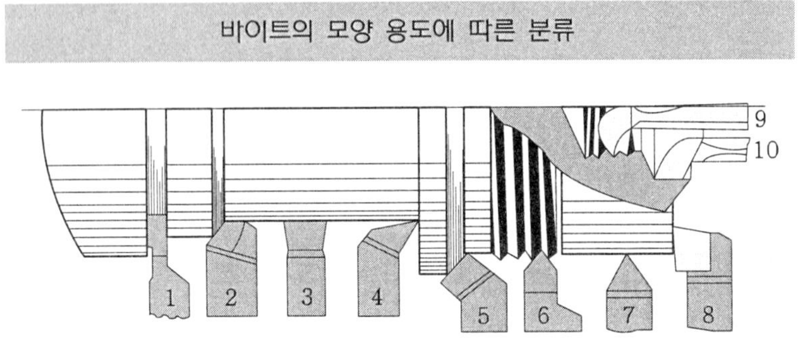

1. 절단 바이트
2. 오른쪽 바이트
3. 평바이트
4. 구석 바이트
5. 측면 바이트
6. 수나사 바이트
7. 둥근끝 바이트
8. 외날 바이트
9. 암나사 바이트
10. 보오링 바이트

그림 1.25 선반 바이트의 종류(초경합금 팁 바이트)

4) 공구각의 영향

바이트의 여러 가지 공구각 가운데 경사각, 여유각, 옆면 절삭날각이 절삭성능에 미치는 영향에 대해 살펴보자.

① 경사각(rake angle)

㉠ 경사각의 형태

경사각은 팁면이 수평선 혹은 수직선과 이루는 각도를 말한다. 이것은 공구형상 중에서 전단력을 결정하는 중요한 요소이며 절삭저항과 칩 배출, 공구수명 등에 매우 큰 영향을 미친다.

명 칭	형 상	용 도
외경 바이트	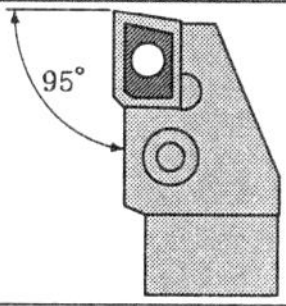 95°	일반가공, 단면가공
총형 바이트	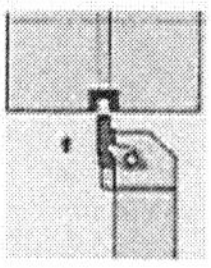	총형, 홈 가공
외경 홈깎기 바이트	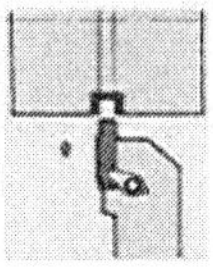	외경 홈 가공
내경 홈깎기 바이트	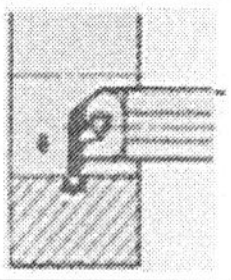	내경 홈 가공
수나사 바이트	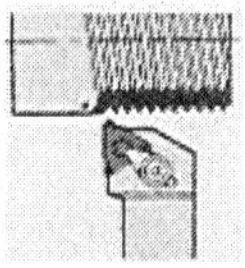	외경나사 가공
암나사 바이트	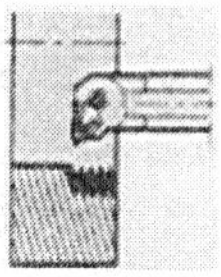	니경나사 가공
릴리프 가공 바이트	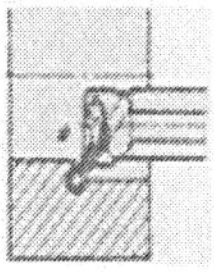	릴리프 가공
절단 바이트	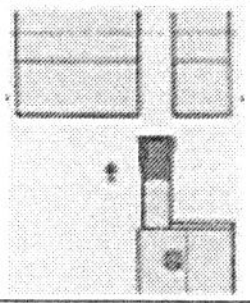	절단용
재연삭형 바이트	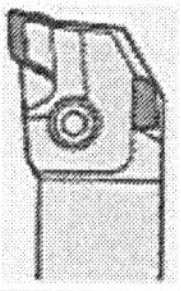	재연삭가공

그림 1.26 선반 바이트의 종류(스로우어웨이 바이트)

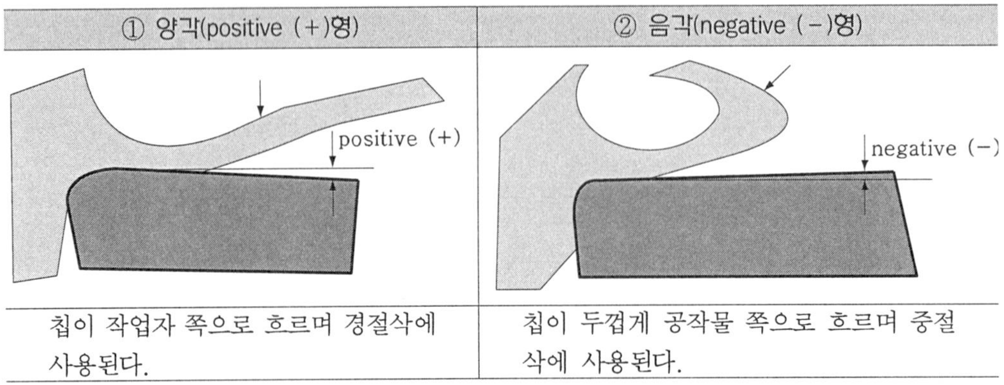

그림 1.27 경사각의 형태

경사각의 형태에는 그림 1.27과 같이 양각(positive (+)형)과 음각(negative (−)형) 두 가지가 있다. 이때, 칩이 작업자 쪽으로 흐르며 경절삭에 사용되는 것을 양각 (+)형, 칩이 두껍게 공작물 쪽으로 흐르며 중절삭에 사용되는 것을 음각 (−)형이라고 한다.

㉡ 경사각의 종류

경사각의 종류는 크게 윗면경사각(front top rake angle), 옆면경사각으로 나눌 수 있는데, 그 특징 및 형상과 영향은 아래에 정리한 표와 같다.

종 류	특징 및 형상	영 향
윗면경사각 (front top rake angle)	- 가공면의 표면정도에 큰 영향을 주는 것으로 칩의 유동방향과 깊은 관계가 있다. - 절삭량이 적은 정삭은 주로 날끝 반경에서 절삭이 되므로 윗면 경사각이 중요한 역할을 한다.	‣ 경사각이 작을 때: 배출되는 칩이 두꺼워지고 피삭재가 전단을 일으킨다. ‣ 경사각이 클 때: 공구의 절삭날이 예리해져 절삭이 잘되지만, 공구날 끝 강도가 약해져 공구수명이 짧아진다.
옆면경사각 (side rake angle)	- 일반적으로 절삭속도가 커지면 절삭력이 증가하여 절삭날 끝에 절삭저항이 커지므로 옆면 경사각을 작게 해야 한다.	‣ 칩의 극단적 유출은 바이트의 진행방향(화살표)과 반대방향이 되므로 팁의 두께 및 절삭저항에 영향을 준다. 인서트 바이트에서는 보통 +6°와 -6°를 택하고 있다.

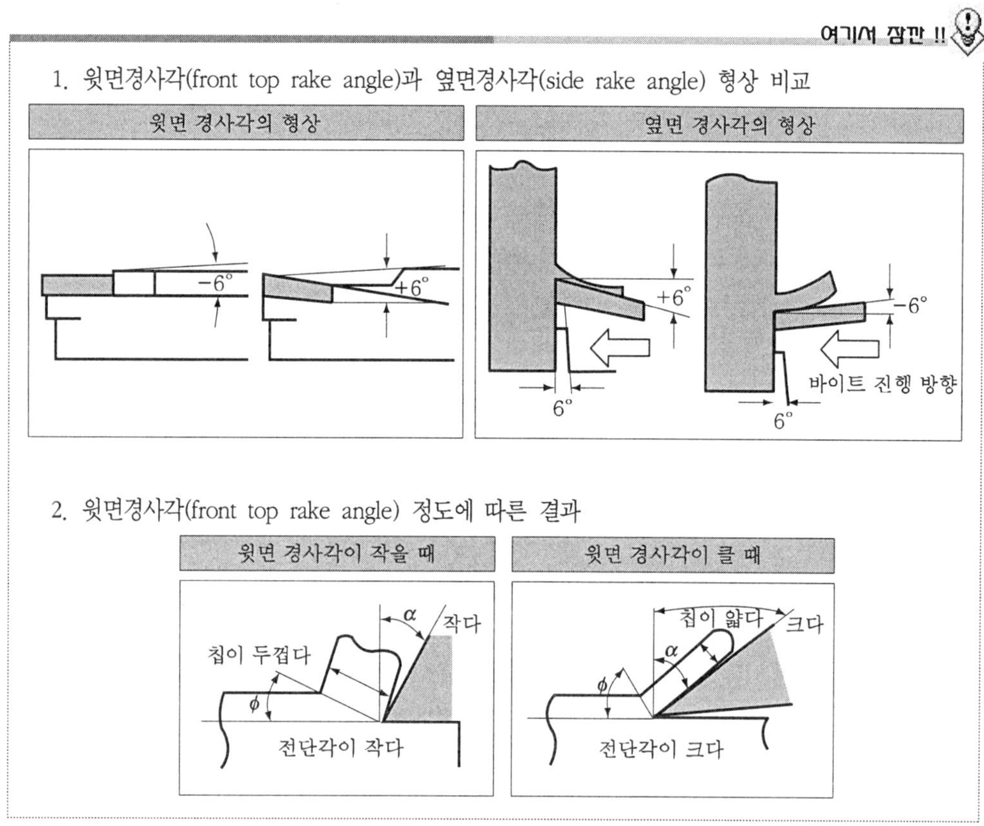

ⓒ 경사각과 절삭저항과의 관계

그림 1.28의 경사각과 주분력, 이송분력과 같은 절삭저항의 관계를 보면 경사각 α가 크면 클수록 절삭저항이 감소하며, 특히 100m/min 이하의 낮은 절삭속도에서는 그 차이가 더욱 뚜렷하게 나타남을 알 수 있다.

이 관계에서 경사각을 1° 크게 하여 절삭 날 끝을 예리하게 하면 절삭동력은 1% 감소한다. 따라서 우리는 경사각을 선택할 수 있는 기준을 그림 1.29와 같이 정할 수 있는데, 윗면경사각의 경우, 연질의 피삭재나 절삭하기 쉬운 재료를 절삭할 때, 그리고 공작물과 기계의 강성이 없을 경우 때에는 경사각을 크게 하여야 하며, 단단한 공작물이나 흑피, 단속절삭과 같이 인선의 강도가 필요한 경우에는 경사각을 작게 하여야 한다.

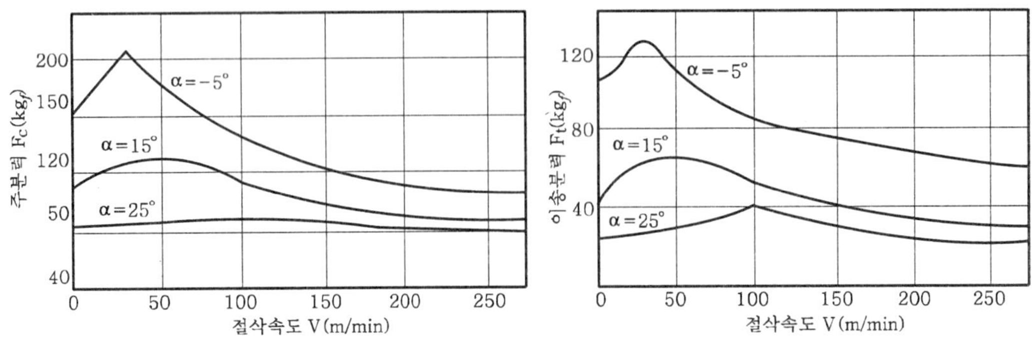

그림 1.28 경사각과 절삭저항과의 관계

경사각의 크기에 따라 칩의 배출방향 역시 달라지는데 칩에 의한 가공면의 손상을 방지하기 위해서는 그림에서 보는 바와 같이 윗면경사각 α가 음각(negative), 옆면경사각 γ가 양각(positive)로 되는 것은 피해야 한다.

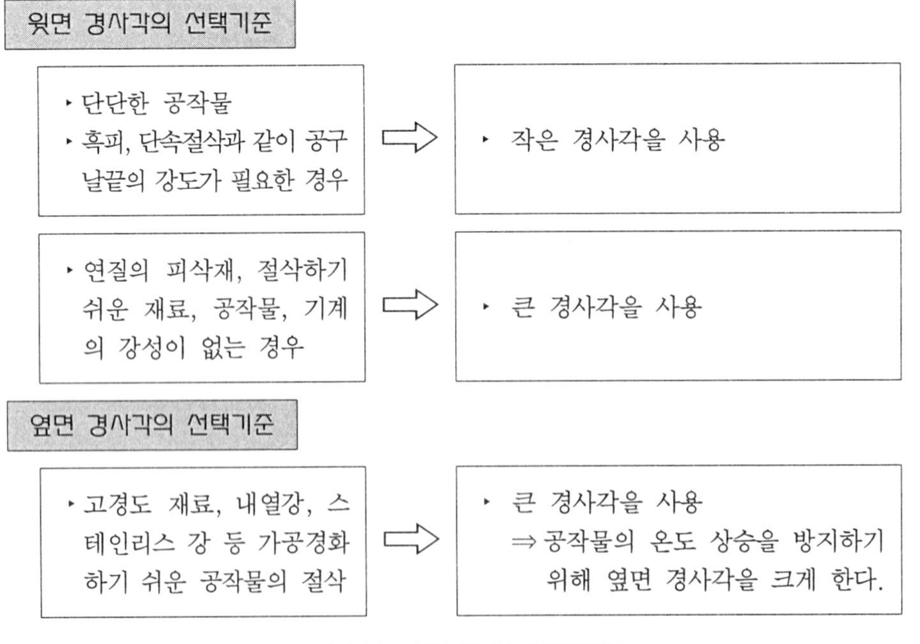

그림 1.29 경사각의 선택기준

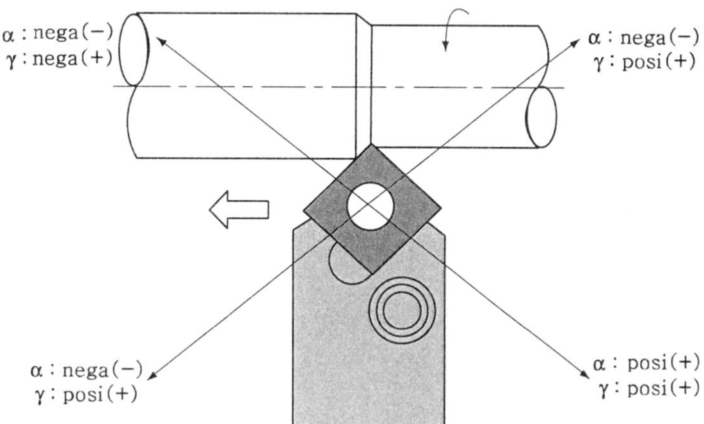

그림 1.30 경사각과 칩의 배출방향

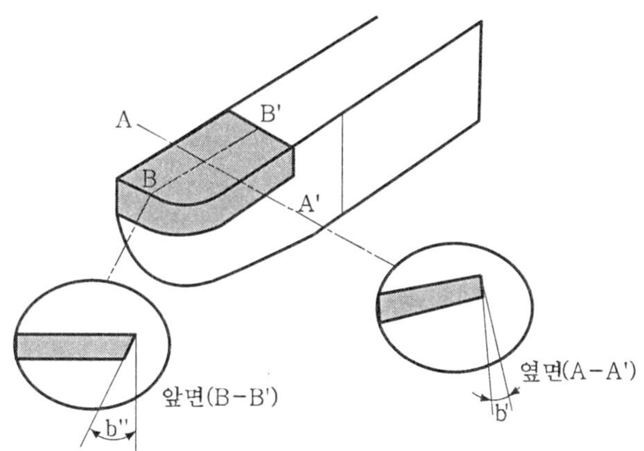

그림 1.31 여유각의 형상

② 여유각(relief angle)

㉠ 여유각의 영향

공구의 여유면과 공작물과의 마찰을 작게 하기 위하여 주어지는 여유각은 공구날끝을 공작물에 원활하게 이송 시키는 기능을 갖는다.

여유각이 절삭 성능에 미치는 영향도 무시할 수 없는데, 우선 여유각이 크면, 여유면의 마멸이 감소되고 공구날 끝의 강도는 약해진다. 그러나, 여유각이 작으면 여유면의 마멸이 커지고, 떨림(chattering)의 원인이 된다. 참고로 여유각의 추천치는 일반강이나 주철의 경우, 5~7°, 비철금속인 경우, 8~10°, 그 외 고경도 재료의 경우 4~5°가 적당하다.

여기서 잠깐 !!

Q: 공작물 재료별로 추천할 수 있는 여유각은?

A: 여유각의 추천지는

일반강, 주철의 경우	5~7°
비철금속의 경우	8~10°
고경도 재료의 경우	4~5°

㉡ 여유각의 종류

여유각은 다음 그림과 같이 옆면여유각과 앞면 여유각으로 구별할 수 있다.

옆면 여유각(side relief angle)이란?

바이트와 공작물간에 마찰을 적게 하기 위하여 바이트의 측면에 여유(clearance)를 주는 것

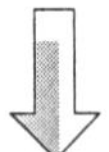

옆면 여유각의 형상

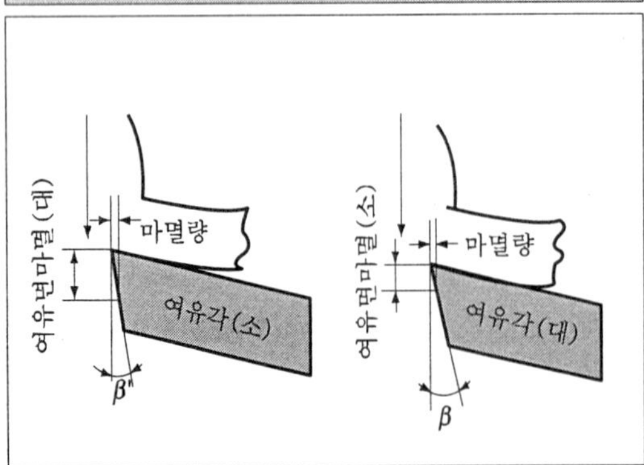

앞면 여유각(end relief angle)이란?

공작물 바깥 둘레에와의 여유각
여유각의 크기에 따라 공구의 마멸량이 달라진다.

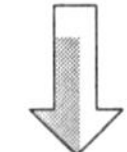

앞면 여유각의 형상

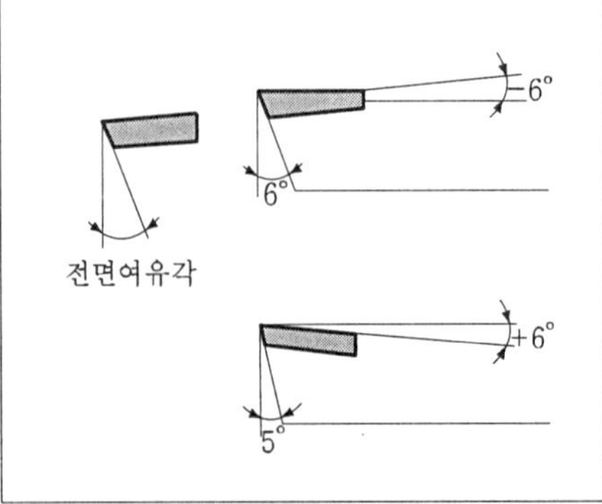

여기서 잠깐 !!

다음 학습으로 넘어가기 전에 몇가지 사항에 대해 생각하는 시간을 갖도록 하자.

Q1: 옆면 여유각이 크면 어떻게 될까?

A1: 바이트의 진행에 따라 마찰면을 줄일 수 있으나, 치핑(chipping) 등으로 마멸이 심해져 날 끝이 약해진다.

Q2: 앞면 여유각이 마멸되면 공작물에 어떻 영향을 미칠까?

A2: 마멸량에 따라서 공작물 치수가 커진다. 따라서 가공을 할 때, 공구의 마멸이 어느 정도 진행되어 수명이 다 되었는지, 어떤지의 여부를 공작물의 치수 변화로 알 수도 있는 것이다. 일반적으로 보통강의 경절삭에는 11°, 보통강의 중삭이나 황삭에는 6° 정도를 주는 것이 좋다.

▸ 여유각의 변화와 마멸량 관계

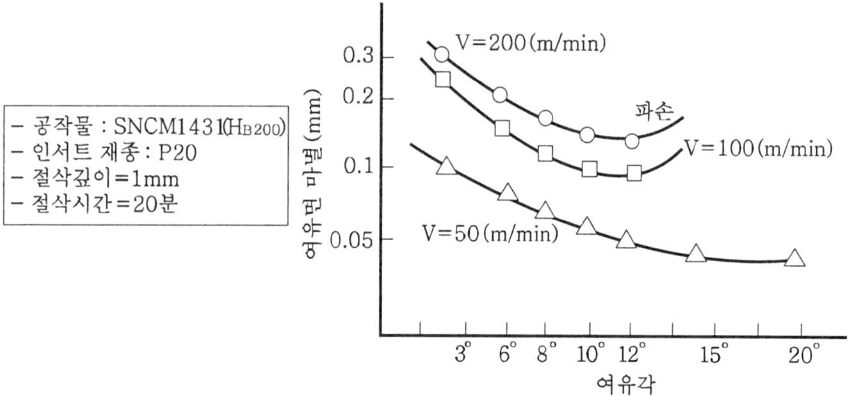

위의 그림은 여유각의 변화와 여유면 마멸량과 관계를 나타낸 것이다. 이 그림을 통해, 다음의 내용은 꼭 기억하도록 하자.

☞ 절삭속도가 빠를수록 여유면의 마멸은 커지며 여유각이 클수록 마멸량은 감소한다.

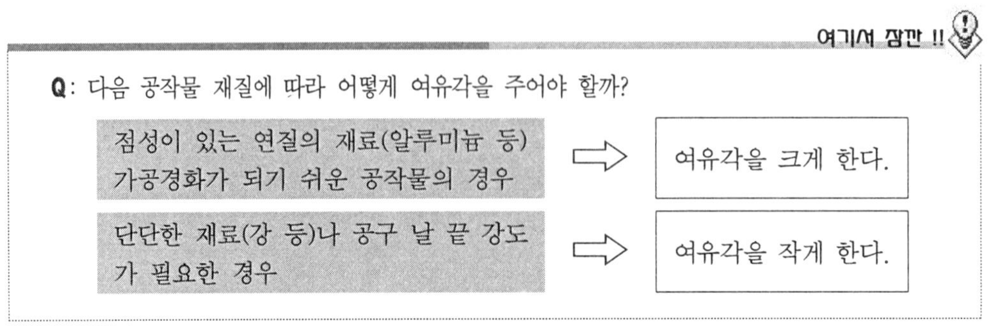
여기서 잠깐 !!

Q: 다음 공작물 재질에 따라 어떻게 여유각을 주어야 할까?

점성이 있는 연질의 재료(알루미늄 등) 가공경화가 되기 쉬운 공작물의 경우	⇨	여유각을 크게 한다.
단단한 재료(강 등)나 공구 날 끝 강도가 필요한 경우	⇨	여유각을 작게 한다.

③ 옆면 절삭날각(lead angle, side cutting edge angle)

옆면 절삭날각이란 바이트 진행 방향의 주절삭날을 말한다. 이러한 옆면 절삭날각은 그 정도에 따라서 다른 절삭결과를 나타내기 때문에 공작물의 종류에 따라 옆면 절삭날각의 선택도 달라져야 한다.

옆면 절삭날각의 영향과 그 선택기준에 대해 살펴보자.

㉠ 옆면 절삭날각의 영향

옆면 절삭날각이 크면 칩의 접촉 길이가 길어지고, 칩의 두께가 얇게 되므로 절삭저항이 긴 절삭날에 분산되어 공구수명이 향상된다. 그러나, 옆면 절삭날각이 너무 작으면 주분력과 배분력이 증가하여 떨림이 발생하므로 일반적으로 60~75°가 좋다. 또한 옆면 절삭날 각이 클 경우 가늘고 긴 공작물을 가공할 때 휨(bending)이 발생한다.

따라서 옆면 절삭날각의 선택기준을 정할 수 있는데, 절삭깊이가 깊은 다듬질 절삭이나 가늘고 긴 공작물, 혹은 기계의 강성이 적은 경우에는 옆면절삭날각을 작게 하며, 단단하고 발열량이 크며, 지름이 큰 공작물을 가공할 때나 사용하는 공작기계의 강성이 큰 경우에는 크게 하는 것이 바람직하다.

㉡ 옆면 절삭날각과 칩 두께와의 관계

옆면절삭날각은 칩 배출 및 절삭저항에 큰 영향을 미치므로 사용하는 공구의 강성을 고려하여 적절한 각도를 선택하여야 한다.

그림 1.33은 옆면 절삭날 각과 칩 두께비와의 관계를 나타낸 것이다. 그림을 보고 동일한 이송조건에서 절입각이 크면 칩 두께는 어떻게 될 것인지 생각해 보자.

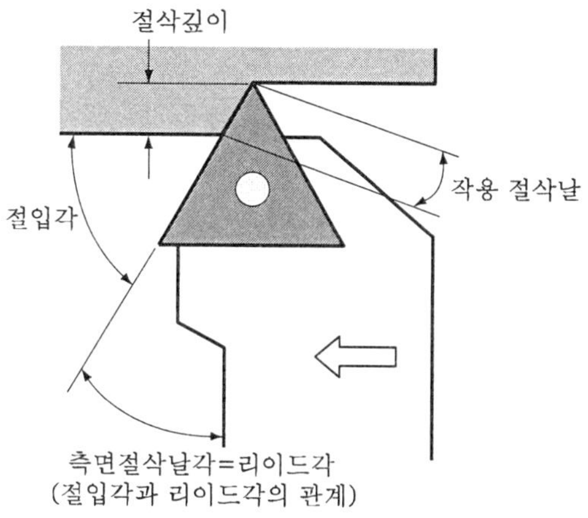

그림 1.32 옆면 절삭날각의 형상

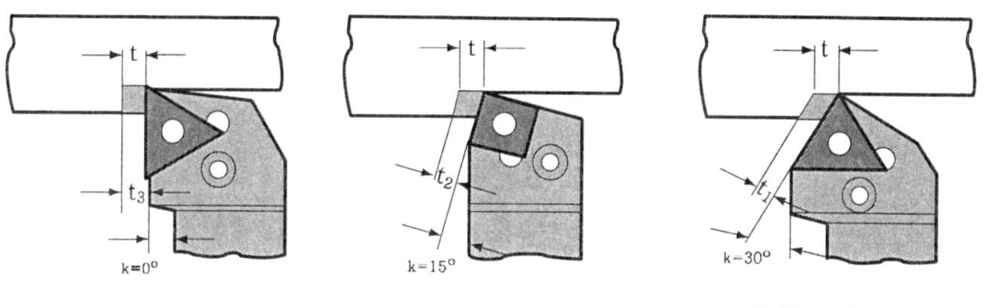

그림 1.33 옆면절삭날각과 칩 두께와의 관계

즉, 칩의 접촉길이가 길어져 칩두께는 얇아진다. 그러므로 절삭깊이와 배출되는 칩의 두께의 비, 즉 절삭깊이/칩두께를 나타낸 칩두께비는 옆면절삭날각 k가 클 수록 칩두께비는 작아진다는 것을 알 수 있다.

ⓒ 옆면절삭날각과 절삭저항과의 관계

다음으로, 옆면 절입각과 절삭저항, 또 공구수명과의 관계를 살펴보자. 옆면 절입각과 절삭저항의 관계를 나타낸 그림 1.34는 살펴보면 동일한 이송에 옆면 절삭날각이 클 경우, 주분력은 상승하는 반면 이송분력은 감소함을 알 수 있다.

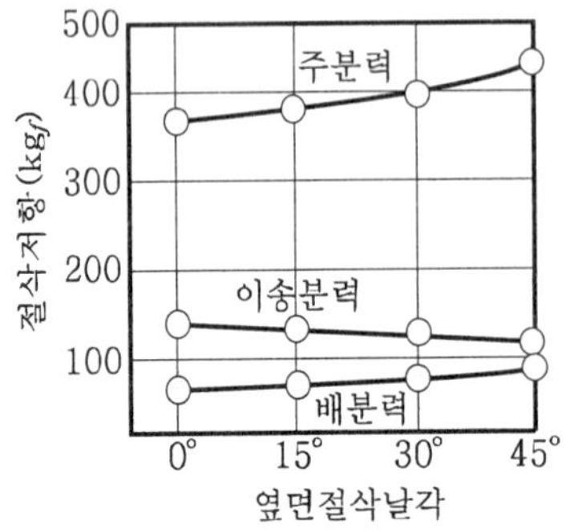

그림 1.34 옆면 절삭날각과 절삭저항과의 관계

㉣ 옆면 절삭날각과 공구수명과의 관계

그림 1.35은 절삭속도의 변화에 따른 옆면 절삭날각과 공구수명과의 관계를 나타낸 것이다. 즉, 옆면 절삭날각이 0°, 15° 일 때, 절삭속도의 변화에 따른 공구수명을 알아 보았을 때, 옆면 절삭날각이 클수록 공구 수명이 향상되는 것을 알 수 있는데, 이와 같이 옆면 절삭날각은 공구수명과 밀접한 관련이 있다.

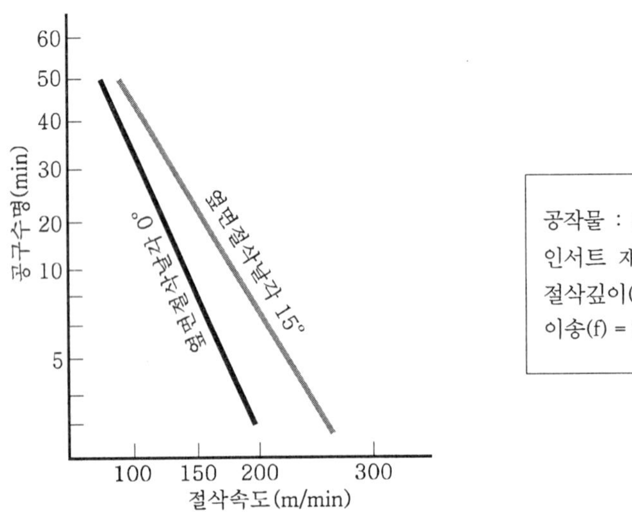

그림 1.35 절삭속도의 변화에 따른 옆면 절삭날각과 공구수명과의 관계

5) 날끝 랜드(land)와 호우닝

흑피 절삭이나 단속절삭에서는 치핑(chipping)에 대한 날끝강도를 증가시키기 위해 그림 1.36과 같이 절삭날의 경사면에 이송량 0.5~1.0배의 폭으로, 측면경사각보다 조금 작은 절삭날 랜드를 붙인다든지, 호닝(honing)을 하면 효과가 있다.

이송량의 0.5배 정도의 랜드 폭, 호우닝 폭에서는 절삭성을 떨어뜨리지 않으며 절삭저항의 증가는 거의 나타나지 않는다.

특히, 서어멧(cermet)은 초경공구에 비해 인성이 약하므로, 반드시 이와 같은 날부처리가 필요하다. 그러나 랜드 폭이나 호우닝 폭을 크게 하면, 절삭저항의 이송분력과 배분력이 증가하여, 떨림이 생기기 쉬우므로 절삭깊이량과 이송량이 작은 다듬질 절삭에는 부적당하다.

한편, 코팅 코경 팁의 절삭날은 공구제작사에서 0.05~0.08mm 정도의 호우닝을 하고 있으므로 주의한다. 알루미늄 합금이나 동합금 등의 전연성이 큰 연질 피삭재에서는 절삭날이 용착현상을 일으키므로 절삭날이 날카로울 필요가 있으므로 랜드폭을 붙이거나 호우닝을 하지 않는다.

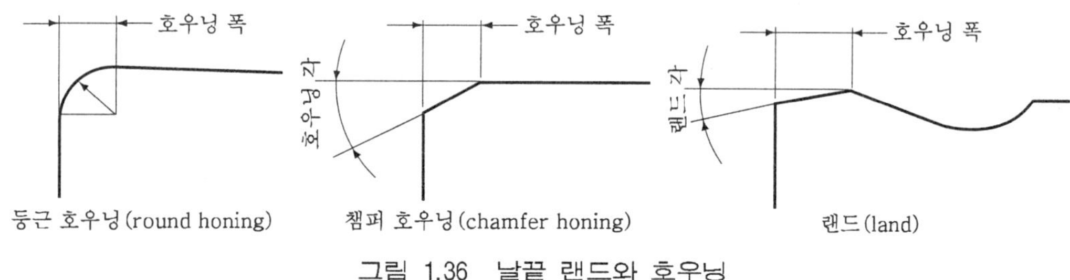

그림 1.36 날끝 랜드와 호우닝

6) 날끝 반지름의 선정

날끝 반지름은 바이트 절삭 날 가운데 가장 약한 부분인 절삭날 앞부분의 강도를 증가시켜, 표면거칠기를 그 scolloping effect에 의해 양호하게 한다고 하는 점들에서 중요한 역할을 한다.

날끝 반지름을 크게 하면 바이트의 날끝에 열이 집중되는 것을 방지하므로 크레이터 마

- 주철의 경우 r=4f 또는 d/4(큰쪽)
- 강, 알루미늄, 동합금의 경우
  r=2f 또는 d/8(큰쪽)
  여기서, r : 날끝 반지름
  f : 이송량(mm/rev)
  d : 절삭깊이(mm)

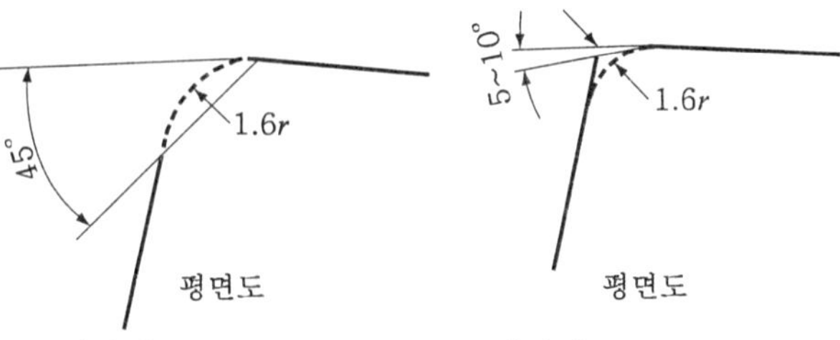

- r대신에 45° chamfer
- 절삭 칩 두께 얇고 균일

- r대신에 45° chamfer
- 절삭력 작고, 날 끝각 크다

그림 1.37 Clair(Design and Use of Cutting Tools by St.clair)에 의한 바이트 날끝 반지름 추천 크기 및 날끝의 챔퍼와 호우닝

면에 대해 유효하다. 그러나, 지나치게 크면 절삭날과 피삭재와의 접촉면적이 크게 되어 절삭저항이 증가함과 동시에, 바이트에 의해 잘려 나가는 절삭칩의 두께가 일정하지 않으므로 절삭 칩 유출의 장애 요인이 되며, 떨림이 발생하여 공구수명이 짧아진다.

직경이 작고 긴 공작물의 절삭에서는 날끝 반지름을 작게 하든지, 그림 1.37과 같이 날끝 반지름 대신에 챔퍼(chamfer) 또는 포인트 각을 주면 좋다.

7) 절삭 칩의 파쇄 방법

가공성이 좋은 바이트로 강 절삭을 행할 경우, 절삭 칩이 길게 되지 않도록 적당하게 파쇄하여 가공품의 미절삭 표면으로 가지고 가는 것은, 공구의 손상, 기계의 열화, 가공정도 저하의 방지와 작업자의 안전 확보를 위해 대단히 중요하며, NC 공작기계에 의해 무인화 절삭을 지향하는 경우의 첫번째 과제이다.

그림 1.38에서 절삭 칩 형태를 크게 분류한 바와 같이 A 불규칙 연속 형상, B 규칙적 연속형상의 절삭 칩은 바이트와 피삭재에 감기며, E 과도하게 파쇄된 절삭 칩은 비산하므로 어느 경우에도 부적당하며, C, D와 같이 파쇄되는 것이 가장 좋게 처리하기 쉽다.

가공 현장에서는 절삭기술면에서 칩을 파쇄하는 방법을 먼저 해결 하는데, 다음과 같이 절삭조건과 바이트 형상을 잘 검토하여야 한다.

① 파쇄하기 쉬운 절삭 칩을 유출하는 절삭조건을 설정한다.

② 파쇄하기 쉬운 절삭 칩은 칩의 온도가 낮고, 두께가 두꺼운 칩이며, 반대로, 칩의 온도가 높고 두께가 얇은 칩은 파쇄하기 어렵다.

③ 절삭조건에서는 절삭속도를 낮게 하면 칩의 온도가 저하되어 전단각이 작게 되므로 칩의 두께가 두껍게 되어 파쇄하기 쉽게 된다. 또한, 이송량과 절삭깊이를 크게 하면 칩의 두께가 두껍게 되어 파쇄하기 쉽게 된다.

④ 바이트 형상에서는 측면 절삭날 각을 작게, 측면 경사각을 작게 하면 칩의 두께가 두껍게 되어 파쇄하기 쉽게 된다.

또한, 원활한 가공을 위한 절삭 칩의 파쇄 방법에는 칩 브레이커에 의한 방법이 있는데, 날 붙이(brazing) 바이트의 경우, 바이트 절삭날을 따라 1~3mm 정도 폭으로 약 5mm 깊이의 홈을 연삭에 의해 새기며, 이 홈에 의해 절삭 칩이 컬(curl)되어 파쇄된다.

그림 4.39의 홈의 폭은 컬 부분(curl)의 곡률반경을 결정하는 중요한 부분으로, 이 폭이 좁으면 컬의 곡률반경은 작으므로, 절삭 칩이 굽혀지기 쉽고, 이 폭이 넓으면 curl의 곡률반경은 크게 되므로, 굽혀지기 어렵다.

가장 바람직한 상태에서 절삭 칩을 파쇄하기 위해서는 각각의 절삭조건에 대응하여 그 폭을 최적의 크기로 정할 필요가 있다.

분 류	형 상	예	양부(良否)
A	불규칙 형태의 연속 절삭 칩	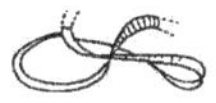	나쁨
B	규칙적인 형태의 연속 절삭 칩		나쁨
C	2~10번 정도 감겨 감긴 형태		좋음
D	1번 정도 감겨 감긴 형태		좋음
E	반 이하로 감긴 조각난 형태		나쁨

그림 1.38 절삭 칩 형태의 분류

피삭재	T (mm)	b (mm)	R (mm)
SM10C~SM45C	0.6	1mm+6×이송	1.0
SM55C	0.5	1mm+5×이송	0.8
강 100kg/mm^2	0.4	1mm+4×이송	0.6

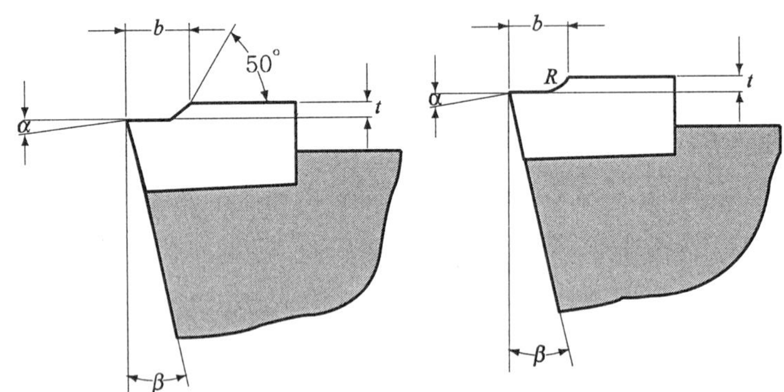

그림 1.39 칩 브레이커의 형상 및 각 부 치수

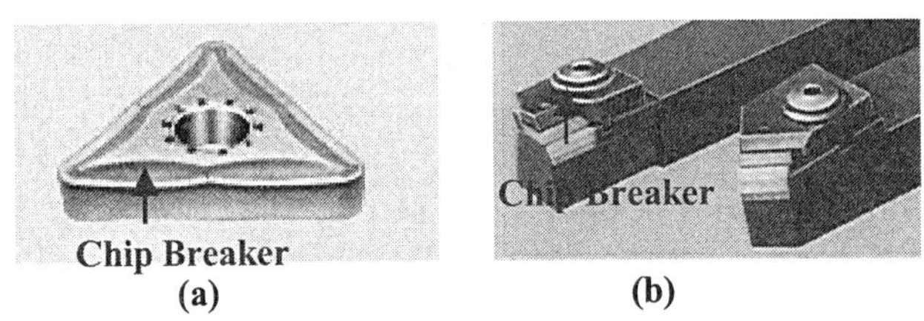

그림 1.40 TA 바이트의 대표적인 칩 브레이커

TA 바이트의 경우 칩 브레이커는 여러 가지 형식이 있으나 대표적인 것은 그림 1.40 (a)와 같이 경사면에 홈을 파거나 단을 두거나 하는 방법도 있고, 또는 그림 1.40 (b)와 같이 툴 홀더(Tool Holder)에 별도의 초경합금 조각을 경사면에 고정하는 것도 있다.

8) 절삭 칩 처리 유효범위

절삭조건의 변화에 대하여 절삭 칩 처리 유효 범위를 확대하기 위해 특수 형상으로 한 것이 다수 있으며, 이들은 모두 제작사의 기술 축적에 의한 것이다. 이들 브레이커에 그림 1.41과 같이 절삭 칩 처리 유효 범위가 표시되어 있다. 그림의 하한선은 칩의 절단이 시작

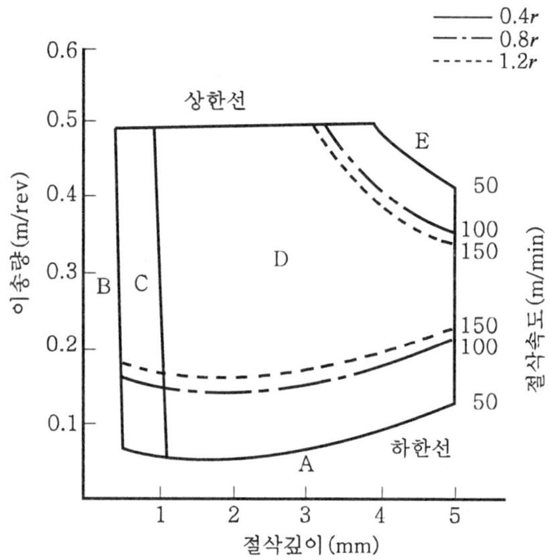

그림 1.41 칩 브레이커의 유효범위의 표시 (예) A, B, C, D, E : 절삭 칩의 형상(그림 1.38의 분류)

되는 영역을 나타내며, 이들 이상에서는 절단이 일어나지 않으므로 절삭 칩이 길게 이어진다.

상한선을 넘어서면 필요 이상으로 밀어붙이므로 칩이 얇게 절단되어 비산한다. 칩 브레이커를 선택하는 경우에는 우선 이 유효범위를 기준으로 검토하여 택하고, 이어서 시험 절삭을 반드시 행하여 확인하는 순서로 최적인 것을 결정하는 것이 가장 좋은 방법이다.

(2) 툴 홀더(tool holder) 규격 선정

효율적이고 정밀한 가공을 위해서는 바이트를 고정시키는데 필요한 올바른 툴 홀더의 규격 선정도 중요하다. 외경 선반가공에서 공작물의 형상에 대한 홀더(holder)의 일반적인 선택은 그림 1.42와 같이 한다. 그림의 윗부분에 PCLN, PDJN 등과 같이 표기되어 있는데, 이것은 선삭용 인서트의 규격을 나타낸 것이다.

작업분류	tool hoder	PCLN	PDJN	PTGN	PSBN	PSDN	SSKN	CKJN
	절입각	95°	93°	90°	75°	45°	75°	93°
외경절삭		○	○	○	○	○		○
단면절삭		○	○					○
		○					○	
모방절삭		○	○	○	○	○		○
			○			○		○

그림 1.42 선삭용 툴 홀더

(3) 바이트 중심위치와 섕크의 크기 선정

1) 바이트의 중심위치

실제로 선반가공을 할 때, 앞에서 설명한 대로 가장 알맞은 공구와 홀더의 형상을 선택하였다 하더라도 결국 바이트의 중심위치를 정확하게 맞추지 않으면 원하는 대로의 정확한 가공이 어렵다.

바이트는 절삭점이 공작물의 중심선 보다 높을 때 공구의 여유각이 감소되며 반대로 절삭점이 중심선의 아래쪽에 있을 때는 경사각이(negative) 방향으로 커지므로 절삭날은 공작물의 중심선상이나 중심선보다 약간 위쪽에 위치해야 한다.

만약 중심위치에서 어긋나게 바이트를 설치하였다면 그림 1.43과 같은 치수오차가 생길 것이다. 즉, 공작물의 회전 중심과 바이트의 인선 중심 위치를 h(mm), 공작물의 지름을 D(mm)라고 하면 치수오차 $\triangle D$는 식 (1-1)과 같다.

$$\Delta D = 2\sqrt{\left(\frac{D^2}{12}\right) + h - D} \tag{1-1}$$

이와 같이 중심 위치의 변화에 대한 치수 오차의 예를 표 1.1에 나타내었다. 이 표에서도 지름이 클 때는 치수오차의 영향이 거의 없지만, 지름이 작으면 치수오차는 커진다는 것을 알 수 있다.

여기서 잠깐 !! 

Q: ISO에 규정된 선삭용 인서트와 공구 홀더의 규격은?

A: ISO 규정 선삭용 인서트와 공구 홀더 표기법
아래 그림은 국제표준화기구인 ISO에서 규정한 선삭용 인서트와 공구 홀더의 규격을 나타낸 것이다. 이것은 우리가 사용하고자 하는 공구를 공구 메이커에 주문을 하거나 사용하였던 공구를 설명할 때 꼭 필요한 것으로, 규격표기법을 잘 알고 활용할 줄 알아서 원하는 공구를 정확하게 선택하여 사용할 수 있어야 한다.

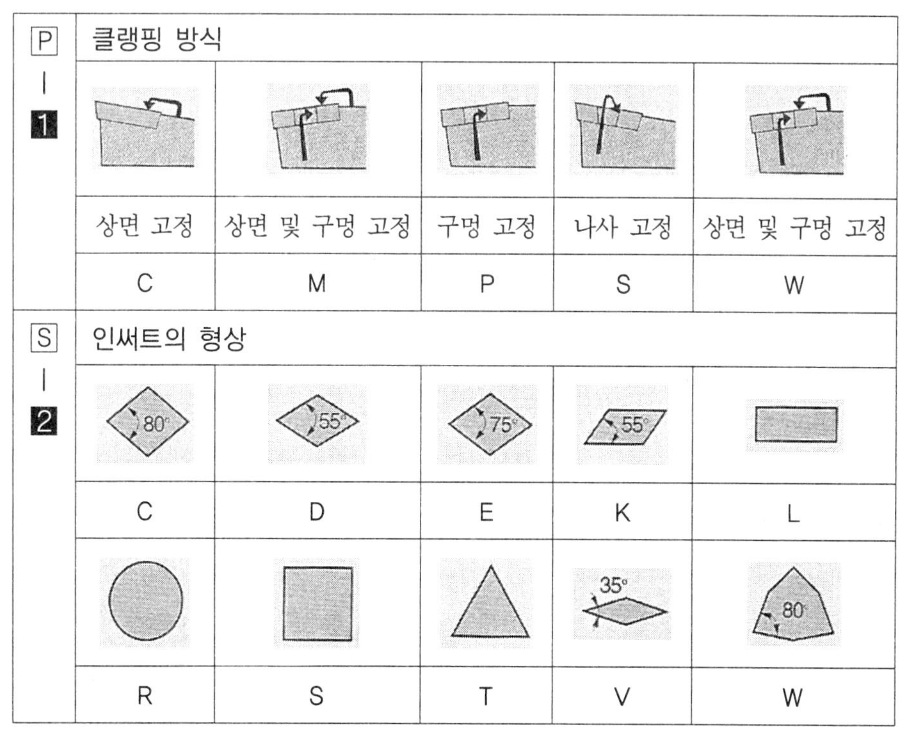

P – 1	클램핑 방식				
	상면 고정	상면 및 구멍 고정	구멍 고정	나사 고정	상면 및 구멍 고정
	C	M	P	S	W
S – 2	인써트의 형상				
	80°	55°	75°	55°	
	C	D	E	K	L
				35°	80°
	R	S	T	V	W

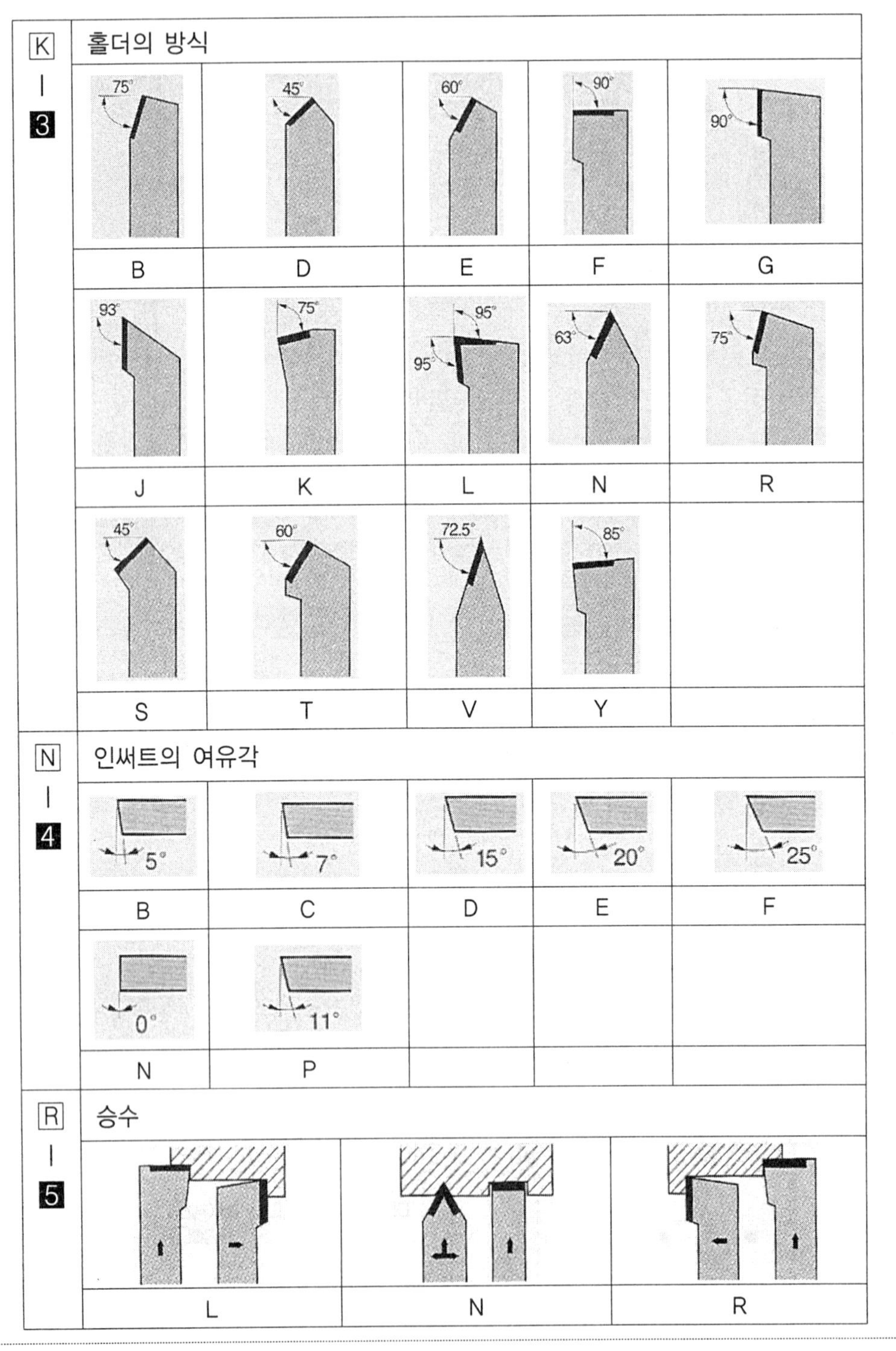

K – 3 홀더의 방식

B	D	E	F	G
75°	45°	60°	90°	90°

J	K	L	N	R
93°	75°	95°, 95°	63°	75°

S	T	V	Y	
45°	60°	72.5°	85°	

N – 4 인써트의 여유각

B	C	D	E	F
5°	7°	15°	20°	25°

N	P			
0°	11°			

R – 5 승수

L	N	R

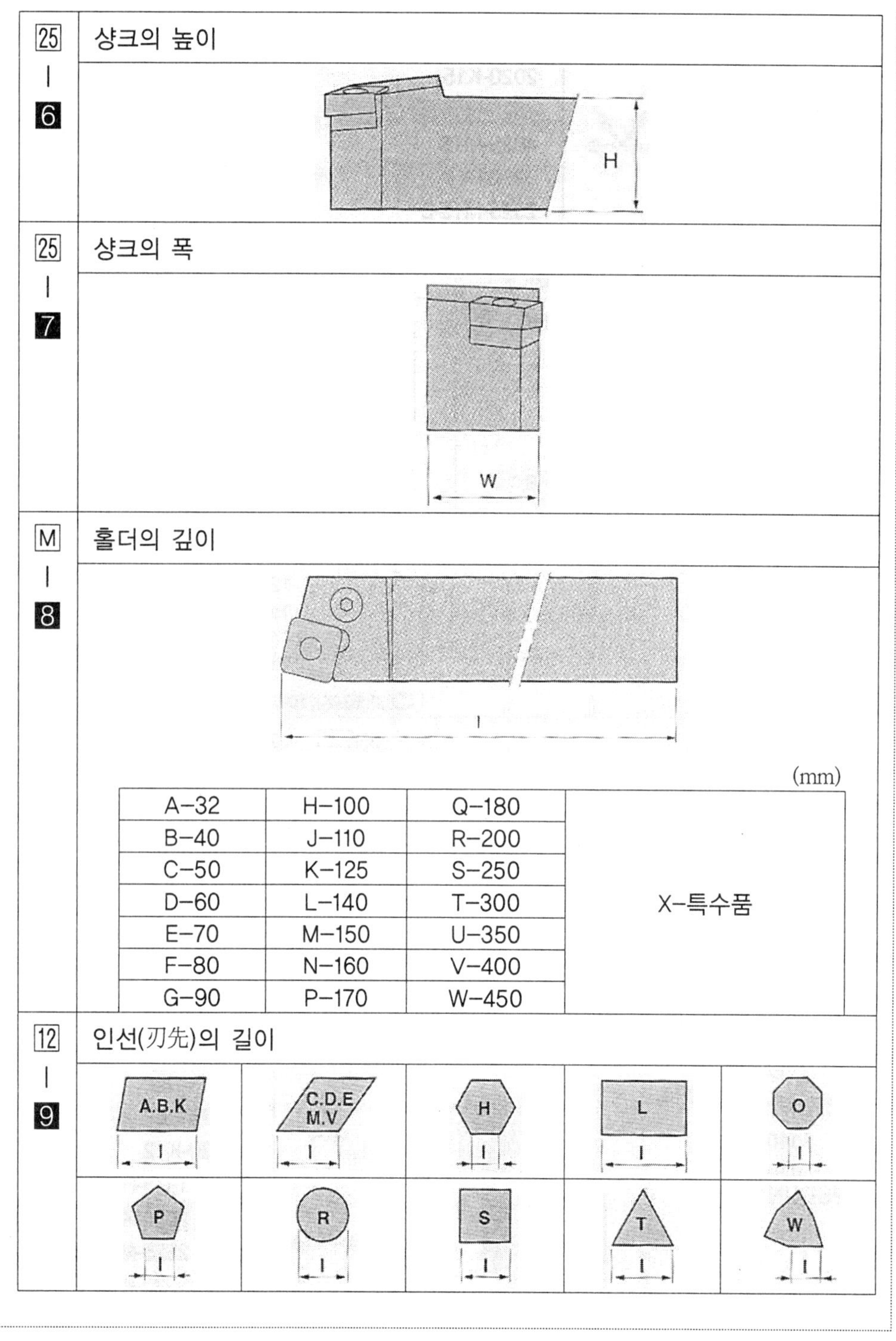

25-6 샹크의 높이

25-7 샹크의 폭

M-8 홀더의 길이

(mm)

A-32	H-100	Q-180	X-특수품
B-40	J-110	R-200	
C-50	K-125	S-250	
D-60	L-140	T-300	
E-70	M-150	U-350	
F-80	N-160	V-400	
G-90	P-170	W-450	

12-9 인선(刃先)의 길이

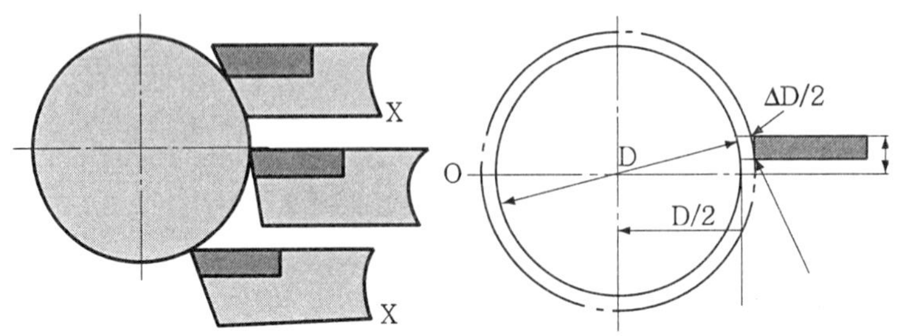

그림 1.43 바이트의 중심위치와 치수오차

표 1.1 중심 위치의 변화에 대한 치수오차

(단위 : mm)

h(중심위치) / D(직경)	2	1	0.5	0.3
200	0.04	0.01	0.002	0.001
200	0.08	0.02	0.004	0.002
50	0.16	0.04	0.01	0.004
30	0.27	0.06	0.02	0.006
10	0.77	0.20	0.05	0.018

2) 바이트 생크에 생기는 굽힘 응력(bending stress) 및 날끝 처짐량

이 식으로부터 필요로 하는 생크(shank)의 크기(폭 및 지름)도 구할 수 있다.

선반에서 절삭 가공할 때, 생크 단면 모양이나 절삭저항의 크기에 따라 바이트 생크에 생기는 굽힘 응력(bending stress) 및 날끝에서의 처짐량이 달라질 것이다. 또 이것을 계산하는 식을 알아봄으로써 어느 정도까지의 적절한 절삭저항과 허용될 수 있는 굽힘 응력이나 날끝 처짐을 고려할 때, 원하는 생크의 크기도 계산하여 선택할 수 있다.

굽힘응력이나 날끝의 처짐량은 사각 생크의 경우와 원형 단면을 가진 생크의 경우가 다른데 그림 1.44를 참고하여 식 (1-2)~(1-5)와 같이 계산할 수 있다.

식에서 E는 생크 재료의 세로탄성계수를 나타내는데, 강재와 초경합금재의 경우의 값은 표 1.2와 같으므로 원하는 임의의 값을 넣어 직접 사용할 생크의 크기도 위 식을 응용하여 계산해 보자. 그런데 사각 생크의 경우, 생크의 폭 d와 높이 h는 일반적으로 동일하다.

표 1.2 강재와 초경합금재의 세로탄성계수

재 료	MPa(N/mm²)	kgf/mm²
강 재	210,000	21,000
초경합금	560,000~620,000	56,000~62,000

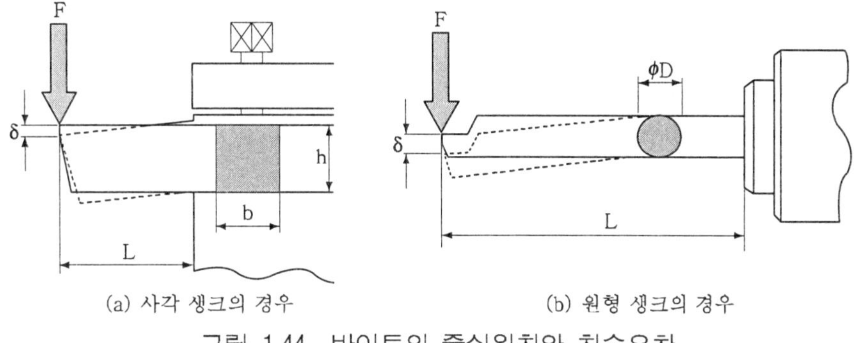

(a) 사각 생크의 경우 (b) 원형 생크의 경우

그림 1.44 바이트의 중심위치와 치수오차

여기서 잠깐 !! 

Q: 강재와 초경합금의 경우 생크 재료의 세로 탄성계수는?

A: 정밀도와 제작된 제품에 대한 신뢰성면에서 소위 모성원칙을 구비하고 있지 않아 공작 기계에서 제외되고 있습니다.

사각생크의 굽힘응력

$$S = \frac{6 \times F \times L}{b \times h^2} \tag{1-2}$$

사각생크의 날끝의 처짐량

$$\delta = \frac{4 \times F \times L^3}{E \times b \times h^3} \tag{1-3}$$

원형생크의 굽힘응력

$$S = \frac{32 \times F \times L}{\pi \times D^3} \tag{1-4}$$

사각생크의 날끝의 처짐량

$$\delta = \frac{46 \times F \times L^3}{3 \times \pi \times E \times D^4} \tag{1-5}$$

S : 생크에 일어나는 굽힘 응력 Mpa(N/mm^2)
F : 절삭저항(N)
b : 생크의 폭(mm)
L : 바이트의 돌출량(mm)
h : 생크의 높이(mm)
D : 생크의 직경(mm)
E : 생크 재료의 세로탄성계수(N/mm^2)

(4) 선반의 절삭동력과 기계적 효율

1) 절삭동력과 기계적 효율

우리는 제 1편 절삭이론의 기초 부분에서 절삭저항에 관련된 내용들을 선반 절삭에서의 예를 들며 공부하였다. 이것을 바탕으로 여기서는 선반 가공에서의 절삭동력과 기계적 효율에 대하여 알아보자.

선반의 전소비동력(total power consumption) N은 정미절삭동력(cutting power) Nn, 이송동력(feed power) Nf, 그리고 기계 운전에 의한 각부의 마찰에 소비되는 손실동력(loss power) Nr의 합, 즉 식 (1-6)으로 나타낼 수 있다.

$$N = Nn + Nf + Nr \tag{1-6}$$

따라서 공작기계의 기계적 효율을 η라 하면

$$\eta = \frac{Nn + Nf}{N} \times 100\% \tag{1-7}$$

이며, 손실동력 Nr은

$$Nr = N - (Nn + Nf) + N(1 - \eta) = (Nn + Nf)\left(\frac{1-\eta}{\eta}\right) \tag{1-8}$$

로 나타낼 수 있다.

정미절삭동력 Nn과 이송동력 Nf는 주절삭력을 P_1(kgf), 이송분력을 P_2(kgf), 절삭속도를 V(m/min), 이송속도를 f(mm/rev), 이때 회전수를 N(rpm)이라고 하면

$$Nn = \frac{P_1 \cdot V}{60 \times 75}(PS) = \frac{P_1 \cdot V}{60 \times 102}(\mathrm{kW}) \tag{1-9}$$

$$Nf = \frac{P_2 \cdot n \cdot f}{60 \times 75 \times 10^3}(PS) = \frac{P_2 \cdot n \cdot f}{60 \times 102 \times 10^3}(\mathrm{kW}) \tag{1-10}$$

이 된다. 여기서 Nf는 Nn의 2~5% 정도의 극히 작은 값으로 무시할 수 있으므로 것이므로 손실동력 Nr을 구하는 식은

$Nr = N - Nn = Nn\left(\frac{1-\eta}{\eta}\right)$로 나타낼 수 있으며, 여기서 $\eta = \frac{Nn}{N}$이다.

2) 절삭시간

선반 가공에서 공작물의 길이를 l(mm)라 하면 1분간의 바이트 이동거리는

$$l = S \cdot N \tag{1-11}$$

로 나타낼 수 있다. 또 실제 절삭시간은

$$T = \frac{l}{S \cdot TN} \tag{1-12}$$

로 구할 수 있다.

여기서, T : 실제 절삭시간(min),

N : 공작물의 회전수(rpm) 즉, $N = \frac{1000V}{\pi \cdot D}$

S : 공작물 이송량(mm/rev)

예제 1

바깥지름 70mm, 길이 200mm의 강재 환봉을 초경 바이트로 거친 절삭을 할 때의 가공 시간을 구해 보자. 단, 절삭속도는 120m/min, 이송량은 0.2mm/rev이다.

풀이

$$N=\frac{1000V}{\pi \cdot D}=\frac{1000\times 120}{3.14\times 70}=545.95(\mathrm{rpm})$$

$$T=\frac{l}{NS}=\frac{200}{55.95\times 0.2}=\frac{200}{109.19}=1.83(\mathrm{min})$$

체크 포인트

1. 바이트의 형상과 종류, 공각의 영향
   ① 윗면경사각(front top rake angle)
   ② 옆면경사각(side rake angle)
   ③ 옆면여유각(side relief angle)
   ④ 앞면여유각(end relief angle)
   ⑤ 옆면절삭날각(lead angle, side cutting edge angle)

2. 툴 홀더(tool holder)규격 선정
   P S K N R 25 25 M 12

P : 클램핑 방식	S : 각종 인서트의 형상	K : 홀더의 형상
N : 인터트의 여유각	R : 승수	25 : 생크의 높이
25 : 생크의 폭	M : 홀더의 길이	12 : 인선의 길이

3. 바이트 생크에 생기는 굽힘 응력(bending stress) 및 날끝 처짐량
   - 사각 생크의 경우

$$S=\frac{6\times F\times L}{b\times h^2}$$

$$\delta=\frac{4\times F\times L^3}{E\times b\times h^3}$$

연습문제

1. 선반 바이트의 공구각과 절삭저항과의 관계를 바르게 설명한 것은 어느 것인가?
   ① 옆면 절삭날각이 크면, 절삭저항의 주분력은 상승합니다.
   ② 옆면 절삭날각이 크면, 절삭저항의 이송분력은 감소합니다.
   ③ 경사각이 크면 클수록 절삭저항이 감소합니다.
   ④ 경사각이 크면 클수록 절삭저항이 증가합니다.

2. 다음은 ISO에서 규정한 선반 툴 홀더의 규격이다. 각각이 의미하는 것을 설명해 보자.

P S K N R 25 25 M 12

정답 및 해설

1. 동일한 이송에 옆면 절삭날각이 클 경우, 주분력은 상승하는 반면 이송분력은 약간씩 이기는 하나 감소함을 알 수 있다. 경사각이 크면 클수록 절삭저항이 감소하며 100m/min의 낮은 절삭속도에서는 그 차이가 더욱 뚜렷하게 나타남을 알 수 있다.

2. P : 클램핑 방식, S : 각종 인서트의 형상, K : 홀더의 형상, N : 인서트의 여유각
   R : 승수, 25 : 생크의 높이, 25 : 생크의 폭, M : 홀더의 길이, 12 : 인선의 길이

Chapter 2 밀링 머시인(Milling Machine)

학습 목표

1. 밀링 머시인의 운동원리를 설명할 수 있다.
2. 밀링 머시인을 이용하여 가공할 수 있는 작업을 8가지 이상 말할 수 있다.
3. 밀링 커터의 종류를 3가지 이상 스케치하여 말할 수 있다.
4. 강, 주철, 스테인레스 강의 일반 절삭에서 가장 적절한 밀링 커터의 경사각을 선택할 수 있다.
5. 절삭속도, 밀링커터의 날 수 등을 알 때, 테이블 이송량을 계산할 수 있다.
6. 밀링커터의 지름과 절삭날 수 및 1날 당 이송을 알 때, 1회 절삭에 소요되는 정미 절삭시간을 계산할 수 있다.
7. 상향밀링과 하향밀링의 장단점을 3개 이상씩 설명할 수 있다.
8. 분할대를 이용하여 공작물을 원주분할, 각도분할 할 수 있다.
9. 공작물의 지름, 잇수, 트위스트각을 알 때 분할 및 변환기어를 계산하여 가공할 수 있다.

1. 밀링 머시인의 기초

학습 Point

- 밀링(milling) 가공의 종류 = 평면 가공, 홈 가공, 측면 가공, 각도 가공, 기어 가공, 절단작업, 나선홈 가공, 내원형 절삭, 엔드밀 작업, 정면 가공 등
- 밀링 머시인의 종류 = 니이 컬럼형 밀링 머시인, 생산형 밀링 머시인, 플레노밀러, 특수 밀링 머시인, CNC 밀링 머시인

(1) 밀링 머시인(milling machine)의 정의

밀링 머시인은 원주 위에 절삭 날이 같은 간격으로 배치되어 있는 밀링 커터라는 절삭공구를 회전시켜 공작물이 고정된 테이블을 이송하면서 가공하는 공작 기계이다.

이것은 선반과 같이 바이트를 공구로 쓰는 공작기계와는 다르며, 일반적으로 테이블은 가로, 세로, 상하 3 방향으로 이동하며 테이블이 회전하는 형식도 있다.

밀링 머시인은 사용범위가 대단히 넓은 공작기계이며, 그림 2.1은 니이형 수직식 밀링 머시인의 구조를 나타낸다.

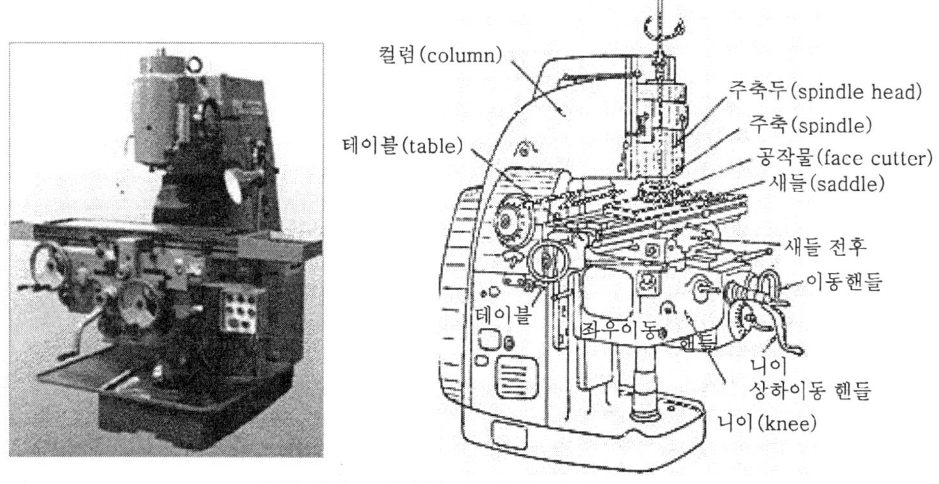

그림 2.1 니이형 수직식 밀링 머시인

(2) 밀링(milling) 가공의 종류

밀링 머시인으로는 그림 2.2와 같이 평면은 물론 불규칙하고 복잡한 각종 가공이 가능하므로 기계공장에서 선반, 연삭기 등과 같이 가장 널리 사용된다.

분할대와 같은 부속품과 부속 장치를 사용하여 나사 절삭, 드릴의 홈 깎기, 재봉틀 부속, 총기, 시계 등의 특수 부분품 제작에 많이 사용되어 왔다.

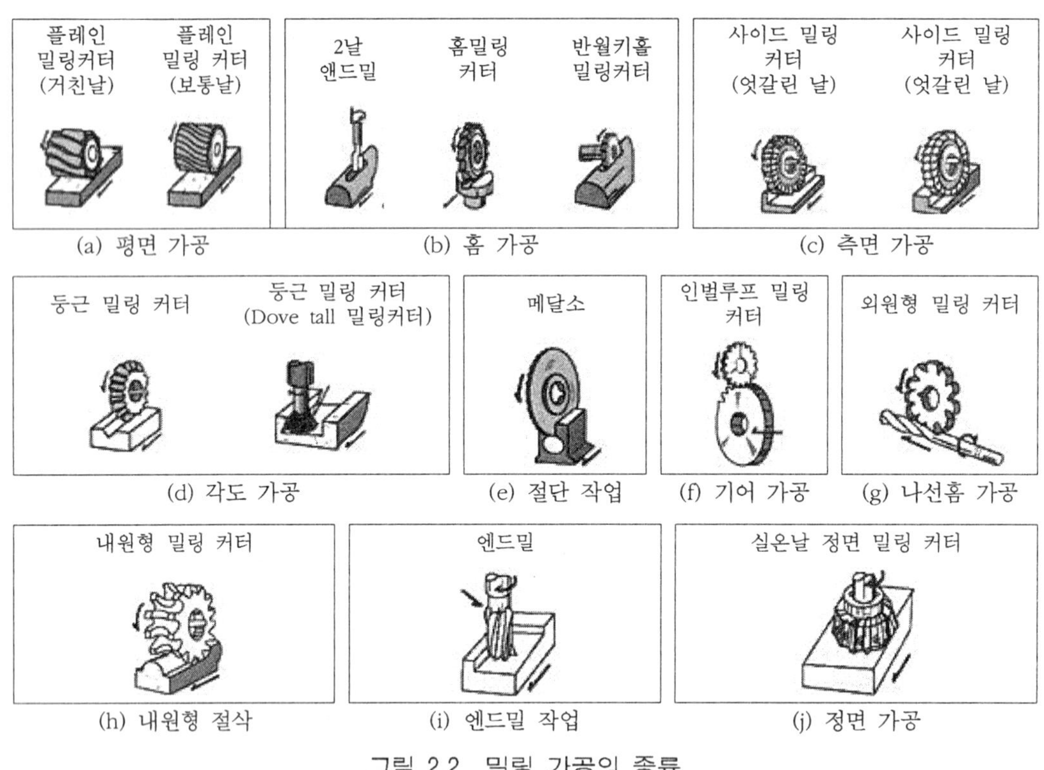

그림 2.2 밀링 가공의 종류

(3) 밀링 머시인의 운동

밀링 머시인은 절삭 공구가 회전하며 테이블이 X, Y 및 Z축 방향으로 운동할 수 있다.

X축 방향	테이블 좌우 이동방향
Y축 방향	니이(Knee)의 상하 운동
Z축 방향	새들(saddle)의 전후 운동

(4) 밀링 머시인의 종류 및 구조

밀링 머시인은 여러 가지 형식 및 크기를 가지고 있으며 그 사용목적과 형상에 따라 니이 컬럼형 밀링 머시인, 생산형 밀링 머시인, 플레노밀러, 특수 밀링 머시인, CNC 밀링 머시인 등이 있다.

1) 니이 컬럼형 밀링 머시인

일반적으로 가장 많이 쓰이는 밀링 머시인 이며 기둥(column), 니이(knee), 테이블(table) 등으로 구성되어 있다.

밀링 머시인의 크기 표시는 테이블의 크기(길이×폭), 테이블의 이동 거리, 테이블 면과의 최대 수직 거리 등으로 표시하는 등, 여러 가지 규정이 있으나, 니이 컬럼형 밀링 머시인의 크기는 일반적으로 테이블의 이동 거리를 호칭 번호로 표시하여 왔다.

표 2.1은 니이 컬럼형 밀링 머시인의 호칭번호와 테이블의 이동 거리를 나타낸 것으로 공작물의 크기와 중량에 따라 각각에 알맞은 밀링 머시인을 선택하여 사용하면 되겠다.

니이 컬럼형 밀링 머시인에는 수직 밀링 머시인(vertical milling machine), 수평 밀링 머시인(horizontal milling machine), 만능 밀링 머시인(universal milling machine) 등이 있다.

표 2.1 니이 컬럼형 밀링 머시인의 호칭번호와 테이블 이동 거리

호칭번호		0	1	2	3	4	5
테이블의 이동거리 (mm)	좌우	450	550	700	850	1,050	1,250
	전후	150	200	250	300	350	400
	상하	300	400	450	450	450	500

① **수직 밀링 머시인**(vertical milling machine)

정의	• 그림 2.3과 같이 주축이 테이블에 수직으로 되어 있으며 정면 밀링 커터, 엔드밀 등을 스핀들에 고정시켜 절삭 하는 공작기계 이다.
특징	• 높은 정밀도로서 능률적으로 가공할 수 있게 되어 범용 공작기계로서 이용도가 매우 높다. • 수직 밀링 머시인의 주축 헤드는 고정형 외에 상하 이동형, 수직면안에서 필요한 각도로 경사시킬 수 있는 것 등이 있다.
구조	• 수직 밀링 머시인의 주요 구조는 주축(spindle), 테이블(Table), 새들(saddle), 니이(knee), 컬럼(column), 베이스(base) 등으로 이루어져 있다.

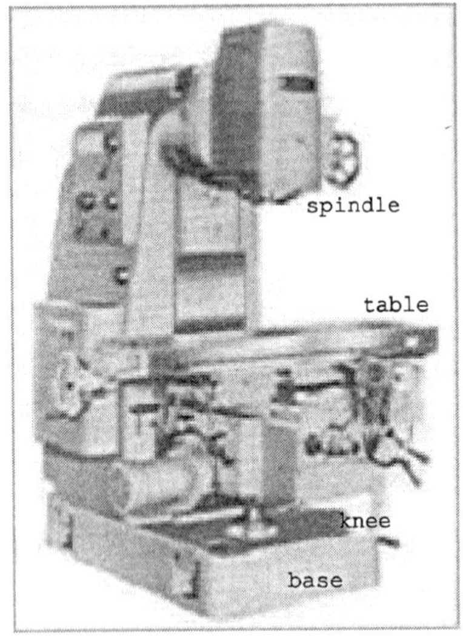

그림 2.3 수직 밀링 머시인

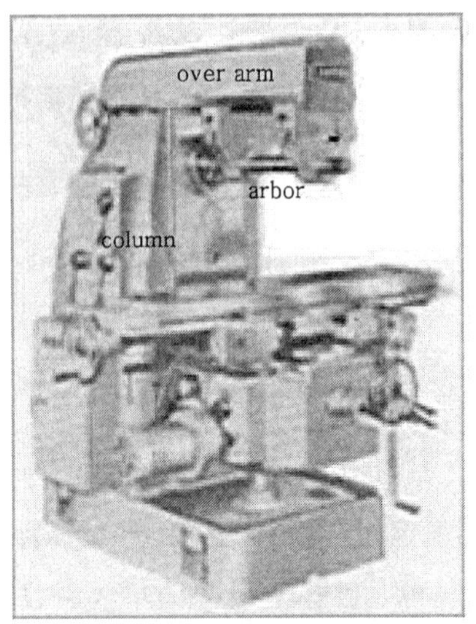

그림 2.4 수평 밀링 머시인

② 수평 밀링 머시인(horizontal milling machine)

정의	• 그림 2.4와 같이 주축을 컬럼 윗부분에 수평 방향으로 장치하고 니이는 기둥 앞면을 상하로 미끄러져 이동하며, 니이 위의 새들은 앞 뒤 방향으로 이동하는 공작기계이다.
특징	• 아아버(arbor)는 주축에 고정하여 아아버에 고정된 밀링 커터를 회전시켜 가공하게 된다. • 오버암(over arm)은 컬럼 상부에 설치, 주축과 평행 방향으로 이동, 아버 및 부속 장치를 지지한다. • 요즈음에는 테이블의 절삭 이송, 급속 이송, 급속 귀환 장치 등을 자동 사이클로 완성하게 하는 것이 대부분이다.

③ 만능 밀링 머시인(universal milling machine)

정의	• 새들과 테이블 사이에 그림 2.5와 같은 회전판이 있어 테이블을 회전 시킬 수 있는 공작기계이다
특징	• 테이블을 필요한 각도만큼 회전 시켜 이송할 수 있으므로 분할대나 헬리컬 절삭 장치를 사용하면 헬리컬 기어(Helical gear), 트위스트 드릴(twist drill)의 비틀림 홈, 스플라인 축 가공 등 수평 밀링 머시인보다 광범위한 작업을 할 수 있다.
구조	• 구조는 그림 2.6과 같이 수평 밀링 머시인과 같다.

그림 2.5 만능 밀링 머시인

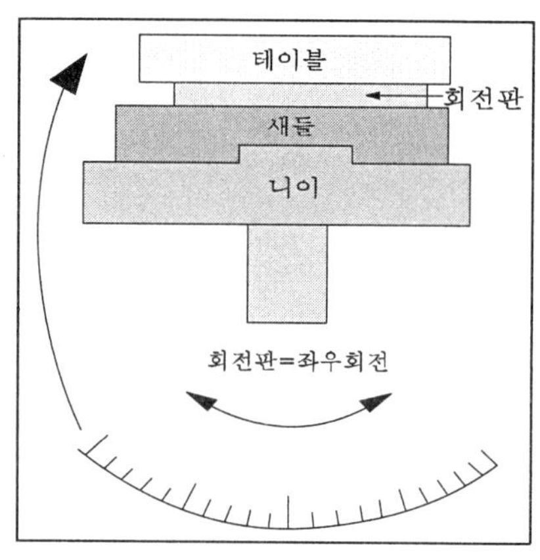

그림 2.6 회전판

④ 생산형 밀링 머시인

정의	• 대량 생산에 적합하도록 어느 정도 단순하게 만든, 자동화된 밀링 머시인 이다.
특징	• 테이블의 상하 운동은 없으나 간단하고 강력하다. • 테이블의 좌우이동과 스핀들의 회전운동으로 가공한다. • 생산형 밀링 머시인에는 그림 2.7과 같이 주축헤드가 1개 있는 단두형 생산밀링 머시인과, 그림 2.8과 같은 회전 테이블형 밀링 머시인이 있다.
구조	• 주축 헤드가 2개 있는 쌍두형, 2개 이상 있는 다두형도 있다.

그림 2.7 생산형 밀링 머시인(단두형)

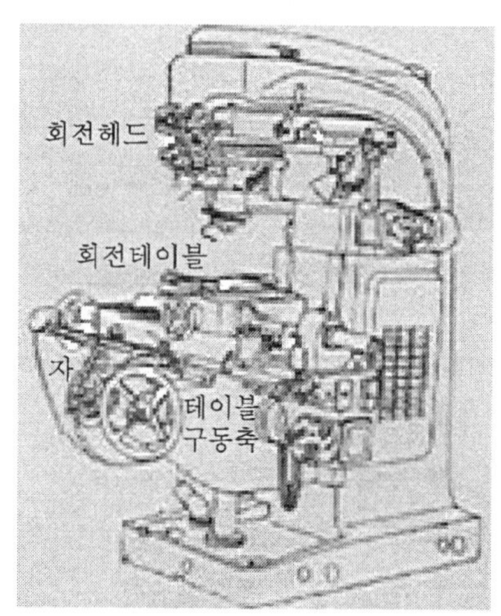

그림 2.8 회전 밀러

▹ 회전 테이블 형 밀링 머시인

이것은 회전 밀러(rotary miller)라고도 합니다. 회전 밀러는 일감을 고정한 원형 테이블을 연속 회전시키며, 2개의 스핀들 헤드를 써서 두 종류의 일감을 동시에 가공할 수 있는 고성능 밀링 머시인이다.

⑤ 플레노 밀러(plano-miller)

정의	• 플레이너의 공구대 대신 밀링 헤드가 장치된 형식으로서 플레이너형 밀링 머시인이라고도 한다.
특징	• 그림 2.9와 같이 단주형과 쌍주형이 있다 • 중량물 및 대형 공작물의 중절삭에 사용되며 외견상으로 플레이너와 비슷하나 여러 개의 밀링커트를 사용하여 절삭한다. • 테이블 이송은 자동 싸이클에 의하여 급속 원정 복귀하며 자동으로 이송한다.

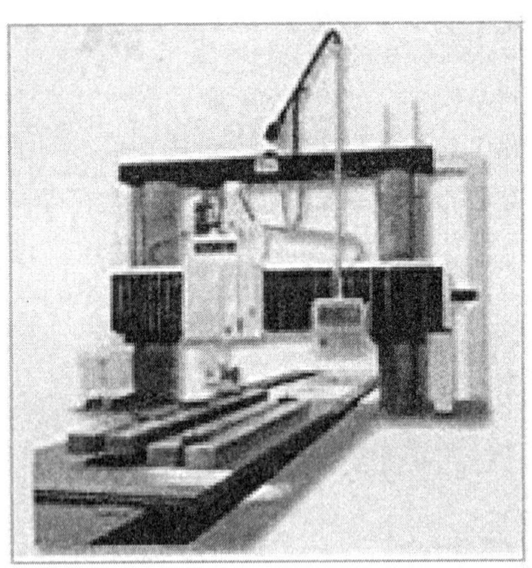

그림 2.9 플레노밀러

⑥ 특수 밀링 머시인

특수 밀링 머시인에는 모방 밀링 머시인과 나사 밀링 머시인이 있다.

모방 밀링 머시인 (profile milling machine)	• 모방 장치를 사용하여 프레스, 단조, 주조용 금형 등의 복잡한 모양의 것을 정밀도가 높고 능률적으로 가공할 수 있는 구조로 되어 있는 밀링 머시인 이다.
나사 밀링 머시인 (thread milling machine)	• 나사를 깎는 전용 밀링 머시인으로서 작동이 간단하고 가공능률이 좋으며, 깨끗한 다듬질 면의 나사를 가공할 수 있다. • 그림 2.10의 (a)는 1산 나사깎기 커트를 사용 하는 비교적 긴 나사를 깎을 때 사용하며 그림 2.10의 (b)는 지름이 크고 리이드가 작은 나사를 깎을 때 사용한다.

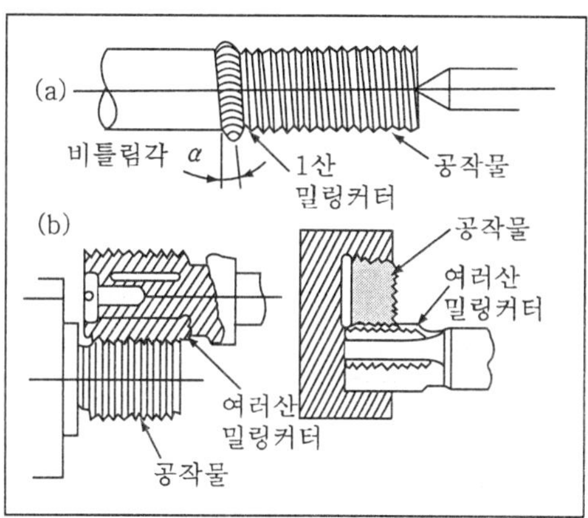

그림 2.10 밀링 머시인에 의한 나사깎기 작업

⑦ CNC 밀링 머시인

정의	• 여러 종류의 작업을 연속적으로 수행하는 컴퓨터가 내장된 수치제어(numerical control) 공작기계 이다.
특징	• 공구를 자동 공구 교환 장치인 툴 메가진(tool magazine)에 저장하여 프로그램에 의해서 공구를 자동적으로 교환하고, 공구경로를 따라 이송하여 가공한다. • 윤곽제어에 의한 평면 캠, 원통 캠, 판 게이지 등을 가공하는 데 효과적이다.

그림 2.11 CNC 밀링 머시인

(5) 밀링 커터(milling cutter)

학습 Point

- 밀링 커터(milling cutter)의 종류=플레인 커터, 측면 밀링 커터, 메탈 스리팅 소, 엔드밀, 정면 밀링커터, 홈 밀링 커터, 각 밀링 커터, 총형 밀링 커터 등
- 밀링 커터의 경사각 조합 방법에 따른 특징 = double positive rake, double negative rake, positive- negative rake, negative- positive rake

1) 밀링 커터의 종류

① 플레인 밀링 커터(plain milling cutter)

- ▹ 원주에 여러 개의 절삭 날을 가진 것으로 평면 가공에 사용되며 곧은 날과 비틀림 날이 있다.
- ▹ 비틀림 날의 나선각은 보통 15°~30°정도이다. (그림 2.12)

그림 2.12 플레인 밀링 커터

② 측면 밀링 커터(side milling cutter)

- ▹ 커터 측면에 절삭 날이 붙어있어 측면 가공에 사용된다.
- ▹ 반 측면 밀링 커터, 측면 밀링 커터, 조립 날 홈파기 커트, 엇갈린 날 밀링 커터 등 4 종류가 있다
- ▹ 플레인 커터와 같이 바깥지름(mm)과 폭(mm)으로 크기를 표시한다.(그림 2.13)

그림 2.13 측면 밀링 커터

③ 메탈 스리팅 소(metal slitting saw)

- ▹ 메탈 스리팅 소는 절단과 홈 파기에 사용된다.
- ▹ 양측은 중심을 향해 테이퍼로 되어 있어 공작물과 공구가 닿지 않도록 여유를 주고 있다.(그림 2.14)

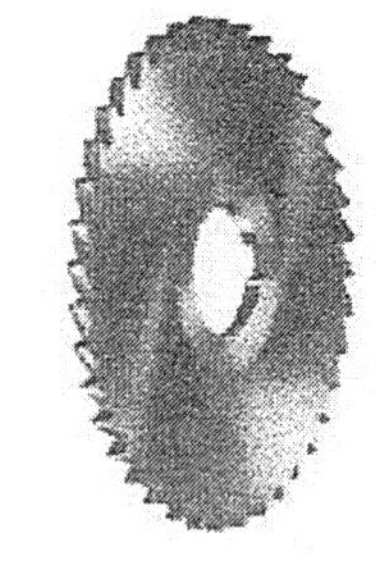

그림 2.14 메탈 스리팅 소

④ 엔드밀(end mill)

- ▹ 단면과 원주 방향에 절삭 날이 있다.
- ▹ 절삭 날의 형태는 직선날, 좌측 비틀림 날, 우측 비틀림 날 등이 있다.
- ▹ 자루의 형태는 곧은 자루, 테이퍼 자루가 있다.(그림 2.15)

그림 2.15 엔드밀

⑤ 정면 밀링 커터(face milling cutter)

- ▹ 외주와 정면에 날이 있으며 수직 밀링 머시인에서 평면 가공에 사용한다.
- ▹ 절삭 능률과 다듬질면 정도가 우수한 초경합금의 스로우어웨이(throw away)식 밀링 커터가 많이 사용된다.(그림 2.16)

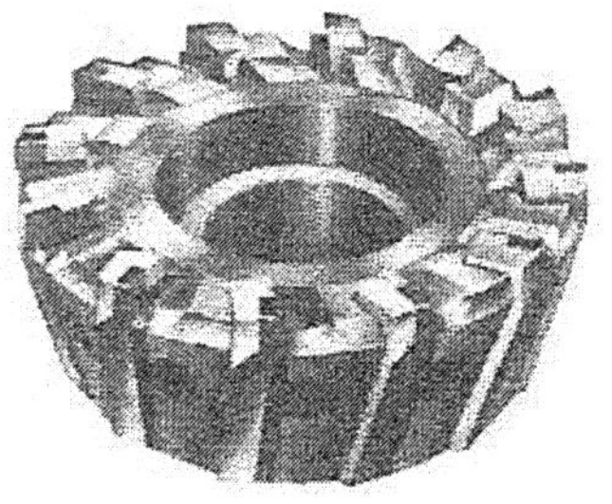

그림 2.16 정면 밀링 커터

⑥ 홈 밀링 커터

▹ 엔드밀이나 사이드 커터 등으로 홈을 가공한다.

▹ T홈을 가공할 때는 T홈 밀링 커터(그림 2.17 b)를, 반달키 홈을 가공할 때는 우드러프키 홈 커터(woodruff key seat cutter)를 사용한다.(그림 2.17)

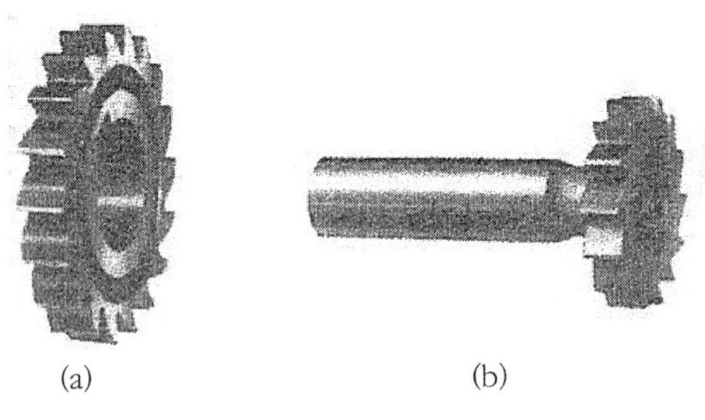

(a) (b)

그림 2.17 홈 밀링 커터

⑦ 각 밀링 커터(angel milling cutter)

▹ 절삭 날이 각을 이루고 있는 밀링 커터이다.

▹ 편각 커터에는 45°, 50°, 60°, 70°, 80°가 있고, 양각 커터에는 45°, 60°, 90°의 각을 이룬 것이 있다.(그림 2.18)

그림 2.18 각 밀링 커터

⑧ 총형 밀링 커터(form milling cutter)

▹ 절삭할 공작물의 형상과 같은 윤곽의 절삭 날을 가진 밀링 커터를 말한다.

▹ 가공 부문이 특수 한 경우는 그에 맞추어 제작하며, 특정의 형식은 규격화되어 있다.(그림 2.19)

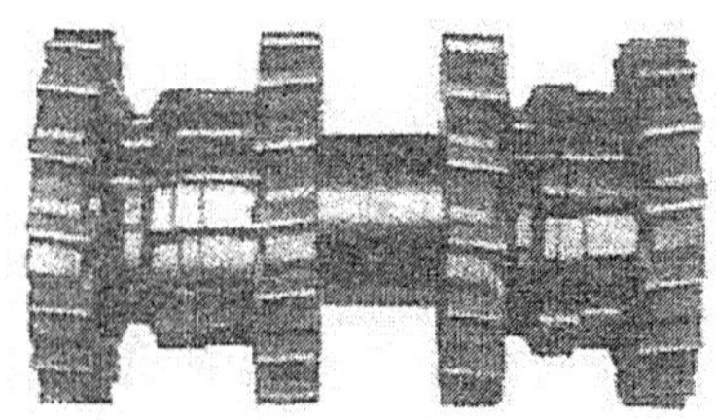

그림 2.19 총형 밀링 커터

2) 밀링 커터의 각 부 명칭과 공구각

그림 2.20은 밀링 커터의 주요 공구각을 나타내며, 표 2.2는 공작물의 재질에 따른 공구각의 선정 방법을 나타낸 것이다. 일반적으로, 날의 폭이 20mm 이상인 플레인 밀링 커터는 모두 비틀림 날로 만든다.

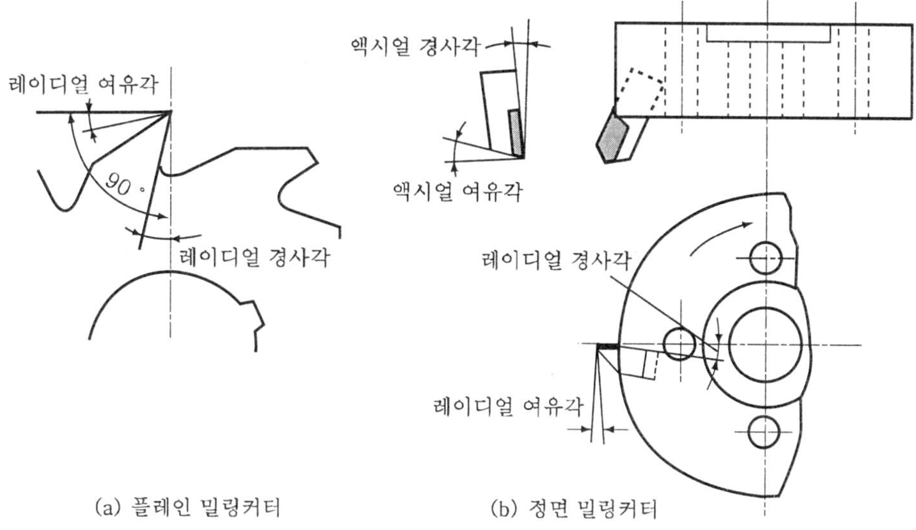

그림 2.20 밀링 커터의 주요 공구각

표 2.2 재질에 따른 밀링 커터의 공구각의 선정

일감의 재질		고속도강 밀링 커터		초경 합금 정면 밀링 커터			
		레이디얼 경사각	레이디얼 여유각	레이디얼 경사각	레이디얼 여유각	액시얼 경사각	액시얼 여유각
알루미늄		20~40	10~22	10	9	-7	5
플라스틱		5~10	5~7	—	—	—	—
황동 청동	무른 것	0~10	10~22	6	9	-7	5
	보통	0~10	4~10	3	6	-7	5
	굳은 것	—	—	0	4	-7	3
주철	무른 것			6	4	-7	3
	보통	8~10	4~7	3	4	-7	3
	굳은 것	—	—	0	4	-7	3
기단주철		10	5~7	6	4	-7	3
구리		10~15	8~12	—	—	—	—
강	무른 것	10~20	5~7	-6	4	-7	3
	보통	10~15	5~6	-8	4	-7	3
	굳은 것	10~15	4~5	-10	4	-7	3
	스테인레스	10	5~8	—	—	—	—

경 절삭용은 비틀림각이 15°, 중절삭용 거친날은 날의 수가 적고, 비틀림각은 25° 이상으로 되어 있다.

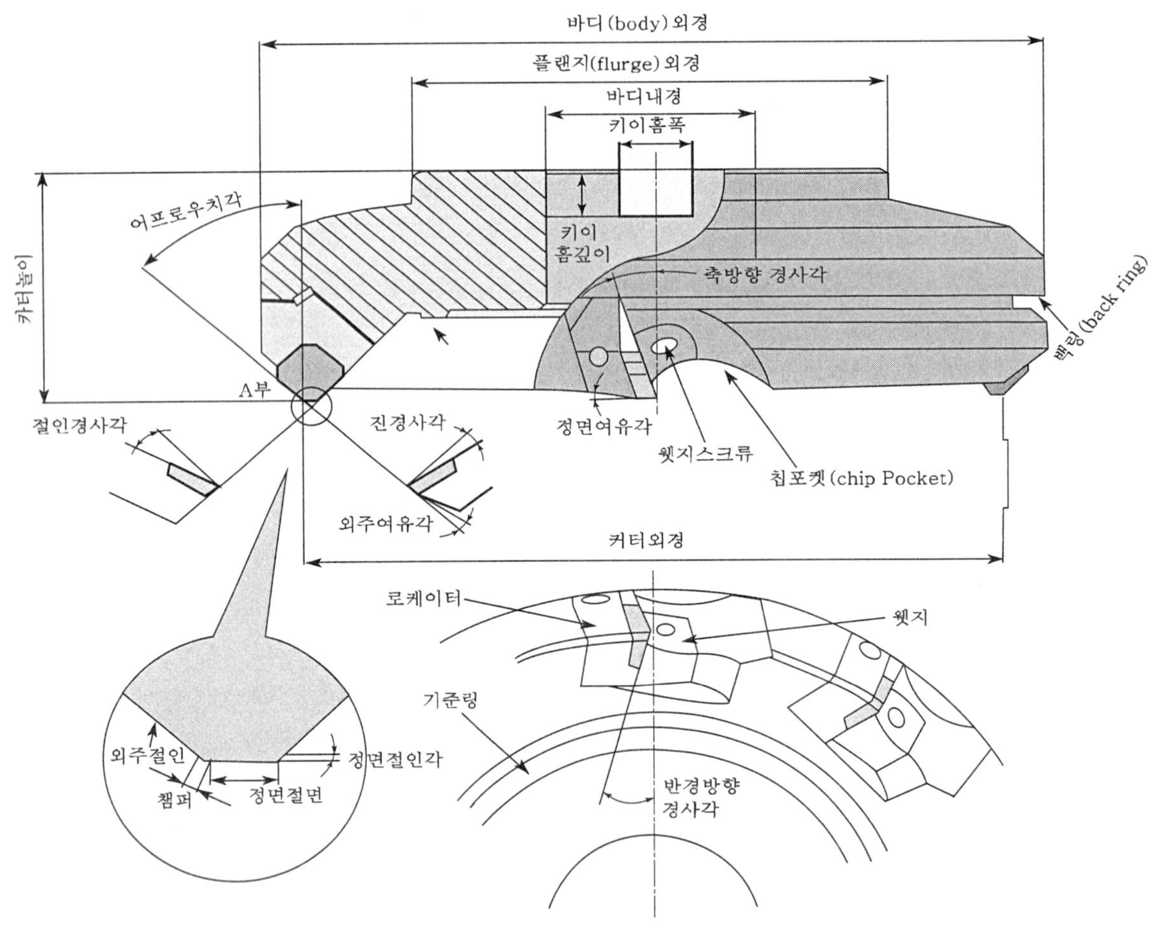

그림 2.21 정밀 밀링 커터 각 부분의 명칭

표 2.3 각 부분의 기능 및 효과

명 칭	기 능	효 과
축 방향 경사각	칩 배출 방향, 용착에 영향을 미칩니다.	
반경 방향 경사가	드러스트(thrust)에 영향을 미칩니다.	
외주 절이각 (radial cutting angle)	칩 두께, 배출 방향을 결정합니다.	클 경우 : 칩 두께를 감소시키고 절삭부하를 완화시킴
진(眞) 경사각	유효경사각의 기능을 합니다.	클 경우 : 절삭성을 양호하게 함 작을 경우 : 인선의 강도 증가, 용착을 쉽게 함
액시얼 경사각 (axial rake angle)	칩 배출 방향을 결정합니다.	클 경우 : 칩 배출 양호, 절삭 저항 감소, 코너부 강도 저하
정면 절인각	다듬질면 거칠기를 지배합니다.	작을 겨우 : 표면 거칠기 향상
여유각	인선강도, 공구 수명, 열림(chartering) 등을 지배합니다.	

3) 밀링 커터의 경사각 조합 방법에 따른 특징

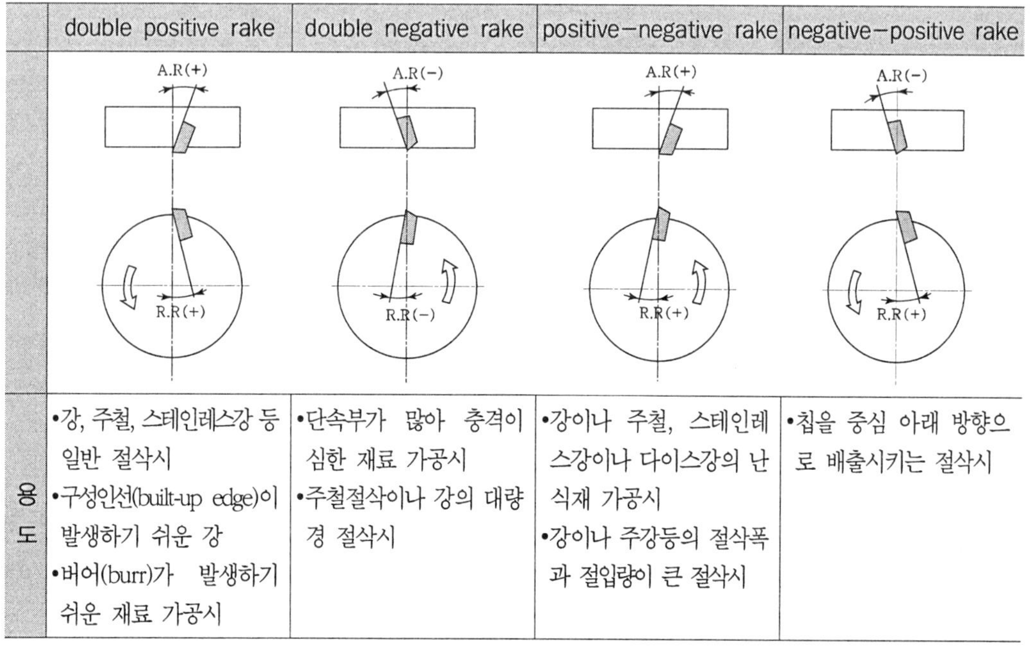

	double positive rake	double negative rake	positive–negative rake	negative–positive rake
	A.R(+) R.R(+)	A.R(–) R.R(–)	A.R(+) R.R(+)	A.R(–) R.R(+)
용도	•강, 주철, 스테인레스강 등 일반 절삭시 •구성인선(built-up edge)이 발생하기 쉬운 강 •버어(burr)가 발생하기 쉬운 재료 가공시	•단속부가 많아 충격이 심한 재료 가공시 •주철절삭이나 강의 대량경 절삭시	•강이나 주철, 스테인레스강이나 다이스강의 난삭재 가공시 •강이나 주강등의 절삭폭과 절입량이 큰 절삭시	•칩을 중심 아래 방향으로 배출시키는 절삭시

	double positive rake	double negative rake	positive－negative rake	negative－positive rake
장점	•인성이 높은 재질의 경우 구성인선(built-up edge)을 방지할수 있어 가공면의 거칠기를 향상시킬 수 있다. •절삭성이 양호하고 절삭 저항이 작다.	•인선 강도가 크다 •흑피, 모래 등이 붙은 표면상태가 좋지 않은 재료의 절삭에 적당함 •인써트의 양면사용이 가능하므로 경제적이다. •칩 처리가 양호하다.	•절삭성 및 칩배출이 우수하다. •난삭재 가공에 적당하다. •부등분할로 떨림을 방지할 수 있다.	
단점	•인선강도가 약하다. •인써트의 한쪽면만 사용 가능하므로 비경제적이다. •기계와 커터 몸체의 강성이 필요하다.	•기계와 커터 몸체의 강성이 필요하다.	•인써트의 한쪽면만 사용 가능하므로 비경제적이다.	•칩 배출이 카터의 중심부로 흐르기 때문에 가공면을 손상시키는 경우가 많다. •칩 배출이 좋지 않다. •비경제적이다.

A.R: 축방향 경사각 / R.R: 반경 방향 경사각 / A.A: 외주 절인각
T.A: 진 경사각 / I.A: 절인 경사각/ F.A: 정면 절인각

4) 정면 밀링 커터용 스로우어웨이(TA; throw-away)팁

① 음각(－)형(negative type)

– 코너의 양쪽에 평행 랜드가 있으며 좌우 어느 쪽도 사용 가능하다.

– 한쪽 4코너, 양면이므로 모두 8코너 사용이 가능하다.

② 양각(＋)형(positive type)

– 한쪽 4코너만 사용할 수 있다.

▹ 팁의 크기 : 12.7㎜ (1/2)와 15.88㎜(5/8")

▹ 팁의 두께 : 12.7㎜용은 3.2㎜, 15.88㎜용은 4.76㎜

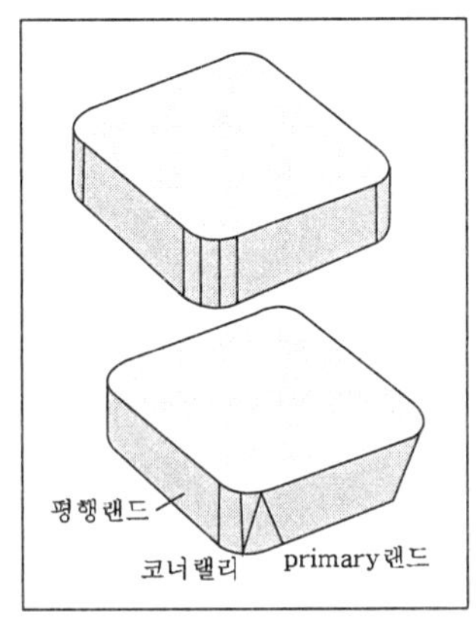

그림 2.22 TA 팁의 형상

5) 커터의 날수

☞ 범용 커터의 날수 계산은 다음과 같이 한다.

– 커터의 직경 : D(inch), 날수 : Z라 할 때

D= 6~14 inch 인 경우 Z=D+2

예) ▹ D가 6"inch 일 때, 날수는 Z=6+2=8개

▹ D가 10"(약 250㎜) 일 때, 날수는 Z=10+2=12개

※ 만약 날수가 홀수이면 항상 짝수로 하여 준다.

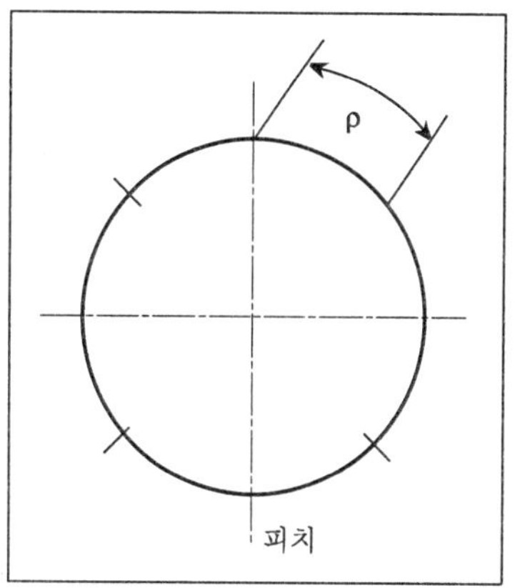

그림 2.23 커터의 날 수

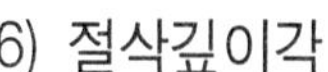

절삭깊이각의 특성은 다음과 같습니다.

① 일정한 팁의 크기에 대해 절입각이 증가하면 절삭 깊이가 증가한다.

② 주분력 및 절입각이 작아지면 절삭동력은 작아진다.

③ 축방향, 직경방향의 저항은 절입각이 작아지면 커진다.

따라서 밀링 머시인의 주축은 직경 방향의 힘보다 축 방향의 힘을 받게 된다.

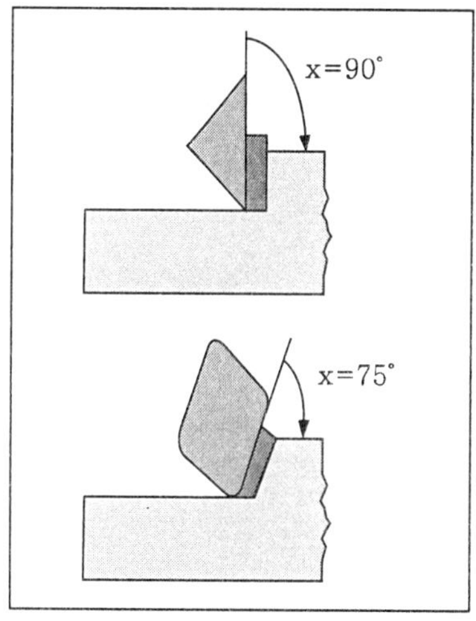

그림 2.24 절입각

체크 포인트

1. 밀링 머시인(milling machine)의 종류
   니이 컬럼형 밀링 머시인, 생산형 밀링 머시인, 플레노 밀러, 특수 밀링 머시인, CNC 밀링 머시인
2. 밀링(milling) 커터의 종류
   플레인 커터, 측면 밀링 커터, 메탈 스리팅 소, 엔드밀, 정면 밀링커터, 홈 밀링 커터, 각 밀링 커터, 총형 밀링 커터 등
3. 밀링 커터의 경사각 조합 방법의 종류와 각각의 특징
   double positive rake, double negative rake, positive- negative rake, negative-positive rake이 있으며 각각의 용도와 장단점은 다르다.

연습문제

1. 다음 중 만능형 밀링 머시인의 특징이 아닌 것은?
   ① 구조는 수평 밀링머신과 같으나 회전판이 있어 테이블을 회전시킬 수 있다.
   ② 헬리컬 기어, 트위스트 드릴의 비틀림 홈 등 광범위한 작업을 할 수 있다.
   ③ 테이블이 자동 싸이클에 의하여 급속 원정 복귀하며 자동 이송한다.
   ④ 회전판은 새들과 테이블 사이에 설치되어 있다.

2. 밀링 머시인을 이용하여 가공할 수 있는 작업을 8가지 이상 말해 보아라.

정답 및 해설

1. 테이블이 자동 싸이클에 의하여 급속 원정 복귀하며 자동으로 이송하도록 되어 있는 것은 플레노밀러(plano-miller)의 특징이다. 플레노밀러는 중량물 및 대형 공작물의 중절삭에 사용되며 외견상으로 플레이너와 비슷하며, 여러 개의 밀링커트를 사용하여 절삭한다.

2. 정밀링 머시인을 이용하여 가공할 수 있는 작업은 다음과 같은 것이 있다.
   (a) 평면 가공 (b) 홈 가공 (c) 측면 가공(d) 각도 가공 (e) 절단작업 (f) 기어 가공
   (g) 나선홈 가공 (h) 내원형 절삭 (i) 엔드밀 작업 (j) 정면 가공

2. 밀링가공의 절삭이론

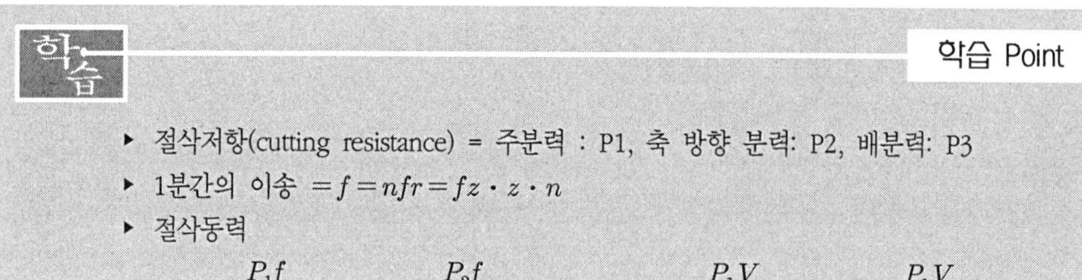
학습 Point

- 절삭저항(cutting resistance) = 주분력 : P1, 축 방향 분력: P2, 배분력: P3
- 1분간의 이송 $= f = nfr = fz \cdot z \cdot n$
- 절삭동력

$$N_1 = \frac{P_1 f}{60 \times 75}(PS) = \frac{P_2 f}{102 \times 60}(KW) \quad N_2 = \frac{P_1 V}{60 \times 75}(PS) = \frac{P_1 V}{102 \times 60}(kW)$$

(1) 칩(chip) 발생과 평균 두께

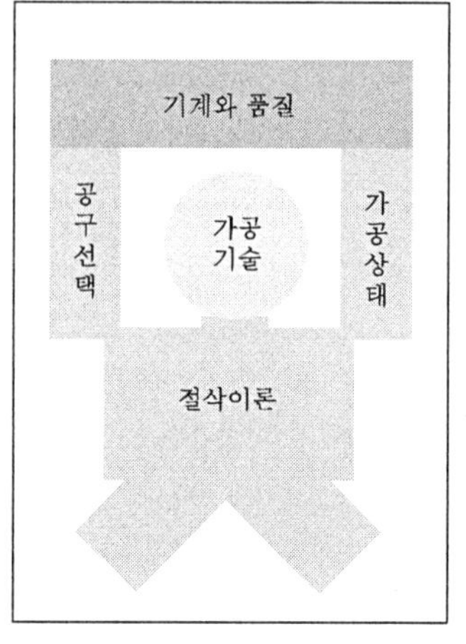

그림 2.25 절삭이론의 역할

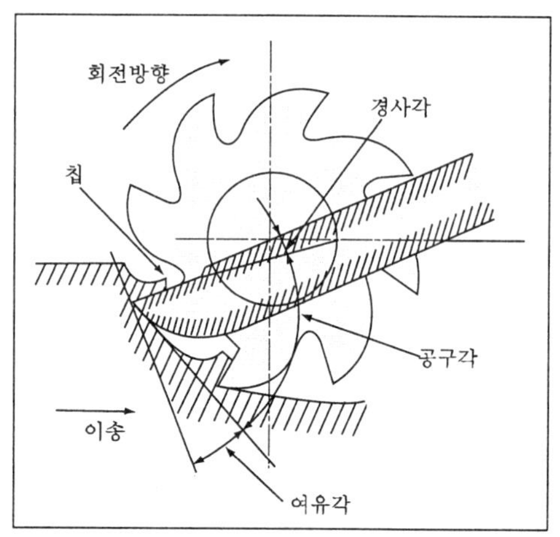

그림 2.26 밀링 커터와 절삭작업

밀링작업은 커터가 일정한 위치에서 회전운동을 하고 공작물에 이송을 주어 절삭한다.

밀링작업은 그림 2-26과 같이 많은 절삭날을 가진 원형의 회전 인선들이 순차적으로 재료를 절삭하는 것이지만, 1개의 절삭날은 해칭(hatching) 되어 있는 것과 같은 형상을 한 바이트와 유사하다는 것을 알 수 있다.

따라서 절삭작용도 선반 가공에서의 바이트의 작용과 흡사할 것이다.

여기서 잠깐 !! 

Q: 밀링 절삭 가공상태의 불량원인은 무엇일까?

A: ▸ 각 팁이 축 방향으로 미끄러질 때
▸ 팁의 마모가 불 균일할 때
▸ 팁의 형상이 불량일 때
▸ 팁의 흐름이 불량일 때

밀링 커터와 이송 운동의 상대적 운동은 사이크로이드(cycloid)곡선의 궤적(軌跡)을 갖게 되므로 인접한 인선으로 형성된 사이클로이드 곡선 사이에 있는 해칭(hatching)된 부분이 1개의 칩이 된다.

– 1개의 절삭날 당 이송은 f/z(z=절삭날수)

– 1분간의 이송량 $fm=fn$(n=회전수)

그림 2.27은 커터에 의해 칩이 형성되는 과정을 나타낸다.

① 그림의 $aghb$면과 $aefb$ 면 사이에 낀 부분은 공구가 회전하고, 가공물이 이송되므로 어느 1개의 절삭날이 a점의 위치에서 공작물에 접촉되어, 여기서부터 점점 절삭 되는 용적이 크게 되어 gc에서 최대 칩 두께에 달하고, 그 후부터 칩 두께가 감소되면서 e에 도달한다.

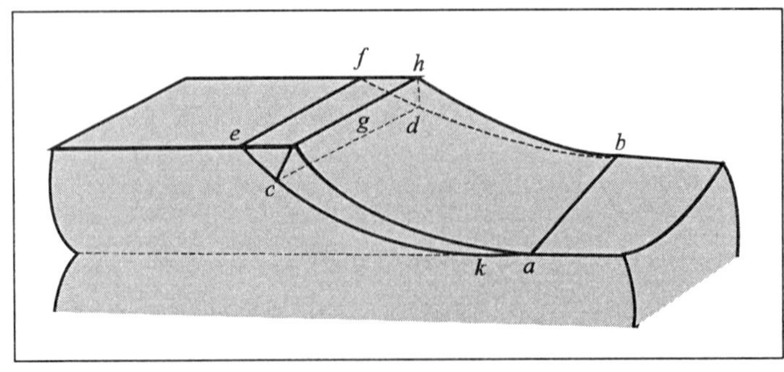

그림 2.27 밀링 작업에서의 칩의 생성

② 실제 작업에서 밀링 커터는 위에 압상(押上)하는 힘을 받고, 또 베어링부가 굽히든가 하는 것이 원인이 되어, a점에서부터 깎이지 않고 k까지는 마찰을 일으키면서 미끄러진다.

③ k점에 도달하여 아아버에 고정된 공구의 절삭 압력이 충분히 크게 되면 비로소 절삭작업이 진행되어 밀링 작업에서 볼 수 있는 특색 있는 칩이 발생된다.

▹ 단위 시간에 절삭되는 칩 체적 Q는

$$Q = b \cdot t \cdot f \tag{2-1}$$

b : 절삭부의 폭, t : 절삭 깊이, f : 전체의 이송, D : 밀링 커터의 지름

n : 회전수, z : 날수, tm : 평균칩의 두께

또한 1개의 날끝이 절삭하는 칩의 길이 l은 근사적으로 그림 2-28에서 $\Delta aei \backsim \Delta aek$

$$\therefore \frac{ai}{ae} = \frac{ae}{ak} \quad ae^2 = ai \times ak \tag{2-2a}$$

$$ae = 1, ai = D, \text{ 마} = t \quad \therefore I = \sqrt{Dt} \tag{2-2b}$$

식 (2-1), (2-2)에서

$$tm = \frac{Q}{nzbl} = \frac{btf}{nzb\sqrt{Dt}} = \frac{f}{nz}\sqrt{\frac{t}{D}}$$

$$tm = fn\sqrt{\frac{t}{D}}\left(but,\ fn = \frac{f}{D}\right)$$

▹ 칩의 평균 두께는 절삭깊이, 밀링 커터의 지름 및 f/nz등에 따라 변한다.

▹ f/nz는 1개의 날 끝마다의 이송으로서 밀링 작업 조건을 고찰하는데 사용한다.

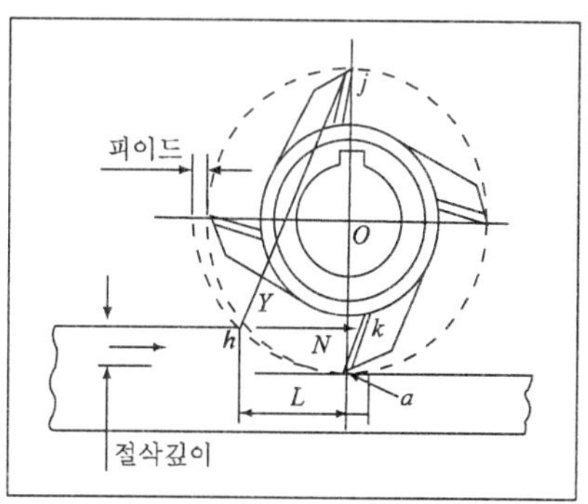

그림 2.28 칩의 발생

(2) 절삭저항(cutting resistance)

밀링 작업에서도 절삭저항(切削抵抗)은

① 절삭 방향의 주분력(主分力) P_1,

② 축방향의 이송분력(移送分力) P_2,

③ 축에 2직각으로 작용하는 배분력(背分力) P_3으로 분해할 수 있다.

그림 2.29는 절삭저항의 3분력의 방향을 각각 표시한다.

밀링작업에서 절삭저항에 미치는 경사각, 칩의 두께 등에 관한 영향은 선반의 경우와 같은 방법으로 취급할 수 있다.

그림 2.30은 절삭저항의 3분력과 1개의 날 끝 당 이송의 관계를 나타낸 것이다.

일반적으로 1개의 날 끝 당에 대한 절삭깊이 및 이송이 크게 됨에 따라 절삭저항은 증가한다.

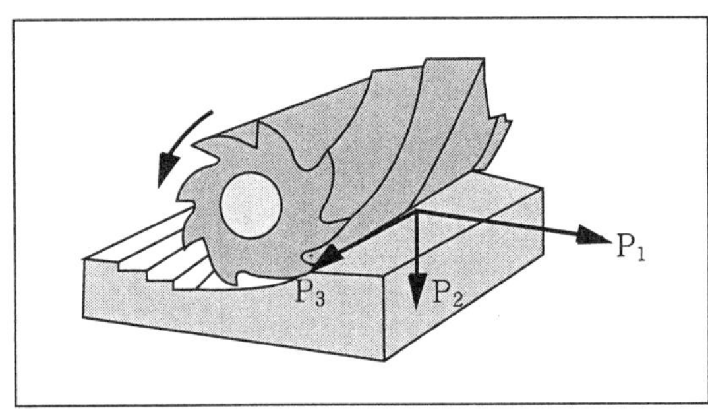

P_1 : 절삭 주분력
P_2 : 이송 분력
P_3 : 배분력

그림 2.29 밀링의 절삭 저항 분력

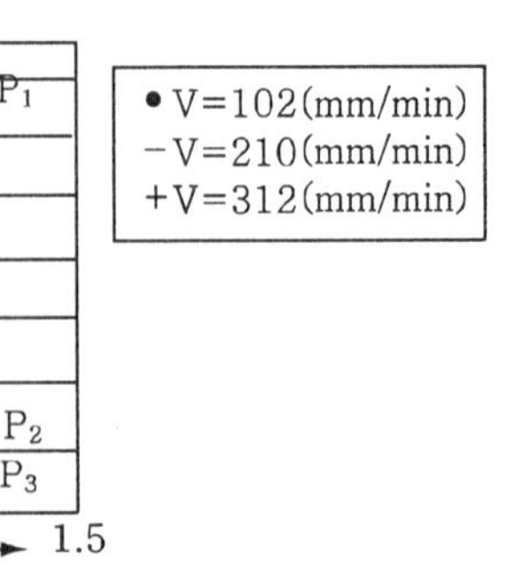

그림 2.30 밀링의 절삭저항과 이송의 관계

▹ 밀링 커터에 작용하는 절삭 주분력에 의한 비틀림 모우먼트 Mt 및 아이버 지름 d는

$$Mt = \frac{D}{2} \cdot P_{\max} = \frac{\pi}{16} d^3 \tau \, (kg \cdot mm) \tag{2-5}$$

$$d = 27mm, \tau = 4kg/mm^2 \text{라고 하면 } P_{\max} = 15460 \frac{2}{D} kg \tag{2-6}$$

실용 값으로

$$\tau = 4kg/mm^2, d = 32mm, D = 75mm\text{일 때, } P_{\max} = 687kg$$
$$\tau = 4kg/mm^2, d = 40mm, D = 100mm\text{일 때, } P_{\max} = 1005kg$$

▹ 플레인 밀링 커터에서 위의 식을 계산하기 위한 와 의 관계는 Klein과 같이 앞서 연구한 학자들에 의해 D=60~110mm의 범위에서 $d = 32\left(\frac{D}{75}\right)^{0.76}$가 추천되고 있습니다.

▹ 비절삭저항을 k_s라고 하면

$$P = k_s \cdot t \cdot m \cdot b(kg) \tag{2-7}$$

여기서 $tm \times b$는 절삭면적을 나타낸다.

▹ 공작물의 인장강도를 $\sigma(kg/mm^2)$, 칩평균 두께를 $tm(mm)$이라 하면, 비절삭저항 ks (kg · mm²)에 대한 실험식의 예는 다음과 같다.

$$\text{보통 강(鋼)에는 } 387\left(\frac{\sigma^{0.31}}{60}\right)\left(\frac{0.03^{0.291}}{t_m}\right)(\text{kg/mm}^2) \tag{2-8}$$

$$\text{주철(柱鐵)에는 } 285\left(\frac{\sigma^{0.86}}{24}\right)\left(\frac{0.03^{0.33}}{t_m}\right)(\text{kg/mm}^2) \tag{2-9}$$

(3) 절삭 속도(cutting speed) 및 이송(feed)

밀링 절삭속도

$$V = \frac{\pi D n}{1000}(\text{m/min}) \text{ 또는 } n = \frac{1000V}{\pi D}(rpm) \tag{2-10}$$

V : 절삭속도 D : 밀링 커터의 지름(mm), n : 커터의 회전수

이고, 1분간의 이송 $f(mm)$, 매 회전당 이송 fr 커터의 날수 z, 1개의 날당 이송을 fz라고 하면

$$f = nfr = fz \cdot z \cdot n \qquad (2\text{-}11)$$

가 된다. 그렇다면, 절삭속도 혹은 이송속도를 선정할 때는 어떤 것들을 고려해야 할까?

절삭속도 및 이송속도는 가공물의 재료, 밀링 커터의 재질, 절삭깊이, 절삭 폭 및 절삭동력 등 각종 조건에 따라 적당한 것을 선택하여야 한다.

여기서 잠깐 !! 

▸ 절삭속도의 선정

① 일반적으로 절석속도는 공구수명이 허용되는 한도 내에서 큰 값을 선정한다.
② 공구수명을 연장시키기 위한 절삭속도는 계산치 보다 느리게 한다.
③ 커터의 날끝 마모가 심하면 절사속도는 감소시켜야 한다.
④ 정밀한 가공면이 필요한 때에는 높은 절삭속도와 작은 이송속도로써 작업한다.
⑤ 거친 절삭에서는 저속에서 큰 이송속도로 작업하는 것이 권장되고 있다.

표 2.4 밀링 머시인 추천 절삭 속도

공작물재료	탄소강	고속도강	초경합금(황삭)	초경합금(다듬질)
주철(연질)	18	32	50~60	120~150
주철(경질)	12	24	30~60	75~100
가단주철	9~15	24	30~75	50~100
탄소강(연질)	14	27	20~75	150
탄소강(경질)	8	15	25	30

표 2.5 각종 밀링 커터의 이송 속도(mm/min)(일본 기계학회 핸드북)

공작물 재료		Face cutter		Plain cutter		Side cutter		End mill		Formed cutter		Metal saw	
		HSS	C	HSS	C	HSS	C	HSS	C	HSS	C	HSS	C
탄소강	쾌삭강	0.30	0.40	0.25	0.32	0.18	0.23	0.12	0.20	0.10	0.13	0.08	0.10
	연강, 경강	0.25	0.35	0.20	0.28	0.15	0.20	0.13	0.18	0.08	0.10	0.08	0.10
풀림재질 HB 180~220		0.20	0.35	0.18	0.28	0.13	0.20	0.10	0.18	0.08	0.10	0.05	0.10
특수강	강인 HB 220~300	0.15	0.30	0.13	0.25	0.10	0.18	0.08	0.15	0.05	0.15	0.05	0.08
	경 HB 300~400	0.10	0.25	0.08	0.20	0.08	0.15	0.05	0.13	0.05	0.08	0.03	0.08
	스테인리스강	0.15	0.25	0.13	0.20	0.10	0.15	0.08	0.13	0.05	0.08	0.05	0.08

(여기서, HSS = high speed steel, C = carbide hard metal 공구에 대한 것이다.)

(4) 밀링의 절삭 동력(切削動力)

밀링 머시인의 절삭량을 매분의 절삭용적(切削容積)으로 나타내면

$$Q = \frac{btf}{1000}(cm^3/\min) \qquad (2\text{-}12)$$

Q : 매분 절삭량(cm^3/min), t : 절삭 깊이(mm)

b : 절삭 폭(mm), f : 매분 이송(mm)

소요 동력은 절삭량을 기초로 하여 다음 식으로 계산한다.

$$N = kQ \qquad (2\text{-}13)$$

N : 밀링 작업의 유효동력(PS)

k : 단위 절삭량당 소요 동력($PS/cm^3/\min$)

k의 값은 가공물의 재질, 절삭 조건에 따라 변화하나 보통 절삭 조건에서 각종 재료의 평균 값은 표 2.6에 나타낸 바와 같다.

표 2.6 상수 의 값(JSME)

가공재료		k의 값($PS/cm^3 \cdot min$)
알루미늄		0.027
황동 및 청동	연 재	0.031
	보 통	0.043
	경 재	0.094
주 철	연 재	0l045
	경 재	0.072
가 단 주 철		0.068
강 철	연 재	0.072
	보 통	0.094
	경 재	0.128

표 2.7 밀링 머시인의 전동효율

정격(定格)동력	전 동 효 율
3 (PS)	40 (%)
5 (PS)	48 (%)
7.5 (PS)	52 (%)
10 (PS)	52 (%)
15 (PS)	52 (%)
20 (PS)	60 (%)
25 (PS)	5 (%)
30 (PS)	70 (%)
40 (PS)	75 (%)
50 (PS)	80 (%)

표 2.7은 밀링 머시인의 전동효율(傳動效率) 및 정격 동력(定格動力)으로부터 가능한 절삭량을 산출한 값이다.

밀링 머시인에서의 절삭동력과 이송동력에 대한 일반식은 다음과 같이 표시할 수 있다.

$$N_c = \frac{P_1 V}{60 \times 75}(PS) = \frac{P_1 V}{102 \times 60}(kW)$$

$$N_f = \frac{P_2 f}{60 \times 75}(PS) = \frac{P_2 V}{102 \times 60}(kW) \quad (2\text{-}14)$$

N_c : 정미절삭동력(正味切削動力)(PS)

N : 피이드 동력(移드動力)(PS)

P_1 : 주절삭 분력(主切削分力)(kgf)

P_2 : 이송분력(移送分力)(kgf)

V : 절삭 속도(m/min)

f : 이송 속도(m/min)

3. 밀링 가공

학습 Point

- 밀링 커터의 절삭 방향 = 상향 밀링(up milling), 하향 밀링(down milling)
- 백 래시 제거 장치(back lash eliminator)란, 하향 밀링에서 백 래시 량만큼의 이동으로 이송량이 급격하게 크게 되어 절삭 상태가 불안정하게되는 현상이 생기므로 이를 제거 하는 장치를 말한다.
- 밀링 커터(cutter) 고정 방법 = 원주에 절삭날이 있는 커터의 고정은 고정위치를 칼라 (collar)로 조절하고, 아아버(arbor) 끝은 아아버 지지부로 지지한다.

(1) 밀링 커터의 절삭 방향

밀링 커터를 절삭하는 방법에는 상향 절삭과 하향 절삭이 있다

상향밀링 (up milling)	평면 밀링 커터를 써서 절삭하는 경우, 밀링 커터의 회전 방향과 반대 방향으로 공작물을 이송하여 가공
하향 밀링 (do주 milling)	밀링 커터의 회전 방향과 같은 방향으로 공작물을 이송하여 가공

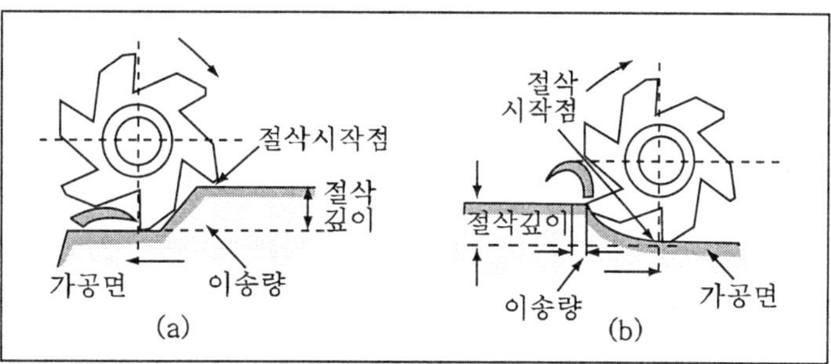

그림 2.31 상향 밀링(a)과 하향 밀링(b)

표 2.8 상향 밀링과 하향 밀링의 비교

	상향밀링(올려깍기)	하향밀링(내려깍기)
장점	• 밀링 커터의 날이 공작물을 들어 올리는 방향으로 작용하므로, 기계에 무리를 주지 않는다. • 절삭을 시작할 때 날에 가해지는 절삭 저항이 영에서 점차적으로 증가하므로, 날이 부러질 염려가 없다. • 칩이 날을 방해하지 않고, 절삭된 칩이 가공된 면에 쌓이지 않으므로 절삭열에 의한 치수 정밀도의 변화가 적다. • 커터 날의 절삭 방향과 공작물의 이송 방향 이 서로 반대이고, 따라서 서로 밀고 있으므로 이송기구의 백래시가 자연히 제거된다. • 절삭 동력이 적게 소비됨	• 밀링 커터의 날이 마찰 작용을 하지 않으므로, 날의 마멸이 적고 수명이 길다. • 커터 날이 밑으로 향하여 절삭하고, 따라서 공작물을 밑으로 눌려서 절삭하므로, 공작물의 고정이 간편하다. • 커터의 절삭 방향과 이송 방향이 같으므로, 날 하나마다의 절삭 자취의 피치가 짧고, 따라서 가공면이 깨끗하다. • 절삭된 칩이 가공된 면 위에 쌓이므로, 가공할 면을 잘 볼 수 있어 좋다
단점	• 커터가 공작물을 들어 올리는 방향으로 작용하므로, 공작물 고정이 불안정하고, 떨림이 일어나기 쉽다. • 커터 날이 절삭을 시작할 때 재료의 변형으로 인하여 절삭이 되지 않고 마찰 작용을 하므로, 날의 마멸이 심하다. • 커터의 절삭 방향과 이송 방향이 반대이므로, 절삭 자취의 피치가 길고, 마찰 작용과 아울러 가공면이 거칠다. • 칩이 가공할 면 위에 쌓이므로, 시야가 좋지 않다.	• 커터의 절삭 작용이 공작물을 누르는 방향으로 작용하므로, 기계에 무리를 주고 동력 의 소비가 많다. • 커터의 날이 절삭을 시작할 때 절삭저항이 가장 크므로, 날이 부러지기 쉽다. • 가공된 면 위에 칩이 쌓이므로, 절삭열로 인한 치수 정밀도가 불량해질 염려가 있다. • 커터의 절삭 방향과 이송방향이 같으므로, 백래시 제거 장치가 없으면 가공이 곤란 하다.

(2) 공작물의 가공 표면

밀링 커터로 가공된 표면에는 커터의 날이 남긴 흔적이 있다.

이것은 날 1개마다의 날 자리(tooth mark)와 여러 가지 오차와 변형에 의한 밀링 커터 1 회전마다 나타나는 회전 자리(revolution mark)이다.

일반적으로 날 1개마다의 이송이 0.125mm일 때는 육안으로 보이지 않으나, 이것보다 거칠어지면 명확히 나타난다.

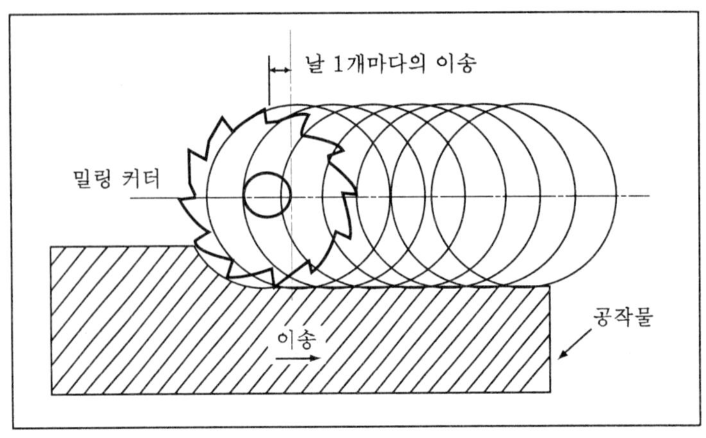

그림 2.32 회전 자리(revolution mark)

여기서 잠깐 !!

표면거칠기에 대한 자세한 사항은 8일차에서 학습한 제1편 총론, 제2장 공작기계의 절삭이론, 절삭 다듬질면을 참고하라

(3) 백 래시 제거 장치(back lash eliminator)

백 래시(back lash)란 기어의 원활한 회전을 위하여 이(齒)와 이 (齒) 사이에 붙이는 유극을 말한다.

상향 밀링에서는 그림 2.33의 (a)와 같이 이송 나사의 백 래시가 절삭력을 받아도 절삭에 영향을 주지 않도록 되어 있다.

하향 밀링에서는 그림 2.33(b)와 같이 커터의 절삭력에 의한 영향으로 테이블이 당겨지기 때문에, 백 래시량 만큼의 이동으로 이송량이 급격하게 크게 되어 절삭 상태가 불안정하게 되는 이른바 킥 백(kick back) 현상이 생기므로 이송 나사와 틈새를 제거해야 한다.

그림 2.34는 백 래시 제거 장치(back lash eliminator)의 대표적인 모양을 나타낸 것이다. 보통 2개의 너트로 되어 있으며 한쪽 너트를 고정하고, 핸들을 돌리면 백 래시 제거용인 다른 한쪽 너트는 고정 위치에서 회전시켜 이송 나사와 너트와의 사이에 틈새를 제거하는 구조로 되어 있다.

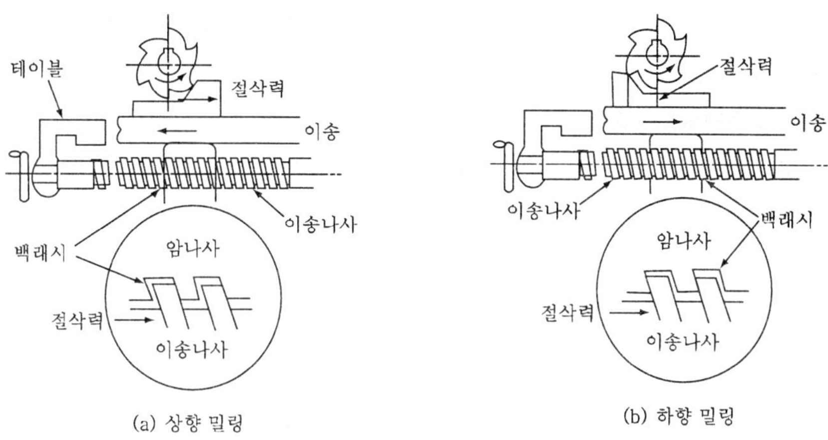

그림 2.33 이송나사의 백 래시

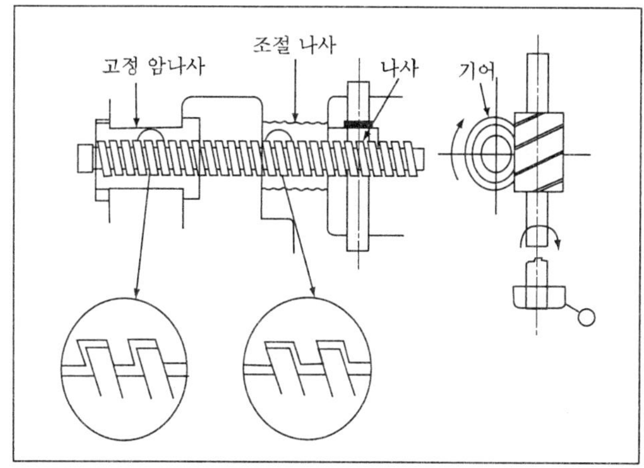

그림 2.34 백 래시 제거 장치 (back lash eliminator)

체크 포인트

1. 밀링 가공에서의 이송과 절삭동력

$f = nfr = fz \cdot z \cdot n$

$$N_1 = \frac{P_1 f}{60 \times 75}(PS) = \frac{P_2 f}{102 \times 60}(KW)$$

$$N_2 = \frac{P_1 V}{60 \times 75}(PS) = \frac{P_1 V}{102 \times 60}(kW)$$

2. 밀링 커터의 절삭 방향
   - 상향 밀링(up milling) 밀링 커터의 회전 방향과 반대 방향으로 공작물 이송
   - 하향 밀링(down milling): 밀링 커터의 회전 방향과 같은 방향으로 공작물 이송

3. 백 래시 제거 장치(back lash eliminator)

   하향 밀링에서 백 래시 량 만큼의 이동으로 이송량이 급격하게 크게 되어 절삭 상태가 불안정하게 되는 현상이 생기므로 이를 제거하는 장치.

연습문제

1. 절삭속도 30m/min, 밀링 커터 날 수 10, 지름 150mm, 1날 당 이송을 0.2mm로 밀링 가공할 때, 테이블의 이송량은 얼마일까?

   ① 127.3mm/min ② 137.3mm/min
   ③ 147.3mm/min ④ 157.3mm/min

2. 플레인 밀링 커터의 지름이 90mm, 절삭날 수가 8개인 초경합금 TA 공구를 사용하여 길이 200mm의 강재를 가공하려고 한다. 날 1개 당 이송을 0.1mm라 하면 1회 절삭에 소요되는 정미 절삭 시간은 얼마일까?

   ① 1분 ② 2분
   ③ 3분 ④ 4분

정답 및 해설

1. $f = fz \cdot Z \quad n = \frac{1000V}{\pi d}$ 에서 $f = 0.2 \times 10 \times \frac{1000 \times 30}{\pi \times 150} = 127.3\text{mm/min}$

2. $T = \frac{l}{f} = \frac{l}{fz \cdot Z \cdot n} = \frac{\pi Dl}{fz \cdot Z \cdot 1000v} = \frac{\pi \times 90 \times 200}{0.1 \times 8 \times 1000 \times 70} = 1\text{min}$

4. 부속장치(milling attachment)를 이용한 작업

학습 Point

- 분할 작업 ① 직접 분할법, ② 단식 분할법 ③ 차동 분할법
- 기어비 계산식

$$r = \frac{Zs}{Zm} = \frac{400 \times (N' - N)}{N'}$$

- 스파이럴(spiral) 또는 헬리컬(helical) 기어 가공에서의 테이블의 선회 각도

$$\tan\theta = \frac{\pi d}{L} \qquad L = \frac{\pi d}{\tan\theta}$$

(1) 분할 작업

분할 작업이란, 테이블에 분할대를 고정하고 공작물을 분할대의 축과 심압대 센터 사이에 지지하여, 공작물의 원주분할, 홈파기, 각도분할 등을 하는 것을 말한다.

분할대에는 다음과 같은 2가지 종류가 있다.

① 직접 분할대(direct index head) : 간단한 분할에 사용

② 만능분할대(universal index head) : 기어 가공, 나선 가공, 캠 가공, 각도 분할 등의 광범위한 분할 작업에 사용

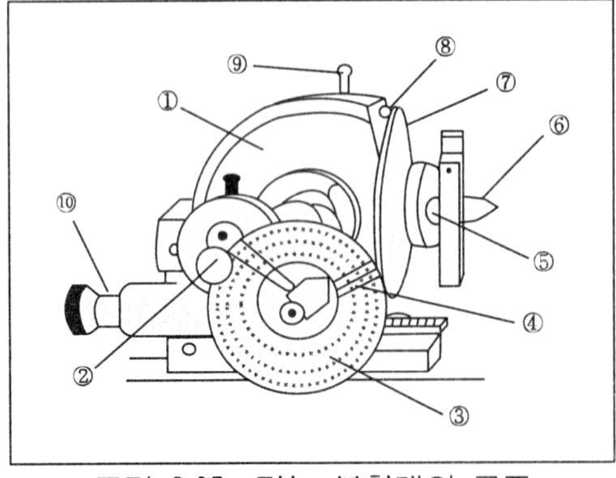

그림 2.35 만능 분할대의 구조

① 각도 회전대
② 분할용 크랭크
③ 분할판
④ 섹터
⑤ 주축
⑥ 센터
⑦ 직접 분할판
⑧ 직접 분할판 정지핀
⑨ 정지핀 출입용 레버
⑩ 차동 분할용 기어축

주축에는 40개의 워기어가 있고 웜축에는 1줄의 웜이 있습니다. 웜측을 1회전 시키면 주축은 1/40회전합니다. 웜축 끝에 분할이 편리하도록 등분된 구멍이 뚫려 있는 분할판(index plate) 이 있다.

이러한 분할 작업시 분할하는 방법에는 크게 직접 분할법(direct indexing), 단식 분할법(simple indexing), 차동 분할법(differential indexing), 각도 분할법의 4가지 방법이 있다.

1) 직접 분할법(direct indexing)

직접 분할법이란, 주축의 앞면에 있는 24구멍의 직접 분할판을 사용하여 분할하는 방법을 말한다.

워엄을 아래로 내려 주축의 워엄 휘일과의 물림을 끊고 직접분할판을 소정의 구멍 수만큼 돌려 고정 핀을 이 구멍에 꽂아 고정시킨다.

24의 약수인 2, 3, 4, 6, 12, 24의 등분을 간단히 분할한다.

$$n = \frac{24}{N}$$

N : 일감의 등분 분할수

n : 분할판에 있는 구멍 수

예제 1

원판을 6등분하시오.

풀이

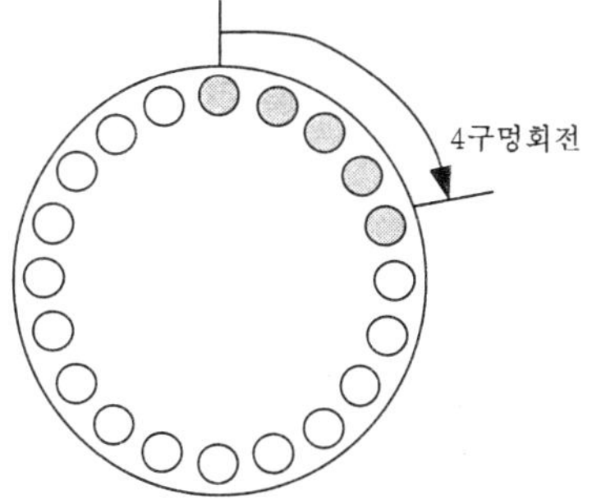

그림 2.36 직접 분할법

분할된 구멍은 제외한다.

24 ÷ 6 = 4이므로 4구멍씩 회전시킨다.

2) 단식 분할법(simple indexing)

단식 분할법이란, 직접 분할법으로 분할을 할 수 없는 수 또는 분할이 정확하여야 할 때 사용하는 방법이다.

분할 크랭크와 분할판을 사용하여 분할하는 방법(그림 2.37)

분할 크랭크를 40회전시키면 주축은 1회전하므로 주축을 1/ N 회전시키려면 분할 크랭크를 40/N 회전시킨다.

① 등분 분할수와 분할 크랭크의 회전수의 관계

$$n = \frac{40}{N} = \frac{H}{N'}$$

N : 일감의 등분 분할수

N' : 분할판에 있는 구멍 수

n : 분할 크랭크의 회전수

H : 크랭크를 돌리는 구멍 수

분할 크랭크는 N'구멍 중에서 H구멍 수 만큼 돌리면 된다.

분할판의 구멍수는 분할대의 형식에 따라 다르나, 많이 쓰이고 있는 분팔판의 구멍수는 표 2.9와 같다.

표 2.9 분할판의 구멍수

종 류	분할판	구멍수
신시내티형	앞면	43 41 41 39 38 37 34 30 28 25 24
	뒷면	66 62 59 58 57 54 53 51 49 47 46
브라운 샤프형	No.1	20 19 18 17 16 15
	No.2	33 31 299 27 23 21
	No3.	49 47 43 41 39 37

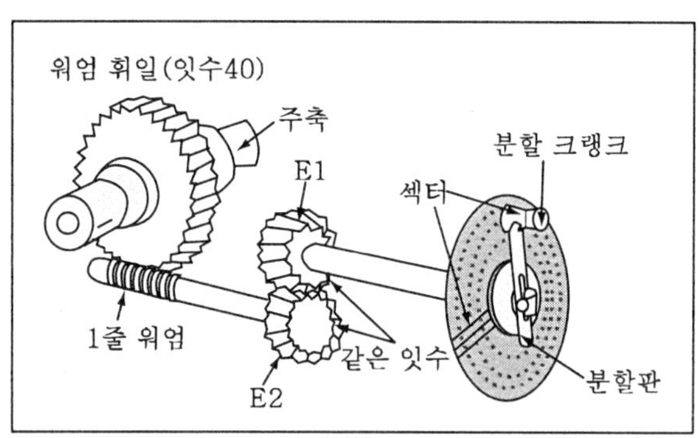

그림 2.37 단식 분할 기구

② 단식 분할이 되는 분할 수

- 2~60까지의 모든 수
- 60~120까지의 2와 5의 배수
- 120이상의 수로서 40/N에서 분모가 분할판의 구멍수가 될 수 있는 수 등

③ 공작도면에 각도로 표시된 공작물의 분할

$$n=\frac{x}{9},\quad n=\frac{y}{540}$$

n : 분할 크랭크의 회전수

x : 분할 각도(단위 : 도)

y : 분할 각도(단위 : 분)

분할 작업을 할 때 분할판 위에서 구멍을 세어 가면서 분할하기는 어려우므로, 필요한 구멍 수만큼 벌려 고정할 수 있는 섹터(sector)를 사용하면 편리하다.

예제 2

원판을 56등분하시오.

풀이 40 이상으로 등분할 때에는 분할 크랭크의 회전 수는 1회전 이하의 분수 회전이 된다

$$n=\frac{40}{N}=\frac{40}{56}=\frac{5}{7}\Rightarrow\frac{5}{7}\times\frac{4}{4}=\frac{20}{28}\quad\frac{5}{7}\times\frac{6}{6}=\frac{30}{42}\quad\frac{5}{7}\times\frac{7}{7}=\frac{35}{49}$$

- 분모 = 분할판의 구멍수
- 분자 = 크랭크가 분할판을 움직이는 구멍 수
- 위의 세 가지 중 어느 것을 택하여도 분할이 가능하다.

| 예제 3 |

원판을 13등분하시오.

풀이 40 이상으로 등분할 때에는 분할 크랭크의 회전 수는 1회전 이하의 분수 회전이 된다.

$$n = \frac{40}{N} = \frac{40}{13} = 3\frac{1}{13}$$

분할 크랭크의 회전수 = 3회전과 $\frac{1}{13}$회전

$\frac{1}{13}$회전 $\Rightarrow \frac{1}{13} \times \frac{3}{3} = \frac{3}{39}$ (39 구멍 중에서 3구멍씩 이동)

3) 차동 분할법(differential indexing)

차동 분할법이란, 단식 분할을 할 수 없는 67, 97,121 등 61 이상의 소수나 특수한 수의 분할에 사용하는 것을 말한다.

※ 변환 기어 수: 24(2개), 28, 32, 40, 44, 48, 56, 64, 72, 86,100 등 12종

그렇다면, 이러한 차동 분할은 어떤 식으로 하는 것일까?

차동 분할은 다음의 절차를 따르게 된다.

단계	내용
1단계	단식 분할이 되고 분할된 수에 가까운 수의 분할로 단식 분할 준비. [예] 79 등분의 분할 ⇒ 80의 등분 분할로 가정
2단계	그림 2.38과 같이 섹터를 풀어놓고 주축과 마이터 기어(miter gear)축을 아래 식에서 계산된 기어비의 기어열에 연결
3단계	분할 크랭크를 회전시켜 분할판을 소요량만큼 회전하게 한 다음, 단식 분할의 요령으로 분할

기어비 계산식

$$r = Z_3 = \frac{40 \times (N' - N)}{N'} \qquad (2\text{-}15)$$

r : 기어비

Z_3 : 주축에 설치할 기어의 잇수

Z_m : 마이터기어축에 설치할 기어잇수

N : 분할 수

N' : 단식분할이 가능한 분할수에 가까운 수

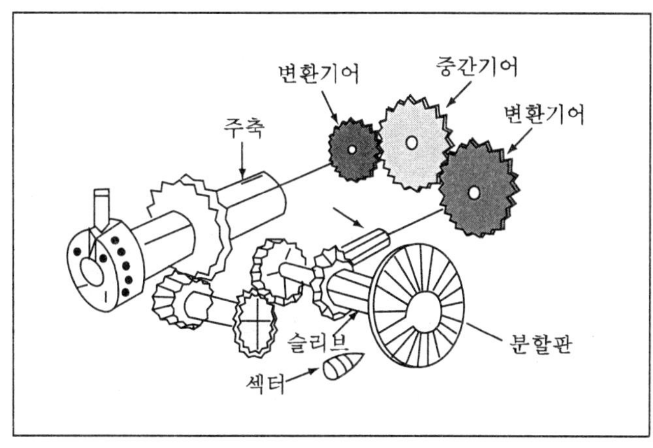

그림 2.38 차등 분할 기구

▷ 차동 분할 기구 작동 : 인덱스 핸들을 x회전시키면 분할판은 x/40회전 한다. 이와 같은 차동 분할도 다시 단식 차동분할, 복식 차동분할로 나뉘고 있다.

① 단식 차동 분할법

- r〉0 인 경우 : 분할판이 분할 크랭크와 같은 방향으로 회전하도록 한다.

② 복식 차동 분할법

- r〈0인 경우 : 분할판이 분할 크랭크와 반대가 되도록 중간 기어의 잇수를 선택한다. 기어비가 2개 걸이로 안 될 때에는 4개 걸이로 한다.

| 예제 4 |

신시내티형 분할대로 71 등분해 보자.

풀이 71에 가까운 단식 분할이 가능한 수 71를 N라 하면

식 (2-15)에서

$$r = \frac{40 \times (N' - N)}{N'} = \frac{40}{72}(72 - 72) = \frac{40}{72} = \frac{Z_s}{Z_m}$$

따라서 변환기어의 잇수 $Z_s = 40$, $Z_m = 72$의 2개를 걸면 된다.

$r > 0$이고 2개 걸이이므로, 중간 기어는 1개를 사용한다.

또 크랭크의 회전수는 $n=\frac{40}{N'}=\frac{40}{72}=\frac{30}{54}$ 이므로

분할 크랭크를 분할판의 54 구멍열에서 30 구멍씩 돌리면 된다.

한편 $N'=70$이라 정하면

$$r=\frac{40\times(N'-N)}{N'}=\frac{40}{72}(70-71)\equiv-\frac{4}{7}=\frac{32}{56}=\frac{Z_s}{Z_m}$$

따라서 변환기어의 잇수 $Z_s=32$, $Z_m=56$의 2개를 건다.

$r<0$이므로, 2개 걸이에는, 중간 기어를 2개 사용하고,

또 크랭크의 회전수 $n=\frac{40}{N'}=\frac{40}{70}=\frac{16}{28}=\frac{24}{42}=\frac{28}{49}$ 이므로

분할 크랭크는 분할판의 42 구멍판에서 24, 49 구멍판에서 28구멍씩 돌리면 된다.

표 2.10 중간기어 M의 사용법(신시내티형)

구분	분할판의 회전방향		M의 수	
			2개걸이	4개걸이
N'〉N (r〉0)일때	분할판의 차동회전이 분할 크랭크와 같은 방향	분할크랭크 분할판	1	0
N'〈N (r〈0)일때	분할판의 차동회전이 분할 크랭크와 다른 방향	분할크랭크 분할판	2	1

4) 각도 분할법

분할대의 크랭크 핸들 1회전은 주축 1/40회전을 말한다. 이때, 주축의 1회전=360° 이므로 크랭크 핸들 1회전에 대한 주축의 회전 각도=306°/40=9°가 된다. 그러므로 분할대의 크랭크 회전수 n은 식과 같이 나타낼 수가 있다.

• D = 분할하려는 각도가 도(°)로 표시될 때	$n=\frac{D^\circ}{9}$
• D = 분할하려는 각도가 분(′)로 표시될 때	$n=\frac{D'}{540}$
• D = 분할하려는 각도가 초(″)로 표시될 때	$n=\frac{D''}{32400}$

예제 5

32° 20′을 각도 분할해 보자.

풀이 37° 20′ = 2240′

$$n = \frac{D'}{540} = \frac{2240}{540} = 4\frac{8}{54}$$

즉 54 구멍을 택하여 분할 핸들을 4바퀴 돌리고 8구멍 더 돌린다.

(2) 밀링 커터와 공작물 고정 방법

1) 밀링 커터(cutter) 고정 방법

밀링 커터를 고정할 때는 어떤 점에 주의해야 할까?

① 원주에 절삭날이 있는 커터의의 경우

그림 2.39와 같이 커터의 고정 위치를 칼라(collar)로 조절하고, 아아버(arbor) 끝은 아아버 지지부로 지지한다.

② 커터는 가능한 컬럼 가까이 위치하게 하고, 아아버 지지부를 적당한 위치에 조절한다.

③ 정면 밀링 커터, 엔드 밀 등은 자루를 주축 테이퍼 구멍 에 직접 꽂는다.

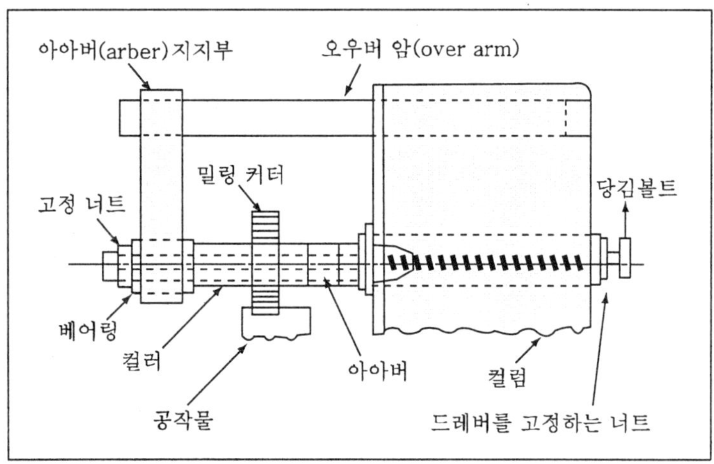

그림 2.39 밀링 커터(cutter) 고정

2) 공작물 고정 방법

공작물을 테이블에 고정하기 위해서는 그림 2.40과 같이 바이스, 평행대, V 블록, 그 밖에 클램프(clamp) 등, 여러 가지 부속품(accessary)를 사용한다.

바이스 조오(vice jaw), 평행대, 직각자 등은 기준면을 검사하여 항상 정밀도를 유지하도록 한다.

2개 이상의 공작물의 고정과 수직 밀링 머시인에서 연속 가공하기 위한 공작물의 고정은 위와 같이 한다.

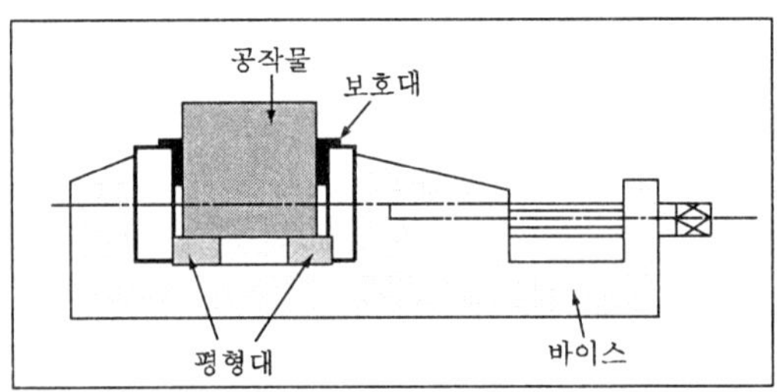

(a) 바이스에 의한 고정

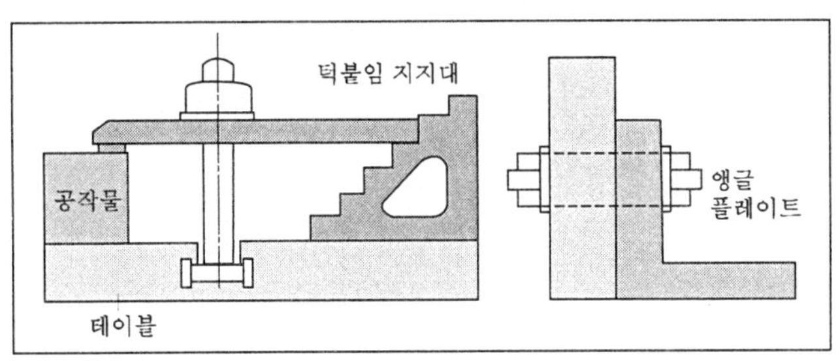

(b) 테이블에 직접 고정

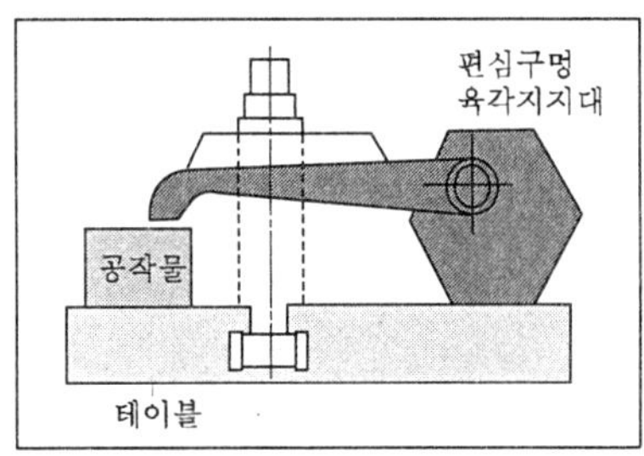

(c) 부속장치에 의한 고정

그림 2.40 여러 가지 공작물 고정 방법

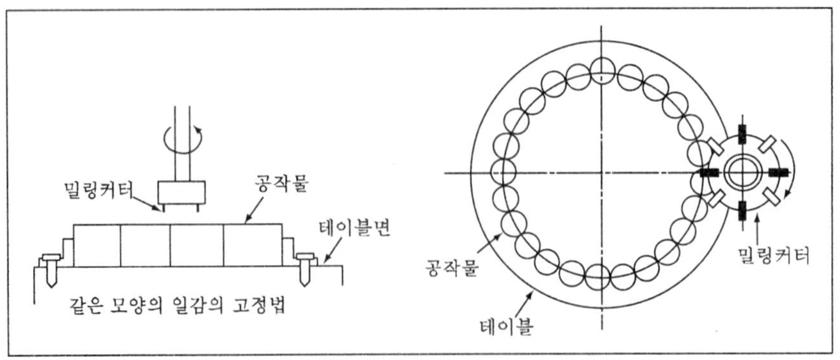

그림 2.41 2개 이상의 연속 가공을 위한 공작물 고정 방법

(3) 밀링 작업 실례

▷ 밀링 작업의 종류

수직밀링	평면 절삭, 홈 절삭, 각도 절삭 등
수평밀링	평면 절삭, 측면 절삭, 기어 절삭, 나선 홈 절삭 등

1) T홈 가공

▷ T홈 가공은 다음의 순서를 따른다. (그림 2.42)

1단계, 엔드밀로 홈가공을 한다.

2단계, T홈 커터로 밑에서 C의 양만큼 여유를 남기고 가공한다.

2 단계(C = 0.5 ~ 1㎜), (밑 부분이 닿으면 떨림이 발생.)

3단계, 칩은 절삭유 및 압축공기를 분사시켜 배출한다.

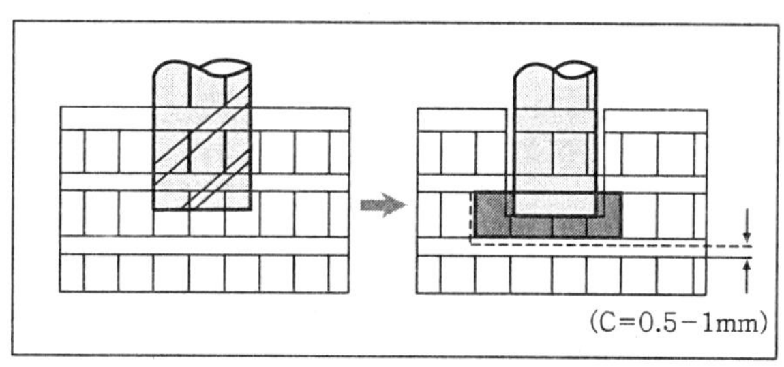

그림 2.42 T홈 가공

2) 평기어(spur gear) 가공

▷ 기어의 치형 크기 표시법

모듈(module)	$M=\frac{D}{Z}$ [Z : 잇수, D(inch) : 기어의 피치원의 지름]
지름피치 (diametral pithch)	$DP=\frac{Z}{D}=\frac{25.4}{M}$「D(mm) : 기어의 피치원의 지름」
원주피치 (circular pithch)	$CP=\frac{\pi D}{Z}$「D(inch 또는 mm) : 기어의 피치원의 지름」

▹ 기어 가공은 다음의 순서를 따른다.(그림 2.43)

1단계, 가공될 기어의 잇수와 피치에 맞는 커터를 선택한다.

2단계, 공작물의 축선과 커터의 회전 중앙면을 일치시킨다.

3단계, 분할계산을 하여 분할판의 구멍수를 정한다.

4단계, 커터와 공작물의 중앙을 접속시킨다.

이때, 치형이 큰 경우에는 여러 회로 나누어 절삭하거나 회전 테이블을 이용하여 공작물을 수평으로 고정하여 절삭한다.

▹ 기어 절삭용 커터

인벌류우트 기어의 치형은 피치나 압력각은 같지만 잇수의 많고 적음에 따라 기어 커터를 바꾸어서 작업하여야 한다. 표 2.11은 표준 인벌류우트 커터의 번호와 절삭 가능한 잇수를 나타낸 것이다.

예를 들면, 잇수가 45매인 기어를 가공할 경우, 기어 커터의 No.3을 선정하는 것도 좋지만 치형의 정확성을 더욱 요구한다면 No.$2\frac{1}{2}$의 기어 커터를 선정하는 것이 좋다.

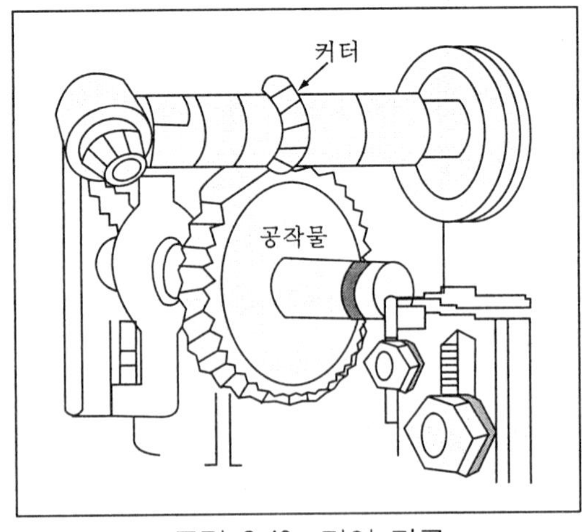

그림 2.43 기어 가공

표 2.11 커터의 번호와 잇수

커터 번호	절삭가능 잇수	커터 번호	절삭가능 잇수
1	135~매	5	21~25
$1\frac{1}{2}$	80~134	$5\frac{1}{2}$	19~20
2	55~134	6	17~20
$2\frac{1}{2}$	42~54	$6\frac{1}{2}$	15~16
3	35~54	7	14~16
$3\frac{1}{2}$	30~34	$7\frac{1}{2}$	13
4	26~34	8	12~13
$4\frac{1}{2}$	23~25		

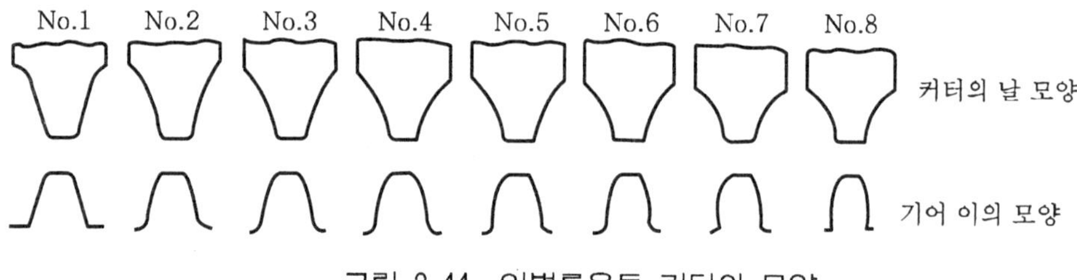

그림 2-44 인벌류우트 커터의 모양

3) 비틀린 홈(spiral 또는 helical) 기어 가공

그리 2.45 와 같이 드릴, 리이머의 헬리컬 홈, 헬리컬 기어의 치형 등을 절삭할 때에는 공작물을 만능 분할대에 고정하여 만능 밀링 머시인의 테이블을 비틀림각 θ만큼 선회하고, 테이블을 길이 방향으로 이송하는 동시에 만능 분할대에 고정한 일감에 회전을 주면서 가공하면 헬리컬 홈이 가공된다.

그림 2.45 밀링 머시인에서의 헬리컬 홈 가공

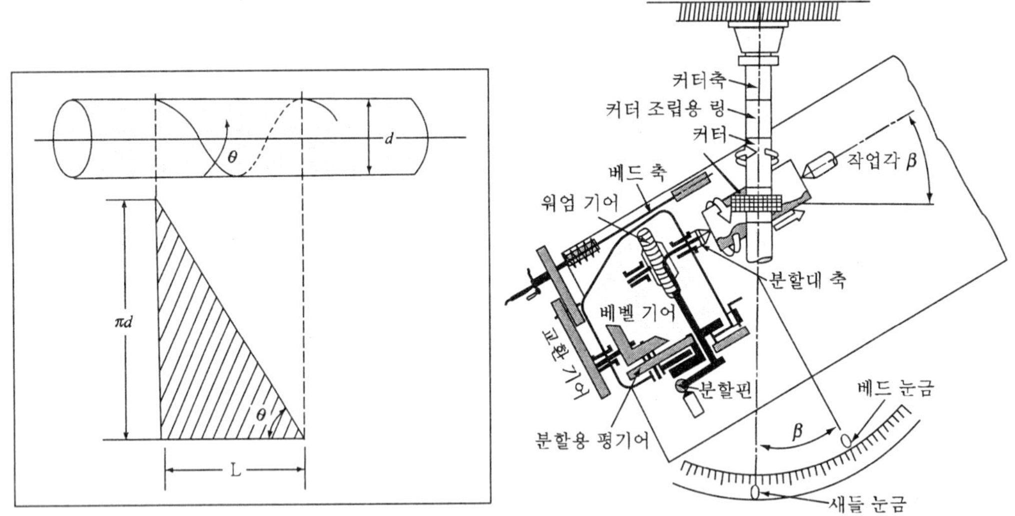

그림 2.46 헬리컬 홈을 밀링 가공할 때의 테이블 선회법

앞에서 살펴본 비틀린 홈(spiral 또는 helical) 기어 가공에서 공작물의 비틀림 각은 그림 2.46과 같이 θ만큼 헬리컬 방향에 맞추어 테이블을 선회하여 고정한다.

공작물의 리이드를 L(mm), 공작물의 지름을 d(mm)라 하면, θ는 식 (2-16)로 계산된다.

$$\tan\theta = \frac{\pi d}{L} \qquad L = \frac{\pi d}{\tan\theta} \tag{2-16}$$

예제 6

테이블 이송 나사의 피치가 6mm 인 밀링 머시인에서 지름 50mm인 일감에 리이드 200 mm의 오른 나사 헬리컬 홈을 깎으려고 합니다. 테이블의 선회각 θ를 구하라.

풀이 비틀림 각은 식 (4-2)에서

$$\tan\theta = \frac{50\pi}{200} = 0.785$$

$$\therefore \theta = 38°13'$$

체크 포인트

1. 분할작업의 종류
   - ① 직접 분할법
   - ② 단식 분할법
   - ③ 차동 분할법
   - ④ 각도 분할법
2. 차동 분할법에서의 기어비 계산 : $r = \frac{Z_s}{Z_m} = \frac{40 \times (N' - N)}{N'}$
3. spiral 또는 helical 기어 가공에서의 테이블의 선회 각도 : $\tan\theta = \frac{\pi d}{L}$ $\quad L = \frac{\pi d}{\tan\theta}$

연습문제

1. 밀링 머시인의 분할 작업에서 $4\frac{1°}{2}$를 바르게 분할 한 것은?

① $\frac{18}{9}$ ② $\frac{18}{8}$

③ $\frac{18}{9}$ ④ $\frac{9}{18}$

2. 지름 피치 P=12, 잇수 Z=18, 트위스트 앵글 18°의 공작물을 가공할 때 분할 및 기어의 잇수를 계산해 보자.

정답 및 해설

1. $x = 4\frac{1°}{2} = \frac{9°}{2} \quad \therefore n = \frac{x°}{9} = \frac{9}{2\times 9} = \frac{9}{18}$

2. 분할에 대한 계산 $\frac{40}{N} = \frac{40}{18} = 2\frac{4}{18}$ (18구멍열 분할판 이용하여 2회전과 4구멍씩 이동)

변환 기어의 잇수 계산 $\tan\theta = \frac{\pi d}{L} \quad L = \frac{\pi d}{\tan\theta} = \frac{\pi \times \frac{Z}{DP}}{\tan 18°} = 14.5$

$f = \frac{B}{A} \times \frac{D}{C} = \frac{L}{S \times 40} = \frac{14.5}{4san\,1mch} = \frac{14.5}{10} = \frac{145}{100}$

$\frac{5\times 29}{4\times 26} = \frac{5\times 28}{4\times 24} = \frac{5\times 8}{4\times 5} \times \frac{28}{24} = \frac{40}{32} \times \frac{28}{24}$

$\therefore A = 32, B = 40, \; C = 24, D = 28$

Chapter 3 드릴링 머시인(Drilling Machine)

학습 목표

1. 드릴링 머시인을 이용하여 가공할 수 있는 작업을 6가지 이상 말할 수 있다.
2. 심공 드릴링 방식 가운데 BTA 방식을 설명할 수 있다.
3. 드릴 각 부분의 명칭 중 홈 나선각, 웨브, 마진, 날 여유각을 설명할 수 있다.
4. 드릴의 종류를 7가지 이상 설명할 수 있다.
5. 드릴의 재연삭 항목을 순서대로 설명할 수 있다.
6. 재료의 두께를 알고, 크기를 알면 구멍을 드릴링 하는데 걸리는 시간을 계산할 수 있다.
7. 이송과 절삭속도 등 절삭조건을 알고, 공구동력계에 의하여 드러스트와 회전 모우먼트를 측정하였을 때, 드릴링에 필요한 전동력을 계산할 수 있다.

1. 드릴링 머시인의 기초

학습 Point

- 드릴링(drilling) 의 기본 작업 = 드릴링, 리이밍, 보오링, 카운터 보오링, 카운터 싱킹, 테이퍼링, 스폿 페이싱, 탭핑
- 드릴링 머시인의 종류 = 탁상 드릴링 머시인, 직립식 드릴링 머시인, 레이디얼 드릴링 머시인, 다축 드릴링 머시인, 수평식 드릴링 머시인, 심공 드릴링 머시인 등

(1) 드릴링 머시인(drilling machine)의 정의

드릴링(drilling)이란, 드릴(drill)로써 공작물에 구멍을 뚫는 작업을 말한다.

사용하는 공구의 종류에 따라서는 구멍 뚫기 이외에도 여러 가지 가공이 가능하다.

드릴링 머시인(drilling machine)이란, 드릴링(drilling)에 사용되는 기계로써, 독일어로는 뵈에르방크(böhrbank)라고 한다.

- ▷ 보통 드릴링 머시인에서 구멍을 뚫는 작업에는 트위스트 드릴(twist drill)이 사용되고, 드릴에 회전 모우먼트(twisting-moument)와 드러스트(thrust)를 작용시켜 드릴작업을 한다.
- ▷ 드릴작업은 일반적으로 드릴 주축을 회전시켜 작업하나, 정확을 요하는 깊은 구멍작업에는 공작물을 회전시킨다.
- ▷ 기계작업에는 드릴작업이 많으므로 드릴링 머시인은 보통 기계 공장에서 12~17% 라는 많은 숫자를 차지한다.

(2) 드릴링(drilling)의 기본 작업

드릴링의 기본 작업으로는 다음의 8가지를 들 수 있다.

그럼, 지금부터 드릴링의 기본작업에 대해 하나씩 살펴보도록 하자.

드릴은 소재의 구멍을 뚫는 작업에 사용되는 공구로, 공작물에 구멍을 뚫는 기본적인 작업이다.

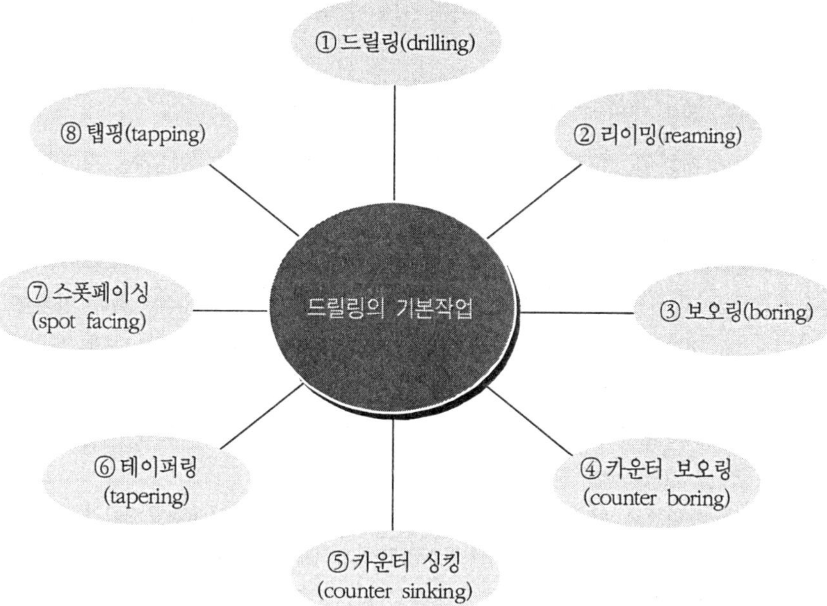

1) 드릴링(drilling)

드릴 작업을 할 때는 가장 먼저

① 뚫고자 하는 구멍의 크기에 맞는 드릴을 선택하여야 하며,

② 공작물을 고정시키고,

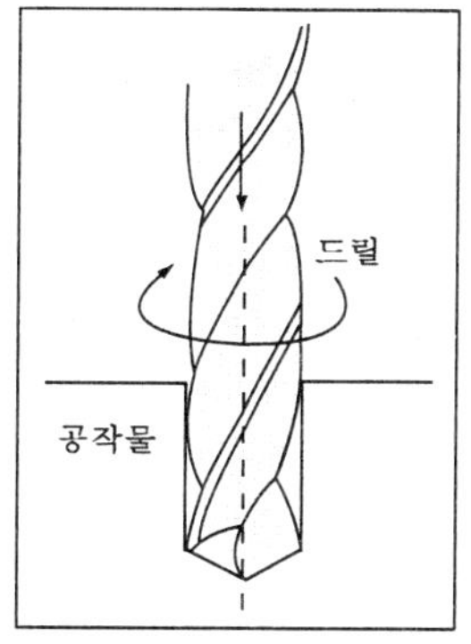

그림 3.1 드릴링(drilling)

③ 드릴의 자루(shank)부분을 드릴링 머시인의 주축에 고정시킨 다음 공작물과 드릴과의 위치결정이 이루어져야 한다.

정확히 공작물을 위치시키는 데는 시간과 숙련이 필요하다

그래서 신속하고 정확한 가공을 하고, 대량생산에 이용할 수 있도록 지그를 사용한다.

용어 해설 **지그(jig)란?**

지그는 기계가공할 부품을 잡아 주거나 지지, 혹은 위치조정 시켜주는 특수 장치로, 작업이 이루어 질 때, 절삭공구도 안내해 주도록 만들어진 생산공구이다. 지그는 보통 드릴이나 다른 절삭공구를 안내하기 위해서 경화된 강철부싱이 끼워맞춰져 있다. 대체로 작은 지그는 드릴링 머시인의 테이블에 고정시키지 않다. 그러나 $\frac{1}{4}$인치 이상의 구멍을 뚫을 때는 보통 테이블에 지그를 확실하고 고정시키거나 네스트를 만들 필요가 있다.

드릴지그를 형태별로 나누면 개방지그(open jig)와 밀폐 지그(closed jig)가 있으나 모양에 따라 템플릿 지그(template jig), 플레이트 지그(plate jig), 샌드위치 지그(sandwich jig), 앵글 플레이트 지그(angle plate jig), 리프 지그(leaf jig), 박스 지그(box jig) 등이 있다. 이들 가운데 그림 3.2와 같이 개방 지그를 대표하는 플레이트 지그는 플랜지와 같은 평면에 많은 구멍을 뚫을 때 사용하는 판상 지그로서, 공작물의 외측에 잘 맞도록 만들고, 나사와 지지공구로 고정한다. 밀폐 지그인 박스 지그는 한번 장착으로 공작물을 재 위치 결정시키지 않고도 두면 이상을 가공할 수가 있으므로 복잡한 공작물에 구멍을 뚫을 때 사용한다.

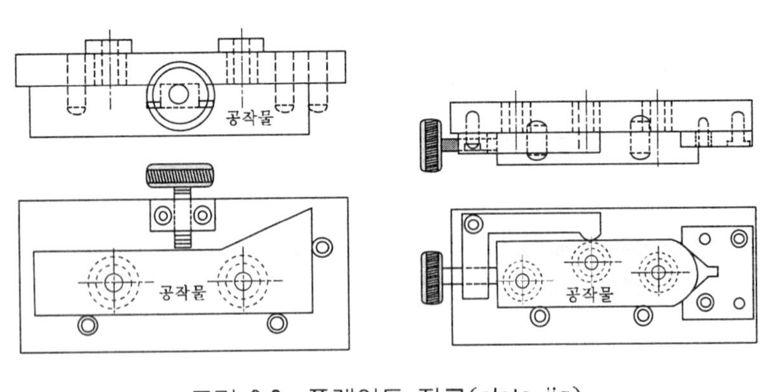

그림 3.2 플레이트 지그(plate jig)

① 드릴로 어떤 소재에 구멍을 뚫을 때, 그 구멍이 깊다면,

자루가 긴 심공용 드릴을 사용하며, 특히 절삭부에 드릴과 공작물의 마찰로 인한 절삭열

의 발생을 억제하기 위해 절삭유제를 충분히 뿌리면서 작업을 해야 한다.

이렇게 깊은 구멍을 드릴 작업을 할 때는 몇 가지 주의해야 할 점이 있다.

즉, 구멍의 길이가 길수록

① 공작물과 드릴을 지지하기 곤란하고
② 칩이 배출이 어려워집니다.

그러므로, 일반적으로 깊은 구멍의 드릴가공 작업에는 건드릴이 쓰인다.

이것은, 지름이 3~20 mm 정도로 작은 구멍을 뚫을 때 사용하는 공구인데, 드릴에 뚫은 구멍으로 절삭유제를 공급하면 칩은 드릴 외부의 홈을 따라 절삭유제와 함께 흘러나오게 되는 것이다.

② 지름이 20~65mm 정도로 큰 경우에는

BTA방법(Boring and Trepanning Association system)을 사용하는데, 이것은 드릴링 머시인의 한 종류인 심공드릴링 머시인에서 가능한 심공 드릴 작업 방법을 말한다.

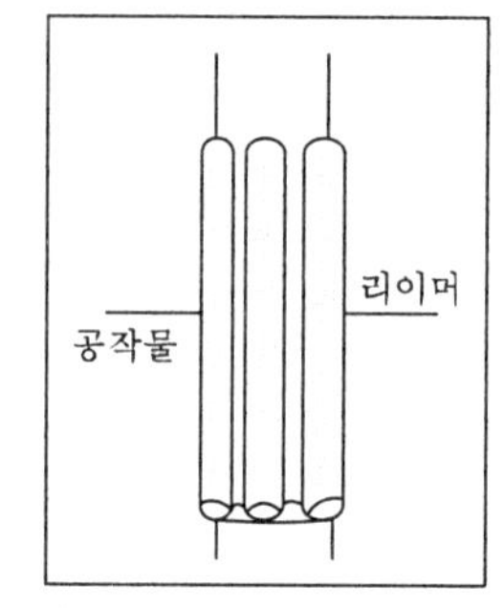

그림 3.3 리이밍(reaming)

2) 리이밍(reaming)

드릴로 뚫은 구멍은 가공표면의 정밀도와 진원도 등이 좋지 못하고, 또한 칫수가 정확하지 않으므로 정밀도를 요할 때에는 보통 리이머(reamer)란 공구를 사용한다.

리이밍이란 라이머란 공구를 사용하여 제품 표면의 값을 보정하고 정밀도를 향상시키는 작업을 말한다.

구멍을 매끈하게 다듬질하기 위해서는 리이밍 할 때의 절삭속도는 드릴의 절삭속도 보다 느리게 하고, 이송속도는 크게 하여야 할 것이다.

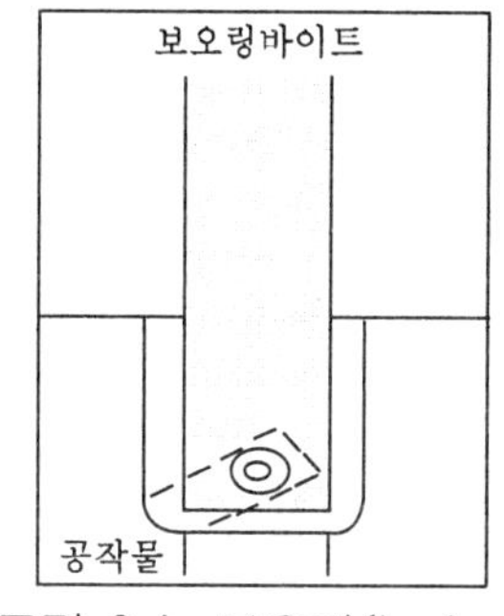

그림 3.4 보오링(boring)

3) 보오링(boring)

보오링이란, 이미 뚫린 구멍을 보오링 바이트를 사용하여 더 깎아 냄으로써 용도에 따른 크기나 정밀도를 높이는 작업으로, 처음 드릴로 작업한 구멍의 치수 보다 좀 더 크게 구멍을 내고자 할 때 가공하는 방법을 말한다.

주로 보오링머시인, 선반, 밀링 머시인에서도 많이 사용 한다.

앞의 리이밍이 표면의 다듬질만을 목적으로 한다면 보오링과 다음에 설명할 카운터 보오링은 이미 뚫린 구멍을 용도에 맞게 다시 깎아내는 작업을 말한다.

4) 카운터 보오링(counter boring)

카운터 보오링이란, 두개의 부품을 작은 나사 또는 평형의 볼트 너트로 조립하고자 할 경우 작은 나사볼트의 머리나 너트를 부품에 압입하기 위하여 공구의 상부를 원통형으로 크게 깎아 내는 작업을 말한다.

평형의 볼트머리나 너트 등이 닿는 부분을 깎아서 그 자리를 만드는 가공입니다. 그림에서 작은 나사의 머리 부분이 부품 안쪽으로 들어갈 수 있는 공간을 볼 수 있다.

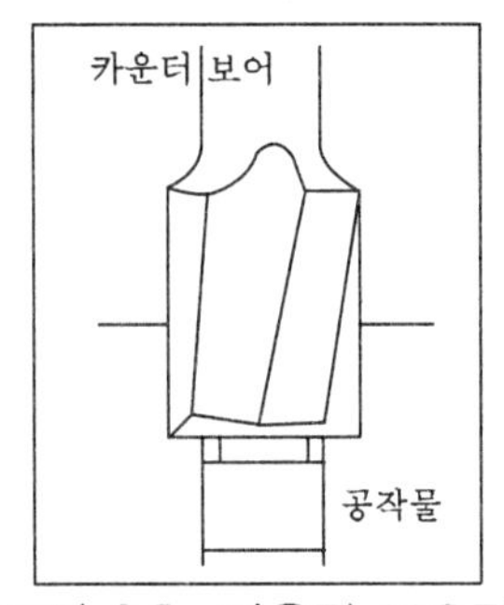

그림 3.5 카운터 보오링 (counter boring)

5) 카운터 싱킹(counter sinking)

카운터 싱킹이란, 접시머리 모양의 볼트 또는 나사의 머리부분이 부품 내에 들어가도록 하기 위하여, 카운트 싱크라고 하는 특수 드릴을 사용하여 구멍의 상부에 원뿔자리 파기를 하는 작업이다. 이 작업은 접시머리 작은 나사를 사용하기 위한 작업이며, 그래서 이 작업을 "접시자리파기"라고도 한다.

카운트 싱킹 드릴의 날끝각은 접시머리나사의 머리부분 각도인 90°가 되어야 한다.

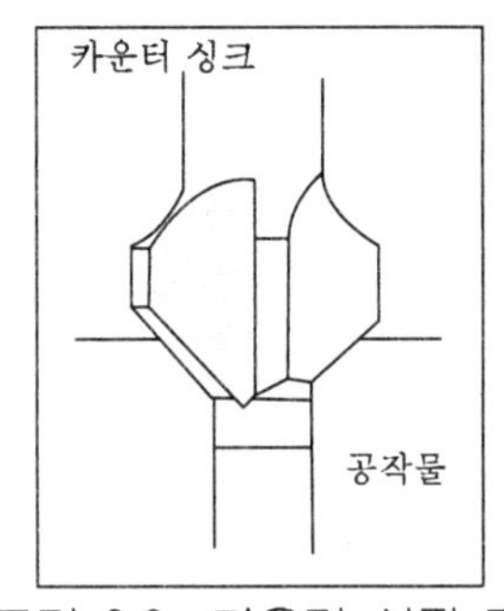

그림 3.6 카운터 싱킹 및 테이퍼링(tapering)

6) 테이퍼링(tapering)

테이퍼링이란, 드릴로써 뚫은 구멍을 원추형 드릴을 사용하여 테이퍼 가공하는 방법을 말한다.

이것은 접시형을 한 보울트 또는 나사 머리의 접촉을 확실히 하기 위하여 사용한다.

7) 스폿 페이싱(spot facing)

스폿 페이싱이란, 단조품 또는 주물품에 있어서 볼트나 너트를 이용하여 제품을 조립하고자 할 때 볼트머리 또는 너트와 제품이 서로 접촉하게 될 부분을 보오링바이트를 사용하여 그 접촉부가 안정되기 하기 위하여 표면을 편평하게 깎는 작업을 말한다.

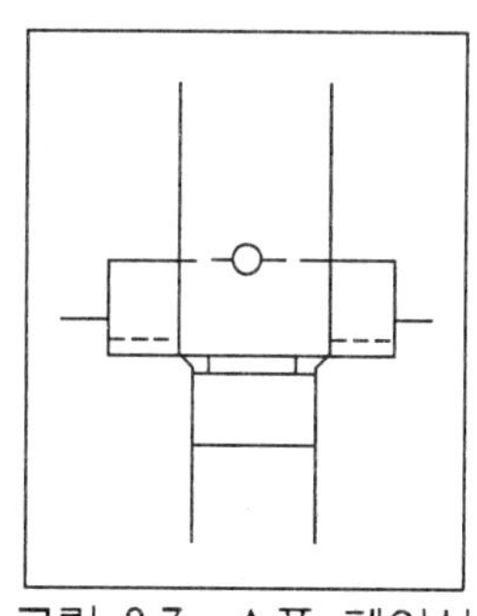
그림 3.7 스폿 페이싱 (spot facing)

자리파기 작업이라고도 하며, 공구에는 안내부가 붙어 있습니다.

이 안내부는 작업자가 손쉽게 부품을 평평하게 하기 위해 수치를 적어 놓은 것이다.

8) 탭핑(tapping)

탭핑이란, 공작물의 공구 내부에 암나사를 가공하는 작업으로 공구는 탭을 사용해서 나사를 절삭하는 작업이다.

일반적으로 탭 핸들을 사용하여 수동으로 암나사를 가공하나 이 작업을 먼저 실시하기 전에 반드시 드릴링, 카운터 싱킹이 이루어져야 가능하다.

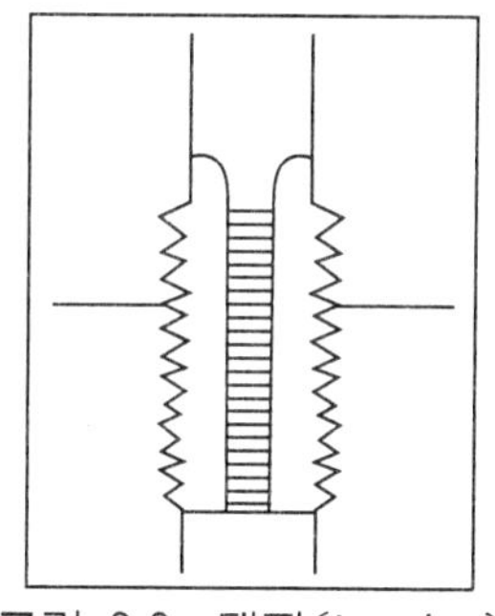
그림 3.8 탭핑(tapping)

(3) 드릴링 머시인의 종류 및 특징

드릴링 머시인의 용도와 기능에 따른 분류를 살펴보도록 하자.

위의 드릴링 머시인 중에서 가장 많이 사용되는 것으로는 탁상식(bench type), 직립식(up-right), 레이디얼식(radial type) 등이 있는데, 기타 드릴링 머시인은 특수 목적에 사용된다.

이러한 드릴링 머시인은 주로 고정식(stationary type)으로 설치하게 되는데, 이동이 가능한 드릴링 머시인으로는 휴대식 드릴링 머시인(portable drilling machine), 이동식 드릴링 머시인 (travelling drilling machine), 압축 공기식 드릴링 머시인(air drilling machine)등이 있다.

표 3.1 드릴링 머시인의 용도와 기능에 따른 분류

종 류	형식 또는 용도	성능 표시방법
탁상 드릴 프레스 (bench drill press)	직립식	1. 뚫을 수 있는 구멍 지름 또는 드릴 주축공, 모오스테이퍼 번호(MT.No.) 2. 스윙(swing) 3. 테이블 크기 4. 주축의 끝과 테이블 윗면과의 거리
직립식 드릴링 머시인(up-right drilling machine)	* 단축(單軸) * 갱식(gang type) (2,3…축) * 수조절식(手調節式)	1. 뚫을 수 있는 구멍 지름과 M.T.No. 2. 스윙 3. 테이블 크기 4. 주축의 끝과 테이블 윗면과의 거리
레이디얼 드릴링 머시인 (radial drilling machine)	* 보통형 * 만능형(universal type) * 이동형(travelling type) * 벽(壁)설치식 (wall setting type) * 유압형(油壓型)	1. 컬럼(columm)면에서부터 주축 중심까지의 최대 거리(swing) 2. 주축의 끝과 테이블 윗면과의 최대거리 3 뚫을 수 있는 구멍 지름과 MT.No. 4 베이스의 작업 면적
다축(多軸)드릴링 머시인 (multi-spindle drilling machine)	* 직립식 * 수평식	1. 뚫을 수 있는 구멍 지름(깊이) 2. 테이블의 크기 3. 주축 끝과 테이블 윗면과의 최대거리
수평식 드릴링 머시인(horizontal drilling machine)	* 단축 * 갱식(2….3..축)	1. 뚫을 수 있는 구멍 지름과 MT.No. 2. 테이블의 이동 거리 또는 주축의 이동거리 3. 테이블의 크기
심공(深孔)드릴링 머시인(deep hole drilling machine)	* 수평식(단추, 복축) * 직립식(단축, 복식)	1. 뚫을 수 있는 구멍 지름과 MT.No. 2. 테이블의 크기 3. 주축 끝과 테이블면과의 최대 거리

(단, M.T.NO는 드릴 주축의 모오스 테이퍼 번호)

여기서 잠깐 !! 

일반적으로 이동식 드릴링 머신은 공작기계에서 제외되고 있다.
최근에는 CNC 드릴링 머신이 점차 증가되고 있으며, 또한 대형의 중절삭용도 개발되고 있다.

1) 탁상 드릴링 머신(bench drilling machine)

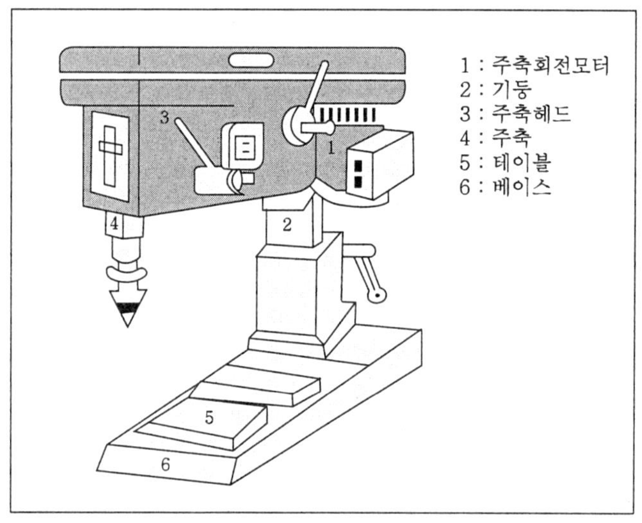

그림 3.9 탁상 드릴링 머신

특징	– 대부분 벤치(bench)에 고정하고 작업하므로 벤치 드릴링 머신이라고도 하며, 동력을 이용한 것은 소형 전동기(小型電動機)를 직결한 것이 많다. – 주로 작은 구멍을 뚫으므로 고속회전이 필요하므로 기어 장치를 사용하지 않고, 전동기에서 직접 V벨트로 주축을 회전하고, 변속(變速)은 단차로 한다.
구조	– 주축은 슬리이브 내부에 보올베어링으로 지지되고, 상부의 스플라인 축(spline shaft)에서 회전 모우먼트를 받는다. – 주축의 회전 수 변환은 그림 3.10과 같이 V벨트와 풀리를 이용하여 보통 3~4단의 회전수 변환을 할 수 있다. – 슬리이브는 랙(rack)과 피니언의 연결로서 상하 운동하고 또한 핸들의 일단에는 밸런싱 스프링(balancing spring)이 있어 항상 쉽게 위로 올라간다. (그림 3.11) – 이송(feed)은 손으로 조정하여 용도가 넓고, 최근 소형으로 고속을 필요로 하는 것은 10,000rpm 이상의 것도 있다.

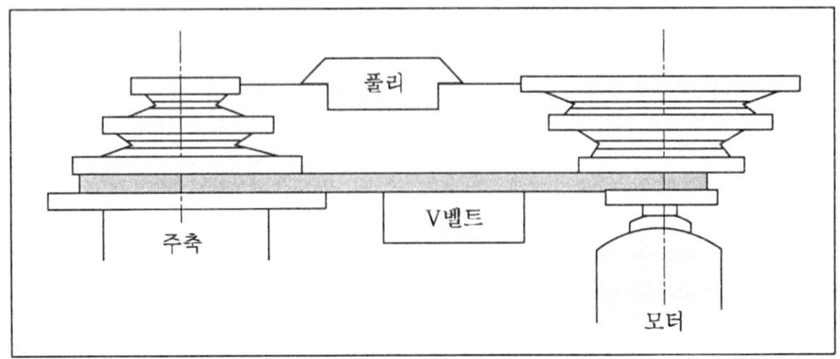

그림 3.10 주축의 회전 수 변환

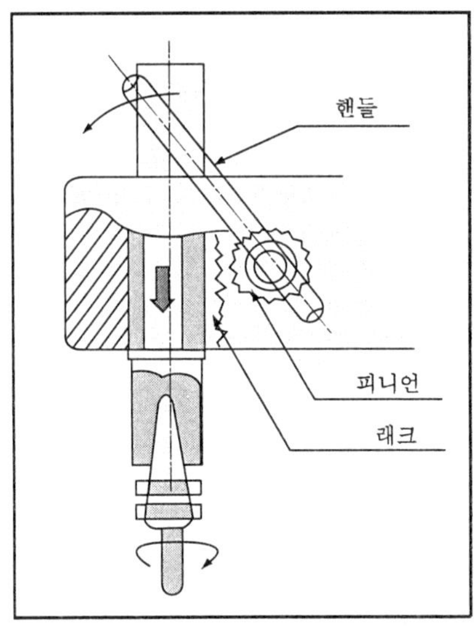

그림 3.11 주축의 이송 원리

2) 직립 드릴링 머시인(up-right drilling machine)

특징	– 주축이 수직 방향으로 설치되어 있다. – 작업장 바닥에 기계를 고정시키고 공작물을 테이블에 놓은 상태에서 테이블은 기계 기둥을 통해 상, 하 이송시킬 수 있다. – 3축 역회전 장치가 있어 태핑을 할 수 있으며 스핀들의 내부에는 보통 모오스 테이프로 되어 드릴 소켓을 압입 하든지 드릴 척을 이용할 수 있다.
구조	– 주축헤드, 기둥, 베이스 및 테이블 등으로 구성 – 주축 회전 방식에 따라 단차식과 기어식이 있는데, 구동은 수형에서는 단차식, 중형 및 대형은 기어식이 많이 사용된다.

구조	– 테이블은 4각형과 원형이 있고, 비교적 작은 것은 테이블의 컬럼 주위를 회전할 수 있는 것이 많다.
용도	– 비교적 소형 가공물의 구멍 뚫는 작업에 편리하고 주축의 위치가 일정하여, 가공물을 이동시켜 구멍의 위치를 주축의 중심에 일치시키고 작업한다.

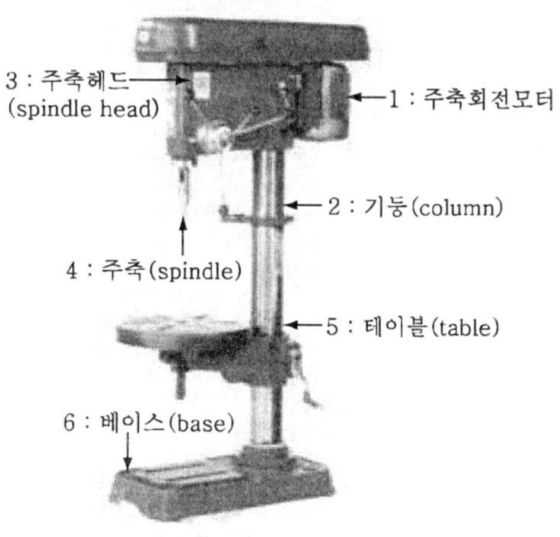

그림 3.12 직립 드릴링 머시인

3) 레이디얼 드릴링 머시인(radial driliing machine)

용도	– 구멍간 거리가 상당히 큰 것도 이동시키지 않고 가공할 수가 있어 가공물이 매우 클 때 사용한다. – 비교적 대형이며 무거운 공작물의 구멍 뚫기에 사용하는 공작기계로서, 공작물이 커서 움직이기가 곤란하거나 기계의 스윙이 적어서 곤란할 때 주축을 용이하게, 필요한 위치에 이동시킬 수 있다.

레이디얼 드릴링 머시인은 다시 보통형, 만능형, 이동형, 벽 고정형으로 나눌 수 있다.

① 보통형(plain type)

베드 위에 column을 세워, 수평 방향의 레이디얼 아암(arm)이 지주의 주위를 회전하게 되며, 스핀들(spindle)은 아암(arm)에 따라 이동 하므로 대형 가공물 작업에 사용하기가 매우 편리하다.

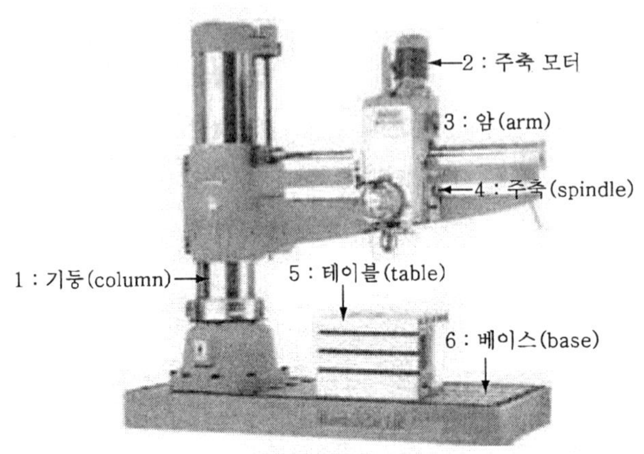

그림 3.13 레이디얼 드릴링 머시인

② 만능형(universal type)

보통형 레이디얼 드릴링 머시인과 유사하나 회전 장치가 붙어 있어 드릴 스핀들(spindle)이 경사될 수도 있으므로 구조상에서 볼 때 다소 약하나 편리하다.

만능 드릴링 머시인은 축의 자유도(自由度)가 많아 가공물을 이동시키는 일이 적다. 일반적으로 자유도를 많게 하려면 기계의 구조가 복잡하게 되고 또한 강력도(强力度)가 감소된다.

최근에는 유압형 만능 드릴(hydraulic universal drilling machine)이 출현되어 이송을 유압(油壓)으로 한다.

③ 이동형(travelling type)

벽(壁)과 레일(rail)을 이용하여 이동시킬 수 있으므로 이동 거리가 크고, 설치할 장소가 절약된다.

대형 드릴링 머시인의 일종이므로 큰 공작물의 작업에 편리하다.

④ 벽고정형(wall setting type)

건조물(建造物)의 벽(壁)에 고정하여 사용하는 드릴링 머신이다.

보통형과 만능형은 레이디얼 아암(radial arm)의 회전 각도가 360도 인데 비해 벽 고정형은 벽의 방해로 인하여 160도 까지 밖에 회전 할 수 없는 단점이 있으나, 벽을 이용하므로 설치 장소가 절약되는 장점도 있다.

4) 다축 드릴링 머시인(multi-spindle drilling machine)

특징	– 먼저 작업에 필요한 공구들을 고정시켜 놓고, 순서대로 필요한 공구를 사용해서 하나의 공작물에 구멍 뚫기, 리이머 작업, 탭작업 등 일관된 작업을 연속적으로 할 수 있다. – 하나하나의 구멍위치에 드릴을 맞출 필요 없고 한번에 드릴 수 만큼의 구멍이 가공되므로 매우 편리한 기계이다. – 다축 드릴링 머시인은 주축의 설치 상태의 특징에 따라 2종으로 분류된다. ① 정치 주축형(定置主軸型) : 자동차 공업 등의 대량 생산 전용 ② 조절 주축형(調節主軸型) : 모델을 바꾸는 범용(汎用) 목적용
구조	* 그림 3.14 대표적인 다축 드릴링 머시인의 구조 – 다축대 4 및 테이블 5는 상하 방향으로 화살표와 같이 이동할 수 있다. 주축수는 8, 12, 20 개 등이 표준이다. * 그림 3.15 다축대(多軸臺, multi-spindle head)의 구조 – 전동기에서 주전동축(主傳動軸)의 기어와 중간 기어를 거쳐 주축 기어를 회전하며 각각 유니버설 조인트(universal joint)를 거쳐 각 스핀들에 회전이 전달된다. – 유니버어설 조인트의 중간에서 축은 신축(伸縮)이 가능하게 되어 있고, 각 축은 동일 평면 위에 자유로운 위치에 배치할 수 있다.
용도	– 같은 가공물을 다량 생산, 또는 한 번에 많은 구멍을(200개까지) 뚫을 때에는 능률적이며, 주로 시리이즈 생산(series production)에 널리 사용한다. ※ 조립식(組立式) 다축 드릴링 머시인은 자동차 부속품의 다량 생산에 널리 사용된다.

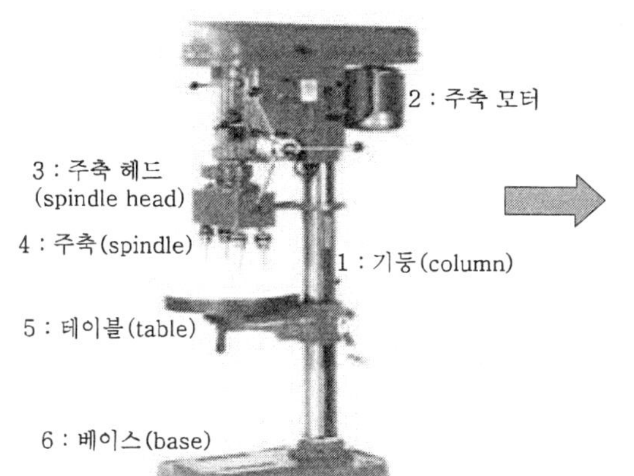

그림 3.14 다축 드릴링 머시인

그림 3.15 다축대

5) 다두형(多頭型) 드릴링 머시인(gang drilling machine)

특징	– 직립식 드리링 머시인의 주축헤드 여러 개를 한 개의 테이블 위에 나란히 배치한 형식 – 한 개의 공작물이 여러 개의 공정을 거쳐서 사용될 때, 개개의 스핀들에 드릴, 그 밖에 여러 개의 공구를 꽂아 드릴 가공, 리이머 가공, 탭 가공 등을 동일 테이블 위에서 연속해서 작업을 하기에 편리하다.

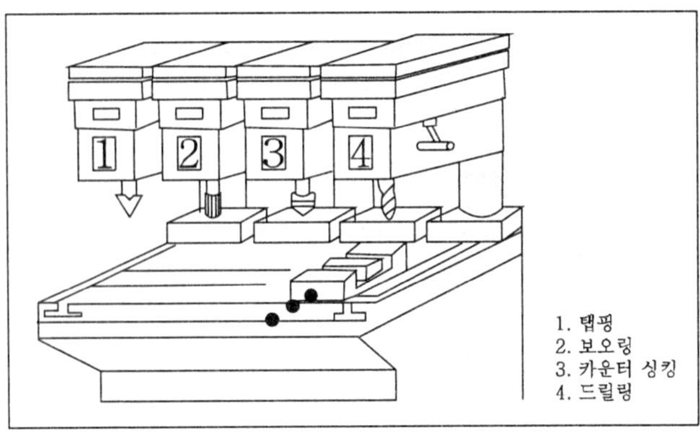

그림 3.16 다두형 드릴링 머시인

6) 터릿형 드릴링 머시인(turret type drilling machine)

터릿형 드릴링 머시인은 다축 드릴링 머신에서와 같이 주축헤드 및 테이블이 이송되며 이보다 한단계 발전한 드릴링 머시인 이다.

주축헤드에 5각에서 8각의 각각의 터릿이 부착되어 있어, 필요한 여러 개의 공구를 설치하여 갈아 끼우거나 터릿 공구대를 회전시켜 공구를 찾아서 사용할 수 있다.

특징	– 가공조건을 생각하지 않아도 자동으로 결정되므로 미숙련공도 프로그램 및 조작을 간단하게 할 수 있다. – 보턴의 조작으로 드릴링, 리이밍, 테이프 가공 등 연속가공 및 1축 자동가공, 수동가공이 가능하고 전용과 범용성을 겸비한 드릴링 머시인이다. – 각 스핀들 마다 이동속도, 급속이동 절삭, 가공모드(드릴가공, 테이프가공)를 전면에 있는 조작 판넬에서 간단히 설정할 수 있다.

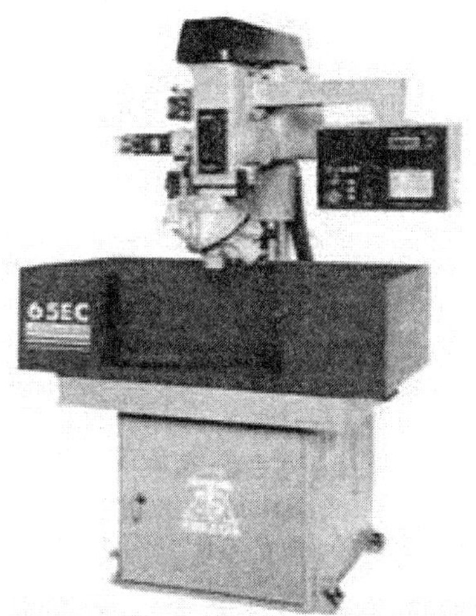

그림 3.17 터릿형 드릴링 머시인

7) 심공(深孔) 드릴링 머시인(deep hole drilling machine)

특징	- 크랭크 축, 플라스틱 사출기의 실린더, 총신 등 깊은 구멍을 뚫을 경우, 보통의 드릴링 머시인으로 가공하면 구멍이 굽어지거나 비능률적이다. - 깊은 구멍을 뚫을 경우, 특수한 드릴 선단의 형상, 기계 구조 등의 것이 필요한데 심고 드릴링 머시인은 이와 같은 경우에 편리한 드릴링 머시인이다.
구조	① 드릴을 회전시키는 것 → 크랭크 축을 가공하는 경우 ② 가공물을 회전시키는 것 → 총신(銃身)의 구멍을 가공하는 경우

심공 드릴링 머시인에서 칩(chip)을 제거 방법으로는 크게 BTA방식, 스텝 피이드(step feed) 방식이 있다.

① BTA방식(Boring and Trepanning Association System)

절삭유(cutting oil)를 강력한 펌프로 드릴의 홀로우 홀(hollow hole), 또는 측면에 준비된 유공(油孔)을 통하여 보냄으로써 드릴의 선단을 냉각시키고 칩을 제거 시키는 작용을 하고, 드릴에 이송(feed)을 주는 방식.

② 스텝 피이드(step feed) 방식

이송을 조금 씩 주어, 드릴을 때때로 빼고 칩을 씻어내고, 드릴을 급속히 작업 위치까지 보내서 이송하는 급속 이송 장치(quick feed attachment)를 써서 이 작업을 반복하는 방법

☞ BTA 방식은 독일에서 개발된 것으로서 작업시간을 종래 방식의 1/10로 단축할 수 있다. 이 방법은 40kg/㎠ 이상의 유압을 보낼 수 있는 절삭유제 펌프와 대용량의 탱크가 필요하다.

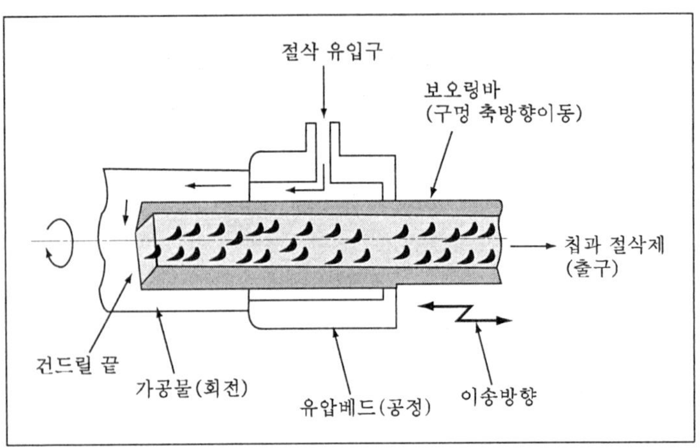

그림 3.18 BTA 방식 심공 드릴법

체크 포인트

1. 드릴링(drilling) 의 기본 작업 :
   ① 드릴링(drilling)
   ② 리이밍(reaming)
   ③ 보오링(boring)
   ④ 카운터 보오링(counter boring)
   ⑤ 카운터 싱킹(counter sinking)
   ⑥ 테이퍼링(tapering)
   ⑦ 스폿 페이싱(spot facing)
   ⑧ 탭핑(tapping)
2. 드릴링 머시인(drilling machine)의 종류
   탁상 드릴링 머시인, 직립식 드릴링 머시인, 레이디얼 드릴링 머시인, 다축 드릴링 머시인, 수평식 드릴링 머시인, 심공 드릴링 머시인, CNC 드릴링 머시인 등
3. BTA방식(Boring and Trepanning Association System)
   심공 드릴링 머시인에서의 칩(chip)을 제거 방법의 하나로서 절삭유(cutting oil)를 강력한 펌프로 드릴의 홀로우 홀(hollow hole), 또는 측면에 준비된 유공(油孔)을 통하여 보냄으로써 드릴의 선단을 냉각시키고 칩을 제거시키는 작용을 하고, 드릴에 이송을 주는 방식이다.

연습문제

1. 리이밍(reaming)에서의 절삭 속도와 이송속도를 가장 바르게 선정한 것은 어느 것일까?
   ① 절삭속도는 드릴의 절삭속도보다 빠르고 이동속도는 드릴보다 작다.
   ② 절삭속도는 드릴의 절삭속도보다 느리고 이동속도는 드릴보다 크다.
   ③ 절삭속도는 드릴의 절삭속도와 같으며 이동속도는 드릴보다 작다.
   ④ 절삭속도와 이동속도는 드릴의 경우와 같다.

2. 심공드릴링 방식에 대하여 설명해 보자.

정답 및 해설

1. ▹ 리이머(reamer)란 공구를 사용하여 제품 표면의 값을 보정하고 정밀도를 향상시키는 작업을 리이밍이라고 한다.
   ▹ 구멍을 매끈하게 다듬질하기 위해서는 리이밍 할 때의 절삭속도는 드릴의 절삭속도 보다 느리게 하고, 이송속도는 크게 하여야 할 것이다.

2. 심공 드릴링 머시인에서의 칩(chip)을 제거 방법의 하나로서 절삭유(cutting oil)를 강력한 펌프로 드릴의 홀로우 홀(hollow hole), 또는 측면에 준비된 유공(油孔)을 통하여 보냄으로써 드릴의 선단을 냉각시키고 칩을 제거시키는 작용을 하고, 드릴에 이송을 주는 방식이다.

2. 드릴(drill)

학습 Point

- 표준드릴(standard drill)의 각부 명칭 = 홈(flute), 탱(tang), 사심(dead center), 마진(margin), 웹(web), 선단각(point angle), 홈 나선각 (helix angle) 등
- 드릴(drill)의 종류 = 평드릴(flat drill), 트위스트 드릴(twist drill), 경질 합금 드릴(hard metal drill), 특수 드릴(special drill) 등

(1) 드릴(drill)의 형상

▹ 가장 많이 쓰이는 드릴은 선단이 원추형이고 선단의 트위스트 홈이 만나는 부분에 2개의 홈과 절삭날을 가진다.

▹ 드릴링 머시인의 스핀들의 소켓(socket)에 드릴의 테이퍼 자루를 꽂아서 중심을 잡는 동시에 고정하고 자루의 탱(tang)으로 회전력을 준다.

▹ 드릴의 자루는 모오스 테이퍼로 되어 있으며, 자루의 탱은 끝에 있는 홈과 맞게 되어, 테이퍼면에서 나타나는 미끄럼을 방지한다.

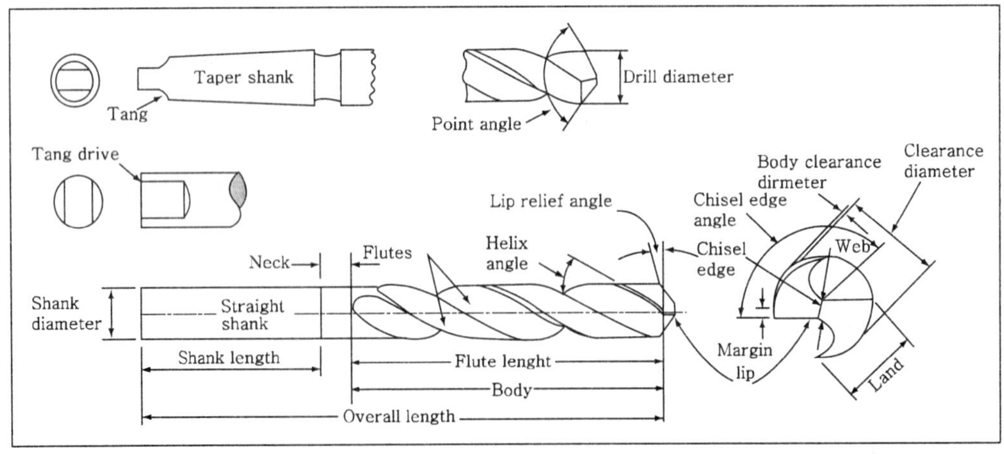

그림 3.19 표준드릴의 각부 명칭

그럼, 위에서 살펴본 표준 드릴의 각부 명칭에 대해 보다 더 자세히 살펴보도록 하자.

여기서 잠깐 !! 

- Tang: 탱
  테이퍼자루 끝을 납작하게 한 부분으로, 드릴에 회전력을 주며, 드릴과 소켓에 맞는 테이퍼부를 손상시키지 않고 드릴을 돌려주는 역할을 한다.
- body: 몸체
  드림의 본체가 되는 부분이며, 홈이 있다.
- flute: 홈
  드릴 본체에 직선 또는 나선으로 파인 홈이며, 칩을 배출하고, 절삭유제를 공급하는 통로가 된다.
- shank: 생크
  드릴 고정구에 맞추어 드릴을 고정하는 부분이며, 곧은 것과 테이퍼로 된 것도 있다.
- lips: 절삭날
  드릴 끝에서 드릴링을 할 때 재료를 깎아내는 날 부분이다.
- web: 웹
  홈 사이의 좁은 단면, 홈과 홈 사이의 두께를 말하며, 자루쪽으로 갈수록 커진다.
- point angle: 선단각
  드릴 끝에서 절삭날이 이루는 각이며, 표준 트위스트 드릴의 선단각은 연강에 대해서는 118°를 표준으로 하고 있다. 공작물의 재질에 따라서 표 3.2와 같이 사용되지만 일반적으로 가공재료가 굳을 수록 인선각을 크게 한다.
- body diameter clearance: 몸체여유
  마진보다 지름을 더 작게 한 드릴 몸체 부분이며, 절삭할 때 공작물에 드릴 몸체가 닿지 않도록 여유를 두기 위한 부분이다.
- margin: 마진
  드릴의 홈을 따라서 나타나 있는 좁은 면으로는, 드릴의 크기를 정하며 드릴의 위치를 잡아주고, 드릴 직선운동의 안내 역할을 한다.
- helix angle: 홈 나선각
  절삭날이 장해를 받지 않고 재료에 들어가도록 절삭날에 주어진 여유각으로 보통 10~15°정도이다.

그렇다면, 재질에 따라 드릴날끝의 각도는 어떻게 달라질까?

표 3.2 재질에 따른 드릴날끝의 각도 (단위: °)

공작물의 재질	선단각 (point angle)	날여유각 (lip relief angle)	치즐 에지각 (chisel edge angle)	홈 나선각 (helix angle)
주철	60~90	12~15	125~135	10~20
Mn 강	136~150	7~10	115~125	25
칠화강	130~150	5~7	125~135	20~32
청동(軟質)	118	12~15	125~135	15~30
동, 황동	100~118	12~15	125~135	15~30
Al합금	90~130	12~18	125~135	17~45
플라스틱	60~118	12~15	125~135	10~20
경질고무	90~118	12~15	125~135	10~20
표준드릴(일만작업, 탄소강, 주강 등)	118	12~15	125~135	20~32

(2) 드릴(drill)의 종류

드릴은 구조, 생크의 모양, 길이, 비틀림각, 단면 형상, 기능 및 용도, 날 부분의 재질등에 따라서 일반적으로 평드릴(flat drill), 트위스트 드릴(twist drill), 특수 드릴(special drill)로 나누는데, 그 형상은 그림 3.20과 같다.

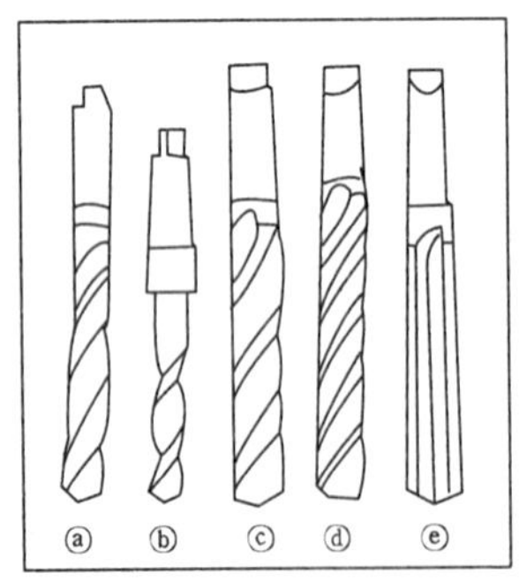

트위슬 트릴(twist drill)

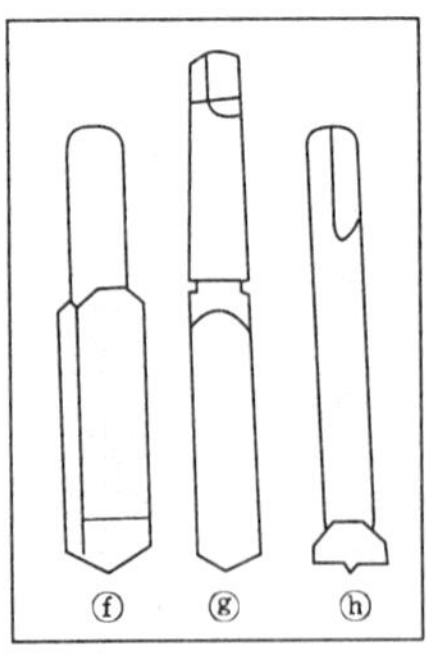

평드릴(flat drill)

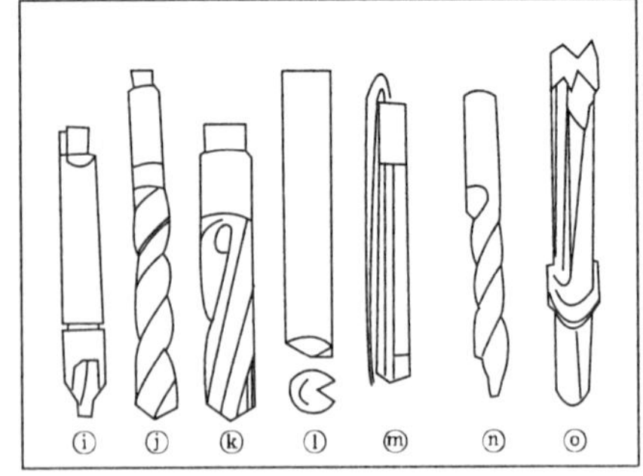

특수트릴(special drill)

그림 3.20 각종 드릴의 종류

▸ 트위스트 드릴(twist drill)

ⓐ 보통 트위스트 드릴(ordinary twist drill)

ⓑ 평형 트위스트 드릴(flat twist drill)

ⓒ 3홈 트위스트 드릴(3 edge twist drill)

ⓓ 4홈 트위스트 드릴(4 edge twist drill)

ⓔ 직선 홈 드릴(straight flut drill)

▸ 특수드릴(special drill)

ⓘ 센터 드릴(center drill)

ⓙ 기름 홈 드릴(oil tubular drill)

ⓚ 중공(中空) 드릴(hollow drill)

ⓛ 반월드릴(rifle barrel drill)

ⓜ 포신 드릴(gun barrel drill)

ⓝ 스텝 드릴(step drill)

ⓞ TA 드릴(throw way drill)

이와 같이 다양한 종류의 드릴을 비롯하여 각종 드릴에 대한 보다 자세한 설명은 다음과 같다.

트위스트 드릴(twist drill)
평 드릴(flat drill)
건 드릴(gun drill)
곧은 홈 드릴(straight flute drill)
초경합금 팁 드릴(carbide tipped drill)
반원 드릴(rifle barvel drill)
코어 드릴(core drill)

스텝 드릴(step drill)
콤비네이션 드릴(combination drill)
센터 드릴(center drill)
기름 홈드릴(oil tublar drill)
Tin 코팅 드릴(TIN coated drill)
TA 드릴(throw-away drill)
스페이드 드릴(spade drill)
마이크로 드릴(micro drill)

여기서 잠깐 !! 

- 트위스트 드릴: twist drill
  가장 널리 쓰이는 2개의 비틀림 날이 회전 날 끝으로 되어 있어 절삭성이 매우 좋아, 폭 넓은 작업조건에 사용되며 주철, 특수강, 합금강 등의 구멍가공에 뛰어난 성능을 발휘한다.
- 평 드릴: flat drill
  둥근 봉의 선단을 납작하게 만들어 날을 붙인 것이며, 가장 간단한 형식으로 보통 연한 재질을 가진 공작물의 구멍을 뚫을 때 사용한다.
- 건 드릴: gun drill
  총신의 구멍 등, 구멍 직경의 20배 이상의 깊은 구멍을 가공하기 위해 곧은 날 드릴과 기름 홈 드릴의 원리를 조합한 드릴이다.
- 곧은 홈 드릴: straight flute drill
  홈이 직선으로 파인 드릴로서 선단의 각도가 0°이므로 황동이나 얇은 판의 구멍을 뚫을 때 사용한다.
- 초경합금 팁 드릴: carbide tipped drill
  초경합금 팁을 경납땜 한 것으로, 구멍의 정확도가 요구될 때 및 합성수지(fiber)와 같이 발열이 많은 재, 알루미늄과 같은 비철합금에 우수한 성능을 발휘할 수 있다.
- 반원 드릴: rifle barrel drill
  드릴의 선단이 1개의 날로 되어 있으며, 날 끝은 드릴의 중심부에 대해 편위 되어 있다.
- 코어 드릴: core drill
  이미 뚫린 구멍을 넓힐 때 사용합니다. 외주 부근에만 3~4개의 날을 가지며 중심부에는 날이 없으므로 새로 구멍을 뚫을 때는 사용이 불가능 하다.
- 스텝 드릴: step drill
  2개의 날을 가진 드릴 선단부를 외경보다 가늘게 하여 그 단부를 평면 또는 경사면으로 만든 드릴이며, 대량생산작업에서 그 공정 수를 줄이기 위해 사용된다.
- 콤비네이션 드릴: combination drill
  드릴에 리이버, 탭 등의 날을 동일 중심 축으로 한 드릴로서 드릴링, 리이밍의 작업을 계속 전진하여 구멍면에 나사를 낼 수 있는 복합 드릴이다.

이와 같은 드릴의 종류 중에서도 특수 드릴에 속하는 센터 드릴, 기름 홈드릴, TIN 코팅 드릴, TA 드릴, 스페이드 드릴, 마이크로 드릴은 최근에 그 사용량이 증가하고 있으며, 보다 나은 성능을 갖게 하기 위해서 많은 연구 개발이 진행되고 있다.

여기서 잠깐 !!

- 센터 드릴: center drill
  공작물을 선반이나 연삭기에 고정할 때 공작물에 지지가 되는 센터 구멍을 90° 또는 120°로 중심 내기할 때 사용하며, 챔퍼(chamfer) 가공에도 사용한다.
- 기름 홈드릴: oil tubular drill
  트위스트 드릴의 내부에 기름구멍을 만든 것으로서 기름의 공급과 칩의 배출이 용이하므로 깊은 구멍을 뚫을 때 사용한다.

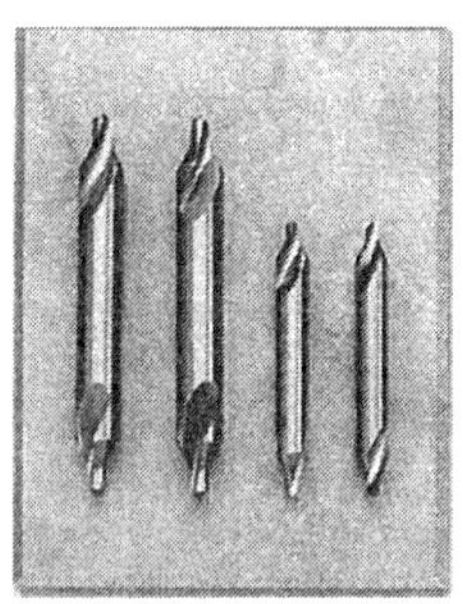
〈center drill(made by YG-1, Korea)〉

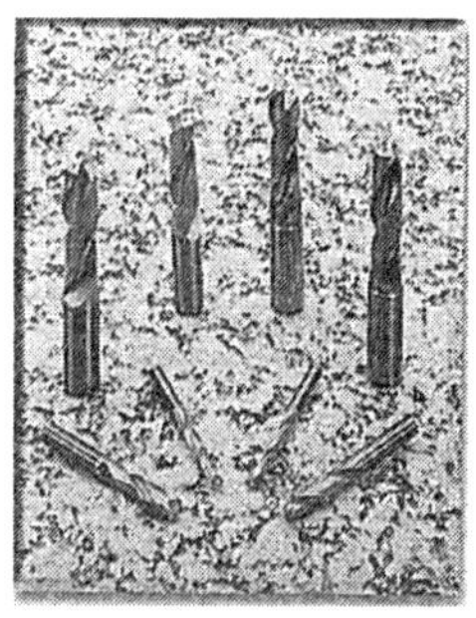
〈oil tubular drill(made by YG-1, Korea)〉

- TIN 코팅 드릴: TIN coated drill
  강, 주철용, 재역삭 및 고속 가공에 적합하고 공구수명이 길어 무인 자동화 라인에 적합하다. 또한 별도의 센터링이나 리밍이 필요 없으며, 공구강성이 뛰어나고 칩배출이 탁월하다.
- TA 드릴: throw-away drill
  드릴의 절삭날부가 마멸되면 팁을 갈아 끼울 수 있게 된 것으로 한 개의 생크로 다양한 작업을 할 수 있는 이점이 있으며, 공작물에 좀 더 많은 절삭력을 가할 수 있고 고이송으로 절삭이 가능하게 한 것도 있다.

〈TIN coated drill(made by YG-1, Korea)〉

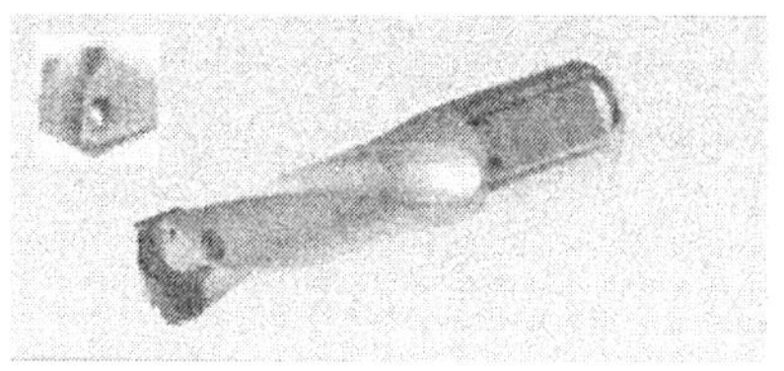
〈throw-away drill(made by BPK, Korea)〉

- 스페이드 드릴: spade drill
  평탄한 토막(조각)형 절삭공구(flat end cutting tool)로서 구멍을 뚫거나 늘이거나 다듬질 하는데 쓰이는 두 개의 절삭단면(cutting faces)을 가집니다.
  블레이드는 적합한 홀드에 체결되어 구동되며, 절삭성이 좋고 소동력, 저강성의 기계에서도 사용이 가능합니다.
- 마이크로 드릴: micro drill
  전자기기용 프린트 기판 등의 미소구멍의 드릴링에 사용합니다.

〈spade drill(made by YG-1, Korea)〉

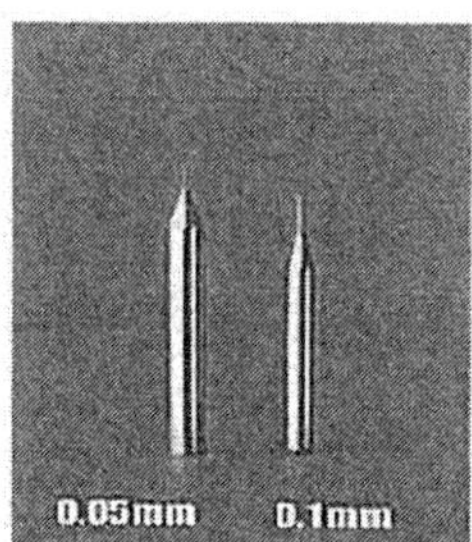

〈micro drill(made by Hain mech, Korea)〉

(3) 드릴의 재 연삭법

드릴 작업에서 드릴의 마멸은 일정한 속도비로 진행되는 것이 아니라 어떤 시점에서 급속하게 진행되므로 드릴이 너무 무뎌지기 전에 재연삭하여야 한다.

드릴의 재연삭 항목은 다음과 같다.

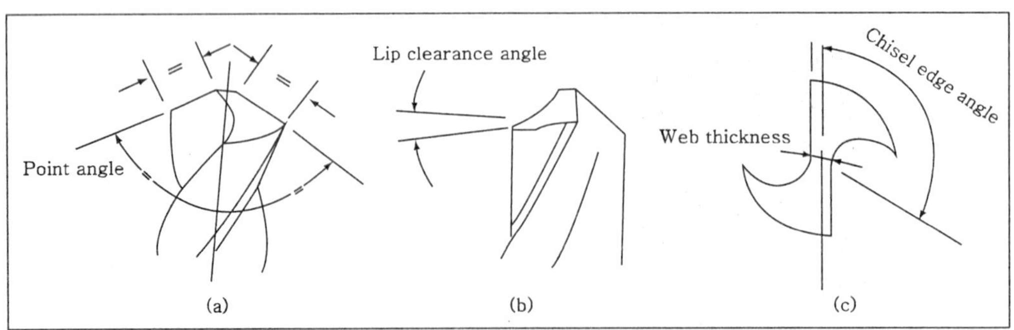

그림 3.21 드릴의 재연삭 부분

① 절삭날의 길이를 같게 한다. (그림 3.21(a))
② 선단각(Point angle)을 알맞게 정하고 중심축에 대하여 같게 한다. (그림 3.21(a))
③ 날 여유각(lip clearance angle)을 적정하게 하고 양측이 같게 하며, 드릴을 회전 시켜서 뒷면(heel)을 점점 깊게 연삭한다. (그림 3.21(b))
④ 날끝각(chisel edge angle)을 바로 잡는다. (그림 3.21(c))
⑤ 작은 드릴은 웹의 문제가 되지 않지만 큰 드릴의 연삭에서는 둥근 숫돌로 웹을 얇게(웹 씨닝, web thinning)한다. (그림 3.21(c))

용어해설 웹 씨닝(web thinnig)이란?

씨능은 치즐에지(chisel edge)의 일부를 연삭하고, 마이너스 경사각의 값을 작게하여 작용력을 감소시키는 방법으로 트위스트 드릴에서 절삭날의 각도가 중심에 가까울수록 절삭작용이 나쁜 것을 보충하기 위해 행한다.

체크 포인트

1. 표준드릴(Standard Drill)의 표준 명칭
   홈(flute), 탱(tang), 사심(dead center), 마진(margin), 웹(web), 선단각(point angle), 홈나선각(helix angle), 몸체여유(body diameter clearance), 날여유각(lip clearance angle or lip relief angle), 윗면경사각(rake angle) 등

2. 드릴(Drill)의 종류
   트위스트 드릴(twist drill), 평 드릴(flat drill), 건 드릴(gun drill), 곧은 홈 드릴(straight flute drill), 초경합금 팁 드릴(carbide tipped drill), 반원 드릴(rifle barvel drill), 코어 드릴(core drill), 스텝 드릴(step drill), 콤비네이션 드릴(combination drill), 센터 드릴(center drill), 기름 홈드릴(oil tublar drill), TIN 코팅 드릴(TIN coated drill), TA 드릴(throw-away drill), 스페이드 드릴(spade drill), 마이크로 드릴(micro drill) 등

연습문제

1. 연강을 드릴링하고자 할 때, 표준 트위스트 드릴의 선단각의 몇도 일까?

① 118° ② 128°

③ 138° ④ 148°

2. 트위스트 드릴은 절삭날의 각도가 중심에 가까울수록 절삭작용이 나쁩니다. 이것을 보충하기 위해 행하는 작업은 무엇일까?

① truing ② grinding

③ dressing ④ thining

정답 및 해설

1. 선단각(point angle)이란 드릴 끝에서 절삭날이 이루는 각이며, 표준 트위스 드릴의 선단각은 연강에 대해서는 118°를 표준으로 하고 있습니다. 공작물의 재질에 따라서 달리 사용되지만 일반적으로 가공재료가 굳을 수록 인선각을 크게 한다.

2. 씨닝(thining)이란 치즐 에지(chisel edge)의 일부를 연삭하여, 마이너스 경사각의 값을 작게 하여 치즐에지에는 작용력을 감소시키는 방법으로 트위스트 드릴에서 절삭날의 각도가 중심에 가까울수록 절삭작용이 나쁜 것을 보충하기 위해 행한다.

3. 드릴 가공의 절삭이론

학습 Point

▸ 드릴작업에 필요한 절삭동력

$$No = Nm + Nf = \left(\frac{Mn-2\pi}{75\times60\times100} + \frac{Pf\cdot s\cdot n}{75\times60\times100}\right)PS$$

▸ 드릴 가공 시간

$$T = \frac{t+h}{nf} = \frac{\pi d(t+h)}{1000vf}$$

(1) 절삭저항

드릴에 작용하는 절삭저항으로는

① 회전할 때의 비틀림 모우먼트(twisting moment)

② 이송 방향의 드러스트(thrust)

등이 있다.

2개의 절삭날을 갖는 트위스트 드릴(twist drill)에서 1개의 절삭날이 깍는 절삭 깊이는 $\frac{1}{2}$S가 된다.

이때, S란 드릴의 지름에 대한 1회전당의 이송량을 말한다.

실제 작업에서는 웨브(web)의 부분은 직접 절삭이 잘 되지 않고 드러스트(thrust)를 증가시키며, 랜드 (land) 부분의 마찰 영향도 있고 하여, 실제적인 값과 이론적인 값에 차가 크다.

일반적으로 2개의 절삭날이 형성하는 각, 즉 선단각 2θ를 크게 하면 모우멘트(moment)는 감소되나, 드러스트(thrust)가 증가한다. 그러므로, 가공물의 재질에 따라 적당한 값을 설정해야 한다.

경사각(傾斜角, rake angle)의 영향은 선반가공의 바이트의 경우와 같은 작용을 하며, 경사각의 증가와 더불어 절삭 저항은 점차 감소되고, 경사각이 어떤 값 이상이 되면 절삭저항이 일정하게 된다.

이때, 드릴작업에 필요한 힘은 두 가지로 나누어 생각할 수 있다.

그 하나는 이송에 필요한 드러스트(thrust)이고, 다른 하나는 드릴에 회전을 주는 회전 모우먼트 또는 비틀림 모우먼트(twisting moment)이다.

드릴에 작용하는 저항은 드릴의 지름과 이송에 의하여 변한다,

드릴링의 절삭력은 재료의 저항력보다 크고, 회전력 M은 양측의 절삭날에 $\frac{1}{2}$씩 작용하며, 그때의 저항 R은 양쪽 절삭날에 각각 $\frac{R}{2}$씩 분포된다.

그림 3.22에서 드릴 지름을 D mm, 드릴의 1회전 당 이송을 f라 하면, 1개의 날에 대한 절삭면적 Fd는

$$Fd = \frac{D}{2} \times \frac{f}{2} \text{mm}^2 \tag{3-1}$$

드릴의 각 점의 경사각은 중심에 가까울수록 작아지고, 치즐 포인트(chisel point)에서는 대단히 큰 마이너스 경사각을 갖기 때문에 매우 큰 드러스트 (thrust)를 받게 되는데 이 점이 선반 절삭과의 큰 차이라 할 수 있다.

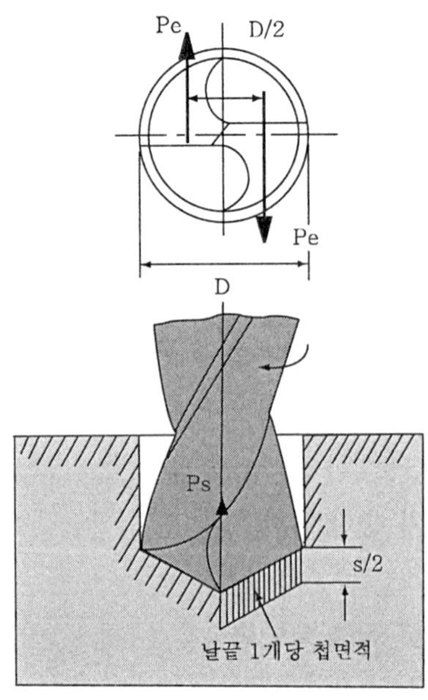

그림 3.22 드릴의 칩 면적

그림 3.22에서 일반 드릴의 경우에, 절삭날의 중간점에 작용하는 평균절삭저항 Pe를 선반 절삭의 경우와 같이 비절삭저항 Pe를

$$Pe = Fdks \tag{3-2}$$

로 표시하고 이론적으로 해석한다. (by Kronenberg)

(2) 드릴 절삭 동력

그림 3.22와 같이 절삭날은 서로 평행되고, $\frac{R}{2}$의 커플(couple, 偶力)이 x의 거리에 작용한다면 회전 모우먼트(twisting moment) M(kg-cm)는 $x \cdot \frac{R}{2}$로 표시되고, 이 모우먼트에 각 속도 $\left(\omega = \frac{2\pi}{60}n\right)$를 곱하면 회전 모우먼트에 대한 동력 Nm을 알 수 있다.

$$Nm = \frac{M \times \frac{2\pi n}{60}}{75 \times 100} = \frac{M \times n \times 2\pi}{75 \times 60 \times 100} = \frac{Mn}{71620} ps \tag{3-3}$$

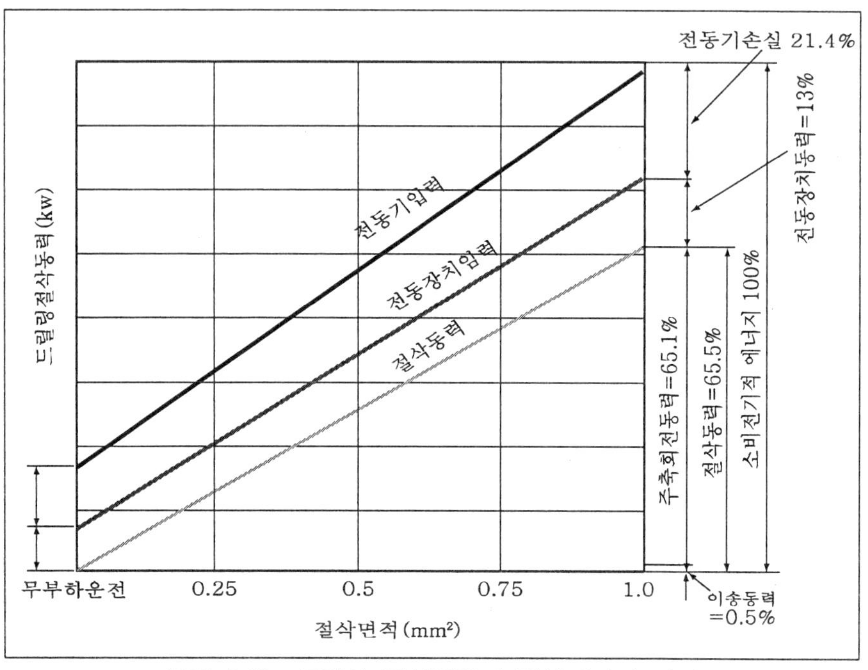

그림 3.23 드릴의 절삭동력과 절삭면적의 관계

이송 f (mm/rev)에 필요한 드러스트를 Pf 라고 하면, 이송에 필요한 동력 Nf 는

$$Nf = \frac{Pf \cdot f \cdot n}{75 \times 60 \times 1000} \tag{3-4}$$

그러므로 드릴작업에 필요한 전체동력 N은

$$N = \frac{No}{\eta} = \frac{Nm + Nf}{\eta} \tag{3-5}$$

$$No = Nm + Nf = \left(\frac{Mn \cdot 2\pi}{75 \times 60 \times 100} + \frac{Pf \cdot f \cdot n}{75 \times 60 \times 1000} \right) PS \text{ 또는} \tag{3-6}$$

$$No = \left(\frac{Mn \cdot 2\pi}{102 \times 60 \times 100} + \frac{Pf \cdot f \cdot n}{102 \times 60 \times 1000} \right) KW \tag{3-7}$$

▷ 유효 절삭동력은 약 65.6% 이고, 이송동력은 0.5%에 불과하다.

▷ 전동기의 입력에서 보면, 전동기 손실 21.4%, 전동장치 소비동력 13%이고, 나머지가 절삭에 사용된다.

표 3.3 드릴의 회전 모우먼트 M

드릴 지름 (mm)	공작물재질	회전모우먼트 M(또는 절삭토오크) (torque) T(m-kgf)					
		이송(mm/rev)					
		0.1	0.2	0.3	0.4	0.5	0.6
10	주 철	40	60	80	100	110	120
	강(σ 5=50)	80	160	180	200	220	240
	Ni-Cr 강	80	120	160	200	220	250
25	주 철	220	300	390	480	560	640
	강(σ 5=50)	400	600	850	1,080	1,280	1,480
	Ni-Cr 강	320	600	800	1,040	1,280	1,480
40	주 철	400	620	840	1,040	1,240	1,440
	강(σ 5=50)	900	1,400	1,900	2,400	2,800	3,300
	Ni-Cr 강	760	1,400	2,000	2,600	3,200	3,800

표 3.4 드릴의 드러스트 P

드릴 지름 (mm)	공작물재질	드러스트(thrust) P(kgf) 이송(mm/rev)					
		0.1	0.2	0.3	0.4	0.5	0.6
10	주 철	90	130	170	200	230	260
	강	160	240	320	380	440	500
	Ni−Cr 강	200	360	500	650	790	930
25	주 철	170	260	390	490	590	680
	강	360	580	800	1,000	1,200	1,380
	Ni−Cr 강	460	880	1,280	1,670	2,020	2,360
40	주 철	260	450	600	750	900	1,040
	강	600	960	1,260	1,520	1,800	2,040
	Ni−Cr 강	600	1,400	1,960	2,480	2,980	3,460
50	주 철	400	630	6840	1,030	1,220	1,380
	강	860	1,260	1,640	1,980	2,280	2,560
	Ni−Cr 강	1,000	1,780	2,540	3,200	3,840	4,420

(3) 드릴의 모우먼트와 드러스트

드릴에 작용하는 회전 모우먼트(또는 토오크, torque) M과 드러스트 P의 실험식(연강의 경우)

$$M = 0.017d^{23} \cdot f^{0.28}(\mathrm{cm \cdot kgf}) \qquad (3\text{-}8(a))$$

$$P = 0.88^{1.14 \cdot f^{0.57}}(\mathrm{kgf}) \qquad (3\text{-}9(a))$$

(from JSME Vol.23 p.130)

로 나타낸다. 그러므로 M과 P에 대한 일반식은

$$M = Cmd^{d} \cdot s^{\beta}\,(\mathrm{cm\text{-}kgf}) \qquad (3\text{-}8(b))$$

$$P = Cpd^{r} \cdot S^{\delta}\,(\mathrm{kgf}) \qquad (3\text{-}9(b))$$

과 같이 표시할 수 있다.

여기서, Cm, Cp 등 : 재질에 따른 상수. α, β, γ, δ 등 : 지수를 나타낸다.

위의 식을 이용하여 드릴의 지름 d(mm)와 이송 f(mm/rev)가 주어지면 앞의 표 3.3과

표 3.4로 M과 P를 산출할 수 있다.

공구 동력계(tool dynamometer)를 사용하여도 M과 P를 측정할 수가 있다.

표 3.5 비틀림 모우먼트와 드러스트의 상수

상수	SAE 강철 1020	SAE 1035	SAE 3150	주철	가단주철
α	1.8	1.8	1.8	1.8	1.8
β	0.78	0.78	0.78	0.60	1066
γ	2.12	2.12	2.12	1.9	1.75
Δ	0.87	0.87	0.87	0.73	0.73
Cm	0.0718	0.0605	0.0727	0.0300	0.0280
Cp	24630	21620	24810	6844	6094

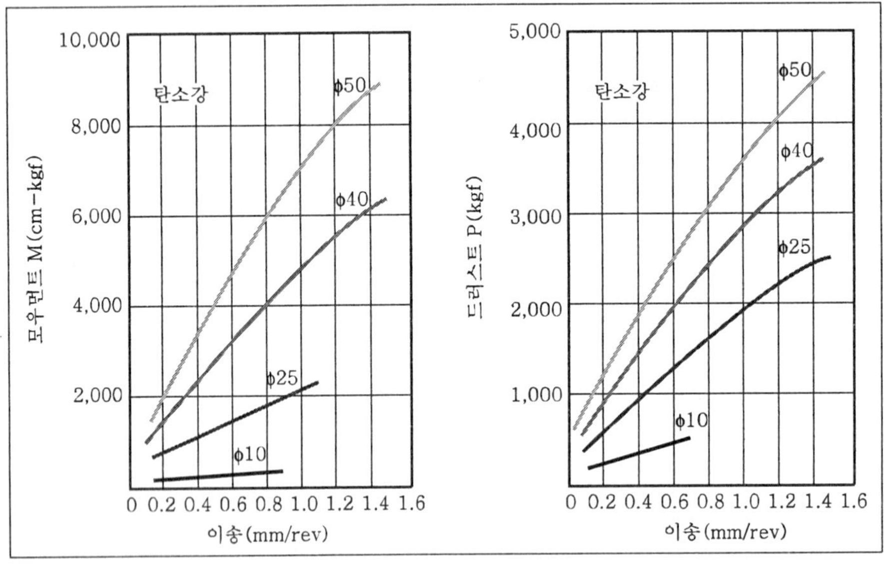

그림 3.24 탄소강을 가공할 때 M와 P의 관계

(4) 가공시간

여기서는 어떤 구멍을 뚫을 때, 드릴링 작업에 소요되는 시간을 계산하는 방법에 대해 알아 보자.

드릴이 1회전하는 동안에 이송거리를 f(mm)라 하고, 드릴 끝 원추의 높이를 h(mm), 구멍의 깊이를 t(mm)라 하면, 이 구멍을 뚫는 데 소요되는 시간 T(min)는

$$T = \frac{t+h}{nf} = \frac{\pi d(t+h)}{1000vf} \tag{3-10}$$

T : 구멍을 뚫는데 소요되는 시간(min)

t : 구멍의 깊이(mm)

h : 드릴 끝 원추의 높이(mm)

n : 회전 수(rpm0

f : 이송속도(mm/rev)

v : 절삭속도(m/min)

가 된다.

이때, f는 이송속도로서 그림 3.25와 같이 나타낼 수 있다.

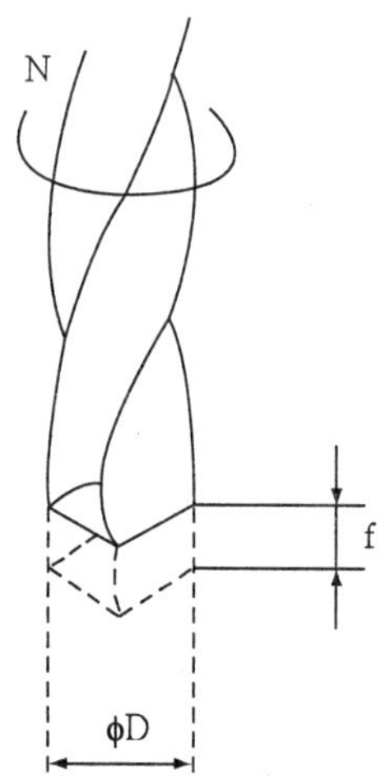

그림 3.25 드릴의 이송

$$f = \frac{S}{N} \tag{3-11}$$

f : 이송속도(mm/rev)

S : 1분단 가공 깊이(mm/rev)

N : 회전수(rpm)

표 3.6 깊은 구멍 드릴 가공에서의 절삭속도 및 이송 감소율

d/h	절삭속도의 감소율(%)	이송감소율(%)
3	10	10
4	20	10
6	30	20
6~8	35~40	20

체크 포인트

1. 드릴의 1회전 당 이송에 대한 날 1개의 절삭면적 : $Fd = \frac{D}{2} \times \frac{f}{2} \mathrm{mm}^2$

2. 드릴작업에 필요한 절삭동력 : $No = Nm + Nf = \left(\frac{Mn \cdot 2\pi}{75 \times 60 \times 100} + \frac{Pf \cdot s \cdot n}{75 \times 60 \times 100} \right) PS$

3. 드릴 가공 시간 : $T = \frac{t+h}{nf} = \frac{\pi d(t+h)}{1000vf}$

연습문제

1. 두께 40mm의 연강을 H.S.S. 드릴로 32mm의 구멍을 뚫을 때 걸리는 시간을 계산하라. 단, 회전수 n=216rpm, 이송 f=0.254mm/rev, 드릴의 원추높이 h =d/2=16mm

2. H.S.S. 드릴를 사용하여 연강에 a25.4mm의 구멍을 이송 f=0.254m/rev, 절삭속도 V=18m/min의 조건에서 뚫을 때 공구 동력계에 의하여 추력 P=669kgf, 회전 moment M=33kgf/cm로 측정되었다. 드릴링에 필요한 전동력을 계산하라.

정답 및 해설

1. $T=\frac{h+t}{n\cdot f}=\frac{16+40}{216\times 0.254}=1.02(\text{min})$

2. $V=\frac{\pi dn}{1000}$ 에서 $n=\frac{1000v}{\pi d}=\frac{1000\times 18}{\pi d}=\frac{1000\times 18}{\pi\times 2.54}=226(\text{rpm})$

회전 모우먼트에 대한 동력

$$Nm=\frac{\frac{M}{\omega}}{75\times 100}=\frac{\frac{M\cdot 2\pi n}{60}}{75\times 100}=\frac{M\cdot n}{71620}=\frac{33\times 226}{71620}=0.10413(\text{HP})$$

이송에 필요한 드러스트에 대한 동력

$$Nf=\frac{Pf\cdot f\cdot n}{75\times 60\times 1000}=\frac{669\times 254\times 226}{4500000}=0.0085(\text{HP})$$

∴ 전동력 $P=Nm+Nf=0.10413+0.0085=0.11263(\text{HP})$

Chapter 4 탭핑 머시인(Tapping Machine)

학습 목표

1. 탭의 종류를 핸드 탭과 기계 탭으로 분류하여 설명할 수 있다.
2. 탭을 스케치하여 각부 명칭을 설명할 수 있다.
3. 탭 드릴 지름(tap drill diameter, T.D.D.)을 계산할 수 있다.

1. 탭핑 머시인의 개요

학습 Point

- 탭의 종류는 핸드 탭(hand tap), 기계 탭(machine tap) 등이 있다.
- 탭 드릴 지름(tap drill diameter, T.D.D.)

•인친(inch)단위계 $\Rightarrow T.D.D = D - \frac{1}{N}$

•미터(meter)단위계 $\Rightarrow T.D.D = D - p$

(1) 탭핑의 정의 및 원리

그림에서 보는 바와 같이 탭핑(tapping)이란, 드릴로 미리 뚫어 놓은 구멍에 나사 탭으로 암나사를 절삭하는 작업을 말한다. 그러므로 탭핑 머시인(tapping machine)이란, 드릴링 머시인의 주축에 탭 지지 장치(tapping attachment)를 고정하고, 여기에 탭(tap)을 장착하여 탭핑 유닛(tapping unit)을 통해 탭 작업을 하는 전용기계를 말한다.

그림 4.1 탭핑 머시인

그림 4.2 탭핑 유닛(tapping unit)

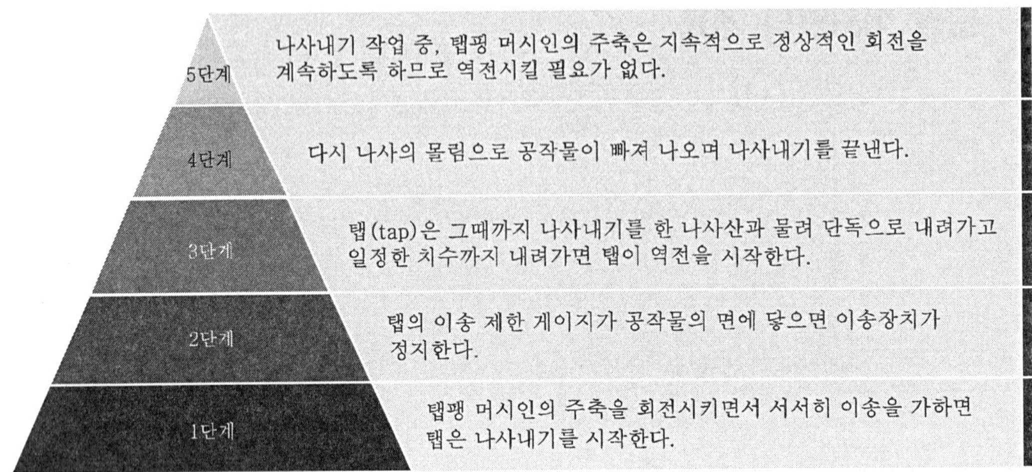

그렇다면, 탭핑 유닛이란 무엇일까?

탭핑 유닛(tapping unit)이란, 전용 공작기계의 주축에 전동기의 동력원을 설비하고 회전운동, 이송운동 등과 같이 공작물의 가공에 필요한 제원을 하나로 구성하여 태핑을 목적으로 한 파워 유닛(power unit)의 일종이다.

이러한 탭핑 머시인을 작동할 때 탭핑은 어떤 원리를 따르는 것일까?

다음은 탭핑의 원리 대해 알아보자.

2. 탭핑 센터(tapping center)

탭핑 센터란 머시닝 센터의 원리를 이용하여 자동화와 고능률, 초정밀 생산을 위해 최근에 개발된 CNC 탭핑 머시인의 일종이다. 이것은 표 4.1과 같이 각종 재료에 대한 드릴링, 태핑, 정면 가공(facing) 등 다양한 작업을 수행할 수 있으므로 자동차와 가전 제품의 생산에 이르기까지 그 용도가 다양하다.

다음은 현재 시중에 판매되고 있는 탭핑 센터의 하나로서 X, Y축 36m/min, Z축 50m/min의 급속 이송이 가능하다.

그림 4.3 탭핑 센터

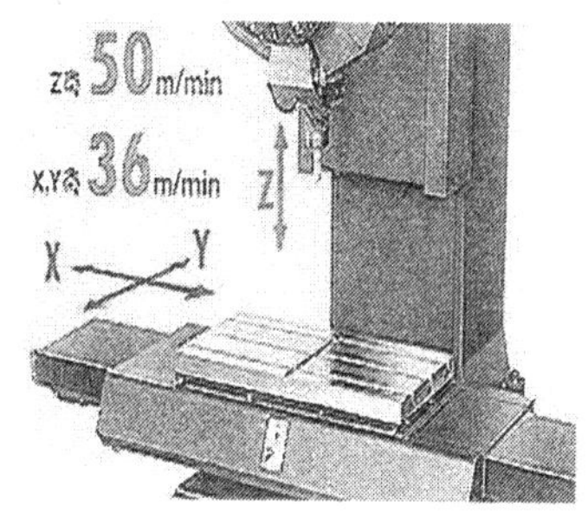

그림 4.4 탭핑 센터의 급속 이송

표 4.1 탭핑 센터에 의한 가공

Drill	Tap	Facing
공구지름×이송	공구지름×pitch	절삭량 : 절삭폭×절삭 깊이×이송속도
ϕ 25×0.2	M25×3.0	286:40×3.5×2,040
ϕ 25×0.15	M20×2.5	69:40×3.0×573
ϕ 25×0.1	M16×2.0	48:40×2.5×484

그렇다면, 탭핑 센터는 어떤 특징을 가질까?

① 고기능 NC를 탑재함으로써 자동화가 가능하다.

② 고회전 및 저관성 모터를 채용함으로써 고능률 가공이 가능하다.

③ 급속 이송속도 향상시킴으로 생산성이 높다.

④ 완전 동기화 태핑(synchronized tapping)을 함으로써 정밀도가 높다.

그림 4.5는 탭핑 센터에 의해 가공된 다양한 제품의 예를 나타낸 것이다.

그림 4.5 가공품 예

3. 탭(tap)

(1) 탭의 종류

탭은 크게 핸드 탭과 기계 탭트로 나눌 수 있다.

- 핸드 탭 : 보통 탭 렌치로 탭을 고정하여 손으로 회전시켜 다양한 용도의 나사가공을 하는 탭이다.
- 기계 탭 : 드릴링 머시인에서 탭 고정구와 함께 사용할 수 있도록 제작된 탭이다.

이것은 다시 세분화하여 구분할 수 있다.

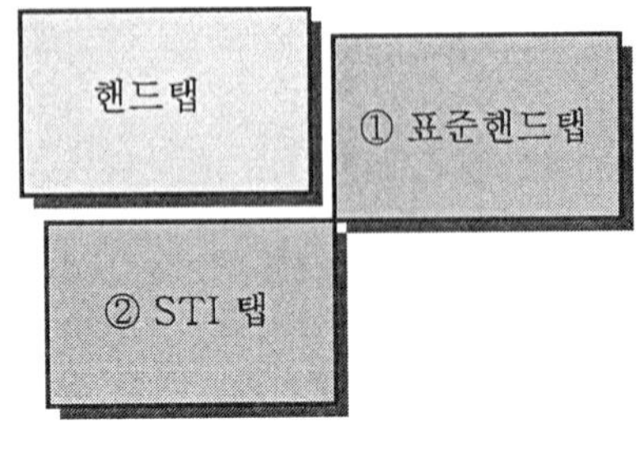

기계탭
① 표준 스파이럴 플루우트 탭
② 표준건 포인트 탭
③ 난삭재용 스트레이트 플루우트 탭
④ 풀리탭
⑤ 너트탭
⑥ PT/PS/PF 나사형 관용탭
⑦ 스테인리스 강용 하드 슬릭 탭

① 표준 핸드 탭(general purposed hand tap)(그림 4.6)

- 가장 일반적으로 사용되는 탭으로 3개의 탭이 1세트로 되어 있다.
- 적용 피삭재의 재질 : 탄소강(Carbon Steels), 합금강(Alloy Steels), 공구강(SKD)

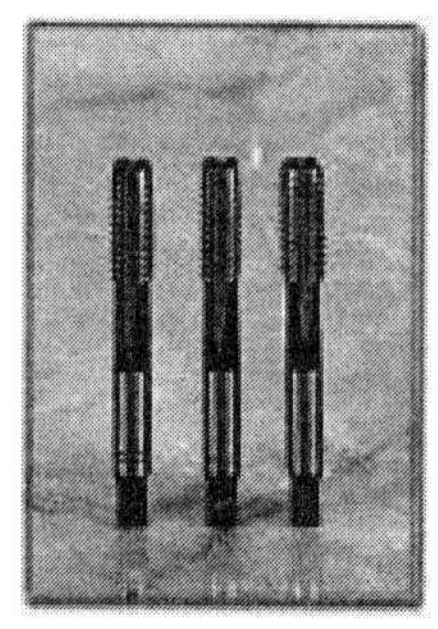

그림 4.6

여기서 잠깐 !!

▸ 표준 핸드 탭(general purposed hand tap)의 보충설명(그림 4.6)

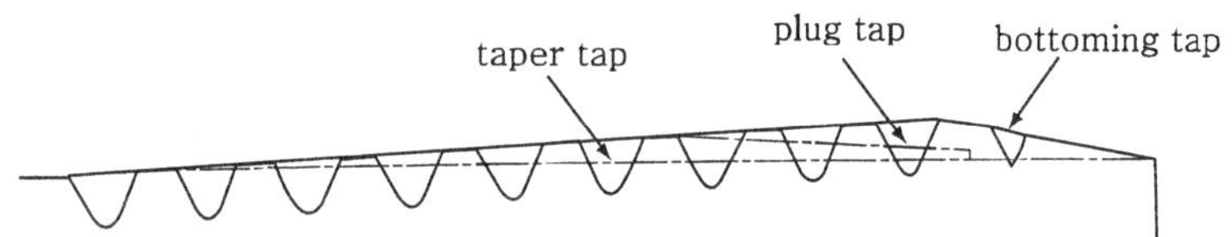

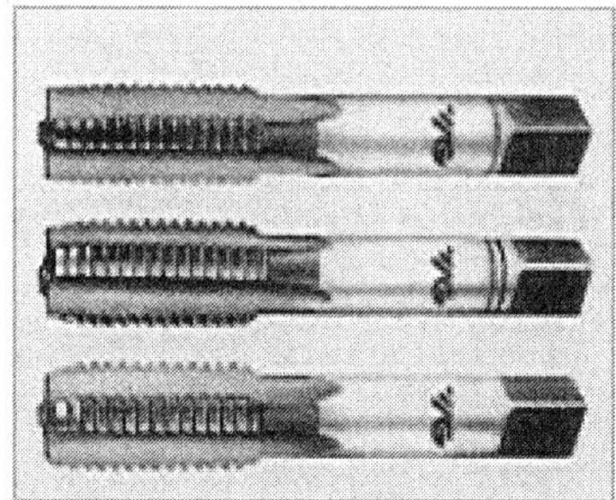

First : taper tap
Second : plug tap
Bottom tap

탭 세트(sets of tap)

표준 핸드 탭은 동경탭(regular tap) 3개가 1세트로 되어 있습니다.

▸ 동경 1번 탭(taper tap) : 이것의 앞 부분은 6~7개의 나사산이 테이퍼로 되어 있고 깎아낸 칩의 중량비는 25% 정도이다.

▸ 동경 2번 탭(plug tap) : 이것의 앞 부분은 3~4개의 나사산이 테이퍼로 되어 있고 깎아낸 칩의 중량비는 55% 정도이다.

▸ 동경 3번 탭(bottom tap) : 이것의 앞 부분은 1~1.5개의 나사산이 테이퍼로 되어 있고 깎아낸 칩의 중량비는 20% 정도이다.의 마멸이 균일하지 않게 되므로 가공 구멍의 치수가 불량하게 되기 때문이다.

② STI 탭(suitable for tapping blind & through holes)(그림 4.7)

- 막힌 구멍 및 관통 구멍을 가공하는데 쓰인다.
- 적용 피삭재의 재질 : 알루미늄(aluminum), 알루미늄 합금 주물(aluminum alloy casting), 아연 합금 주물(zinc alloy casting)

그림 4.7

③ 표준 스파이럴 플루우트 탭(general purposed spiral fluted tap)(그림 4.8)

- 막힌 구멍 가공용으로 연속칩이 발생하는 재질에 적합하다.
- 적용 피삭재의 재질 : 탄소강(carbon steels), 합금강(alloy steels)

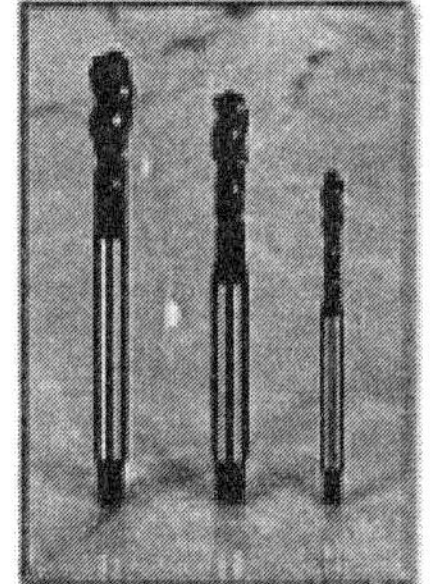
그림 4.8

④ 표준 건 포인트 탭(general purposed gun pointed tap)(그림 4.9)

- 관통구멍 가공용으로 연속칩이 발생하는 재질에 적합하다.
- 적용 피삭재의 재질 : 탄소강(carbon steels), 합금강(alloy steels)

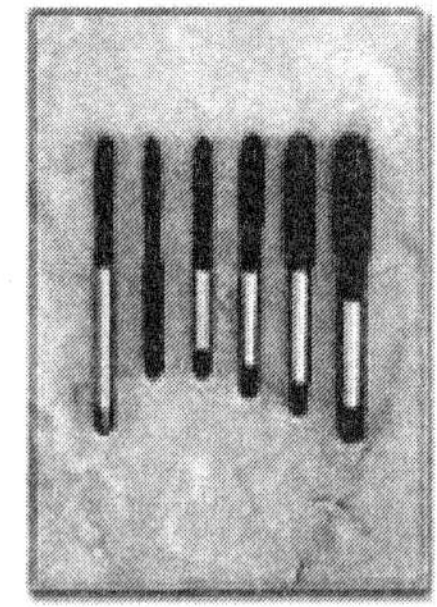
그림 4.9

⑤ 난삭재용 스트레이트 플루우트 탭(straight fluted tap for hard steels)(그림 4.10)

- 막힌구멍 및 관통구멍 가공용으로 경도가 HRc 35-45 사이의 고경도강재에 적합하다.

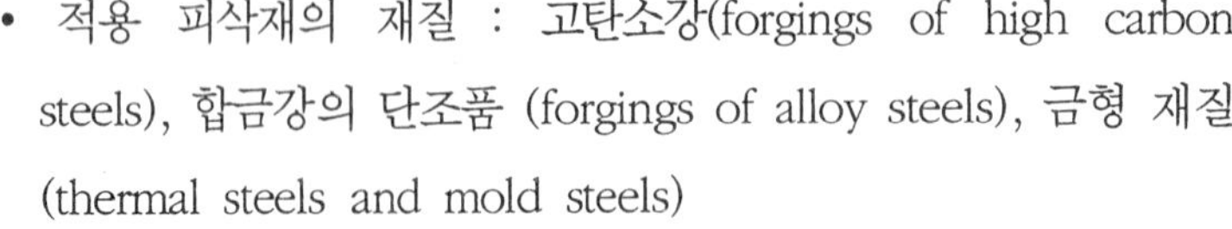

- 적용 피삭재의 재질 : 고탄소강(forgings of high carbon steels), 합금강의 단조품 (forgings of alloy steels), 금형 재질(thermal steels and mold steels)

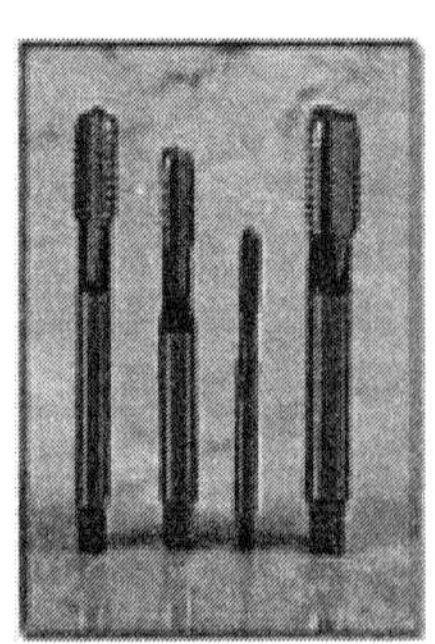
그림 4.10

⑥ 풀리 탭(pully tap)(그림 4.11)

- 풀리 가공용 탭이다.
- 적용 피삭재의 재질 : 탄소강(carbon steels), 합금강(alloy steels)

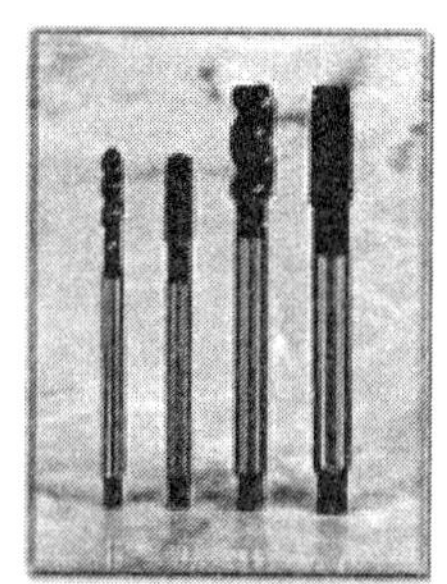

그림 4.11

⑦ 너트 탭(nut tap)(그림 4.12)

- 너트 가공용 탭이다.
- 적용 피삭재의 재질 : 탄소강(carbon steels), 합금강(alloy steels)

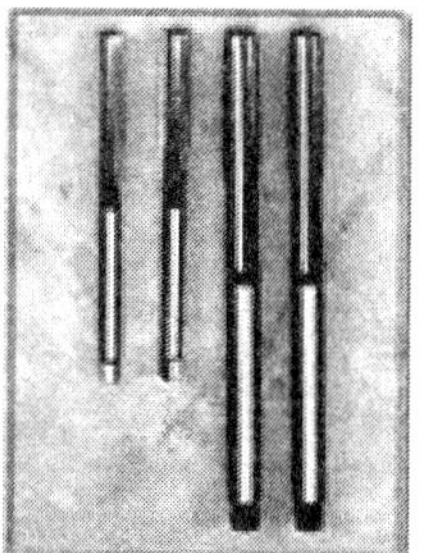

그림 4.12

⑧ PT/PS/PF 나사형 관용 탭(taps for PT/ PS/PF thread)(그림 4.13, 그림 4.14)

- PT : 관용 테이퍼 내경 나사 작업용(내밀용)
- PS/PF : 관용 평행 내경 나사 작업용(내밀용/기계 결합용)
- 적용 피삭재의 재질 : 탄소강(carbonsteels), 합금강(alloy steels)

그림 4.13 PT

그림 4.14 PS/PF

⑦ 스테인리스 강용 하드 슬릭 탭(hard slick tap for stainless steels)(그림 4.15)

- 막힌 구멍 가공용으로 가공 경화가 일어나는 연성 재질에 적합합니다.
- 적용 피삭재의 재질 : 스테인리스강(stainless steels), 크롬강(chrome steels), 크롬 몰리브덴강(chrome molybdenum steels)

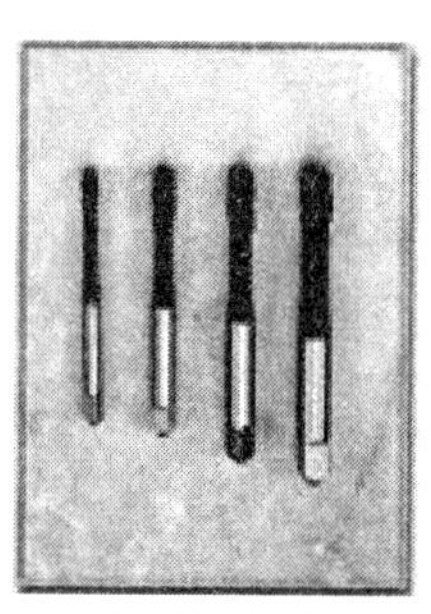

그림 4.15

이외에도 작업의 종류와 공작물의 재질에 따라 많은 종류의 탭이 있다

(2) 탭의 각부 명칭

일반적인 기계 탭의 형상과 각부 명칭은 다음과 같다.

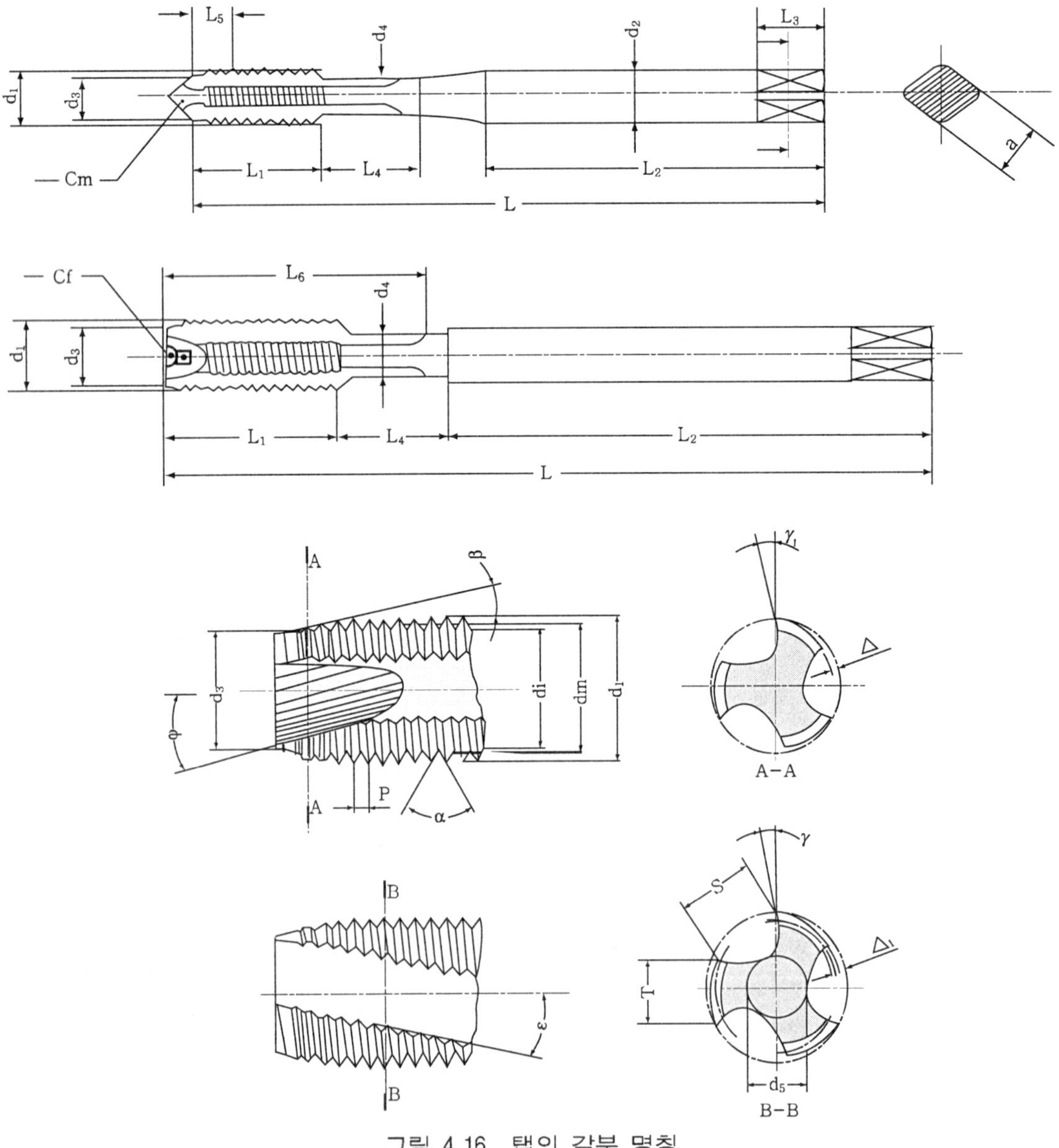

그림 4.16 탭의 각부 명칭

d_1 : Major diameter(최대 지름)
d_2 : Shank diameter(생크 지름)
d_3 : Chamfer diameter(챔처부 지름)
d_4 : Neck diameter(넥부 지름)
d_5 : Web thickness(웹 두께)
d_m : Flank diameter(플랭크 지름)
d_i : Minor diameter(최소 지름)
L : Total length(전 길이)
L_1 : Thread length(나사부 길이)
L_2 : Shank length(생크부 길이)
L_3 : Square length(사각부 길이)
L_4 : Neck length(넥부 길이)
L_5 : Flute length(홈부 길이)
a : Square(사각부)

Cf : Center female
Cm : Center male
P : Pitch(피치)
α : Flank angle(플랭크 각)
β : Chamfer angle(챔퍼 각)
φ : Gun nose angle(건 노우즈 각)
[illegible] : Gun nose rake angle in front(건노우즈전면 경사각)
Δ : Chamfer relief(챔퍼 여유)
Δ_1 : Pitch diameter relief on the land(랜드상의 피치 여유 지름)
[illegible]$_1$: Rake angle(경사각)
T : Width of land(랜드 폭)
S : Flute width(홈 폭)
ε : Angle of spiral flute(나선 홈 각)

4. 탭핑(tapping)

(1) 탭 드릴 지름(tap drill diameter, T.D.D.)

태핑에서는 용도에 맞는 탭의 선택과 절삭유제의 선택 및 작업자의 숙련이 중요하다.

태핑할 구멍의 크기는 미터나사(metric screw thread)와 유니파이 나사(unified screw thread) 등 나사의 종류에 따라 다르지만 나사의 최소 지름보다 약간 크게 뚫는 것이 보통이다. 이때 구멍을 너무 작게 뚫으면 절삭저항이 커져 가공면이 거칠어져, 탭이 파손될 수도 있으며, 구멍이 너무 크면 나사산이 완성되지 못한다.

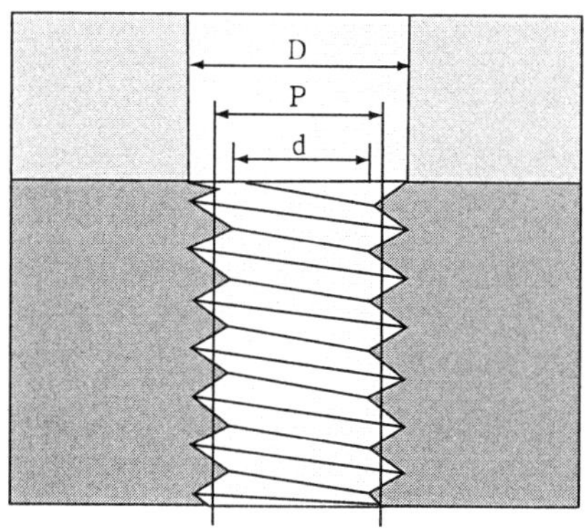

그림 4.17 탭핑 치수

▹ 탭 드릴 지름 계산법(h=나사산 높이)

$$h=\frac{D-P}{2}$$

① 100% 산 높이 나사에 대한 탭 드릴 지름

$$T \cdot D \cdot D = D - 2h \tag{4-1}$$

② 80% 산 높이 나사에 대한 탭 드릴 지름

$$T \cdot D \cdot D = D - 2 \times \frac{4}{5}h = D - \frac{8}{5}h \tag{4-2}$$

③ 75% 산 높이 나사에 대한 탭 드릴 지름

$$T \cdot D \cdot D = D - 2 \times \frac{3}{4}h = D - \frac{3}{2}h \tag{4-3}$$

④ 미국표준 나사에 대한 탭 드릴 지름

- 인치(inch)단위계에서는

$$T \cdot D \cdot D = D - \frac{1}{N} \tag{4-4(a)}$$

- 미터(meter)단위계에서는

$$T \cdot D \cdot D = D - p \tag{4-4(b)}$$

여기서, N: 1inch 당의 산수, p =피치(mm)

(2) 탭핑 조건의 선택

추천 탭핑속도와 절삭유	아래표는 추천 탭핑 속도와 절삭유를 나타내고 있다. 탭 재질, 탭의 종류, 챔퍼길이, 드릴 구멍의 형상, 피삭재 및 절삭유는 적정 탭핑속도를 결정하는데 중요한 요소이다. 또한 절삭유는 윤활, 냉각 및 내용착의 3가지 요소가 중요한 역할을 하므로 작업시 충분한 절삭유 공급을 권장한다.

연습문제

1. M12×1.75의 탭에 대한 탭 드릴 지름(tap drill diameter, T.D.D.)을 옳게 구한 것은?

   ① 9.25mm ② 10.25mm
   ③ 9.75mm ④ 10.75mm

2. 탭의 형상 가운데 경사면을 형성하기 위한 홈으로서, 칩과 절삭유제의 통로가 되는 부분은 어디인가?

   ① 랜드(land) ② 힐(heel)
   ③ 챔퍼(chamfer) ④ 플루우트(flute)

정답 및 해설

1. 미터(meter)단위계에서의 탭 드릴 지름은 T.D.D = D - p = 12 - 1.75 = 10.25mm

2. ▹ 랜드(land) : 홈과 홈 사이의 높은 면
   ▹ 힐(heel) : land의 뒷 부분
   ▹ 챔퍼 여유(chamfer relief) : 마찰을 적게 하기 위하여 절삭날의 뒷부분을 깎아 내어 생긴 간격
   ▹ 플루우트(flute) : 경사면을 형성하기 위한 홈으로서, chip과 절삭유제의 통로가 되는 부분

Chapter 5 보오링 머시인(Boring Machine)

학습 목표

1. 보오링의 작업원리를 공작물과 공구의 운동방향을 나타내며 설명할 수 있다.
2. 지그 보오링 머시인, 트리패닝 머시인, 심공 보오링 머시인을 비교하여 각각의 용도와 특징을 설명할 수 있다.
3. 보오링 헤드의 용도를 말할 수 있다.

1. 보오링 머시인의 개요

학습 Point

- 보오링 머시인에서 할 수 있는 작업으로는 보오링(구멍의 확대 및 내부의 완성가공), 리머 작업, 탭작업, 단면 절삭, 나사 깎기 등이 있다.
- 보오링 머시인의 종류에는 수평식, 수직식, 수직식 터릿, 정밀, 지그 보오링 머시인, 심공 보오링 머시인, 코어 보오링, 수치제어 보오링 머시인 등이 있다.

(1) 보오링 머시인(boring machine)과 보오링(boring)

보오링 머시인	드릴링 또는 단조, 주조 등에서 이미 뚫린 구멍은 지름의 크기, 진원도 원통도, 진직도 등이 만족스럽지 못하므로 이들의 치수를 정확한 치수로 확대하거나 내부를 완성하는 가공에 사용되는 공작기계이다.
보오링	보오링 머시인은 주로 구멍의 확대 및 내부의 완성가공에 사용되지만, 최근의 신형 기구를 갖춘 보오링 머시인은 리머 작업(reaming), 탭작업(tapping) 뿐만 아니라, 선반에서 할 수 있는 단면 절삭(facing), 나사 깎기(threading) 등도 하고, 드릴링과 밀링 작업의 일부도 할 수 있다. 근래에는 초정밀 보오링 머시인(fine boring machine)과 지그 보오링 머시인(jig boring machine) 등의 출현으로 항공기 공업, 자동차 공업에 획기적인 발전을 보게 되었다.

보오링을 할 수 있는 공작기계로는 선반, 드릴링 머시인, 수직 밀링 머시인 등이 있지만, 대형의 공작물이나 형상이 복잡하여 공작물을 회전할 수 없는 경우에는 보오링 머시인을 사용한다.

공작물의 형상이 복잡하거나 치수가 큰 것에는 주로 절삭공구가 회전운동하고 테이블에 고정된 공작물이 직선 운동하는 전용 보오링 머시인이 사용된다.

그림5.1에 여러 가지 보오링 작업을 나타내었다.

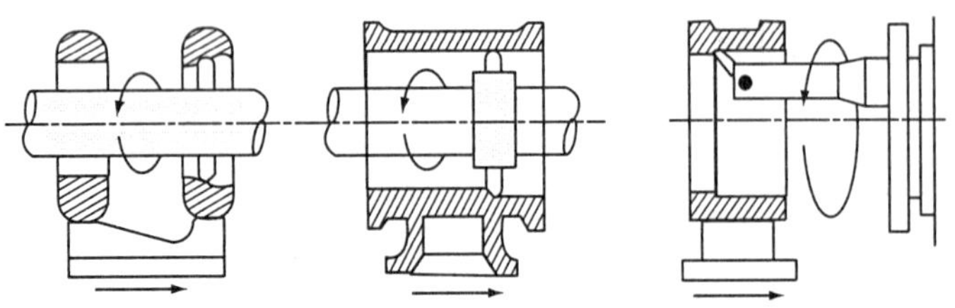

(a) 보링 바에 의한 보링 (b) 큰 안지름 보링 (c) 면판에 의한 큰 안지름 보링

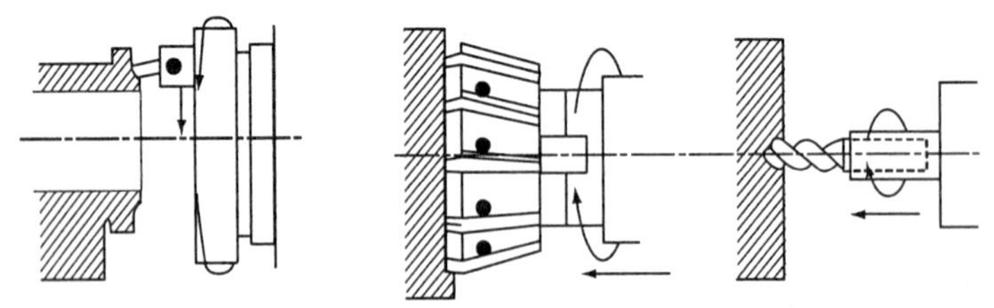

(d) 면판에 의한 정면 깎기 (e) 정면 밀링 커터에 의한 면깎기 (f) 구멍뚫기

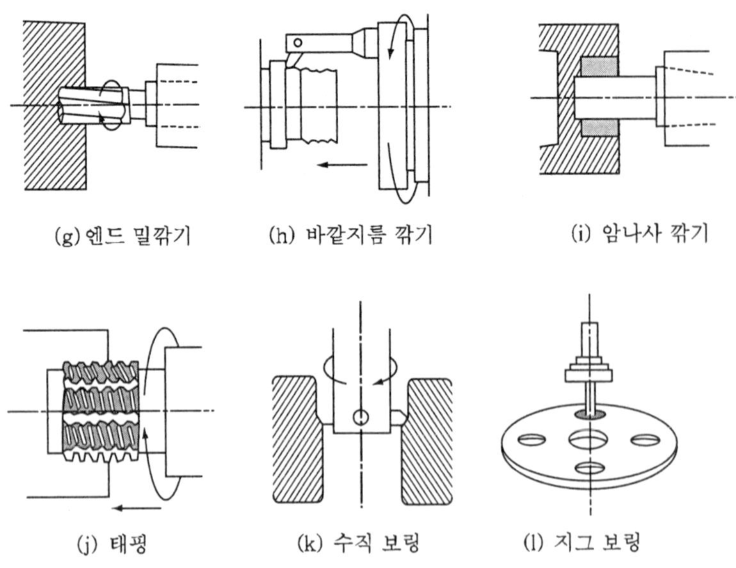

(g) 엔드 밀깎기 (h) 바깥지름 깎기 (i) 암나사 깎기

(j) 태핑 (k) 수직 보링 (l) 지그 보링

그림 5.1 여러 가지 보오링 작업

(2) 보오링의 원리

보오링 머시인의 절삭 형식은 선반에서의 내면가공과 유사하지만 다소의 차이가 있다. 그림 5.12는 보오링공구와 공작물의 상대 운동을 나타낸 것이다.

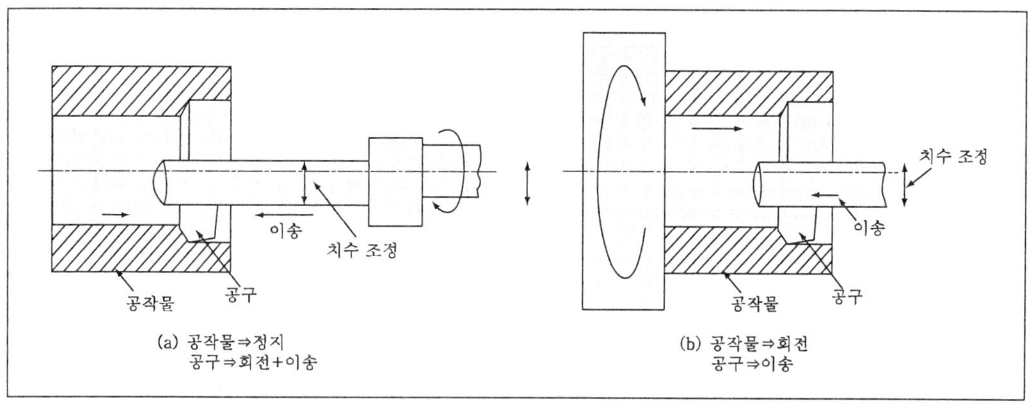

그림 5.2 보오링 공구와 공작물의 상대 운동

2. 보오링 머시인의 종류

보오링 머시인은 구조, 가공 방법 및 정밀도에 따라 다음과 같이 나눌 수 있다.

보오링 머시인 종류	① 수평식 보오링 머시인(horizontal boring machine)	② 수직선 보오링 머시인(vertical boring machine)	③ 수직식 터릿 보오링 머시인(vertical turret boring machine)	④ 정밀 보오링 머시인 (fine boring machine)
	⑤ 지그보오링 머시인(jig boring machine)	⑥ 심공 보오링머시인(deep hole boring machine)	⑦ 코어 보오링 머시인(core boring machine)	⑧ 수치제어 보오링 머시인(numerical boring machine)

① 수평식 보오링 머시인(horizontal boring machine) 주축이 수평인 보오링 머시인을 말한다.

② 수직식 보오링 머시인 (vertical boring machine) 주축이 수직으로 위치하고 있으며, 공구의 위치는 크로스 레일(cross rail)과 크로스 레일상의 주축대에 의하여 조정되는 보오링머시인을 말한다.

③ 수직식 터릿 보오링 머시인 (vertical turret boring machine) 직립 터릿 선반이라고도 하며, 주축대를 수직 축상에 수평으로 위치시켜 크로스 레일(cross rail)이 상하로 이동하고, 터릿대(turret head)가 크로스 레일 상에서 이동하며, 공작물을 고정한 테이블이 회전하도록 되어 있는 보오링 머시인이다.

④ 정밀보오링 머시인 (fine boring machine) 다이아몬드 또는 초경합금 바이트를 사용하여, 고속경절삭과 ± 0.002mm정도의 미세한 이송으로 정밀 가공을 실현할 수 있는 보오링 머시인이다.

⑤ 지그 보오링 머시인 (jig boring machine) 드릴링에 의한 부정확한 구멍가공, 특히 각종 지그(jig) 제작 및 정밀한 구멍 가공을 위한 전문 수직 보오링 머시인이다.

⑥ 심공 보오링 머시인 (deep hole boring machine) 길이가 지름의 10~20배 이상의 구멍을 뚫을 때 사용하는 보오링 머시인이다.

⑦ 코어 보오링 머시인 (core boring machine or trepanning machine) 가공할 구멍이 드릴링할 수 있는 것에 비해 훨씬 클 때, 둥근 형태로 홈을 깎는 가공 방법을 코아 보오링이라 하는데, 코아 보오링 전용기계를 코아 보오링 머시인 또는 트리 패닝 머시인 이라고 한다.

⑧ 수치제어 보오링 머시인 (numerical boring machine) 최근의 자동화 생산에 부응하기 위해 CNC 장치를 장착한 보오링 머시인이다.

앞서 잠깐 보오링 머시인의 종류에 대해 살펴보았는데요, 다음에는 각각 어떤 특징이 있고, 어떻게 사용하는 공작기계인지 보다 자세히 알아보자.

(1) 수평식 보오링 머시인(horizontal boring machine)

수평식 보오링 머시인이란, 주축이 수평인 보오링 머시인을 말한다.

주축이 수평인 수평식 보오링 머시인에는 테이블형(table type), 플레이너형(planer type), 플로어형(floor type) 및 이동형(portable type)이 있다.

각각의 테이블, 컬럼, 주축의 운동 방향을 나타낸 블록 다이아그램은 그림 5.3과 같다.

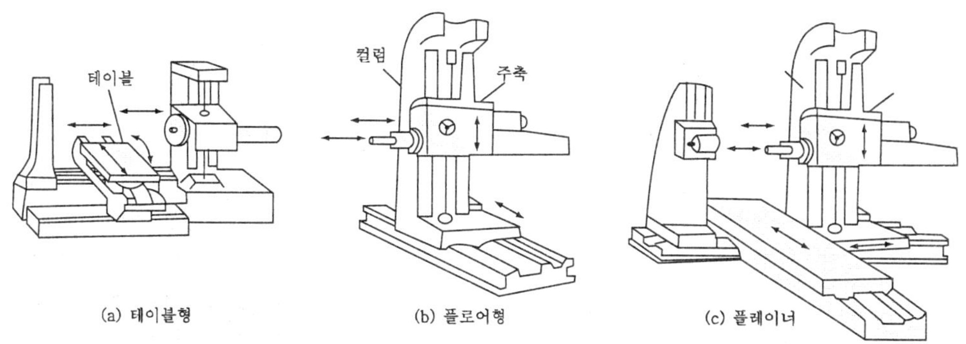

그림 5.3 수평식 보오링 머시인의 여러 형식

① 테이블형(table type)

테이블형은 주축이 수평이며 상하로 움직인다.

그림 5.4와 같이 주축대와 보오링 바(boring bar)를 지지하는 2개의 컬럼(column) 사이에 새들(saddle)이 베드(bed)위에서 좌우로 움직여서 공작물의 중심을 쉽게 맞출 수 있도록 되어 있다.

② 플레이너형(planer type)

플레이너형은 테이블형과 비슷하나 새들이 없고 플레이너와 같이 테이블이 주축에 대하여 수직방향으로 운동하도록 되어 있다.

테이블에 직각인 방향의 이송은 주축의 이송운동에 의하고, 이동대에 대한 컬럼의 이송은 중량이 크고 긴 공작물의 정밀절삭을 위하여 특별히 큰 강성을 요할 때 사용한다. 지름 100mm 이상의 큰 공작물의 가공에 적합하다.

③ 플로어형(floor type)

플로어형은 그림 5.5와 같이 새들과 테이블이 없으며, 공작물을 T 홈이 있는 플로어 플레이트(floor plate)에 직접 고정하고 주축대가 장치된 컬럼을 횡방향으로 이동하여 이송을 준다. 공작물의 중량 및 치수가 크거나 형상이 복잡하여 테이블의 왕복운동이 어려운 경우에 사용된다.

④ 이동형(portable type)

이동형은 이동할 수 있는 소형의 보오링 머시인으로, 조립된 대형 기계의 수리나 선박 내부 등에서 사용된다.

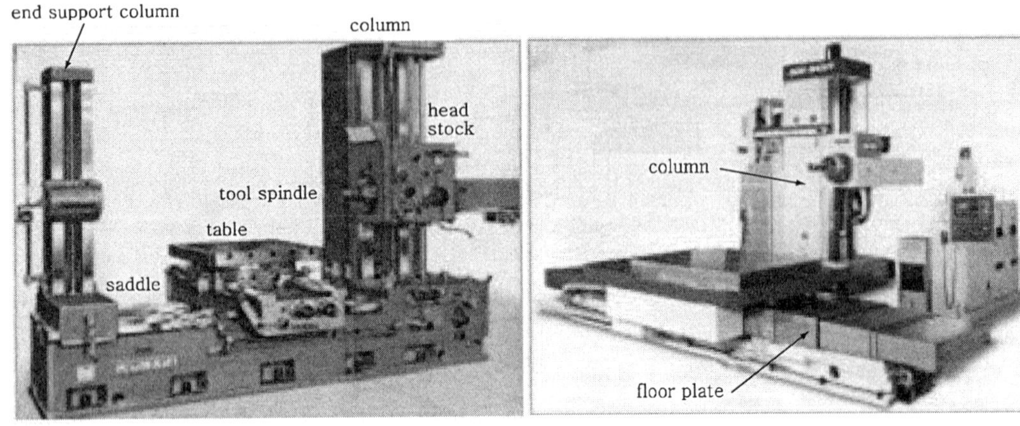

그림 5.4 테이블형 수평식 보오링 머시인　　그림 5.5 플로어형 수평식 보오링 머시인

(2) 수직식 보오링 머시인(vertical boring machine)

수직식 보오링 머시인은 주축이 수직으로 위치하고 있는 보오링 머시인을 말한다.

공구의 위치는 크로스 레일(cross rail)과 크로스 레일상의 주축대에 의하여 조정되고 공작물을 고정한 테이블이 회전운동을 하여 보오링, 수평면가공 등을 할 수 있다.

사용	수평식 보오링 머시인에 비해 용도가 제한되어 있으며, 자동차용 엔진과 기타 엔진의 실링더를 보오링하는데 주로 사용한다.
종류	가공 방식에 따라 단축형, 다축형, 경사식 다축형, 주축 상향형으로 나눌 수 있다.

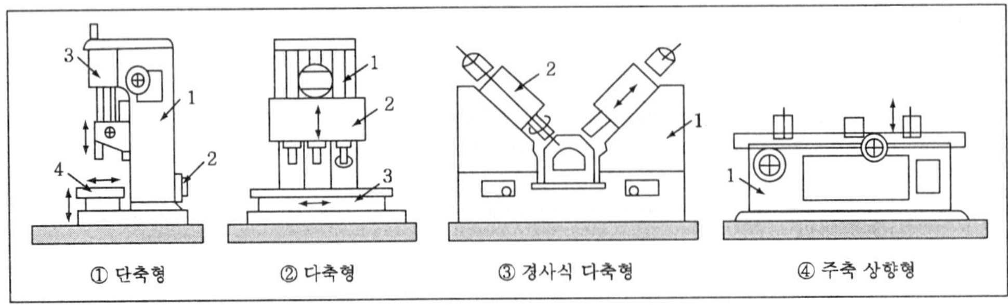

그림 5.6 수직식 보오링 머시인의 종류

(3) 수직식 터릿 보오링 머시인(vertical turret boring machine)

수직식 터릿 보오링 머시인은 직립 터릿 선반이라고도 한다.

그림 5.7과 같이 주축대를 수직 축상에 수평으로 위치시켜 크로스 레일(cross rail)이 상하로 이동하고, 터릿대(turret head)가 크로스 레일 상에서 이동하며, 공작물을 고정한 테이블이 회전하도록 되어 있는 보오링 머시인이다.

길이가 짧고 중량이 큰 공작물의 가공에 적합하다.

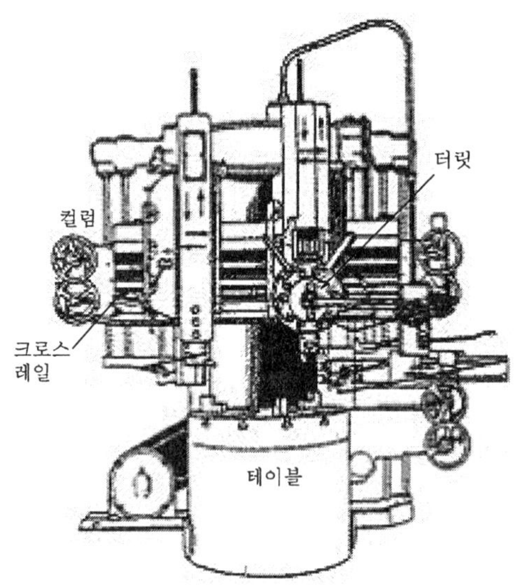

그림 5.7 수직식 터릿 보오링 머시인

(4) 정밀 보오링 머시인(fine boring machine)

정밀 보오링 머시인은 다이아몬드 또는 초경합금 바이트를 사용하여, 고속경절삭과 0.002mm 정도의 미세한 이송으로 정밀 가공을 실현할 수 있는 보오링 머시인이다.

사용	스핀들 베어링과 공구와의 위치관계가 일정하므로, 가공 표면의 진원도 및 진직도, 정밀도가 높아 내연기관의 실린더와 베어링부의 완성 작업 또는 켈메트(Kelmet), 화이트 메탈(White metal) 및 qnsakff로 제작된 오일리스 베어링(oil-less bearing)의 가공에 많이 사용되고 있습니다.
종류	2축 1방향형, 4축 1방향형, 4축 2방향형, 4축 4방향형 등은 여러 가지 형식이 있습니다.

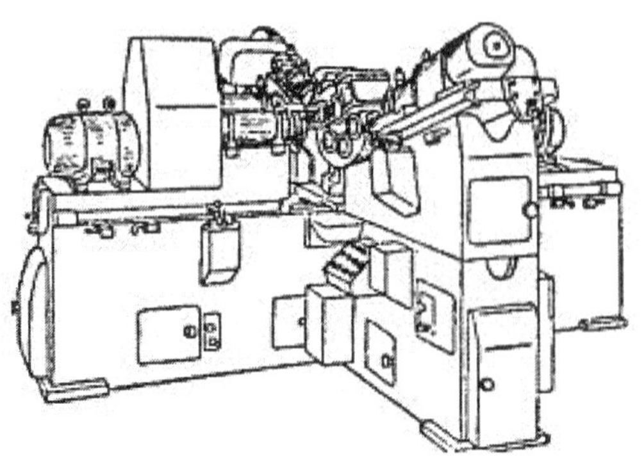

그림 5.8 4축 4방향형 정밀 보오링 머시인

(5) 지그 보오링 머시인(jig boring machine)

지그 보오링 머시인은 드릴링에 의한 부정확한 구멍가공, 특히 각종 지그(jig) 제작 및 정밀한 구멍가공(제품의 허용오차가 ±0.002~0.005mm정도)을 위한 전문 수직 보오링 머시인이다.

테이블과 주축대의 위치를 정하기 위하여 나사와 마이크로 다이얼 측정방식, 표준 봉 게이지와 다이알 게이지, 또는 표준자와 현미경을 사용한 광학적 장치, 전기적 측정장치 등을 갖추고 있다.

쌍주형(雙柱形)과 단주형(單柱形)이 있으며 그림 5.9는 쌍주형 지그 보오링 머시인의 주축대, 크로스레일과 테이블의 운동방향을 나타낸 것이다.

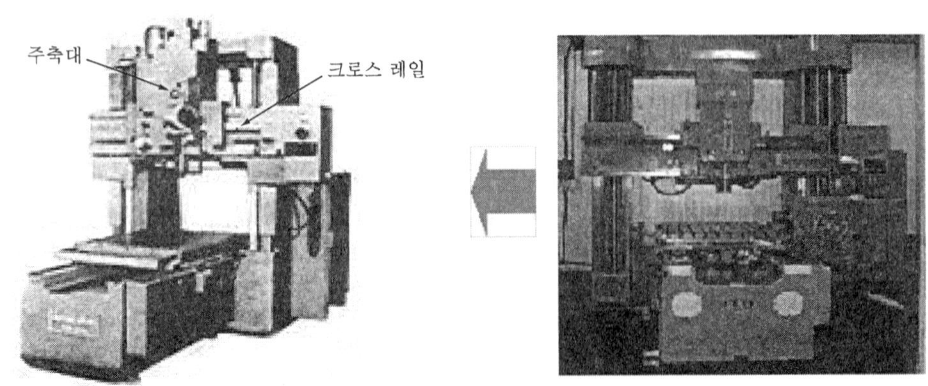

그림 5.9 쌍주형 지그 보오링 머시인

(6) 심공 보오링 머시인(deep hole boring machine)

심공 보오링 머시인은 길이가 지름의 10~20배 이상의 구멍을 뚫을 때 사용하는 보오링 머시인이다.

사용	작업 중 자동적으로 축심을 유지하면서 구멍을 뚫을 수 있는 것이 사용되고, 칩은 고압으로 분사되는 절삭유제 또는 압축공기로써 제거하면서 작업합니다.
종류	공작물 또는 공구 가운데 어느 한쪽을 회전시키면서 가공하거나, 양쪽 모두 회전시키면서 작업합니다.

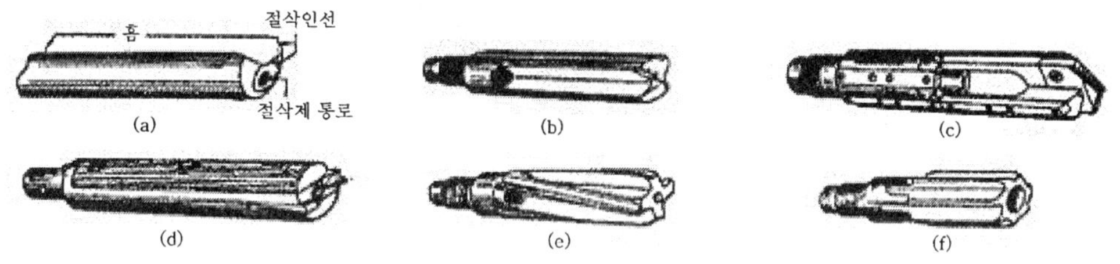

그림 5.10 심공 보오링 공구

- ▹ (a) : 단일날 총신 드릴 (single-lipped riffle drill)
- ▹ (b) : 쌍날 심공 드릴 (two-lipped drill)
- ▹ (c) : 교환식 쌍날 심공 드릴 (inserted two-lipped drill)
- ▹ (d) : 쌍날 조립 비트 (two blade pack bit)
- ▹ (e) : 4날 중공 리이머 (four-lipped hollow reamer)
- ▹ (f) : 홈 많은 리이머 (multi-fluted reamer)

(7) 코어 보오링 머시인(core boring machine or trepanning machine)

코어 보오링 머시인은 가공할 구멍이 드릴링할 수 있는 것에 비해 훨씬 큰 경우, 둥근 형태로 홈을 깎는 가공에 사용하는 공작기계를 말한다.

그림 5.11과 같이 코어 보오링 전용기계를 코어 보오링 머시인 또는 트리패닝 머시인 이라고도 한다.

코어(core)부분이 남게 하면 시간을 절약할 수 있으며, 코어 부분은 다른 목적으로 사용될 수도 있게 한다.

사용	판재에 큰 구멍을 뚫을 때 또는 포신가공(砲身加工) 등에 사용된다.

그림 5.11 코아 보오링 머시인

(8) CNC 보오링 머시인(numerical control boring machine)

수치제어 보오링 머시인은 최근의 자동화 생산에 부응하기 위해 CNC 장치를 장착한 보오링 머시인 이다.

그림 5.12 초정밀 CNC 보오링 머시인

- 장점 : 가공 능률과 정밀도에 있어서 범용의 보오링 머시인에 비해 뛰어나다. 드릴링과 탭핑도 함께 할 수 있어 생산성의 측면에서도 유리하다.
- 단점 : 가격이 비싸다.

그림 5.12는 최근에 개발되어, 보오링, 측정, 보정을 전자동으로 할 수 있는 초정밀 CNC 보오링 머시인 이다.

3. 보오링 공구

(1) 보오링 바(boring bar)

보오링 바는 바이트를 고정하고 주축의 구멍에 삽입, 고정하여 회전시키는 봉(棒)으로, 그림 5.13의 (a)와 같이 테이퍼(taper)를 갖는 것과 (b)와 같이 평행부로 되어 있는 것이 있다.

보오링바 중 마이크로미터 다이얼로 된 고정밀 조절 나사를 사용하여 고정하는 방법으로 된 것도 있는데, 이것은 고속에도 진동이 없고, 바이트의 조정이 신속하고 쉬우므로 중절삭용으로 사용된다.

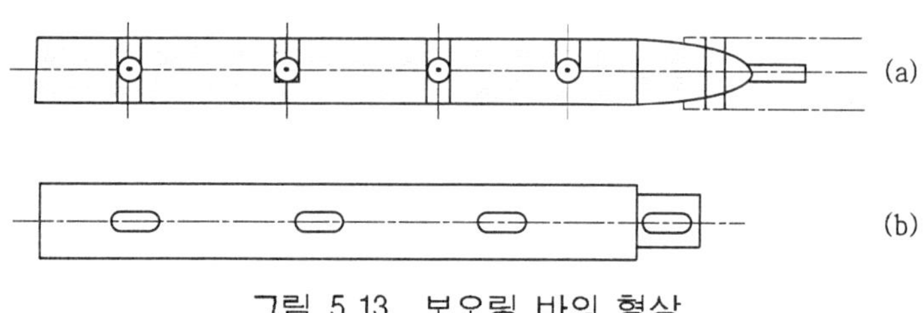

그림 5.13 보오링 바의 형상

(2) 보오링 바이트(boring bite)

보오링 바이트는 다음과 같이 분류할 수 있다.

1) 단인 보오링 바이트(single point boring bite)

그림 5.14와 같이 고속도강, 초경합금 등의 팁(tip)을 경납땜 하거나 공구 홀더에 삽입하여 사용한다.

2) 다인 보오링 바이트(multiple cutter boring bite)

공구홀더에 삽입날을 사용하여 지름의 변화, 마멸에 대한 보정 등에 신속하게 대응할 수 있도록 여러 개의 날을 가진 것으로, 대량 생산용 이며 단인 보오링 바이트에 비하여 수명이 길다.

그림 5.14 단인 보링바이트

3) 양날 보오링 바이트(double end boring bite)

2 개의 초경합금 인서트 텁(insert tip)을 보오링 바에 고정하여 양날의 절삭저항이 균형을 이루도록 한 것이다.

4) 카운터 보오링 바이트(count boring bite)

공구 끝의 파일럿(pilot)이 드릴구멍에 끼어맞춤 되어 안내역할을 하므로 원래의 구멍과 동심원으로 구멍입구를 확대할 수 있는 것이다.

(3) 보오링 헤드(boring head)

보오링헤드는 절삭할 구멍이 너무 커서 보오링 바이트를 보오링 바에 직접 고정할 수 없을 경우에 사용하는데, 그림 5.15와 같이 마이크로미터에 의하여 공구 위치를 결정하는 것 등 여러 종류가 있다.

그림 5.15 보링 헤드

4. 보오링 조건

(1) 보오링 공구각

보오링 공구의 각도는 공구와 가공부분의 지름 및 공작물의 재질에 따라 다르게 한다.

가공부분의 지름이 커질수록 공구의 반지름 방향의 경사각(radial rake angle)과 측면 경사각 (side rake angle)은 작게 할 수 있으며, 다른 각들의 크기는 공작물의 재질에 따라 다르게 하여야 한다.

가공 중 칩(chip)은 가공면에서 중심을 향하여 멀리 배출되어 가공면에 손상을 주지 않도록 하여야 한다.

(2) 절삭속도와 이송량

정밀 보오링에 있어서 보오링 공구의 재질은 티타늄(Ti)이 50 ~ 80%, 몰리브덴 카바이드(molybdenum carbide)와 니켈(nickel)을 결합제로 사용한 것이 경도가 크고 내마모성이 우수하므로 많이 사용된다. 표 5.1은 티타늄 카바이드(titanium carbide) 공구로 강을 절삭할 때의 절삭속도와 이송을 나타낸 것이다.

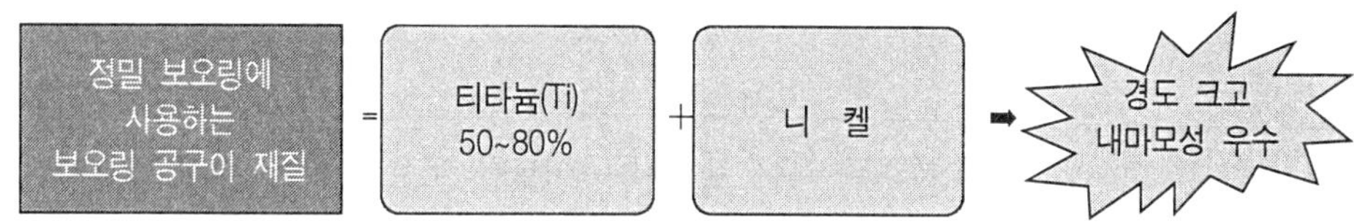

표 5.1 티타늄 카바이드 공구의 보오링 조건

공작물	절삭속도(m/min)	이송속도(mm/rev)
1045강	200~500	0.1~0.25
4340강(열처리 35~42HRC)	150~250	0.1~0.25(깊이 0.25~0.5)
416 스테인레스강	10~250	0.1~0.25(깊이 0.25~0.5)

체크 포인트

1. 보오링 머시인에서 할 수 있는 작업
   보오링, 리머 작업, 탭작업, 단면 절삭, 나사 깎기 등이 있다.
2. 보오링 머시인의 종류
   수평식, 수직식, 수직식 터릿, 정밀, 지그 보오링 머시인, 심공 보오링 머시인, 코어 보오링, 수치제어 보오링 머시인 등이 있다.
3. 보오링 공구
   - 보오링 바(boring bar)
     바이트를 고정하고 주축의 구멍에 고정하여 회전시키는 봉
   - 보오링 바이트(boring bite)
     단인 보오링 바이트, 양날 보오링 바이트, 다인 보오링 바이트, 카운터 보오링 바이트 등으로 분류할 수 있다.
   - 보오링 헤드(boring head)
     절삭할 구멍이 너무 커서 보오링 바이트를 보오링 바에 직접 고정할 수 없을 경우에 사용하는 보오링 공구이다.

연습문제

1. 다음 보오링 머시인 중 길이가 지름의 10~20배 이상의 구멍을 뚫을 때 사용하며, 칩은 고압으로 분사되는 절삭유제 또는 압축공기로써 제거하면서 작업하는 것은?
   ① 정밀 보오링 머시인(fine boring machine)
   ② 지그 보오링 머시인(jig boring machine)
   ③ 심공 보오링 머시인(deep hole boring machine)
   ④ 코어 보오링(core boring or trepanning)

2. 다음 중 절삭할 구멍이 너무 커서 보오링 바이트를 보오링 바에 직접 고정할 수 없을 경우에 사용하며, 마이크로미터에 의하여 공구 위치를 결정하는 보오링 공구는 무엇인가?
   ① 보오링 바(boring bar)
   ② 다인 보오링 바이트(multiple cutter boring bite)
   ③ 카운터 보오링 바이트(count boring bite)
   ④ 보오링 헤드(boring head)

정답 및 해설

1. ① 정밀 보오링 머시인 : 다이아몬드 또는 초경합금 바이트를 사용하여, 고속경절삭 ± 0.002mm정도의 미세한 이송으로 정밀 가공을 실현할 수 있는 보오링 머시인이다.
   ② 지그 보오링 머시인 : 드릴링에 의한 부정확한 구멍가공, 특히 각종 지그 제작 및 정밀한 구멍 가공용 보오링 머시인으로, 제품의 허용오차가 ±0.002~0.005mm정도이다.
   ③ 심공 보오링 머시인 : 길이가 지름의 10~20배 이상의 구멍을 뚫을 때 사용하며, 칩은 고압으로 분사되는 절삭유제 또는 압축공기로써 제거하면서 작업하는 보오링 머시인이다.
   ④ 코어 보오링 머시인 : 가공할 구멍이 드릴링할 수 있는 것에 비해 훨씬 클 때, 둥근 형태로 홈을 깎는 보오링 머시인이다.

2. ① 보오링 바 : 바이트를 고정하고 주축의 구멍에 삽입, 고정하여 회전시키는 봉(棒)이다.
   ② 다인 보오링 바이트 : 공구홀더에 삽입날을 사용하여 지름의 변화, 마멸에 대한 보정 등에 신속하게 대응할 수 있도록 여러 개의 날을 가진 보오링 바이트이다.
   ③ 카운터 보오링 바이트 : 공구끝의 파일럿(pilot)이 드릴구멍에 끼어맞춤 되어 안내역할을 하므로 원래의 구멍과 동심원으로 구멍입구를 확대할 수 있는 보오링 바이트이다.
   ④ 보오링 헤드 : 절삭할 구멍이 너무 커서 보오링 바이트를 보오링 바에 직접 고정할 수 없을 경우에 사용하며, 마이크로미터에 의하여 공구 위치를 결정하는 보오링 공구이다.

Chapter 6 슬로터(Slotter)

학습 목표

1. 직선왕복운동을 하는 평면절삭 가공의 종류 3가지를 비교하여 그 특징을 간단하게 설명할 수 있다.
2. 슬로터로 가공할 수 있는 제품을 3가지 이상 스케치하고 설명할 수 있다.

1. 직선 왕복 운동 절삭

학습 Point

- 평면절삭 운동의 종류에는 슬로팅, 플레이닝, 셰이핑이 있다.
- 직선 왕복 운동 절삭을 하는 공작기계의 특징
  = 절삭행정 ⇒ 표준 절삭속도로 작업, 귀환행정 ⇒ 빠른 속도로 운동(급속귀환)

(1) 직선 왕복 운동 절삭의 개요

직선 왕복 운동 절삭이란, 평면 가공의 목적으로, 직선적인 왕복 운동을 통하여 절삭운동이 이루어지는 것을 말한다. 직선 왕복 운동 절삭을 하는 공작기계인 슬로터, 플레이너와 셰이퍼는 구조상의 차이는 있으나, 절삭행정(切削行程, cutting stroke)에서 표준절삭속도로 작업하고, 귀환행정(歸還行程, return stroke)에서는 빠른 속도로 운동한다.

그렇다면, 이와 같은 평면절삭 작업을 원만히 하기 위해서는 어떤 점에 주의해야 할까?

평면절삭 작업시 주의할 점
① 공작물의 형상, 크기 및 절삭부분의 상태와 재질 등에 딸 가장 알맞은 공작기계를 선택한다. ② 정확한 절삭조건(절삭속도, 이송속도, 절삭 깊이 등)을 선정한다. ③ 적합한 공구 재질을 선택한다. ④ 공작물의 고정방법 및 해체 등이 용이해야 한다. ⑤ 절삭 가공할 때 진동이 생기면 가공 표면에 부정확하게 되므로 주의해야 한다.

여기서 잠깐 !! 

Q: 평면절삭 작업에서 절삭되는 칩의 단면적을 적절히 해야 하고, 선반가공에 비하여 강력한 바이트가 필요한 이유는 무엇일까?

A: 절삭가공이 시작될 때에는 공구에 충격적인 힘이 작용하게 되며, 그 힘이 크게 되면 공구의 날이 결손되든가, 기계구조에 영향을 주기 때문이다.

여기서 잠깐 !!

Q: 평면절삭 작업에서 작업시간을 절약하는 방법은 무엇일까?

A: 가공물의 길이에 따라 행정길이를 잘 조정하고, 정밀한 가공면을 얻도록 하는 것이 필요하다.

(2) 직선 왕복 운동 절삭의 종류

직선 왕복 운동 적삭에는 슬로팅, 플래이닝, 세이핑이 있다.

① 슬로팅(slotting)

공작물을 고정하는 테이블에 대하여 공구가 수직 직선운동을 하는 절삭운동을 슬로팅 또는 입삭(立削)이라고 한다.

② 플레이닝(planning)

공작물에 직선 왕복운동을 주고 공구가 간헐적 이송운동을 하는 절삭운동을 플레이닝 또는 평삭((平削)이라고 한다.

③ 셰이핑(shaping)

공구에 직선 왕복운동을 주고 공작물에 간헐적 이송운동을 줌으로써 주로 평면가공을 하는 절삭운동을 셰이핑 또는 형삭(形削)이라고 한다.

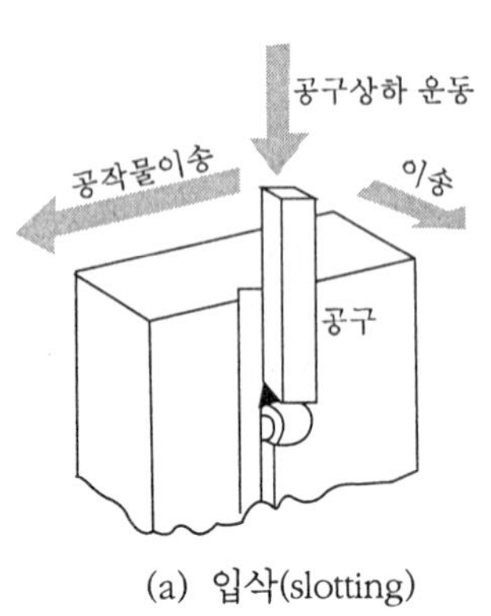

(a) 입삭(slotting)

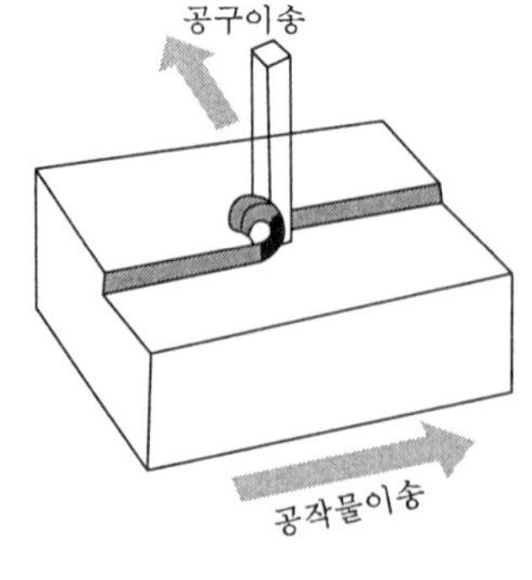

(b) 평삭(planning)

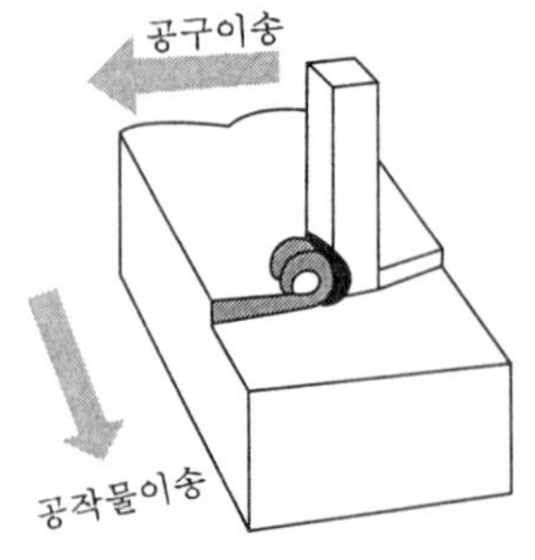

(c) 형삭(shaping)

그림 6.1 직선왕복운동

2. 슬로터의 개요

학습 Point

- 슬로터의 규격
  = 램의 최대 행정(stroke), 테이블의 이동 거리, 원형 테이블의 지름
- 슬로터 가공의 예
  = 구멍의 내면과 곡면, 키 홈(key way), 내접 및 외접 기어(internal & external gear), 스플라인 구멍, 각종 표면 가공 등.

슬로터는 어떤 과정을 거쳐 발달되었으며, 어떤 구조를 가지는 것인지 또한 그 특징과 규격은 어떻게 되는지, 하나씩 살펴보자.

발달	슬로터는 벨트 풀리의 키 홈(Key way)을 절삭하기 위한 rrlrP로서 발달되었으며, 상당히 오랜 역사를 가지고 있고, 사용방법에 있어서 아주 편리하다.
구조	세이퍼를 수직으로 한 것과 흡사한 구조를 가지고 있으므로 미국에서는 수식식 셰이퍼(vertical shaper)라고도 부른다.
특징	절삭력과 동력의 방향이 일치되므로 강력하며, 작업을 주시하는데 편리하다. 공작물은 베드 위에서 지지되므로 중절삭이 가능합니다. 많이 사용되는 종류에는 크랭크식 기어 전동형이 있다.
규격	램의 최대 행정(stroke)과 테이블의 이동거리, 원형테이블의 지름으로 표시한다. 그림 6.1을 슬로터의 규격과 마력과의 관계를 표시한 것이다.

표 6.1 슬로터의 규격과 마력

스트로크(stroke)		마력(ps)
150~200(mm)	6~8(inch)	3~4
250~300(mm)	10~12(inch)	5
350(mm)	14(inch)	6
400~450(mm)	16~18(inch)	8~10
500~750(mm)	20~30(inch)	10~15

3. 슬로터의 구조와 운동 기구

(1) 슬로터의 구조

그림 6.2는 현재 가장 많이 사용되고 있는 슬로터이다.

슬로터를 사용할 절삭가공을 할 때에는 먼저 램의 일단에 바이트를 설치하고, 테이블에 대하여 수직으로 상하 운동하면서 절삭한다. 이때, 램은 적당한 각도로 기울일 수 있고, 경사면을 절삭할 수도 있으며, 이송은 테이블에서 한다.

그렇다면 램이 급속귀환 운동을 할 수 있는 원리는 무엇일까?

확인하고 넘어 갑시다 

풀리 단차⇒피니언⇒대기어의 중심면⇒편심축⇒크랭크 홈
☞ 편심축에는 지름이 큰 중공축(中空軸) 이 있고, 중공축의 중심에는 편심된 축이 있다. 대기어의 면에 있는 핀은 편심축에 고정되어있는 크랭크 홈에 연결되어 급속귀환 운동을 하게 되어 있다.

그림 6.2 슬로터

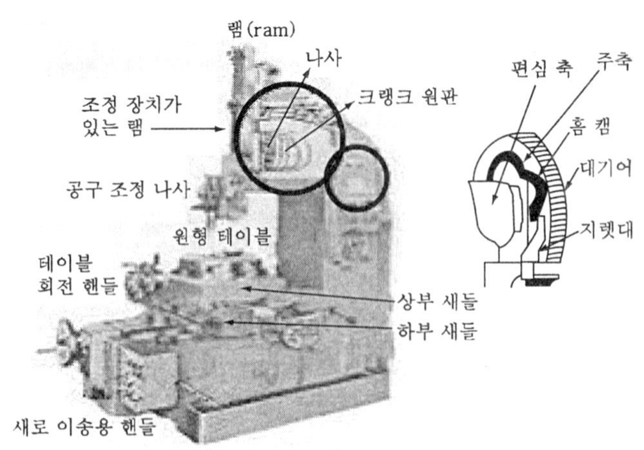

그림 6-3 슬로트의 구조 및 각부 명칭

(2) 램(ram)의 운동 기구와 경사 장치

1) 램(ram)의 운동 기구

램의 운동기구에는

① 크랭크 식(crank type)

② 위드 워어드 급속귀환 운동기구식(Withworth quick return motion)

③ 래크 피니언식(rack & pinion type)

④ 유압식(hydraulic driven)

이 있는데, 이 중에서도 크랭크 식이 가장 많이 쓰인다.

아래 그림 6.4는 크랭크식 슬로터에서의 램의 운동기구를 나타낸 것이다. 그림을 보면서 크랭크식 슬로터에서의 램 운동기구의 구조를 생각해 보자.

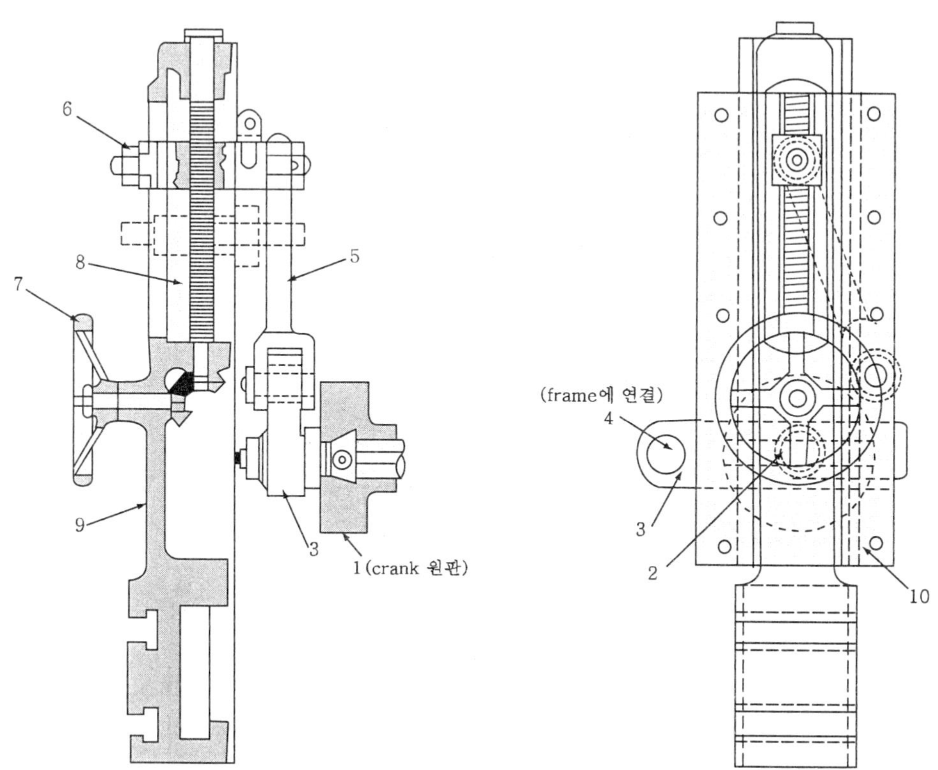

그림 6.4 램의 운동기구

① 록킹 암(rocking arm) 3에 pin 2를 끼워서 크랭크를 만든다.

② 커넥팅 로드(connecting rod)5는 크랭크와 램 8을 연결하고, 행정을 변경하는 데에는 핀 2의 위치를 이동시켜 크랭크의 회전반경을 조정한다.

③ 행정의 위치를 바꿀 때에는 체결나사 6을 풀고 핸들 7을 돌려 램 나사(ram screw)을 회전시킨 후 6을 조인다.

④ 램의 귀환행정을 돕기 위하여 무거운 추(balancing weight)나 플라이 휠(flywheel)을 설치한 것도 있다.

2) 램의 경사 장치

공작물을 테이블에 고정한 다름, 가공하는 경사각에 맞추어서 램을 경사시키는 방식에는 2가지가 있다.

1 램의 미끄럼면에 평행한 평면 내에서 경사시키는 방식	⇨	셰이퍼와 동일
2 램의 미끄럼면에 수직인 평면 내에서 경사시키는 방식	⇨	그림 6.5와 같은 경사장치에 의함

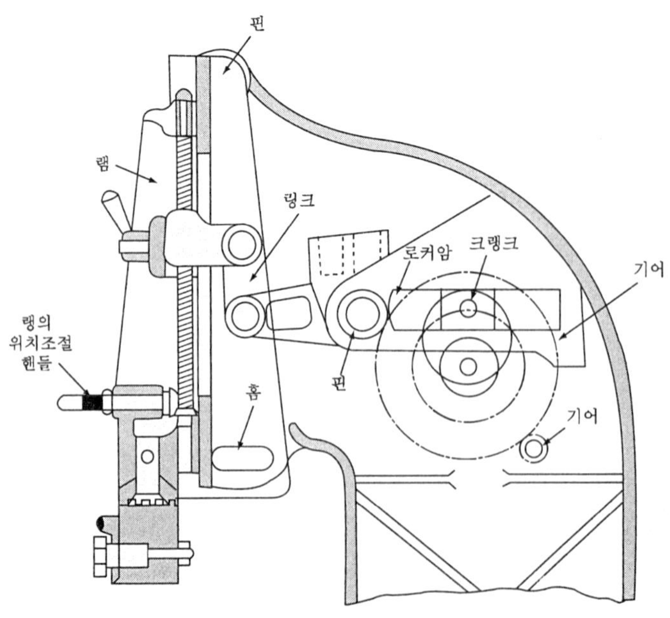

그림 6.5 램의 경사 장치

① 대형 ⇒ 웜(worm)과 웜 기어(worm gear)에 의해서 한다.

② 소형 ⇒ 나사와 나사안내에 의해서 한다.

두 경우 모두 램 안내 고정나사를 풀고 램경사 조정축을 핸들로 돌림으로써 적당한 각도만큼 경사시킬 수가 있다.

(3) 테이블 이송 기구

테이블의 이송 운동은 크게 세가지로 나눌 수 있다.

최근에는 왕복운동과 테이블의 회전 운동을 전자조정(electric control)에 연결함으로써 스파이럴 홈(spiral groove)을 가공하는 방식 및 NC(Numerical Control, 數値制御)에 의한 자동 가공 방식이 등장하고 있다.

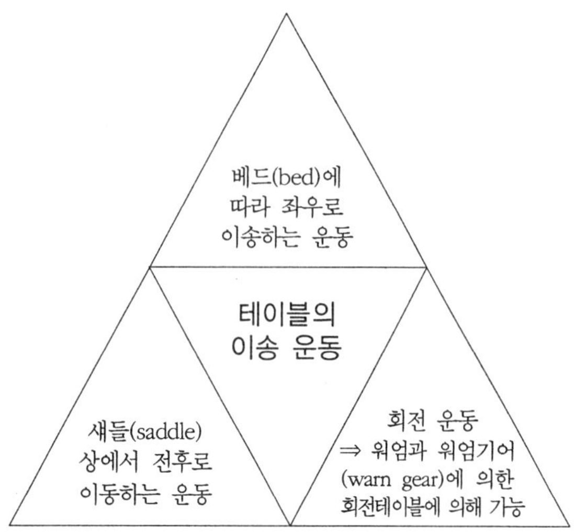

4. 슬로팅(slotting)

(1) 바이트 고정

① 그림 6.6은 절삭 행정과 귀환행정에 있어서의 슬로터 바이트의 고정구를 나타낸 것이다.

② 슬로터는 공간 여유가 충분하므로 강력한 바이트 홀더를 사용하는 것이 좋다.

③ 귀환행정 중 바이트가 가공면에 접촉하여 가공면에 손상을 주거나 바이트의 마멸을 피하기 위하여 릴리프 블록(relief block) A는 자중에 의하여 핀 P를 중심으로 회전할 수 있게 되어 있다.

④ 바이트 B는 쐐기 W를 나사 S로 가압하여 고정한다.

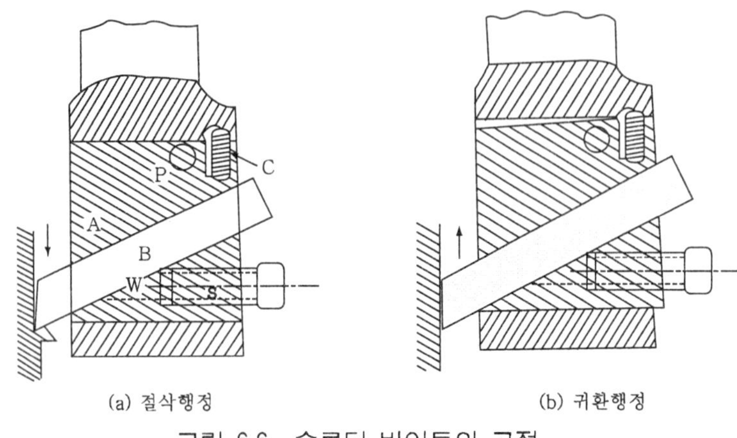

그림 6.6 슬로터 바이트의 고정

(2) 공작물 고정

공작물은 테이블 위에 직접 고정하기도 하고 그림 6.7과 같이 평행대 위에 놓고 각종 클램프(clamp)를 사용하여 고정하기도 한다.

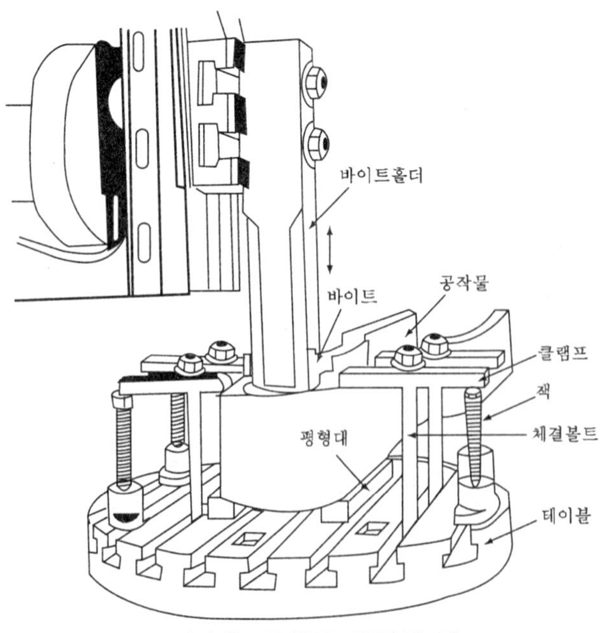

그림 6.7 공작물 고정의 예

측면가공에서는 테이블에 이송을 주고, 원통면 가공에서는 공작물의 가공원호 중심을 테이블의 회전 중심과 일치하게 공작물을 고정하여 공작물에 회전 이송을 준다.

(3) 슬로터 가공의 예

너무 큰 공작물은 작업할 수 없으므로 공작물의 치수가 큰 것 또는 수직 위치에 고정하기 어려운 것은 보통 수평식 셰이퍼에서 가공한다.

이때, 슬로터로서 가공할 수 있는 작업으로는 어떤 것들이 있을까?

> 슬로터로서 가공할 수 있는 작업으로는 구멍의 내면과 곡면, 키 홈(key way), 내접 및 외접 기어(internal & external gear), 스플라인 구멍, 각종 표면 가공 등이 있다.

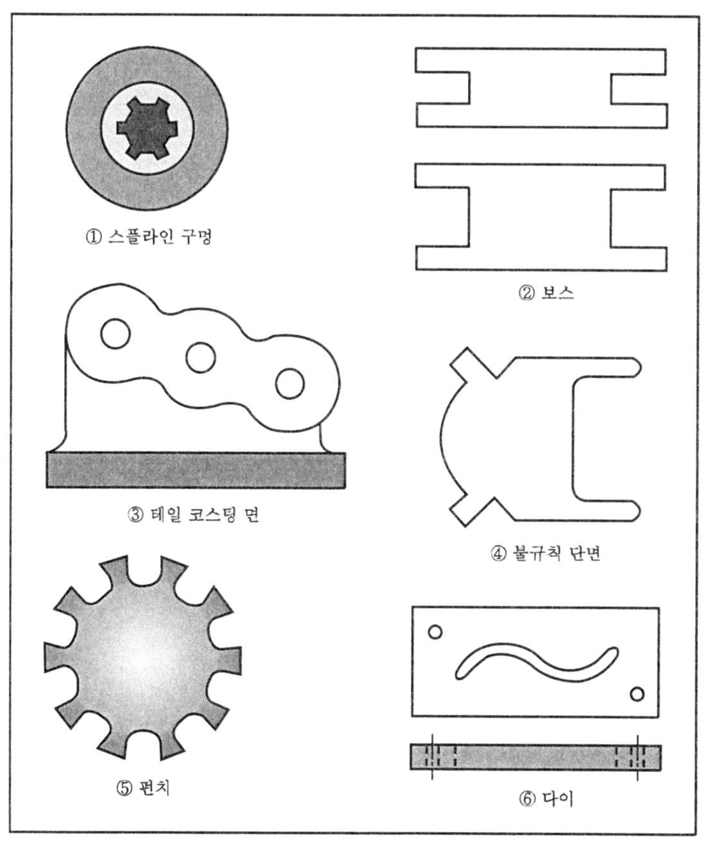

그림 6.8 슬로터 가공의 예

체크 포인트

1. 급속 귀환 장치가 있는 평면절삭 가공의 종류
   슬로팅(slotting), 플레이닝(planing), 셰이핑(shaping)
2. 슬로터의 규격
   램의 최대 행정(stroke), 테이블의 이동 거리, 원형 테이블의 지름
3. 슬로터 가공의 예
   구멍의 내면과 곡면, 키 홈(key way), 내접 및 외접 기어(internal & external gear), 스플라인 구멍, 각종 표면 가공 등

연습문제

1. 다음 공작기계 중 급속 귀환 장치가 있는 공작 기계가 아닌 것은?
   ① 보오링 머시인(fine boring machine)
   ② 셰이퍼(shaper)
   ③ 플레이너(planer)
   ④ 슬로터(slotter)

2. 다음 중 슬로터에서 할 수 없는 작업은 무엇인가?
   ① 구멍의 내면 가공　　② 키 홈
   ③ 나사　　④ 외접 기어의 구멍

정답 및 해설

1. 직선 왕복 운동 절삭을 하는 공작기계에는 슬로터, 플레이너와 셰이퍼가 있으며, 구조상의 차이는 있으나 절삭행정(cutting stroke)에서는 표준 절삭속도로 작업하고, 귀환행정(return stroke) 에서는 빠른 속도로 운동한다.

2. 슬로터에서 할 수 있는 가공으로는 구멍의 내면과 곡면, 키 홈(key way), 내접 및 외접 기어(internal & external gear), 스플라인 구멍, 각종 표면 가공 등이 있다. 암나사 가공은 드릴링 머시인이나 태핑 머시인으로 할 수 있다.

Chapter 7 플레이너(Planer)

학습 목표

1. 여러가지 플레이너의 종류 가운데 유압 플레이너의 특징을 설명할 수 있다.
2. 플레이너에서 공작물의 무게, 테이블의 무게, 마찰계수, 절삭저항, 절삭속도 등을 알 때 절삭행정과 귀환행정의 동력수를 계산할 수 있다.

1. 플레이너의 개요

학습 Point

- 플레이너의 규격표시 = 수평 또는 상하 이동거리, 테이블표면과 공구대의 최대거리.
  간단히 표시할때 → $W \times H \times L$
- 플레이너 동력계산법 = $N_c = \dfrac{\{(W+w)\mu + nP\}\,Vc}{4500}$ $N_R = \dfrac{(W+w)\,Vr}{4500}$

(1) 플레이닝(planing)이란?

플레이닝(planing)이란, 공작물의 직선 왕복운동과 바이트의 간헐적 직선 운동으로 평면을 절삭하는 것이다.

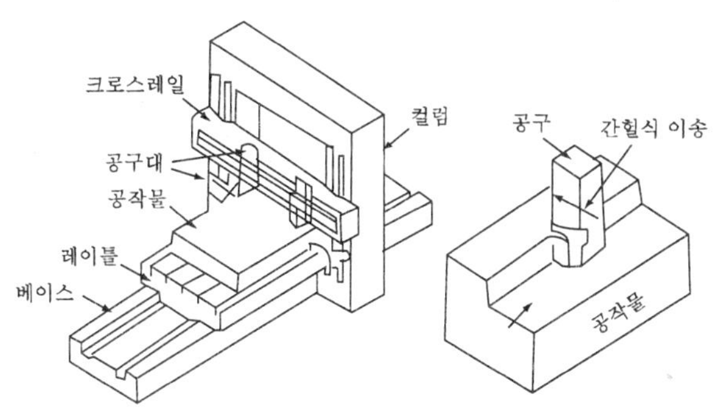

그림 7.1 플레이닝(planing)원리

그림 7.2 플레이닝 예

(2) 플레이너의 용도 및 규격

플레이너의 용도 및 규격은 다음과 같다.

① 용도 : 플레이닝을 하는 플레이너는 셰이퍼와 슬로터에 비하여 비교적 큰 공작물의 평면가공에 쓰임.

• 플레이너 ⇒ 1000mm이상의 공작물
셰이퍼 ⇒ 600~1000mm

② 규격 : 수평 또는 상하 이동거리, 테이블 표면과 공구대의 최대거리로 표시한다.
간단히 표시할 때 ⇒ $W \times H \times L$
- W : 테이블의 폭
- L : 테이블의 최대 이동 거리
- H : 테이블 표면에서부터 가장 높은 위치의 크로스 레일 하부까지 높이

플레이너의 최근의 동향은 높은 가공 정밀도 + 생산성 향상을 위한 고속 중절삭화(高速重切削化), 다인화(多刃化), 절삭 자동화를 추진하여 구동 마력이 점차 크게 되며, 높은 강성과 진동 방지에 필요한 구조로 되어가고 있다.

표 7.1 플레이너 규격 명세 예

항 목	단 위	치 수	항 목	단 위	치 수
폭	mm	1500	최대절삭력	(kgf)	6300
높 이	mm	1200	설치면적	㎟	4500×1300
길 이	mm	5400	유압펌프	-	P 50형
절삭속도 범위	m/min	5~50	전동기	(kW)	37
귀환속도 범위	m/min	5~60	전체중량	(Kg)	37500

2. 플레이너의 종류

플레이너의 종류는 다음과 같이 세가지 기준에 따라 구분할 수 있다.

1) 컬럼(직주, 直柱; column)의 수에 따라

① 쌍주식(雙柱式)플레이너(double-housing planer, closed type planer)
② 단주식(單柱式)플레이너(open-side planer)

2) 용도에 따라

① 일반용 플레이너(경절삭용, 중절삭용, 강력절삭용)
② 특수용 플레이너(기관차, 실린더용, 레일용)

3) 테이블의 구동방식에 따라

① 기어식 플레이너
•스퍼어 기어식(super gear)
•헬리컬 기어식(hellcal gear)
•워엄 기어식(worm gear)
② 나사식 플레이너
③ 벨트 - 풀리식 플레이너(belt - pulley type planer)
④ 변속전동기식 플레이너(variable speed motor type planer)
⑤ 유압식 플레이너(hydraulic type planer)

그 중에서 쌍주식 플레이너, 단주식 플레이너, 특수용 플레이너에 대해 좀더 자세히 살펴보자.

(1) 쌍주식 플레이너

1) 구조

그림 7.3에서 볼 수 있듯이
▹ 일반용 플레이너는 2개의 컬럼이 있고, 그 사이에 크로스 레일이 상하로 이동하게 되어 있다.
▹ 베드, 왕복할 수 있는 테이블, 공구대가 고정되어 있는 크로스 레일, 이것을 지지하는 컬럼 등으로 되어 있다.

① 베드(bed)
• 상자형 또는 대형(臺型)으로 주조하여 만든다.
• 소형에는 각이 있으나, 중형, 대형은 전부 기초 위에 베드를 고정시킨다.
• 베드의 길이는 테이블의 2배 정도이며, 상면에는 두 줄의 평행 된 V형 또는 각형 홈

이 있어 그 상부에 테이블을 놓게 되어 있다.

- 베드면은 정확하게 만들고 마모를 방지하기 위하여 일반적으로 자동 급유 장치를 사용한다.

② 테이블(table)

- 베드의 V형 홈이 있는 안내면을 따라 왕복운동을 한다.
- 일반적으로 테이블의 길이는 베드의 $\frac{1}{2}$이며 베드 위에 놓여져 있다

2) 특징

테이블 위에 공작물을 고정하여 왕복운동을 시키고, 공구는 공작물의 운동과는 직각의 이송운동을 주면서 평면을 절삭한다.

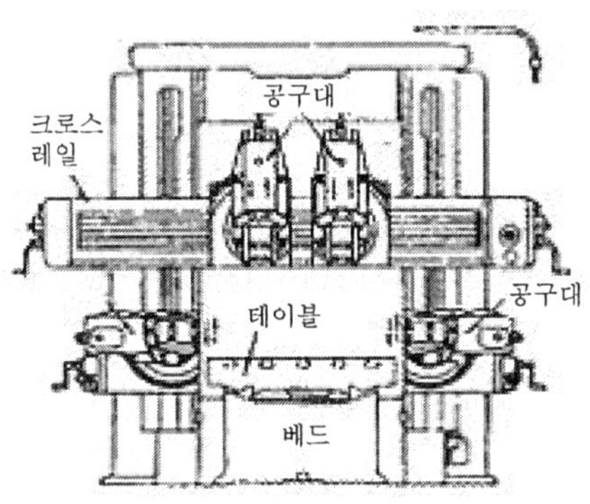

그림 7.3 쌍주식 플레이너의 구조

(2) 단주식 플레이너(open side planer)

1) 구조

그림 7.4에서 볼 수 있듯이

▹ 특수형 플레이너로서 1개의 컬럼으로 되어 있으므로 단주식 플레이너라고 한다.

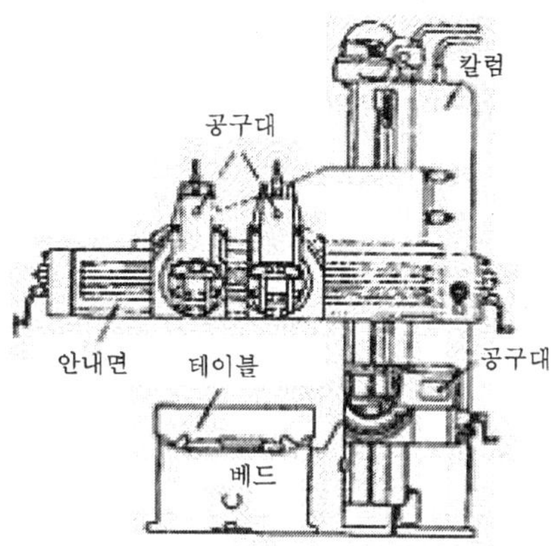

그림 7.4 단주식 플레이너의 구조

2) 특징

- ▹ 테이블 측부의 단일 컬럼으로써 크로스레일 및 공구대를 지지하면서 작업하므로 가공물의 폭에 제한을 받지 않고, 폭이 넓은 공작물도 가공할 수가 있다.
- ▹ 공작물의 고정 해체 등이 용이하다.
- ▹ 대형 및 강력절삭 용으로 사용된다.

(3) 특수형 플레이너

특수형 플레이너는 피트 플레이너, 수직 플레이너, 에지 플레이너, 레일 가이드 플레이너, 유압 플레이로 구분하여 그 구조와 특징에 대해서 알아보도록 하겠다.

1) 피트 플레이너(pit planer)

① 구조 : 폭 4000mm, 길이 6000mm, 깊이 2000mm 정도의 대형 공작물을 가공할 수 있으며 테이블이 고정되어 있고 컬럼이 베드 안내에 따라 활동(滑動)하며, 램형 공구대가 크로스 레일에 설치되어 있다.

② 특징 : 증기 터빈의 프레임을 절삭할 때 사용하므로 터빈 플레이너라고도 한다.

2) 수직 플레이너(vertical planer)

① 구조 : 대형 공작물의 수직면을 가공할 때, 바이트가 상하로 이동하면서 가로 이송으

로 절삭한다.

② 특징 : 넓은 면을 주로 절삭하는 벽면형(wall type)과 컬럼의 절삭용으로 사용되는 컬럼형(column type)의 두 가지가 있다.

3) 에지 플레이너(edge planer)

① 구조 : 공작물인 판(plate)은 베드(bed)에 고정하고 공구가 전후로 이동하면서 가공하며, 대부분의 에지플레이너 에서는 바이트 대신에 밀링커터가 사용된다.

② 특징 : 압력용기용 강판(鋼板) 등의 가장자리(edge)의 가공에 편리하게 제작된 플레이너 이다.

4) 레일 가이드 플레이너(rail guide planer)

레일과 같이 긴 것을 여러 개 동시에 절삭하는 플레이너이다.

5) 유압 플레이너(hydraulic plan)

① 특징

㉠ 테이블의 반전에 대한 시간손실이 적으며, 작은 행정에도 쉽게 효율이 떨어지지 않다.

㉡ 동력소모기구를 사용하지 않으므로 마멸과 파괴의 염려가 없고, 1PS 당 절삭량이 많다.

㉢ 전동기어를 사용하지 않으므로 가공면이 아름답고, 또한 바이트의 수명이 길다.

㉣ 운동이 용이하고, 장치가 간편하여 절삭속도 변경이 쉽다.

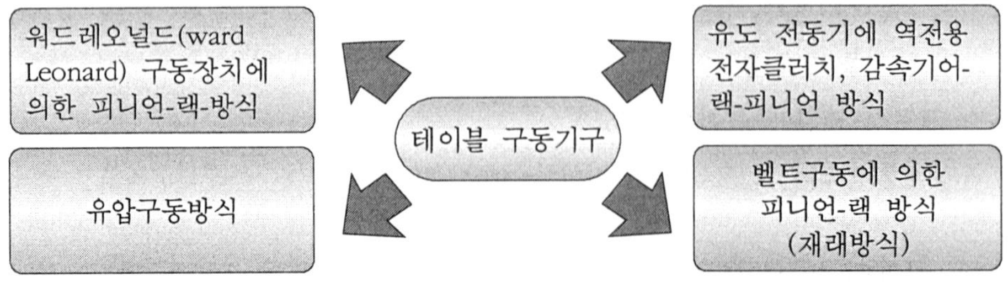

테이블의 구동기구는 플레이너의 성능을 좌우하는 것으로써 테이블과 가공물의 중량은 크지만 왕복 운동은 원활, 신속 그리고 정밀하게 작용해야 한다.

현재 널리 사용되고 있는 구동방식은 다음과 같다.

3. 플레이너의 구조

(1) 테이블 구동기구

1) 유도 전동기와 마찰클러치 구동방식

플레이너에는 역전 가능 유도전동기를 사용한 간단한 것이 사용된다

그림 7.5은 워엄과 래크를 사용한 테이블운동 기구의 예로서, 전동기 A는 절삭행정과 귀환행정에 따라 회전 방향이 다르며, B 및 C는 강력한 헬리컬 기어(herical gear)로 된 감속 기어이고 D는 워엄(warm), E는 래크(rack)로서 급속 귀환운동을 한다.

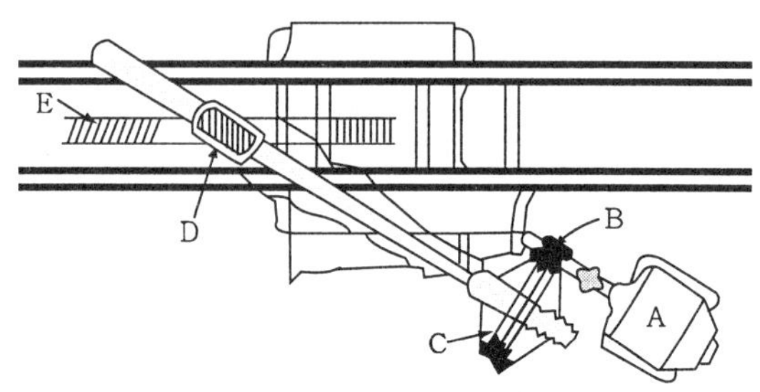

그림 7.5 워엄과 래크를 사용한 테이블 운동 기구

2) 워드 레오널드 구동방식(ward leonard drive system)

직류발전기의 여자 전류를 조절하여 직류 전동기를 제어하고, 정회전 또는 역회전 속도를 조절하므로, 고속도에서도 빠르고 정확하게 역전시킬 수 있어 각종 플레이너에 사용한다.

절삭속도와 귀환속도는 자유롭게 선택되지만, 역전에 의한 클러칭 및 장치의 발열에 의한 제한이 있다.

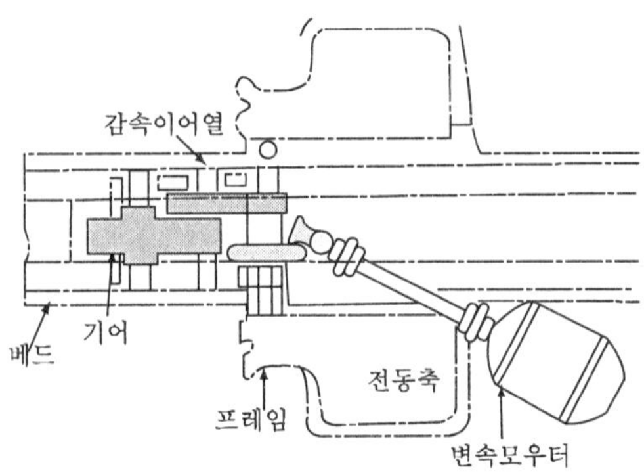

그림 7.6 워드 레오널드 구동방식의 예

그림 7.6은 워드 레오널드 구동방식의 예를 나타낸 것으로, 회전 부분의 관성을 감소시키고 전자적 성능 향상 및 행정 양단의 휴지시간(休止時間, idle time)이 극히 짧은 특징이 있다.

3) 유압 구동 방식

베드에 실린더를 설치하고 테이블 하부에 피스톤 로드를 고정하면 유압에 의하여 피스톤이 왕복운동 하여 절삭행정과 귀환행정이 이루어지며, 유압식 셰이퍼의 램과 같은 구조이다.

유압식 플레이너의 특징은 무단변속을 할 수 있어 임의 절삭속도와 귀환속도를 얻을 수 있다. 유압 실린더의 수에 따라 단 실린더식, 복 실린더식이 있으며, 복 실린더식에서는 절삭행정과 귀환행정에 각각 실린더를 가지고 있는 경우가 많다.

(2) 공구대(tool post)

1) 구조

바이트가 귀환행정 때 절삭면과의 마찰을 방지하기 위해, 좌측의 그림 7.7과 같이 바이트를 설치한 공구판이 위쪽으로 들리도록 되어 있다. 공구대가 회전대에 의해서 선회되므로 경사면을 가공할 수가 있다.

용어 해설	래칫-포올 기구(rachet-paw mechanism)란?
그림 7.8과 같이 수평면을 플레이너에서 가공할 때 크로스 레일(cross rail) 위에 있는 공구대를 이송 시키는 기구로서 그림에서 A와 B를 트리거 기어(trigger gear)라 하고 이것은 이송 봉에 회전을 전달한다.	

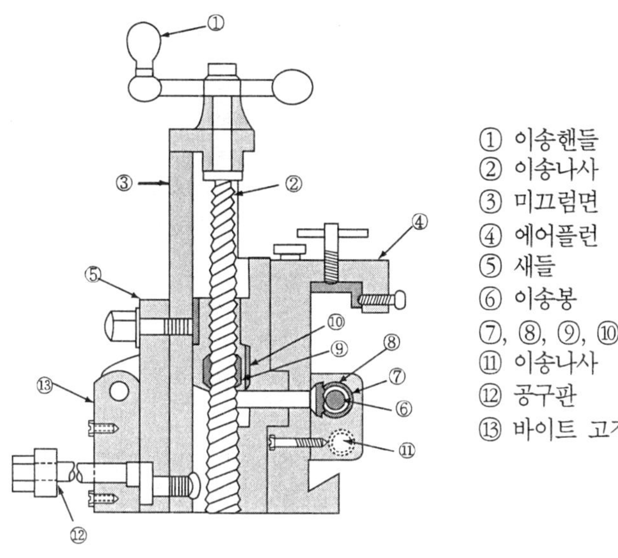

그림 7.7 플레이너의 공구대

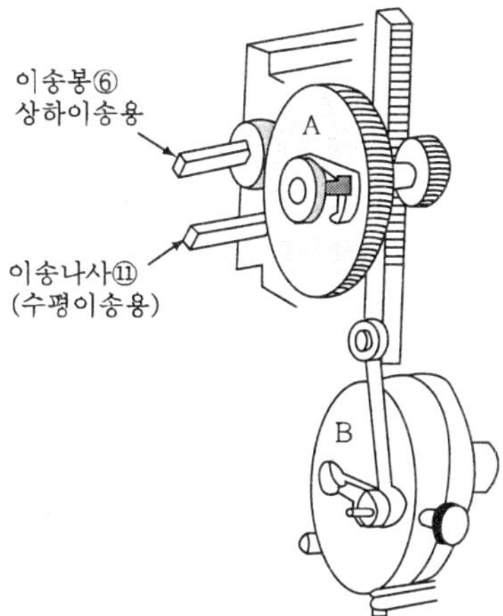

그림 7.8 래칫-포올 기구(rachet-pawl mechanism)

4. 플레이너의 절삭이론

(1) 절삭저항과 절삭동력

1) 절삭저항

표 7.2는 인장강도 45kg/mm²에 대한 강을 절삭깊이 1~3mm로 절삭할 때, 플레이너의 절삭면적에 대한 절삭저항의 실험 결과를 나타낸 것이다.

표 7.2 플레이너의 절삭면적에 대한 절삭저항

절삭면적			주절삭저항	비절삭 저항
비	mm×mm	mm²	PH kgf	Ks=PH kg/mm²
4 : 1	1 × 0.25	0.25	48.9	194.5
2.67 : 1	1 × 0.375	0.375	61.2	163.2
2.12 : 1	1.06 × 0.5	0.530	85	160.4
1.7 : 1	1.06 × 0.626	0.663	105	158.0
1.14 : 1	1 × 0.875	0.875	134	153.6
1 : 1	1 × 1	1.000	151.9	151.9

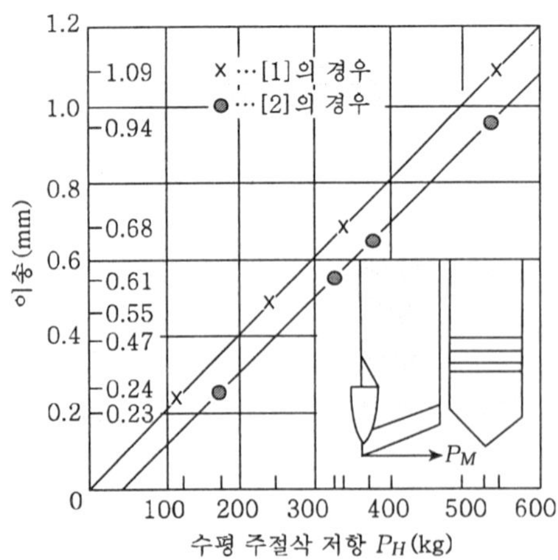

그림 7.9 절삭저항과 이송(feed)

그림 7.9는 표의 실험 결과를 나타낸 것으로, 절삭저항과 이송(feed)은 비례하며 변화한다는 것을 잘 알 수 있다.

플레이너 작업에서 1시간당 절삭량 G는

$$G = L \cdot t \cdot f \cdot n \cdot 60\gamma \text{ (gr/h)} \tag{7-1}$$

L : 바이트의 이동거리(mm) t : 절삭깊이(mm)

γ : 공작물의 비중 n : 유효행정수/매분간(cycle/min)

f : 매분간 이송량(mm)

절삭속도 V(m/min)와 절삭면적 F(mm^2)를 이용하여 다음과 같이 구할 수도 있다.

$$G = \frac{V \cdot F \cdot 60\gamma}{1000} \text{kg/h} \tag{7-2}$$

2) 절삭동력

▹ 플레이너의 절삭동력 N은

$$G = \frac{V \cdot F \cdot 60\gamma}{1000} \text{kg/h} \tag{7-3}$$

$$N = \frac{PV}{75 \cdot 60\eta} = \frac{ksFV}{75 \cdot 60\eta} \tag{7-4}$$

단, P는 절삭 저항이고 ks는 비절삭저항을 표시하며, n는 전동기 효율을 표시한다.

(7-4) 식에서 $P = ks \cdot F$이므로

$$FV = \frac{75 \cdot 60 \cdot \eta \cdot N}{ks} \tag{7-5}$$

(7-3) 식과 (7-4) 식에서

$$G = 75 \cdot 60 \cdot \eta \cdot N \cdot \frac{60r}{ks} = 270\eta \cdot \frac{N}{ks} y \tag{7-5}$$

여기서 n = 0.7이라고 하면

$$G = 189\gamma\frac{N}{ks}\text{kg/hr} \qquad (7\text{-}6)$$

그러므로 전동기 1마력으로 할 수 있는 1시간당의 절삭량 G는 다음과 같으며, 이것이 절삭량과 절삭저항의 관계를 나타내는 식이 되는 것이다.

$$G = \frac{189\gamma}{ks} kg/PS/hr \qquad (7\text{-}6)$$

3) 플레이너의 왕복운동에 대한 동력

플레이너는 왕복 운동을 하므로 절삭 행정(cutting stroke)과 귀환 행정이 있어,절삭 효율이 15~25%에 불과하다. 그림 7.10은 플레이너 동력 계산의 예로서, 행정(stroke) 600mm인 플레이너의 동력소비선도를 나타낸다. 작동 초기와 역전에서 동력 소비가 커서 효율이 대단히 낮은 것을 알 수 있다. 동력과 시간 선도에서는 얻은 면적을 플래니미터(planmimeter)로 측정하여 일량을 정하게 된다. 플레이너에서의 동력 계산은 어떻게 할까? 다음 계산법을 살펴보자.

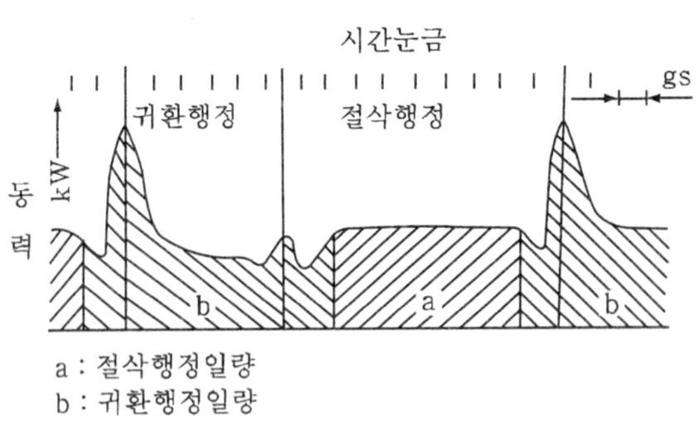

그림 7.10 플레이너의 동력소비선도

▸ STEP 1

플레이너 테이블은 무겁고 그 위에 무거운 공작물을 올려서 가공하므로 왕복할 때의 마찰력과 절삭저항에 대항할 만한 동력을 필요로 한다.

테이블의 무게를 Wkg, 공작물의 무게를 w kg 으로 하고, 베드의 마찰계수 를 μ라고 하면, 마찰저항력은 $(W+w)\mu$, 수직 분력을 0으로 가정하여 절삭저항을 Pkg으로 하고, 동시에 작업하는 바이트 수를 n이라 하면, 절삭속도 V_c(m/min) 일 때, 절삭행정의 동력수는

$$N_c = \frac{(W+w)\mu + nP)Vc}{4500} \tag{7-8}$$

▸ STEP 2

돌아올 때의 귀환 속도가 VR m/nmin이면(p=0) 귀환 행정의 동력수는

$$N_R = \frac{(W+w)\mu Vr}{4500} \tag{7-9}$$

(2) 절삭조건

1) 절삭속도, 이송 및 절삭깊이

플레이너의 절삭속도는 테이블의 속도와 같다.

절삭속도가 크면 절삭 초기에 바이트에 충격을 주고, 귀환행정으로의 방향전환에 소비되는 에너지가 커지므로 벨트풀리 구동식에서는 기계효율이 20~30% 정도로 매우 낮다.

그림 7.11은 플레이닝에서의 행정(stroke)위치에 따른 절삭 속도의 변화 관계를 나타낸 것이다.

절삭행정속도를 V_c, 귀환행정속도를 V_R, 테이블의 행정을 S, 행정말단에서 관성에 의한 가속도가 0이 아닌 시간 c≒1.2~2sec라 하면 테이블이 1왕복에 요하는 시간 T는

$$T = \frac{s}{Vc} + \frac{s}{V_R} + c \tag{7-10}$$

c=0이라 할 때, 평균 왕복속도 V_m은 대략 다음과 같다.

$$V_m = \frac{2s}{\frac{s}{V_c} + \frac{ss}{V_n}} = \frac{2V_c}{1 + \frac{V_c}{V_\pi}} \tag{7-11}$$

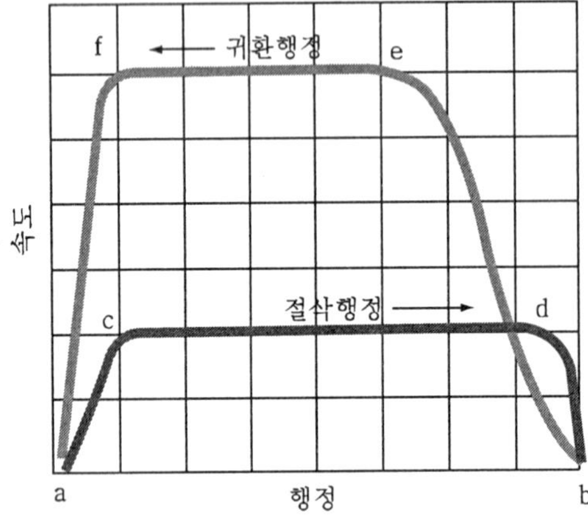

- 절삭행정(切削行程, cutting stroke): 표준 절삭속도.
- 귀환행정(歸還行程,return stroke): 빠른 속도로 귀환

그림 7.11 행정(stroke)과 절삭속도와의 관계

그런데 $V_c/V_R \fallingdotseq$ 1/3~1/4의 값이므로 V_m이 구해지면 폭 b_w, 길이 l_w인 공작물 전체를 가공하는데 걸리는 시간 T는

$$T=\frac{2 \cdot b_w \cdot l_w \cdot V_c}{\eta \cdot f \cdot V_m} \qquad (7\text{-}12)$$

여기서, f : 이송 η: 유효 이송비로 $f\eta$가 실제적인 이송이 된다.

2) 절삭률

반면에 절삭률은 다음 식을 이용할 수 있다.

$$Z_w = f \cdot a_{\nabla} \cdot V_m$$

표 7.2 각종 재료에 대한 추천 절삭조건

	고속도강 공구				주조합금 공구				초경질합금 공구			
	절삭깊이 (depth of cut) [mm]											
	3.2	6.4	12.8	25.4	3.2	6.4	12.8	25.4	3.2	6.4	12.8	25.4
	이송 (feed) [mm/행정]											
	0.8	1.6	2.4	3.2	0.8	1.6	2.4	3.2	0.8	1.6	2.4	3.2
주 철	29	23	18	15	48	41	33	29	90	73	59	50
주 철	21	17	14	11	38	32	27	23	73	59	48	40
주 철	14	11	7.5	-	29	24	20	-	50	40	32	-
쾌 삭 강	27	21	17	12	42	32	26	20	106	82	64	47
강(보통절삭강)	21	17	12	9	32	24	18	14	90	68	53	40
(저 절삭강)	12	9	7.5	-	30	15	12	-	65	48	38	-
청 동	45	45	38	-	최대	최대	최대	최대	최대	최대	최대	최대
알루미늄	60	60	45	-	최대	최대	최대	최대	최대	최대	최대	최대

예제 1

1800mm×1600mm×3600mm의 대형 플레이너에서 공작물의 무게 w=7000kg, 테이블의 무게 W=12000kg, 마찰계수 μ=0.1, 절삭저항 P=1000kgf, 절삭속도 V_c=9m/min, 귀환속도 V_R=27m/min, 동시에 작업하는 바이트 수를 n=2일 때, 절삭행정과 귀환행정의 동력수를 계산해 보자.

풀이 절삭행정 V_c의 동력수

$$\frac{N_c = \{(7000+12000)\times 0.1 + 2\times 1000)\times 94500}{=7.8}\text{(PS)}$$

1개의 바이트로 끝내기를 할 때, P=500kgf으로 하면, 끝내기 절삭의 동력수 N_C=4.8(ps), V_R=27m/min라면, 되돌아 오는 동력수

$$N_R = \frac{(7000+12000)\times 0.1\times 27}{4500} = 11.4\text{(PS)}$$

⇒ 이처럼 절삭보다 귀환 동력수가 더 크다.

예제 2

플레이너에서 폭 750mm, 깊이 1mm의 주철제 정반을 절삭할 때의 가공시간을 구해 보자. 단, 고속도강 바이트를 사용하고 행정은 공작물의 길이보다 80mm 길게 하며, 절삭깊이는 3mm, 이송은 1mm/stroke로 한다.

풀이 표 7.2에서 절삭행정 $V_c = 15\text{m/min}$

$$V_m = \frac{2s}{\frac{s}{V_C}+\frac{s}{V_R}} = \frac{2Vc}{1+\frac{V_C}{V_R}} = \frac{2\times 15}{1+\frac{1}{3}} = 22.5(\text{m/min})$$

$$T = \frac{2\cdot b_w\cdot l_w\cdot V_c}{\eta\cdot f\cdot V_m} = \frac{2\times 750\times(1+0..08)}{0.08\times 1\times 22.5} = 90(\text{min})$$

체크 포인트

1. 플레이너의 규격표시법

   수평 또는 상하 이동거리, 테이블 표면과 공구대의 최대거리.

   간단히 표시할 때 ⇒ $W\times H\times L$

   ▹ W :테이블의 폭

   ▹ H : 테이블 표면~ 가장 높은 위치의 크로스 레일 하부까지 높이

   ▹ L : 테이블의 최대 이동 거리

2. 플레이너 동력 계산법

$$N_c = \frac{\{(W+w)\mu+nP)Vc4500}{}$$

$$N_R = \frac{(W+w)Vr}{4500}$$

연습문제

1. 다음 중 유압 플레이너(hydraulic planer)의 특징이 아닌 것은?
   ① 테이블의 반전에 대한 시간손실이 적으며, 작은 행정에도 쉽게 효율이 떨어지지 않다.
   ② 동력소모기구를 사용하지 않으므로 마멸과 파괴의 염려가 없고, 1PS당 절삭량이 많다.
   ③ 전동기어를 사용하므로 가공면이 아름답고, 또한 바이트의 수명이 짧다.
   ④ 운동이 용이하고, 장치가 간편하여 절삭속도 변경이 쉽다.

2. 다음 중 현재 널리 사용되고 있는 플레이너의 구동방식이 아닌 것은 무엇인가?
   ① 유도 전동기에 역전용 전자클러치, 감속기어-랙-피니언 방식
   ② 워드 레오널드(ward Leonard) 구동장치에 의한 피니언-랙- 방식
   ③ 유압구동 방식
   ④ 벨트구동에 의한 피니언-랙 방식

정답 및 해설

1. ① 테이블의 반전에 대한 시간손실이 적으며, 작은 행정에도 쉽게 효율이 떨어지지 않는다.
   ② 동력소모기구를 사용하지 않으므로 마멸과 파괴의 염려가 없고, 1PS 당 절삭량이 많다.
   ③ 전동기어를 사용하지 않으므로 가공면이 아름답고, 또한 바이트의 수명이 길다.
   ④ 운동이 용이하고, 장치가 간편하여 절삭속도 변경이 쉽다.

2. 현재 널리 사용되고 있는 플레이너의 구동방식은 다음과 같은 것이 있다.
   ① 유도 전동기에 역전용 전자클러치, 감속기어-랙-피니언 방식
   ② 워드 레오널드(ward Lepnard) 구동장치에 의한 피니언-랙- 방식
   ③ 유압구동 방식
   벨트구동에 의한 피니언-랙 방식은 재래의 방식으로 현재에는 사용하고 있지 않다.

Chapter 8 셰이퍼(Shaper)

학습 목표

1. 크랭크식 셰이퍼와 비교하여 유압식 셰이퍼의 장점을 설명할 수 있다.
2. 셰이퍼 가공에서 귀환속도가 절삭속도보다 빠른 이유를 말할 수 있다.
3. 램의 최대 행정, 회전수, 절삭속도와 절삭저항을 알 때 셰이퍼의 소비 동력과 전동기의 출력을 계산할 수 있다.

1. 셰이퍼의 개요

학습 Point

- 크랭크식 셰이퍼에 비해 유압식 셰이퍼의 장점 = 균일하고 일정한 속도 변화, 진동 마크가 없는 가공면, 운전 중 속도와 이송을 조정 가능
- 셰이퍼 작업에서의 소요절삭

  동력 계산법 = $N_o = \frac{N}{\eta} = \frac{P_c v_c}{75 \cdot 60\eta} = \frac{P_c \pi n l s}{75 \times 60\eta(l+s/2)}$

셰이퍼(shaper)란 그림 8.1과 같은 구조와 원리로서 바이트가 고정된 램의 왕복운동으로 평면 혹은 다소 복잡한 형상을 한 작은 면적의 절삭에 사용되는 공작기계를 말한다.

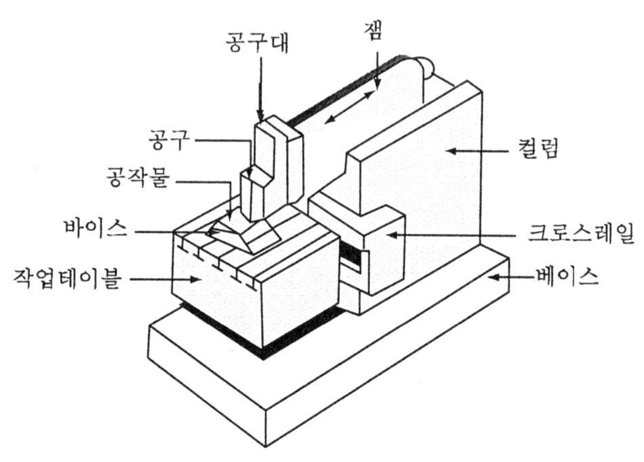

그림 8.1 셰이퍼의 절삭원리

1) 셰이퍼의 장점

절삭 상태로 보면 플레이너와 흡사하나, 운동체의 중량이 가볍고, 또한 마찰 부분과 소비 동력이 적으며, 바이트의 이송을 용이하게 조절할 수 있으므로 간편하다.

2) 셰이퍼의 단점

왕복운동에 의하여 진동이 생기게 쉽고, 절삭 중 귀환행정은 손실이 크며, 또 램(ram)의 구조상 정도를 보유하기가 곤란한 단점이 있다.

3) 셰이퍼의 특징 및 용도

① 200mm~9mm 정도의 행정(stroke) 범위에서 사용한다.

② 바이트의 수평 왕복운동에 의한 절삭운동과 테이블상의 바이스에 고정된 공작물의 이송운동에 의하여 평면 가공, 측면 가공, 곡면 가공과 더브테일 가공 및 홈파기 등을 할 수 있으며 부속 장치를 이용하면 치형가공(齒形加工) 및 곡면가공(曲面加工) 등도 할 수 있다.

③ 근래에는 수직 밀링 머시인이 셰이퍼의 작업을 대신하는 경우가 많으나 산업 현장에서는 아직도 셰이퍼가 유용하게 사용되고 있다.

그림 8.2는 셰이퍼의 실제 모양을 나타낸 사진이다.

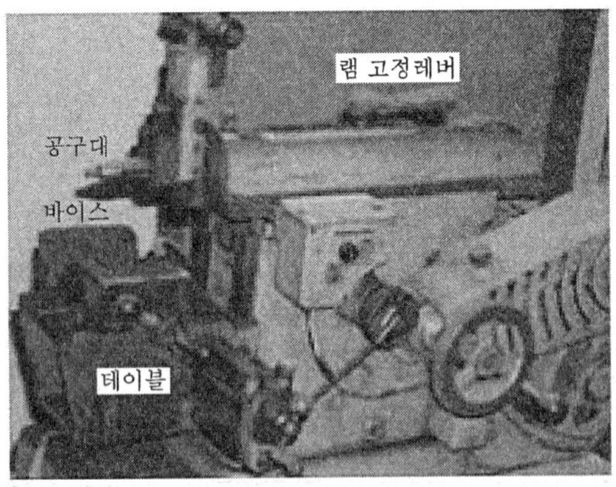

그림 8.2 셰이퍼

그림 8.3은 여러가지 셰이퍼 가공을 나타낸 것이다

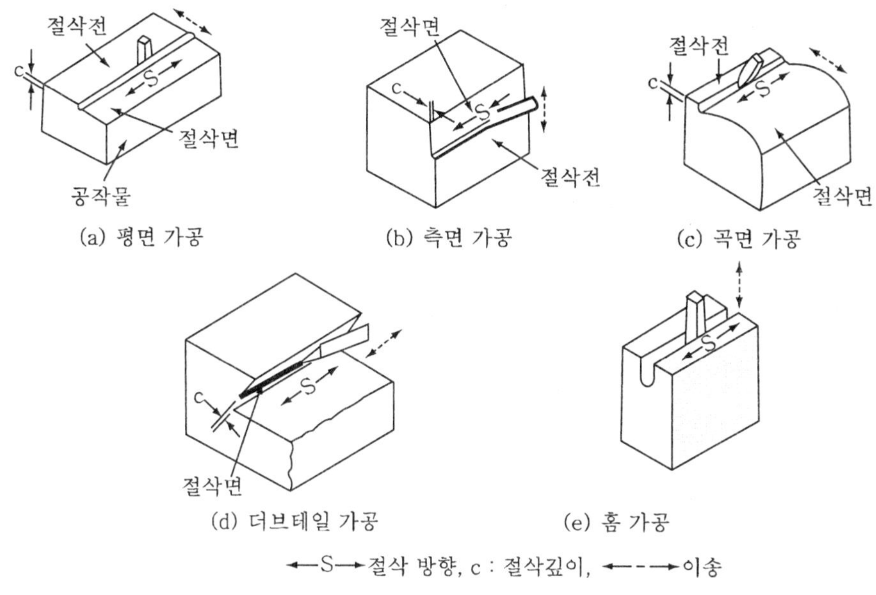

그림 8.3 셰이퍼 가공의 종류

표 8.1 셰이퍼의 실용규격의 예

	20" (500)	24" (600)	28" (700)	36" (900)
램의 최대 스트로크	535	635	735	940
테이블 수평이동거리	470	725	725	860
테이블 상하이동거리	280	355	355	400
테이블의 크기 (길이×폭×깊이)	510×355×338	610×400×450	710×400×450	930×460×509
램의 속도 (스트로크매분)	8단 10-110	8단 10-110	8단 10-110	8단 9-100
테이블 좌우이동	5단 0.15-0.77	10단 0.3-3	10단 0.3-3	10단 0.3-8
잔동기(KW)	3.7	5.5	5.5	11
중량(Kg)	1600	3200	3400	5500

2. 셰이퍼의 종류

셰이퍼를 일반적인 분류 기준에 의해 분류하면 다음과 같다.

1) 램(ram)의 운동 방향이 수평인가 또는 수직인가에 따른 분류

① 수평 셰이퍼(horizontal shaper)

② 수직 셰이퍼(vertical shaper)

2) 램이 이송되느냐 되지 않느냐에 따른 분류

① 직주식 셰이퍼(column shaper) = 미국식

② 횡동식 셰이퍼(transversing shaper) = 영국식

3) 운동전달방법에 따른 분류

① 단차식

② 기어식

③ 가변 전동기식

4) 작업능력에 따른 분류

① 보통형

② 강력형

③ 경력형

5) 구조에 따른 분류

① 표준 셰이퍼 = 보통 수평식의 셰이퍼

② 만능 셰이퍼 = 테이블이 램의 방향으로 경사될 수 있고, 또한 테이블 상부는 램의 방향과 수직 방향에 경사되는 셰이퍼

3. 셰이퍼의 구조

(1) 크랭크 셰이퍼의 구조

아래그림은 셰이퍼의 각부 명칭을 나타낸 것이다.

그림을 잘 보면서 설명에 따라 해당부분을 익혀보도록 하자.

- 셰이퍼는 상자형으로 된 컬럼(column) A의 최상부 램(ram) B가 있고, 그 선단에 셰이퍼 공구대가 설치되어 있다.
- 컬럼의 면을 새들(saddle) E가 상하로 이동하고, 새들 전면에 니이(knee)가 있고, 그 위에 테이 블 F가 수평 이동을 한다.
- 일반적으로 테이블은 각형으로 만들어 공작물을 고정하기 편리하도록 수개의 T형 홈이 있다. 종류에 따라서는 테이블의 수평축을 회전할 수 있는 것도 있다.
- 바이스(vise)는 셰이퍼의 중요한 부속으로 항상 사용된다.
- 램 B를 왕복 운동 시켜 공작물을 절삭하게 되므로 셰이퍼의 규격은 최대 행정(stroke) 길이로써 표시한다.

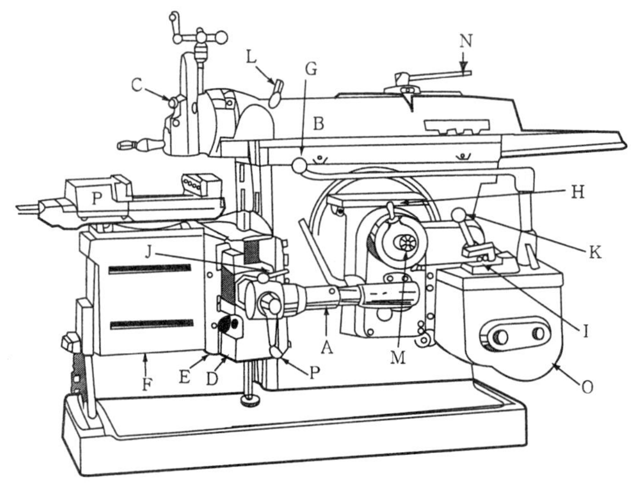

A : 컬럼(column)
B : 램((ram)
C : 셰이퍼 공구대(shaper tool post)
D : 크로스 레일(cross rail)
E : 새들(saddle)
F : 테이블(table)
G : 기동 레버(starting lever)
H : 이송용 레버
I : 변환 기어 레버(change gear lever)
J : 이송 방향 조절 레버
K : 백 기어 레버(back gear lever)
L : 램의 위치 지정 축(positioning shaft)
M : 스트로크 조정 장치
N : 램 고정용 레버
O : 기어 상자(gear box)
P : 바이스(vise)

그림 8.4 크랭크식 셰이퍼 각부 명칭

1) 램의 왕복운동 기구

램의 왕복 운동기구에 대한 중요사항은 다음과 같이 항목별로 설명할 수 있다.

① 큰 기어 D에 핀(pin)이 있고 이것과 활동차 F가 연결되어 있다.

⇒ F는 큰 링크(link) G의 중앙에 있어 안내 작용하는 홈에 집어 넣었고, 링크 G와 연결되어 있는 H는 I부에서 컬럼(colum)에 연결되어 있다.

⇒ 전동기의 동력이 A-B-C-D에 순차로 전달되면 G가 F로 인하여 좌우로 진동 하게 된다.

⇒ G의 상부는 J로 램 K에 연결되어 있으므로, 램에 직선적인 왕복운동이 전달된다.

⇒ 램의 행정은 핸들 P를 회전시켜 기어와 나사로서 E, F의 위치를 변화시킴으로써 조절되며, 램의 행정(stroke)는 M을 회전시켜 J의 위치를 바꾸면 결정된다.

② G를 로커암, 그리고 D를 스트로크기어 라고 각각 부른다.

③ 램의 속도는 크랭크와 레버연쇄로 되어 있는 링크기구의 특징에 따라 급속 귀환운동이 생기고, 또한 절삭 및 귀환의 각 행정에서 속도가 일정하지 않으므로 절삭 속도는 평균값으로 표시한다.

④ 절삭행정과 급속귀환 행정속도는 1:2 또는 1:3 정도이다.

⑤ 크랭크 핀 F의 반지름을 조정하여 램의 이동 거리를 변화시킬 수가 있으며, 셰이퍼의 공구대에 있는 핸들을 회전시켜 바이트의 상하 이동을 조절할 수가 있다.

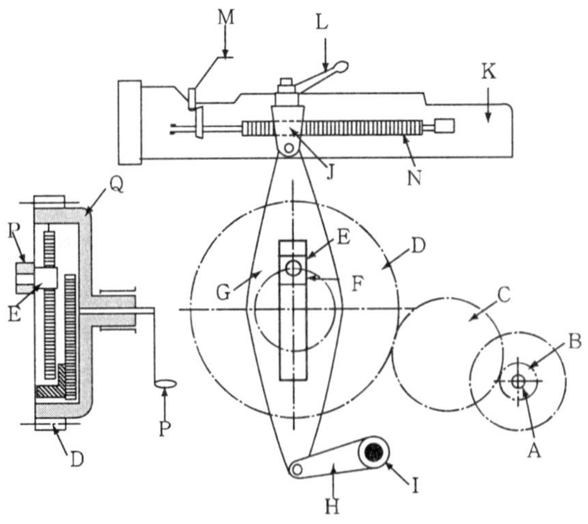

그림 8.5 램의 왕복 운동 기구

한편, 셰이퍼 가공에서 절삭행정속도: 귀환행정속도=1:2 또는 1:3 이라고 하였는데, 그렇다면 그림 8.6의 램을 왕복시키는 크랭크식 기구를 보며, 귀환속도가 절삭속도보다 빠른 이유를 알아보자.

그림과 같이 감속장치를 거쳐 큰기어(bull gear)를 회전시키고 큰 기어는 크랭크 아암(crank arm)을 회전시켜 로커 아암(rocker arm)을 피봇(pivot)을 중심으로 요동시킨다.

⬇

로커 아암의 상단은 램 나사(ram screw)에 연결된다.

⬇

행정은 크랭크 핀(crank pin)과 크랭크 중심간의 거리를 베벨기어(bevel gear)의 회전에 의하여 조절하고, 절삭위치는 램 나사의 회전에 따라 결정된다.

⬇

크랭크 아암의 일정한 각 속도에서 귀환행정의 중심각에 적이므로 귀환속도가 절삭속도보다 빠르게 된다.

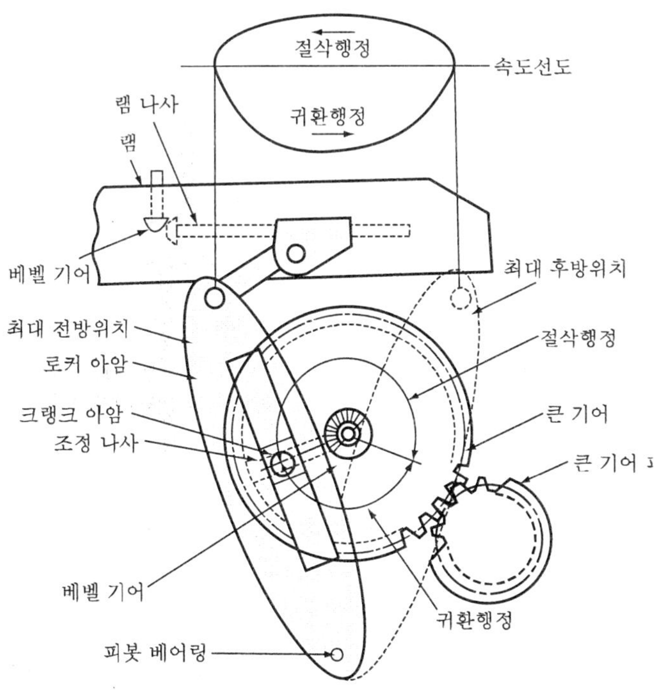

그림 8.6 크랭크에 의한 램의 운동

2) 테이블의 이송기구

셰이퍼의 테이블 이송기구의 원리와 구조는 다음과 같다.

① 테이블의 자동 이송 원리

- 테이블의 자동 이송장치는 그림 8.7과 같이 크랭크로부터 외단에 축을 연장하고 여기에 크랭크 원판을 설치하여, 링크 장치로 써 새들 안으로 통하는 나사봉에 부착되어 있는 래칫 기어를 회전시켜 테이블을 이송시킨다.
- 램의 왕복으로 테이블을 이송할 때에는 프레임 내에 있는 크랭크 원판 G에 편심륜상(偏心倫狀)으로 홈이 파져 있어, 이것에 봉의 1단이 연결되어 있고, 봉의 타단은 축a에 연결되어 있다. a는 요동(oscillation) 하는 구조로 되어 있다.
- 그림에서 a에는 두 갈래로 된 c가 고정되어 있고, 이것에 적은 각 나사 d가 연결되어 있으며, 그 가운데 너트 e가 있다.
- E에서 링크의 아암 f부가 뻗쳐 있고, 그 선단에 있는 래칫 기어를 이송시킨다. 기어 g로써 이송 축 H를 회전시키면 테이블이 이송된다. 수동으로 이송할 때에는 래칫(ratchet)을 분리시킨 후에 작동시킨다.

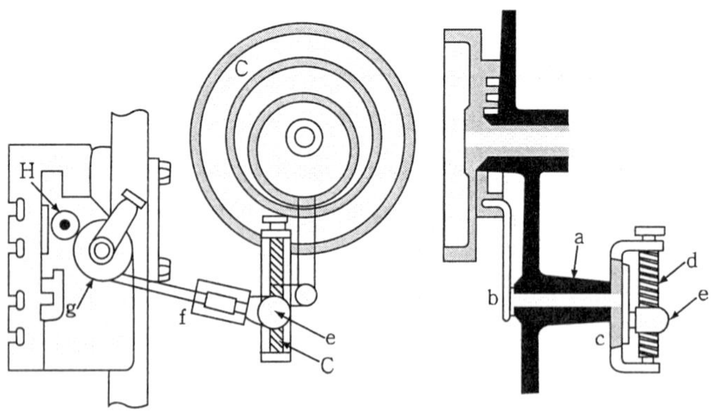

그림 8.7 테이블의 자동 이송장치

② 래칫 기어로서 이송하는 구조

- 수동으로 이송할 때에는 래칫 기어로서 이송하는 구조를 나타낸 그림 8.8과 같이 래칫을 분리시킨 후에 작동시키는데, 그림에서 수동으로 이송할 때 S부를 붙인 기

어 핀의 위치를 이동시키고, 그림 8.7의 H축의 핸들을 회전하여 핸들 이송한다.

- 유압식으로 이송할 때에는 유압식 기구의 1부분으로 이송 조정 장치의 핸들을 조절한다.

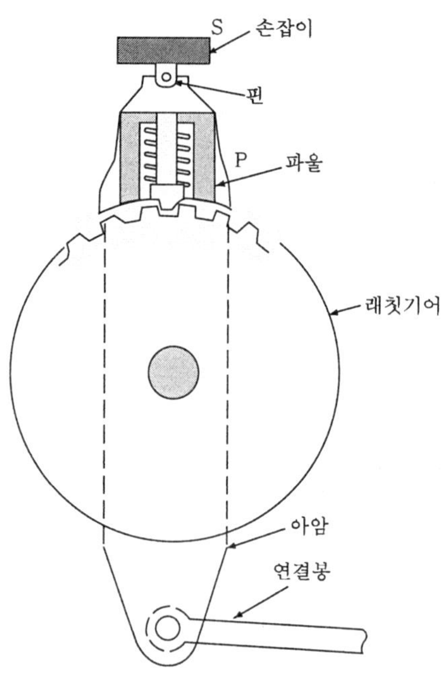

그림 8.8 테이블 이송의 래칫 장치

(2) 유압식 셰이퍼

유압식 셰이퍼의 특징으로 작동원리 및 크랭크식 셰이퍼에 비해 장점은 다음과 같다.

① 특징

- 일반적으로 유압식 셰이퍼는 절삭속도의 변환단수에 제한이 없고, 충격이 적어 특히 초경합금공구에 적당하다.
- 크랭크식 에서는 절삭 및 귀환 행정 도중에 속도차가 심하지만, 유압식은 안전밸브로써 과대한 절삭력을 조정 할 수 있는 특징이 있다.
- 직선 왕복운동에 유압식을 사용하면 절삭 작업 중에 대략 일정한 절삭 속도를 갖게 되어 크랭크식에 비하여 안정되고, 정확한 작업이 가능하다.

② 유압식 셰이퍼의 작동 원리

- 기어 펌프(gear pump)에 의한 압력유(壓力油)가 방향 밸브의 동작으로 작동 실린

더의 좌우에 교대로 공급되어 피스톤을 운동시키고, 피스톤 로드(piston rod)에 체결된 램이 운동한다.

– 램에 고정된 돌리개(dog)가 방향변환 레버를 통하여 방향변환 밸브를 작동시키며, 행정의 위치와 크기는 돌리개의 조정에 의한다.
– 램의 속도 및 이송은 제어 밸브로 조정하며, 귀환행정(歸還行程; return stroke)에서는 피스톤 로드가 실린더의 용적을 감소시키기 때문에 램의 귀환속도가 절삭행정(切削行程; cutting stroke)의 속도보다 크게 된다.

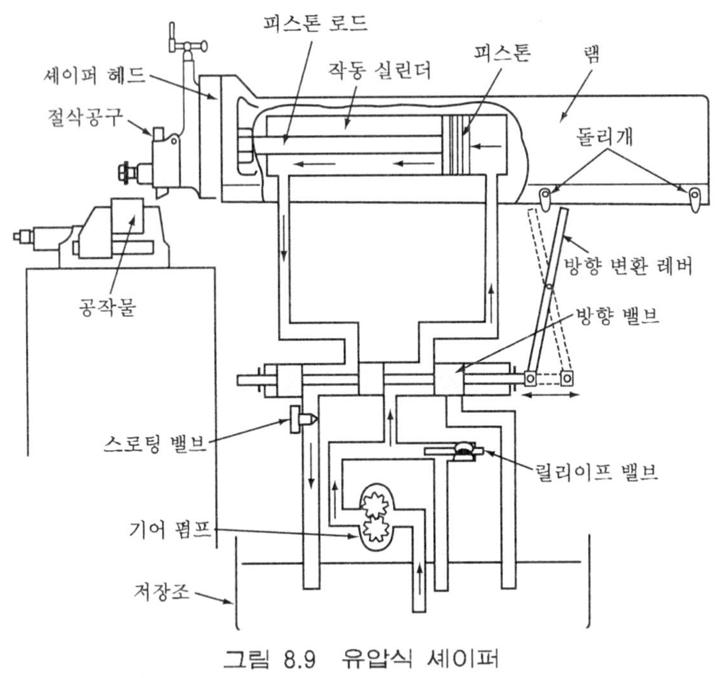

그림 8.9 유압식 셰이퍼

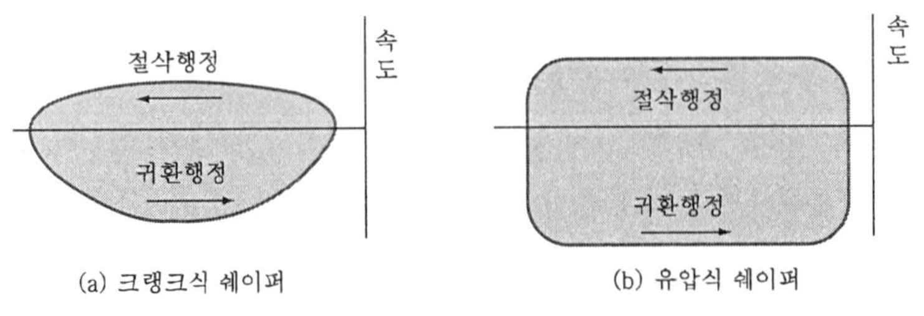

그림 8.10 크랭크식과 유압식의 속도 변화 비교

③ 크랭크식 셰이퍼에 비해 유압식 셰이퍼의 장점

- 크랭크식은 각 행정에서 속도의 변화가 많지만 유압식은 비교적 균일하고 일정하다.
- 가공면에 기어 진동 마크(gear chatter mark)가 없다.
- 운전 중 속도와 이송을 조정할 수 있다.

(3) 공구대

공구대는 수평, 수직, 각도 절삭을 할 수 있는 구조로 되어있으며 이송 방법은 다음과 같다.

이송핸들을 돌려서 공구 슬라이더를 이동시켜 바이트를 이송 시킨다.
이송량은 마이크로미터 컬러에 의하여 알 수 있다.

↓

각도를 절삭할 때에는 소요의 각으로 회전판(swivel head plate)를 돌려 조임 볼트로 조인다. 회전판 주위에 각도의 눈금이 새겨져 있어 정확한 각을 깎을 수 있다.

↓

수직 및 각도를 절삭할 때 절삭면이 상하지 않도록 바이트를 이송방향에 대하여 경사지게 합니다. 이때, 에이프런(apron)을 임의의 방향으로 경사지게 하고 조임 볼트로 조인다.

↓

크레이퍼(clapper)는 귀한 행정에서 바이트가 절삭면을 상하지 않도록 힌지 핀(hinge pin)을 축으로 하여 바이트를 뒤로 젖혀야 된다.

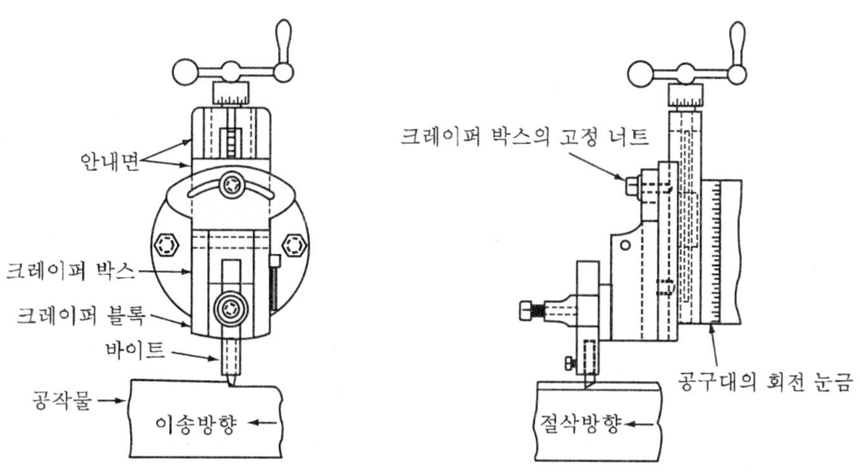

그림 8.11 셰이퍼 공구대

4. 셰이퍼용 바이트

(1) 종류

아래 그림은 모양에 따른 셰이퍼용 바이트(bite)의 분류를 보여주는 것이다.

- 셰이퍼용 바이트는 선반용의 것과 비슷하나 선단 여유각이 4° 정도로서 선삭용 바이트에 비하여 작다.
- 셰이퍼 가공에서는 선반 절삭에서와 같이 절삭 중 이송을 주지 않으므로 측면 여유각은 2~8° 정도이며, 측면경사각은 다듬질 바이트에서 10~20° 정도이고, 그 외에서는 여유각을 두지 않는다.

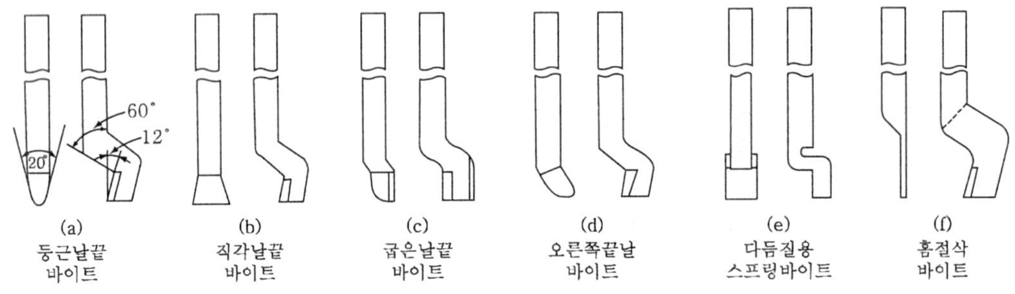

그림 8.12 셰이퍼용 바이트

(2) 바이트의 고정

여기서는 셰이퍼용 바이트의 고정에 대하여 알아보자. 그림 8.13은 올바른 고정과 그렇지 못한 고정의 예를 나타내고 있다.

- 셰이퍼 가공에서 절삭저항이 크므로 바이트의 고정은 필요한 각도에서 견고하게 고정하여야 한다.
- 가능한 구스 넥(goose neck)을 갖는 바이트를 사용하여 바이트 선단을 바이트의 회전 중심을 지나는 수직선상에 위치시킴으로써 바이트가 굽힘 때문에 예정깊이 이상으로 가공면에 파고 들어가는 일이 없도록 고정하는 것이 필요하다.
- 가능하면 짧게 고정하여야 굽힘변위를 적게 할 수 있다.

– 바이트의 선단을 마이너스(陰) 경사각이 되도록 하여 바이트가 파고 들어가지 않고 밖으로 회전하는 식의 굽힘을 유도하는 방법도 있다.

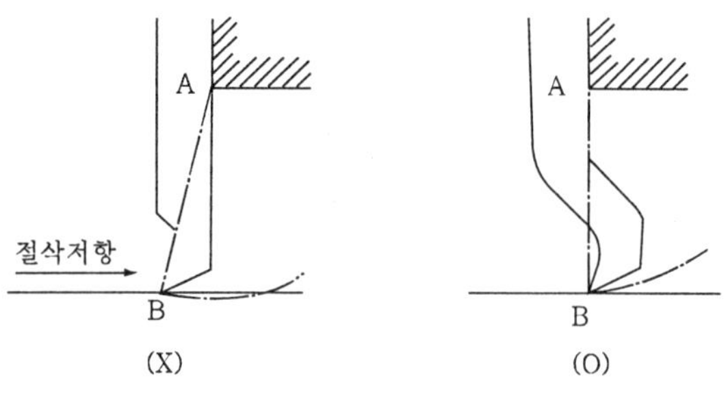

그림 8.13 바이트 고정법

5. 셰이퍼의 절삭이론

(1) 셰이퍼의 절삭속도 및 절삭동력

① 크랭크 셰이퍼에서 램(ram)의 최대 절삭 속도 $V_{c\max}$, 최대 귀환 속도 $V_{r\max}$, 최대 행정을 s, 크랭크 지름 r_1, 진동부의 길이를 l이라고 하면 그림 8.14에서 램의 최대 속도 $V_{c\max}$는 크랭크 핀이 EOM과 직선상에 있을 때가 된다.

크랭크의 속도를 v_o라 하고, v_o와 $V_{c\max}$를 벡터(vector)로 표시하면

닮은 꼴 삼각형 $\triangle EOA$ $v_c\max \propto \triangle ETv_o$가 되어 $\dfrac{v_{c\max}}{v_o} = \dfrac{EM}{ET}$이 된다.

여기서 $EM = l,\ ET = e + r$

$\therefore v_{c\max} = \dfrac{l}{e+r} v_o$가 된다.

또한 $\triangle EOOA \propto \triangle EDC$에서 $\dfrac{ED}{OE} = \dfrac{CD}{OA}$이다.

여기서 $ED = l,\ CD = \dfrac{s}{2,}\ OE = e,\ OA = r$

$e = \dfrac{l}{s/2} = \dfrac{2lr/s}{s}$가 된다.

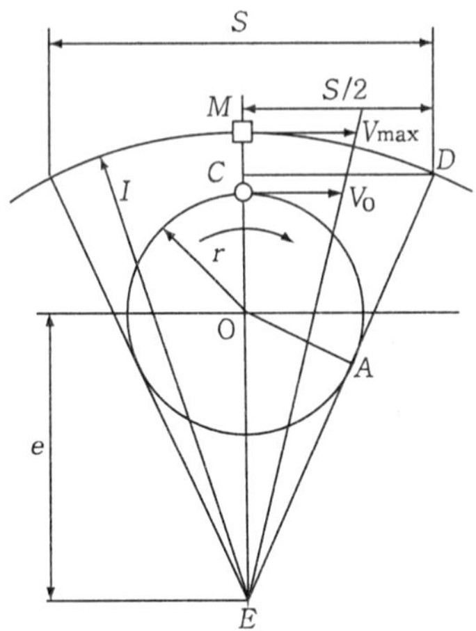

그림 8.14 링크와 크랭크

크랭크 핀의 속도는 $v_o = 2\pi rn$이므로

$$v_{c\max} = v_o \frac{l}{e+r} = \frac{2\pi rnl}{e+r} = \frac{\pi nls}{l-(s/2)} \tag{8-1}$$

$$v_{c\max} = v_o \frac{l}{e+r} = \frac{2\pi rnl}{e-r} = \frac{\pi nls}{l+(s/2)} \tag{8-2}$$

$$\frac{v_{r\max}}{v_{r\max}} = \frac{l+(s/2)}{l-(s/2)} \tag{8-3}$$

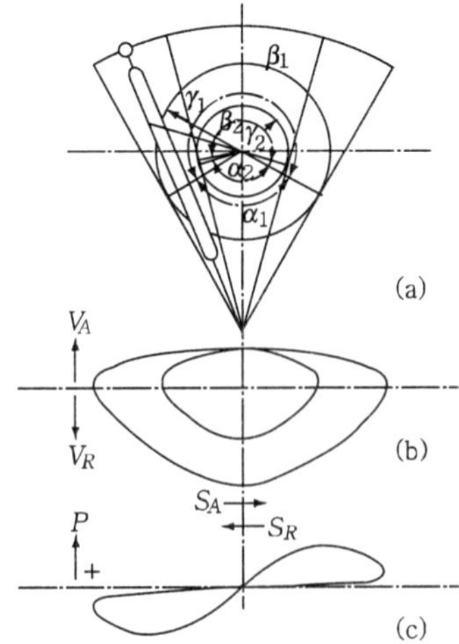

그림 8.15 셰이퍼 크랭크 속도, 가속도 선도

표 8.2 절삭 및 귀환행정의 평균 절삭속도 및 시간

절삭행정	귀환행정	절삭행정	귀환행정
$v_{cm}=\frac{s}{T_1}$	$v_{rm}=\frac{s}{T_2}$	$v_{cm}=s\left(\frac{m_t+1}{m_1}\right)\times n$	$v_{rm}=\frac{(m_t+1)s\times n}{1}$
$T_1=\frac{m_t}{n(m_t+1)}$	$T_2=\frac{1}{n(m_t+1)}$	$=\frac{(m_t+1)}{m_t}sn$	$=sn(m_t+1)$

② 위에서 언급한 절삭 및 귀환의 평균 속도 $v$cm, $v$rm은 절삭시간 및 귀환시간(T_1, T_2)의 비 $m=T_1/T_2$ 그리고 행정길이 s, 회전수 n이라고 하면, 셰이퍼의 크랭크 속도와 가속도는 그림 8.15와 같다.

③ 절삭 및 귀환 행정의 평균 절삭속도 및 시간은 아래와 같다.

④ 한편 앞에서 설명한 식 (8-1)로 부터 램의 속도 ve에 대응하는 크랭크의 회전수 n은 다음과 같다.

$$n=v_c\frac{l+s/2}{\pi ls}\equiv\frac{2l+s}{2\pi ls}\cdot v_c \tag{8-4}$$

⑤ 로커 아암(locker arm)의 길이 l 및 작동 구역(최대 행정 $s_{\max}$, 최소 행정 $s_{\min}$, 최대 절삭 속도 $V_{c\max}$, 최소 절삭속도 $V_{c\max}$)이 주어지면 회전수는 다음과 같이 결정된다.

$$n_{\max}=\frac{v_{c\max}}{2\pi}\cdot\frac{2l+s_{\min}}{ls_{\min}} \tag{8-5}$$

$$n_{\max}=\frac{v_{c\min}}{2\pi}\cdot\frac{2l+s_{\max}}{ls_{\max}} \tag{8-6}$$

램(ram)의 평균 속도 v_{cm}일 때 소비동력 N은

$$N=\frac{P_c v_{c\max}}{75\cdot 60}(\text{PS})$$

여기서 P_c : 램에 작용하는 절삭저항(kgf), $v_{c\max}$: 램의 속도(m/min)이다. 또한 기계 효율을 η라고 하면, (8-1)식을 대입하여 소요 절삭동력 N_o는

$$N_o=\frac{N}{\eta}=\frac{P_c v_{c\max}}{75\cdot 60\eta}=\frac{Pc\pi nls}{75\times 60\eta(l+s/2)} \tag{8-7}$$

절삭동력이 결정되면 램에 작용하는 절삭력은 다음과 같이 나타낼 수가 있다.

$$P_c = \frac{75 \cdot 60}{\pi} \cdot \eta \frac{N}{n} \cdot \frac{1}{S}\left(1 + \frac{s}{2l}\right) \tag{8-8}$$

한편 크랭크 핀의 회전 동력 N_s는 다음과 같이 표시할 수 있다.

$$N_p = \frac{P_P \times V_1}{75 \times 60} = \frac{P_p \times 2\pi r n}{75 \times 60} \tag{8-9}$$

이 식으로부터 절삭동력을 계산할 수도 있다.

여기서 N_p, P_p 등은 크랭크 핀에 대한 동력 및 힘이다.

예제 1

그림 8.16을 참고하여, 램의 최대 행정 $s = 570$mm, 회전수 $n = 11.8$(rpm)이고 램이 중앙 위치에 있을 때에 소비 동력 N과 전동기의 출력 N_o를 구해 보자. (단 구동 장치의 효율은 0.7이다.)

풀이 그림 8.16에서 위의 조건의 경우 $v_c = 15$m/min이고, 절삭력 $P = 1200$kgf이므로

$$N = \frac{Pv_{c\max}}{60 \times 102} = \frac{1200 \times 15}{60 \times 102} = 2.94\text{kw}$$

또한 이 셰이퍼의 구동 장치(驅動 藏置)의 효율 $\eta = 0.7$이라고 하면 전동기의 출력 N_o는

$$N_o = \frac{N}{\eta} = 0.7 = 4.2\text{kW}$$

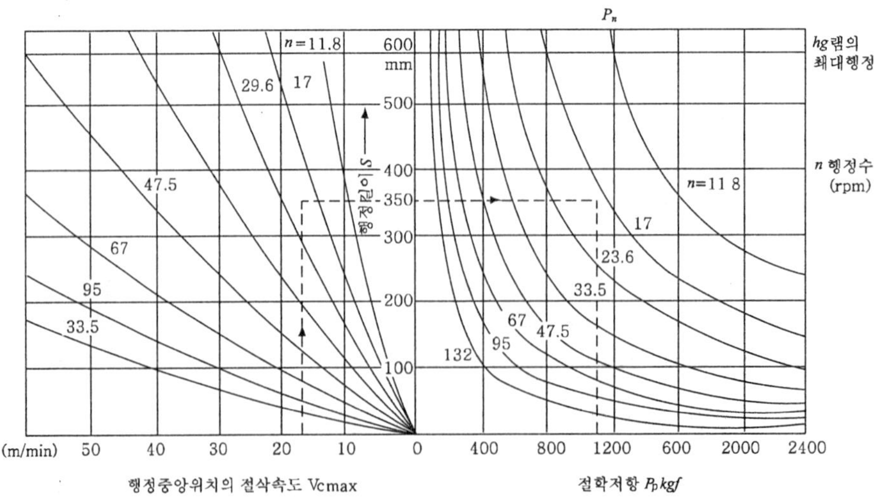

그림 8.16 셰이퍼의 행정수와 절삭력 선도

(2) 셰이퍼의 가공 시간

그림 8.17과 같이 램 행정의 길이를 l 로 할 때, l 은 다음과 같다.

$$l(\mathrm{mm}) = l_1 + (l_2 + l_3)$$

여기서 l : 램 행정의 길이

l_1 : 공작물의 절삭 길이

$l_2 + l_3$: 공작물의 길이에 더하는 길이 또한 절삭폭을 W 로 할 때, 셰이퍼 가공시간은 다음과 같다.

$$v = \frac{n \cdot l}{1000m}, \quad T = \frac{W}{n \cdot f} \tag{8-10}$$

여기서 T : 가공시간, W : 공작물의 폭(mm)

n : 1분간의 램 왕복 횟수(회/min), f : 이송(mm/stroke)

v : 평균절삭속도(m/min), m : 절삭시간과 귀환시간의 비

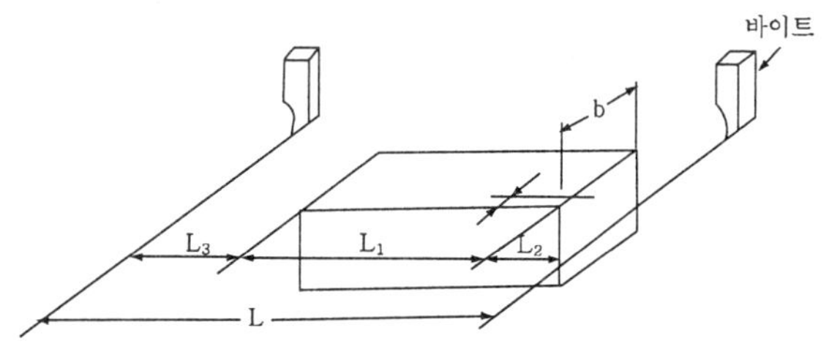

그림 8.17 램 절삭 행정 길이

표 8.3 공작물의 길이에 부가한 길이 값(mm)

공작물의 절삭길이(l_1)	부가 길이($l_2 + l_3$)
200 이하	15
200~300	20
300 이상	30

여기서 잠깐 !! 

Q: 크랭크식 셰이퍼의 평균 절삭속도 V=20cm/min, 이송 f = 0.5min/stroke의 조건에서 폭 200mm 길이 300mm인 공작물을 절삭할 때 가공시간 T(min)를 계산하라. 단 바이트는 공작물과 물리기 전 23mm에서 운동을 시작하여 공작물을 30mm 만큼 더 지난다.

A: 그림 8.17과 같이 행정길이 $l\,\text{mm} = l_1 + (l_2 + l_3)$이고,

$$T = \frac{W}{n} \cdot f = W \cdot \frac{l}{1000\,V \cdot f} = \frac{200 \times (300 + 23 + 30)}{1000 \times 20 \times 0.5}$$

$$= 7.06(\text{mm})$$

체크 포인트

1. 셰이퍼로 할 수 있는 작업
   평면 가공, 측면가공, 곡면가공과 더브테일 가공 및 홈파기 외, 부속 장치를 이용하면 치형가공(齒形加工) 및 곡면가공(曲面加工) 등도 할 수 있다.
2. 크랭크식 셰이퍼에 비해 유압식 셰이퍼의 장점
   ① 크랭크식은 각 행정에서 속도의 변화가 많지만 유압식은 균일하고 일정하다.
   ② 가공면에 기어 진동 마크(gear chatter mark)가 없다.
   ③ 운전 중 속도와 이송을 조정할 수 있다.
3. 셰이퍼 작업에서의 소요 절삭 동력 계산법

$$N_o = \frac{N}{\eta} = \frac{P_c v_{c\max}}{75 \cdot 60\eta} = \frac{P_c \pi n l s}{75 \times 60\eta(l + s/2)}$$

연습문제

1. 다음 중 셰이퍼에서 할 수 있는 작업이 아닌 것은?
   ① 길이 1000mm 이상 큰 공작물의 평면 절삭
   ② 길이 600mm 이하 작은 공작물의 평면 절삭
   ③ 더브테일 가공
   ④ 홈 가공

2. 램의 행정 길이가 350mm이고, 행정수가 20회/min인 셰이퍼의 절삭속도는 얼마인가?
   ① 약 8m/min　　② 약 12m/min
   ③ 약 16m/min　　④ 약 21m/min

정답 및 해설

1. 셰이퍼는 평면 혹은 다소 복잡한 형상을 한 작은 면적의 절삭에 사용되는 공작기계 이다. 셰이퍼에서는 평면 가공, 측면가공, 곡면가공과 더브테일 가공 및 홈파기 등을 할 수 있으며 부속 장치를 이용하면 치형가공(齒形加工) 및 곡면가공(曲面加工) 등도 할 수 있다.
   ①의 길이 1000mm 이상 큰 공작물의 평면 절삭은 플레이너에서 가능하다.

2. $v = n \cdot \dfrac{l}{1000m}$ 에서 $v = \dfrac{350 \times 20}{1000 \times \dfrac{3}{5}} = 11.67(\text{m/min})$

Chapter 9 연삭기(Grinding Machine)

학습 목표

1. 밀링과 같은 절삭 가공과 비교하여 연삭가공의 특징을 3가지 이상 말할 수 있다.
2. 센터리스 연삭기에 의한 연삭 원리를 설명할 수 있다.
3. CNC 지그 연삭기의 용도에 대해 말할 수 있다.
4. 연삭숫돌의 3요소와 5인자를 열거할 수 있다.
5. 자생작용(self-sharpening)의 의미를 설명할 수 있다.
6. 숫돌의 표시법 중 CBN 120N75B13.0의 의미를 설명할 수 있다.
7. 연삭상태를 밀링상태와 비교하여 설명할 수 있다.
8. 연삭저항의 분포에서 3분력의 크기를 비교할 수 있다.
9. 연삭작업에서 연삭저항, 연삭숫돌의 주속도, 연삭기의 전체 효율을 알면 연삭동력을 구할 수 있다.
10. 비정상적인 연삭숫돌의 상태에 대해 설명할 수 있다.
11. 드레싱(dressing)과 트루잉(truing)의 차이점을 말할 수 있다.

1. 연삭기의 개요

학습 Point

- 연삭가공의 특징 = 절삭 가공하기 어려운 열처리 경화강이나 초경합금과 같은 단단한 재료도 가공이 가능한 것 등.
- 센터리스 연삭기에 의한 연삭 원리 = 받침판과 조정 숫돌 사용
- 각종 연삭기의 용도 및 특징

먼저, 연삭기의 개념에 대해 알아보자.

연삭이란, 바이트와 같은 공구대신 수많은 입자의 날로 구성된 연삭숫돌(grinding wheel)을 고속으로 회전시키고, 공작물은 상대운동을 하여 표면을 정밀하게 가공하는 작업이며, 연삭기(grinding machine)는 연삭에 사용되는 기계를 말한다.

연삭 숫돌입자의 재질은 초기에 천연산[금강사(emery), 코런덤(corundum) 등이 사용되었으나, 인조 연삭 숫돌 [탄화규소(SiC), 산화알루미늄(Al_2O_3) 등이 사용되게 되었다.

① 연삭가공의 특징

㉠ 칩이 작으므로 정밀도가 높고 아름다운 다듬질 면을 얻을 수 있다.

㉡ 일반 금속 재료는 물론, 절삭 가공하기 어려운 열처리 경화강이나 초경합금과 같은 단단한 재료도 가공이 가능하다.

㉢ 연삭숫돌은 가공 중에 새로운 예리한 입자를 표면에 노출시키므로 보통 공작기계의 바이트나 밀링 커터와 같이 재연삭할 필요가 없다. 이때 정밀한 연삭을 위해서는 정확한 회전운동과 직선운동이 필요하며, 회전하는 연삭 숫돌의 불균형에 의한 진동의 발생을 방지해야 한다.

② 연삭기 최근 동향

㉠ 연삭기의 주축과 주축 베어링의 개선으로 고속과 고하중에 견디는 주축이 출현
➡ 고속, 강력화 가능

㉡ 유압장치, 자동 사이클 작업 장치(automatic cyclic working attachment)가 고안

➡ 생산성 향상

㉢ 공작물의 자동 사이징 장치(automatic sizing device)고안

➡ 연삭의 자동화

㉣ 액통 연삭 숫돌(coolant through wheel) 방식

➡ 냉각효과 증대

㉤ 전해 인프로세스 드레싱(ELID: Electrolytic Inprocess Dressing) 기술 개발

➡ 초경합금, 엔지니어링 세라믹스 등 난삭재의 초정밀 가공 가능

2. 연삭기의 종류와 구조

(1) 연삭기의 종류

연삭기는 연삭기의 기구특성 또는 가공특성에 따라 분류할 수 있으나 가공특성에 따라 분류하면 다음과 같다.

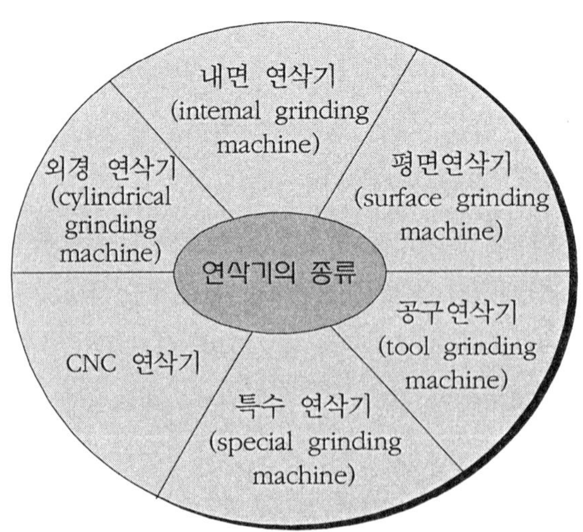

① 외경 연삭기(cylindrical grinding machine)
- 보통 외경 연삭기(plain cylindrical grinding machine)
- 만능 연삭기(universal grinding machine)
- 센터리스 연삭기(centerless grinding machine)

② CNC 연삭기
- CNC 지그 연삭기(CNC jig grinding machine)
- CNC 옵티칼 프로파일 그라인딩 머시인(CNC optical profile grinding machine)

③ 특수연삭기(special grinding machine)
- 나사연삭기(thread grinding machine)
- 스플라인 연삭기(spline grinding machine)
- 크랭크 축 연삭기(crank shaft grinding machine)
- 롤러 연삭기(roller grinding machine)
- 캠 연삭기(cam grinding machine)
- 기어 연삭기(gear grinding machine)
- 베어링 궤도 연삭기(race grinding machine)
- 모방 연삭기(copy grinding machine)

④ 공구연삭기(tool grinding machine)
- 만능공구연삭기(universal tool grinding machine)
- 바이트 & 커터 연삭기(bite & cutter grinding machine)
- 드릴 포인트 연삭기(drill point grinding machine)

⑤ 평면연삭기(surface grinding machine)
- 수평축 평면연삭기(horizontal spindle surface grinding machine)
- 수직축 평면연삭기 (vertical spindle surface grinding machine)

(2) 연삭기의 구조

연삭기의 구조를 외경 연삭기, 내면 연삭기, 평면 연삭기, 공구 연삭기, 특수 연삭기, CNC 연삭기로 나누어 살펴 보도록 하겠다. 외경 연삭기는 가장 많이 사용되는 연삭기로서, 구조는 선반과 흡사하고 연삭숫돌을 구성하는 입자들은 극히 작은 커터(cutter)의 역할을 한다.

외경 연삭기는 구조에 따라 다음의 3종류로 나눌 수 있다.
표 9.1은 여러 가지 연삭기의 형식과 규격을 나타낸 것이다.

보통 외경 연삭기
(plain cylindrical grnding machine)

만능 연삭기
(universal grnding machine)

센터리스 연삭기
(centerles grnding machine)

그림 9.1 외경연삭기의 종류

표 9.1 각종 연삭기의 형식 및 규격 표시

① 외경 연삭기

종 류	형 식	규격 표시
(1) 보통 외경 연삭기 (plan cylindrical grinding machine)	(a) 테이블 왕복형 (b) 숫돌대(Wheel head) 왕복형	(1) 스윙(swing) (2) 센터간 거리 (3) 숫돌의 크기 : 바깥지름 ×폭
(2) 만능 연삭기 (universal grinding)	(a) 만능식	보통 외경 연삭기에 준한다.
(3) 센터리스 연삭기 (centerless grinding machine)	(a) 외경용	(1) 가공물의 최대 지름 (2) 숫돌의 크기
	(b) 내면용	(1) 가공물의 지름 (2) 연삭할 구멍의 크기 (3) 숫돌크기
	(c) 특수용	(1) 가공물의 지름 (2) 연삭할 구멍의 크기 (3) 숫돌크기

② 내면 연삭기

종 류	형 식	규격 표시
	(a) 보통형(plain type)	(1) 스윙(swing) (2) 연삭할 구멍 범위 (3) 테이블 또는 숫돌 최대 이동 거리
	(b) 플라네타리형 (planetary type)	(1) 테이블의 크기 (2) 연삭할 수 있는 구멍의 크기 (3) 테이블 또는 숫돌의 이동 거리

③ 평면 연삭기

종 류	형 식	규격 표시
	(a) 주축수직형 • 원형 테이블 • 장방형 테이블	(1) 테이블의 크기 (2) 숫돌의 크기 (3) 숫돌 하면과 테이블 면과의 최대 거리
	(b) 주축 수평형 • 원형 테이블 • 4각형 테이블	위와 동일함

④ 공구 연삭기

종 류	형 식	규격 표시
(1) 만능 공구연사기 (universal tool grinding machine)	(a) 만능식	(1) 스윙 (2) 센터거리 (3) 테이블의 크기 (4) 숫돌 하면과 테이블면과의 최대거리 (5) 숫돌 크기
(2) 바이트 연삭기 (tool bit grinding machine)	(b) 탁상식	(1) 숫돌 크기 (2) 모우터의 크기
(3) 드릴 포인트 연삭기 (drill point grinding machine)	(c) 드릴 전용식	

⑤ 특수 연삭기

종 류	형 식	규격 표시
(1) 나사 연삭기 (thread grinding machine)	(a) 한줄 연삭기 (b) 총형 연삭기	(1) 스윙 (2) 연삭할 나사의 크기 (지름×길이) (3) 숫돌의 크기
(2) 스플라인 연사기 (spline grinding machine)	(a) 외경용	(1) 스윙 (2) 연삭할 나사의 크기 (지름×길이) (3) 숫돌의 크기
	(b) 내면용	(1) 스윙 (2) 숫돌의 크기 (3) 가공할 구멍의 지름과 길이
(3) 크랭크 샤프트 연삭기	-	(1) 스윙 (2) 센터간의 거리 (3) 숫돌의 크기
(4) 로울러 연삭기	-	(1) 스윙 (2) 센터간의 거리 (3) 숫돌의 크기
(5) 캠 연삭기	-	(1) 스윙 (2) 센터간의 거리 (3) 숫돌의 크기
(6) 베어링 궤도 연삭기	-	(1) 스윙 (2) 가공할 궤도의 크기 (3) 숫돌의 크기
(7) 기타 특수목적 연삭기	-	

1) 외경 연삭기

그렇다면, 외경 절삭 이송의 종류에는 어떤 것이 있는지, 다음 그림을 보면서 살펴보도록 하자.

- 테이블 왕복식(travelling table type)
  ⇒ 테이블에 이송을 주고 연삭 숫돌로 깊이를 주는 방식.
- 연삭 숫돌대 왕복식(travelling wheel head type)
  ⇒ 연삭 숫돌로 이송과 깊이를 주는 방식.

• 플런지 컷 식(plunge cut type)

⇒ 연삭 숫돌로 깊이만을 주는 방식.

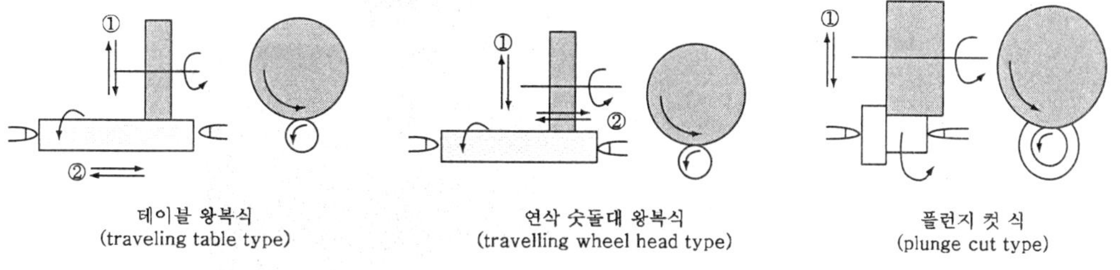

그림 9.2 외경 절삭 이송의 종류

외경 연삭기의 종류에 대해 하나씩 좀더 자세히 살펴보자.

① 보통 외경 연삭기(plain cylindrical grinding machine) 보통 외경 연삭기의 이동 방법은 크게 세가지로 분류할 수 있으며, 구조에 따라 다음의 3종류로 나눌 수 있다.

테이블 왕복식	외경 연삭기에는 보통 테이블 왕복식의 이송 방법을 사용하는 경우가 많고, 이것은 비교적 소형 공작물의 바깥지름, 단가공(段加工) 또는 테이퍼 부분의 정밀 가공에 적당하다.
연삭 숫돌대 왕복식	연삭 숫돌대 왕복식은 긴 대형의 공작물에 사용되고, 테이블 왕복식에 비하여 베드의 길이를 작게 할 수 있으며, 무거운 공작물을 고정한 상태로 테이블을 왕복시키는 어려움을 피할 수 있다.
풀런지 컷 (Plunge cut) 연삭방법	풀런지 컷(plunge cut) 연삭 방식은 공작물의 전 길이를 동시에 연삭할 수 있고, 또한 총형(總形) 연삭도 할 수가 있어서 생산작업에 유리하지만, 연삭 숫돌과 공작물의 접촉면이 크므로 연삭 저항이 크고, 소요 동력이 많게 되어 연삭기의 구조상 강도가 큰 것이 요구된다. 그러나 좌우 이동이 없이 구조는 비교적 간단하다. ☞ 외경 연삭기의 주축의 운동과 이송 운동은 각각 단독으로 된 것이 많다.

외경 연삭기의 구조는 다음과 같다.

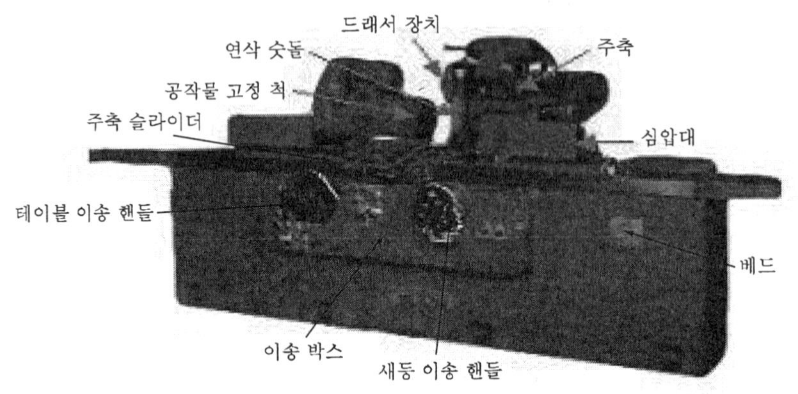

그림 9.3 외경 연삭기의 구조

여기서 잠깐 !! 

▷ 주축대 및 연삭 숫돌대

주축 재료는 Ni-Cr강(鋼)으로 열처리 및 연삭 한 것으로 경도는 쇼어(shore) 경도로 약 80정도이고, 베어링은 플레인 메탈 베어링(plain metal bearing)이 사용되고 있다.

연삭 숫돌대는 연삭기의 성능을 좌우하는 중요한 구성 요소로서 테이블 에 직각으로 되어 있는 베드의 안내면에 따라, 고도의 정밀 나사로써 이송되며, 또한 절삭깊이 방향의 이송도 할 수 있다.

연삭 숫돌은 양측을 베어링으로 지지하는 것이 좋으나, 연삭 숫돌의 교환에 불편이 있어 한쪽만 지지한 외팔보(cantilever)방식이 널리 사용되고 있다.

연삭 숫돌의 냉각 효과를 높이기 위해서 숫돌 고정부의 내부까지 냉각제를 주입하여, 숫돌의 원심력으로 공작물에 분출되므로, 비교적 적은 양의 절삭유제를 사용하여 냉각 효과를 올릴 수 있는 것을 사용하기도 한다.

이와 같은 구조의 숫돌을 액통(液通) 숫돌(coolant through wheel)이라 한다.

☞ 종래 연삭기의 주축 구동 및 이송운동에는 기어식을 사용되었으나 최근에는 유압피이드 장치를 사용한 것이 많다.

② 만능 연삭기(universal grinding machine)

만능 연삭기의 특징은 다음과 같이 크게 네 가지로 분류할 수 있다.

㉠ 보통 외경 연삭기에 여러 가지 기능을 갖게 한 것이다.

㉡ 바깥지름 가공뿐만 아니라 단면, 테이퍼, 성형 등의 각종연삭 가공도 가능하도록 연삭 숫돌대 및 주축대가 선회할 수 있고, 테이블 자체의 회전 각도도 크다.

그림 9.4 만능 연삭기

ⓒ 주축은 척을 고정할 수 있으며, 그 운전 방식에는 여러 가지 기구가 채용되고 있다.

ⓔ 무단(無斷) 변속 운전 기구를 갖춘 만능 연삭기도 있다.

보통 외경 연삭기와 만능 연삭기는 외관은 비슷하지만 다음과 같은 기능적인 차이점이 있다.

구 분	구조 및 특징	주용도
보통 외경 연삭기	▹ 테이블 : 회전 불가. 일반 공작물의 외경	가공용
만능 연삭기	▹ 회전대(swivel table) 및 주축대의 방향 : 선회 가능 ▹ 연삭숫돌 지지대 : 이동 가능 ▹ 새들(saddle) : 짧은 거리는 미끄럼 이동 가능 ▹ 내면 연삭장치의 부착이 가능하며, 숫돌을 숫돌대의 좌우에 장착할 수 있고 주축대에서 센터 및 척을 같이 사용할 수 있다.	외경 완성 가공과 테이퍼 및 내면 연삭용

③ 센터리스 연삭기(centerless grinding machine)

센터리스 연삭 원리는 다음과 같다

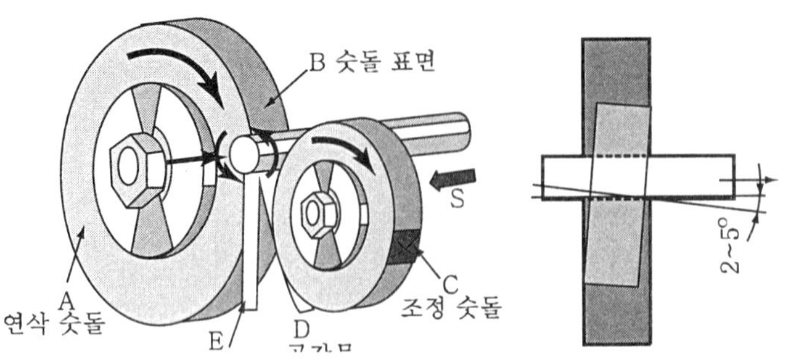

그림 9.5 센터리스 연삭 원리

Step 1	공작물은 그림 9.5 (a)와 같이 받침판(work-rest blade) E와 조정 숫돌 (regulating wheel) C에 의해서 지지된다.

Step 2	연삭 숫돌은 ①의 방향으로 보통 외경 연삭과 같은 원주 속도 (1700~2000m/min)로 고속 회전한다.

Step3	조정 숫돌에 ③의 방향으로 적당한 회전(10~30m/min)을 시키면 공작물 D는 조정 숫돌에 의해서 거의 같은 원주 속도를 가지고 ②의 방향으로 회전합니다. 실제로는 연삭 숫돌의 연삭력 때문에 2%정도 빨리 회전한다.

Step 4	조정 숫돌은 고무결합제(rubber bond)를 사용한 것으로 공작물과 조정 숫돌의 마찰력에 의해서 공작물을 회전시키고, 조정 숫돌의 공작물에 대한 압력으로 공작물의 회전 속도를 조정한다.

Step 5	보통 외경 연삭에서는 숫돌과 공작물의 회전이 같은 방향인 상향 연삭이지만, 센터리스 연삭에서는 서로 반대 방향으로 회전하는 하향 연삭이 이루어진다

Step 6	공작물의 이송은 그림 9.5의 (b)와 같이 조정 숫돌을 경사 시키면 공작물이 회전하면서 자동적으로 이송되어 처음부터 끝까지 연삭할 수 있다.

Step 7	조정 숫돌은 공작물의 회전과 이송을 주는 일을 한다.

Step 8	조정 숫돌 1회전 공작물이 이송되는 길이 f(mm)는 다음과 같다. $f=\pi d \sin\alpha$ 여기서, d : 조정 숫돌의 지름(mm) α : 연삭 숫돌에 대한 조정 숫돌의 경사각(도)

Step 9	조정숫돌의 회전수를 n(rpm)이라 하면, 1분 동안의 이송 속도 v(m/min)는 $v=\dfrac{\pi d n \sin\alpha}{1000}$ 이고 α는 1~5° 정도로 조절한다.

Step 10	이송을 바꾸는 데에는 일반적으로 조정 숫돌의 회전수를 변경한다.

그림 9.6 센터리스 연삭기

㉠ 센터리스 연삭기는 외경 연삭기의 일종이지만 공작물을 지지하는데 센터나 척을 사용하지 않으므로 외경 연삭기와는 테이블 구조가 다르다.

㉡ 센터리스 연삭법은 외경 연삭, 단면 연삭, 나사 연삭, 내면 연삭 등의 각종 용도에도 사용된다.

㉢ 피스톤 핀(piston pin), 로울러 베어링(roller bearing)의 로울러와 같은 외경 연삭 및 단이 있는 공작물의 대량생산에는 작업의 자동화를 도모할 수 있으므로 고능률적이다.

센터리스 연삭기의 장점과 단점은 다음과 같다.

▹ 장점

ⓐ 공작물에 센터 구멍을 만들 필요가 없다.

ⓑ 공작물을 탈착하는데 시간이 절약되며, 적당한 장치를 사용해서 자동화할 수 있다.

ⓒ 대량 생산에 적합하다.

ⓓ 한 번 조정하면 초보자도 작업을 할 수 있다.

ⓔ 연속 연삭에서는 계속적인 작업을 할 수 있다.

ⓕ 양 센터로 지지하는 것보다 고정 여유가 적어도 된다.

ⓖ 지름의 연삭 오차가 적어 양 센터식의 반이 된다.

ⓗ 치수의 관리가 쉽다.

ⓘ 가늘고 긴 공작물을 쉽게 연삭할 수 있다.

ⓙ 작업 중에 이송하는 부분이 적어 가공 정밀도 및 기계 자체의 정밀도를 높일 수 있다.

▹ 단점

ⓐ 대형 중량물은 연삭하기 곤란하다.

ⓑ 긴 홈이 있는 공작물은 연삭할 수 없다.

ⓒ 연삭 숫돌의 나비보다 김 공작물은 전후 이송법으로 연삭할 수 없다

센터리스 연삭기는 안지름 연삭에도 사용되고 있다. 그림 9.7은 내면 센터리스 연삭의 일례이며, 그림에서 G : 주축 연삭숫돌, W : 공작물, C : 조정 숫돌, R : 보조 로울러이다.

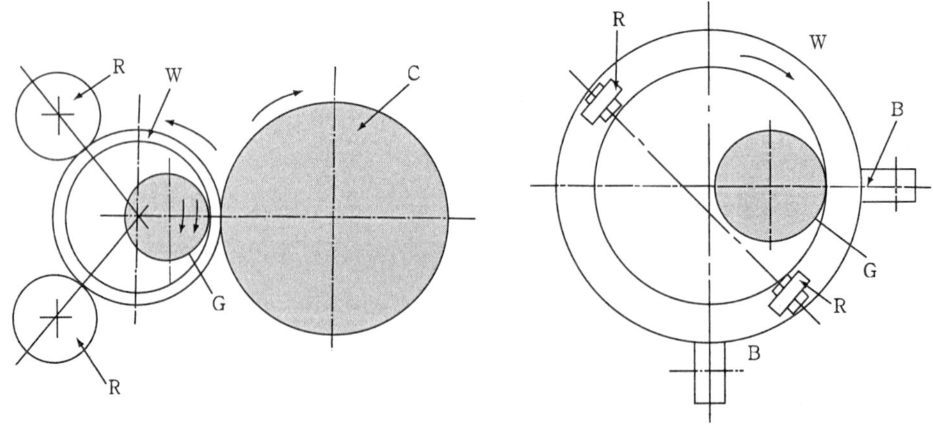

그림 9.7 내경 센터리스 연삭

2) 내면 연삭기

내면 연삭기는 다음과 같은 특징을 가지고 있다.

① 내면 연삭기는 공작물 구멍의 내면을 연삭하기 위한 연삭기로서, 숫돌이 작기 때문에 필요한 연삭 속도를 얻기 위해서는 숫돌주축의 회전수가 커야 한다.

② 외경 연삭에 비해 사용하는 숫돌의 바깥지름을 구멍의 지름보다 크게 할 수 없으므로, 숫돌의 단위 면적 당 일의 양이 많아지고, 따라서 외경 연삭보다 숫돌의 마멸이 크게 된다.

③ 가공 중에 안지름의 측정을 하기가 어려우므로 플러그 게이지(plug gage) 공기 마이크로미터(air micro meter) 등 간접 비교 측정법을 사용하거나, 각종의 자동 치수결정 장치가 필요하다.

④ 내면 연삭기는 본질적으로 작은 숫돌지름, 숫돌축의 고속회전, 축 강성의 저하 등의 약점을 가지며, 다듬질면의 정도 및 표면 거칠기가 다소 저하되는 일이 많다.

용어 해설 플러그 게이지(plug gage)란?

부품의 구멍을 가공할 때나 가공하였을 때, 치수가 주어진 허용한계, 즉 최소 허용 치수와 최대 허용 치수 내에 있는가를 측정하는 한계게이지(limit gage)의 하나이다. 플러그 게이지는 그림 9.8과 같이 정지측과 통과측의 최대치수 및 최소 치수를 가진다. 바르게 가공된 제품일 경우, 최대 치수 쪽은 구멍에 들어가면 안되며, 최소 치수 쪽은 구멍에 들어가야 될 것이다.
플러그 게이지에는 원통형, 판형 및 봉 게이지(bar gage)가 있으며, 같은 방식으로 외경 측정용으로 사용하는 축용 한계게이지에는 링 게이지(ring gage)와 스냅 게이지(snap gage)가 있다.

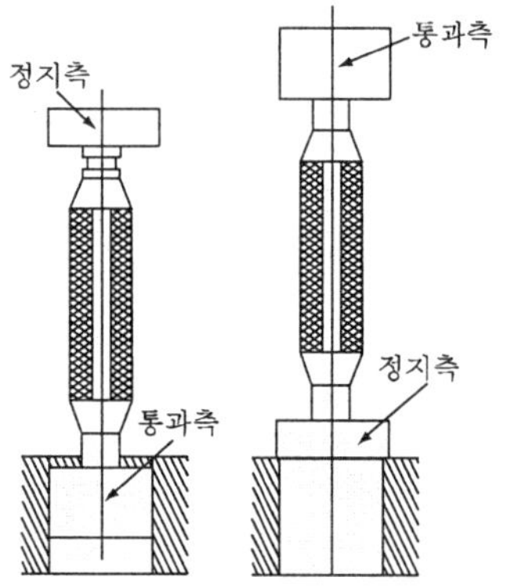

그림 9.8 플러그 게이지

내면 연삭기의 가공원리 다음의 그림과 같이 크게 두 가지로 나누어 살펴보자.

① 보통형 : 회전하는 공작물의 내면을 고속 회전하는 작은 연삭 숫돌로 연삭하는 방식

② 유성운동형(plalnetary type) : 공작물은 고정되어 있고 연삭 숫돌이 공작물 구멍 속에서 고속 회전하면서 공작물 내벽을 따라 공전하여 연삭하는 방식

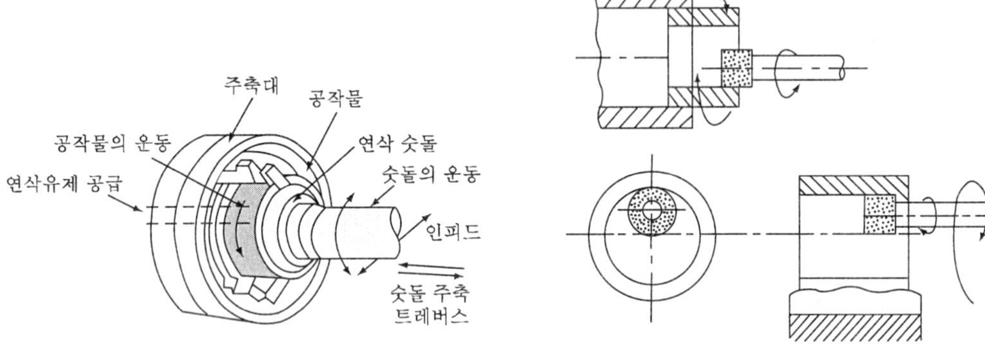

그림 9.9 내경 연삭기의 가공 원리

그림 9.10 보통형과 유성운동형 비교

용어 해설 공기 마이크로미터(air micro meter)

단위 시간 내에 흐르는 공기의 양을 확대 기구로 하여 측정부위를 간접 측정하는 비교 측장기(컴퍼레이터, comparator)의 일종이다. 일정 압력의 공기가 2개의 노즐을 통해 대기 속으로 유출될 때, 유출부의 작은 틈새의 변화로 달라지는 지시 압력의 변화에 의해 비교 측정한다.

공기 마이크로미터는 보통 측정기로는 측정할 수 없는 미소한 변화까지 탐지할 수 있으며 확대율도 커서 40만 배까지 확대가 가능하다. 측정 가능범위가 매우 좁기 때문에 피측정물의 길이를 블록게이지와 비교하여 그 차의 치수 만큼을 지시하는 방법을 쓰고 있다.

공기 마이크로미터에는 유량식과 배압식 등이 있는 데, 그림 9.11은 유량식의 하나로서 3개의 지시부를 나란히 놓아 여러 군데의 치수를 읽기 편리하게 한 것이다

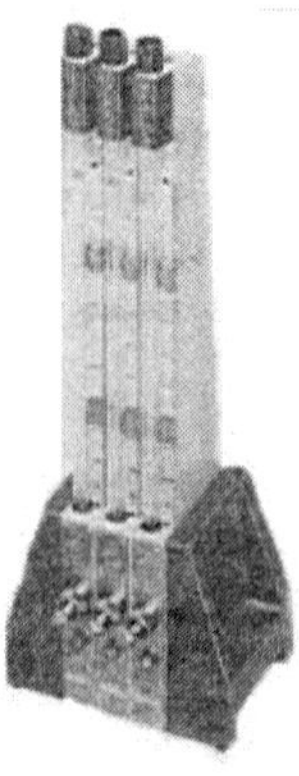

그림 9.11 3연식 공기 마이크로 미터

3) 평면 연삭기

그림 9.12와 같은 외형을 가진 것으로 평면을 연삭하기 위한 연삭기이다.

평면 연삭기를 공작물을 테이블에 고정하는 경우, 주철에 대하여는 전자 척(magnetic chuck)이 많이 사용되고 있으나 공작물의 크기, 형상에 따라 볼트와 누름쇠를 사용하는 기계적 고정법도 사용된다.

평면 연삭기에는 주축이 수평으로 되어 있어, 숫돌의 원주면을 이용하는 것과 주축이 수직 으로 되어 숫돌의 단면을 사용하는 것이 있다.

그림 9.12 평면 연삭기

- 숫돌의 원면으로 연삭하는 방식

절삭량이 적으므로
소형 공작물의 정밀가공에 사용된다.

- 숫돌의 단면으로 연삭하는 방식

절삭량이 많으므로
대형 공작물의 중연삭에 사용되나 연삭
열의 발생이 많아
정밀도가 나쁘다.

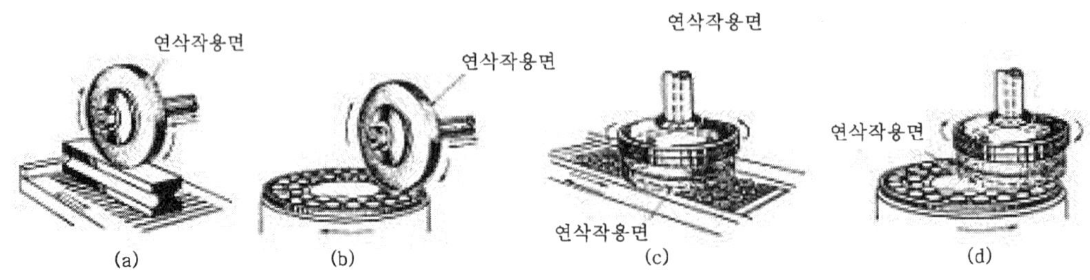

그림 9.13 평면 연삭 방식

평면 연삭 방식은 크게 다음 네 가지로 구분할 수 있다.

(a) 수평축 왕복테이블형 : 주축은 수평식이며 테이블이 왕복운동하면서 연삭하는 방식

(b) 수평축 회전 테이블형 : 주축은 수평식이며, 테이블은 회전하면서 연삭하는 방식.

(c) 수직축 왕복 테이블형 : 주축은 수직식이며 왕복 운동하며 연삭하는 방식.

(d) 수직축 회전 테이블형 : 주축은 수직식이며테이블이 회전하며 연삭하는 방식

여기서 잠깐 !!

▷ 수직축 연삭기의 연삭 무늬

수직축 연삭기는 숫돌축이 테이블에 수직이므로 경연삭의 경우, 그림 (a)와 같이 연삭 하는 것이 연삭 정밀도를 좋게 할 수 있으나, 중연삭의 경우에는 그림 (b)와 같이 기울여 연삭 하는 것이 연삭열을 억제할 수 있다.

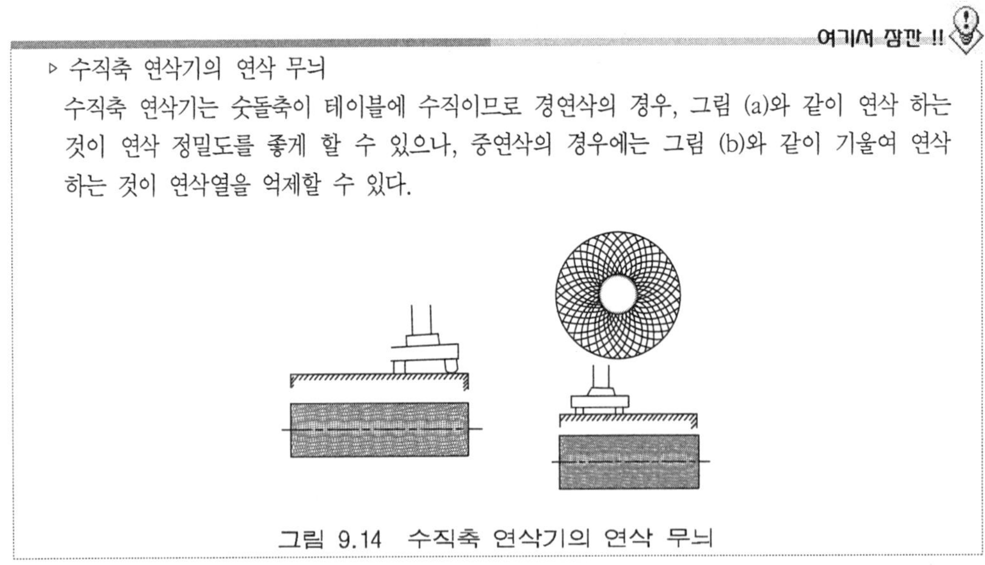

그림 9.14 수직축 연삭기의 연삭 무늬

4) 공구연삭기(tool grinding machine)

그림 9.15와 구조를 한 것으로 평면을 연삭하기 위한 연삭기이다.

대표적인 공구 연삭기로는 만능공구연삭기(universal tool grinding machine), 바이트 연

삭기(bite tool grinding machine). 드릴 포인트 연삭기(drill point grinding machine)가 있다.

① 만능공구연삭기(universal tool grinding machine)

커터, 리머(reamer), 호브(hob)등의 공구 및 바깥 지름테이퍼 등을 가공할 수 있는 연삭기이다.

이 연삭기는 커터 또는 리머의 랜드(land)를 절삭하려면 맨드릴 (mandrel)에 고정하고, 이것을 라이브 센터(live center) 및 심압대(dead center)로 지지하고, 공구대(tool rest)에 의하여 날끝을 1개씩 연삭한다.

또한, 만능 주축대를 사용하면 특수작업을 할 수 있다.

② 바이트 & 커터 연삭기(bite & cutter grinding machine)

바이트나 커터는 작업횟수가 많아지면 마멸이 생기므로 정상적인 커터의 각도를 갖게 하기 위해 그림과 같은 바이트 & 커터 연삭기를 사용하여 재연삭을 한다.

연삭 숫돌로 절삭 공구를 연삭할 때 1회의 연삭가공 두께는 보통 0.005~0.075 mm 정도가 좋다.

심한 마멸이 되지 않는 한 커터의 각 날 끝을 2회의 연삭으로 끝낼 수 있도록 하여야 한다.

그림 9.15 만능공구연삭기

그림 9.16 바이트 & 커터 연삭기

그림 9.17 드릴 포인트 연삭기

커터 연삭 후에는 날 끝을 하나하나 다이얼 게이지로써 스윙을 검사해야 하며, 커터의 바깥 원주, 날 끝의 랜드(land)를 연삭하는 데는 원판 숫돌(disc wheel)를 쓰는 것과 컵 숫돌(cup wheel)을 쓰는 것의 두 가지 방식이 있다.

보통 랜드와 폭이 넓을 때에는 컵 숫돌을 사용한다.

③ 드릴 포인트 연삭기(drill point grinding machine)

마멸된 드릴의 날끝각과 날 여유각의 재연삭용 연삭기이다.

5) 특수 연삭기

대표적인 특수 연삭기는 다음과 같다.

- 나사 연삭기(thread grinding machine)
- 스플라인 연삭기(spline grinding machine)
- 크랭크 축 연삭기(crank shaft grinding machine)
- 롤러 연삭기(roller grinding machine)
- 기어 연삭기(gear grinding machine)
- 캠 연삭기(cam grinding machine)

① 나사 연삭기

나사 연삭기는 나사 게이지, 측정기의 이송나사 등과 같이 고정밀도 요하는 나사의 가공 또는 나사의 다듬질 연삭에 이용된다.

그림의 1산형(山形) 연삭숫돌에 의한 나사 연삭과 (b)와 같은 다산형(多山形) 연삭숫돌에 의한 나사 연삭을 한다.

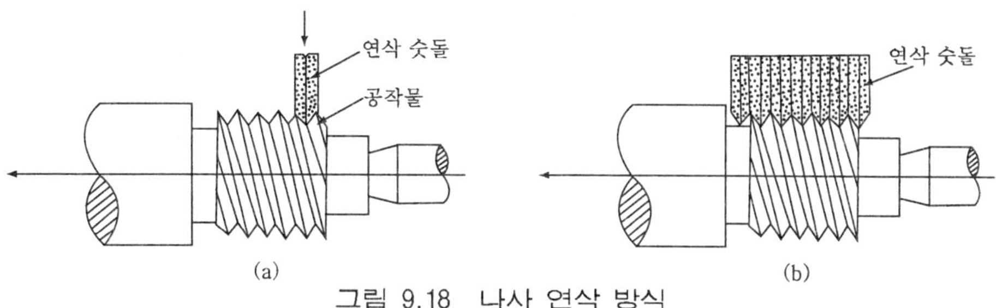

그림 9.18 나사 연삭 방식

종류	연 삭 방 식	특 징
1산형	▹ 공작물 : 축 방향으로 피치 이송을 주어 연삭 ▹ 1, 2번의 이송으로 나사가공을 완성할 수 있으나, 보통 이 이상의 이송으로 완성.	▹ 정밀도는 높으나 생산성이 낮다.
다산형	▹ 1회전하기 전에 전체 나사깊이로 연삭.	▹ 정밀도는 다소 낮으나 생산성이 높다

② 스플라인 연삭기(spline grinding machine)

스플라인 연삭기는 스플라인축 및 스플라인 구멍을 연삭하는 연삭기이다.

- 단차법 : 1개의 총형 숫돌로 저면과 측면을 동시에 연삭하는 방법
- 3차법 : 3개의 숫돌로 각 숫돌차가 분담하여 동시에 3면을 연삭하는 방법

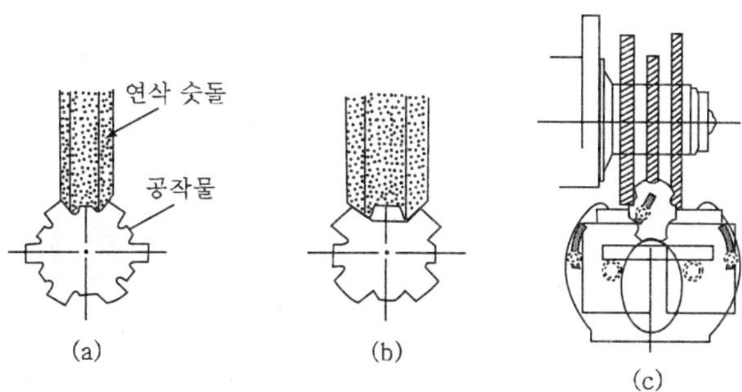

그림 9.19 스플라인 연삭

③ 크랭크 축 연삭기(crank shaft grinding machine)

대형 열기관의 크랭크축의 연삭은 만능 연삭기에서도 할 수 있으나 항공기관이나 자동차기관의 크랭크 축은 소형이므로 강력한 절삭력에 견디어 내지 못하며, 높은 정밀도를 필요로 하기 때문에 단조품을 직접 크랭크 축 연삭기로 연삭하는 것이 유리하다. 연삭 숫돌의 폭은 크랭크 핀 또는 크랭크 저어널(journal)의 길이와 같이하고 연삭면은 숫돌축에 평행으로 평편하며 모서리는 작게 면따기 한다.

연삭은 절삭 깊이 방향 연삭으로 하고, 세로 이송은 하지 않다.

크랭크 축 연삭에서는 특히 회전 균형에 주의한다.

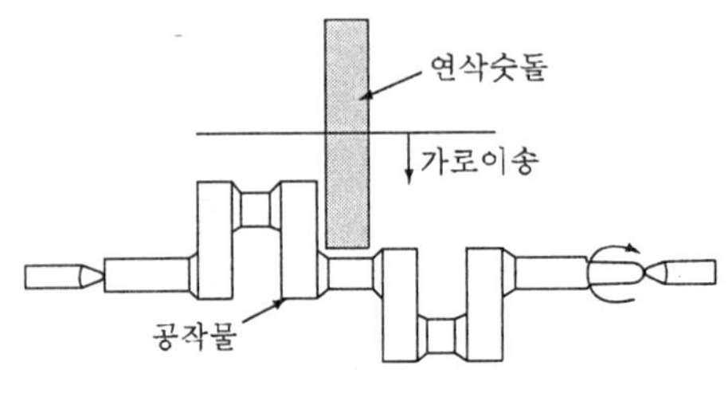

그림 9.20 크랭크 축 연삭

④ 롤러 연삭기 (roller grinding machine)

금속 압연용, 제지용, 인쇄용 등의 롤러를 전문적으로 연삭하는 데 사용되는 연삭기이다. 원통 연삭기와 다른 점은 세로이송과 가로이송을 동시에 주어 롤러의 중앙부를 볼록하게 또는 오목하게 연삭할 수 있다는 것이다.

⑤ 기어 연삭기(gear grinding machine)

㉠ 창생법(創生法 : generated method) : 연삭숫돌을 래크(rack)로 하는 방법(그림 9.21 (a)). 그림 9.21 (a)에서 G는 소형 전동기에 의하여 회전하는 연삭 숫돌로서 2개의 연삭 숫돌이 서로 압력각으로 경사져서 래크의 치면(齒面)을 이룬다.

㉡ 성형법(成形法 : formed wheel method) : 치형(齒形)커터와 같은 연삭 숫돌로 기어 이(齒)를 1개씩 분할하여 연삭하는 방법(그림 9.21 (b)). 그림 9.21 (b)에서 연삭 숫돌의 래크 치면에 공작물을 요동 시키면 인볼루우트 (involute) 치형(齒形)이 가공된다.

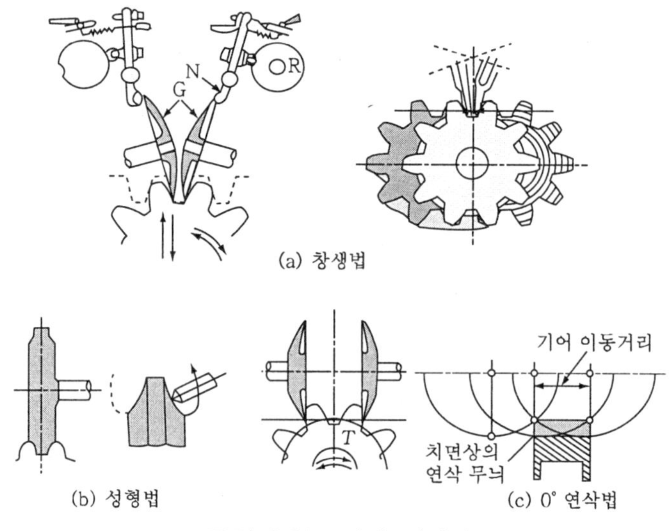

그림 9.21 기어 연삭법

㉢ 0° 연삭법 : 그림 9.21 (c)는 0° 연삭법(zero degree grinding method)이며, 이의 두께를 측정하는 원리를 이용한 것으로서, 숫돌 축은 수평이고 공작물을 좌우로 요동하면서 가공하는 것이다.

6) CNC 연삭기

CNC 연삭기란, CNC의 다기능화성을 충분히 활용하기 위해, 외경 연삭기, 내면 연삭기, 평면연삭기, 공구연삭기 등을 CNC화한 가공 정밀도 및 가공 능률의 향상을 꾀한 연삭기이다.

연삭에 있어서 가공 트러블의 원인이 될 수 있는 드레싱(dressing)과 트루잉(truing)의 완전 자동화가 가능하다.

① CNC 지그 연삭기

㉠ 그림과 같은 CNC 지그 연삭기는 대표적인 CNC 연삭기로서 4축 제어에 의한 윤곽 형상, 구멍을 연삭한다.

㉡ 저속 자동 절입 장치에 의한 초정밀 연속가공이 편리하다.

㉢ 초정밀 금형, 초 정밀 캠 형상, 각종 곡선 형상 등 초정밀 부품의 연삭 가공에 사용한다.

㉣ 위치 결정도 : X, Y, Z축 0.002mm, 직각도 X,Y축 0.001mm, Z축 0.002mm, 평행도 : 0.002mm 윤곽 : 0.005mm 정도로서 고정도 연삭이 가능한다.

ⓜ 공구로는 WA, CBN, diamond 연삭 숫돌을 공작물의 재질에 따라 구분, 선택하여 사용한다.

그림 9.22 CNC 지그 연삭기

② CNC 옵티칼 프로파일 그라인딩 머시인(CNC opical profile grinding machine)

그림 9.23 CNC 옵티칼 프로파일 그라인딩 머시인

㉠ 그림 9.23과 같은 형상의 CNC 옵티칼 프로파일 그라인딩 머시인은 주로 소형 정밀 부품을 성형 연마하는 기계로서 광학적 투영기를 이용하여 가공물을 20배, 50배로 확대 투영하여 국소가공을 정밀하게 하는 CNC 연삭기이다.

㉡ 연삭 숫돌의 상·하 이송으로 이형 형상의 펀치류 등 초정밀 금형 부품의 미크론 단위의 가공에 편리하다.

㉢ 원통 연삭 장치를 테이블에 부착하면 정밀 원통 가공이 가능하다.

㉣ 일반적인 CNC 옵티칼 프로파일 그라인딩 머시인은 주축 속도 3000~30000rpm, 행정 속도 50~200st./min 사용 가능한 연삭 숫돌의 지름은 30~150mm이다.

㉤ 절삭 공구로는 WA, CBN,다이아몬드 연삭 숫돌을 공작물의 재질에 따라 구분, 선택하여 사용한다.

체크 포인트

1. 연삭기의 특징
   ① 칩이 작으므로 가공 표면이 아름답다.
   ② 열처리 경화강 이나 초경합금과 같은 단단한 재질도 쉽게 가공할 수 있다.
   ③ 연삭 숫돌은 자동적으로 드레싱할 수 있어 보통 공작기계의 바이트, 또는 밀링 커터와 같이 연삭할 필요가 없다

2 .연삭기의 분류와 구조
   ① 원통 연삭기 (보통 외경 연삭기, 만능 연삭기, 센터리스 연삭기)
   ② 내면 연삭기
   ③ 평면 연삭기 (수직축, 수평축 평면 연삭기)
   ④ 공구 연삭기 (만능 공구 연삭기, 바이트 & 커터 연삭기, 드릴 포인트 연삭기)
   ⑤ 특수 연삭기 (캠 연삭기, 크랭크 축 연삭기, 스플라인 연삭기, 롤로 연삭기, 기어 연삭기, 나사 연삭기 등)
   ⑥ CNC 연삭기 (각종 CNC 연삭기, CNC 지그 연삭기 등)

연습문제

1. 다음중 연삭기의 특징으로서 틀린 것은?
   ① 칩이 작으므로 가공 표면이 아름답다.
   ② 열처리 경화강과 같은 재질도 쉽게 가공할 수가 있다.
   ③ 보통 공작기계의 바이트 또는 밀링 커터와 같이 재연삭할 필요가 없다.
   ④ 연삭 숫돌은 한 개의 절삭날로 이루어져 있으므로 정밀한 가공이 가능하다.

2. 다음 중 공작물을 고정할 때, 전자 척(magnetic chuck)을 주로 사용하나 공작물의 크기, 형상에 따라 볼트와 누름쇠를 사용하는 기계적 고정법도 사용하는 연삭기는?
   ① 외경 연삭기(cylindrical grinding machine)
   ② 공구 연삭기(tool grinding machine)
   ③ 평면 연삭기(surface grinding machine)
   ④ 내면 연삭기(internal grinding machine)

정답 및 해설

1. 연삭기의 특징
   ① 칩이 작으므로 가공 표면이 아름답다.
   ② 열처리 경화강 같은 재질도 쉽게 가공할 수 있다.
   ③ 연삭 숫돌은 자동적으로 드레싱할 수 있어 보통 공작기계의 바이트, 또는 밀링 커터 와 같이 재연삭할 필요가 없다.

2. 평면 연삭기(surface grinding machine) 평면을 연삭하기 위한 연삭기로서 공작물을 테이블에 고정하는 경우, 주철에 대하여는 그림과 같은 전자 척(magnetic chuck)이 많이 사용되고 있으나 공작물의 크기, 형상에 따라 볼트와 누름쇠를 사용하는 기계적 고정법도 사용된다.

3. 연삭 숫돌

학습 Point

- 연삭숫돌의 3요소와 5 인자 = 3요소(입자, 결합제, 기공) 5인자(입자의 종류, 조직, 입도, 결합제의 종류, 결합도)
- 연삭숫돌의 절삭 작용 = 자생 작용(self-sharpening)
- 숫돌의 표시법 = CBN 120 N 75 B 1 3.0, WA 60 K 5 V 101

(1) 연삭 숫돌의 구성요소 및 절삭작용

1) 구성 요소

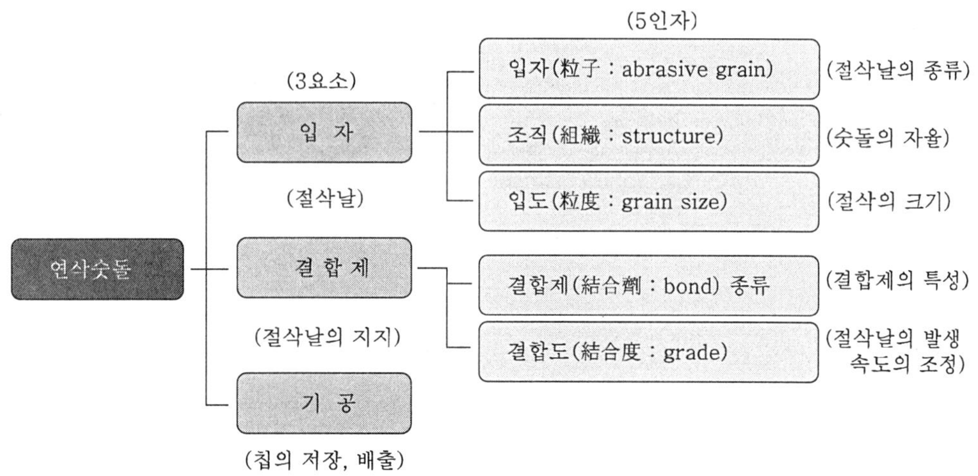

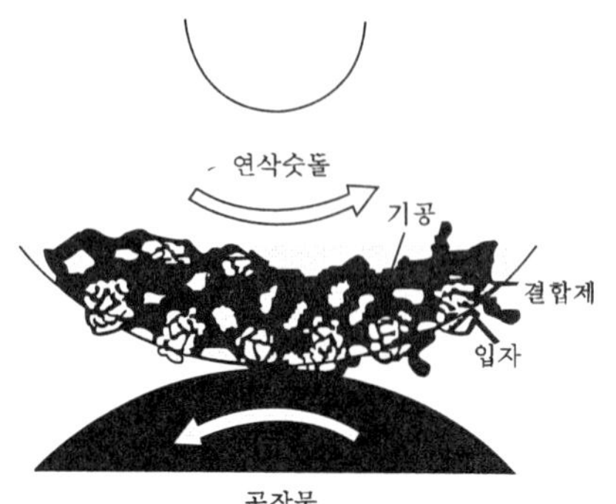

그림 9.24 연삭 숫돌의 구성 요소

(2) 연삭 숫돌의 절삭 작용

연삭 숫돌은 수많은 입자들로 형성되므로 다인 커터(multi-point cutter)라고 볼 수 있다. 아래의 그림은 연삭 숫돌과 공작물의 상대적인 절삭 작용을 나타내는 것이다. 선반, 밀링 작업과 같은 일반 절삭과 비교해 보면 아래와 같다.

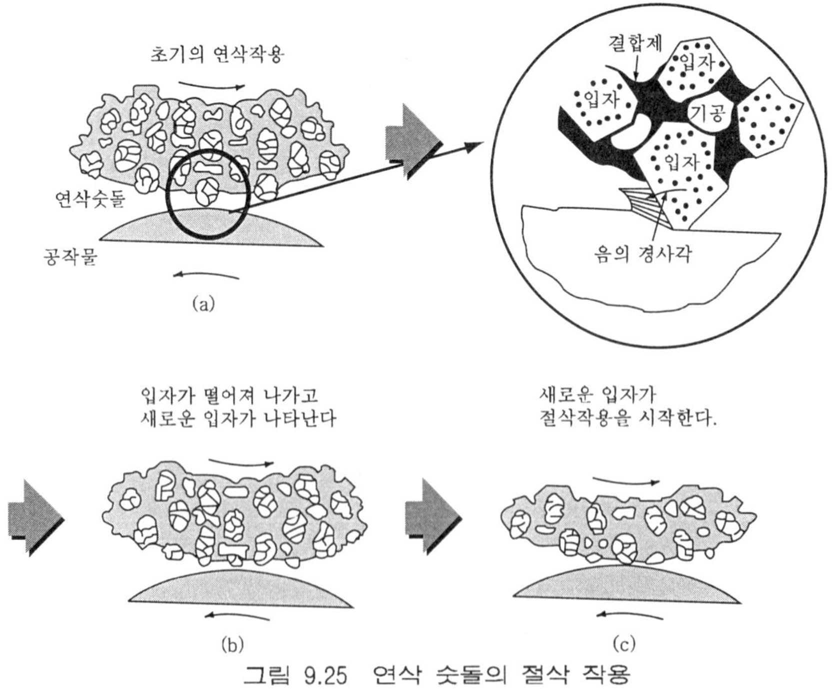

그림 9.25 연삭 숫돌의 절삭 작용

▹ 일반 절삭공구

절삭 날이 마멸되면 절삭작업을 계속할 수 없다.

▹ 연삭 숫돌

연삭이 진행되어 표면에 나와 있는 입자의 모서리가 마멸되면, 그 입자에 가해지는 연삭저항이 증가로 입자의 일부분이 분리되어 떨어져 나가며, 표면보다 약간 내부에 있었던 다른 입자가 절삭을 행하게 된다.

연삭의 진행과 더불어 둔하여진 날이 차츰 새로운 예리한 날로 대체 되어 가는 것이 연삭의 특징이며 이것을 자생작용(self-sharpening)이라 한다.

(3) 연삭 숫돌의 입자 및 입도

1) 연삭 숫돌의 입자

연삭 숫돌의 입자의 종류에는 천연입자(天然粒子)와 인조입자(人造粒子)가 있다.

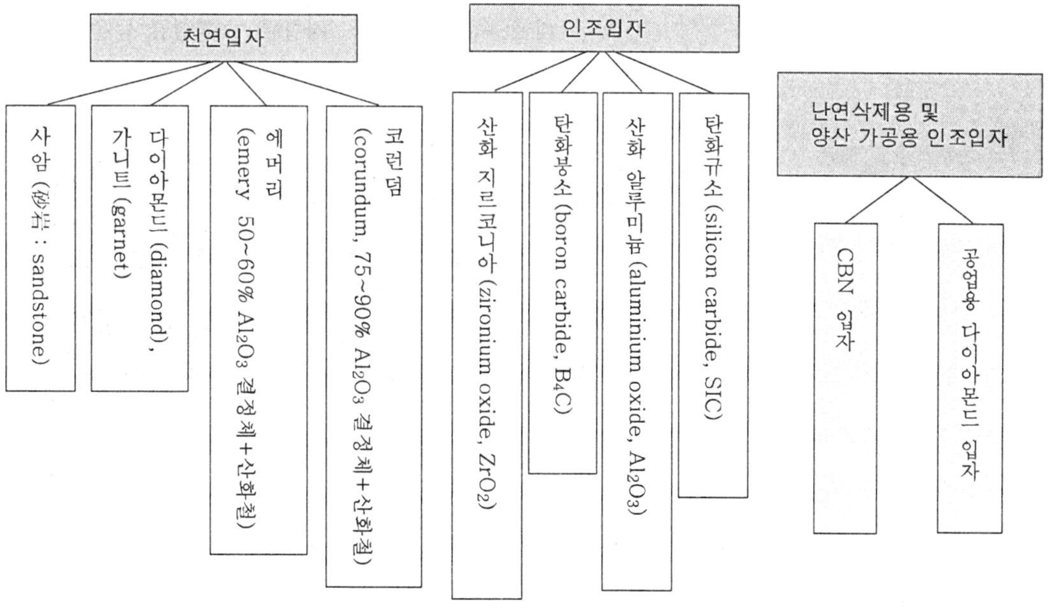

① 인조숫돌입자의 특징

인조입자가 출현하기 전에는 천연산 입자만을 사용하였으며, 입자가 균질하지 못하여 숫돌의 마멸이 균일하지 못하였다.

인조입자 가운데 탄화규소는 경도가 다이아몬드와 비슷하여 연삭 중 마멸이 잘 되지 않고 부서져 예리한 새로운 입자가 출현하므로 경도가 높은 주철, 냉간 주철, 초경합금 등의 연삭에 사용된다. 또한 탄화규소입자는 산화 규소(SiO2), 석유 코우크스(cokes), 톱밥, 염을 노에서 2350℃ 정도로 가열하여 만들어진 결정체를 부수면 만들어진다.

산화 알루미늄 입자의 숫돌은 강, 고속도강 등의 연삭에 사용된다.

② 인조숫돌입자의 기호 및 모양

표 9-2 인조 숫돌 입자의 기호

종 류	기호	범 위
갈색 용융 알루미나 질	A	보통 탄소강, 합금강 등 강계통의 연삭에 적합하다.
백색 용융 알루미나 질	WA	
탄화규소질	C	알루미나 질보다 굳으나 취성이 있으므로 인장강도가 낮은 재료, 즉 주철, 황동, 경합금, 초경합금 등을 연삭하기에 적합하다.
녹색 탄화규소질	GC	

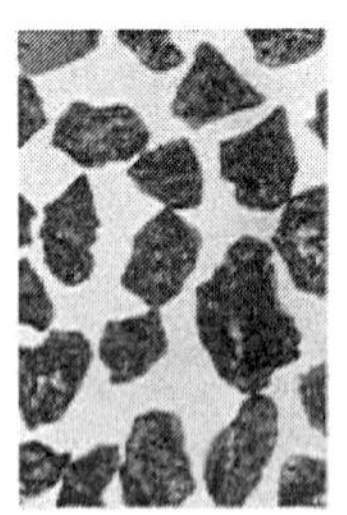
A: 갈색 용융 알루미나질

WA: 백색 알루미나질

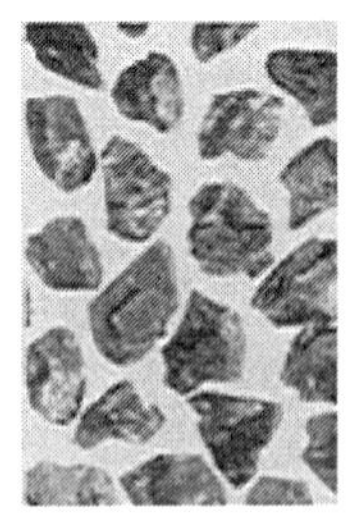
C: 흑색 탄화규소질

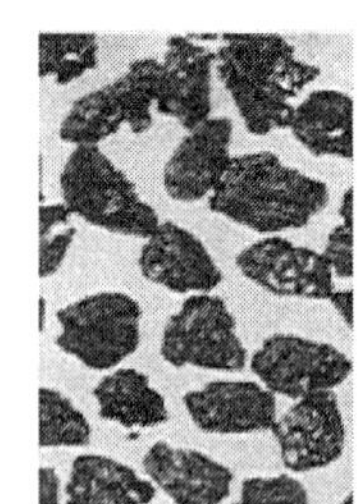
GC: 녹색 탄화규소질

그림 9.26 A, WA, C, GC 입자의 모양

③ 난연삭재용(難硏削材用) 및 양산 가공용(量産加工用) 인조입자

㉠ 공업용 다이몬드 입자

공업용 다이아몬드 입자는 아래의 표 9.3에서도 알수 있듯이 600℃에서 산화하여, 흑연화가 시작된다.

연삭 숫돌과의 접촉 영역은 고온이므로 다이아몬드 입자는 공작물 중의 W, Mo, Cr, V 등과 화학 반응을 일으켜 공작물에 확산시키기 쉽습니다. 따라서 공구강 등에 대한 연삭 성능은 뛰어나다고 말할 수 없다.

다이아몬드 숫돌은 결합제로서 베이클라이트(bakelite)를 사용하기도 하며, 마모와 발열이 적어 초경합금 공구 및 재료의 연삭에 적합하다.

ⓛ CBN 입자

경도가 높고 다이아몬드와 달리 공작물과의 탄화물 생성 반응을 일으키지 않으므로 고속도 공구강, 다이스강 등도 쉽게 연삭된다.

고온에서 가수분해되므로 연삭유제의 선정에 주의할 필요가 있다.

다이아몬드 및 CBN 입자는 내마멸성이 아주 뛰어 나므로 트루잉(truing), 드레싱(dressing)을 능률적으로 행하기가 곤란하기 때문에 이와 같은 연삭숫돌의 사용에는 약간의 제한이 있다.

표 9.3 각종 숫돌 입자의 특성

		CBN	다이아몬드	알루미나	탄화규소
경도		4700	7000	2100 이하	2500
강도		강함[011]	가장 강함[111]	중간 정도	약함
반응성		고온에서 물, 알카리에 반응	철과 반응	안정	철과 반응
열안정성	공기중	1300℃까지 안정	600℃에서 산화	2100℃에서 용융	1500℃부터 산화
	진공중	1600℃ 부터 hBN으로 전환	1400℃~1700℃ 에서 흑연으로 전환	2100℃에서 용융	2220℃에서 분해

2) 연삭 숫돌의 입도

입자의 크기인 입도는 메시(mesh)로 나타내며, [표 9-4]는 입도를 분류한 것이다.

연삭 숫돌에는 입도가 표시되어져 있으나, 입도가 다른 입자를 혼합한 숫돌도 많다.

[예] No. 24 combination ⇒ No. 24를 주로 하고, 기타 No.36, No.46, No.60 등이 배합.

고운 입자가 많으면 기공의 수가 감소되어 연삭성능은 떨어지지만 숫돌의 강도와 내마모성이 증가되는 장점이 있다.

▹ 연삭 숫돌의 입도의 선택 기준

연삭 작업의 목적에 따라 적당한 입도의 숫돌을 사용하나 일반적으로는 다음의 선택 기준을 따른다.

- 거친 연삭에서 절삭깊이나 이송이 클 때 ⇒ #10~~#30 정도
- 다듬질 연삭이나 공구의 연삭 다듬질 ⇒ 고운 입도 #36~~#80
- 경도가 크고 여린 경향이 있는 공작물 ⇒ 고운 입도
- 연하고 연성이 있는 재료 ⇒ 거친 입도.
- 같은 숫돌로 거친 연삭부터 중정도의 가공면을 만드는 다듬질 연삭까지 행할 경우 ⇒ 혼합 입자
- 일반적으로 숫돌과 공작물의 접촉면이 작을 때 ⇒ 고운 입도
- 접촉면이 클 때 ⇒ 거친 입도

연삭기의 정도가 좋은 경우라든지 숙련자는 거친 숫돌로 가공면 거칠기가 작은 면을 만들 수 있으나, 일반적으로는 가공능률은 떨어지지만 고운 입자의 연삭숫돌이 좋다.

표 9.4 연삭 숫돌의 입도

호칭	거침(coarse)	중간(medium)	고움(fine)	매우 고움(extra fine)
입도 (번)	10, 12, 14 16, 20, 24	30, 36, 46, 54, 60	70, 80, 90, 100, 120, 150, 180, 220	240, 280, 320, 400, 500, 600, 700, 800

(4) 연삭 숫돌의 결합도 및 결합제

1) 연삭 숫돌의 결합도

① 결합도란 : 숫돌재료의 경도와는 관계없이 숫돌입자를 지지하고 있는 결합력의 강약의 정도를 나타내는 것이다.

② 결합도가 지나치게 작을 때 일어나는 현상 ⇒ 입자탈락(shedding)

연삭 숫돌이 지나치게 연하여 숫돌입자의 날이 too로 발생하기 전에 결합재가 파괴되므로, 숫돌입자 그대로의 상태에서 탈락하여 좋은 연삭 작업이 되지 않을 뿐만 아니라 비경제적이다.

③ 결합도가 지나치게 클 때 일어나는 현상⇒눈메움(loading), 무딤(glazing)
연삭 숫돌이 지나치게 단단하여 숫돌입자의 날이 닳아서 평평하게 되며 칩의 간격도 없어져 굴국 연삭 작용은 정지되고, 가공면은 발열하여 광택을 띄게 된다.

④ 결합도는 표 9.5와 같이 연한 것부터 단단한 것으로 A~Z로 분류되어 있다.

⑤ 결합도는 연삭 숫돌의 선택에서 가장 중요한 요소이며 표 9.6은 결합도의 선택 기준을 나타낸 것이다.

표 9.5 결합도의 분류

A, B, C, D, E, F, G	H, I, J, K	L, M, N, D	P, Q, R, S	T, U, W, Z
매우 연함	연함	중간	단단함	매우 단단함

표 9.6 결합도의 선택 기준

결합도가 낮은 숫돌(연한 숫돌)	결합도가 높은 숫돌(단단한 숫돌)
경질 재료의 연삭 기계 연삭, 중(重) 연삭 연삭 깊이가 깊을 때 재료 표면이 치밀할 때 숫돌과 공작물의 접촉 면이 클 때 눈 메움, 입자 마멸이 일어나기 쉬울 때 평면, 내면 연삭	연질 재료의 연삭 수동 연삭, 가벼운 연삭 연삭 깊이가 얕을 때 재료 표면이 거칠 때 숫돌과 공작물의 접촉 면적이 작을 때 눈 메움이나 입자 마멸을 일으키지 않을 때 원통 연삭

2) 연삭 숫돌의 결합제

숫돌 입자를 결합하여 연삭 숫돌 형상을 유지하기 위한 물질이다.

① 결합제의 구비 조건

- 요구된 결합력을 넓은 범위로 가질 수 있는 것
- 적장한 기공과 균일한 조직을 가질 수 있을 것
- 연삭 숫돌을 임의의 형상으로 성형할 수 있을 것
- 연삭 숫돌에 적당한 감도를 가지게 할 수 있을 것

② 결합제의 종류

㉠ 비트리파이드 결합제(vitrified bond, V)

- 비트리파이드 결합제의 원료는 장석(長石) 및 점토이고, 비트리파이드 결합제를 세라믹 결합제라고도 하며, 현재 사용되고 있는 숫돌의 대부분이 비트리파이드 결합제로 되어 있다.
- 비트리파이드법은 숫돌입자를 점토성분의 결합제와 혼합하여 수분을 가하고 주형에 넣어 가압 성형한 후 실온에서 수일간 건조 시킨 다음 자기를 굽는 방법으로 소결(燒結)시키고, 균열(crack)의 발생을 방지하기 위하여 서냉 시켜 규격치수로 다듬질 한다.
- 비교적 무른 편으로 연삭속도는 1600~2000m/min로 하여 일반 정밀 연삭, 공구연삭, 자유 연삭 등 전반에 걸쳐 광범위하게 사용된다.
- 비트리파이드 결합제에 의한 숫돌의 장점은 다공성(多孔性)이며, 강도 및 강성이 크고 물, 연삭유제, 산(酸) 등의 영향을 거의 받지 않는다는 것이며 단점은 기계적 및 열적 충격에 약한 것이다.

㉡ 실리케이트 결합제(silicate bond, S 혹은 SIL)

- 규산 소오다를 주성분으로 하는 결합제이며, 입자와 혼합한 것을 300 ℃ 정도로 소성한다.
- 결합력은 비틀리피트 숫돌보다 약하며, 천연 숫돌과 같은 성질을 가지며 물을 계속 주입하여 사용하면 적은 양의 규산소오다가 용출되어 알카리성의 윤활작용을 한다.
- 발열에 약한 공구, 커터류 등의 연삭에 사용된다.

㉢ 셀락 결합제(shellic bond, E)

- 천연의 셀락 수지분말과 입자를 혼합하여 압축성형하고 150℃정도로 가열한 것이며 탄성이 커서 절단용이나 리이머의 날이나 톱날 같은 얇은 날의 공구 연삭 및 로울의 경면 다듬질 등에도 적합하다.

㉣ 고무 결합제(rubber bond, R)

- 결합제의 주성분이 고무이고, 그 외에 유황 등을 첨가하여 숫돌의 입자와 혼합해서 소요의 두께로 롤링 성형한 다음 원형(圓形)의 숫돌을 잘라내어 가압하고 경화(硬化)시킨다.

– 탄성이 크므로 얇은 숫돌을 만드는데 적합하며, 절단용 숫돌 및 센터리스 연삭기의 조정차로 많이 사용된다.

– 고속 연삭에 적합하며 연삭 속도는 최대 5000m/min 정도까지 가능하다.

ⓜ 비닐 결합제(vinyl bond, PVA)

– 폴리비닐(polyvinyl)이 주성분이며, 이 결합제를 사용한 숫돌은 초탄성(超彈性) 숫돌로서 버프(buff)와 같이 초다듬질과 비슷한 다듬질이 가능하다.

– 폴리비닐 알코올(polyvinyl alcohol) 용액과 숫돌입자를 혼합하고, 포르말린(formalin)을 첨가하여 탈수시켜서 주형에 넣어 결합시킨 후 수세하여 숫돌제작을 완성한다.

ⓑ 금속결합제(metal bond, M)

– 숫돌의 입자인 diamond 및 입방보론질화물(cubic boron nitride, CBN)를 고온 고압 하에서 분말 야금법으로 구리, 황동, 니켈, 철 등으로 금속제 연삭 숫돌의 원통면에 최대 6mm 정도의 두께로 결합하여 다이아몬드 숫돌을 제작한다.

– 다이아몬드의 함량이 1㎤중에 4 캐럿(carat)의 것을 100% 라 하며, 50%, 25%의 것이 주로 사용되지만 입자의 탈락 및 드레싱(dressing) 등에 어려움이 많다.

(5) 연삭 숫돌의 조직

숫돌입자, 입도, 결합도가 같은 숫돌차라도 조직이 다르면 연삭 작업의 결과도 다르게 나타난다.

조직이란 숫돌의 단위 용적의 숫돌입자의 밀도를 나타내는 말이며, 그림 9.28과 같이 숫돌입자와 결합제에 의하여 생기는 간격이 큰 것이 조직이 거칠다고 말하며, 반대의 것을 치밀하다고 한다.

확인하고 넘어 갑시다 

▸ 연삭 숫돌 조직의 선택 기준

- 연질이고 전연성이 있는 재료⇒거친 것
- 경도가 높고 치밀한 재료⇒치밀한 것
- 거친 가공⇒거친 것
- 정밀한 가공⇒치밀한 것
- 접촉면이 큰 작업⇒거친 것
- 접촉면이 작은 작업⇒치밀한 것

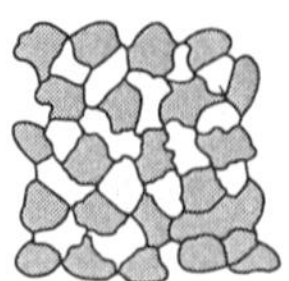
(a) 거친 조직

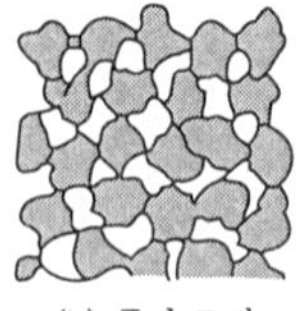
(b) 중간 조직

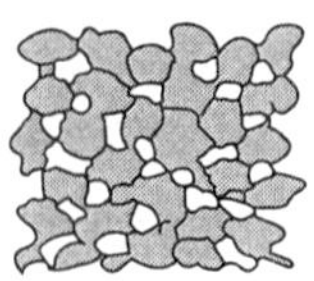
(c) 치밀 조직

그림 9.27 연삭 숫돌의 조직

표 9.7 조직 기호

호 칭	조직기호	입 자 율(%)
거친 조직	W	42 이하
중간 조직	M	42 ~ 50
치밀 조직	C	50 이상

(6) 연삭 숫돌의 형태 및 표시법

1) 연삭 숫돌의 형태

연삭숫돌은 사용 목적에 따라 알맞은 형상을 선택하는 것이 매우 중요하다.

연삭 숫돌 단면의 표준 형상은 그림 9.28과 같다.

WA, GC 등, 범용 일반 연삭 숫돌의 표준 형상은 그림 9.29와 같으며 CBN, 다이아몬드 연삭 숫돌의 표준 형상은 그림 9.30과 같다.

대형의 수직형 평면 연삭기에 사용되는 컵 모양 또는 링 모양 숫돌은 시그먼트(segment) 숫돌이 사용되고 있다.

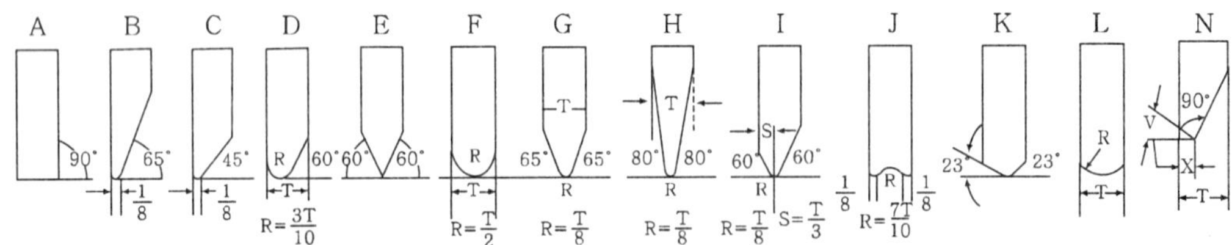

그림 9.28 연삭 숫돌 단면의 표준 형상

용어 해설	시그먼트(segment) 숫돌이란?

숫돌을 수 개의 블록으로서 홀더에 붙인 것으로, 블록간의 틈은 연삭액을 연삭 부분에 침수시켜 칩의 배출 및 연삭 부분의 냉각에 도움을 준다.

Type 1-평형(Straight)

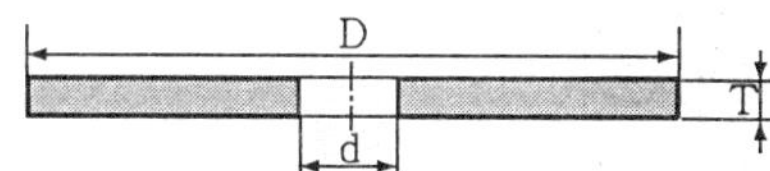

Type 2-링형(Cylinder)

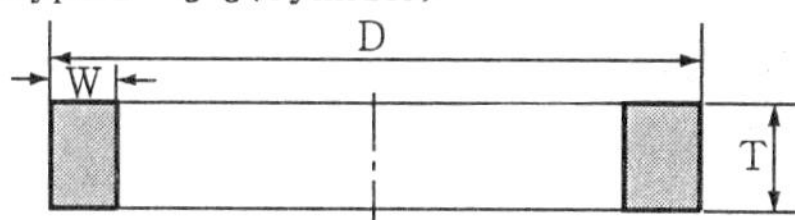

Type 3-1면 테이퍼형(Tapered One Side)

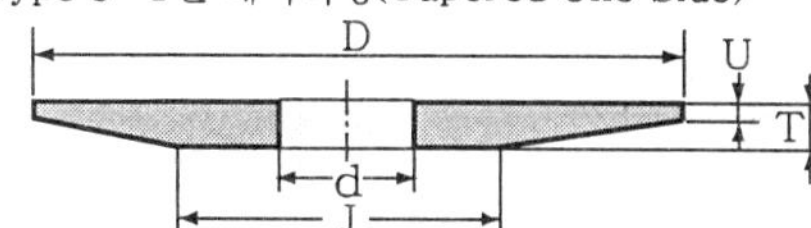

양면테이퍼형(Tapered Two Sides)

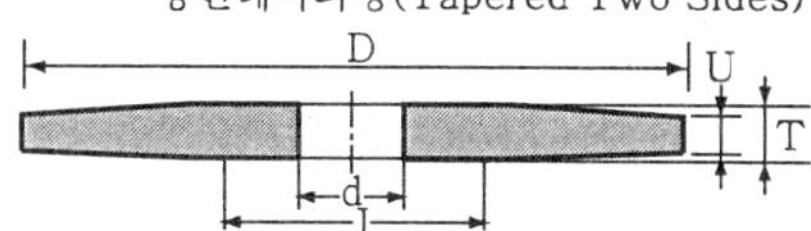

Type 5-1면 오목형(Recessed One Side)

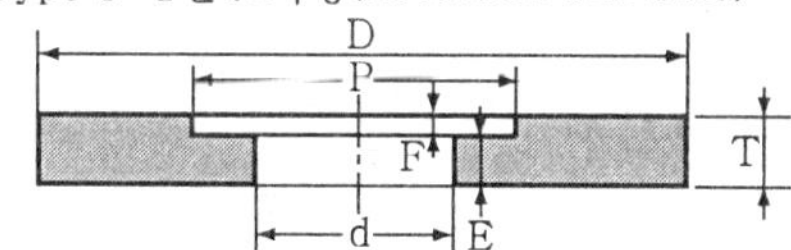

Type 6-스트레이트컵형(Straight Cup)

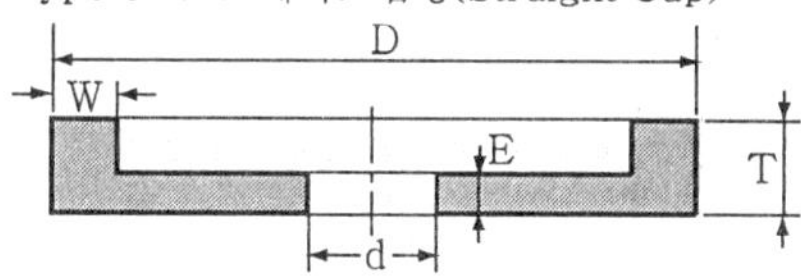

Type 7-양면오목형(Recessed Two Sides)

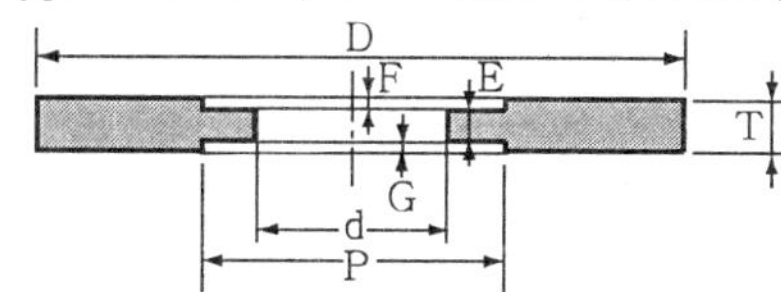

Type 8-세이프티형(Seafety)

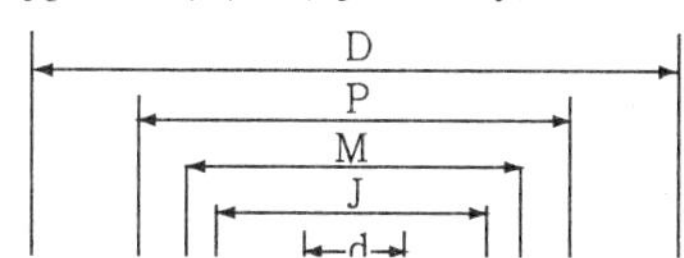

Type 9-양면컵형 (Double Cup)

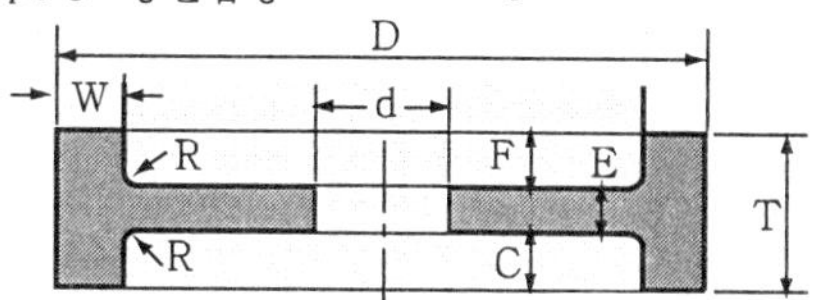

Type 10-양면다브테일형(Raised Dovetail)

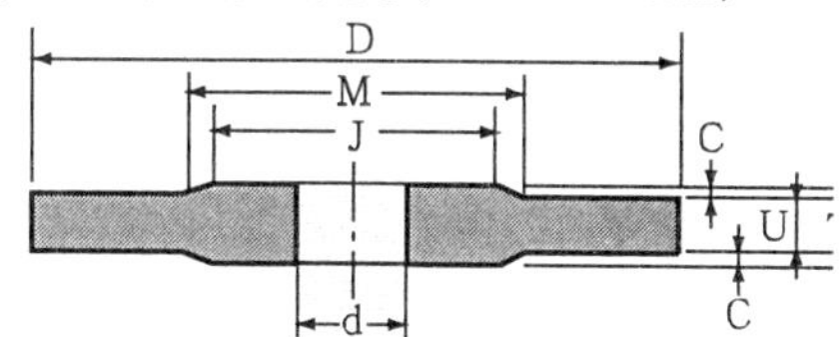

더브테일형(Dovetail one Side)

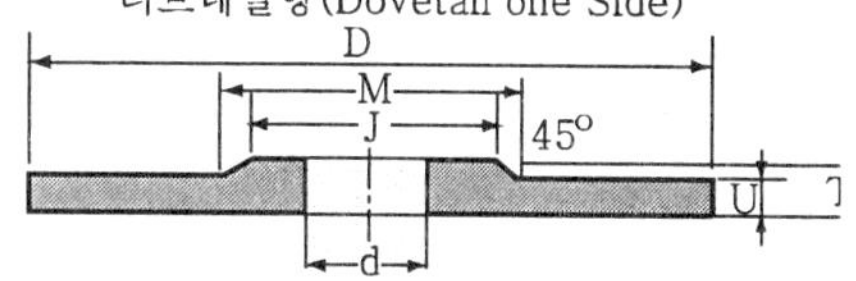

Type 11-테이퍼컵형(Flaring Cup)

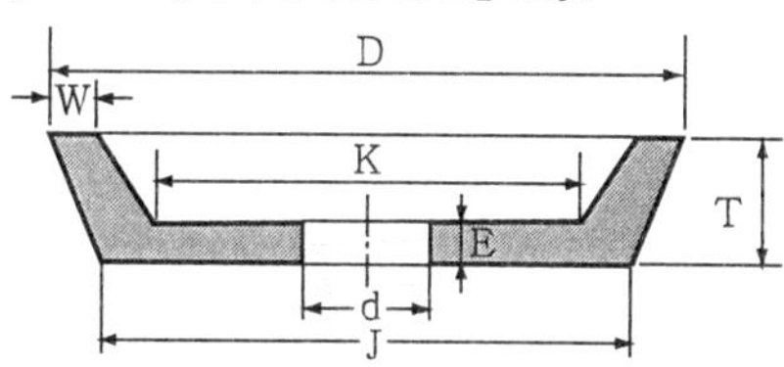

Type 12-접시형(Dish)

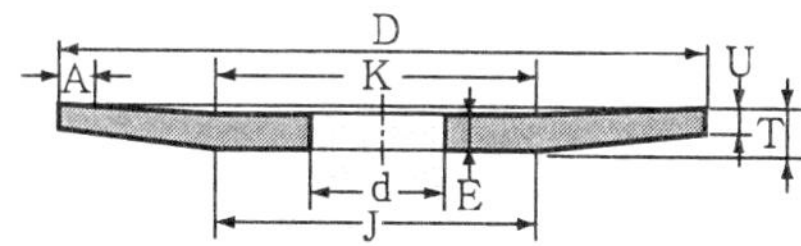

Type 13-톱용접시형(Saucer)

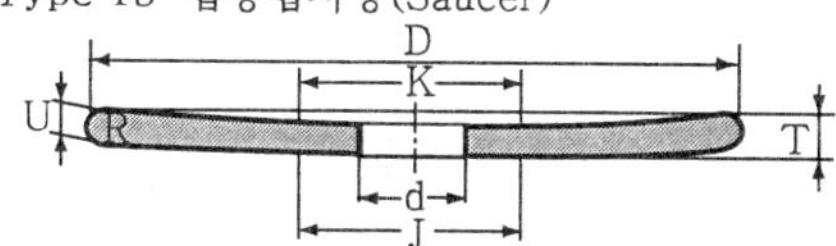

Type 16-원추형(Cones Grinding Face)

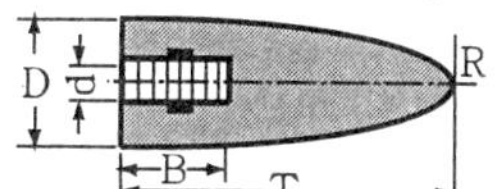

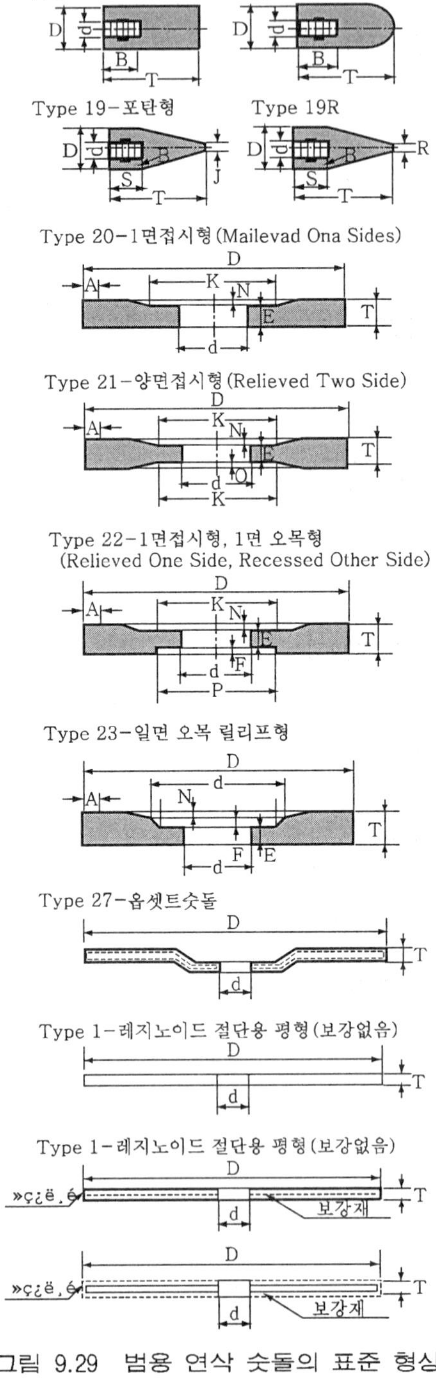

그림 9.29 범용 연삭 숫돌의 표준 형상

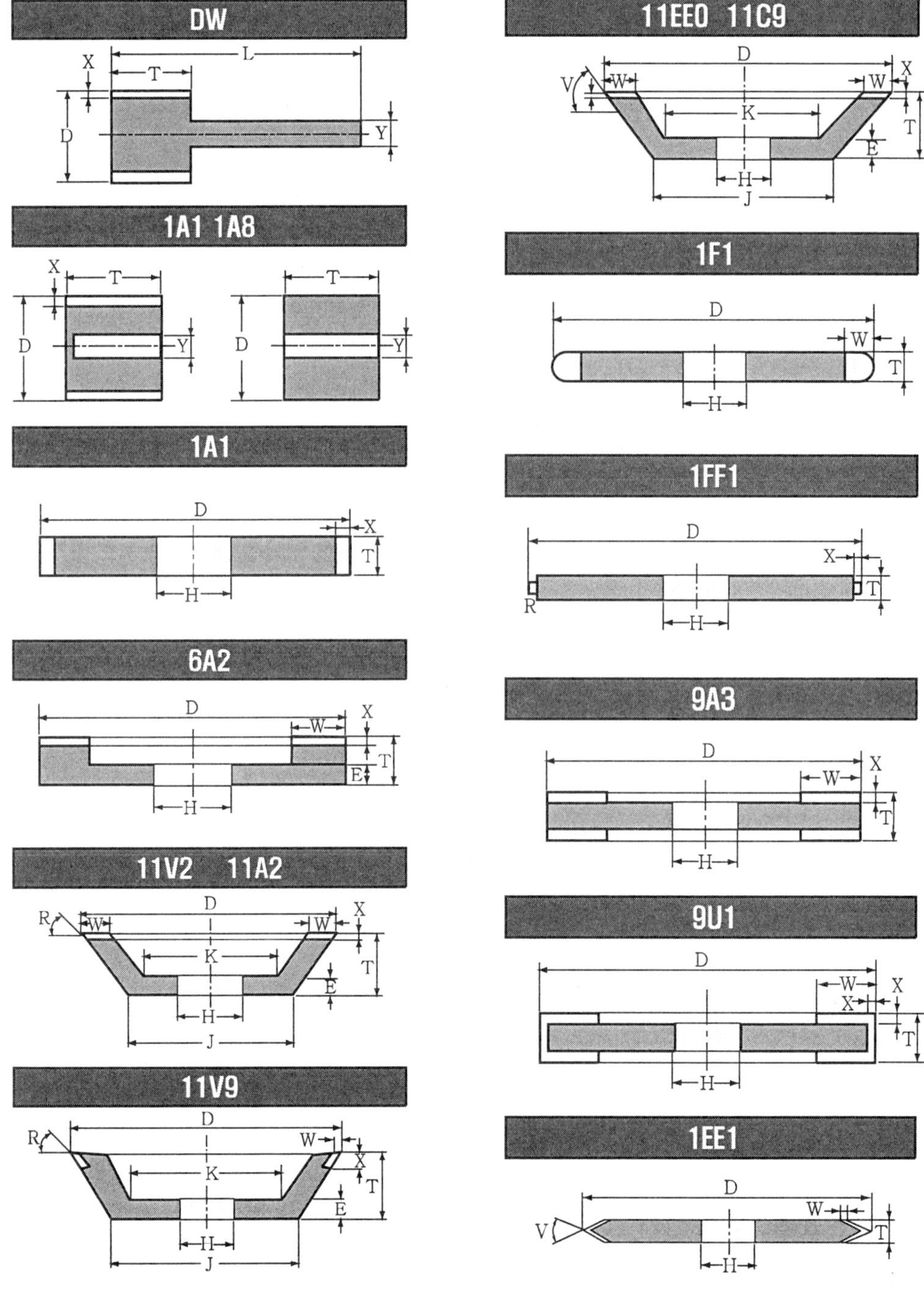
DW
1A1 1A8
1A1
6A2
11V2 11A2
11V9
11EE0 11C9
1F1
1FF1
9A3
9U1
1EE1

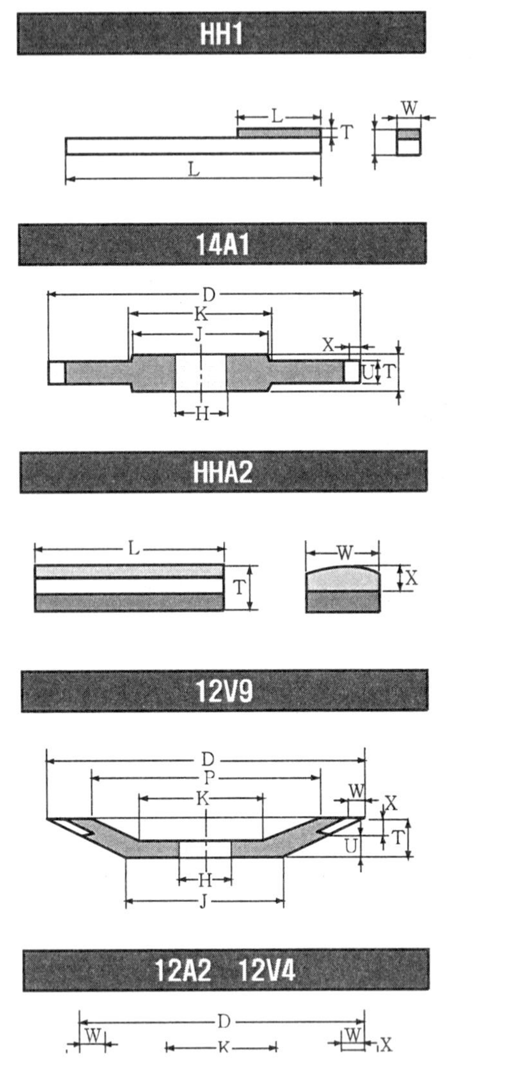

그림 9.30 CBN, 다이아몬드 연삭 숫돌의 표준 형상

2) 연삭 숫돌의 표시법

연삭숫돌의 표시는 숫돌입자 재료, 입도, 결합도, 조직, 결합제, 숫돌 형상, 숫돌의 치수의 순서로 나타낸다.

WA, GC 등과 같은 일반 연삭숫돌과 CBN, 다이아몬드 연삭숫돌의 표시법은 각각 표 9-8과 표 9-9와 같다.

표 9.8 범용 연삭 숫돌의 표시법

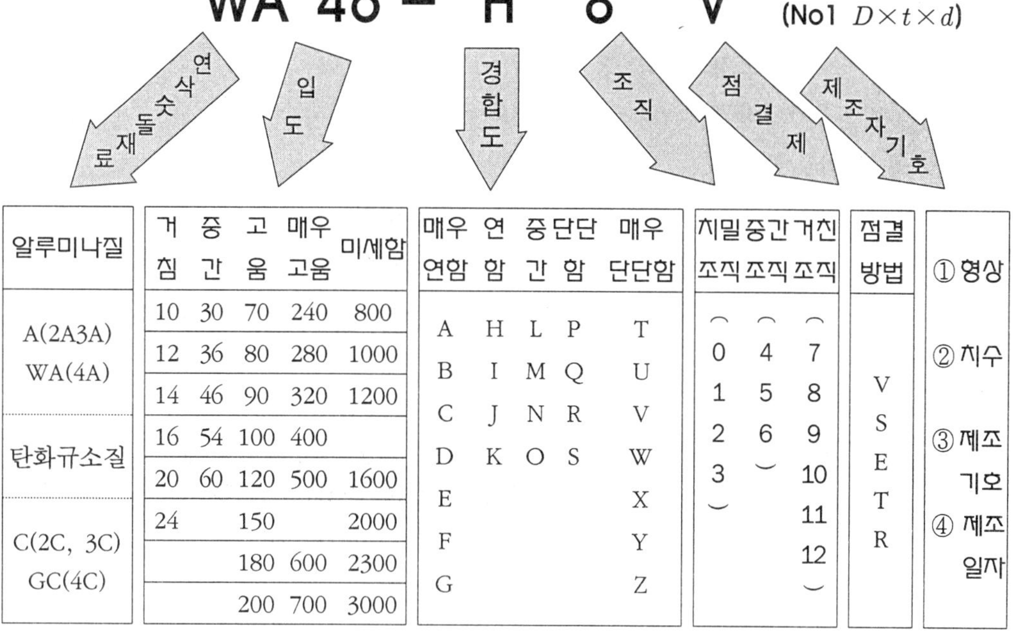

알루미나질	거침	중간	고움	매우고움	미세함	매우연함	연함	중간	단단함	매우단단함	치밀조직	중간조직	거친조직	점결방법	
A(2A3A) WA(4A)	10	30	70	240	800	A	H	L	P	T	0	4	7	V	① 형상
	12	36	80	280	1000	B	I	M	Q	U	1	5	8	S	② 치수
	14	46	90	320	1200	C	J	N	R	V	2	6	9	E	③ 제조기호
탄화규소질	16	54	100	400		D	K	O	S	W	3		10	T	④ 제조일자
	20	60	120	500	1600	E				X			11	R	
C(2C, 3C) GC(4C)	24		150		2000	F				Y			12		
			180	600	2300	G				Z					
			200	700	3000										

표 9.9 CBN, 다이아몬드 연삭 숫돌의 표시법

CBN 120 N 75 B 1 3.0

지립의 종류	입도	결합도	집중도	결합제	종류	초미세 입자층폭 x·u(mm)
D : 천연다이아몬드	20 120 500	J L } 연합	25 저			1.5
SD : 합성다이아몬드	30 140 600		50 ↑	V : 비트리파이드		
SDC : 합성다이아몬드 (금속피복)	40 170 800				결합제 종류의 고유기호 및 숫자표시	
	50 200 1000	N P } 중간	75	B : 레지노이드		2.0
	60 230 1500		100			
CBN : 입장정질화붕소	80 270 2000		125 ↓	M : 메탈		
CBNC : 금속피복한 입방정질화붕소	100 325 3000	R T } 단단함	150 고	P : 플레이트		3.0
	40					

(7) 연삭 숫돌의 선택

연삭 숫돌을 선택할 때 고려할 사항

① 공작물의 크기와 모양, 재질

② 선반, 밀링 등 전가공에서의 다듬질 면의 상태

③ 공작물의 원주 속도

④ 공작물의 접촉 면적 및 연삭 숫돌의 크기 등에 따라

연삭 숫돌 입자의 입도, 결합도, 조직, 결합제 및 연삭 숫돌의 모양 등이 달라지게 된다. 표 9.10은 일반 금속 재료를 연삭 할 때의 연삭 숫돌 선택 방법을 나타낸 것이다.

표 9.10 연삭 숫돌 선택 방법

숫돌 바퀴의 요소	일감의 지름 (대→소)	숫돌의 지름 (대→소)	일감의 경도 (연→경)	다듬질면의 거칠기 (보통→정밀)	연삭속도 (대→소)	일감의 속도 (대→소)
입도	고운 것 ↗ 거친 것	고운 것 ↗ 거친 것	고운 것 ↗ 거친 것	고운 것 ↗ 거친 것	-	-
결합도	연한 것 ↗ 단단한 것	연한 것 ↗ 단단한 것	연한 것 ↗ 단단한 것	-	연한 것 ↗ 단단한 것	연한 것 ↘ 단단한 것
조직	치밀 ↗ 거침	치밀 ↗ 거침	치밀 ↗ 거침	치밀 ↗ 거침	-	-

표 9.11 연삭 숫돌 선택의 예

공작물 재질	연삭숫돌	공작물 재질	연삭숫돌
밀링커터 : 탄소강	A.46.K.m.V	주철	C.36.K.m.V
밀링커터 : 고속도강	A.60.J.m.V	황동	C.36.L.m.V
드릴 : 고속도강	WA.46.M.m.V	초경합금공구	GC.20.R.w.B
탭 : 고속도강	A.60.N.m.V	(거친 연삭)	
		초경합금공구	GC.36.M.m.B
선반바이트 :	A.24.L.m.V	(다듬질 연삭)	
고속도강	WA.46.K.m.V	담금질 연삭	
바깥지름연삭 :	WA.46.K.m.V	냉간 압연 로울	
고속도강, 경화강	A.46.L.m.V	거친 연삭	C.150.L.m.B
스테인레스강	C.46.M.m.V	다듬질 연삭	C.320.J.m.E

체크 포인트

1. 연삭 숫돌의 3요소와 5 인자
   3 요소 : 입자, 결합제, 기공
   5 인자 : 입자의 종류, 조직, 입도, 결합제의 종류, 결합도

2. 연삭 숫돌의 표시 방법
   범용 연삭기 ⇒ WA 46-H8V (No.1 $D \times t \times d$)
   다이아몬드, CBN ⇒ CBN 120 N 75 B 1 3.0

3. 연삭 숫돌을 선택할 때 고려할 사항
   ① 공작물의 크기와 모양, 재질
   ② 다듬질면의 상태
   ③ 공작물의 원주 속도
   ④ 공작물의 접촉 면적 및 연삭 숫돌의 크기
   등에 따라 연삭 숫돌 입자의 입도, 결합도, 조직, 결합제 및 연삭 숫돌의 모양 결정.

연습문제

1. 다음 연삭 숫돌의 선택 방법에서 틀린 것은?
   ① 연질이고 전연성이 있는 재료는 거친 조직을 선택한다.
   ② 접촉면이 큰 연삭 작업에서는 치밀한 조직을 선택한다.
   ③ 연하고 연성이 있는 재료는 거친 입도를 선택한다.
   ④ 숫돌과 공작물의 접촉면이 작은 연삭 작업에서는 고운 입도를 선택한다.

2. CBN 120 N 75 B 1 3.0과 같이 CBN 연삭 숫돌을 주문하려고 한다. 여기서 N은 무엇을 의미할까?
   ① 입자　　　② 입도
   ③ 결합도　　④ 결합제

정답 및 해설

1. 〈연삭 숫돌 조직의 선택 기준〉
   ▹ 연질이고 전연성이 있는 재료 ⇒ 거친 것 경도가 높고 치밀한 재료 ⇒ 치밀한 것
   ▹ 거친 가공 ⇒ 거친 것 정밀한 가공 ⇒ 치밀한 것
   ▹ 접촉면이 큰 작업 ⇒ 거친 것 접촉면이 작은 작업 ⇒ 치밀한 것
   ▹ 연하고 연성이 있는 재료 ⇒ 거친 입도 접촉면이 작을 때 ⇒ 고운 입도
   ▹ 접촉면이 클 때 ⇒ 거친 입도

2. CBN 120 N 75 B 1 3.0 에서 각각의 의미는 다음과 같다.
   CBN : 입자의 종류 120 : 입도 N : 결합도 75 : 집중도 B : 결합제
   1 : 결합제 종류의 고유 기호 및 숫자 표시 3.0 : 초미세입자층의 폭

4. 연삭 이론

학습 Point

- 순간 칩 단면적(F)과 연삭 저항(P) $F=v \cdot f \cdot \dfrac{v}{V+v}$
- 연삭동력(grinding power) $N=\dfrac{PV}{75 \times \eta \times 60} PS$
- 연삭면의 이론적인 표면 거칠기

$$H=h+h'=\frac{1}{8} \cdot \frac{r+R}{r \cdot R} \cdot \left(\frac{v}{V}\right)^2 \cdot \lambda^2+\frac{1}{4} \cdot \frac{b^2}{d_o}$$

(1) 칩의 두께와 길이

수많은 입자들이 절삭에 참여하고, 또 각 입자들의 작용이 각각 다르므로 절대적인 이론은 아니고, 각 입자들의 절삭 작용에 대한 통계적 평균값으로서 설명하게 된다.

연삭 이론에 관한 기본적인 연구 중 하나인 칩의 크기에 대해서는 최대 칩의 두께, 평균 두께, 또는 평균 단면적 등에 대한 연구가 있다.

앞에서도 알아보았듯이 연삭 숫돌은 회전하는 여러 절삭 날의 결합체라고 볼 수 있다. 이 절삭날들이 공작물에 대하여 단속적인 연삭작용을 하는 것은 밀링 머시인에서 밀링 커터가 회전하며 절삭하는 것과 매우 유사하다.

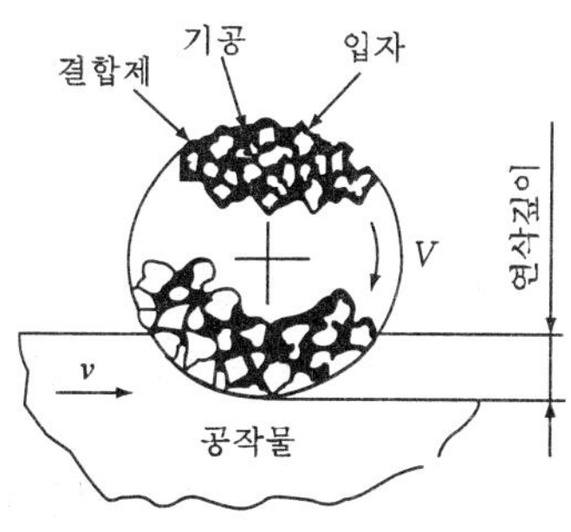

그림 9.31 연삭의 원리

그러나 연삭작업에서 입자들은 밀링 커터와 같이 규칙적인 절삭을 하지는 못하나 입자들이 수많은 절삭날을 형성하고, 이것이 결합제와 더불어 탈락하면서, 새로운 절삭날을 재생시키면서 절삭작업이 진행되는 것이다.

1) 연삭 상태

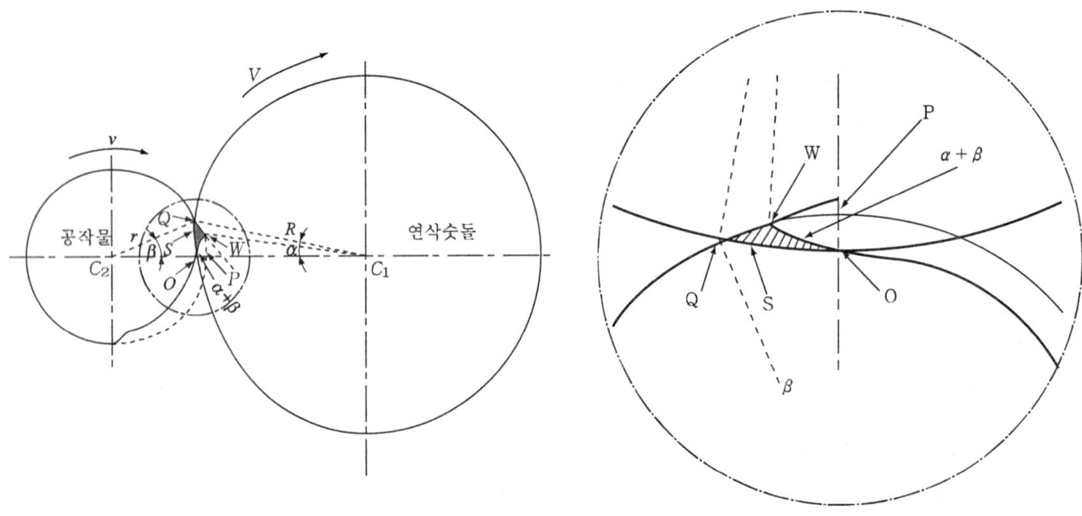

그림 9.32 연삭 상태도

- OP : 연삭 깊이
- $OQ=l$: 입자가 공작물에 접촉하기 시작해서 떨어질 때까지 통과하는 접촉호의 길이(length of arc)
- n : 숫돌 둘레의 단위 길이(mm) 속에 있는 숫돌의 입자수
- $\lambda m = \dfrac{1}{n}$: 숫돌 입자의 피치
- n : 입자당의 연삭 깊이
- v : 공작물의 주속도
- V : 연삭 숫돌의 주속도
- T : 숫돌 입자가 O에서 Q로 이동하는 데 필요한 시간
- T : 공작물 표면상의 점 Q가 W로 이동하는데 필요한 시간

① 연삭 숫돌면에서 1개의 입자가 공작물에 접촉한다면 입자 O가 Q로 이동하는 사이에 공작물은 Q에서 W로 이동한다.

② 숫돌 표면의 속도는 1600m/min, 공작물의 속도를 16m/min라고 하면, 100:1의 속도비(速度比)가 된다.

∴ QW는 OQ에 비교하여 극히 짧다.

③ 칩(chip) OQW 중 두께가 최대인 점, 즉 WS를 입자들이 깎아내는 연삭 깊이라고 한다면, OQ간에 연삭 입자가 n개 있을 때, 입자당의 연삭 깊이(grain depth of cut)는 WS/n이다.

④ 입자당의 연삭 깊이가 증가하면 그 만큼 결합제가 받는 힘은 크게 되어 공작물이 입자를 탈락하게 한다.

⑤ 입자가 마멸되는 것과 같은 속도로써 결합제가 마멸 되면, 연삭 숫돌면은 항상 예리한 연삭 입자가 나타나므로 연삭 작용이 좋게 되는 것이다.

2) 입자 당 연삭 깊이

입자 당 연삭 깊이를 수학적으로 구하여 보자. (by G.I. Alden)

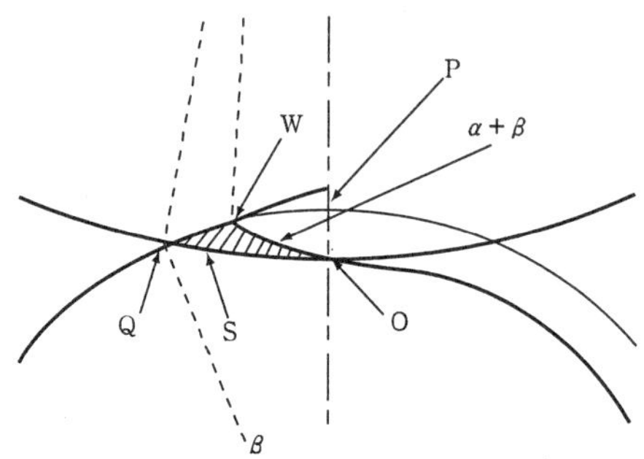

그림 9.33 입자 당 연삭 깊이

$$l = V \cdot T, \quad T = \frac{l}{V} \tag{9-1}$$

각 $QW = vT \cong$ 선 QW

$$WS \cong v \cdot T\sin(\alpha + \beta) \tag{9-2}$$

$$\delta=\frac{WS}{n \cdot l}=\frac{v \cdot T\sin(\alpha+\beta)}{n \cdot l} \tag{9-3}$$

(9-1) 식의 T를 (9-3) 식에 대입하면,

$$\delta=v\frac{1}{V} \cdot \frac{\sin(\alpha+\beta)}{n \cdot l}$$

$$=\frac{\lambda mv}{V}sin(\alpha+\beta) \tag{9-4}$$

식 (9-4)에서와 같이 입자당의 연삭 깊이(δ)는 가공물의 속도(v)에 비례하고, 연삭 숫돌의 주속도(V)와 입자수(n)에 반비례하며, $\sin(\alpha+\beta)$에 비례한다는 것을 알 수 있다.

예를 들어, 그림 9.34에서 R=228mm, r=50mm 라고 하면

OP=0.038mm때는 ....$\sin(\alpha+\beta)$=0.04271

OP=0.076mm때는........ $\sin(\alpha+\beta)$=0.06051가 된다.

이 예에서 가공물의 연삭 깊이 OP가 배로 되어도 $\sin(\alpha+\beta)$의 값의 증가는 입자당의 절삭 깊이를 불과 40%로 증가시킬 뿐이다. 실제로 이와 같이 하려면 기계 구조가 상당히 견고하여야 한다.

다음 그림은 연삭 깊이 $\delta(=g)$와 접촉호(contact arc) ι과의 관계를 나타낸다.

또한, 각 $D=2R$=연삭 숫돌의 지름, $d=2r$=공작물의 지름, t=공작물 반경상의 연삭 깊이라고 하면,

① 외경연삭(外徑 硏削)의 경우 입자당 연삭깊이 δ는

$$\delta=2\lambda n\frac{v}{V}\sqrt{\frac{1}{D}\lambda t} \tag{9-5}$$

$$gc=2a\frac{v}{V}\sqrt{\left(\frac{1}{D}-\frac{1}{d}\right)}k=\left(1+\frac{v}{V}\right)\sqrt{\frac{t}{(1/D)+(1/d)}}$$

② 내면연삭(內面 硏削)의 경우

$$\delta=2\lambda n\frac{v}{V}\sqrt{\left(\frac{1}{D}-\frac{1}{d}\right)t} \tag{9-6}$$

$$gc=2a\frac{v}{V}\sqrt{\frac{t}{D}} \quad ls=\left(1+\frac{v}{V}\right)\sqrt{tD}$$

③ 평면연삭(平面 硏削)의 경우 $d \to \infty$

$$\delta = 2\lambda n \frac{v}{V}\sqrt{\frac{1}{D}\lambda t} \tag{9-7}$$

$$l = \sqrt{Dt}$$

$$g8 = 2a\frac{v}{V}\sqrt{\left(\frac{1}{D} - \frac{1}{d}\right)} \quad h = \left(1 - \frac{v}{V}\right)\sqrt{\frac{t}{(1/D) - (1/d)}}$$

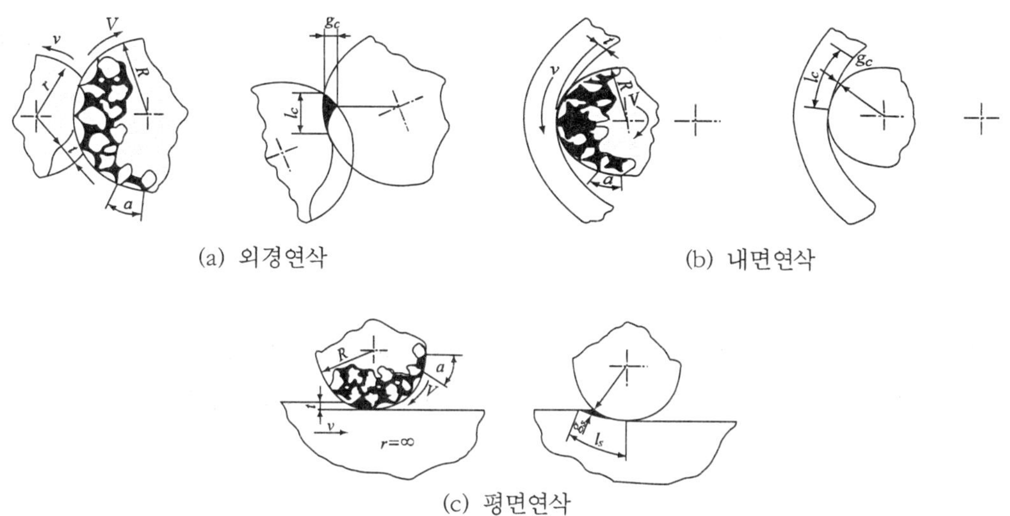

(a) 외경연삭

(b) 내면연삭

(c) 평면연삭

그림 9.34 연삭 깊이 g와 l접촉호의 관계

(2) 연삭 저항(grinding resistance)

연삭에서의 연삭 저항의 분포는 그림과 같다.

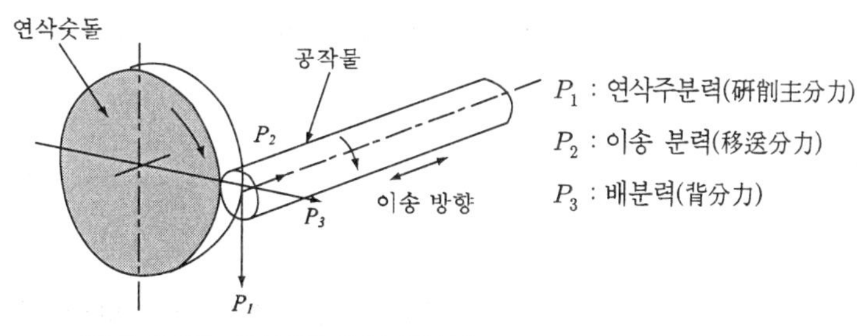

그림 9.35 연삭저항의 3분력

연삭저항은 연삭 조건, 즉 연삭 숫돌 및 공작물의 주속도, 이송, 연삭 깊이, 공작물의 재질과 형상, 연삭숫돌의 종류, 크기 등에 의해 변한다.

Schlesinger, Friedrich 와 같이 앞서 연구한 학자들은 밀링 가공의 방식을 연삭에 적용시켜 칩의 두께 및 비연삭 저항 등을 구하였다.

① 칩의 두께 구하는 계산식

칩의 두께 구하는 계산식은 다음과 같다.

$$hg = \frac{v}{V}t \tag{9-8}$$

hg : 칩의 두께

t(mm) : 연삭 깊이

V(m/mim) : 공작물의 주속도

v(m/min) : 연삭 숫돌의 주속도

그러나 이 식은 밀링 커터 작업과 같이 연삭 깊이가 밀링 커터의 지름에 비하며, 너무 작지 않을 때에만 적용할 수가 있어, 연삭에서는 실제와 많은 차이가 있다.

따라서 다음 식으로 구하게 되었다.

$$hg = \frac{v}{V}\sqrt{\frac{t}{ZkD}} \tag{9-9}$$

Zk : 연삭면의 단위 면적당에 대한 입자의 수

D : 연삭 숫돌의 지름

② 비연삭저항(specific grinding resistance)

비연삭저항(specific grinding resistance) K_G로 절삭력 P를 다음과 같이 나타내었다.

$$P = K_G f h g = K_G \frac{ftv}{V} \tag{9-10}$$

f : 이송(feed)

다음 그림은 강철(steel) 및 주철(cast iron)을 연삭할 때의 비절삭저항 K_G와 연삭 깊이

t의 관계를 알아 본 앞선 연구자들의 실험 결과를 나타낸 것이다.

그림에서 강철과 주철의 경우 모두, 연삭 깊이를 깊게할 수록 비연삭 저항은 작아지고, 이송이 빠를 수록 그 값은 커지며 그 차이는 강철에 비해 주철이 크다는 것을 알 수 있다.

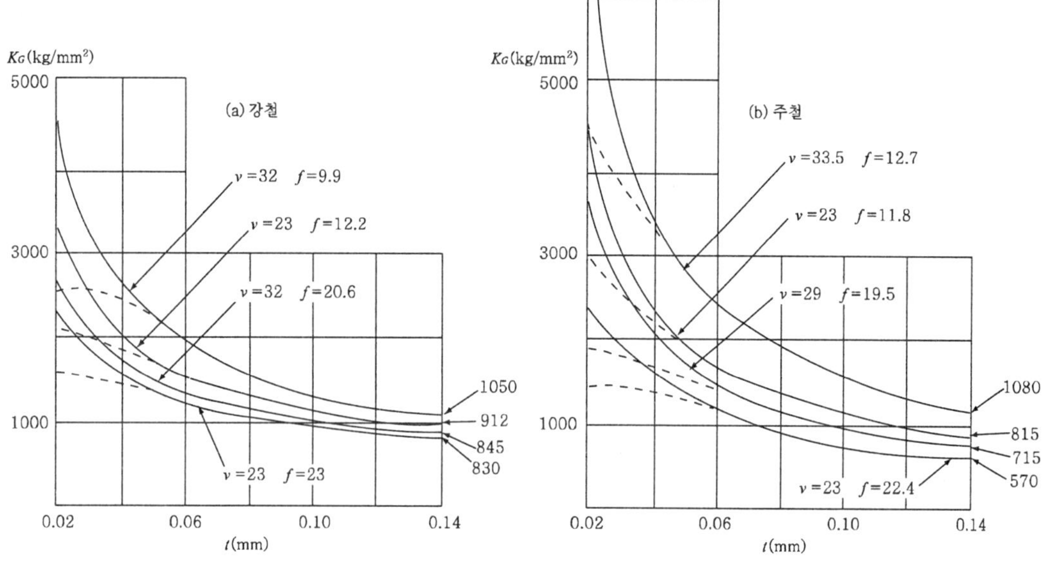

그림 9.36 연삭에서의 비절삭 저항

한편, 순간 칩 단면적 F를 다음과 같이 표시, 이것을 사용하여 다음과 같이 연삭 저항을 구할 수 있다.

$$F = \frac{v \cdot f \cdot v}{V+v} \tag{9-11}$$

$$\Downarrow$$

$$P = K_G f = K_G \frac{t \cdot f \cdot v}{V+v} \tag{9-12}$$

다음 그림은 연삭깊이와 연삭저항의 관계를 나타낸 것인데, 각 분력을 보면, P_3의 값이 P_1에 비하여 큰 것이 특징이다.

선반에서는 $P_1 > P_3$ 값이 되나 연삭에서는 반대로 $P_1 < P_3$ 값이 되는 것이다.

한편, 연삭저항의 측정 방법에도 피에조(piezo) 압전기법(壓電氣法), 스트레인 게이지법 등 여러 가지가 있다.

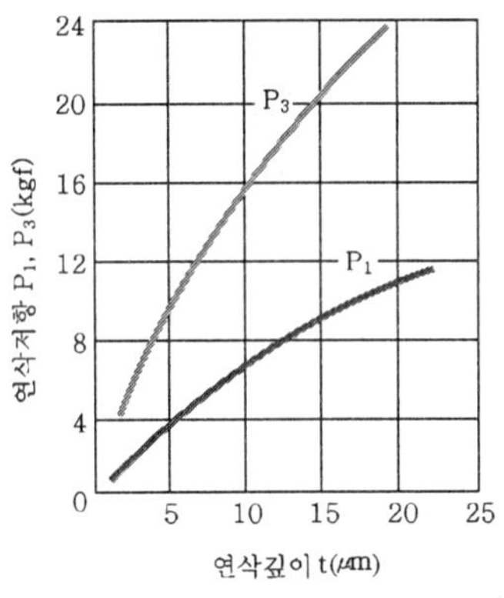

숫돌 WA 46kMv, D= 205mmϕ
공작물 SK2, v=175rpm
v=10m/min

그림 9.37 연삭깊이와 연삭저항의 관계

(3) 연삭 동력(grinding power)

외경연삭 작업에서 연삭동력 H는

$$H = \frac{PV}{75 \times \eta \times 60} PS \tag{9-14}$$

V(m/min) : 연삭 숫돌의 주속도

P : 연삭저항(kgf)

η : 연삭 숫돌 운전 장치의 전체 효율(%)

예제 1

외경 연삭 작업에서 연삭저항 P=16kg, 연삭 숫돌의 주속도 V=2600m/min, 연삭기의 전체 효율 η = 80% 라고 할 때, 연삭 동력을 구해 보자.

풀이 $H=\dfrac{16\times 2600}{75\times 0.8\times 60}=11.55PS$

외경 연삭기의 동력 계산은 가공물이 연삭되는 용량에 기초를 두고 계산한다.

연삭가공에서 생기는 손실을 완전 손실과 부분 손실과 부분 손실로 나누면 각각 다음과 같다.

① 완전 손실 동력(完全 損失 動力) : 냉각용 펌프동력 및 구동 기구와 보조 장치를 운전하는 동력은 연삭 작업에 필요한 것이지만, 직접 가공에 유효 동력이 아니고 기계 내부에서 소비되는 동력

② 부분 손실 동력(部分 損失 動力) : 부분 손실 동력이라고 하는 것은 구동 장치에서 잃은 소비 동력과 이용 동력의 차를 표시한 것으로, 부분 손실 이외의 동력은 공작에 대부분 유효하게 사용동력 계산에서 효율은 일반적으로 다음과 같이 표시 된다.

$$\eta=\frac{\text{효율절삭효율}}{\text{소비된 전동기 출력}}$$

(4) 연삭 조건(grinding condition)

연삭가공의 목적은 정밀한 치수와 좋은 가공면을 얻는 것이며, 이것은 연삭기의 정밀도와 연삭축의 회전 정확도 및 기계의 설치 방법과도 관계를 가지고 있다.

연삭 작업에서는 연삭 숫돌의 주속도, 연삭 깊이 및 이송 등의 연삭 조건은 공작물의 재질, 숫돌의 성질 등에 따라 가장 알맞게 선택하여야 한다.

연삭 조건을 결정하는 각 인자들은 서로 상호 관계를 가지고 연삭 작용에 영향을 주게 되어 간단한 문제는 아니다.

1) 연삭 숫돌의 주속도

① 연삭 숫돌의 주속도는 연삭 숫돌의 결합제 및 보강재 유무에 따라 결정되는데, 숫돌의 최고 사용 주속도는 엄격히 지켜져야 한다.

② 높이가 높고 살 두께가 얇거나 바닥두께가 얇은 컵형, 링형 등의 특수형은 회전속도를 낮추는 것이 안전하다.

③ 연삭 숫돌의 외경, 주속도, 회전수 사이에는 다음과 같은 관계가 있다.

$$V = \frac{\pi D N}{60 \times 1000} \qquad N = \frac{1000\,V}{\pi D} \tag{9-15}$$

여기서, V : 주속도(m/s) D : 외경(mm) N : 회전수(rpm)

표 9.12 연삭 숫돌의 형상에 따른 최고 사용 주속도

분류번호	연삭숫돌의 구분		최고 사용 주속도(m/min)								
			무기질 결합제를 사용한 연삭 숫돌						유기질 결합제를 사용한 연삭숫돌		
			비트리파이트 숫돌			마그네시아 숫돌					
			(3)저강도	(3)중강도	(3)고강도	(3)저강도	(3)중강도	(3)고강도	(3)저강도	(3)중강도	(3)고강도
1	1호 평형 (일반), 3호 일면 테이퍼형, 5호 일면오목형, 7호 양면 오목형, 10호 다브테일형, 12호 접시형, 13호 통용접시형, 20~26호 접시형		1700	1800	2000	1400	1600	1800	2000	2400	3000
2	2호 링형 (받침대, 너트 ,세그먼트를 포함)		1500	1700	1800	1200	1400	1600	1500	1800	2100
3	6호 스트레이트컵, 11호 테이퍼컵형		1400	1500	1800	1200	1400	1600	1800	2300	2400
4	디스크형 (받침대,너트, 시그먼트를 포함)		1700	1800	2000	1700	1800	2000	1700	2100	2700
5	1호 평형 (보강 있음)	바깥지름 100mm이하 두께 25mm이하	-	-	-	-	-	-	3000	3800	4800
		바깥지름 205mm이하 두께 13mm이하	-	-	-	-	-	-	3000	3800	4300
		기타 치수	-	-	-	-	-	-	2000	2400	3000
	27호 옵셋트형 (보강 있음)	KS L6505 (레지노이드 옵셋트 연삭숫돌)에 해당하는 조 연삭용의 것	-	-	-	-	-	-	-	-	4300
	27호 옵셋트형(보강 있음) 28호 옵셋트형(보강 있음) 옵셋트형 탄성숫돌(1)등 전항에 해당 안되는 것	바깥지름 230mm 이하 두께 10mm이하	-	-	-	-	-	-	3000	3800	4300
		바깥지름 230mm이하 두께 10mm초과	-	-	-	-	-	-	-	3000	3400
6	1호 평형(초중 연삭용) (2)		-	-	-	-	-	-	-	-	3800
7	절단 숫돌	보강 있음	-	-	-	-	-	-	3000	3800	4800
		보강 없음	-	-	-	-	-	-	2700	3400	3800
8	나사연삭 · 홈 연삭용 숫돌 (2)		2000	3000	3800	-	-	-	2000	3000	3800
9	크랭크축 · 캠축 연삭용 숫돌 (2)		1700	2400	2700	-	-	-	2000	2400	3000
10	1호 평형 습식 · 마그네시아 연삭 숫돌 (바깥지름 45mm이상)		-	-	-	800	1000	1200	-	-	-

주: (1) 연삭숫돌과 탄성 또는 가소성이 있고 마무리면의 평활을 목적으로 하는 연삭숫돌을 말함.
(2) 기계의 강성과 안전커버가 충분한 경우에 적용
(3) 저, 중, 고강도의 구분은 입도, 결합도, 결합제 등에 따라서 강도가 다르기 때문에 파괴회전 시험을 기준으로 구분하고 있음.

④ 연삭 숫돌의 형상에 따른 최고 사용 주속도

결합도 및 보강재 유무에 따라 회전 주속도가 결정되는데 숫돌의 최고 사용 주속도는 엄격히 준수되어야 한다. 또한 높이가 높고 살 두께가 얇거나 바닥두께가 얇은 컵형, 링형 등의 특수형은 회전속도를 낮추는 것이 안전하다.

표 9.12는 연삭 숫돌의 형상에 따른 최고 사용 주속도를 나타낸 것으로 표의 수치를 초과해서 사용하는 경우는 고속연삭의 분야가 되므로 연삭숫돌의 제작사와 상의하여 사용하는 것이 좋다.

2) 공작물의 원주속도

주속도는 공작물의 원주 속도는 연삭 숫돌의 주속도에 관계되지만 숫돌의 마멸과 다듬질면의 상태면에서는 느린 것이 좋고, 연삭 능률면에서는 다소 큰 것이 유리하다.

표 9.13 재질에 따른 일반적인 공작물 속도(m/min)

피삭재	원통 외면 연삭		내면 연삭
	다듬질 연삭	거친 연삭	
담금질강	6 ~ 12	15 ~ 18	20 ~ 25
특수강	6 ~ 10	9 ~ 12	15 ~ 30
강	8 ~ 12	12 ~ 15	15 ~ 20
주철	6 ~ 10	10 ~ 15	18 ~ 35
황동 및 청동	14 ~ 18	18 ~ 21	25 ~ 30
알루미늄	30 ~ 40	40 ~ 60	30 ~ 50

3) 연삭 깊이

연삭 숫돌의 종류, 공작물의 재질 및 형상, 공작물의 전가공면 정도 등에 따라 다르지만 강을 연삭할 경우 연삭깊이는 일반적으로 표 9-14의 범위를 택한다.

표 9.14 강의 연삭 깊이

	원통연삭	내면연삭	평면연삭	공구연삭
거친 연삭	0.01 ~ 0.04	0.02 ~ 0.04	0.01 ~ 0.27	0.07
다듬질 연삭		0.0025 ~ 0.005		0.02

4) 이송

원통 연삭에서 이송은 공작물의 원주속도와 관계가 있으며, 원주속도가 크면 이송을 작게 하여 연삭 숫돌과 연삭기에 무리가 없도록 해야 하며, 원주 속도가 지나치게 느릴 때에는 이송을 작게 한다. 이송은 연삭 숫돌의 폭 이하가 되어야 하며, 이송 f에 대한 숫돌폭 B의 표준 값은 다음과 같다.

구리의 경우 ⇨ $f=\left(\frac{1}{3}\sim\frac{3}{4}\right)B$

주철의 경우 ⇨ $f=\left(\frac{3}{4}\sim\frac{4}{5}\right)B$

다듬질 연삭의 경우 ⇨ $f=\left(\frac{1}{4}\sim\frac{1}{3}\right)B$

이송f(mm/rev) , 공작물의 회전수 n(rpm)이라 하면 이송속도 vf(m/min)는 다음과 같다.

$$vf=\frac{f\cdot n}{1000} \tag{9-16}$$

5) 연삭 여유

표 9.15 원통연삭의 연삭 여유(예)

공작물의 지름	공작물의 길이										
	50	100	150	200	250	350	450	600	750	900	1000
3	0.15	0.17	-	-	-	-	-	-	-	-	-
6	0.15	0.20	0.25	-	-	-	-	-	-	-	-
9	0.17	0.20	0.25	0.30	0.33	-	-	-	-	-	-
12	0.20	0.22	0.28	0.30	0.33	0.38	0.40	-	-	-	-
20	0.20	0.22	0.28	0.33	0.35	0.40	0.43	0.45	-	-	-
25	0.22	0.25	0.30	0.33	0.35	0.40	0.45	0.48	0.50	-	-
32	0.22	0.28	0.30	0.35	0.38	0.43	0.45	0.48	0.50	0.55	-
38	0.25	0.28	0.33	0.35	0.40	0.43	-	0.48	0.53	0.58	0.60
50	0.30	0.33	0.35	0.40	0.43	0.45	0.48	0.53	0.55	0.60	0.66
75	0.38	0.40	0.43	0.45	0.48	0.50	0.55	0.60	0.63	0.68	0.70
100	0.43	0.45	0.48	0.50	0.53	0.58	0.63	0.68	0.70	0.75	0.80
150	0.50	0.53	0.58	0.60	0.63	0.68	0.73	0.78	0.80	0.85	0.90
200	0.60	0.63	0.68	0.70	0.73	0.78	0.83	0.88	0.90	0.95	1.00
250	0.68	0.70	0.75	0.78	0.80	0.83	0.88	0.93	1.00	1.05	1.10

연삭 여유는 공작물의 재질, 형상, 선반, 밀링 등 전 가공에서의 정밀도, 연삭기의 연삭 능력에 따라 다르지만, 일반적으로 적용되는 연삭여유는 다음과 같다.

6) 연삭면의 표면 거칠기

연삭 가공면의 표면에는 연삭 숫돌의 원주 방향과 이송 방향의 거칠기가 복잡하게 나타난다.

연삭 표면의 이론적인 거칠기 H는 다음식과 같다.

$$H = h + h' = \frac{1}{8} \cdot \frac{r+R}{r \cdot R} \cdot \left(\frac{v}{V}\right)^2 \cdot \lambda^2 + \frac{1}{4} \cdot \frac{b^2}{do} \tag{9-17}$$

h : 연삭방향의 거칠기　　h' : 이송 방향의 거칠기
R : 연삭 숫돌의 반경　　r : 공작물의 반경
V : 연삭 숫돌의 원주 속도　　v : 가공의 원주 속도
λ : 연속 절인의 간격　　b : 연삭면에 남는 연삭 흔적의 폭
do : 연삭 입자를 이상적인 구(球)로 가정 했을 때의 직경

내면 연삭의 경우

$$H = \frac{1}{8} \cdot \frac{r-R}{r \cdot R} \cdot \left(\frac{v}{V}\right)^2 \cdot \lambda^2 + \frac{1}{4} \cdot \frac{b^2}{do} \tag{9-18}$$

평면 연삭의 경우 $r = \infty$ 이므로

$$H = \frac{1}{8R}\left(\frac{v}{V}\right)^2 \cdot \lambda^2 + \frac{1}{4b} \cdot \frac{b^2}{do} \tag{9-19}$$

여기서 잠깐 !!

위의 식에서도 알 수 있는 바와 같이 연삭가공면의 거칠기는 숫돌의 입자, 결합도, 조직 및 가공 속도 등의 영향을 받는다. 실제의 연삭 다듬질면은 연삭기의 진동, 연삭입자의 인성의 불균형 등이 원인이 되어 연삭 입자 사이에 용착 금속이 부착하는 일이 생기므로 이론치보다 표면 거칠기는 더욱 거친 면이 된다.

체크 포인트

1. 순간 칩 단면적(F)과 연삭 저항(P)

$$F=v\cdot f\cdot\frac{v}{V+v}\quad P=K_GF=K_Gt\cdot f\cdot\frac{v}{V+v}$$

2. 연삭동력(grinding power)

$$N=\frac{PV}{75\times\eta\times60}PS$$

3. 연삭 숫돌을 선택할 때 고려할 사항

$$H=h+h'=\frac{1}{8}\cdot\frac{r+R}{r}\cdot R\cdot\left(\frac{v}{V}\right)^2\cdot\lambda^2+\frac{1}{4}\cdot\frac{b^2}{do}$$

연습문제

1. 다음은 연삭 저항에 대한 설명이다. 틀린 것은?
   ① 연삭주분력, 이송 분력, 배분력의 3분력으로 나눌 수 있다.
   ② 연삭저항은 연삭 조건, 가공물의 재질과 형상, 연삭 숫돌의 종류 등에 의해 변한다.
   ③ 주분력이 배분력에 비해 크게 나타난다.
   ④ 배분력이 주분력에 비해 크게 나타난다.

2. 평면 연삭기에서 숫돌의 원주속도 V=1700m/min이고, 연삭력 P=14kg이며, 연삭기에 공급된동력이 10 HP일 때, 이 연삭기의 효율은 몇 % 정도인가?
   ① 53% ② 55%
   ③ 57% ④ 59%

정답 및 해설

1. ▸ 연삭 저항은 P_1 : 연삭주분력(研削主分力), P_2 : 이송 분력(移送分力), P_3 : 배분력(背分力) 등의 3개의 분력으로 표시할 수 있다.
   ▸ 연삭저항은 연삭 조건, 즉 연삭 숫돌 및 공작물의 주속도, 이송, 연삭 깊이, 가공물의 재질과 형상, 연삭 숫돌의 종류, 크기 등에 의해 변한다.
   ▸ 선반에서는 $P_1 > P_3$ 값이 되나 연삭에서는 반대로 $P_1 < P_3$ 값이 되는 것이 특징이다

2. $H = \dfrac{PV}{75 \times \eta \times 60} \quad \therefore \eta = \dfrac{P_V}{75 \times 60 \times H} = \dfrac{14 \times 1700}{75 \times 60 \times 10} = 0.528 = 53\%$

5. 연삭 작업

학습 Point

- 비정상적인 연삭 숫돌의 상태 = 눈메움(loading), 무딤 (glazing), 입자탈락(shedding)
- 드레싱(dressing) = 연삭 숫돌의 표면에 다시 예리한 날이 나오게 하는 것
- 트루잉(truing) = 공작물의 영향을 받아 연삭 숫돌의 모양이 점차 변할 때, 다시 정확한 모양으로 깎아 내는 작업

(1) 연삭 숫돌의 마멸

연삭작업에서 단위 폭에 대한 연삭저항 또한 단위체적당 에너지가 너무 작으면 정상적인 작업이 이루어 지지 않는다.

그림 9.38은 연삭칩의 체적 변화에 대한 연삭 숫돌의 마멸량에 대한 실험 결과의 예이다.

이때, 연삭비(grinding ratio)는

$$G = \frac{Wm}{Ww} \text{ 이다.}$$

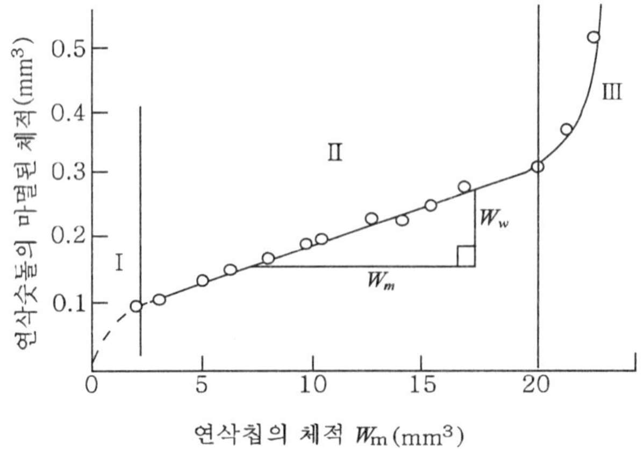

그림 9.38 연삭량과 숫돌 마멸량

연삭과정의 제1단계	연삭과정의 제2단계	연삭과정의 제3단계
초기 연삭숫돌 마멸은 급격히 생깁니다. 여기서는 연삭입자가 예리(노메)하고 연삭이 진행됨에 따라 파쇄(破碎)된다.	면삭입자의 파쇄와 더불어 절삭날(outing edge)이 둔화(鈍化)되면서 마멸이 점차 증가된다.	지나치게 연삭입자들이 파쇄되고 연삭저항은 증가된다. 이 때 생기는 마멸의 원인은 기계적인 마멸 연삭숫돌과 공작물 사이의 화학적인 작용 또는 연삭입자의 열적 균열(소드미 crack)등 이다.

(2) 연삭 숫돌의 수정

1) 드레싱(dressing)

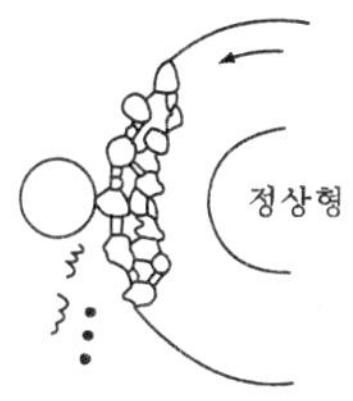

Self-Sharpening

연삭 숫돌을 정상 상태에서 사용하면 왼쪽의 그림과 같이 숫돌 입자 끝이 무디게 되어 파괴 또는 탈락하여 새로운 숫돌 입자가 표면에 나타나 연삭을 계속할 수 있다. 정상 작업을 하게 되지 못할 때는 아래쪽의 그림과 같이 눈메움(loading)이나 무딤(glazing), 입자탈락(shedding)과 같은 현상이 나타난다.

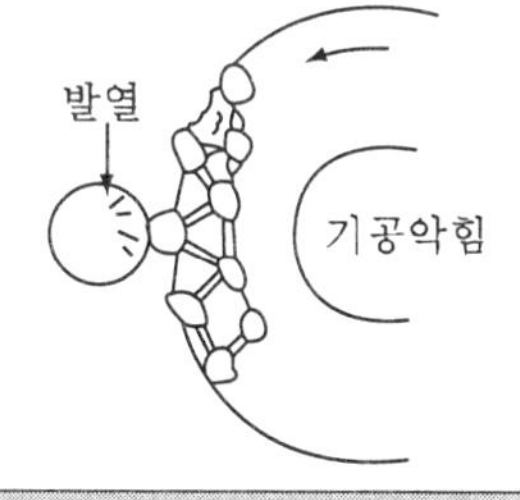	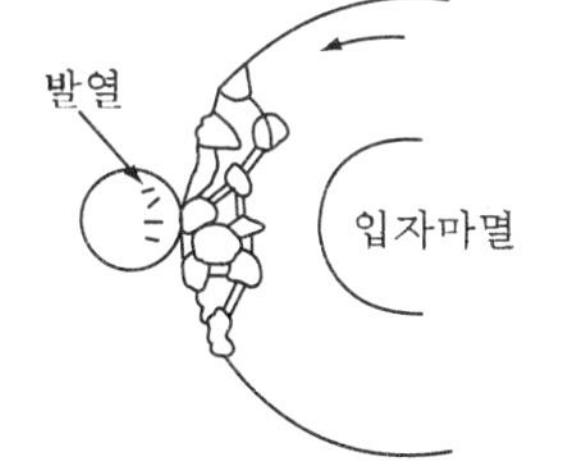	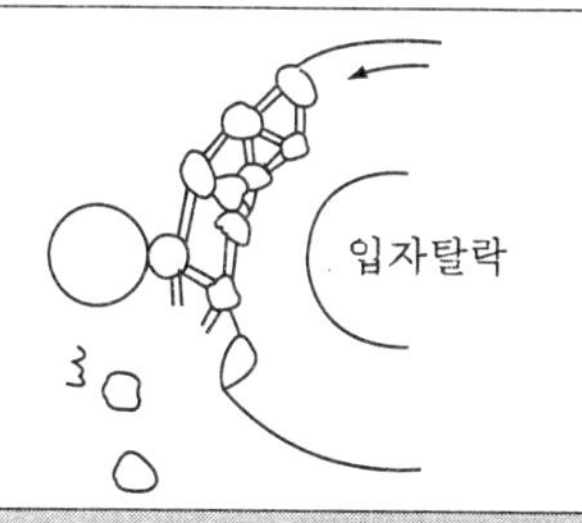
눈메움(loading)	무딤(glazing)	입자탈락(shedding)
결합도가 높은 숫돌로써 구리와 같이 연한 금속을 연삭하였을 때에는, 그림과 같이 숫돌 표면의 기공에 칩이 메워지게 되므로 연삭이 잘 되지 않는다. 이때 눈메움을 일으키며, 이 형상이 일어나면 절삭 성능이 떨어지고, 다듬질면에 떨림 자리가 나타난다.	연삭 숫돌의 결합도가 지나치게 높으면 둔하게 된 숫돌입자가 떨어져 나가지 않으므로, 그림과 같이 되어 숫돌 표면이 매끈해져서 면삭 성능이 떨어지고, 마찰에 의한 발열이 커지며, 과열로 인한 변색이 공작물의 표면에 나타난다. 숫돌입자가 이와 같이 되는 것을 무딤을 일으킨다.	면삭 숫돌의 결합도가 그 작업에 대하여 지나치게 낮을 경우에는 숫돌입자의 파쇄가 충분하게 일어나기 전에 그림과 같이 결합제가 파쇄되어 숫돌입자가 입자 그대로 떨어져 나가게 되며, 공작물을 깎아내는 양에 비하여 숫돌의 마멸이 심하게 된다. 이와같이 숫돌입자가 작은 절삭력에 의하여 쉽게 떨어지는 현상을 입자 탈락 현상이라 한다.

연삭 숫돌에서 눈메움이나 무딤과 같은 현상이 일어나면 연삭 상태가 나빠지므로, 연삭 숫돌의 표면에서 이와 같은 숫돌입자를 제거하여, 다시 예리한 날이 나오게 하는 것을 연삭 숫돌의 드레싱(dressing)이라고 한다.

드레싱에는 건식(乾式)드레싱과 습식(濕式) 드레싱이 있으며, 건식과 습식의 드레싱은 드레싱 조건에 알맞게 하여야 한다.

그림 9.39은 다이아몬드 연삭 숫돌을 한날(單刃) 다이아몬드 드레서를 사용한 드레싱 모습을 나타낸 것이다.

이외에도 연강, 구리, 망간 등을 사용한 드레싱과 백색 융 알루미나질로 된 막대형 호우닝 스톤(stick type honing stone)을 이용한 드레싱도 있다.

그림 9.39 단인 다이아몬드 드레서를 사용한 드레싱

① 연강, 구리, 망간 등을 사용한 드레싱의 예

그림 9.40 연강을 사용한 다이아몬드 연삭 숫돌의 드레싱

② 막대형 호우닝 스톤을 이용한 드레싱의 예

그림 9.41 호우닝 스톤을 이용한 다이아몬드 연삭 숫돌의 드레싱

아래의 표는 다이아몬드, CBN이 아닌 일반 연삭 숫돌의 드레싱 조건의 예를 나타낸 것이다.

표 9.16 연삭 숫돌의 드레싱 조건

다듬질 경도	입도 [mesh]	다이아몬드의 절삭깊이[mm]	드레싱 반복횟수 [회]	이송 속도		스파크아웃 spark-out 왕복 횟수 [회]
				숫돌1회전당 [mm/rev]	매분당 [mm/rev]	
거친연삭	36 ~ 46	0.03	4	0.4	600	0
중연삭	46 ~ 54	0.02	3	0.3	400	0
다듬질연삭	60 ~ 80	0.01	3	0.2	200	3
정밀연삭	100 ~ 180	0.005	3	0.1	100	4

용어 해설 스파이크 아웃(spark-out) 이란?

연삭 숫돌에 더 이상의 깊이를 주지 않고 가공 잔재량을 제거하는(불꽃이 나지 않게 하는) 작업을 일컫는 것으로 이 기간 동안 공작물은 탄성 변형을 받은 만큼 반복 가공되고 그 결과로써 연삭 저항 및 표면 거칠기는 지수 함수적으로 감소하게 되는 것이다.

정밀 연삭에 있어서 무엇보다 중요한 것은 주어진 연삭 깊이 만큼 충분히 제거하여 가공

후 잔재량(residual stock)이 많이 남지 않아야 한다는 것이다.

가공 잔재량은 연삭기와 공작물, 연삭 숫돌 요소의 탄성 변형에 의해 일어나는 것으로 공작물을 연삭함에 있어서 한번의 연삭 행정(테이블 이송)으로 이와 같은 가공 잔재량을 없앤다는 것은 불가능하므로 스파크 아웃이 필요하다.

2) 드레서(dresser)

드레서란 드레싱에 사용하는 공구로서 여러 가지 형식이 있다.

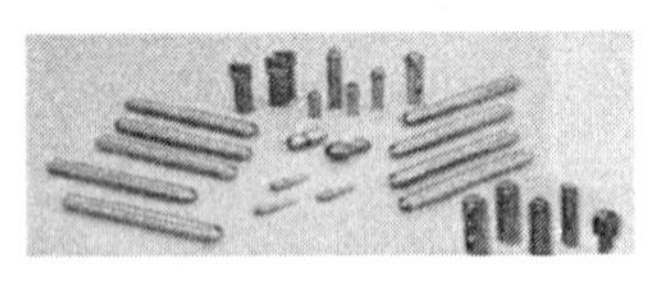		
다이아몬드 드레서	성형(星形) 드레서	로타리 드레서
현재 가장 많이 사용하는 드레서는 다이아몬드를 금속자루 끝에 고정한 것이며, 다이아몬드의 수에 따라 단인 다이아몬드 드레서(single point diamond dresser), 다인 다이아몬드 드레서(multi-point diamond dresser)가 있다.	성형(星形)드레서(star dresser)는 별모양의 강철판 사이에 원판을 간격재를 사이에 두고 여러 장 겹쳐서 고정구에 맞춘 형식이다.	로타리 드레서(rotary dresser)는 정밀연삭에서 사용하는 다이아몬드 공구 중의 하나이다. 로타리 드레서란 연삭작업에 있어서 연삭을 행하기 전에 연삭 숫돌을 원하는 입자 상태로 만들어 주는 공구로서 종래의 정밀 총형 연삭에 있어서 일반의 단서 및 다석 드레서로 성형 상태에 비해 정도 및 작업의 편의성, 제품의 균일성 등에서 무수한 성능을 가지고 있는 공구이다.

3) 트루잉(truing)

일반적으로 좋은 조건에서 연삭을 할 때도 연삭 숫돌의 질이 균일하지 못하거나, 총형연삭 등에서 공작물의 영향을 받아 연삭 숫돌의 모양이 점차 변할 때, 다시 정확한 모양으로 깎아 내는 작업으로 트루잉을 하면 동시에 드레싱도 된다.

트루잉에는 다이아몬드 드레서, 로울러형 드레서, 브레이크형 트루어(brake type truier), 크러시 로울러(crush roller) 등을 사용한다.

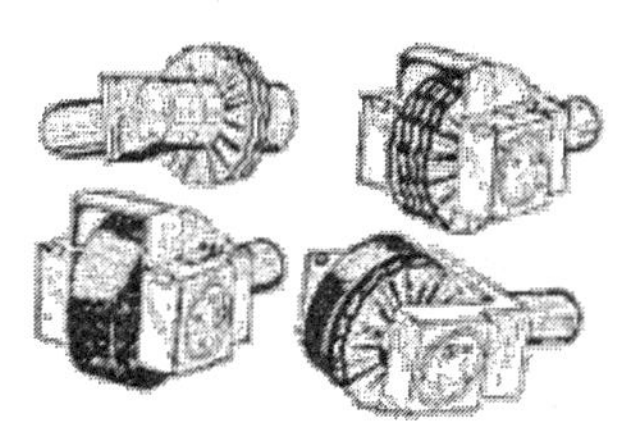		 
로울러형 드레서	브레이크형 드레서	크러시 로울러
침탄강으로 만든 물결 모양의 로울러 또는 초경질 금속제 로울러를 사용한 로울러형 드레서로서 눈메움이나 무딤을 일으켜 가공면이 나빠진 면삭 숫돌의 표면을 갈아 내기 위한 것이다.	브레이크형 트루어를 이용하여 다이아몬드 연삭 숫돌을 트루잉 하는 모습이다. 브레이크형 투루어란 구동원 없이 연삭 숫돌의 회전력에 의해 카바이드계 숫돌에 25°의 경사각을 부여해줌으로써 주속도의 차가 발생할 수 있도록 연동시켜, 설정된 깊이 만큼 절삭하여 연삭숫돌의 가공면을 수정할 수 있도록 특수하게 설계, 제작한 것으로 사용이 편리하고 뛰어난 트루잉, 드레싱 효과를 가진다.	크러시 로울러로서 총형 연삭을 할 때, 연삭 숫돌을 공작물의 반대 모양으로 성형하여 드레싱하기 위한 강철 로울러이다. 크러시 로울러는 저속회전하는 연삭 숫돌에 접촉시켜 숫돌면을 부수며 총형으로 드레싱과 트루잉을 할 수 있다.

그림 9.42 각종 트루어

4) 드레싱 후의 숫돌 날 지속 효과

그림 9.43은 드레싱과 트루잉 과정을 통해 연삭 숫돌 날들이 새롭게 돌출 되고 숫돌면이 조정되고 있는가를 알기 위해 다이아몬드 연삭 숫돌을 예로써 마멸된 숫돌면, 드레싱 후의 숫돌면, 트루잉 후의 연삭 숫돌 표면을 현미경 사진을 통하여 비교한 것이다.

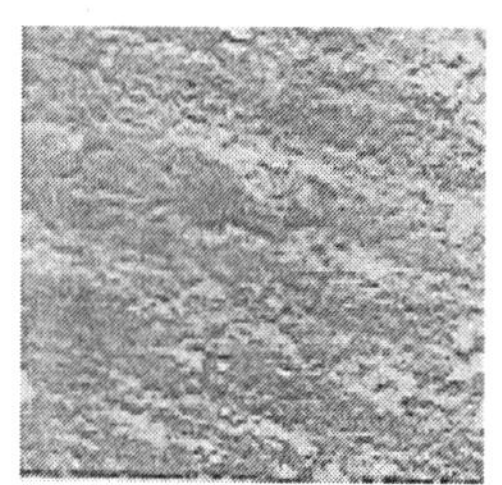
(a) worn shape

(b) dressed shape

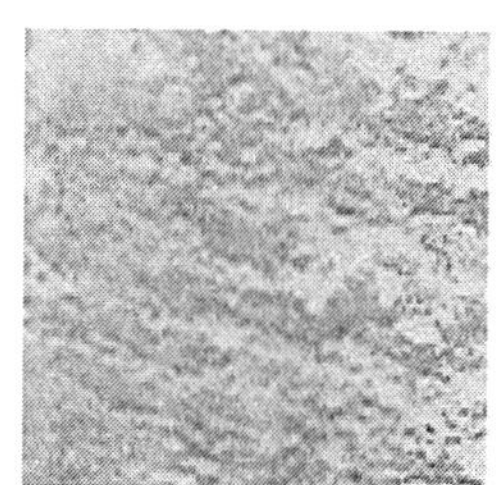
(c) truied shape

그림 9.43 다이아몬드 숫돌 표면의 현미경 사진

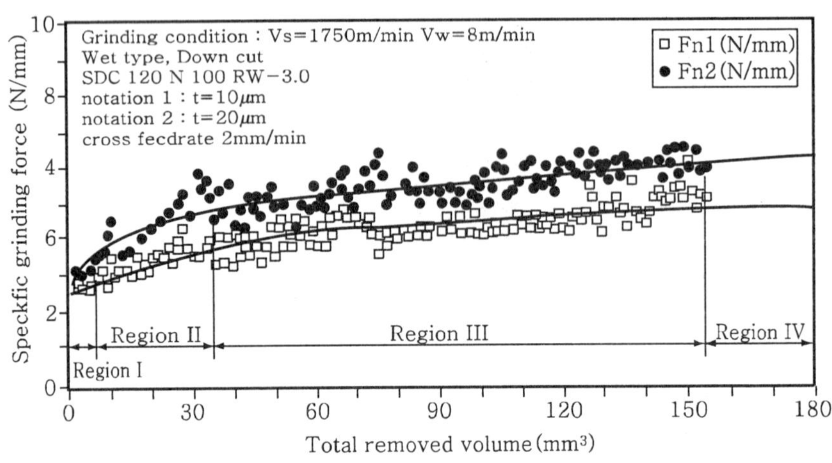

그림 9.44 연속 작업에서의 연삭 저항 변화

그림 9.44는 다이아몬드 연삭 숫돌로써 금형용 초경합금재를 연삭할 때 적절한 재드레싱 시기를 알기 위해 숫돌의 마멸량에 대한 연삭 저항의 변화를 알아 본 실험의 결과로서, 숫돌의 상태는 초기 마멸→정상 연삭→재드레싱 요구 상태로 변화함을 알 수 있다.

(3) 연삭 숫돌의 설치

1) 플랜지 (flange)

① 연삭 숫돌은 고속으로 회전하여 높은 정밀도를 요하는 가공이므로 그 설치에 있어서 불균형이 나타나지 않도록 주의해야 하며 고정할 때 큰 힘을 가하지 말아야 한다.

② 연삭 숫돌을 안전하게 장착하기 위해서는 기계, 연삭 숫돌의 형상 및 용도에 따라서 그림과 같이 여러 가지 형태의 플랜지를 사용하여 확실하게 설치되어야 한다.

③ 일반적으로 플랜지의 지름은 연삭 숫돌 지름의 1/3 이상 이어야 한다.

④ 숫돌 측면과 플랜지 사이에는 두께 0.5mm 이하의 고무와 같은 연성의 와셔를 끼우며, 플랜지가 축에 접하는 부분은 압입키로써 고정하여 공전을 방지한다.

⑤ 플랜지용 너트의 나사는 연삭 숫돌이 회전함에 따라서 잠기는 방향을 가져야 하고 플랜지 측면과 숫돌 측면 전체가 닿지 않도록 한다.

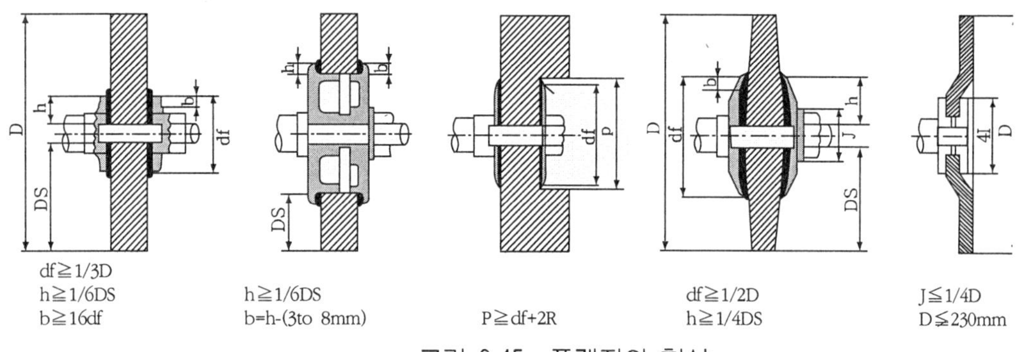

그림 9.45 플랜지의 형상

2) 연삭 숫돌의 밸런싱(balancing)

연삭 숫돌의 균형을 잡는 것은 연삭 가공의 정밀도를 높이며, 연삭 숫돌의 파손을 방지하여 안전한 작업을 하기 위해 꼭 필요한 사항이다. 균형이 잡히지 않는 연삭 숫돌은 가공 시 진동이 나타나고 가공면에 떨림 자리(chatter mark)가 나타나게 된다.

그림 9.46 숫돌 밸런서(grinding wheel balance)

☞ 균형을 잡기 위해서는 왼쪽의 그림과 같은 밸런서(balancer) 또는 밸런신 머시인(balancing machine)에 연삿 숫돌을 설치하여 어떤 위치에서 정지하도록 균형 조정 추(밸런싱 웨이트; balancing weight)로 조정한다.

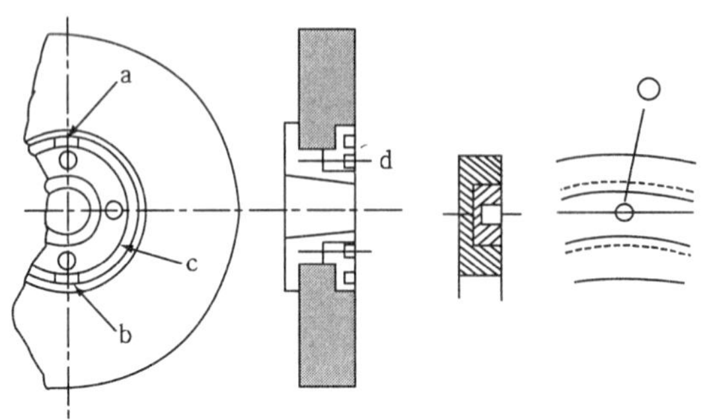

그림 9.47 균형 조정 추(balancing weight)

☞ 왼쪽의 그림은 균형 조정 추(錐)로써 연삭 숫돌의 플랜지에 체결되어 있으며 a, b의 균형 조정 추의 위치를 옮겨 연삭 숫돌의 균형을 잡는다.
균형 조정 추는 원형 홈을 따라 움직이게 되어 있으며 나사 O를 풀면 홈을 따라 자유롭게 움직인다.

연삭 가공 중에 연삭 조건이 적절하지 않으면 여러 가지 결함이 발생할 수 있으므로 적절하게 대처하여야 한다.

(4) 연삭 불량의 원인과 대책

1) 연삭 균열

연삭균열이란 열처리강, 특히 질화강이나 표면 열처리강의 가공면 위에 그물 눈금 모양으로 나타나는 균열이며, 육안으로서는 식별하기가 어려우나 숙련된 경험자들에 의해 다음 사항이 알려져 있다.

① 연삭균열의 특징

(a) 탄소(C)가 0.6~0.7% 이하의 강에 대해서는 거의 연삭 균열이 발생하지 않는다.

(b) 공석강(共析鋼)에 가까운 탄소강에서 자주 발생한다.

(c) 담금질(quenching) 상태에서는 경연삭에서도 발생하지만 뜨임(tempering)하면 방지되는 수가 있다.

(d) 연삭열에 의하여 공작물 표면의 온도가 올라가고 열 팽창이나 재질의 변화에 의하여 일어난다고 한다.

② 연삭균열의 방지법

(a) 가급적 연한 연삭 숫돌을 사용한다.

(b) 연삭 깊이를 작게 하고 이송을 크게 한다.

(c) 연삭 유제를 충분히 사용하여 발열을 적게 하고 발생되는 열을 신속하게 제거한다.

2) 떨림(chattering)

떨림이란 연삭 가공면이 고르지 못하며 잔잔한 물결 모양의 흔적이 생기는 것을 떨림이라고 한다. 떨림의 원인으로는 여러 가지가 있으나 주로 다음의 경우에 일어나기 쉽다.

① 연삭 숫돌에 의한 것 : 연삭 숫돌이 불균형인 때, 연삭 숫돌의 결합도가 너무 클 때

② 연삭기와 그 구동법에 의한 것 : 설치나 기초가 부적당하여 진동을 일으킬 때, 전동기나 중간 축의 진동이 기계 각부에 전달될 때, 구동 치차의 정밀도가 낮을 때

③ 공작물의 고정법에 의한 것 : 불균형인 고정, 진동 정지의 사용법이 부적당한 때, 센터와 센터구멍이 불량할 때

이 가운데 연삭기와 그 구동법에 의한 것은 예비 운전할 때에 대체로 방지 할 수가 있으며, 나머지 두 원인도 주의하여 대처하면 거의 제거할 수 있다.

(5) 연삭 유제

연삭 가공을 흔히 "열(熱)과의 싸움"이라고 한다. 연삭에서는 단위 체적의 연삭칩 당 가공 에너지가 크기 때문에 열이 많이 발생하며, 연삭숫돌의 열전도성이 좋지 않으므로 대부분 공작물에 전도된다.

연삭에서는 열에 의해 연삭열 균열이 발생하며 공작물의 재질도 변하므로 연삭유제를 공급하여 이를 방지해야 한다. 일반적인 연삭유제의 구비조건은 다음과 같다.

① 연삭유제의 기능

(a) 연삭유제는 냉각성, 윤활성, 침투성을 가져야 한다.

(b) 윤활작용으로 숫돌 입자의 절삭작용을 돕고, 마멸과 열 발생을 감소시킨다.

(c) 냉각작용으로 발생열을 신속히 제거한다.

(d) 침투작용으로 숫돌입자 사이에 연삭칩으로 메워지는 것을 방지한다.

② 연삭유제의 구비 조건에는 다음과 같은 것이 있다.

(a) 연삭성을 좋게 하여 칩(chip) 생성을 쉽게 한다.

(b) 가공면의 정밀도를 좋게 해야 한다

(c) 연삭 숫돌 수명을 크게 해야 한다.

(d) 공작물 및 연삭기를 녹슬지 않게 해야 한다.

(e) 인체에 무해하고, 악취가 없어야 한다.

(f) 거품이 없고, 도장(塗裝)을 침해하지 않아야 한다.

(g) 냉각성, 윤활성, 유동성이 좋아야 한다.

체크 포인트

1. 비정상적인 연삭 숫돌의 상태
   눈메움(loading), 무딤 (glazing), 입자탈락(shedding)
2. 드레싱(dressing)
   연삭 숫돌에서 눈메움이나 무딤과 같은 현상이 일어나면 연삭 상태가 나빠지므로, 연삭 숫돌의 표면에서 이와 같은 숫돌입자를 제거하여, 다시 예리한 날이 나오게 하는 것.
3. 트루잉(truing)
   연삭 숫돌의 질이 균일하지 못하거나, 총형연삭 등에서 공작물의 영향을 받아 연삭 숫돌의 모양이 점차 변할 때, 다시 정확한 모양으로 깎아 내는 작업

연습문제

1. 연삭 숫돌의 외형을 수정하여 소정의 모양으로 만드는 것을 무엇이라고 하는가?
   ① 드레싱(dressing) ② 트루잉(truing)
   ③ 로오딩(loading) ④ 그레이징(glazing)

2. 다음은 연삭 가공에서의 불량 중 연삭 균열에 대한 방지법이다. 틀린 것은?
   ① 가급적 연한 연삭숫돌을 사용한다.
   ② 연삭깊이와 이송을 작게 한다.
   ③ 연삭깊이는 작게 하고 이송을 크게 한다.
   ④ 연삭유제를 충분히 사용하여 발열을 적게 하고 발생되는 열을 신속하게 제거한다.

정답 및 해설

1. 눈메움(loading), 무딤(glazing), 입자탈락(shedding) 등은 비정상적인 연삭숫돌의 상태 드레싱(dressing)은 연삭 숫돌의 표면에 다시 예리한 날이 나오게 하는 것.
   트루잉(truing)은 공작물의 영향을 받아 연삭 숫돌의 모양이 점차 변할 때, 다시 정확한 모양으로 깎아 내는 작업.

2. ▹ 연삭 균열의 방지법
   ① 가급적 연한 연삭숫돌을 사용한다.
   ② 연삭깊이를 작게 하고 이송을 크게 한다.
   ③ 연삭유제를 충분히 사용하여 발열을 적게 하고 발생되는 열을 신속하게 제거한다.

Chapter 10 호우닝 머시인(Honing Machine)

학습 목표

1. 정밀 입자 가공의 종류를 3가지 이상 열거할 수 있다
2. 호우닝 머시인의 용도를 호우닝의 특징을 설명할 수 있다.
3. 호우닝과 액체 호우닝 차이점을 중심으로 액체 호우닝 방법을 설명할 수 있다.

1. 호우닝(honing)

학습 Point

- 정밀 입자 가공 = 연삭 가공 후에 다시 표면 정밀도를 높이기 위한 호닝, 래핑, 슈퍼 피니싱 등
- 호우닝의 특징 = 표면 정밀도를 향상, 연삭열에 의한 팽창이 적고 진동발생이 적은 것 등.
- 액체 호우닝의 특징 = 피이닝 효과 (peening effect), 복잡한 형상의 가공용이, 피로강도와 내마모성 등 가공 표면의 물리 성질을 개선 등.

(1) 정밀입자 가공과 호우닝

정밀입자 가공과 호우닝의 개념에 대해 먼저 살펴보자.

정밀 입자 가공이란 연삭 가공 후에 다시 표면 정밀도를 높이기 위한 입자가공으로서 호닝, 래핑, 슈퍼 피니싱을 말하고, 이외에도 초음파 가공, 바렐 다듬질(barrel finishing), 쇼트 피이닝(shot peening) 등도 입자 가공에 속한다.

호우닝은 몇 개의 숫돌을 둘레에 붙인 호운(hone)이라고 하는 공구를 구멍 내에서 가볍게 접촉시키면서 회전, 왕복 운동을 하여 가공 표면을 더욱 매끈하고 정밀하게 다듬질 하는 정밀입자 마찰 가공법의 하나이다.

호우닝에 대한 일반적인 사항을 정리하여 보면 다음과 같다.

① 호우닝의 특징

㉠ 표면 정밀도를 향상시켜 아름다운 면들을 얻을 수 있다.

㉡ 구멍의 크기를 정확히 조절하여 가공할 수 있다.

㉢ 전 가공 공정에서 나타난 테이퍼, 진직도, 진원도 등 치수의 오차를 수정하며, 치수 정밀도도 3~10μm 정도로 높일 수 있다.

㉣ 연삭열에 의한 팽창이 적고 진동이 거의 발생하지 않는다.

② 호우닝에 적합한 재료

경도에 따른 작업의 제한은 없으며, 다만 재료에 따라 호우닝 속도를 다르게 선택한다. [예 : HR_C 65 정도의 강 ⇒ 0.15~0.30mm/min]

③ 호우닝의 용도

금속과 비금속 재료로 된 원통의 내면, 외형 표면 및 평면 등의 내 외면 모두 가공이 가능하지만 실린더 내면, 포신 내면, 등과 같이 정도가 높은 내면 가공에 주로 사용된다.

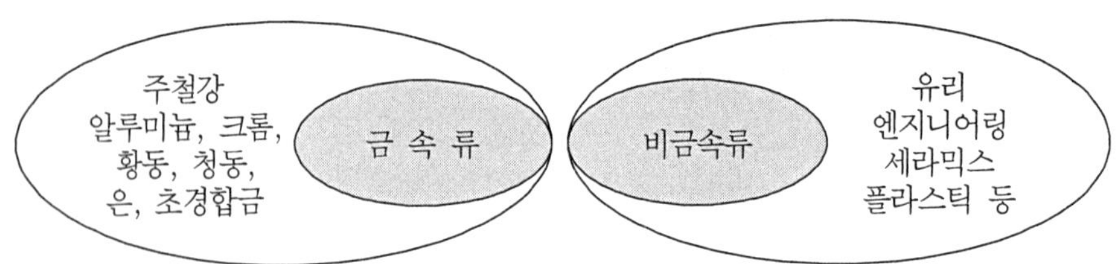

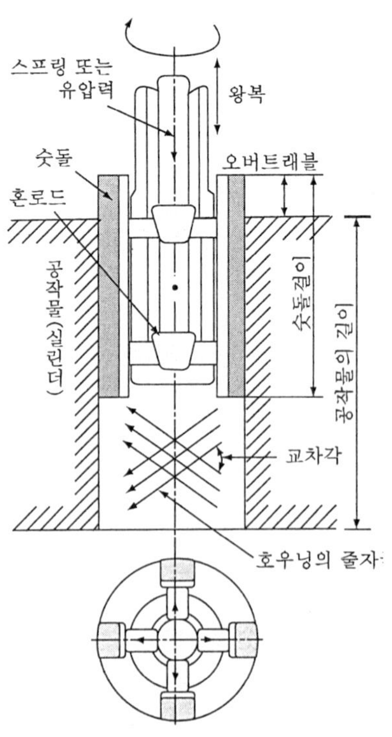

그림 10.1 호우닝의 원리

④ 호우닝의 원리

그림 10.2과 같이 호우닝 숫돌을 장착한 호우닝 공구는 공작물 구멍 내부에서 회전운동을 하며, 동시에 축방향에서 왕복 운동을 한다. 이와 같은 호우닝 공구의 운동에 의해, 구멍의 내면 전체에 어떤 일정한 압력으로 접촉하여 가공하는 표면을 매끈하게 한다.

호우닝 입자의 공작물에 대한 운동 궤적은 회전 속도와 왕복 속도의 연합으로 결정이 되며, 싸인곡선을 그리게 된다. 그리고 호우닝 중에는 다량의 절삭 유제를 공급하여 발생열을 제거하고 칩을 배출시켜 절삭 작용을 돕는다.

(2) 호우닝 방식

호우닝 방식은 다음과 같이 자유 호우닝 방식, 강제 호우닝 방식, 숫돌 가압 방식으로 나눌 수 있다.

① 자유 호닝 방식

일반적으로 사용하고 있으며 그림 10.2(a)와 같이 공작물을 중심으로 하여 호우닝을 하는 방법이다. 공작물이나 호우닝 공구의 어느 것이 자유지점을 가지고 있어, 호우닝 헤드가 가공구멍을 안내하여 절삭하므로 공구의 자유지점의 정도와 공작물의 자유도가 크게 영향을 미친다.

② 강제 호우닝 방식

그림 10.2(b)와 같이 호우닝 공구를 중심으로 하여 공작물을 가공하는 방식이고, 기어이 축 구멍, 캠 축 구멍과 같이 바깥 지름을 정하여 센터 내기 가공을 하는 경우가 이에 속한다.

③ 숫돌가압 방식

연삭 숫돌로 구멍을 확장하는 경우는 캠이나 링크 기구를 사용한다. 이를 브레이크형 방식의 호닝헤드라고 하며, 왕복 운동과 회전은 자동으로 되어 있고, 가압 장치만이 수동으로 되어 있는 것을 반자동 기계라고 한다. 유압이나 공압을 응용해서 확장하는 방식을 자동 호우닝 머시인이라 한다.

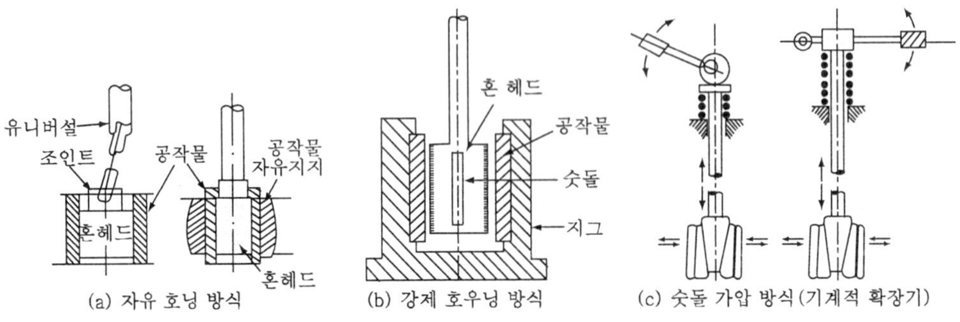

그림 10.2 호우닝 방식

2. 호운(hone)

호우닝에는 호운이라고 하는 공구를 사용한다. 호운은 호우닝 숫돌을 방사 방향으로 붙인 호우닝 공구로서 스프링 가압식과 막대 팽창식 등이 있다.

막대 팽창식 호운은 그림 10.3과 같이 회전 축의 원뿔 모양의 팽창 막대를 전진시켜 숫돌면을 구멍 내면에 눌러 대는 방식으로서, 이 호운은 외부에서 안내를 하는 것이 아니라,

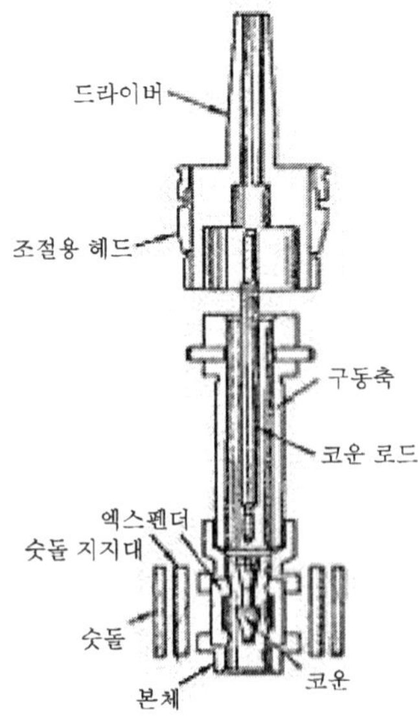

그림 10.3 막대 팽창식 호운

구멍에서 자유로이 활동할 수 있어 구멍 내면에 의하여 안내가 되는 것이 특징이다.

그러면, 호우닝 숫돌(abrasive sticks)에 대해 좀더 자세히 알아보자.

(1) 호우닝 숫돌(abrasive sticks)

1) 숫돌의 재료

호우닝 숫돌은 연삭작업용 숫돌과 재질은 같으나 다른점은 형상이 각봉상(角棒狀)이며 미세 입자로 되어 있는 점이 다르다.

호우닝 숫돌의 입자로는 산화알루미늄(Al_2O_3) 및 탄화규소(SiC)가 주로 사용되나 초경합금이나 자기(磁器) 등에는 다이아몬드가 사용된다. 결합제로는 비트리파이드(vitrified)나 레지노이드 결합제(resinoid bond)가 주로 사용된다.

2) 입도

표면 정밀도에 따라 다음과 같이 다른 입도를 사용한다.

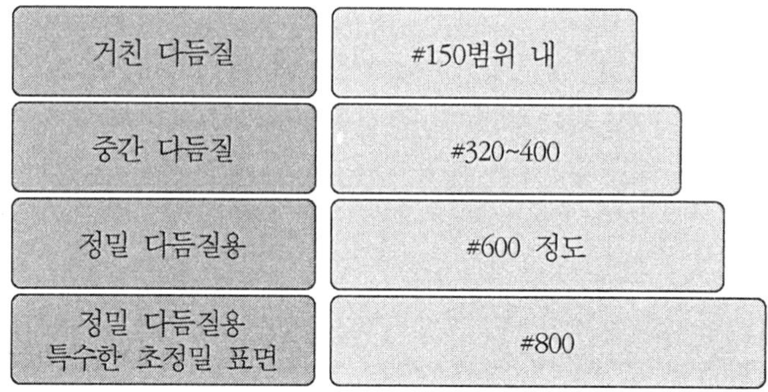

거친 다듬질	#150범위 내
중간 다듬질	#320~400
정밀 다듬질용	#600 정도
정밀 다듬질용 특수한 초정밀 표면	#800

3) 경도

호우닝 작업을 할 때에는 가공물의 표면 전체에 균일하게 접촉하며, 새롭게 돌출된 입자의 절삭 능력이 감소되지 않도록 경도가 작은 숫돌을 사용한다.

일반적으로 열처리 경화강에는 J~M, 연강에는 K~N, 주철 및 황동에는 J~N 범위의 것을 사용한다.

표 10.1 호우닝 다듬질 정도에 대한 입도와 경도의 선택 기준

표면가공정밀도	입도	경도
극히억센가공	80~120	K-N
거치른표면가공	120~180	J-L
중정도표면가공	320~400	H
정밀한표면가공	500~800	G

(2) 호우닝 숫돌의 크기

호우닝 숫돌 작용 면적은 가공할 구멍의 크기에 대하여 적당한 비율의 값을 가져야 한다. 호우닝 숫돌 표면적의 접촉비 ψ는 다음과 같다.

$$\psi = \frac{A}{l \cdot \pi \cdot D} = \frac{A}{\pi D^2} = \frac{l}{D} \cdot \frac{b}{\pi D} = \lambda \cdot \rho \qquad (10\text{-}1)$$

l : 숫돌의 길이

D : 가공할 구멍의 지름

b : 숫돌의 전체 폭

A : 숫돌의 작용면적

여기서 잠깐 !!

- 보통 호우닝에서는
  $\lambda = \frac{l}{D} = 1 \sim 2$, $\rho = \frac{b}{\pi D} = 0.6 \sim 0.8$입니다.
- 호우닝 숫돌의 길이는 가공할 구멍의 길이의 1/2 보다 크면 안된다.
- 1/2보다 크게 되면 공작물에 접촉하지 않는 곳이 있게 되어 숫돌의 마멸이 균일하지 않게 되므로 가공 구멍의 치수가 불량하게 되기 때문이다.

3. 호우닝 머시인(honing machine)

(1) 직립식 호우닝 머시인(vertical honing machine)

다음 그림은 실린더의 호우닝에 사용되는 직립식 호우닝 머시인의 각부 명칭을 나타낸 것이다.

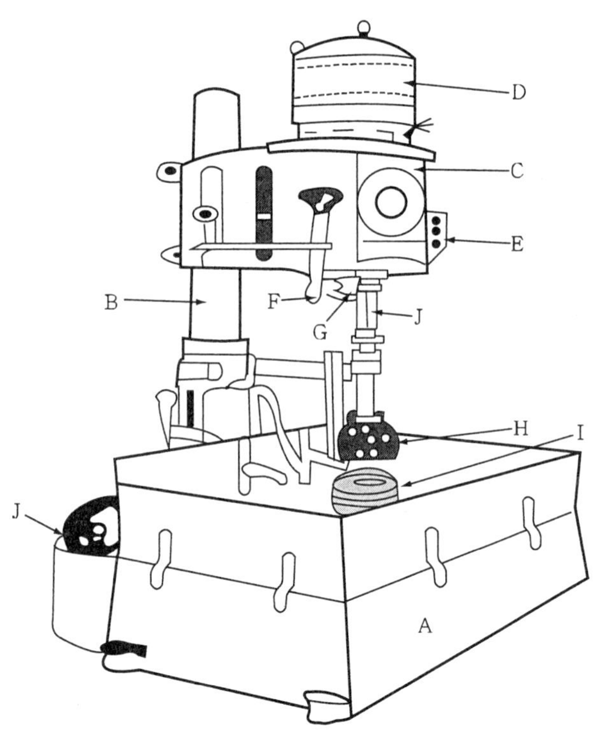

A : 베이스(base)
B : 컬럼(column)
C : 슬라이딩 헤드(sliding head)
D : 전동기(motor)
E : 전기 조종판(control panel)
F : 속도 조절 레버(lever)
G : 스트로우크 및 스플라인 축 (spline shaft) 조정 손잡이
H : 호우닝 헤드(honing head)
I : 가공물 고정부
J : 윤활제용 펌프(pump)

그림 10.4 직립식 호우닝 머시인

(2) 직립식 단축형 호우닝 머시인

호운의 회전 운동은 전동기에서 변속 기어를 통해 가동이 되며, 유압 장치로서 속도를 무단 변속(無段變速) 시키는 방식으로 왕복운동을 시킨다.

여기서 잠깐 !!

그림 10.5를 보면 직립식 단축형 호우닝 머시인의 작동원리를 알아보자.

- 주축단에 호운이 고정되어 가공을 내면을 왕복 이동을 한다.
- 변속기어는 전동기에 직접 연결도어 있으며, 이때 호운의 회전 주속은 30~70cm/min 정도이다.
- 동일한 기계로 가공할 때 그 직경의 최소, 최대비는 1 : 4 범위까지이고 이때 변속비는 1 : 10 정도의 범위로 되어 있다.
- 왕복 이동 부분의 중량의 평형 작용에 2개의 공기(空氣) 실린더가 사용되며, 이 2개의 공기 실린더는 상승, 하강시의 속도 변화를 정확히 조절하기 위하여 장치되어 있다.
- 왕복 운동은 유압 펌프에서 관이 연결된 유압 실린더가 사용이 되고 있다. 앙복 운동의 거리를 조절할 때는 가공물에 따라 스트로우크의 조정 장치를 설치하여 원판상의 핸들을 조절한다.
- 왕복운동 속도는 유량가변 펌프나 유량 조절 밸브를 사용하여 최대 30m/min까지 무단 변속시키며, 특히 가공 면에 따라 황삭 호우닝 또는 완성 가공 호우닝 등에 필요한 능률적인 속도를 선택해야 한다.
- 절삭유 공급용 장치는 호운을 가공물에 넣기 위한 안내 장치로서, 상하 조절이 가능하다.

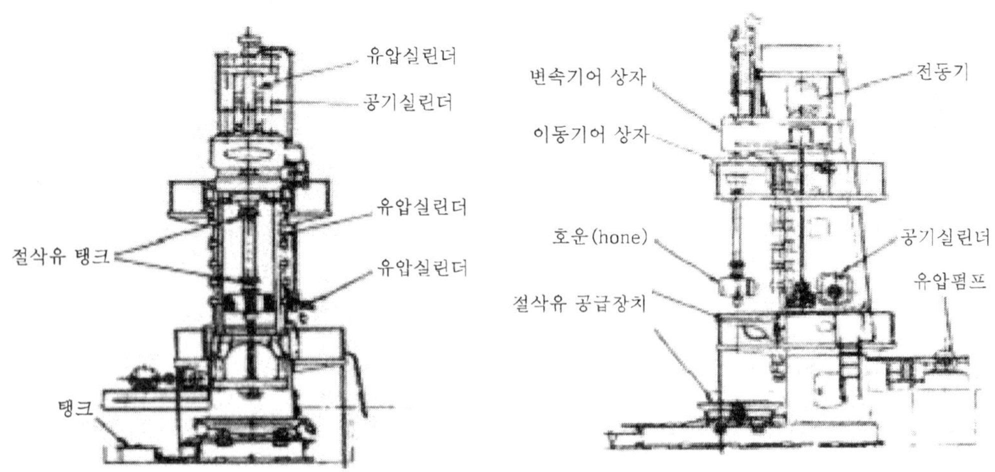

그림 10.5 직립식의 단축형 호우닝 머시인

(3) 공압 확장식 직립형 호우닝 머시인

그림 10.6은 공압 확장식 직립형 호우닝 머시인으로서 $\phi 6 \sim \phi 50$mm 까지의 비교적 작은 지름의 가공에 적합하며, 전동압구동에 의해 고능률, 고정도의 호우닝 가공에 적합한 호우닝 머시인이다.

주축속도, 스트로크 속도, 확장압력의 조정이 정면 조작 패널의 다이알로 가능하고, 스트로크 위치의 조정은 핸들의 조작만으로 작동 중에도 조정이 가능하여 조작이 간단하다.

그림 10.7의 형상을 가진 구면 호우닝 머시인 Quotations from KUM YOUNG MACHINARY CO.은 구상 공작물의 구면부를 고정도, 고능률로 가공하는 구면 호우닝 머시인이며 공작물 장착 치구, 호우닝 공구를 바꾸어 1대로써 외구, 내구 양쪽의 가공을 간단히 할 수 있다.

그림 10.6 공압 확장식 직립형 호우닝 머시인

그림 10.7 구면 호우닝 머시인 Quotations from KUM YOUNG MACHINARY CO.

2축 구면 호우닝 머시인은 황삭 호우닝, 다듬질 호우닝의 2단 가공이 가능하여 가공시간의 대폭적인 단축이 가능하다.

이외에도 유압 확장식 호우닝 머시인, 평면 호우닝 머시인 등이 있다.

4. 호우닝 조건(honing condition)

(1) 호우닝 속도

호우닝의 속도에 대해 살펴보자.

호우닝의 속도는 공작물의 표면을 통과하는 입자의 속도이며, 이것은 호운의 회전 속도와 왕복 속도의 합성 속도이다.

호운의 원주 속도는 연삭 작업의 1/40 정도로 40~70m/min 정도이며, 왕복 속도는 원주 속도의 1/2~1/5정도이다.

호우닝에서 호운 입자의 운동 경로를 살펴보면, 호우닝 숫돌은 회전과 동시에 왕복 운동을 하므로, 그림 10.8과 같은 입자의 운동 경로가 나타난다. 무늬의 교차 각 α는 거친 호우닝에서 40~60°이며, 다듬질 호우닝에서는 20~40°이다.

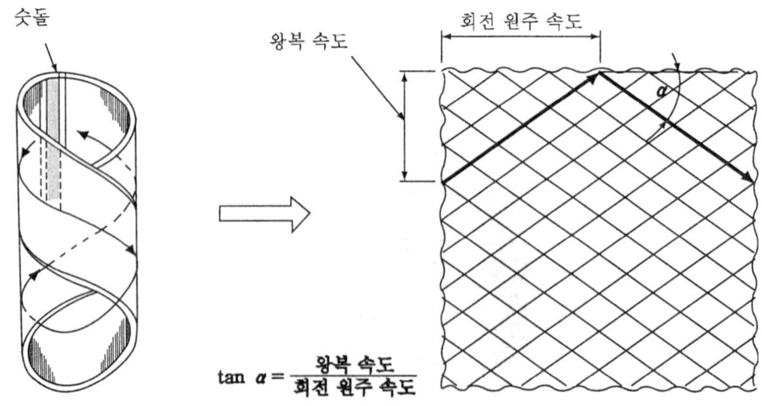

그림 10.8 호우닝에서 호운 입자의 운동 경로

(2) 호운 압력

호우닝 숫돌의 압력은 가공 표면의 거칠기와 밀접한 관계에 있다.

호우닝 숫돌이 공작물과 정확히 접촉 되도록 하기 위해선 스프링이나 유압을 사용하여 거친 가공과 매끈한 가공에 대한 압력을 정확하게 조절하여야 한다. 일반 적으로 압력의 크기는 2~6kg/mm^2 정도가 사용된다.

호운의 가공면에 대한 압력을 정리해 보면 다음과 같다.

- 비트리파이드 결합제 숫돌 사용 ➡ 거친 호우닝 = 10kg/cm^2 이상
  다듬질 호우닝 = 4~6kg/cm^2 정도
- 레지노이드 결합제 숫돌 사용 ➡ 비트리파이드 결합제 숫돌의 1/10으로 함

(3) 호우닝의 여유

호우닝의 가공 여유는 어느 정도로 하여야 할까?

우선, 가공 표면의 거칠기는 호우닝 숫돌의 가공 압력의 크기에 따라 다르며, 내경이 크게 만들어 질 경우에는 깎아내는 양도 그만큼 많아지게 된다.

주철과 강을 호우닝 할 때, 공작물 지름에 대한 호우닝 여유는 표 10.2와 같다.

표 10.2 공작물 지름에 대한 호우닝 여유

공작물 지름(mm)	호우닝 여유 (mm)	
	주 철(cast iron)	강(steel)
25~125	0.018~0.1	0.008~0.04
150~275	0.08~0.15	0.028~0.05
300~500	0.13~0.2	0.038~0.065

(4) 절삭 유제

절삭 유제의 사용량이나 점성은 호우닝의 가공 능률과 표면 거칠기에 많은 영향을 준다.

보통 절삭유제는 경유가 많이 사용되고 있으며, 절삭유제의 점도 조정을 위해 머시인유를 혼합한다.

혼합용으로서는 돼지기름이나, S를 첨가한 광유(鑛油)를 사용하고 있으며, 수용성 절삭유제는 적합하지 않다.

5. 액체 호우닝(liquid honing)

(1) 액체 호우닝의 특징

액체 호우닝 이란 그림 10.9와 같이 연마제와 가공액을 혼합한 것을 압축 공기를 이용하여 그림 10.10과 같은 장치를 통하여 고속으로 일감 표면에 분출시켜 아름다운 다듬질면을 얻는 가공법이다.

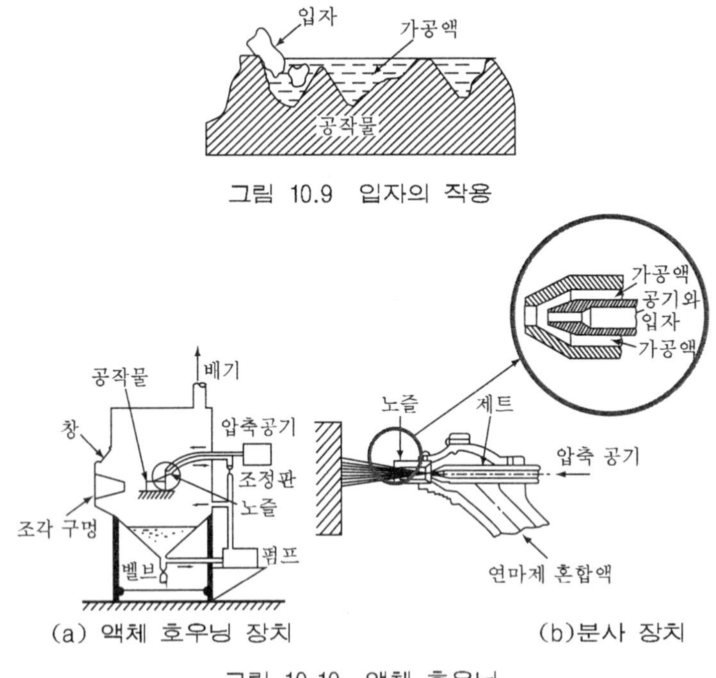

그림 10.9 입자의 작용

그림 10.10 액체 호우닝

이와 같은 액체 호우닝의 특징은 다음과 같다.

① 짧은 시간에 매끈해지나 광택이 적은 다듬질 면을 얻게 된다.
② 피이닝 효과 (peening effect)가 있으며, 복잡한 모양의 일감 표면의 다듬질이 가능하다.
③ 도장이나 도금의 바탕을 깨끗이 다듬을 수 있다.
④ 피로 강도와 내마모성 등 가공 표면의 물리적 성질을 좋게 할 수 있다.
⑤ 인장강도가 5~10% 증가한다.
⑥ 절삭 공구의 수명이 증가된다.
⑦ 형상이 복잡해도 쉽게 가공할 수 있다.

용어해설	피이닝 효과(peening effect)
표면을 두드려 압축함으로써 공작물의 피로한도를 높이는 효과를 말한다. 스프링의 처리 등에 많이 이용한다.	

(2) 연마제와 가공액

연마제	연마제의 입도는 표면 다듬질 정도에 따라 적절히 선택을 하며, 연마제로는 SiC, Al_2O_3, 규사 등의 가루를 사용한다.
가공액	물에 방청제를 첨가한 것을 사용한다. 보통 주물에 대해서는 60번 전후로 하며, 산화 피막 제거에는 거친 입도로서 60~220번의 것, 가루로는 80~48μm (325~520번)의 것이 쓰인다.

다음 표 10.3은 입도와 표면 거칠기와의 관계를 나타낸 것이다.

표 10.3 표면 거칠기와 입도의 관계

입 도	표면 거칠기(μm)
100 번	3.0
325 번	1.4
1250 번	1.0

(3) 액체 호우닝의 조건

1) 분사 압력과 연마재 분사량

다듬질 표면은 연마재의 농도, 공기 압력, 분사 시간, 노즐과 일감과의 거리, 분사 각에 따라 다르므로 이와 같은 가공조건을 신중히 선택하여야 한다.

공기 압력은 보통 3.5~7.0 kg/cm^2 정도이며, 압력이 높을수록 가공 능률이 좋다.

연마재는 다량을 가공면에 분사하며, 그 양은 지름 12mm 노즐에 있어 매분 5~7kg 정도로 하는데, 연마재와 가공 액과의 혼합비는 용적으로 1:2 정도일 때 능률이 가장 좋다.

2) 분사 거리와 분사 각

분사 노즐과 일감 사이의 거리는 보통 60~80mm 이며, 얇은 판을 가공할 때에는 적어도 200mm의 거리를 두어야 한다.

다듬질 표면에 분사각이 미치는 영향도 크며, 철강의 경우 40~50° 정도가 가장 능률적이며 분사 각이 클수록 다듬질면은 거칠어지므로 주의를 기울여야 한다.

체크 포인트

1. 정밀 입자 가공이란
   연삭 가공 후에 다시 표면 정밀도를 높이기 위한 입자가공으로서 호닝, 래핑, 슈퍼 피니싱을 말하고, 이외에도 초음파 가공, 바렐 다듬질(barrel finishing), 쇼트 피이닝(shot peening) 등도 입자 가공에 속한다.
2. 호우닝의 특징
   - 표면 정밀도를 향상 시킨다.
   - 구멍의 크기를 정확히 조절하여 가공할 수 있다.
   - 전 가공 공정에서 나타난 테이퍼, 진직도, 진원도를 바로 잡을 수 있다.
   - 연삭열에 의한 팽창이 적고 진동이 거의 발생하지 않는다.
3. 액체 호우닝의 특징
   - 짧은 시간에 매끈해지나 광택이 적은 다듬질 면을 얻게 된다.
   - 피이닝 효과 (peening effect)가 있으며, 복잡한 모양의 일감 표면의 다듬질이 가능하다.
   - 도장이나 도금의 바탕을 깨끗이 다듬을 수가 있다.
   - 피로 강도와 내마모성 등 가공 표면의 일반적 물리 성질을 좋게 할 수 있다.
   - 형상이 복잡해도 쉽게 가공할 수 있다.

연습문제

1. 다음 호닝의 특징을 열거한 것 가운데 틀린 것은?

   ① 표면 정밀도를 향상시킨다.

   ② 호운의 운동으로 인해 진동이 많이 발생한다.

   ③ 구멍의 크기를 정확히 조절하여 가공할 수 있다.

   ④ 전 가공 공정에서 나타난 테이퍼, 진직도, 진원도를 바로 잡을 수 있다.

2. 다음 중 액체 호우닝의 특징과 관계가 먼 것은?.

   ① 형상이 복잡하면 가공하기가 곤란하다.

   ② 짧은 시간에 매끈해지나 광택이 적은 다듬질 면을 얻게 된다.

   ③ 피로 강도와 내마모성 등 가공 표면의 일반적 물리적 성질을 좋게 할 수 있다.

   ④ 피이닝 효과(peening effect)가 있으며, 복잡한 모양의 일감 표면의 다듬질이 가능하다.

정답 및 해설

1. ▹ 호우닝의 특징

   ① 표면 정밀도를 향상 시킨다.
   ② 구멍의 크기를 정확히 조절하여 가공할 수 있다.
   ③ 전 가공 공정에서 나타난 테이퍼, 진직도, 진원도를 바로 잡을 수 있다.
   ④ 연삭열에 의한 팽창이 적고 진동이 거의 발생하지 않는다.

2. ▹ 액체 호우닝의 특징

   ① 짧은 시간에 매끈해지나 광택이 적은 다듬질 면을 얻게 된다.
   ② 피이닝효과(peening effect)가 있으며, 복잡한 모양의 일감 표면의 다듬질이 가능하다
   ③ 도장이나 도금의 바탕을 깨끗이 다듬을 수가 있다.
   ④ 피로 강도와 내마모성 등 가공 표면의 일반적 물리 성질을 좋게 할 수 있다.
   ⑤ 인장강도가 5~10% 증가한다.
   ⑥ 절삭 공구의 수명이 증가된다.
   ⑦ 형상이 복잡해도 쉽게 가공할 수 있다.

Chapter 11 슈우퍼 피니싱 머시인(Super Finishing Machine)

학습 목표

1. 슈우퍼 피니싱(super finishing)의 효과를 말할 수 있다.
2. 슈우퍼 피니싱 숫돌의 선택 기준을 설명할 수 있다.
3. 원통면 가공용 슈우퍼 피니싱 머시인의 구조를 스케치하며 설명할 수 있다.

1. 슈우퍼 피니싱(super finishing)

학습 Point

▸ 슈우퍼 피니싱의 효과
- 다듬질시간이 짧고, 다듬질면이 미끈하다.
- 치수 정도가 높다.
- 다듬질면의 내식성과 내마멸성이 좋다. 다듬질면의 마찰 성능이 좋다.

(1) 슈우퍼 피니싱(super finishing)의 개요

슈우퍼 피니싱이란 1935년 미국 Crysler Auto Co.에서 고안 되어, 로울링 베어링의 레이스면 등 특히 내마멸성을 필요로 하는 곳의 다듬질 방법으로 발달되어 급속히 각 방면에 보급된 표면 가공법이다.

초사상 가공(超仕上 加工)이라고도 부르는 슈우퍼 피니싱은 호우닝과 같이 입도가 적고, 연한 연삭 숫돌을 회전하는 원통 공작물의 표면에 작은 압력으로 눌러 대어 공작물 표면에서 미세한 칩을 깎아 내어 치수 정밀도가 높은 다듬질면을 얻는 정밀 입자 가공 방법의 하나이다.

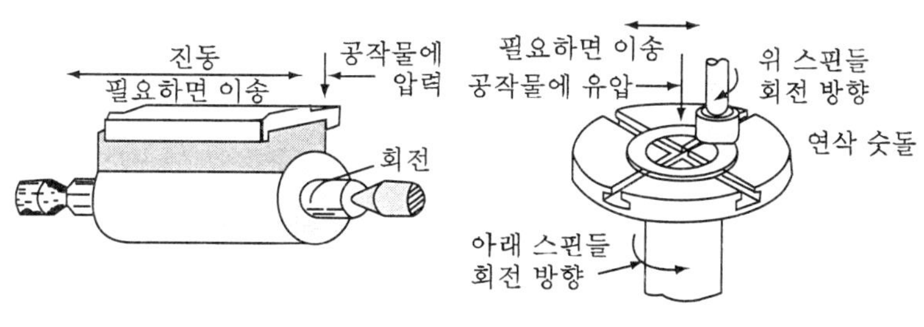

(a) 원통 표면의 슈퍼피니싱 (b) 평면의 슈퍼피니싱

그림 11.1 슈우퍼 피니싱

1) 슈우퍼 피니싱(super finishing)의 특징

슈우퍼 피니싱이 호우닝과 다른 점은 숫돌에 공작물의 축 방향으로 작은 진동을 주는 것이다. 기본적인 작업으로는 원통형의 외면뿐만 아니라 내면과 평면 드웅ㄹ 다음질할 수 있으므로, 많은 기계 부품의 정밀한 다듬질, 특히 중요한 축의 베어링 접촉부, 각종 게이지, 각종 롤러, 초정밀 가공 등에 실용화 되어 있다. 또한 슈우퍼 피니싱은 공작물의 치수를 변경하는 것이 주목적은 아니지만 원통의 지름을 0.003~0.005mm 정도 깎아 내기도 한다. 또한 숫돌과 공작물의 접촉 면적이 넓으므로, 연삭가공에서 남은 이송자리(feed mark), 숫돌의 떨림으로 나타난 자리 즉, (chatter mark) 등을 제거할 수 있다. 슈우퍼 피니싱에 의한 가공면은 매끈하고 방향성이 없고, 가공에 의한 표면의 변질부가 지극히 적다.

2) 슈우우퍼 피니싱(super finishing)으로 얻을 수 있는 효과

① 다듬질 시간을 단축 시킬 수 있다.
② 매끈한 다듬질면을 얻을 수 있다.
③ 높은 치수 정도를 얻을 수 있다.
④ 다듬질면의 내식성과 내마멸성을 증가시킨다.
⑤ 다듬질면의 마찰 성능을 개선 시킨다.

2. 슈우퍼 피니싱 숫돌과 연삭유제

(1) 슈우퍼 피니싱 숫돌

슈우퍼 피니싱 숫돌의 나비는 공작물 지름의 60~70% 정도로 하며, 길이는 공작물 길이와 같은 것을 사용한다.

초사상면을 가공하는 슈우퍼 피니싱에 있어서 숫돌의 설정을 정확하게 하여야 하므로 숫돌 선정의 기준이 되는 5가지 요소, 즉 숫돌의 입자, 결합체, 결합도, 조직에 대해 정리하여 나타내면 다음과 같다.

숫돌의 5가지 인자

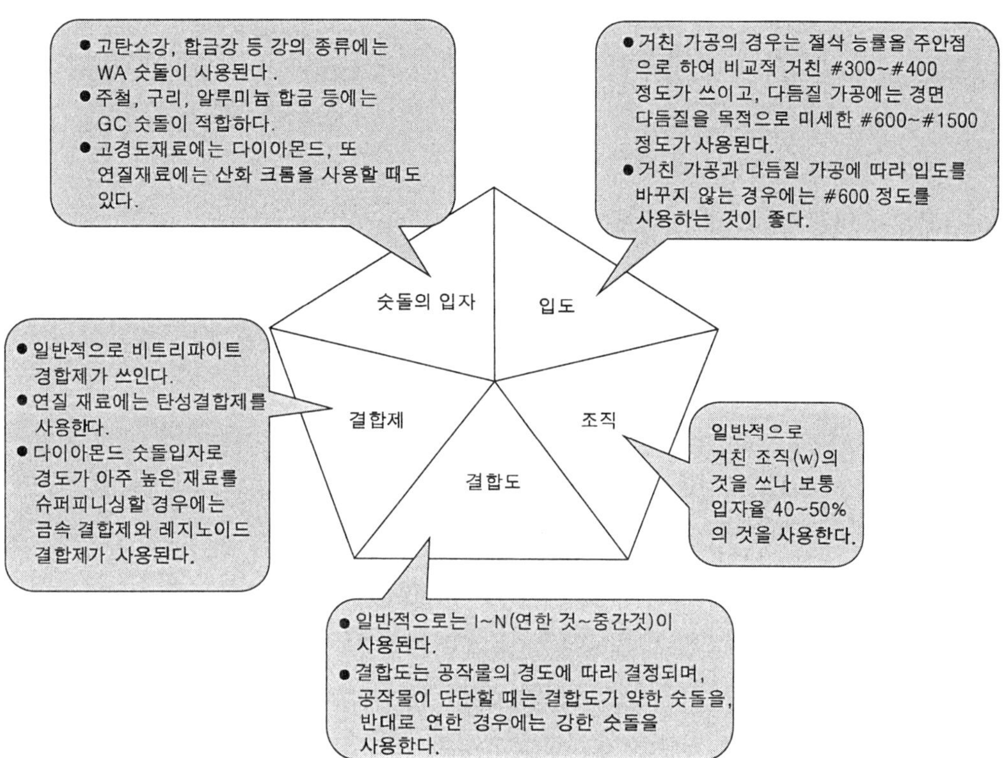

(2) 연삭 유제

슈우퍼 피니싱 작업에서 연삭유제를 선택할 때, 공작액의 점도가 작아서 숫돌의 세척작용을 잘 되게 해야 하나, 거칠기 면에서 보면 점도가 커야하므로 일반적으로는 주로 경유가 사용되지만 스핀들유 및 기계유를 10~30% 혼합하여 사용할 때도 있다.

1) 연삭 유제의 역할

슈우퍼 피니싱을 할 때 연삭유제의 역할은 다음과 같다.

① 탈락 숫돌의 입자나 칩을 흘러내리게 한다.

② 숫돌 입자 선단은 잘 윤활시켜 그 절삭 작용을 돕는다.

③ 다듬질 공정에서는 절삭 작용을 제어하여 숫돌을 적당히 눈메움(loading) 시킨다.

3. 슈우퍼 피니싱 머시인

아래의 슈우퍼 피니싱 유닛, 슈우퍼 피니싱 머시인, 다용도 슈우퍼 피니싱 머시인에 대하여 각각 자세히 알아보도록 하자.

▹ 원통면 가공 슈우퍼 피니싱 장치

슈우퍼 피니싱 머시인에는 일반 범용과 전용의 것이 있으며, 종래에는 그림 11.2와 같은 선반에 장치하여 원통면을 슈우퍼 피니싱하는 슈우퍼 피니싱 유닛(super finishing unit)이 많이 이용되고 있다.

▹ 슈우퍼 미니싱 유닛의 구조

슈우퍼 피니싱 유닛은 스프링으로 숫돌이 받는 하중을 지지하는 숫돌 진동 장치가 있으며, 숫돌을 실린더의 길이 방향으로 425 cycle/min로 진폭 5mm 정도 진동 시킨다. 숫돌의 드레싱은 공작물에 사포(砂布,emery cloth)를 감고 숫돌을 접촉시켜 원호형으로 만든 다음, 다이아몬드공구가 설치된 보오링 바(boring bar)에 의하여 숫돌면을 완성한다. 공작물의 주속도는 15~18m/min, 숫돌의 압력은 1.5kg/cm^{2}정도로 하며 1분 정도의 가공 시간에 공작물의 표면 정도는 0.3μm 정도이다.

현재 가장 널리 사용되고 몇가지 슈우퍼 머시인에 그림 11.3에 대해 알아보자.

숫돌로 된 슈우퍼 피니싱 스톤(super finishing stone)을 진동시키면서 원통면을 다듬질할 수 있는 구조이다.

그림에서 공작물은 지지대 1과 2 사이에서 지지되고 선반과 같은 방법으로 회전 시키며, 공구인 숫돌의 지지축 4에 공구를 장치하며, 가공면을 따라 축 방향으로 왕복운동 한다.

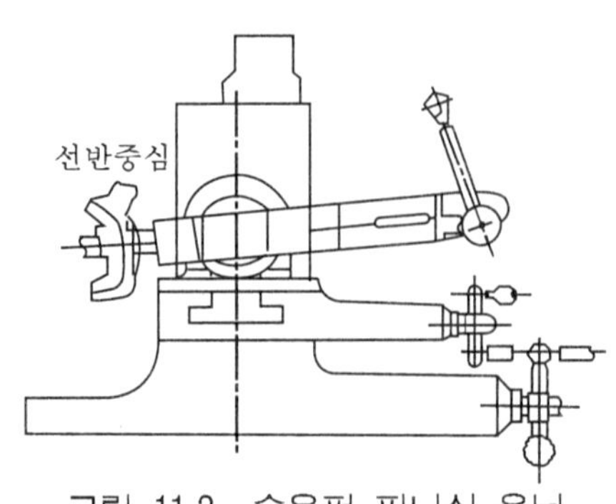

그림 11.2 슈우퍼 피니싱 유닛

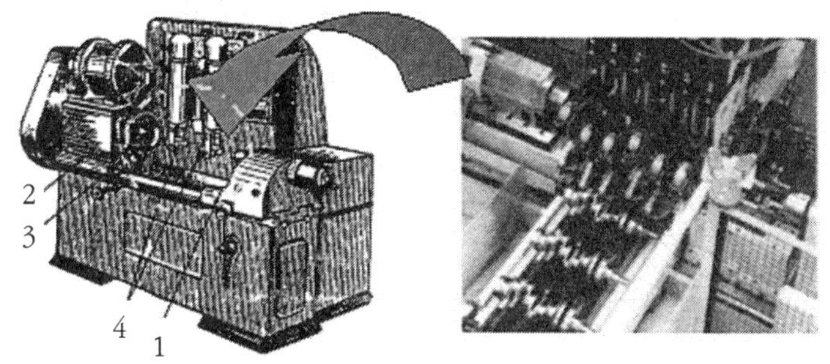

그림 11.3 슈우퍼 피니싱 머시인

공작물의 주속도는 2~20m/min, 숫돌의 길이 방향의 이송은 공작물 1회전당 0.1~0.15mm의 범위에서 변화시킨다.

숫돌의 진동수는 500~1800cycle/min로 하며, 가공 여유는 0.005~0.02mm, 1회 가공시간은 12~35sec 정도 걸린다.

그림 11.4는 다용도 슈우퍼 피니싱 머시인으로서, 공작물은 장시간 정밀도 유지를 위하여 슈센터리스 방식으로 지지되며, 가압롤러에 의하여 고정된다. 2축 장착방식으로 좌측과 우측의 준비작업 및 작업을 용이 하도록 설계되어 있다. 슈우퍼 피니싱 숫돌의 진동방식을 고정 센서로 하였으므로 슈우퍼 피니싱 작업으로 궤도면의 정밀도를 개선할 수 있다.

슈우퍼 피니싱 작업조건은 작업 중 황삭에서 다듬질로 변경되므로 짧은 시간에 고정도의 슈우퍼 피니싱이 이루진다. 치공구의 교환, 변경을 짧은 시간 내에 간단하게 실행할 수 있다.

그림 11.4 다용도 슈우퍼 피니싱 머시인

다용도 슈우퍼 피니싱 머시인은 다음과 같은 부품의 작업에 주로 사용되고 있다.

- 크랭크 샤프트, 캠 샤프트
- 트랜스미션 샤프트, 싱크로 나이즈 기어류
- 토로크 컨버터 허브, 클러치 하우징
- 밸브 탭핏, 실린더
- 크라운 코니컬 작업물

4. 슈우퍼 피니싱 조건(super finishing condition)

(1) 숫돌의 압력

그림 11.5와 같이 숫돌과 공작물 사이의 압력은 숫돌의 마멸량, 다듬질량, 가공 시간과 다듬질 표면 거칠기에 영향을 미치므로, 숫돌의 여러 가지 조건과 전 가공의 상태, 연삭 유제 등을 고려하여 선택한다.

숫돌에 가하는 압력은 호우닝에 비하여 낮은데 0.1~3kg/cm²의 범위로 한다.

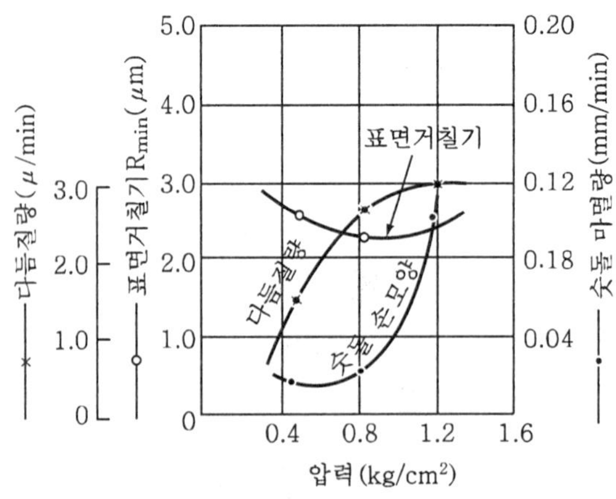

그림 11.5 숫돌 압력의 영향

다음 표 11.1은 공작물의 재질에 따른 숫돌의 압력을 나타낸 것이다.

표 11.1 공작물의 재질과 압력

공작물 재질	압력(kgf/cm²)
경화강	1.5~2.0
연강	0.5~3.0
알루미늄	0.1~0.5
주철	0.5~1.0

(2) 공작물의 원주속도

공작물의 속도가 빠르면 숫돌 입자에 작용하는 절삭저항이 작으므로, 결합도가 큰 숫돌을 사용하는 것과 같은 효과로서 새로운 입자의 돌출이 어렵게 되며 절삭 능력이 떨어진다.

공작물의 속도가 느리면 다듬질 능률은 좋으나 가공 표면이 거칠어진다.

공작물 표면에서의 상대 속도는 거친 다듬질에서는 5~10m/min, 정밀 다듬질에서 15~30m/min로 하는 것이 좋다.

(3) 숫돌의 진폭과 진동수

슈우퍼 피니싱에서는 숫돌의 진동수가 높고 진폭이 작다는 것이 특징이며, 이것은 공작물의 원주속도와 연관시켜 숫돌 입자가 동일한 경로를 지나지 않도록 하여야 한다.

그림 11.6에서 절삭 방향각은

$$\frac{\theta}{2} = \tan^{-1}\frac{2a \cdot n}{\pi D \cdot N} \qquad (11\text{-}1)$$

$$\therefore \text{ 흠집의 교차각 } \theta = 2\tan^{-1}\frac{2\alpha \cdot n}{\pi D \cdot N} \qquad (11\text{-}2)$$

θ : 흠집의 교차각　　N : 회전수(rpm)

n : 진동수　　α : 진폭

이다.

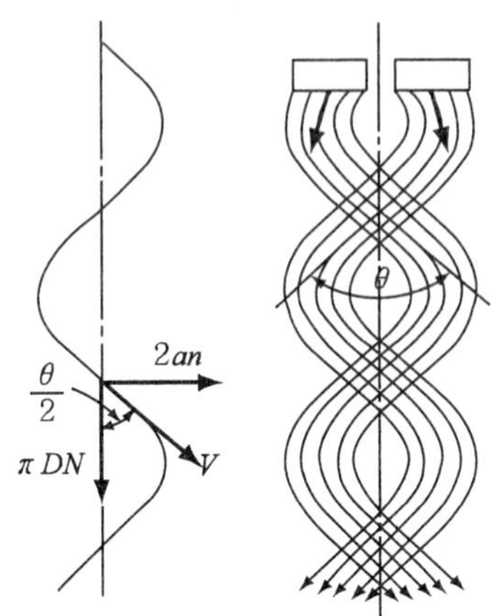

그림 11.6 숫돌의 진동수와 진폭

일반적으로 숫돌의 진폭은 1.5~5mm, 진동수는 매분 500~2,000회로하며, 진폭이 1.5mm일 때, 매초 500회이고, 진폭 5mm의 경우 100회 정도로 한다. 대형의 공작물 : 매분 500~600회, 소형 공작물 : 100~1200회이면 충분하다.

(4) 가공면 표면 거칠기

가공면 표면 거칠기는 숫돌의 입도, 공작물의 재질, 절삭 속도 등에 관계된다. 슈우퍼 피니싱에서 작은 공작물은 30초 이내에 완성하며, 지름이 약 38mm, 길이가 50mm 정도의 공작물은 1분 이내에 0.3μm의 표면 거칠기를 얻을 수 있다. 일반적으로 가공 여유는 0.002~0.01mm 정도이며, 표면 거칠기는 0.1~0.3μm이다. 따라서 슈우퍼 피니싱을 하는 공작물은 연삭, 라이밍, 선반 절삭 등의 전가공에서 치수 정밀도를 높여 두어야 한다.

체크 포인트

1. 슈우퍼 피니싱(super finishing)의 효과
   ① 다듬질시간이 짧다.
   ② 다듬질면이 매끈하다.
   ③ 치수 정도가 높다.
   ④ 다듬질면의 내식성과 내마멸성이 좋다.
   ⑤ 다듬질면의 마찰 성능이 좋다.

2. 슈우퍼 피니싱 숫돌
   - 숫돌의 나비는 공작물 지름의 60~70% 정도로 하며, 길이는 공작물 길이와 같은 것을 사용한다.
   - 연삭 숫돌의 5인자에 대한 설정을 정확하게 하여야 한다.

3. 슈우퍼 피니싱 연삭유제
   - 연삭 작업면에는 공작액의 점도가 작아서 숫돌의 세척작용을 잘되게 해야 하나, 거칠기 면에서 보면 점도가 커야 한다.
   - 일반적으로는 주로 경유가 사용된다.
   - 스핀들유 및 기계유를 10~30% 혼합하여 사용할 때도 있다.

연습문제

1. 다음은 슈우퍼 피니싱(super finishing)에 효과에 관한 내용이다. 틀린 것은?
   ① 치수 정도가 높다.
   ② 다듬질면의 마찰 성능이 좋다.
   ③ 다듬질면의 내식성과 내마멸성이 좋다.
   ④ 다듬질시간이 길어, 다듬질면이 매끈하다.

2. 다음 공작기계 가운데 연삭 숫돌 또는 숫돌입자를 사용하지 않는 것은?
   ① 호닝 머시인(honing machine)
   ② 래핑 머시인(lapping machine)
   ③ 슈우퍼 피니싱 머시인(super finishing machine)
   ④ 브로우칭 머시인(broaching machine)

정답 및 해설

1. ▷ 슈우퍼 피니싱(super finishing)의 효과
   ① 다듬질시간이 짧다. ② 다듬질면이 매끈하다.
   ③ 치수 정도가 높다. ④ 다듬질면의 내식성과 내마멸성이 좋다.
   ⑤ 다듬질면의 마찰 성능이 좋다.

2. 호닝 머시인(honing machine), 래핑 머시인(lapping machine), 슈우퍼 피니싱 머시인(super finishing machine)은 숫돌 입자를 사용하는 초정밀 입자 가공 공작기계이다. 브로우칭 머시인(broaching machine)은 본 강좌에서 아직 학습하지는 않았지만 여러 개의 절삭날을 가진 브로우치라는 절삭 공구로써 필요한 형상으로 가공하기 위하여 인발 또는 압입하여 절삭 가공하는 공작기계이다.

Chapter 12

래핑 머시인(Lapping Machine)

학습 목표

1. 래핑의 장단점을 열거할 수 있다
2. 래핑재의 구비 조건을 설명할 수 있다.
3. 래핑 머시인의 원리를 간단한 그림과 함께 설명할 수 있다.

1. 래핑(lapping)

학습 Point

▸ 래핑의 장단점
장점 : 평면도, 진원도, 직선도 등 거의 이상적인 기하학 적인 형상 등
단점 : 래핑제가 비산하여 다른 기계나 부품에 부착하면마멸의 원인이 되는 것 등

(1) 래핑의 개요

래핑이란 래핑은 공작물과 래핑 공구 사이에 미분말 상태의 래핑제(lapping poeder)인 연마제와 윤활재를 넣고 랩(lap)을 공작물에 눌러 대고 이들 사이에 상대운동을 시켜, 래핑제에 의하여 공작물의 표면에서 매우 작은 양을 깎아 내어 치수 정밀도가 좋은 매끈한 면을 얻는 정밀 입자 가공 방법의 하나이다.

마멸 현상을 기계가공에 응용한 것으로 오래전 부터 금속, 보석 등을 연마하는데 쓰여 왔으며, 근대 공업에 있어서도 정밀한 부품을 가공 하는데 많이 사용하고 있다.

래핑의 장단점은 다음과 같다.

1) 장점

① 거울면(mirror finish)과 같은 다듬질면을 얻을 수 있다.
② 평면도, 진원도, 직선도 등 거의 이상적인 기하학적인 형상을 얻을 수 있다.
③ 다량 생산에 적합하며, 시설과 작업 방법이 간단하다.
④ 다듬질면은 내마모성과 내식성이 좋다.

2) 단점

① 작업자의 옷이 더러워지는 등, 작업 환경이 깨끗하지 못하다.
② 래핑제가 비산하여 다른 기계나 부품에 부착하면 마멸의 원인이 될 수 있다.
③ 고도의 정밀가공을 위해서는 숙련이 필요하다.

(2) 래핑의 종류

래핑제의 사용 유무에 따라 건식 래핑법(dry lapping)과 습식 래핑법(wet lapping)이 있다.

1) 건식 래핑법

그림의 (a)와 같이 랩을 래핑제 중에 파묻었다가, 이것을 꺼내어 래핑제를 걸레로 닦은 다음 건조 상태에서 래핑 하는 방법이다.

주로 습식 래핑한 후에 표면을 더욱 매끈하게 가공하기 위하여 사용된다. 블록 게이지(block gauge), 렌즈 등의 측정기기, 광학 기기 등의 제작에 주로 사용된다.

2) 습식 래핑법

그림의 (b)와 같이 랩과 공작물 사이에 래핑제와 래핑액을 혼합하여 가공물에 충분히 주입하면서 래핑하는 방법이다.

건식법에 비해 절삭량이 많고 다듬질면은 광택이 적다.

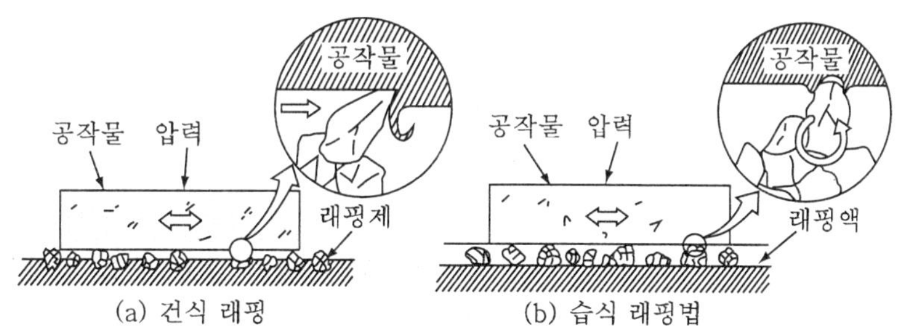

그림 12.1 래핑 방식

2. 래핑제(lapping powder)와 래핑 유제

(1) 래핑제(lapping powder)

래핑제는 래핑제의 숫돌 입자를 지지하고 공작물과의 사이에서 숫돌 입자에 상대운동을 시켜서 공작물을 다듬질하고, 랩의 정확한 형상을 공작물에 옮기고 그 치수 정도를 높이는 역할을 한다. 또한 래핑제의 중요한 성질은 경도, 모서리의 예리함, 인성 등으로 경도가 크고 예리하며, 강도가 클수록 작업능률이 좋다.

반면에, 다듬질면의 거칠기를 좋게 하기 위해서는 평평한 입자가 좋고, 둥근 입자와 평평한 입자가 쉽게 분쇄되어 새로운 절삭날이 노출되는 것이 절삭 능률을 좋게 한다.

래핑제로는 탄화규소(SiC), 산화알루미늄(Al_2O_3)이 많이 사용되며, 그 밖에 산화크롬, 산화철, 다이아몬드, 탄화 붕소(B_6C, boron carbide) 등이 쓰이기도 한다.

래핑제는 다이아몬드 ⇒ 탄화 붕소(B_6C, boron carbide) ⇒ 탄화규소(SiC) ⇒ 산화알루미늄 (Al_2O_3)의 순서로 경도가 높다.

래핑제의 입도는 보통 거친 래핑에는 80~48μ(#320~#520), 중간 래핑에는 48~24μ(#520~#1,000), 정밀 래핑 또는 거울면에는 20μ 정도(#1,000 이상)가 사용된다.

래핑제의 구비 조건은 다음과 같다.

① 재질은 균일하고 치밀하며, 흠이나 불순물이 첨가되어 있지 않아야 한다.

② 숫돌 입자를 지지하는 능력을 가지야 한다.

③ 정확한 치수 형상을 오래 유지하도록 마멸되지 않는 것이 좋다.

(2) 래핑 유제

1) 래핑 유제의 역할

래핑 유제는 다듬질면의 냉각작용, 연삭성의 촉진과 마찰의 감소, 숫돌 입자의 과도한 분쇄의 방지, 입자의 균등한 분배의 역할을 한다.

2) 래핑 유제의 종류

래핑 유제로서는 광물유와 식물유가 있다.

일반적으로 습식 래핑은 우수한 표면 거칠기보다 능률적인 면을 고려하므로 비교적 점도가 낮은 경유가 많이 사용한다.

이때, 표면 거칠기를 고려하면 경유에 스핀들유, 머시인유 등을 혼합하여 사용한다.

만약 다듬질량보다 정도를 목적으로 할 경우에는 점도가 큰 스핀들유, 그리이스(grease)

등을 사용한다.

그림 12.2는 래핑 시간에 따라 래핑 유제의 종류에 대한 다듬질량을 나타낸 것으로, 같은 래핑 시간에서도 래핑 유제에 따라 다듬질량에 차이가 있음을 알 수 있다.

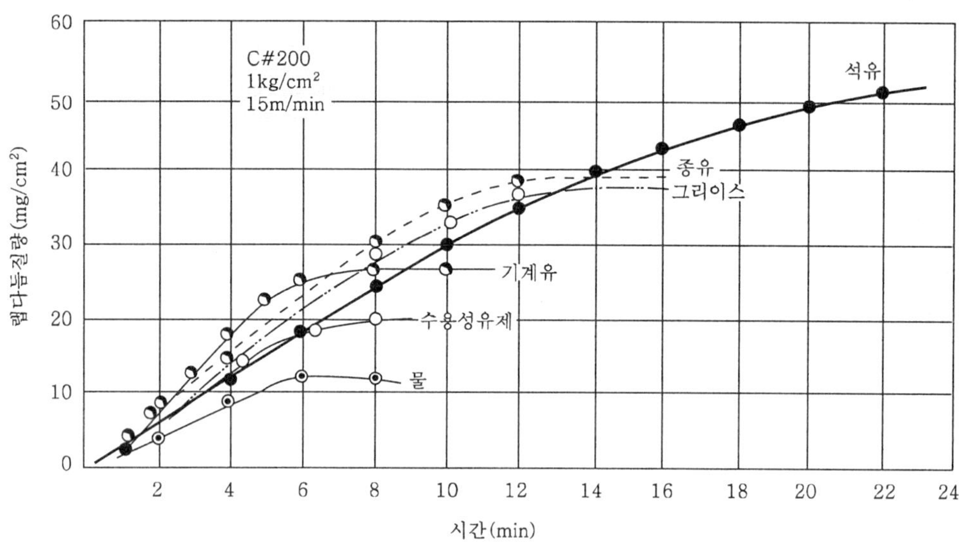

그림 12.2 래핑 유제와 다듬질량

3. 래핑 머시인(lapping machine)

(1) 손 래핑(hand lapping)과 기계 래핑(machine lapping)

금형가공공장이나 정밀부품가공공장 등 생산현장에서의 래핑을 손래핑(hand lapping)과 기계래핑(machine lapping)에 의해 이루어지고 있다.

손 래핑이란 손작업으로 하는 래핑으로서, 선반이나 드릴링 머시인 등을 이용하기도 한다.

제품의 생산 수량이 적을 때, 금형의 원통 내면이나 초정밀 부품의 최종 다듬질 등 전용 래핑 머시인으로 작업이 어려울 때 적합하다.

기계 래핑은 전용 래핑 머시인을 사용하며, 평면, 원통, 원뿔, 볼(ball), 기어(gear)용 래핑 머시인이 있다.

(2) 래핑 머시인의 종류

래핑 머시인에는 랩판 축의 방향에 따라 직립식과 수평식이 있으며 랩판은 편면식과 양면식이 있다.

여기서는 산업 현장에서 주로 사용되고 있는 몇 가지의 래핑 머시인에 대해 알아보자.

1) 직립식 래핑머시인(vertical lapping machine)

그림 12.3과 같은 형상으로, 원통 바깥면 또는 평면 래핑에 주로 사용된다.

위 아래의 랩판은

① 서로 반대 방향으로 회전하는 것

② 아래 랩판만 회전하는 것

③ 공작물에 편심운동을 주도록 한 것 등 여러 가지 형식이 있다.

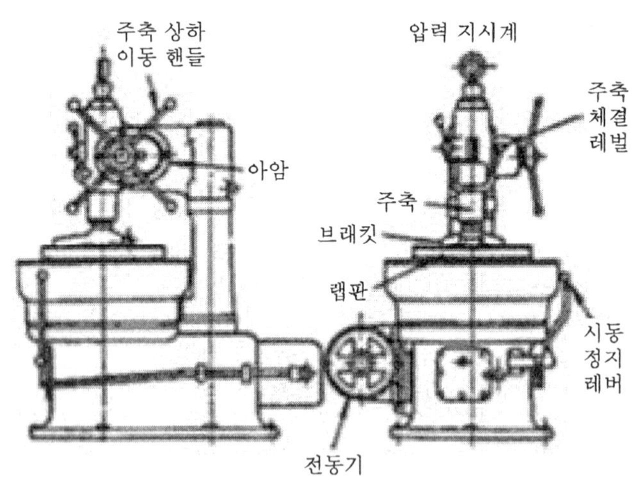

그림 12.3 직립식 래핑 머시인

2) 편면식 래핑머시인(single side type vertical lapping machine)

그림 12.4와 같은 외관을 가진 편면식 래핑머시인(single side type vertical lapping machine)은 비교적 최신의 래핑 머시인이다. 자율식이기 때문에 랩판의 표면 정밀도의 유지가 확실

하고 용이하며, 작업 중에도 속도 조정은 리모트 조절에 의해 무단 변속이 가능하다. 타이머에 의해 랩핑 시간의 설정이 편리한 랩 홀더를 쉽게 교체할 수 있어 폴리싱 가공이 가능하다.

현재에는 래핑 머시인과 폴리싱 머시인의 기계 구조는 거의 같은 것이 많으며, 사용하는 연마제에 따라서 구분되어 진다. 여기서, 래핑 머시인에 의한 평면 래핑의 예를 알아보자.

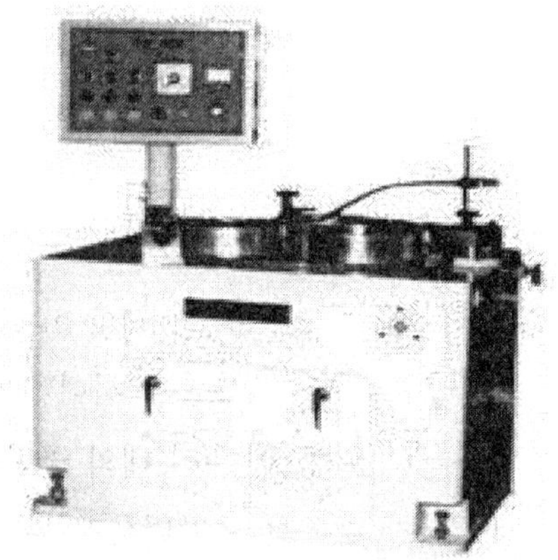

그림 12.4 편면식 래핑머시인

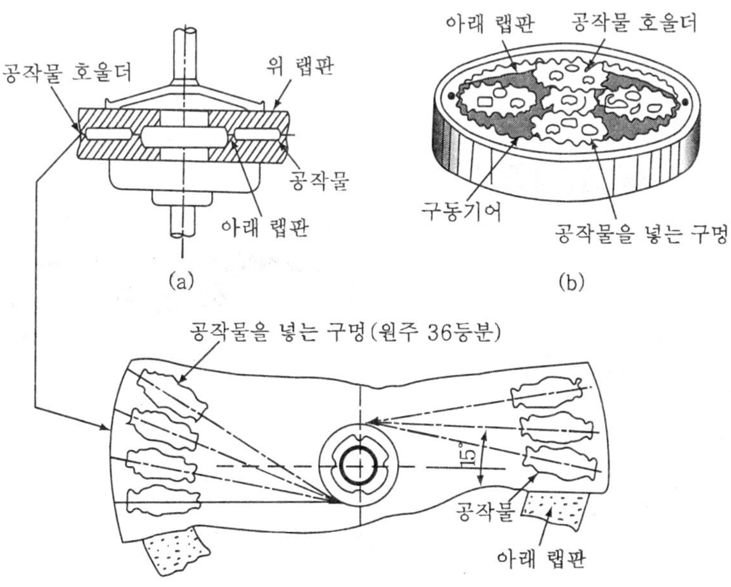

그림 12.5 평면 래핑과 공작물 홀더

그림 12.5의 (a)는 평면 래핑의 한 보기로서 래핑 원리는 다음과 같다.

먼저 위 아래 얇은 강으로 된 랩판 사이에 공작물 홀더로 공작물을 지지하고, 위 랩판으로 공작물을 누른다. 다음으로, 공작물은 랩면을 구르며 미끄럼 운동을 하여 래핑이 된다.

그림 12.5의 (b)는 평면 래핑용 공작물 홀더이다. 랩 속도는 반지름의 위치가 달라지게 되면 변하게 되므로 공작물의 모든 위치의 래핑이 균일하게 되기 위해서는 접촉되는 주속이 모든 점에 고르게 분포되어야 한다. 홀더는 자전하면서 공전하고, 여기에 고정된 공작물은 그물눈 모양으로 래핑이 된다.

3) 양면식 래핑머시인(double side type vertical lapping machine)

양면식 래핑 머시인(double side type vertical lapping machine)의 외관은 그리 12.6과 같다. 상ㆍ하 퍁판이 각각 반대 방향으로 회전하고, 그 사이에서 캐리어가 자전하면서 아래 랩판의 회전 방향에 대해서 공전하기 때문에 랩 홀더 내의 공작물에는 4방향의 동작이 적용된 상ㆍ하 랩판 및 랩 홀더의 회전비가 가공물을 양면으로 동시에 일정량씩 가공하도록 설정되어 있기 때문에 짧은 가공 시간에도 고정도의 랩핑이 가능하고, 무단 변속기를 설치해서 공작물에 최적인 회전수를 설정하고 있고 제품을 능률적으로 가공할 수 있다.

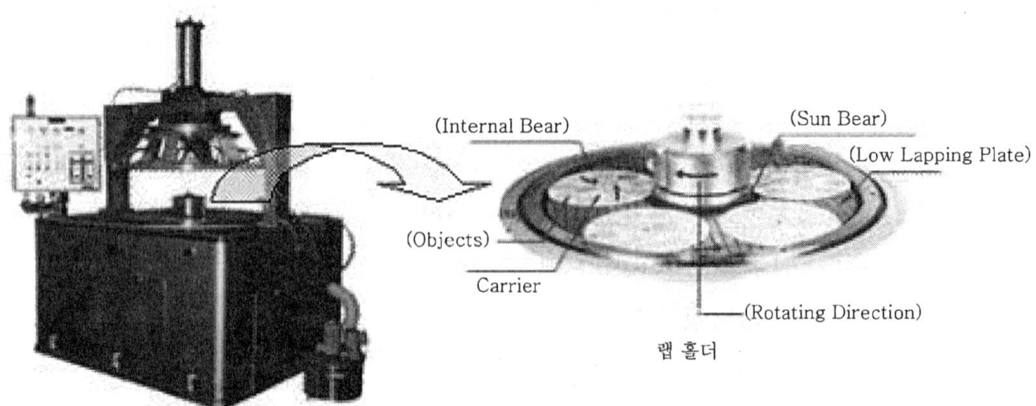

그림 12.6 양면식 래핑머시인

4. 래핑 조건(lapping condition)

(1) 래핑 속도

래핑면과 랩과의 상대 속도는 영향을 주지 않으나 건식 래핑에서는 속도가 빠르면 열이 방출되어 랩이 타는 현상이 일어나고, 열처리 표면층이 변질될 염려가 있다. 따라서 래핑 속도는 래핑 입자가 비산하지 않는 정도로 한다.

담금질강의 래핑 속도는 일반적으로 20~30m/min, 건식 래핑에서는 50~80m/min 정도이다.

(2) 래핑 압력

래핑 압력에 의한 래핑면의 절삭량이 가공부에 미치는 영향은 크다.

습식에서는 0.5kg/cm^2 정도이며, 너무 압력이 높으면 래핑 유제가 밀려 나가므로 건식 래핑 상태가 된다.

건식일 때에는 강철에는 1.0~1.5kg/cm^2, 주철에는 이보다 낮게 하는 것이 좋다.

래핑을 한 면에 여러 가지 모양으로 흠이 나타날 때가 있다. 이것을 방지하기 위하여 래핑제 입자의 크기를 균일하게 하며, 큰 입자가 섞이지 않도록 한다.

(3) 래핑 여유

래핑의 다듬질 여유는 0.01~0.02mm 정도이며, 래핑 가공면의 표면 거칠기는 0.025~0.0125 μm정도이다.

앞에서 설명하고 정밀입자 가공- 호우닝, 슈우퍼 피니싱, 래핑-의 특징을 비교하여 정리하면 표 12.1과 같다.

표 12.1 호우닝, 슈우퍼 피니싱, 래핑의 비교

종류	용 도	사용공구	사용압력 (kg/cm²)	운동 상태	가공 우의 정도(μ)
호우닝	원통의 내면, 외형 표면 및 평면 등의 내 외면 모두 가공이 가능하지만 실린더 내면, 포신 내면, 등과 같이 정도가 높은 내면 가공에 주로 사용	호운 (hone)	비트리파이드 결합제 숫돌 사용 : 4~10kg/cm^2 레지노이드 결합제 숫돌 사용 : 비트리파이드 결합제 숫돌의 1/10	회전 및 직선 왕복운동	3~10
슈퍼 피니싱	원통형의 외면, 내면, 평면 및 기계 부품의 정밀한 다듬질, 특히 중요한 축의 베어링 접촉부, 각종 게이지, 등의 초정밀 가공	숫돌	호우닝에 비하여 낮게 함 : 0.1~3kg/cm² 의 범위	직선, 왕복진동 운동	0.1~0.3
래핑	블록 게이지(block gauge), 렌즈 등의 측정기기, 광학기기 등	랩(lap), 래핑제 (lap power)	습식 : 0.5kg/cm^{2}정도 건식 : 강철에는1.0~1.5 kg/cm^2, 주철에는 이보다 낮게 함	미끄럼 운동	0.0125~0.025

체크 포인트

1. 래핑의 장 · 단점
   장점 : 평면도, 진원도, 직선도 증거의 이상적인 기하학적인 형상을 얻을 수 있는 것 등.
   단점 : 래핑제가 비산하여 다른 기계나 부품에 부착하면 마멸의 원인이 되는 것 등
2. 래핑재의 구비 조건
   ① 재질은 균일하고 치밀하며, 흠이나 불순물이 첨가 되어 있지 않아야 한다.
   ② 숫돌 입자를 지지하는 능력을 가지야 한다.
3. 래핑의 종류
   ① 건식 래핑법(dry lapping)
   ② 습식 래핑법(wet lapping)

연습문제

1. 다음 중 래핑의 장점에 속하지 않는 것은?
   ① 다듬질면은 내마모성과 내식성이 좋다.
   ② 소량 생산에 적합하며, 시설과 작업 방법이 간단하다.
   ③ 거울면(mirror finish)과 같은 다듬질면을 얻을 수 있다.
   ④ 평면도, 진원도, 직선도 중 거의 이상적인 기하학적인 형상을 얻을 수 있다.

2. 다음 중 래핑에 사용되는 랩제가 아닌 것은 무엇인가?
   ① 탄화규소(SiC) ② 산화알루미늄(Al_2O_3)
   ③ 다이아몬드 ④ 흑연

정답 및 해설

1. ▹ 래핑의 장점
   ① 거울면(mirror finish)과 같은 다듬질면을 얻을 수 있다.
   ② 평면도, 진원도, 직선도 중거의 이상적인 기하학적인 형상을 얻을 수 있다.
   ③ 다량 생산에 적합하며, 시설과 작업 방법이 간단하다.
   ④ 다듬질면은 내마모성과 내식성이 좋다.

2. ▹ 래핑재의 종류
   ① 래핑제로는 탄화규소(SiC), 산화알루미늄(Al_2O_3)이 많이 사용되며, 산화크롬, 산화철, 다이아몬드, 탄화 붕소(B6C, boron carbide), 등이 쓰이기도 한다.
   ② 래핑제는 다이아몬드 ⇒ 탄화 붕소(B6C, boron carbide) ⇒ 탄화규소(SiC) ⇒ 산화알루미늄(Al_2O_3)의 순서로 경도가 높다.

Chapter 13 기어 커팅 머시인(Gear Cutting Machine)

학습 목표

1. 인벌류트 기어 치형에서 기초원과 피치원을 설명할 수 있다.
2. 창성식 기어 절삭법에 대해 원리와 특징을 말할 수 있다.
3. 창성식 기어 절삭법에 사용되는 공구를 3가지 이상 설명할 수 있다.
4. 원통형 기어 커팅 머시인의 종류를 2가지 이상 말할 수 있다.
5. 기어 세이빙 머시인의 특징을 4가지 이상 말할 수 있다.
6. 베벨 기어 커팅 머시인의 종류를 설명할 수 있다.

1. 기어절삭의 개요

학습 Point

- 인벌류트 기어 치형 = 기본 원에 감겨진 실을 당기면서 실 끝의 궤적을 표시한 곡선을 가진 기어
- 기어 절삭법의 종류 = 형판에 의한 절삭법, 총형 공구에 의한 절삭법, 창성에 의한 절삭법
- 창성에 의한 기어 절삭법에 사용되는 공구 = 래크 커터, 호브, 피니언 커터

(1) 기어(gear)와 기어 치형(齒形)

기어란 운동하는 부품 사이에서 동력을 전달하는 것으로서 기어의 원주 위에 있는 이에 의하여 동력 전달이 이루어진다. 이가 만들어질 때는 간섭을 없애기 위하여 접촉하는 두개의 회전판 사이에 오목하게 들어간 부분이 만들어져야 한다.

이러한 기어의 이 모양에는 인벌류트 기어 치형(involute gear tooth profile), 사이클로이드 치형(cycloid gear tooth profile), 그 밖의 특수한 치형 등이 있는데, 그 중에서 인벌류트 기어 치형이 많이 사용되고 있다.

여기서 잠깐 !! 

Q: 가장 많이 사용되고 있는 인벌루트 기어에 대하여 좀 더 자세히 알아보자

A: 인벌류트 기어치형이란?
기본 원에 감겨진 실을 당기면서 실 끝의 궤적을 표시한 곡선을 인벌류트 곡선(irwolute ourve)이라고 하며, 이 곡선을 가진 기어를 인벌류트 기어라고 한다.
아래의 그림은 2개의 인벌류트 기어의 상호 접촉을 나타내며 그림에서 기초원은 이가 형성이 되는 원주이며, 피치 원은 기어와 동일한 상대운동을 일으키는 원판의 지름과 같은 가상적인 원이다.

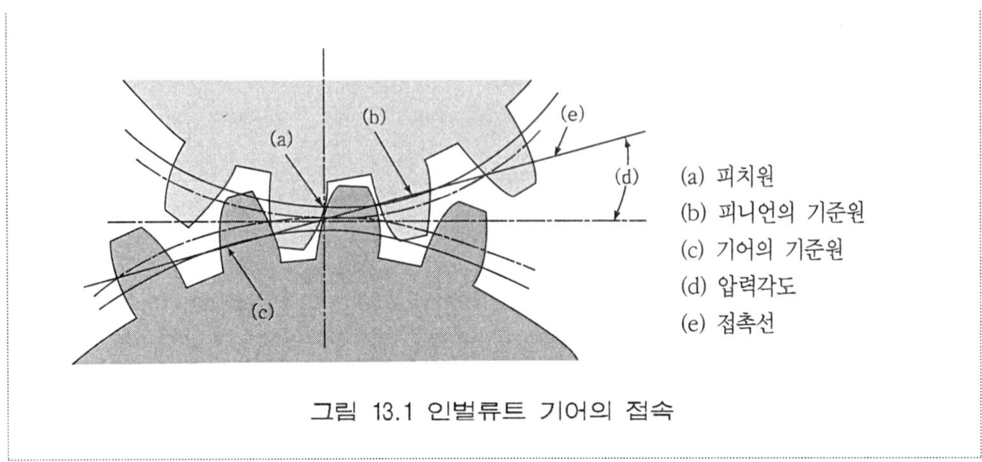

그림 13.1 인벌류트 기어의 접속

(2) 기어의 종류

현재 많이 사용되고 있는 기어의 종류는 원통형 기어와 원추형 기어이다. 각각에는 다음과 같이 많은 종류의 기어형태를 가지고 있다.

1) 원통형 기어

원통형 기어에는 아래와 같이 많은 종류가 있다.

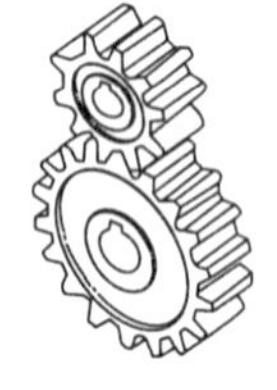

① 스퍼어 기어 (spur gear)

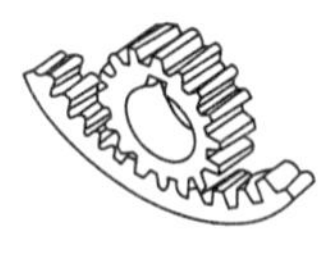

② 내접 기어 (internal gear)

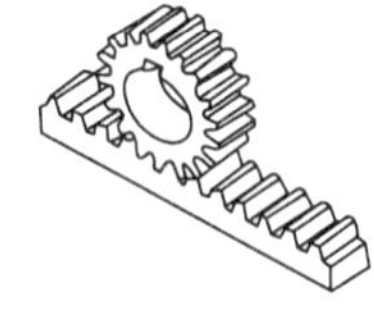

③ 피니언 기어 (pinion gear)

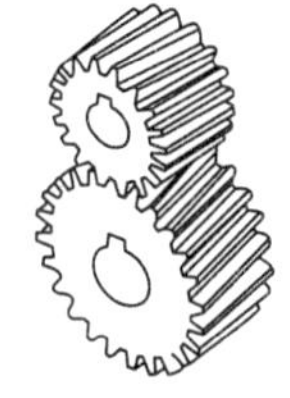

④ 헬리컬 기어 (helical gear)

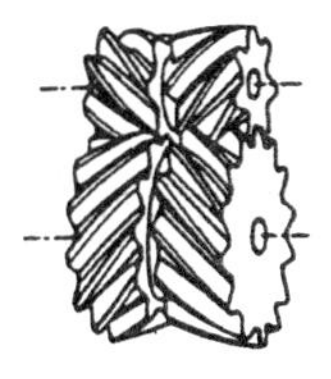

⑤ 더블 헬리컬 기어
(double helical gear)

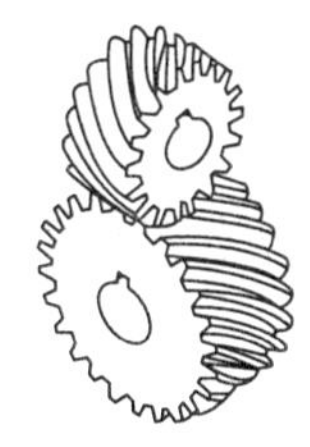

⑥ 스파이럴 기어
(spiral gear)

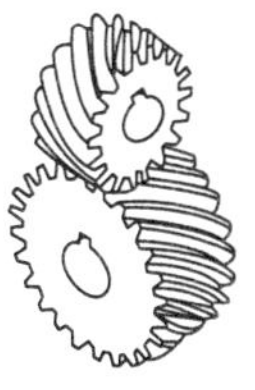

⑦워엄 기어
(worm gear)

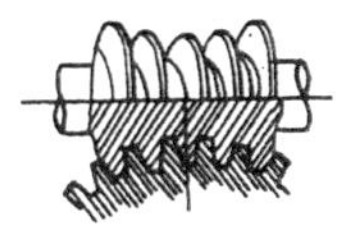

⑧장구형 워엄 기어
(hourglass worm gear)

2) 원추형 기어(베벨 기어, bevel gear)

원추형 기어에는 아래와 같이 많은 종류가 있다.

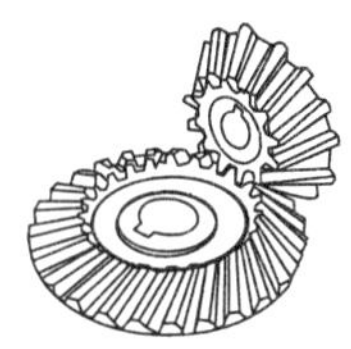

⑨ 스트레이트 베벨 기어
(straight bevel gear)

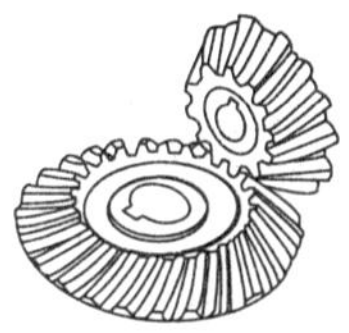

⑩ 스파이럴 베벨 기어
(sprial bevel gear)

⑪ 하이포이드 기어
(hypoid gear)

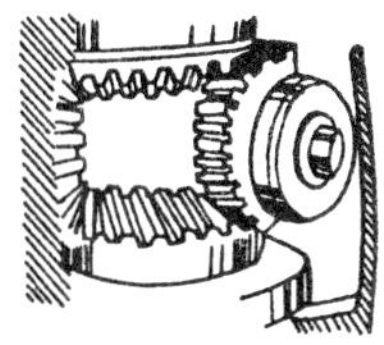

⑫ 제롤 기어
(zerol gear)

(3) 기어 가공

기어의 가공방법은 기어 절삭 원리상 다음과 같이 3가지로 구분할 수 있다.

① 형판에 의한 절삭법(templet system)

② 총형 공구에 의한 절삭바버(formed tool system)

③ 창성에 의한 적설법(generated tool system)

이 가운데, 창성에 의한 절삭법이 이론적으로 이빨의 형상이 정확하고, 생산성이 높아 위의 방법 외에도 밀링 머시인, 셰이퍼 등에서 가공하는 방법 및 전조(轉造, roller forming), 프레스 성형(press forming) 등이 있으나 정밀도가 다소 떨어지지만, 최근에는 많은 연구개발을 통해 비약적인 발전을 거듭하고 있다.

1) 형판에 의한 절삭법(templet system)

① 절삭원리

이의 모양과 같은 곡선으로 만든 형판(template)을 사용하여 가공하는 일종의 모방 절삭 방식으로 아래의 그림 13.2와 같다.

② 특징

매끈한 다듬면을 얻기 어려우며, 능률 또한 낮아 저속용 대형 스퍼어 기어, 직선 베벨 기어의 치형 가공에 이용될 정도이다.

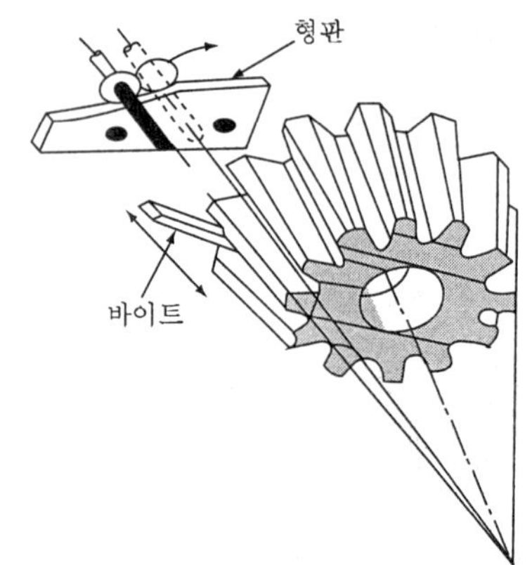

그림 13.2 형판에 의한 기어 절삭법

2) 총형 공구에 의한 절삭법(formed tool system)

① 절삭원리

공구의 모양을 절삭하는 기어의 치형에 맞추어 원판을 같은 간격으로 분할하고, 소재를 회전시키면서 한 이씩 홈을 깎아 기어를 만드는 방법이다.

② 특징

(a) 치형 곡선과 피치의 정밀도가 나쁘다.

(b) 생산 능률이 낮아 주로 소량 생산에 주로 쓰인다.

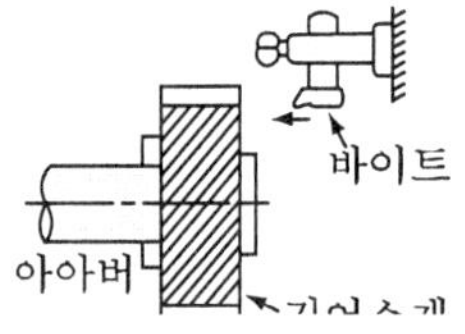

(a) 총형 바이트에 의한 절삭
세이퍼, 플레이터, 슬로터 사용

(b) 총형 커터에 의한 절삭
밀링머시인 사용

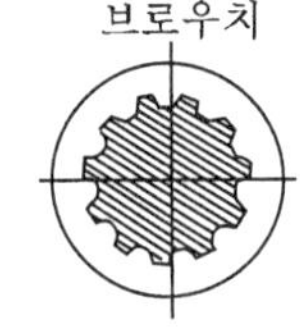

(c) 브로우치에 의한 절삭
브로우칭 머시인 사용

3) 창성에 의한 절삭법(generated tool system)

① 절삭원리

창성운동에 의한 기어 가공을 창성 기어 가공이라고 한다.

용어 해설	창성운동이란?
래크를 절삭공구로 하며, 피니언을 기어 소재를 하여 미끄러지는 것을 방지하도록 물리고 서로 상대 운동을 시키면 이 운동에 방해가 되는 기어 소재의 이 부분이 깎이면서 래크 공구에 이상적으로 물리는 인벌류우트 치형이 형성이 되는데, 이 운동을 창성 운동이라고 한다.	

② 특징

(a) 잇수의 분항과 치형의 창성이 동시에 이루어지므로, 능률적으로 기어 가공을 할 수 가 있다.

(b) 가공 공구에는 래크 커터(rack cutter), 호브(hob), 피니언 커터 (pinion cutter) 등이 있다.

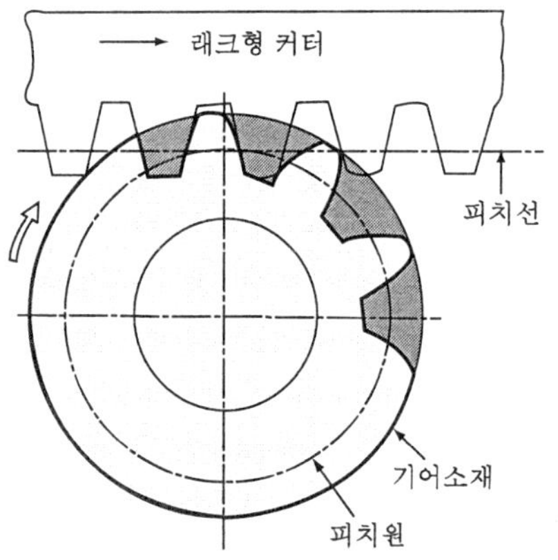

그림 13.3 창성법에 의한 기어 가공

③ 래크 공구에 의한 기어 가공

래크 공구에 의한 기어가공의 원리를 알아보면, 래크 공구에 의한 스퍼어 기어의 절삭을 나타낸 그림 13.4 (a)와 같이 래크 공구와 기어 소재에는 래크와 피니언의 상대 운동을 화살표 방향으로 주고, 또 래크 공구에는 잇면에 수직 방향으로 왕복 절삭운동을 준다.

이와 같이 1개의 이 또는 2개의 이가 창성되면 래크 공구만을 원위치로 돌아오게 하여 다시 다음 이를 창성법에 의해 가공하게 되는 것이다.

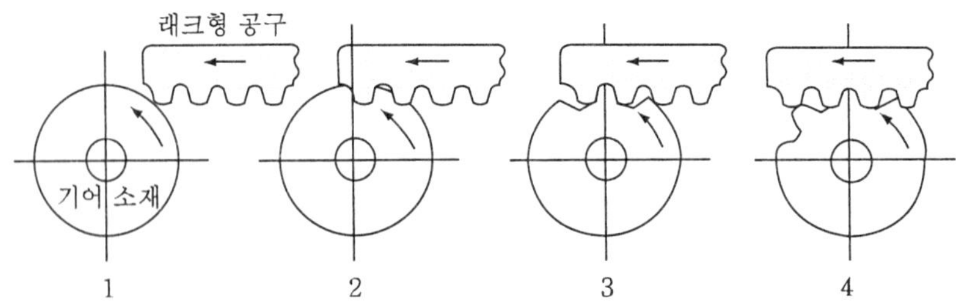

(a) 래크 공구에 의한 기어 가공 순서

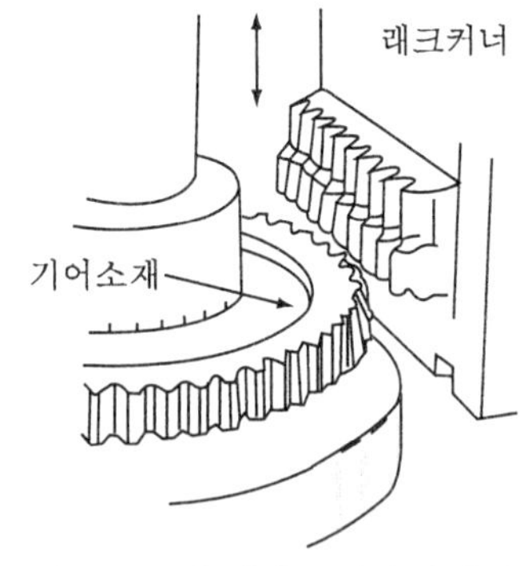

(b) 래크 공구와 기어 소재의 관계 운

그림 13.4 래크 공구에 의한 기어 가공

④ 호브에 의한 기어 가공

그림 13.5(a)에서 래크를 비틀림 모양으로 감은 것과 같은 공구를 호브(hob)라고 한다.

그림 13.5(a)는 호브와 기어 소재와의 관계를 나타낸 것인데, 호브를 화살표 방향으로 회전시키면 나사의 산은 오른쪽에서 왼쪽으로 연속하여 움직인다.

이때 그림 13.5(b)에 표시한 것과 같은 가상 래크는 오른쪽에서 왼쪽으로 이동하고 이것과 서로 물리는 것과 같은 회전을 기어의 소재에 주면 인벌류우트 기어의 모양으로 창성이 된다. 이의 폭 전체에 걸려서 이를 가공하려면 그림 13.5(b)와 같이 호브를 소재의 축 방향으로 이송하여야 한다.

그리고, 호브의 기어 절삭에는 공구의 비틀림줄이 소재의 기어 잇줄 방향에 일치하도록 호브축을 그림과 같이 기울여서 고정한다. 이 경사각을 고정각이라 한다.

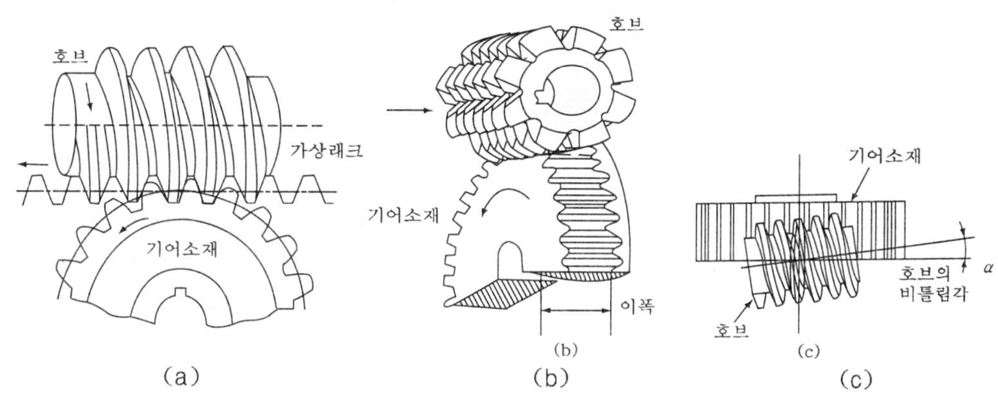

그림 13.5 호브에 의한 스퍼어 기어 가공

⑤ 피니언 커터에 의한 가공

피니언 커터에 의한 가공은 래크형 공구 대신에 그림 13.8과 같이 기어형 공구를 사용하여 커터와 기어 소재가 정확하게 물리도록 회전운동을 시키면서 커터를 축 방향으로 왕복시키며 기어를 창성 절삭하는 것이다.

이 방법에서 커터의 왕복 행정은 기어 소재의 끝 면에서 2~3mm 나오면 절삭 되므로, 계단식 기어를 가공할 수가 있고, 내접 기어를 절삭할 수 있는 것도 이 방법의 특징이라 할 수 있다.

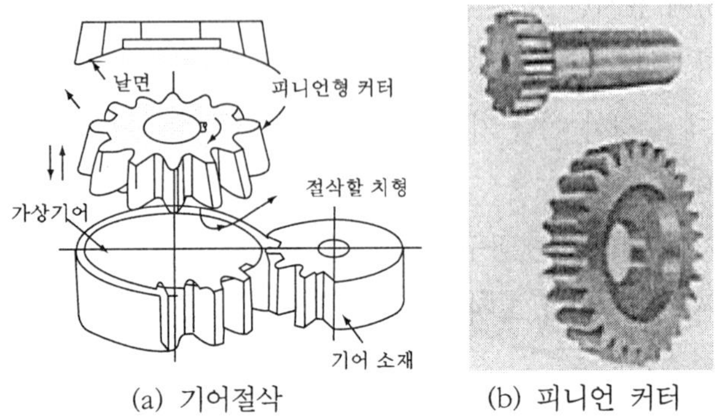

(a) 기어절삭 (b) 피니언 커터

그림 13.6 피니언 커터에 의한 기어 절삭

체크 포인트

1. 인볼류트 기어 치형

   기본 원에 감겨진 실을 당기면서 실 끝의 궤적을 표시한 곡선을 인볼류트 곡선이라 하며, 이 곡선을 가진 기어를 인볼류트 기어라 한다. 2개의 인볼류트 기어의 상호 접촉 상태에서 기초원은 이가 형성이 되는 원주이며, 피치 원은 기어와 동일한 상대운동을 일으키는 원판의 지름과 같은 가상적인 원이다.

2. 기어 절삭법

   ① 형판에 의한 절삭법(templet system)
   ② 총형 공구에 의한 절삭법(formed tool system)
   ③ 창성에 의한 절삭법(generated tool system) ⇒ 가장 많이 사용.

3. 창성에 의한 기어 절삭법에 사용되는 공구

   ① 래크 커터
   ② 호브
   ③ 피니언 커터

연습문제

1. 기어 커팅 머시인에서 창성법에 의해 사용되는 공구 중 사용할 수 없는 것은?
   ① 래크 커터(rack cutter)
   ② 호브(hob)
   ③ 브로우치(broach)
   ④ 피니언 커터(pinion cutter)

2. 다음 기어 이의 절삭법 중 인벌류터 곡선을 그리는 원리를 응용한 방법은 무엇인가?
   ① 형판에 의한 절삭법(templet system)
   ② 총형 공에 의한 절삭법(formed tool system)
   ③ 창성에 의한 절삭법(generated tool system)
   ④ 컴퓨터 시뮬레이션(computer simulation)에 의한 방법

정답 및 해설

1. 창성법이란 잇수의 분할과 치형의 창성이 동시에 이루어지므로, 능률적으로 기어 가공을 할 수가 있다. 가공 공구에는 래크 커터(rack cutter), 호브(hob), 피니언 커터(pinion cutter) 등이 있다. 브로우치(broach)는 다음에 배울 브로우칭 머시인에서(broaching machine)에서 사용하는 공구이다.

2. 래크를 절삭공구로 하며, 피니언을 기어 소재를 하여 미끄러지는 것을 방지하도록 물리고 서로 상대 운동을 시키면 이 운동에 방해가 되는 기어 소재의 이 부분이 깎이면서 래크 공구에 이상적으로 물리는 인벌류우트 곡선이 형성이 되는데, 이 운동을 창성운동이라 한다.
   이와 같은 창성운동에 의한 기어 가공을 창성 기어 절삭 가공이라 한다.

2. 기어 커팅 머시인의 종류

학습 Point

▸ 원통형 기어 커팅 머시인의 종류=호빙 머시인, 기어 셰이퍼 등
▸ 기어 세이빙 머시인의 특징
- 커터의 정밀도가 좋고, 오차가 적으며, 균일한 가공면을 얻으며, 내구성이 크다.
- 가공응력이 적어 열처리 작업에서 변형이 적다.
▸ 베벨 기어커팅 머시인의 종류 = 스트레이트, 스파이어럴 베벨기어 절삭기

표 13.1 기어 커팅 머시인의 형식과 규격

기어 절삭기의 종류	형 식	규격 표시법
호빙 머시인 (gear hobbing machine)	•수평형(단축, 다축) •수직형(단축, 다축)	•가공할 수 있는 기어의 최대 지경 •기어폭 및 피치
기어 셰이퍼 (gear shaping machine)	•피니언 공구형(fellows type) •래크 공구형(maag type)	•가공할 수 있는 기어의 최대 직경 •기어폭 및 피치
직선 베벨 기어 플레이너 (straight bever gear cutting machine)	•창생형(創生形) •모형형(模型形)	•가공할 수 있는 기어의 피치원 추각 꼭 지점에서 베벨기어 배면까지의 거리. •기어폭 및 피치
스파이럴 베벨 기어 커팅 머시인	•원판 공구형 •테이퍼 홉 형	•가공할 수 있는 기어의 피치 원추 •꼭지 점에서 베벨 기어 배면까지 거리 •기어 폭 및 피치
래크 기어 커팅 머시인	•수직형 •수평형	•가공할 수 있는 래크 길이 •기어 폭과 피치
워엄 호빙 머시인	•수직형 •수평형	•가공할 수 있는 최대직경 •기어 폭과 피치
스퍼어 기어 연삭기 (spur gear grinding machine)	•창생형 •총형 공구형	•가공할 수 있는 기어의 최대 직경 •기어 폭 및 피치 •최대 비틀림 각

기어 절삭기의 종류	형 식	규격 표시법
베벨 기어 연삭기	직선 베벨 기어형 스파이럴 베벨 기어형	• 가공할 수 있는 기어의 피치 원추 꼭지점에서 기어 배면까지의 거리 • 기어 폭 및 피치
기어 세이핑 머시인 (gear shaving machine)	피니언 공구형 래크 공구형	• 가공할 수 있는 최대 직경 • 기어 폭 및 피치
원통 기어 래핑 머시인	수직형·수평형	• 래핑할 수 있는 기어 최대 중심 거리
베벨 기어 래핑 머시인		• 래핑할 수 있는 기어의 최대 직경 • 기어 폭 및 피치
기어 챔퍼링 머시인	원판 공구형 엔드밀 형	• 가공할 수 있는 최대 직경 • 기어 폭 및 피치

(1) 원통형 기어 커팅 머시인

원통형 기어 커팅 머시인 가운데 호빙 머시인(hobbing machine)에 대해서 자세히 살펴보도록 하자.

1) 호빙 머시인(hobbing machine)

래크 커터의 변형으로 볼 수 있는 호브(hob)라는 공구를 돌리며 잇수에 대응하는 회전 이송을 기어 소재에 주어 창성법으로 기어의 이를 절삭하는 기어 절삭용 전용 공작기계이다.

호빙 머시인은 그림 13.7과 같이 테이블, 호브축, 아아버, 베드로 구성되어 있다.

호빙 머시인에서는 호브의 회전과 소재의 상대운동에 의하여 기어를 절삭하므로 다음의 4가지 운동이 필요하다.

① 변속장치에 따라 적당한 호브의 회전 절삭 속도

② 변환 기어를 사용한 호브의 적절한 이송

③ 호브가 1회전 할 때 기어 소재가 1피치 회전 되도록 하는 분할변환기어를 사용한 테이블의 회전

④ 헬리컬 기어를 절삭할 때에, 차동 기어 장치를 사용하여 나사선각에 적합하게 운동하는 테이블의 회전

호빙 머시인의 형식에는 대형기어용의 수직형과 소형기어용의 수평형이 있다.

호빙 머시인의 크기 표시는 가공할 수 있는 기어의 최대 피치원의 지름(mm), 가공할 수 있는 기어 폭, 최대 모듀울로 표시한다.

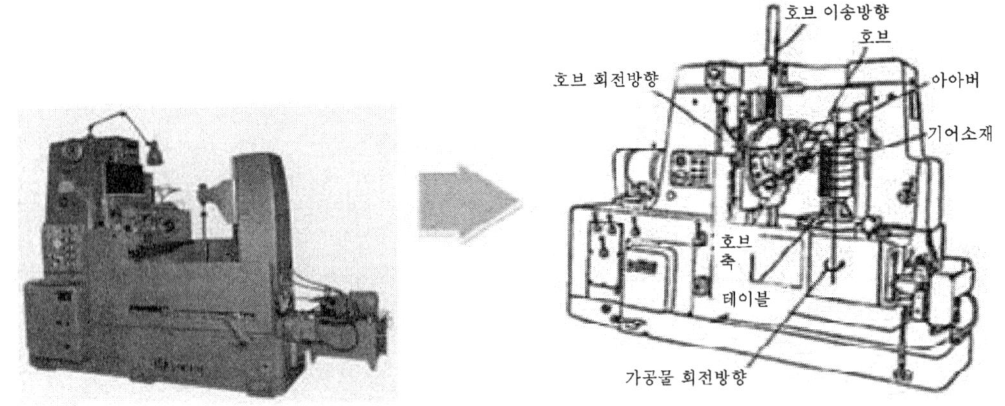

그림 13.7 호빙 머시인의 외관과 구조

2) 호브(hob)

밀링 커터와 같은 회전 공구인 호브는 그림 13.8과 같이 래크를 나선 모양으로 감고, 스파이럴에 직각이 되도록 축 방향으로 여러 개의 홈을 파서 절삭 날을 형성하게 한 것이다.

호브의 축선을 포함한 평면으로 절단하면 그 단면은 래크의 치형이 되고, 호브를 회전시키면 이 래크의 치형이 축 방향으로 이동하게 되며, 호브의 날로 인볼류우트 기어가 창성이 된다.

호브로 가공하는 기어는 모듈울 또는 지름 피치 압력 각이 같으면 잇 수에 관계없이 1개의 호브로 치형을 깎을 수 있는 특징이 있다.

① 호브의 선택

스퍼어 기어나 헬리컬 기어를 깎기 위한 호브는 보통 오른 나사 한 줄 호브가 쓰인다. 호브 끝면에 모듀울, 압력 각, 리이드 각이 새겨져 있으므로, 제작 도면에 나타난 대로 선택해야 한다. 만약 잇면의 다듬질 정도가 높은 것이 요구될 때에는 절삭날이 많은 것을 택하여야 한다.

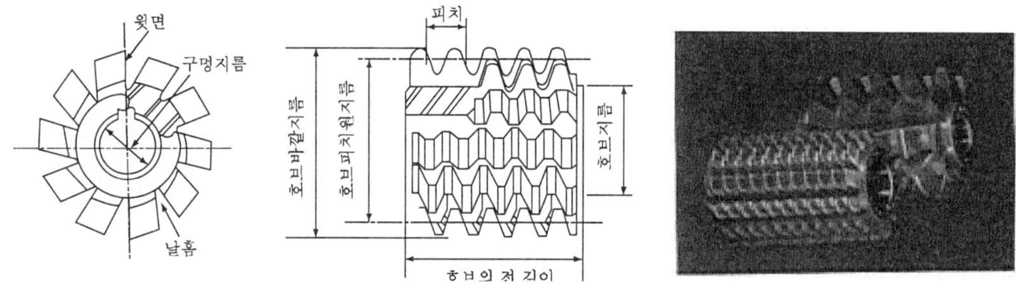

그림 13.8 호브의 각부 명칭 [호브]

② 호브 축의 기울기

호브의 기어 절삭에는 공구의 비틀림줄이 소재의 기어 잇줄 방향에 일치하도록 호브축을 그림 13.9와 같이 기울여서 고정한다. 이 경사각을 호브의 리이드 각(lead angle), 비틀림각(twisting angle) 또는 고정각이라 한다.

호브를 정확히 기울이지 못할 때는, 호브의 앞 뒷날의 간섭으로 홈의 나비가 넓어진다.

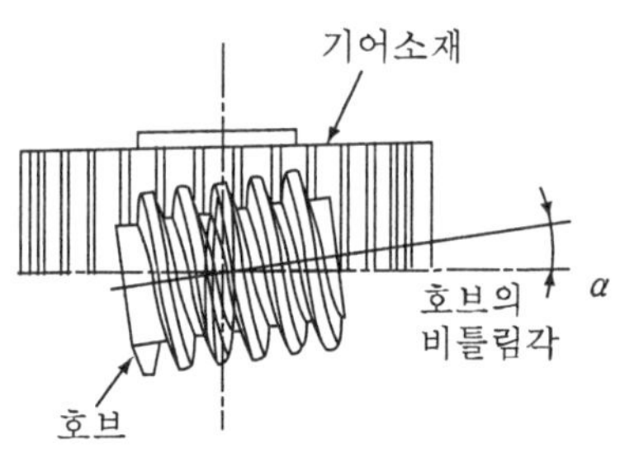

그림 13.9 호브축의 기울기

③ 호브의 위치 결정

정밀도가 높은 기어 또는 잇수가 적은 기어의 치형을 정확히 가공하기 위해서는 호브를 정확한 위치에 설치할 필요가 있다.

호브의 위치 결정은 호브의 날 1개의 중심이 기어 소재의 중심과 일치하도록 호브 축을 축 방향으로 이동하여 위치를 정확히 해야 한다. 이와 같은 호브의 위치 결정에는 센터링 게이지(centering gauge)를 사용한다.

④ 호브와 공작물의 상대 운동

웜엄의 단면은 래크를 형성하고 있고, 이것이 회전 하면서 축 방향에 이동 하므로 그 이동 속도에 해당하는 회전을 공작물에 주고, 또한 호브을 비틀림 각도만큼 경사 시키는 것 이외는 웜엄 기어에 맞물려 회전하는 것과 동일 과정을 거쳐 호브의 절삭날에 의하여 기어가 깎인다.

그림 13.10은 호브을 사용할 때 치형이 형성되는 과정을 웜엄과 웜엄 기어로 표시한 것이다.

보통 호빙머시인으로 깎을 수 있는 기어는 스퍼어 기어, 헬리컬 기어 및 웜엄 기어 등이 있다. 호브의 종류를 적당히 선정하면 그림 13.11과 같은 각종 작업이 가능하다.

⑤ 분할 기어 계산

호브로 스퍼어 기어를 가공할 때, 기어의 분할원리는 다음과 같다. 즉, 래크와 피니언이 맞물리는 것과 같은 상태로 치형이 창성된다. 따라서 호브가 1회전을 하는 동안 기어 소재는 1피치만큼 정확히 회전하여야 한다.

예를 들어 잇수 36개의 기어를 가공할 때, 한 줄 호브 1회전에 대하여 소재를 설치한 테이블은 1/36회전 하면 된다. 이와 같은 분할 기어는 그림 13.12의 계통도와 같이 기어의 잇수를 따라 계산하면 편리하다.

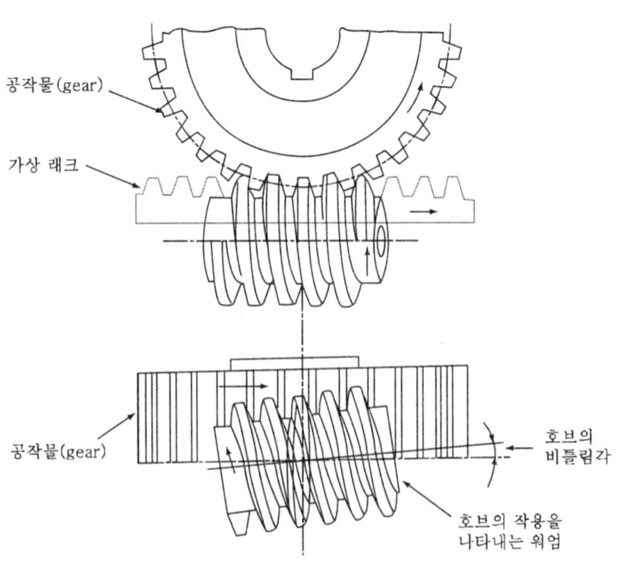

그림 13.10 호브와 공작물의 상대 운동

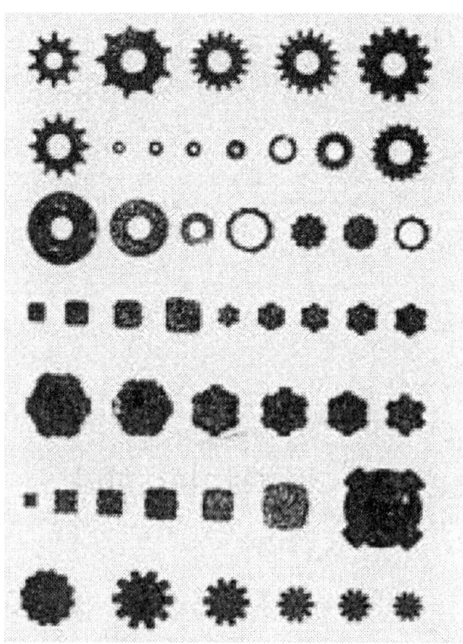

그림 13.11 각종 공작물 형상

용어 해설 분할상수(index constant)란?

- 호빙 머시인은 내부의 기어 전동 장치에 의하여 호브 축과 테이블과의 회전비가 기계에 따라 특정한 값을 가지는데, 이것을 분할상수(index constant)라 한다.
- 분할 기어의 계산을 간단히 하기 위하여 12, 20, 24, 30, 32 등이 보통 사용되고 있다.

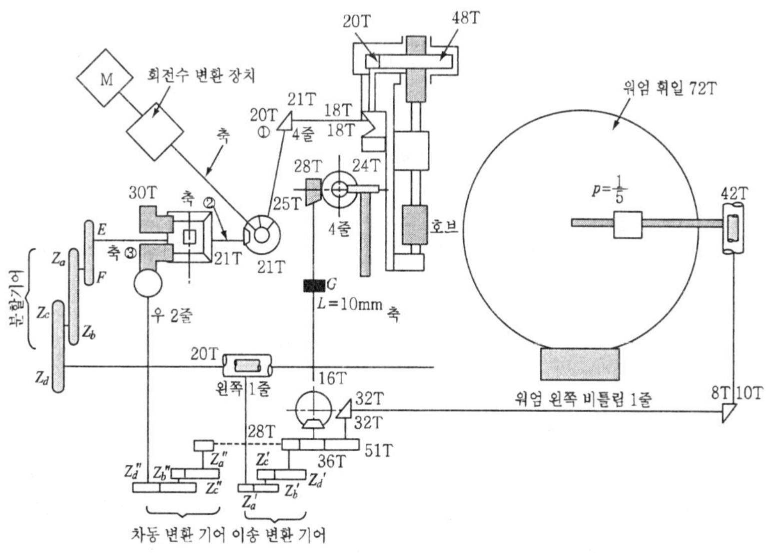

그림 13.12 호빙 머시인의 계통도(차동 장치가 분할 기어 앞에 있는 경우)

h : 축 ①에 대한 호브 주축의 회전비

i : 기어 E와 F의 회전비

ω : 테이블과 웜 주축과의 회전비

z : 가공할 기어의 잇수(분할수)

z_a, z_b, z_c, z_d : 분할기어의 잇수

n : 호브의 나사줄 수(보통 $n=1$)

테이블 1회전하는 동안에 호브느 $\frac{z}{n}$회전하여야 한다.

즉, 호브 스핀들이 1회전 하는 동안에 테이블은 $\frac{z}{n}$회전하는 셈이 된다.

$$\therefore 1 \times \frac{n}{z} \times \frac{1}{2} \times \frac{z_n}{z_b} \times \frac{z_c}{z_d} \therefore \omega = \frac{n}{2} \tag{13-1}$$

로 나타낼 수 있다.

식 (13-1)에서 $\frac{1}{2}$은 차동치차 장치에 있어서 축 ②의 $\frac{1}{2}$의 회전이 축 ③에 전달됨을 뜻한다.

$$\therefore \frac{z_a}{z_b} \quad \therefore \frac{z_c}{z_d} = \frac{2 \cdot h \cdot n}{\omega \cdot z} = \frac{nA}{z} = \frac{a}{z} \quad (n=1\text{일 경우}) \tag{13-2}$$

여기서, $A=\frac{2h}{\omega}$이며, 잇수 분할 정수라 한다. 차동기어 장치를 연결하지 않을 경우에 $A=\frac{2h}{\omega}$가 된다.

⑥ 이송 상수(feed constant)

호브의 이송은 테이블이 1회전하는 동안에 호브 헤드가 수직이동하는 거리 또는 테이블, 컬럼이 수평 이동하는 거리이다.

스퍼어 기어 가공을 위한 호브의 이송은 기어 소재가 1회전 하는 동안의 호브의 상하 이동 거리로 한다.

(a) 호브 헤드의 상하이동

호브 헤드의 상하이동은 그림 13.12에서 테이블이 1회전하기 위하여는 웜축이 72회전하여야 하는데, 기어 예를 따라 호브의 이송을 계산하면 다음과 같다.

테이블이 1회전하는 동안 호브 스핀들의 이송거리르 f_v라고 하면

$$f_v = 72 \times \frac{1}{20} \times \frac{Z_{a'} \times Z_{c'}}{Z_{b'} \times Z_{d'}} \times \frac{28}{16} \times \frac{4}{28} \times \frac{4}{24} \times 10$$

$$= \frac{3}{2} \times \frac{Z_{a'} \times Z_{c'}}{Z_{b'} \times Z_{d'}} = K_t \frac{Z_{a'} \times Z_{c'}}{Z_{b'} \times Z_{d'}} \quad (13\text{-}3)$$

과 같이 되며 수직이송 나사의 리이드는 10mm이다.

여기서 K_f : 이 호빙 머시 특유의 이송상수

$Z_{a'}$, $Z_{b'}$, $Z_{c'}$, $Z_{d'}$: 이송변환 기어 잇수이므로

$$\therefore \frac{Z_{a'} \times Z_{c'}}{Z_{b'} \times Z_{d'}} = \frac{f_v}{K_f} \quad (13\text{-}4)$$

가 된다.

(b) 테이블의 수평이송

이송거리를 f_h라고 하면 그림에서 다음 식을 얻습니다. 즉,

$$f_h = 72 \times \frac{1}{20} \times \frac{Z_{a'}}{Z_{b'}} \times \frac{Z_{c'}}{Z_{d'}} \times \frac{36}{51} \times \frac{32}{32} \times \frac{8}{10} \times \frac{1}{42} \times \frac{1}{5}$$

$$f_h = 0.00968 \times \frac{Z_{a'}}{Z_{b'}} \times \frac{Z_{c'}}{Z_{d'}} (\text{inch}) = 0.2459 \times \frac{Z_{a'}}{Z_{b'}} \times \frac{Z_{c'}}{Z_{d'}} (\text{mm}) \quad (13\text{-}5)$$

여기서 수평 이송 나사의 피치를 $\frac{1''}{5}$(5.08mm)로 하였다.

$\frac{Z_{a'}}{Z_{b'}} \times \frac{Z_{c'}}{Z_{d'}} = 1$이면 이송 거리는 0.2459mm가 되며, 이것을 수평이송 상수(horizontal feed constant)라고 한다.

(c) 접선 이송 헤드(tangential feed head)의 이송

테이퍼 호브를 사용할 때 호브의 접선방향 이송을 주기 위한 것이며, 이송거리를 접선이송헤드의 이송은 f_t라고 하면 다음 식이 성립됩니다.

$$f_t = 72 \times \frac{1}{20} \times \frac{Z_{a'}}{Z_{b'}} \times \frac{Z_{c'}}{Z_{d'}} \times \frac{28}{16} \times \frac{1}{31} \times 5$$

$$\therefore f_t = \frac{63}{62} \times \frac{Z_{a'}}{Z_{b'}} \times \frac{Z_{c'}}{Z_{d'}} \tag{13.16}$$

이와 같이 각 상수는 기어 구동계통도에서 구할 수 있습니다.

그런데 현장에서 분할 상수를 구하기 위하여는 $\frac{Z_a}{Z_b} \times \frac{Z_c}{Z_d} = 1$이 되도록 분할 기어를 걸고 테이블을 회전시킬 때, 테이블이 완전히 1회전하는 동안 호브 축의 회전 수를 세면 이것이 분할 상수이다.

또, 이송 상수는 $\frac{Z_{a'}}{Z_{b'}} \times \frac{Z_{c'}}{Z_{d'}} = 1$로 하고 호브 헤드에 다이얼 게이지를 대고 테이블이 1회전하는 동안 헤드의 이송거리를 측정하면 된다.

⑦ 절삭속도

절삭 속도는 호브의 바깥지름과 회전수로 결정되며, 다음 식 (13.7)로 계산한다. 적절한 절삭속도는 호빙 머시인의 강성, 기어 소재의 재질, 호브의 재질 등을 고려해서 결정한다.

$$v = \frac{\pi dn}{1000} \tag{13.7}$$

여기서, v : 절삭속도(m/min)

d : 호브의 바깥 지름(mm)

n : 호브의 회전수(rpm)

표 13.3은 고속도강 호브의 소재 재질에 대한 표준 절삭 속도를 나타낸 것이다.

표 13.3 절삭 속도(m/min)

기어소재의 재질	인장 강도(60kg/㎟) 이상의 강	인장 강도(60kg/㎟) 이하의 강	주 철	황 동	베이클라이트
절삭 속도	20~30	25~35	16~24	40~60	25~40

⑧ 절삭 시간

기어 절삭 시간은 다음 식으로 구할 수 있다.

즉, N : 호브의 회전 수(rpm)

z : 가공할 기어의 잇수

W : 이 나비(mm)

f_v : 이송(mm/테이블 1회전)

a : 절삭 시작 거리(mm)

n : 호브의 줄 수

T : 소요 시간(min)

이라 하면 절삭 소요 시간 T=(호브가 이송한 거리/호브의 하강 속도)로 생각할 수 있으므로 $T=\frac{Z}{N \times n} \times \frac{W \times a}{f_v}$(min)로 나타낼 수 있다.

⑨ 기어 절삭 깊이

기어의 절삭깊이는 다음과 같이 정한다. 즉, 적당한 이 높이가 되도록 하기 위하여 호브와 기어 소재의 관계 위치를 정한다.

또 호브 헤드를 이동 시켜 호브의 날끝이 기어 소재의 이나비 거의 중앙에 오도록 접근하여 올 때, 호브의 날끝이 기어 소재의 외주에 접촉한 위치를 0점이라고 정한다. 그리고 호브와 기어 소재가 거의 떨어질 때까지 호브 헤드를 이동시키며, 테이블도 이동시켜 0점을 기준으로 하고 기어 절삭 깊이를 주어 테이블을 베드에 고정시킨다.

기어 소재의 재질이 견고할 때, 치형이 클 때, 정밀한 기어일 때는 한번에 전체 절삭 깊이를 주지 않고, 2~3회 분할하여 절삭한다.

예제 1

다음 그림에서 분할 상수는 A를 구해 보시오.

풀이

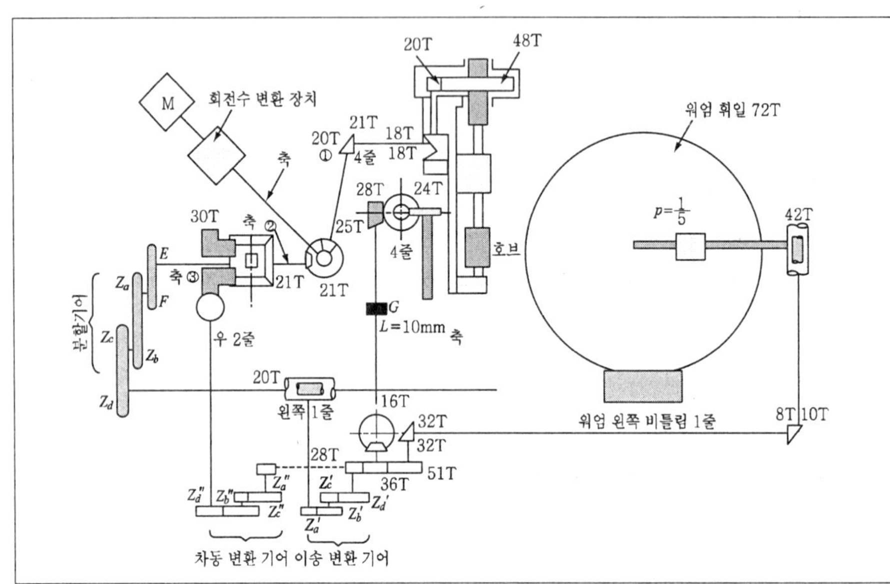

$$h=\frac{1}{\frac{48}{20}\times\frac{18}{18}\times\frac{21}{20}\times\frac{25}{21}}=\frac{1}{3},\quad \omega=\frac{1}{72}$$

이므로, $A=\frac{2h}{\omega}=2\times72\frac{\times1}{3}=48$ 이다.

예제 2

이송상수 $K_f=\frac{3}{2}$ 인 호빙 머시인에서 이송을 1mm로 하려고 합니다. 이송 변환기어의 잇수를 계산하시오.

풀이 $\frac{Z_{a'}}{Z_{b'}}\times\frac{Z_{c'}}{Z_{d'}}=\frac{f_v}{K_f}=\frac{1}{1.5}=\frac{2}{3}=\frac{2}{1}\times\frac{1}{3}=\frac{48}{24}\times\frac{20}{60}$

예제 3

분할 상수 24의 호빙 머신에서 한 줄 호브로 잇수 36개의 스퍼 기어를 깎으려고 할 때, 분할 변환 기어의 잇수를 계산하시오.

풀이 식에서 $n=1$, $A=24$, $Z=36$ 이므로

이송 변환 기어의 계산은 호브의 재질, 기어 소재의 재질, 치형의 크기, 피치 및 가공 정밀도 등에 따라 결정이 된다.

$$\frac{Z_a}{Z_b}\times\frac{Z_c}{Z_d}=\frac{nA}{Z}=\frac{1\times24}{36}=\frac{2}{3}=\frac{2\times32}{1\times32}\times\frac{1\times24}{3\times32}\times\frac{64}{32}\times\frac{24}{72}$$

$\therefore Z_a=64,\ Z_b=32, Z_c=24,\ Z_d=72$

☞ 표 13.2는 고속도강 호브의 표준 이송 값을 나타낸 것이다.

표 13.2 테이블 1회전마다의 호브 이송(mm)

기어 소재의 재질	공구강	경강	중경강	연강	주철(보통)	주철(연질)
거친 깎기	-	-	-	2.0	2.5	4.0
다듬 깎기	0.25	0.5	0.75	1.0	1.3	1.5

예제 4

호브의 회전 수를 200rpm, 가공할 기어의 잇수를 32, 이 나비를 5mm라 할 때, 기어의 절삭소요 시간을 계산하시오. 단 이송은 2(mm/ 테이블 1회전), 절삭 시작거리 3mm, 호브의 줄 수는 1줄이다.

풀이 $T=\frac{Z}{N\times n}\times\frac{W\times a}{f_v}=\frac{32}{200\times1}\times\frac{5\times3}{2}\cong1.2(\text{min})$

2) 기어 셰이퍼(gear shaper)

기어 셰이퍼는 호브와 같은 회전 공구가 아니고 피니언형 공구 또는 래크형 공구를 왕복 운동시켜 기어 소재와 공구에 적당한 이송을 주면서 기어를 가공하는 공작 기계이다. 단붙이 기어 및 내접 기어를 쉽게 가공할 수 있으며, 사용 커터에 따라 피니언 커터형과 래크 커터형이 있다.

피니언 커터형 기어 절삭기(pinion cutter type gear shaper)는 기어형의 피니언 커터와 기어의 소재가 2개의 기어와 맞물고 돌아가는 것과 같은 회전 이송을 주면서 피니언 커터에는 왕복 운동을 아울러 주어 기어 절삭을 한다.

이 방법으로는 내접 기어(internal gear)도 가공할 수 있다.

피니언 커터의 기어 피치 오차가 절삭되는 기어의 정밀도에 직접 영향을 주므로, 정확한 피니언 커터를 사용하는 것이 매우 중요하다.

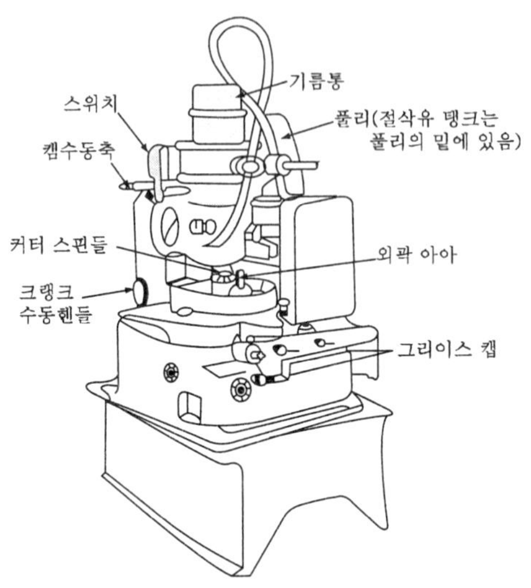

그림 13.13 펠로스 기어 셰이퍼

대표적인 기어 절삭기로는 그림 13.13와 같은 펠로스 기어 셰이퍼(fellows gear shaper)가 있다. 커터의 원주 이송은 커터 1회전 중에서 커터축의 행정수로 표시하며, 행정수가 적으면 이송은 작다. 이 기어 셰이퍼는 본래 창성법에 의한 스퍼어 기어깎기용이나, 턱이 있는 기어, 내접 기어, 헬리컬 기어 등도 깎을 수 있다.

헬리컬 기어를 깎기 위해서는 헬리컬 기어의 피니언 커터를 헬리컬 안내로 나선 운동을 시키면서 상하 운동하게 한다.

헬리컬 안내는 보통 비틀림 각이 15°, 23°, 30°의 것을 깎을 수 있다.

표 13.4는 기어 셰이퍼의 절삭 속도 를 나타낸 것이다.

표 13.4 기어 셰이퍼의 절삭 속도(m/min)

기어 소재 재질	절삭 속도	기어 소재 재질	절삭 속도
주 철	15~20	스테인레스강	7.5~10.5
연 강	23~26	황 동	30~35
고속도강	15~20	청 동	20~40
공 구 강	12~15	알 루 미 늄	55~60
니 켈	10~16	합 성 수 지	23~26

② 래크형 커터 기어 절삭기(rack cutter type shaper)

래크형 커터 기어를 사용하는 기어 셰이퍼는 마그식 기어 셰이퍼(Maag gear shaper)와 선더랜드식 기어 셰이퍼(sunderland gear shaper)등이 있다.

주로 헬리컬 기어와 스퍼어 기어를 절삭하며, 호빙 머시인에서와 같이 1개의 커터로 피치가 같은 임의의 기어를 절삭할 수 있다.

마그마식 기어 셰이퍼의 구조와 작동원리를 살펴보면, 컬럼의 전면에 따라 위 아래로 왕복운동을 하는 램이 있다. 램 헤드 내부에는 슬로토와 같이 편심판과 크랭크 기구가 들어있어 회전 운동을 왕복 운동으로 바꾸 게 한다. 테이블 워엄과 워엄 휘일로 회전 이송이 이루어 지고, 또 변환 기어에 연결된 이송 나사에 의하여 가로 이송이 주어진다.

램에는 공구대가 있어 래크형 커터의 하향 운동 때 절삭을 하고, 이 때의 기어 소재는 정지하게 된다.

래크형 커터가 귀환 행정을 할 때에는 클래퍼(claper)에 의하여 기어 소재로부터 떨어지며, 기어 소재는 래크형 커터에 대하여 구름 접촉을 하도록 테이블을 일정량만큼 회전시키고 가로 이송을 준다.

래크형 커터가 기어 소재에 1~2개의 이를 절삭하고 나면 기어 소재의 회전 위치는 그대로 있으나, 테이블의 이송에 의하여 원위치로 귀환하고, 래크형 커터는 다시 다음의 이를 절삭하게 된다.

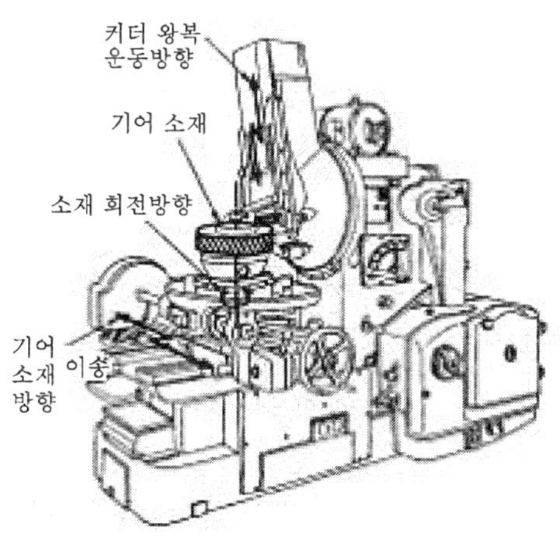

그림 13.14 마그식 기어 셰이퍼

(2) 베벨 기어 커팅 머시인(bevel gear cutting machine)

1) 스트레이트 베벨 기어 절삭기(straight bevel gear generator)

스트레이트 베벨 기어 절삭기(strajght bevel gear generator) 중에서 가장 대표적인 것에는 그림 3.15(a)와 같은 글린슨식 베벨 기어 절삭기(gleason straight bevel gear generator)가 있다.

글린슨식 베벨 기어 절삭기는 2 개의 공구대에 각각 1개씩 커터를 가지고 있으며, 양 커터가 형성하는 모양은 래크형이 된다. 작동 원리는 2개의 래크형 직선 날 커터를 정점을 향하여 교대로 왕복 운동시킴으로써 크라운 기어(crown gear)의 1개의 잇면을 형성하게 할 수 있다.

즉 그림의 b와 같이 크라운 기어 N과 맞물리고 있는 부채꼴 부분 베벨 기어 M의 S축에 기어 소재가 고정되어 있다. 또 커터 C는 커터 미끄럼대 D에 설치하고 중심 O를 향하여 왕복 운동을 한다.

커터 C를 고정한 미끄럼대 D가 크라운 기어 N과 일체가 되어 회전하므로, 기어 소재 W와 커터 C사이에는 성법으로 치형이 가공된다.

치형 1개가 창성되면 커터를 기어 소재에서 분리하고, 그 사이에 기어 소재는 1피치만큼 분할되어 다음 치형을 창성한다.

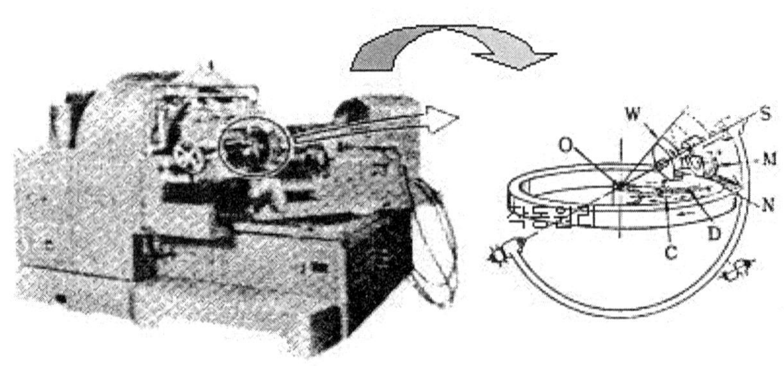

그림 13.15 글린슨식 베벨 기어 절삭기

2) 스파이어럴 베벨 기어 절삭기(spiral bevel gear generator)

스파이어럴 베벨 기어를 절삭하는 기계에는 글리슨식 스파이어럴 베벨 기어 절삭기가 쓰인다. 기어 커터는 그림과 같이 둥근 모양이며, 회전 중에 커터의 날 끝은 요동대의 가상 크라운 기어 1개의 잇면을 그리게 된다.

이것을 크라운 기어의 축 주위에 공전시키고, 이것과 정확히 맞물리도록 기어 소재를 회전시키면 원호 모양의 1개의 잇 면이 창성되어 절삭 된다. 1개의 이를 절삭하고 나면 커터와 기어 소재를 역으로 회전시켜 원위치에 귀환하게 한 다음 분할을 하고, 필요한 절삭 깊이로 다시 다음의 이를 절삭하게 된다.

그림 13.16은 스파이어럴 베벨 기어의 절삭을 나타낸 것이다.

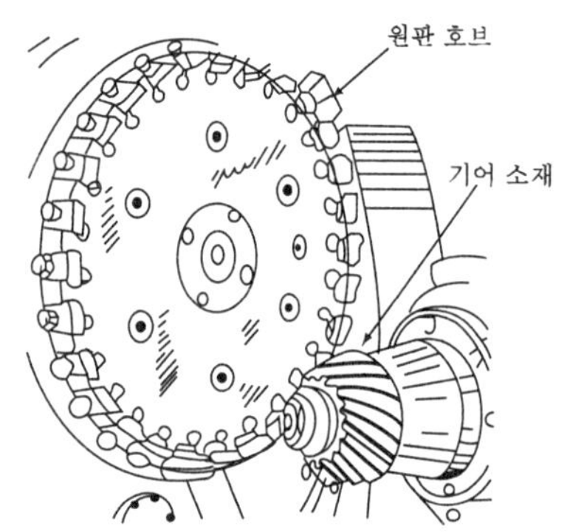

그림 13.16 스파이어럴 베벨 기어 절삭

3) 기어 세이빙 머시인(gear tooth shaving machine)

기어 절삭기로 가공된 기어의 면을 매끄럽고 정밀하게 다듬질 하기 위해 높은 정밀도로 깎여진 잇면에 가는 홈붙이 날을 가진 커터를 사용하여 고속도로 경절삭하며 다듬는 가공을 기어 셰이빙이라 한다. 커터는 래크형과 피니언형 셰이빙 커터에 의한 가공 방법을 나타낸 것이다.

기어 셰이빙은 그림 13.17과 같이 셰이빙 커터와 다듬질 할 기어 사이에 일정한 각도를 유지하연서 서로 물림 운동을 시키면 커터는 기어면을 조금씩 절삭하여 잇면을 정밀하게

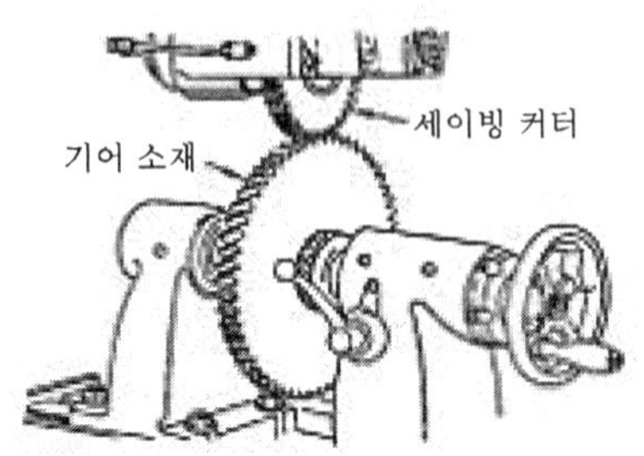

그림 13.17 기어 세이빙

다듬게 된다. 기어 세이빙 머시인은 커터의 정밀도가 좋고, 오차가 적으며, 균일한 가공면을 얻을 수 있고, 내구성이 크다.

또 가공응력이 적어 열처리 작업에서 담금질을 하여도 변형이 적고, 절삭 조건이 알맞은 때에는 기어 연삭의 경우보다 가공 시간이 짧고, 작업이 쉬워 대량 생산에 적합하다.

4) 셰이빙 커터(shaving cutter)

셰이빙을 할 때에는 셰이빙 커터를 사용한다.

이 커터는 피치가 정확하여야 할 뿐만 아니라, 이의 모양도 정확하지 않으면 안된다.

커터의 모양은 그림 13.18과 같이 날을 만들기 위하여 이의 곡면에 여러 개의 홈을 판 것으로 그 홈의 폭은 0.7~1mm 정도이다. 보통 커터는 고속도강으로 만들며, 이의 곡면을 연삭 가공하여 정확한 이의 곡선으로 다듬어져 있다. 이와 같은 셰이빙 커터에는 피니언형과 래크형이 있다.

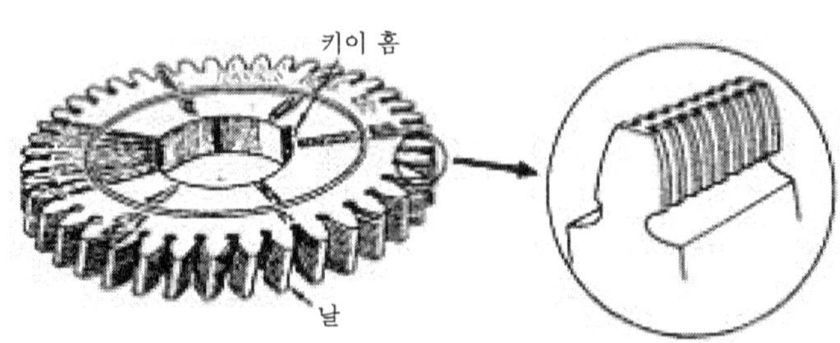

그림 13.18 셰이빙 커터의 날

5) 셰이빙의 효과와 절삭 조건

셰이빙에서는 호브 또는 피니언형 커터에 의한 잇면의 凹凸, 피치의 불균일, 편심등의 가공 오차를 수정하고, 잇 줄도 약간은 수정할 수 있다.

정확한 기어로 창성, 가공하는 능력은 없기 때문에 먼저 기어를 가공할 때 정밀도를 높게 하여 극히 가볍게 셰이빙 하면서 가공하여야 하며, 셰이빙을 한 기어는 서로 물고 고속 회전할 경우 소음이 적으며, 또한 내 마멸성도 매우 좋다.

기어 셰이빙의 표준절삭조건에 대해 알아보자.

기어의 경도는 쇼어 경도(shor hardness) 48정도가 한도이다. 셰이빙 여유는 이의 두께에 따라 0.05~0.1mm 정도로 커터의 원주 속도는 100~130m/min, 이송량은 0.2~0.4mm/rev이며, 절삭 깊이(반지름 방향) : 0.02~0.04mm이고, 축각 θ는 8~12도 정도로 한다.

(3) 기어 연삭기(gear grinding machine)

최근 고속운전이 요구 되면서, 내구성을 증가시키는 등, 기계의 성능을 향상 시키기 위하여 매우 중요한 사항인 기어의 연삭은 주목적으로 하는 기어 연삭기(gear grinding machine)에 대해 알아보자.

중요한 부분에 사용되는 기어들은 고급 강철로 제작하고 이것을 열처리하여 사용하므로 열처리 변형을 제거하기 위해서도 기어 연삭은 필요하다.

기어 연삭기의 기능은 정밀한 치형 곡선을 만드는 동시에 정확한 피치로 제작하여야 한다.

기어 연삭기를 분류하면 스퍼어 기어 연삭기와 베벨기어 연삭기의 2종류가 있다. 표 13.5는 기어 연삭 방식의 종류를 나타낸 것이며, 그림 13.19는 스퍼어 기어의 각종 연삭 방식을 나타낸 것이다.

그림에서 연삭 숫돌은 1개, 또는 2개를 사용하고 있는데, 연삭 작업 운동은 창성식을, 공작물은 형식에 따라 대부분이 고정 또는 왕복운동을 한다.

표 13.5 기어 연삭 방식의 종류

	연삭법	중요부분	연삭숫돌 운동	부가 운동	연삭 방식 그림 13.19
스퍼어 기어	창성법	드럼 또는 강철 띠(鋼帶)에 의한 것	고정	회전운동과 왕복운동	(a)
	창성법	마스트 랙과 마스터 기어를 사용하는 방식	이면(齒面)에 평행으로 왕복운동 또는 고정	회전운동	(b)
	창성법	마스트랙과 마스터 기어를 사용하는 방식	기어축에 평행으로 왕복운동	회전운동	(c)
	창성법	드릴과 변환기어를 사용하는 방식	기어축에 평행으로 왕복운동	회전운동	(d)
	창성법	총형 연삭 숫돌에 의한 방식	기어축에 평행으로 왕복운동	회전운동	(e)
베벨 기어	창성법	드럼 또는 강철 띠(鋼帶)에 의한 것	치형 표면에 평행으로 왕복운동	회전운동	~
	창성법	변환기어에 의한 방식	기어축에 평행으로 왕복운동	회전운동	~

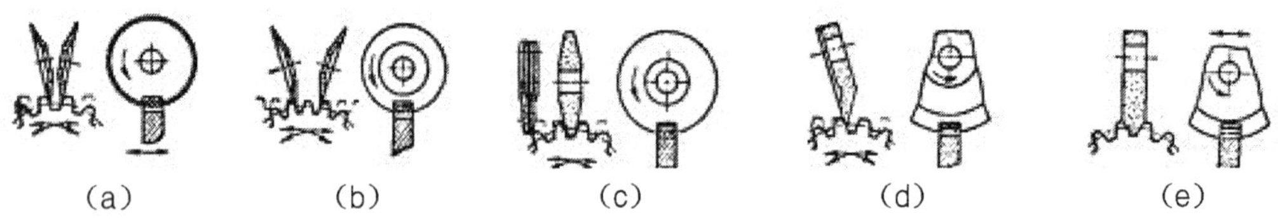

그림 13.19 각종 기어 연삭 방식

(4) 기어 단면 절삭기(gear tooth chamfering machine)

기어 단면 절삭기란 기어의 단면을 절삭하는 기계를 말한다. 각종 기어 절삭 기계에서 가공된 기어를 사용에 편리하도록 완성 가공하는데 사용하며, 여러 가지 작업이 가능하지만 주로 단면 및 각부를 가공한다.

기어 단면 절삭기는 다음의 3가지가 있다.

① 버어링(burring) : 기어의 치형 단면을 둥글게 깎는 작업
② 라운딩(rounding) : 치형 기부를 둥글게 깎는 작업
③ 포인팅(pointing) : 치형 기부를 각형으로 깎아내는 작업

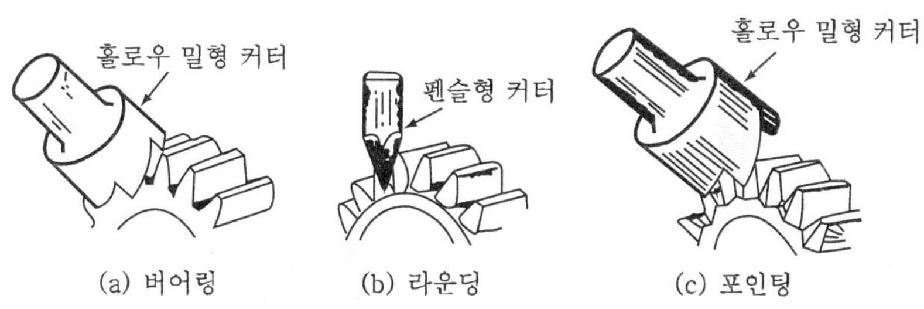

그림 13.20 기어 단면 절삭기의 종류

(5) 기어 전조기(gear roll forming machine)

최근 고성능 기어 절삭 기계가 출현되었지만 칩을 제거하는 것이나, 기어를 깎는데 소요되는 시간상의 문제점을 해결하기 위해 최근에는 칩이 발생하지 않는 기어 절삭 기계를 연구, 개발하여 생산성, 정밀도 면에서 많은 효과를 거두고 있다.

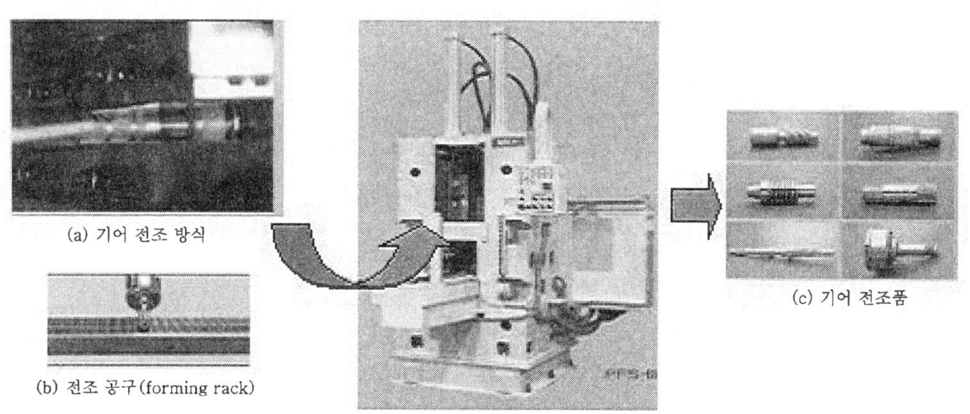

그림 13.21 수직형 기어 전조기

그림 13.21과 같이 2개의 로울러로 가공물을 압입하면서 가공물을 고주파 가열 장치로 가열하는 열간 가공 또는 냉간 가공에 의해 기어를 제작하는 기어 전조기에 의한 가공이 그 일례이다.

그림 13.22는 냉간 또는 열간 단조 금형에 의한 제작된 기어 제품들로, 복잡하고 큰 치수를 가진 자동차 구동계 기어와 변속기어 기어 등으로 대량 생산에 유리하여, 지속적인 연구 개발을 통하여 실용화 되고 있다.

그림 13.22 프레스 금형에 의한 기어 제품 예

체크 포인트

1. 원통형 기어 커팅 머시인의 종류
   ① 호빙 머시인(hobbing machine)
   ② 기어 셰이퍼(gear shaper)
2. 기어 셰이빙 머시인의 특징
   ① 커터의 정밀도가 좋고, 오차가 적으며, 균일한 가공면을 얻으며, 내구성이 크다.
   ② 가공응력이 적어 열처리 작업에서 담금질을 하여도 변형이 적다.
   ③ 기어 연삭의 경우보다 가공 시간이 짧고, 작업이 쉬워 대량 생산에 적합하다.
3. 베벨 기어 커팅 머시인의 종류
   ① 스트레이트 베벨 기어 절삭기(straight bevel gear generator)
   ② 스파이어럴 베벨 기어 절삭기(spiral bevel gear generator)

연습문제

1. 수직형 호빙 머시인에서 스퍼어 기어를 절삭할 때 가장 옳은 호브축의 고정 방법은?
   ① 호브의 리이드 각과 같게 기울여서 고정한다.
   ② 호브의 나선각보다 조금 크게 하여 고정한다.
   ③ 호브의 압력각과 같게 하여 고정한다.
   ④ 호브의 모듈 크기에 따라 고정위치를 결정한다.

2. 다음은 기어 세이빙 머시인에 대한 설명입니다. 틀린 것은 무엇인가?
   ① 커터의 정밀도가 좋고, 오차가 적다.
   ② 균일한 가공면을 얻으며, 내구성이 크다.
   ③ 가공 후, 잔류응력이 남는다.
   ④ 작업이 쉬워 대량 생산에 적합하다.

정답 및 해설

1. ① 호브의 기어 절삭에는 공구의 비틀림줄이 소재의 기어 잇줄 방향에 일치하도록 호브축을 기울여서 고정한다.
   ② 이 경사각을 호브의 리이드 각(lead angle), 비틀림각(twisting angle) 또는 고정각이라 한다.
   ③ 호브를 정확히 기울이지 못할 때는, 호브의 앞 뒷날의 간섭으로 홈의 나비가 넓어진다.

2. ① 커터의 정밀도가 좋고, 오차가 적다.
   ② 균일한 가공면을 얻으며, 내구성이 크다.
   ③ 가공응력이 적어 열처리 작업에서 담금질을 하여도 변형이 적다.
   ④ 절삭 조건이 알맞은 때에는 기어 연삭의 경우보다 가공 시간이 짧고, 작업이 쉬워 대량 생산에 적합하다.

Chapter 14 브로우칭 머시인(Broaching Machine)

학습 목표

1. 절삭날을 이용한 다른 가공과 비교하여 브로우칭의 특징을 3가지 이상 열거할 수 있다.
2. 브로치의 구조를 네 부분으로 나누어 그림을 그리고 설명할 수 있다.
3. 핵 소잉 머시인과 밴드 소잉 머시인의 구조상의 차이를 설명할 수 있다.

1. 브로우칭(broaching)

학습 Point

- 브로우칭의 특징 = 설계 및 제작에 시간이 오래 걸린다. 대량 생산에 이용된다. 등
- 브로우칭 머시인(broaching machine)의 종류 = 수평식, 수직식, 인발식, 압입식, 회전식 등.
- 브로치의 구조 = 자루부, 절삭부, 평행부 및 후단부의 네 부분으로 구성.

(1) 브로우칭(broaching)의 개요

브로우칭(broaching)이란 가늘고 긴 일정한 단면 모양을 한 공구면에 많은 날을 가진 브로우치(broach)라는 절삭 공구를 사용하여 공작물의 안 밖을 필요한 모양으로 절삭하여 완성하는 가공법을 말합니다.

브로우칭 머시인이란 그림 14.1과 같은 모양으로 브로우칭에 사용되는 공작기계 다른 가공과 비교하여 브로우칭은 각 제품에 따라 브로우치를 만들어야 하며, 설계 및 제작에 시간이 오래 걸리고, 공구의 값이 비싸 일정량 이상의 대량 생산에 이용된다는 특징이 있다.

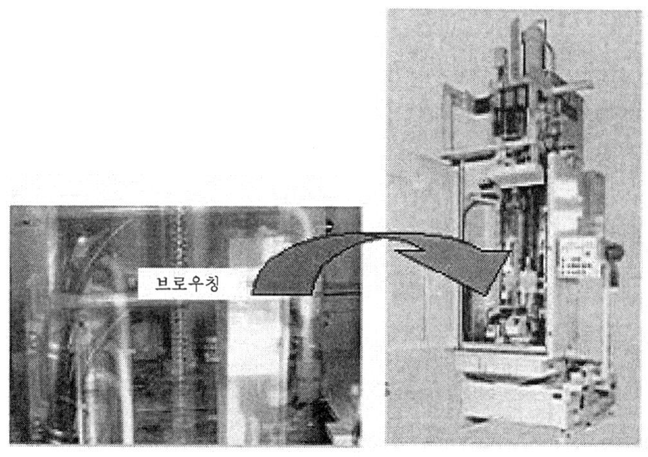

그림 14.1 수직형 공작물 이동식 브로우칭 머시인(broaching machine)

(2) 브로우칭의 구분

브로우칭은 다음과 같이 내면브로우칭과 외면 브로우칭의 두 종류로 구분하여 설명할 수 있다.

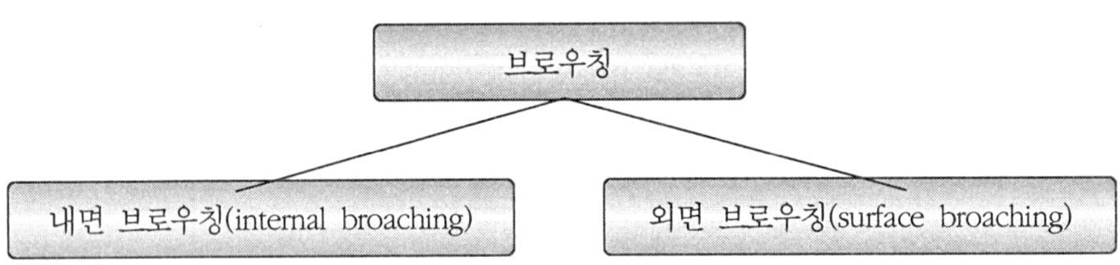

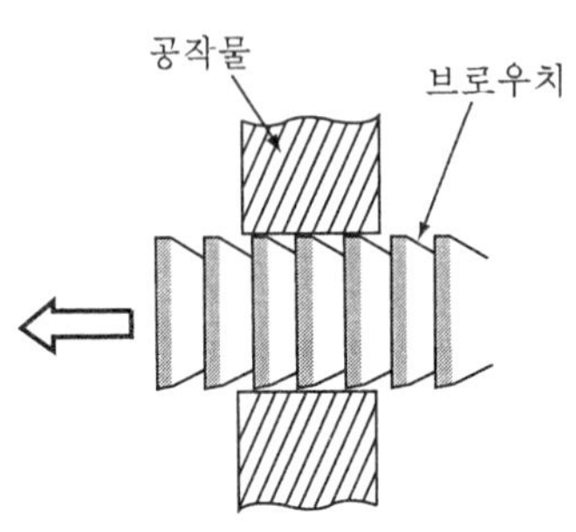

둥근 구멍 안에 키 홈, 스플라인(spline)홈 다각형의 구멍등을 가공하는 것을 말한다.

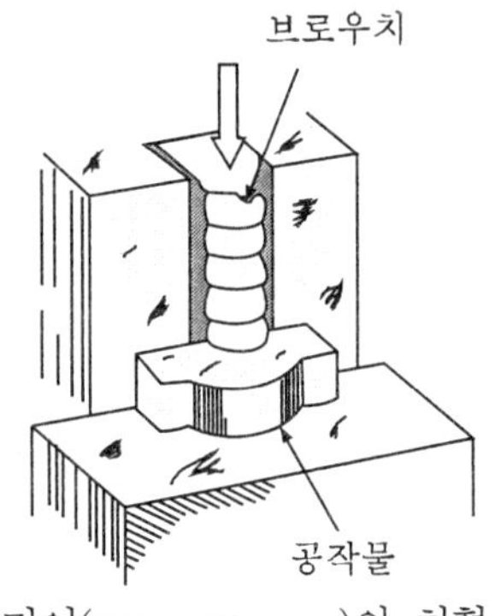

세그먼트 기어(segment gear)의 치형이나 홈, 그 밖에 특수한 모양의 면 가공에 사용된다.

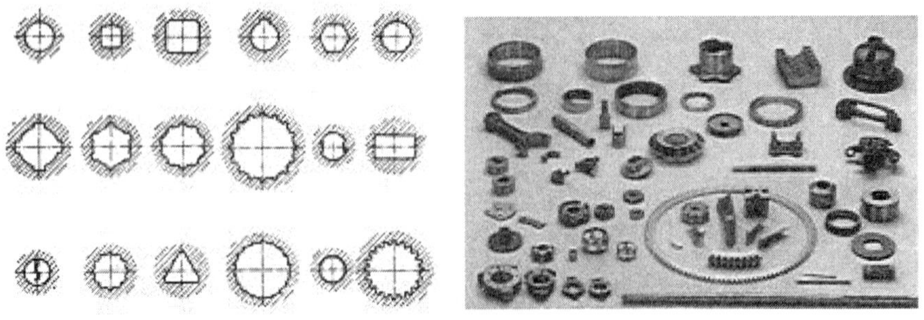

(a) 내면 브로우칭 예 (b) 내면 및 외면 브로우칭 제품

14.2 브로우칭 제품

그림 14.2는 내면 브로우칭과 외면 브로우칭 제품의 가공 예로서 복잡한 윤곽 형상의 구멍 내 면, 평면, 부체꼴 기어 또는 내연기관 크랭크실의 크랭크 베어링부를 포함한 맞춤면 등의 정밀하고 생산적인 기계 가공법으로서 활발히 실용화 되고 있다.

2. 브로우칭 머시인(broaching machine)의 종류

원동력에 따라	수동(Hand type)	기계식(mechanical type)
	유압식(hydraurical type)	전기 기계식(electric-mechanical type)
운동 방향에 따라	수평식 브로우칭 머시인(horizontal broaching machine)	
	수직식 브로우칭 머시인(vertical broaching machine)	
구동 방향에 따라	인발식 브로우칭 머시인(pull type broaching machine)	
	입인식 브로우칭 머시인(push type broaching machine)	
	회전식 브로우칭 머시인(turning type broaching machine)	
	연속식 브로우칭 머시인(continous type broaching machine)	
구동대의 수에 따라	단축 브로우칭 머시인(single spindle broaching machine)	
	다축 브로우칭 머시인(multiple broaching machine)	
가공 위치에 따라	내면 브로우칭 머시인(inemal broaching machine)	
	외면 브로우칭 머시인(external surface broaching machine)	
	만능식 브로우칭 머시인(universal broaching machine)	
브로우칭의 구조상에 따라	일체형(solid type)	
	심은 날형(insserted type)	
	조립형(combined type)	

(1) 수평식 브로우칭 머시인

수평식 브로우칭 머시인의 브로우칭에는 인발식을 사용하고 브로우치 축이 수평형이다. 기계의 크기, 행정의 길이에 제한을 받지 않고, 조작이 쉬워서 널리 사용된다. 그림 14.3은 최신의 수평식 내면 브로우칭 머시인으로 대형 공작물의 내면 가공용이다.

그림 14.3 수평식 내면 브로우칭 머시인

그림 14.4 수평식 외면 브로우칭 머시인

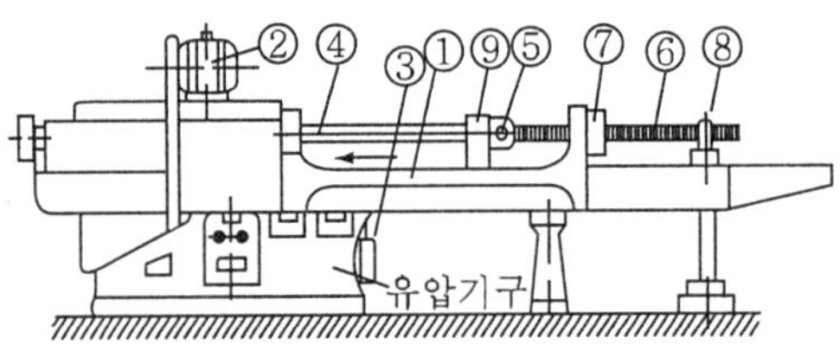

① 베드 ② 전동기 ③ 유압기구 ④ 연결봉 ⑤ 고정구 ⑥ 브로치 ⑦ 가공물 ⑧ 슬라이더 ⑨ 지지대

그림 14.5 수평식 내면 브로우칭 머시인의 구조

그림 14.4는 수평식 외면 브로우칭 머시인으로 터어빈 디스크(turbine disk), 실린더 블록(cylinder block) 등을 고속, 고능능률 가공할 수 있다.

그림 14.5의 수평식 내면 브로우칭 머시인의 구조를 참고하여, 브로우칭 머시인의 작동원리를 알아보자.

베드 ①위에 기계의 중요부가 배치되어 있으며 좌측 내부에는 유압 기구가 있고, 이것을 베드 위의 전동기 ②에서 구동시킨다.

내면 브로우칭 머시인의 가장 중요한 조작은 공작물의 구멍에 삽입한 브로우치를 인발하는 일로서, 이 목적을 위해 유압 장치의 피스톤 연결 봉 ④를 조작한다.

④는 우단을 ⑨로 지지하고 있으며 함께 이동한다. 연결 봉 ④는 고정구 ⑤에서 브로우치와 연결이 되며, 브로우치의 끝 단은 ⑧의 미끄름대에 지지되면서 가공중에 슬라이더와 함께 이동한다.

공작물 ⑦은 베드의 단부에 고정되어 여러 가지 모양으로 가공이 되며, 유압 장치에서는 유압을 조정하여 가공 속도를 변화시키고, 또한 가공 거리를 변화시킬 수 있다.

수평식 브로우칭 머시인의 경우 에는 외면 브로우치 부속장치를 부처 외면 가공도 가능하게 만들 수 있다.

(2) 수직식 브로우칭 머시인

수직식 브로우칭 머시인은 내면 및 표면의 브로우칭이 될 수 있도록 설계되어 있고 조작도 유압 및 전기 기구의 조합으로 극히 간단히 되어 있으며, 수직형 유압식 표면 브로우칭 머시인은 램이 단주식과 쌍주식의 두 종류가 있다.

여기서 단주식은 한개의 브로우치를 사용하며, 쌍주식은 두개의 프로우치를 교대로 사용하여 작업한다.

크기는 최대 인장력과 브로우치의 최대 행정 길이로 나타내고, 최대 인장력은 5~50t 가량의 것이 보통이다.

그림 14.6 수직식 외면 브로우칭 머시인

그림 14.7 수직식 내면 브로우칭 머시인

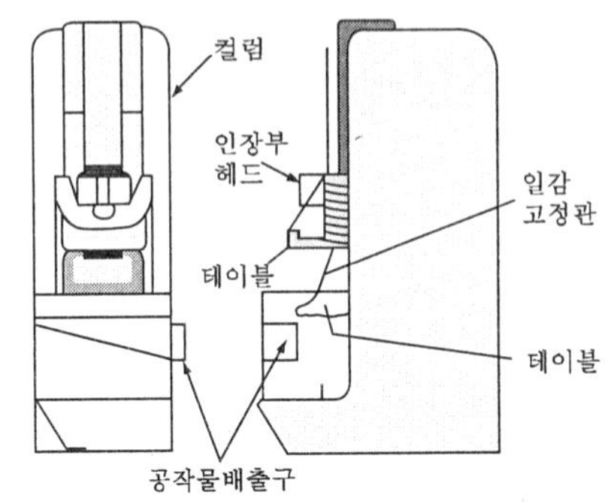

그림 14.8 수직식 브로우칭 머시인의 구조

그림 14.6은 수직식 외면 브로우칭 머시인으로 각종 지그 테이블에서 다양한 가공을 할 수 있으며 고강성으로 고정도를 장기간 유지할 수 있는 표면 가공 전용이다.

그리고, 그림 14.7은 수직식 내면 브로우칭 머시인으로 다축 가공도 가능한 대량 생산용이다.

수직형 브로우칭 머시인의 장 · 단점은 다음과 같다.

▹ 장점

① 그림 14.7과 같은 구조로 되어 있으므로 수평식에 비하여 공작물의 고정 방법이 간단하다.

② 테이블에 올려놓은 채로 가공할 수 있다.

③ 절삭 유제의 공급이 용이하여 작은 밀감의 대량 생산에 적합하다.

④ 기계의 설치 면적이 수평형보다 훨씬 적게 든다.

▹ 단점

기계의 높이가 높아지는 결점이 있어, 설치할 때 기초 공사를 경고하게 하고, 기계의 안정에 특별한 주의를 하여야 한다.

(3) 회전식 표면 브로우칭 머시인

그림 14.9와 같은 일반 브로우칭 머시인과는 달리 가공물을 회전 운동 시키지 않고 회전체의 표면을 가공할 수 있으며, 이동하는 구조는 수직식 표면 브로우치와 유사하게 브로우

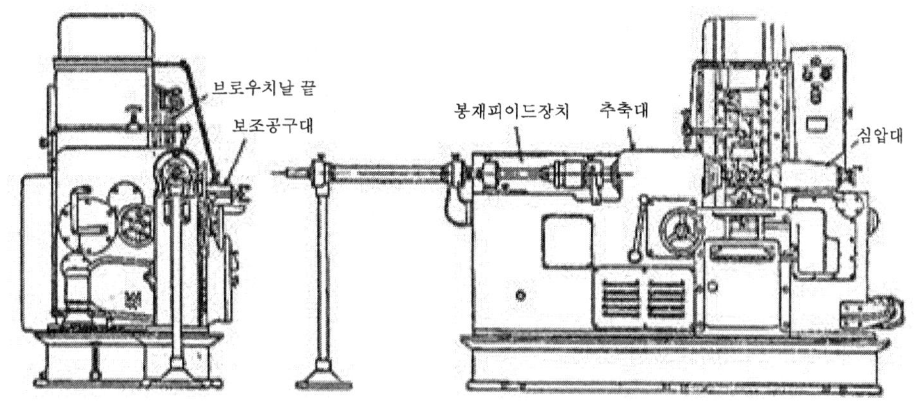

그림 14.9 회전식 표면 브로우칭 머시인

치 공구가 수직으로 이동하는 형식을 띄고 있으며, 자동 선반과 사용 용도가 비슷하나 소형 전동기 축의 가공에도 사용된다.

회전식 표면 브로우칭 머시인의 장점은 다음과 같다.

① 이송량을 크게 하여도 가공 표면이 아름답다.

② 브로우치 날 끝 마모가 극히 적다.

③ 브로우치의 가격이 비싸나 대량 생산시 수명이 길기 때문에 유리하고 정밀도도 높다.

④ 작업의 목적에 따라 브로우치를 동시에 2~3개소에 설치하고 절삭하면, 다인 절삭으로 높은 능률을 얻을 수 있다.

회전식 표면 브로우칭 머시인의 절삭 조건은 고속도강으로 만든 브로우치로 열처리강을 깎을 때에 주축속도 60m/min, 이송 공작물 1회전 당 0.3mm, 브로우치의 재연삭까지의 수명은 80~100hrs 정도이다.

(4) 연속식 브로우칭 머시인

그림 14.10과 같은 이음매 없는 체인에 의하여 공작물 또는 브로우치를 이동하여 연속적으로 가공하는 기계이고 소형의 물건의 다량 생산용에 적합하다.

그림은 연속식 브로우칭 머시인의 외관으로 브로우치 반전 장치(反轉 裝置)로 공구 교환이 용이하다.

그림 14.10 연속식 브로우칭 머시인

일반적으로 수평식 연속 브로우칭 머시인은 기계의 상부에 브로치를 고정하고 다른 쪽의 공작물은 다수 고정구에 지지하여 체인에 의하여 공작물이 그 아래를 이송하여 가공한다.

3. 브로우치(broach)와 절삭 조건

(1) 브로우치

1) 브로우치의 종류

브로우치의 종류는 다음과 같이 날본의 재료, 구조, 브로우치의 작용과 작업내용에 따라, 그리고 모양과 용도에 따라 여러 가지가 있다.

<table>
<tr><td rowspan="2">날부의 재료에 따라</td><td>탄소 공구강 : 일체형</td><td>고속도강 : 일체형</td></tr>
<tr><td colspan="2">초경 합금; 초경합금 팁(tip)을 경납땜하여 사용하거나 인서트 팁으로 사용.</td></tr>
<tr><td rowspan="2">구조에 따라</td><td colspan="2">단체형(solid type) : 날과 로드가 일체로 된 브로우치</td></tr>
<tr><td>조립형(combined type)</td><td>인서트형(inserted type)</td></tr>
</table>

<table>
<tr><td rowspan="3">브로우치의 작용에 따라</td><td>인발형(pull broach)</td><td>인발형(pull broach) : 일반적으로 많이 사용, 작은 구멍이나 절삭량이 많은 구멍을 가공할 때, 먼저 거칠게 보오링한 다음, 필요한 모양으로 브로우치 작업을 한다.</td></tr>
<tr><td>압입형(push broach)</td><td>압입형(push broach) : 큰 구멍이나 절삭량이 적은 공작물은 다음질 가공할 때 사용한다.</td></tr>
<tr><td colspan="2">브로우치는 정지하고 가공물은 움직이는 것.</td></tr>
<tr><td rowspan="2">작업내용에 따라</td><td>내면</td><td rowspan="2">처음에는 구멍, 홈 등의 내면깎기를 주로 하였지만, 현재는 외면깎기에도 사용하게 되었다.</td></tr>
<tr><td>표면 또는 내면</td></tr>
<tr><td rowspan="3">모양과 용도에 따라</td><td>키이홈 브로우치</td><td>원형 브로우치</td></tr>
<tr><td>각 브로우치</td><td>스플라인 브로우치 (spline broach)</td></tr>
<tr><td>스파이어럴 브로우치 (spiral broach)</td><td>세레이션 브로우치(serration broach)</td></tr>
</table>

2) 브로우치의 구조

일반적으로 인발 내면 브로치는 자루부, 절삭부, 평행부 및 후단부의 네 부분으로 구성되어 있다.

자루부는 기계에 브로우치를 고정시키기 위한 것으로, 고정부와 안내부로 구성되어 있습니다. 자루부의 안내부는 드릴 구멍에 적합한 크기로 하고 날부는 차차 크게 되어 있다.

절삭부의 날은 그림 14.11과 같이 다수 세로로 배열되어 있고, 일반적으로 거친날, 중간날, 다음질날의 세부분으로 구성되어 있다. 절삭부의 날은 거친날부에서 필요한 치수와 형상에 가깝게 만들어지며, 다듬질 날부에 향할수록 절삭량은 적고, 다듬질 날부에서 완전한 치수와 형상으로 다듬질하도록 꾸며져 있다.

날의 피치

$$p = c\sqrt{L}$$

여기서 p : 피치, L : 가공의 길이, c : 정수(1.5~2)로 연질재료에서는 적게, 경질재료에서는 크게 취한다.

브로우치의 각 부분에 대해 좀더 알아보면 다음과 같다.

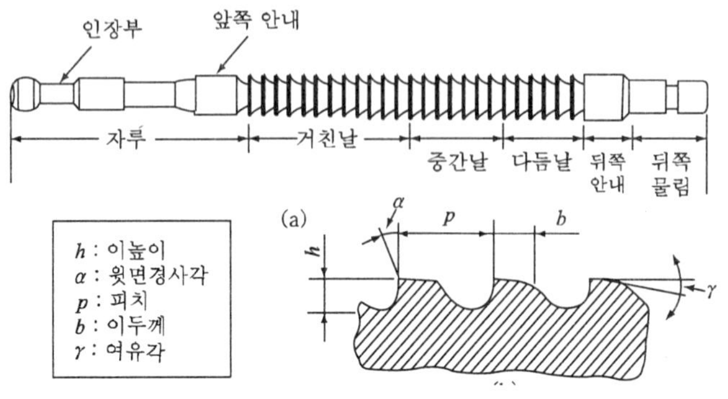

그림 14.11 브로우치 각 부의 명칭

① 인장부

인장부는 브로우칭 머시인의 슬라이드의 브로치 인발부에 지지되는 부분이고, 그림 14.12와 같이 나사식, 키식, 자동식의 여러 종류가 있다.

인발 지지부는 조작이 쉽고, 고정이 확실하여야 하지만 이 부분은 브로치의 가장 약한 부분이 되므로 그 강도가 절삭 하중에 충분히 견디도록 하여야 한다.

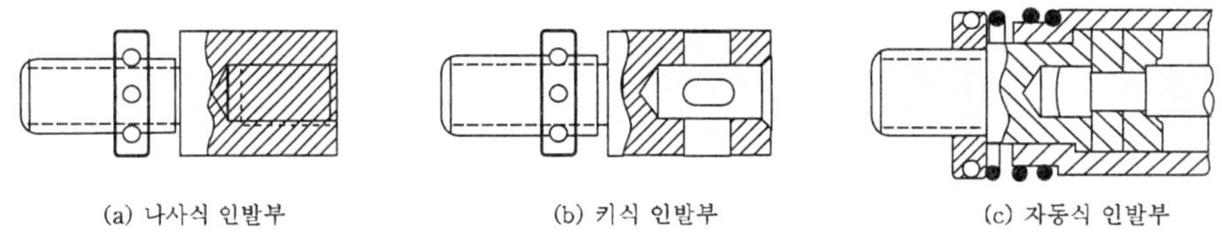

그림 14.12 인발 지지부의 형식

② 안내부

앞쪽 안내부는 절삭 개시 전에 절삭날을 정확히 안내하는 부분이므로 공작물의 드릴링한 구멍 형상에 맞추어 제작해야 하며, 뒤쪽 안내부는 뒤쪽 안내부는 후부 안내와 후단 지지부로 되는데, 후부 안내는 절삭 날부가 절삭은 끝내고 공작물이 떨어질 때 가지의 안내를 한다.

후단 지지부는 절삭 중에 브로우치가 좌중으로 휘는 것을 지지하거나 또는 숙직 내면 브로우칭 머시인에서 사용할 경우 귀환 행정에서의 지지부가 된다.

③ 절삭부

절삭부는 주절삭을 하는 거친 날군과 2~3개 날의 조정 날의 다듬질날로 구성되어 있고, 각 절삭 날은 톱니 날과 같이 배열되어 있으나 서로간에 단이 있어 각 날의 절삭 깊이를 정한다.

(2) 절삭 조건

1) 절삭 속도

브로우치의 절삭속도는 공작물의 재질 및 가공형상에 따라 다르지만 대개 구멍의 모양이 복잡할 수록 느린 속도로 가공한다. 브로우치의 절삭 속도는 표 14.1과 같으며, 구멍의 모양이 복잡할수록 느린 속도로 가공한다.

표 14.1 고속도강 브로우치의 절삭 속도

공작물의 재질	날 1개마다의 절삭깊이(mm)	윗면 경사각 α (°)	여유각 γ (°)
연강	> 0.02	15~20	0.5~3
경강	0.02~0.1	8~20	0.5~3
알루미늄	> 0.05	10~15	1~3
마그네슘	-	-	-
황동, 청동	강철보다 다소 크다.	5~15	0.2~2
주철, 가단주철	-	6~8	0.5~3

2) 절삭 깊이

절삭 깊이는 너무 얕으면 좋은 결과를 얻지 못하고 누르는 작용만 하게 되고, 이로 인하여 인선의 마멸이 증가하므로 적당한 크기의 절삭깊이를 적용하는 것이 필요하다.

표 14.2는 일반적으로 사용되는 각종 재질에 따른 윗면 경사각과 여유각 및 날 1개마다 절삭깊이의 표준값을 나타낸 것이다.

표 14.2 브로우치의 절삭 깊이

공작물의 재질	절삭속도 (m/min)	공작물의 재질	절삭속도 (m/min)
알루미늄	110	열처리 경화 합금강	7
황동	34	구리 합금 또는 풀림 처리한 탄소강	14
구리	22		
주철	16	연강	18
가단주철	18	-	-

Chapter 15 소잉 머시인(Sawing Machine)

학습 목표

1. 핵 소잉머시인과 밴드 소잉머시인의 구조상 차이를 설명할 수 있다.

1. 소잉 머시인의 종류와 기능

학습 Point

- 소잉 머시인(sawing machine)의 종류 : ① 핵 소잉 머시인
  ② 밴드 소잉 머시인
  ③ 서어큘러 소잉 머시인
- 핵 소잉 머시인의 규격 : 톱날의 길이와 스트로우크 및 절단할 수 있는 최대의 치수
- 서어큘러 소잉 머시인의 규격 : 원판 톱의 직경, 절단 가능한 가공물의 최대 치수

(1) 소잉 머시인의 개요

소잉 머시인은 공작물을 절단하는 공작 기계이며, 절단하는 톱의 이송은 마찰 래칫(ratchet), 또는 나사 유압 등으로 구동하고, 근래에는 유압식이 많이 사용되고 있다.

(2) 소잉 머시인의 종류와 기능

소잉 머시인에는 핵 소잉 머시인(hack sawing machine), 밴드 소잉 머시인(band sawing machine), 서어큘러 소잉 머시인(circular sawing machine)이 있는데, 각각에 대해서 알아보도록 하자.

1) 핵 소잉 머시인(hack sawing machine)

핵 소잉 머시인은 그림 15.1과 같이 활 모양의 프레임에 핵 소오(hack saw)라는 톱을 고정하여, 왕복 절삭운동과 상하 이송 운동을 함으로써 금속 재료를 절단하는 공작 기계이다.

그림 15.2는 핵 소잉 머시인의 구조를 나타낸 것으로 왕복 기구에는 일반적으로 크랭크 기구를 사용한다.

프레임(hack saw frame)과 베드 사이에 특수 반발(反撥)장치를 만들어 두었는데 그 이유는 핵 소잉의 전방을 높게 하기 위하여 왕복 운동 방향에 대하여는 경사 시켜 귀환 행정에는 공작물에 접촉하지 않게 하기 위해서이다.

소우 프레임 ①은 크랭크의 회전으로 아암(arm) 따라 슬라이딩 되면서 왕복 운동하여 공작물을 절단한다.

그림 15.1 핵 소윙 머시인

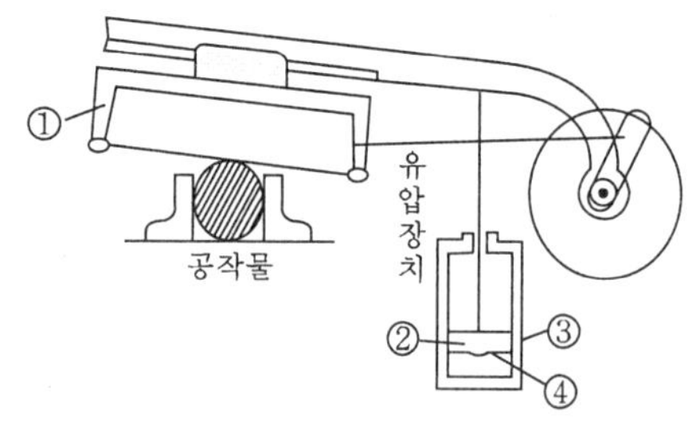

그 림 15.2 핵 소윙 머시인의 구조

유압 장치는 귀환 행정시 가공물 대한 접촉을 최소화하기 위하여 설치한 것이다. 피스턴 ②에는 미세한 구멍 ③이 있어 피스턴이 상승할 때 상부에 있는 기름이 아래로 쉽게 이동할 수 있으나, 하강할 때에는 밸브관 ④가 있어 이동에 방해가 된다.

핵 소잉 머시인은 공작물을 절단할 때 경사가 생기므로 귀환 행정시 가공물에 톱날의 압력이 걸리지 않게 하여야 한다.

절삭 압력 조정은 핵 소잉 상부를 무겁게 하고, 그 위치를 이동시켜 압력을 조정한다.

공작물을 고정하는 방식에는 유압식과 기계적 방식이 있다.

핵 소잉 머시인의 규격은 톱날의 길이와 스트로우크 및 절단할 수 있는 최대의 치수로 나타내며, 일반적인 절삭조건은 다음과 같다.

표 15.1 핵 소잉 머시인의 절삭 속도

공작물 재질	절삭날수(1″ 당)	절삭속도(m/min)	절 삭 제
알루미늄합금	4~6	50	광 물 유
황 동	4~6	45	건식 또는 유화유
주 철	6~10	25~35	건식 또는 유화유
니 켈 합 금	4~6	25~40	유 화 유
레 일 합 금	6~10	20~40	함유광유
탄 소 공 구 강	4~6	30~40	함유광유 또는 유화유
고 속 도 강	4~6	30~35	함유광유 또는 유화유
구 조 용 강	6	35~45	유화유

- 스트로우크 : 50~200회/분(min)
- 절삭 속도 : 20~50m/min
- 보통 톱날의 길이 : 300~600mm
- 날수 : 25.4mm에 대하여 4~12가 표준

표 15.1은 공작물재질에 다른 핵 소잉 모시인의 추천 절삭속도를 나타낸 것이다.

2) 밴드 소잉 머시인(band sawing machine)

밴드 소잉 머시인은 회전 절삭 운동과 공작물의 이송 운동으로 절단 작업을 하는 공작기계이다. 복잡한 형상의 성형 및 윤곽기계로서도 사용이 가능하게 할 수 있게 하기 위해서는 먼저 공작물에 먼저 파일럿 호울(pilot hole)을 만들고, 톱을 절단하여 그 구멍을 통과 시켜 작업을 한다.

① 밴드 소잉 머신인의 종류

밴드ㅗ소임 머시인은 그림 15.3과 같이 절단된 톱을 용접하기 위해 기계내부에 용접, 연삭장치를 구비한 수직식 밴드 소임 머시인이다. 수직식과 그림 15.4와 같은 수직식이 있다. 그림 15.3 · 그림 15.4는 수평식 밴드 수잉 머시인으로서 힌지타입(hinge type)과 컬럼타입(column type)이 있다.

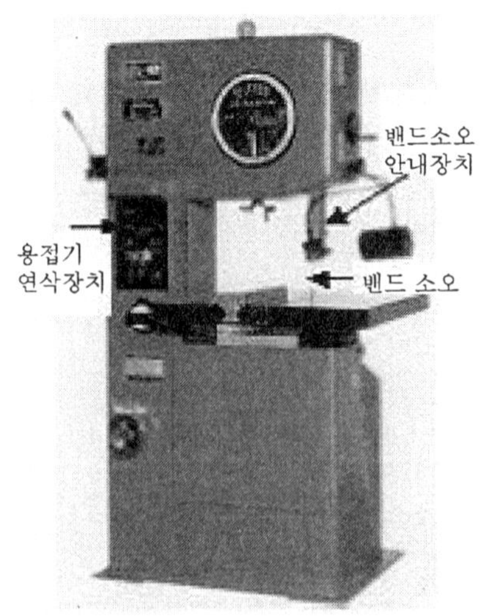

그림 15.3 수평식 밴드 소잉 머시인 (금속 절단 소윙 머시인)

(a) 힌지 타입 (b) 컬럼 타입

그림 15.4 수직식 밴드 소잉 머시인

공작물의 이송에 있어서, 경절단(經切斷) 및 복잡한 형상을 한 것은 핸드 피이드(hand feea)라 한다. 이송하는 힘이 10~15kgf 정도가 필요한 경우에는 중력 피이드라 하고, 15kgf 정도까지 필요할 때에는 유압기구를 사용한다.

이송장치에는 나사장치, 스프링(spring)장치, 래칫(rachet)장치가 사용되는 일이 있다.

최근에는 테이블의 이동이 약간 가능하며, 경사 조정이 가능한 머시인이 개발되어 복잡한 형상을 하고 있는 공작물도 간단히 절단할 수가 있게 되었다.

밴드 소윙의 내부에 작용하는 좌우 방향 굽힘에 대한 영향을 제거하기 위해 밴드 소오를 2개의 경질 합금 편(硬質合金片) 사이를 통과 시키고, 드러스트는 베어링으로 조절한다.

한편, 밴드 소잉 머시인의 공작물에 따른 1인치 당 절인수와 일반적인 절삭속도는 표 15.2와 같다.

표 15.2 밴드 소윙 절삭 속도

공 작 물	절삭 날 수 (1″ 당)	절 삭 속 도(m/min)
연 강	6~24	50~80
니 켈-크 롬 강	8~18	15~45
고 속 도 강	8~24	15~45
구 조 용 강	8~24	30~45
주 철	6~18	25~65
주 강	8~18	25~70

3) 서어큘러 소잉 머시인(circular sawing machine)

서어큘러 소잉 머시인은 그림 15.5와 같이 지름이 큰 회전 톱을 사용하여 공작물을 절단하는 기계로서, 절단면이 깨끗하며 톱날이 강해 내구력이 커 절단 능률이 좋다.

절단 시간이 짧아 대량 절단 작업에 유리하며, 작업 온도에 따라 상온, 고온으로 나누어져 있으나, 보통 상온 절삭용이 많이 쓰이고 있다.

최근 사용되는 서어큘러 소윙 머시인은 지름이 큰 가공물을 절단할 때 절삭 속도를 조절하기 위해서 원판 톱의 운전에 PIV방식, 무단 변속 장치나 변속기어 장치, 감속 기어기구가 사용되고 있다.

강력한 적삭력을 요구하므로 주축을 견고하게 만들고, 운전에 사용되는 기어기구도 강력하며, 견고하게 만들어져 진동과 마멸이 적다.

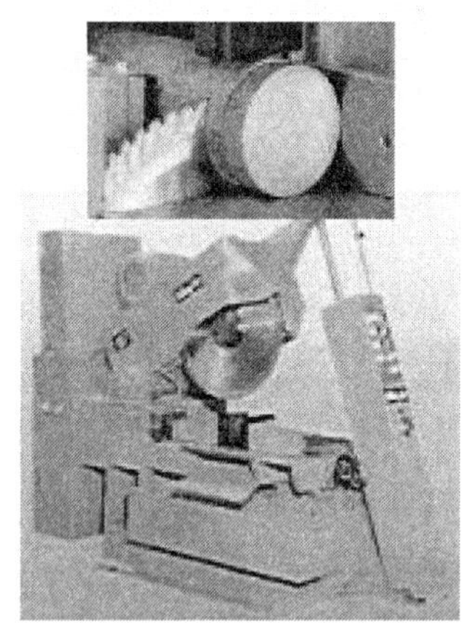

그림 15.5 서어큘러 소윙 머시인

서어큘러 소잉 머시인의 규격은 원판 톱의 직경, 절단 가능한 가공물의 최대 치수를 표시하며, 일반적인 절삭 속도는 10~500m/min를 하고, 원판 톱의 직경 : 200~300mm가 사용되고 있다.

서어큘러 소잉 머시인은 공작물의 이송, 지정 치수의 절단과 급속 귀환 등의 사이클을 자동으로 작동 가능하며, 컬럼에 따라 베드가 상하 방향으로 이송된다.

회전하는 원판 톱이 적당한 각도로 움직이고, 기계 자체가 회전대 위에 고정되어 있어 공작물 축에 대하여 45~90도의 각으로 경사각을 갖도록 되어 있다.

특수한 서어큘러 머시인의 형식으로는 마찰 절단기가 있다.

용어 해설 마찰 절단기란?

- 특수한 서어큘러 머시인의 형식이다.
- 특수강으로 만든 원판 원주 위에 치형 절삭 인선은 없고, 이 원판을 고속 회전시켜 공작물과의 마찰때 발생하는 열로 국부적인 적열(赤熱) 상태에서 절단한다.
- 원주 속도는 1000m/min정도의 고속으로 작업한다.
- 원판 원주는 가공물과 접촉하는 시간이 짧고, 공기 중에서 냉각되지만 고압의 냉각수를 사용한다.

체크 포인트

1. 브로우칭(broaching)의 특징
   ① 각 제품에 따라 브로우치를 만들어야 한다.
   ② 설계 및 제작에 시간이 오래 걸린다.
   ③ 공구의 값이 비싸 일정량 이상의 대량 생산에 이용된다.

2. 운동 방향에 따른 브로우칭 머시인의 종류
   ① 수평식 브로우칭 머시인(horizontal broaching machine)
   ② 수직식 브로우칭 머시인(vertical broaching machine)

3. 일반적인 소잉 머시인(sawing machine)의 종류
   ① 핵 소잉 머시인(hack sawing machine)
   ② 밴드 소잉 머시인(band sawing machine)
   ③ 서어큘러 소잉 머시인(circular sawing machine)

연습문제

1. 다음은 브로우칭(broaching)에 대한 설명이다. 틀린 것은?
   ① 설계 및 제작에 시간이 오래 걸린다.
   ② 각 제품에 따라 브로우치를 만들어야 한다.
   ③ 공구의 값이 비싸 일정량 이상의 대량 생산에 이용된다.
   ④ 왕복 절삭 운동과 상하 이송 운동을 함으로서 금속 재료를 절단하는 가공법이다.

2. 다음 중 활 모양의 프레임에 톱을 고정하여, 왕복 절삭 운동과 상하 이송 운동을. 함으로서 금속 재료를 절단하는 공작 기계는 무엇인가?
   ① 인발식 브로우칭 머시인(pull type broaching machine)
   ② 연속식 브로우칭 머시인(continous type broaching machine)
   ③ 핵 소잉 머시인(hack sawing machine)
   ④ 밴드 소잉 머시인(band sawing machine)

정답 및 해설

1. ▷ 브로우칭의 특징
   ① 각 제품에 따라 브로우치를 만들어야 한다.
   ② 설계 및 제작에 시간이 오래 걸린다.
   ③ 공구의 값이 비싸 일정량 이상의 대량 생산에 이용된다.

2. 활 모양의 프레임에 핵 소오(hack saw)라는 톱을 고정하여, 왕복 절삭 운동과 상하 이송 운동을 함으로서 금속 재료를 절단하는 공작 기계는 핵 소잉 머시인(hack sawing machine)이다.

PART 3

특수가공 공작기계

Chapter 1 기계적 특수가공기

학습 목표

1. 쇼트 피이닝과 샌드 블라스팅의 차이를 말할 수 있다.
2. 배럴 다듬질의 장점을 5가지 이상 설명할 수 있다.
3. 버핑 머시인과 폴리싱 머시인의 차이와 특징을 알 수 있다.

1. 쇼트 피이닝 머시인(shot peening machine)

학습 Point

▸ 쇼트 피이닝 용도
① 스프링, 기어, 체인류와 밸브류 및 소형 주·단조품의 스케일 제거
② 프레스 가공품 버어(burr) 제거
③ 열처리 제품의 스케일 제거

(1) 쇼트 피이닝(shot peening)

쇼트 피이닝이란 그릿 블라스트 다듬질 (grit blasting) 또는 샌드 블라스트 다듬질(sand blasting)과 같은 형식으로, 그릿 또는 모래 대신, 그림 1.1과 같이 쇼트(shot)라는 경화된 철의 작은 구(球)를 공작물의 표면에 분사하여 그 표면을 미끈하게 하는 동시에 표면을 가공하고 피로강도나 기타 기계적 성질을 향상시키는 방법이다.

용어 해설 그릿 블라스트 다듬질 (grit blasting)이란?

암사(암사), 주철, 주강 등을 파쇄한 날카로운 모서리를 가진 입자인 그릿(grit)을 압축 공기로 강하게 금속 표면에 내뿜어서 표면에 스케일 제거나 가공면을 아름답게 다듬질하는 가공법.

용어 해설 샌드 블라스트 다듬질(sand blasting)이란?

주물이나 강재 등의 표면에 붙어 있는 모래나 스케일 등을 제거하기 위해 그림 1.2와 같은 형식의 샌드 블라스트 머시인을 사용하여 모래를 금속 표면에 강하게 분사하는 작업.

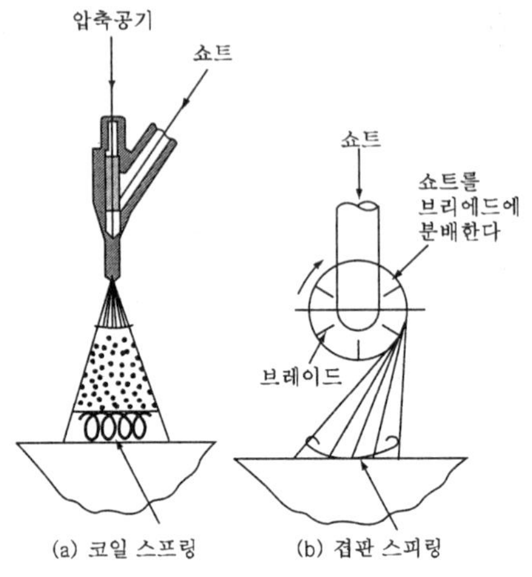

그림 1.1 쇼트 피이닝

그림 1.2 샌드 블라스트 머시인

그림 1.3 쇼트 피이닝 제품 예

쇼트 피이닝은 항공기, 자동차 등의 부품에 응용하는 경우가 많지만 일반 금속부품에도 적용하면 경량 소형화, 내구연한 증대 등의 효과를 이룰 수가 있다.

그림 1.3은 각종 쇼트 피이닝 제품의 예를 나타낸 것으로 각종 스프링, 각종 기어, 체인류와 각종 밸브류 및 소형 주단조품의 스케일 제거하고, 프레스 가공품 버어(burr) 제거 및 열처리 제품의 스케일 제거하는데도 사용되고 있다.

(2) 쇼트 피이닝 머시인의 종류

쇼트 피이닝 머시인은 제품의 특성에 따라 전용기와 범용기로 나누며, 분사 방식에 따라 압축공기를 사용하여 분사하는 방식과, 원심력에 의해 쇼트를 사출하는 방식의 것으로 구분되며, 각각의 특징은 다음과 같다.

▷ 압축공기 분사방식

- 재래의 샌드 블라아스트 머시인을 그대로 사용한 것이 많다.
- 압축공기를 노즐에서 고속으로 분산시켜 노즐의 개구부에 쇼트를 끌어 모아 쇼트를 공기와 함께 분사시키는 방식
- 호오스를 이용하여 구멍의 내면같은 곳을 다듬질하는데 편리하다.

▷ 원심력 분사방식

- 원심력을 이용하여 쇼트(shot)를 분사하는 최신의 기계이다.
- 다량의 쇼트를 대단한 고속력으로 투사할 수 있으므로 공기식의 것에 비해 매우 생산능률이 높다.

그림 1.4는 쇼트 피이닝 머시인의 외관을 나타낸 것이며, 그림 1.5는 기어 전용 쇼트 피이닝 머시인을 나타낸 것이다.

그림 1.4 쇼트 피이닝 머시인

그림 1.5 기어 전용 쇼트 피이닝 머시인

(3) 쇼트(shot)

쇼트의 재질은 크게 철제쇼트와 동 또는 유리 쇼트로 구분할 수 있다.

철제쇼트는 칠드주철 쇼트, 가단 쇼트, 주강 쇼트, 커트와이어 쇼트 등을 주로 사용하며, 동 또는 유리 쇼트는 극히 드물게 사용되고 있다.

칠드주철 쇼트(child shot)와 커트와이어 쇼트(cut wire shot)에 대해 좀 더 자세히 알아보면, 칠드주철 쇼트는 용황을 수중에 살포하여 급냉, 경화시킨 것으로, 그 성분은 C 3%, Si 1.4%, Mo 3%인 것이 일반적이며, 경도는 비커어스 800~900 정도이다. 이와 같이 경도가 높고 작업능률도 좋지만 무르므로 파괴되기 쉬워 이것을 열처리하여 경도를 낮춘것도 있고, 또 가단주철, 주강, 커트 와이어 쇼트가 실용화 되어 있다.

커터 와이어 쇼트는 강선을 절단한 것이며 인성을 지녀, 칠드주철 쇼트의 수십배의 수명을 유지한다. 쇼트의 크기로서는 보통 0.5~1mm의 것이 흔히 사용되고 있다.

(4) 가공 조건

쇼트 피이닝에서는 제품의 요구 특성에 따라 양질의 쇼트 사용, 분사속도의 조절, 분사각도 및 분사량 조절, 노출시간의 조절 등이 복합적으로 잘 이루어져야 최고의 효과를 기대할 수 있다. 이와 같은 가공조건에 따른 피이닝 효과는 다음과 같다.

① 분사속도가 크면 피이닝 효과도 크게 되지만 속도에는 한계가 있으므로 공기 분사식에서 공기 압력을 4kb/cm^{2}이내로 한다.

② 압력이나 속도가 너무 크게 되면 공작물 표면의 조직이 파괴된다.

③ 분사각도는 90도 일 때 효과가 가장 크고, 가공층의 두께가 가장 크고 분사각이 더 커지면 단위 면적의 피이닝 효과도 떨어진다.

④ 분사면적의 각 위치에서의 분사각이 서로 다르기 때문에 피이닝 효과는 위치에 따라서 달라진다.

2. 배럴 연마기(barrel finishing machine)

(1) 배럴 다듬질(barrel finishing)

배럴 다듬질이란 그림 1.6과 같이 회전하는 6각 또는 8각 통에 공작물과 미디어(media), 공작액, 컴파운드(compound)를 넣고 공작물이 숫돌입자와 충돌하는 사이에 그 표면의 요철을 제거하고 미끈한 다듬질면을 얻는 방법이다.

배럴 다듬질은 단순히 다듬질면을 매끈하게 할 뿐만 아니라, 버어(burr) 제거나 스케일 제거에도 응용이 된다.

배럴다듬질은 주철, 강, 동, 동합금, 알루미늄, 경합금 등 모든 금속재료에서 베이클라이트(bakelite), 파이버(fiber), 비닐 (vinyl)수지, 플라스틱, 목재 등, 비금속 재료에 이르기까지 응용 범위가 매우 넓으며, 습식 작업에서는 #80~#400의 숫돌을 사용한 연삭 작업에서 얻을 수 있는 정밀 다듬질면을 얻을 수 있으며, 복잡한 형상의 공작물의 각부를 동시에, 그리고 극히 쉽게 가공할 수 있다. 또한, 다수의 제품에 대해 항상 품질이 일정한 안정된 공작을 할 수 있고, 한번 공정이 결정되면 작업은 간단하고 기계설비 비용이 싸기 때문에 제품의 가공비를 내릴 수 있는 등의 장점이 있다.

배럴 다듬질은 기어의 이와 같은 소형 공작물이나 자동차의 엔진 블록, 항공기용 제트 엔진 부품과, 복잡한 부품의 덧살, 버어, 표면스케일 제거, 표면거칠기향상, R부 처리 등 도금 전 처리에 주로 사용되고 있다.

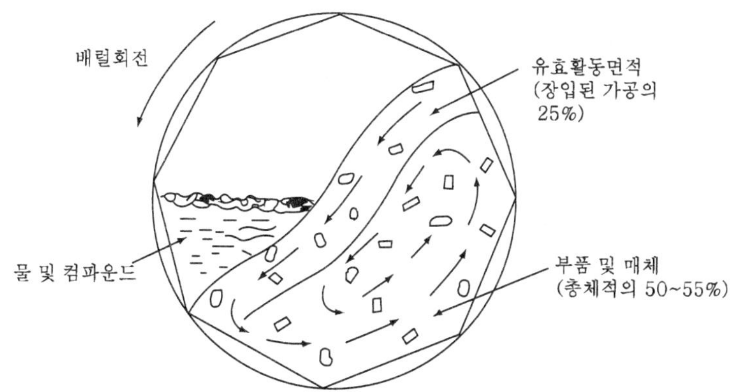

그림 1.6 배럴 작업의 원리

(2) 미디어와 컴파운드

1) 미디어(media)

배럴 다듬질에 사용되는 미디어는 숫돌, 연마입자, 천연 및 인조의 석괴, 석영, 모래, 철구, 나무, 가죽, 톱밥 등이 다듬질의 정도에 따라 사용된다.

예를 들어 대충의 다듬질에는 다듬질 능률이 높은 숫돌, 지립, 석괴, 석영, 모래 등이 사용되며, 광내기 다듬질에는 나무, 가죽, 톱밥 등이 사용된다.

2) 컴파운드(compound)

배럴 다듬질에는 미디어 외에 수용성 컴파운드가 같이 사용되는데, 컴파운드에는 산성, 알카리성, 중성이 있고 또 세척성을 갖고 있는 것도 있다. 컴파운드는 보통1~2%정도의 수용액으로 하여 사용된다. 용액으로서는 물 외에 경유, 글리세린, 유제(乳劑)등이 사용될 때도 있다.

이와 같은 컴파운드는 각종 성질이 작업의 목적에 따라 다음과 같은 성질들이 요구된다.

① 경수(硬水)의 연화성

② 강력하고 수명이 긴 세척성

③ 윤활성과 공작물 상호간의 충돌에 대한 완충성

④ 공작물의 녹이나 변색을 방지하는 성질

⑤ 작업 중에 고형물이 생기지 않을 것

⑥ 수용성이 좋을 것

각종 컴파운드의 종류는 용도에 따라 표 1.1과 같이 나눌 수 있다.

표 1.1 배럴 다듬질용의 컴파운드 종류

종 류	응 용
산성	열처리재의 스케일 제거
알카리성	산성 컴파운드의 중화, 기름의 세척, 철강을 대충 다듬질할 때의 발수 방지와 광택의 보전
중성	전작업에 대한 청정 및 검화제
절삭제	지립과산, 알카리, 중성 컴파운드의 혼합물 저부, 작업의 정식 공작액
습윤제	공작물의 건조 방지
기름주입	발수 방지

(3) 배럴 연마기(barrel finishing machine)의 종류

1) 진동식 배럴 연마기

그림 1.7과 같은 외관을 가지며 내용적(內容積)의 1/2 정도까지 공작물과 미디어를 넣고 공작액을 첨가하여 저속회전을 시킨다.

즉, 특수한 진동모터에 의해 그림 1.8과 같이 배럴조 내부의 3차원 진동을 일으킴으로써 공작물과 미디어에 수직과 수평 회전을 형성하여 제품의 폴리싱(polishing), 디버링(deburring)과 같은 표면연마에 효과를 나타내는 것으로, 소량의 작업에 적합하다.

그림 1.9는 배럴 다듬질 전의 제품과 후의 제품을 비교하여 나타낸 것으로, 후 처리에 의한 상품 가치가 상승과 불량 발생의 원인을 확실하게 제거하는 것을 알 수 있다.

그림 1.7 진동식 배럴 연마기

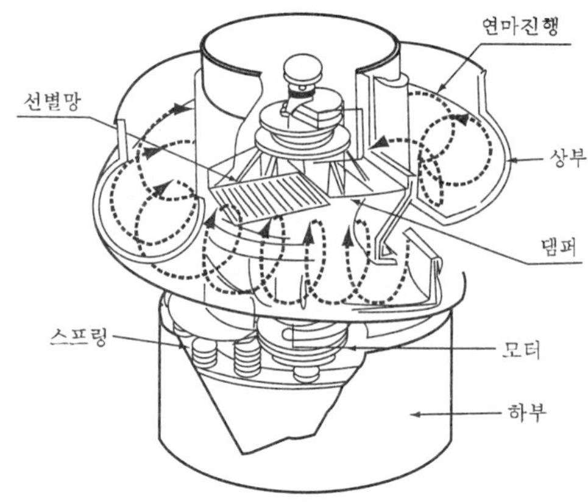

그림 1.8 진동식 배럴 연마 원리

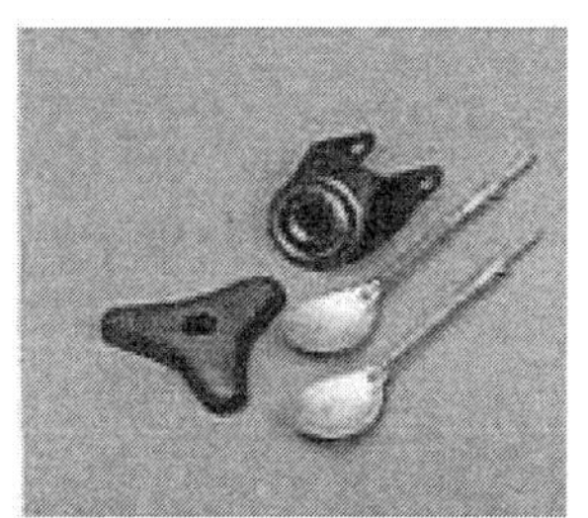

그림 1.9 배럴 다듬질 전후의 제품 비교

2) 원심 배럴 연마기

원심 배럴 연마기란, 원심력을 이용한 고속 연마기로서, 그림 1.10는 원심 연마기의 표준형이라 할 수 있는 모델이다. 그림과 같이 4개의 6각 또는 8각통이 회전판(turret) 부착되어, 회전판 구동 시 대체 방향으로 역회전한다.

배럴 중에 부품, 연마석, 물을 넣고 회전판을 고정 시키면 배럴조 내의 물체는 원심력에 의해 강한 압력을 받으면서 작동한다.

배럴조 내부를 보면 그림 1.11과 같이 물체가 강한 압력을 받으면서 고정으로 유동하여, 공작물을 단시간 내에 연마한다.

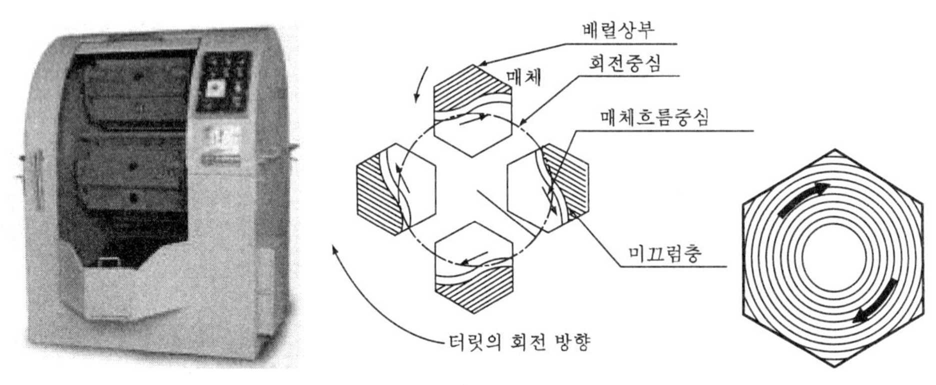

그림 1.10 원심 배럴 연마기　　그림 1.11 원심 배럴 연마 원리

(4) 배럴 다듬질 조건

배럴의 회전 속도가 크면 다듬질량이 커지지만 어느 정도 이상이 되면 오히려 다듬질량이 감소하므로, 배럴의 회전 속도는 공작물의 형상, 크기, 중량에 따라 다르지만 보통 6~30 rpm이며, 소형의 공작물에서는 35rpm까지 가능하다. 또한, 강과 같이 경도가 큰 공작물은 경도가 작은 구리, 알루미늄보다 고속으로 한다.

3. 버니싱 머시인(burnishing machine)

(1) 버니싱(burnishing)

버니싱이란 예비 가공된 공작물의 구멍에 구멍보다 약간 큰 볼(ball)이나 롤(roll)을 강제로 통과시켜 절삭 및 연삭 가공에서 생긴 면을 매끈하게 하며, 구멍의 진원도 및 진직도 등 정밀도를 향상시키는 가공법이다.

1) 볼 버니싱(ball burnishing)

그림 1.12와 같이 강철 볼(鋼球)이나 초경합금 볼(超硬合金球)을 압입(壓入)함으로써 내면의 거친 요철을 눌러 없앰으로써 다듬질면을 얻는 방법을 볼 버니싱(ball burnishing) 또는 볼 다듬질(ball finishing)이라 한다.

볼 버니싱은 두꺼운 재료일수록 버니싱 효과가 커지게 되고 가공면은 압축응력에 의하여 피로강도가 커지는 효과를 얻을 수 있으며, 드릴 또는 리이밍(reaming)한 구멍의 치수 정도를 높이며 가공시간이 짧은 특징이 있다.

일반적으로 연질 재료에는 강구(steel ball)를, 그리고 강재에는 초경합금 볼을 사용하며, 이때 공작물의 두께가 얇으면 변형은 거의 탄성적으로 이루어지고 소성변형은 극히 적어 버니싱 효과가 적어지며, 두께가 증가하면 버니싱 효과는 증대한다.

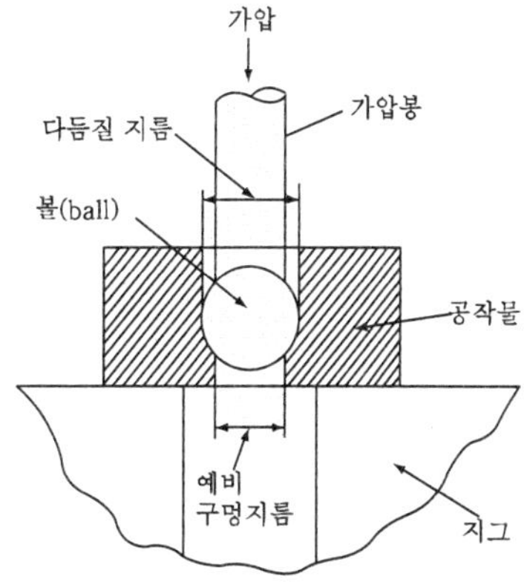

그림 1.12 볼 버니싱의 원리

2) 롤러 버니싱(roller burnishing)

호우닝(honing), 리이밍(reaming), 보오링(boring), 연삭 공정 등에서 자국 및 절삭 공구의 형상에 의한 요철과 같이 가공된 표면의 만족하지 못한 표면 상태를 그림 1.13과 같은 롤러(roller)로 눌러 없애는 것을 롤러 버니싱(roller burnishing) 또는 롤러 다듬질(roller finishing) 이라 한다.

주로 유압, 공압용 실린더 , 축(shaft) 등의 내. 외경면에 공정을 마무리하는 작업이며, 여러 가지 부분에 적용시킬 수 있다.

롤러 버니싱에는 외면 버니싱, 내면 버니싱 및 평면 버니싱이 있으며, 공구인 롤러는 1개로 된 것과 여러 개로 된 것이 있고, 롤러 버니싱도 볼 버니싱과 마찬가지로 가공면의 피로강도, 부식저항, 내마모성, 치수정밀도, 표면 거칠기 등이 향상된다. 즉, 표면 거칠기 3.2μm~25μm 정도의 거친 표면을 단 1회 통과로 표면거칠기 0.8μm~3.2 μm 이하의 거울면(鏡面: mirror shape)을 얻을 수 있으며 가공시간이 짧아 능률적이다.

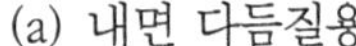

(a) 내면 다듬질용

(b) 외면 다듬질용

그림 1.13 각종 롤러 버니싱용 롤러

(2) 버니싱 머시인

드릴이나 리이머의 구멍 내면의 버니싱을 연속적으로 행하기 위한 전용 양산형 공작기계를 버니싱 머시인 이라고 한다.

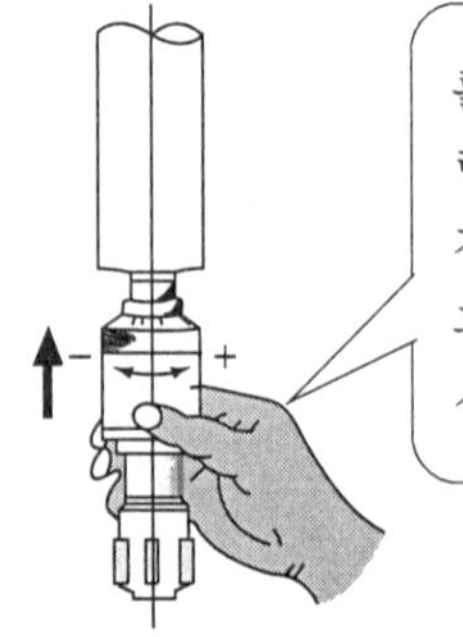

롤러 버니싱의 경우, 생크 부분을 탁상 드릴링 머시인, 선반, 링 머시인 등의 기계에 정착하여, 공작물과 공구 중심을 일치시킨 후 정회전시키면서 한번만 통과시켜 버니싱 가공면을 완성하는 경우도 많다.

그림 1.14 범용공작기계의 롤러 설치

롤러는 공작물 치수보다 0.01~0.08mm 크게 하여 회전하면서 통과시키거나, 공작물을 회전시키면 가공부 표면은 냉간 롤링되어 얻고자 하는 표면거칠기와 치수 정도를 동시에 얻을 수 있다.

가공이 끝나면 롤러를 정회전하는 상태에서 후퇴 시키면 공구 구조상 자동적으로 롤러가 가공면으로부터 떨어져 다듬질면을 손상시키지 않는다 .

4. 버핑 머시인(buffing machine)과 폴리싱 머시인(polishing machine)

(1) 버프(buff)

그림 1.15와 같은 버프는 고속으로 회전하는 원반으로 되어 있으며, 부드러운 피혁이나, 펠트, 마포 등을 겹겹이 포게어 부착시킨 것이다.

버프는 공작물의 단면형에 다라 적당히 변형하는 것이어야 하지만 너무 쉽게 변형하는 것은 여기에 공작물을 대었을 때 저항이 적고, 따라서 다듬질 능률이 저하하므로 어느 정도의 강성을 유지하여야 한다.

버프는 강성, 중량, 내구력 등의 성질을 갖추어야 하는데, 강성은 가공 성능을 좌우하는 중요한 요소이며, 강성이 큰 버프를 사용하면 공작물에 큰 힘이 작용하므로 연삭 능률이 높으므로 중간 다듬질 용의 버프가 적합하다. 반대로 강성이 약한 것은 마지막 관내기 작업에 흔히 사용된다.

그림 1.15 각종 버프

또한 중량이 큰 버프는 여기에 작용하는 원심력이 크기 때문에 강성이 강해지므로 적당한 중량을 가지고 있어야 하며, 연마제가 부착하기 쉽고 내구력을 가져야 한다.

(2) 버핑과 폴리싱

1) 버핑(buffing)

버핑(buffing)이란 버프에 연마공구로서의 기능을 주어 고속도로 회전시키는 버프에 공작물을 압착하여 금속 또는 비금속 재료의 표면을 기계적으로 가공하여 필요한 다듬질면 품질을 얻는 가공법이다.

이때 사용되는 버프 연마제(buffing compound)의 연마입자로는 #2000 정도의 에머리 등을 사용하며, 광내기 용에는 경도가 낮은 Cr_2O_3, 규조토 등이 사용된다.

거친 다듬질 버핑은 버프의 바깥지름에 아교를 칠하여 연마입자와 결합시키지만 기타의 연마입자는 유지를 사용한다.

연마제(compound)로서는 미분의 규석, 알루미나, 산화철 등이 있으며, 유지로서는 파라핀, 계면활성제, 왁스, 광물유 등을 다양하게 배합하여 사용한다.

2) 폴리싱(polishing)

폴리싱이란 금속보다 연한 폴리셔(polisher)라 불리는 공구를 사용하여 행하는 유리입자 연마법(遊離粒子硏磨法)의 총칭으로서, 래핑에 비해 보다 미세한 입자를 사용하여 가공결함이 작은 경면 가공을 목적으로 한다.

폴리싱 가공 기술은 래핑 가공 기술에 비해서 요구하는 표면 거칠기를 얻는 어려움이 있으나 이것이 폴리싱 가공의 기술의 핵심이며, 특히 랩핑 보다 가공물에 따른 정반의 선정과 사용 연마제를 선택 하는 것이 어렵다.

폴리싱은 래핑과는 달리 연질 폴리싱(soft polishing)과 경질 폴리싱(hard polishing)으로 구분되며 연질과 경질로 구분하는 것은 정반 재질에 따라서 구분된다. 폴리싱에는 주로 수성의 연마제가 사용되며 부식성이 있는 산이나 알카리의 화학용액이 사용되어진다.

또한 폴리싱용 연마제로서는 다이아몬드, 탄화규소, 등의 미분말 외에 산화규소, 지르코니아, 산화크롬 등 친수성의 산화물계 입자가 많이 사용되지만, 경우에 따라서는 연마가공

자체를 폴리싱이라 하여 버핑과 같은 의미로 사용되는 경우도 있다.

(3) 버핑 머시인과 폴리싱 머시인

1) 버핑 머시인

버핑머시인이란 그 축 단에 버프를 장착하여, 버프 외주면에 연마제를 고정 또는 일시적으로 지지시켜 고속도로 회전하여 가공을 행하는 연마 기계로서 그림 1.16은 버핑 머시인의 일종을 나타낸 것이다.

버핑 머시인은 비교적 간단한 기구의 범용기, 전용기적 반자동 버핑 머시인 및 트랜스퍼형의 자동기 등, 여러 가지 기종과 성능의 것이 있으므로 목적에 따라 사용되어 진다.

공작물의 반송방식에 관하여, 스트레이트 라인형과 로타리형의 2종류로 크게나눌 수 있으며, 자동기에 속하는 것으로서는 버프 연마 로보트도 있다.

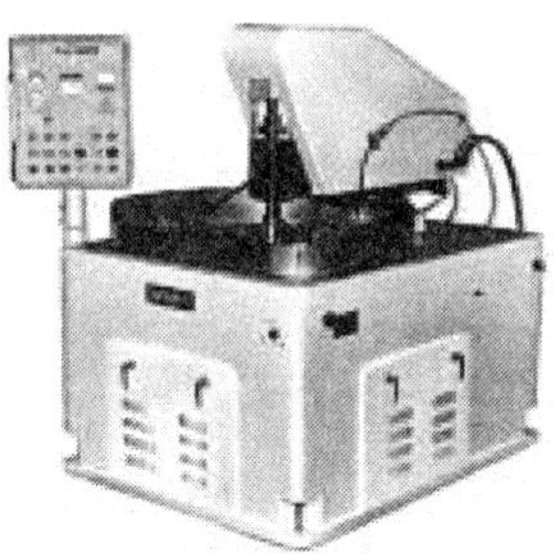

그림 1.16 버핑 머시인 (폴리싱 머시인)

2) 폴리싱 머시인

폴리싱 머시인은 폴리싱용 연마 기계로서 일반적으로는 버핑 머시인과 같은 의미로 사용되고 있다.

체크 포인트

1. 쇼트 피이닝 머시인(shot peening machine)
   쇼트(shot)라는 경화된 철의 작은 구(球)를 공작물의 표면에 분사하여 그 표면을 미끈하게 하는 동시에 표면을 가공하고 피로강도나 기타 기계적 성질을 향상시키는 공작기계

2. 배럴 연마기(barrel finishing machine)
   회전하는 6각 또는 8각 통에 공작물과 미디어(media), 공작액, 컴파운드compound) 를 넣고 공작물이 숫돌입자와 충돌하는 사이에 그 표면의 요철을 제거하고 미끈한 다듬질면을 얻는 공작기계

3. 버니싱 머시인(burnishing machine)
   예비 가공된 공작물의 구멍에 구멍보다 약간 큰 볼(ball)이나 롤(roll)을 강제로 통과시켜 절삭 및 연삭 가공에서 생긴 면을 매끈하게 하며, 구멍의 진원도 및 진 직도 등 정밀도를 향상시키는 공작기계

연습문제

1. 다음 중 복잡한 형상의 공작물의 각부를 동시에, 그리고 극히 쉽게 가공할 수 있는 공작 기계는?
   ① 쇼트 피이닝 머시인(shot peening machine)
   ② 배럴 연마기(barrel finishing machine)
   ③ 버니싱 머시인(burnishing machine)
   ④ 버핑 머시인(buffing machine)

2. 다음 중 예비 가공된 공작물의 구멍에 구멍보다 약간 큰 볼이나 롤을 강제로 통과시켜 구멍의 진원도 및 진직도 등 정밀도를 향상시키는 공작기계는?
   ① 쇼트 피이닝 머시인(shot peening machine)
   ② 배럴 연마기(barrel finishing machine)
   ③ 버니싱 머시인(burnishing machine)
   ④ 폴리싱 머시인(polishing machine)

정답 및 해설

1. 배럴 연마기는 회전하는 6각 또는 8각 통에 공작물과 미디어(media), 공작액, 컴파운드를 넣고 공작물이 숫돌입자와 충돌하는 사이에 그 표면의 요철을 제거하고 미끈한 다듬질면을 얻게 하는 공작 기계로서 버어(burr) 제거나 스케일 제거에도 사용된다.
   배럴 연마기는 또한, 모든 금속재료에서 플라스틱이나 고무등과 같은 비금속 재료에 이르기 까지 가공할 수 있는 응용 범위가 매우 넓고, 복잡한 형상의 공작물의 각부를 동시에, 그리고 극히 쉽게 가공할 수 있다.

2. 예비 가공된 공작물의 구멍에 구멍보다 약간 큰 볼(ball)이나 롤(roll)을 강제로 통과시켜 절삭 및 연삭 가공에서 생긴 면을 매끈하게 하며, 구멍의 진원도 및 진직도 등 정밀도를 향상시키는 공작기계를 버니싱 머시인이라 하며, 볼 버니싱 머시인과 롤러 버니싱 머시인이 있다.

Chapter 2 화학적/전기적 특수가공기

학습 목표

1. 화학적 특수가공기의 종류를 2가지 이상 열거할 수 있다.
2. 전해가공기의 장점을 4가지 이상 설명할 수 있다.
3. 방전가공의 원리를 그림을 그려서 설명할 수 있다.

1. 화학적 특수가공기

학습 Point

- ▸ 화학적 특수가공기 : ① 화학 절삭((chemical milling)
  ② 화학연마(chemlcal polishing) 등
- ▸ 전기적 특수가공기 : ① 전해가공기(electrochemical machining,ECM)
  ② 방전가공기(electro discharge machining, EDM)
  ③ 초음파가공기(ultrasonic machinine)
  ④ 플라스마 가공기 (plasma machine) 등

(1) 화학 절삭((chemical milling)

금속표면의 일부를 내약품도막(耐藥品塗膜)으로 피복하고서 가공액 속에 넣고 노출면만을 용해 제거하는 방법으로서, 특히 깊게까지 제거하고 성형할 수 있는 가공법을 화학 절삭 혹은 케미컬 밀링(chemical milling)이라 한다.

그림 2.1은 화학절삭라인의 이례를 나타낸 것으로 이와 같은 화학절삭은 복잡한 형상도 가공이 되며, 공작물의 경도나 강도에는 관계없고, 절삭공구가 필요 없어 장치가 간단하다는 것 등 많은 이점을 지니고 있다. 그러나 고정밀 가공이나 이종조직(異種組織) 재료의 균일가공 등이 어렵다. 또한 화학 절삭의 공정은 전처리나 마스킹, 에칭 등의 공정으로 되며 이점은 포토 에칭(photo etching)과 같다. 포토 에칭과 다른 점은 마스킹의 방법뿐이며 화학 절삭에서는 마스킹의 수단으로서 주로 금긋기-박리법이 사용된다.

그림 2.1 화학 절삭 라인의 일례

용어 해설	포토 에칭(photo etching)이란?

사진의 밀착 원리를 이용한 미소 가공 기술을 말한다.
가공하고자 하는 패턴을 흑색 유제 또는 크롬 처리가 된 유리판 위에 형성하고, 다음에 포토레지스터 라고 하는 감광성 물질을 덮개에 칠하여 유리판과 덮개를 밀착시킨 다음 자외선에 노광시킨다.

화학절삭은 가장 잘 응용하는 것은 큰 면을 비교적 얇게 가공하는 것인데, 미리 성형된 항공기나 우주비행체 관계의 부품에 강도대 중량비를 최대로 하기 위해서 행하는 가공이 대표적인 예이다. 즉, 알루미늄이 항공기의 구성재료로서 널리 사용되어진 이후, 보강부분 외에 다른 부분을 얇게 가공하여 가능한 가벼운 부품을 만드는데 사용되고 있는 것이다. 또한 우주비행체의 부품에 대해서도 같은 목적의 제조기술로서 널리 사용되고 있다.

화학절삭은 가공형상으로서는 기계적 밀링과 같은 기능을 가지지만 가공원리가 전혀 다르므로 다음과 같은 여러 가지 장·단점이 있다.

▹ 장점

① 다량생산성 : 다수의 부품을 하나의 가공조 내에서 동시 가공할 수 있고 동일 부품에서도 여러 부분을 동시에 가공할 수 있다.

② 재료의 특성 : 재료의 경도나 취성에 의해 가공속도가 좌우되지 않고, 난삭재료라도 복자한 형 상이나 얇은 단면을 쉽게 가공할 수 있다.

③ 가공면적 : 공작물의 크기는 가공조의 치수에 제한될 뿐 가공액에 접촉되고 있는 모든 면을 동시에 가공할 수 있으므로 넓은 가공면으 가공일수록 유리하다.

④ 공구비 : 공구에 해당되는 것이 에칭액이므로 공구비나 공구 보수비에 해당하는 비용을 절감할 수 있다.

⑤ 리드 타임 : 설계에서 생산까지의 리드타임이 짧고, 설계 변경도 적은 비용으로 빨리 할 수 있다.

⑥ 가공 플래시 및 열처리 변형 : 가공 플래시 및 열처리 변질층이 전혀 생기지 않는다.

▹ 단점

① 가공 속도 : 깊이 방향의 가공 속도는 일반적으로 0.02~0.05m/min로서 통상의 기계적 가공에 비해 느리다.

② 가공전의 결합 : 용접 또는 납땜한 부분. 다공질 재료, 결합이 많은 주조품 등에 대해서는 좋은 가공을 할 수 없는 경우가 있다.

③ 다듬질면 거칠기 : 가공깊이와 함께 증대하는 경우가 있다.

④ 안정성 및 부식성 : 화학약품을 사용하므로 위생적인 안전성과 부식성 등에 주의해야 한다.

(2) 화학연마(chemical polishing)

공작물 표면의 미소한 돌출부를 화학적으로 선택 용해해서 매끄러운 표면을 얻고자 하는 것이 화학 연마이다.

그림 2.2는 화학연마라인의 일례를 나타낸 것이다.

화학연마는 전해연마에 비해서 전기적 인자가 포함되지 않으므로 욕온도와 연마시간이 연마효과에 미치는 영향이 대단히 크므로 충분한 작업관리가 필요하다. 예를 들어 구리합금의 화학연마는 농인산(濃燐酸)7 리터, 농질산(濃窒酸) 3리터, 질산 0.5~1리터의 배합액으로 40℃에서 행한다.

알루미늄의 화학연마는 순도가 높은 것은 순가성 소오다, 가성 알카리, 인산, 황산으로 화학연마 할 수 있다.

그림 2.2 화학 연마 라인의 일례

여기서 잠깐 !!

Q: 철강의 화학연마에 대해서 좀 더 자세히 알아보자

A: 표 2.1 철강의 화학 연마액

연 마 액				온도(℃)
인산(燐酸)	1000cc	질산(窒酸)	500cc	130~160
인산(燐酸)	400cc	염산(鹽酸)	25cc	〉80
황산(黃酸)	200~600cc	질산(窒酸)	100~200cc	
황산(黃酸)	100g	질산(窒酸)	250g	
황산동(黃酸銅)	150g			
질산(窒酸)	30cc	물	300c	60
불산(弗酸)	70cc			

2. 전기적 특수가공기

1) 전해가공기(electrochemical mahining, ECM)

소정의 형상으로 성형한 전극을 음극으로 하고, 공작물을 양극으로 해서 미소한 간격으로 마주 대하게 하여, 이 간극에 고속으로 전해액을 흐르게 하면서 직류전압을 가하면 전해액 흐름을 통해서 전류가 흐르고 공작물에는 전해 침식 작용이 시작되는데, 이와 같이 전해침식 작용을 이용한 가공법이 전해가공이며 전기화학가공(electrochemical machining), 즉

ECM이라고도 한다.

전해가공은 전기도금에서의 양극금속의 용해현상을 응용한 것으로서 그림 2.3과 같은 원리이다. 즉, 공작물은 전류밀도(보통 30~200A/cm^3)에 대응하는 가공속도로 공구 전극과 반대의 형상으로 가공되며, 전류밀도의 크기에 비례하여 가공속도는 크게 되고, 가공 정도도 높아진다.

또한 전해액으로서는 염화나트륨 또는 질산나트륨 수용액이 쓰이고, 전극 재질로서는 고유 저항이 적고 가공성이 우수하며, 강도와 내식성이 큰 금속재료가 바람직하며, 황동이 가장 널리 쓰이고 있다.

전해가공은 금속 재료인 공작물에서 이온을 제거하는 방법이므로, 방전가공과 같은 열 영향은 거의 없으므로 절삭가공이 곤란한 고장력강, 내열강, 초경합금 등에 사용하고 천공, 형조각, 홈가공, 버어(burr) 제거가공에 쓰인다.

전해가공은 다음과 같은 장점을 가지고 있다.

① 공구 전극의 소모가 전혀 없다.

② 경도나 인성이 큰 공작물도 쉽게 가공된다.

③ 복잡한 3차원 형상도 쉽게 가공할 수 있다.

④ 열변형이나 가공 변질층이 생기지 않으므로 가공면이 양호하다.

⑤ 넓은 면적의 동시가공이 가능하다.

⑥ 큰 가공 속도가 쉽게 얻어진다.

전해가공에는 전해 연삭기, 전해 버어 제거기, 전해 드릴링 머시인이 있는데, 각각에 대해 좀 더 알아보자.

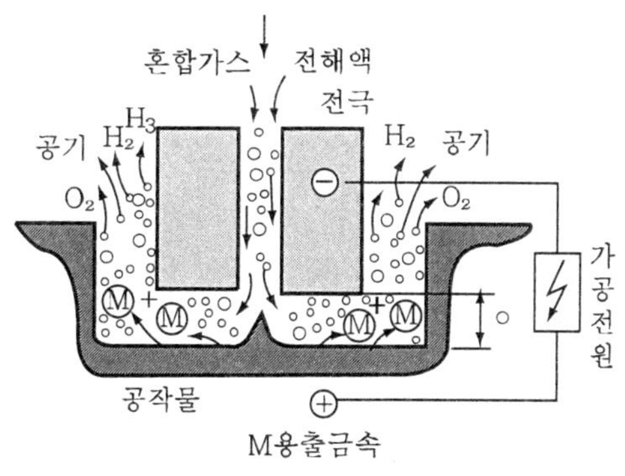

그림 2.3 전해 가공의 원리

2) 전해 연삭기(electrolytic grinding machine)

전해 연삭은 기계연삭과 전해 침식작용을 조합시킨 것으로, 공작물의 표면에 생기는 양극 피막을 연삭 숫돌로 제거하는 가공법이다. 공작물을 양극(+)으로 하고 양극 용해작용을 이용해서 공작물 표면의 돌기 부분을 선택적으로 용해해서 매끄러운 표면을 얻고자 하는 가공법이다.

전해연삭의 원리는 일반 연삭의 원리와는 전혀 다르다. 즉 연삭숫돌과 공작물 사이에 전해액을 주입해 가면서 기계적 연삭을 행하는데, 전해 부식 작용으로 생성된 불용성 물질을 숫돌로 제거하는 한편, 전해 침식의 효율을 높여가는 것이 이 가공법의 요점이다.

가공 전 공작물 표면에 凹凸이 있을 때 돌기 부분이 오목부분보다 전해작용이 활발하기 때문에 평탄하게 된다. 전해 연삭 가공에 사용되는 숫돌로는 그라파이트, 다이아몬드, 입자를 넣은 전도성 숫돌 등이 사용되며, 가공 정도를 높이기 위해 최근에는 전도성 숫돌이 더욱 더 많이 사용되고 있다.

3) 전해 버어 제거기

전해 작용으로 양극 금속이 용출하는 원리를 버어 제거에 활용한 가공법이다.

전해 버어 제거한 그림 2.4와 같이 공작물을 양극(+)으로 하고 전극 공구를 음극으로 하여 양극간에 15~50V의 전답을 가해 고전류 밀도(20~80AV/㎠)의 전해액을 유속 0.5~3m/s 정도로 통과시키면 공작물의 각부에 전류가 집중되어 돌기부를 제거하게 된다.

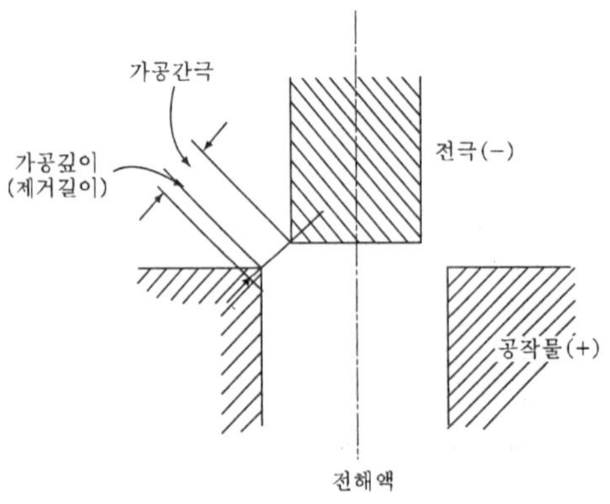

그림 2.4 전해 버어 제거의 원리

전해 버어 제거는 일반적인 전해 가공의 특징을 갖추고 있으며, 좁은 부분에서도 쉽게 할 수 있어 그림 2.5와 같이 노즐 구멍의 교차점 버어, 콜렛 척의 홈 절삭 가공 버어, 기어 가공 버어, 내원통 버어, 각종 양산 부품의 면취 등에 이용되고 있다.

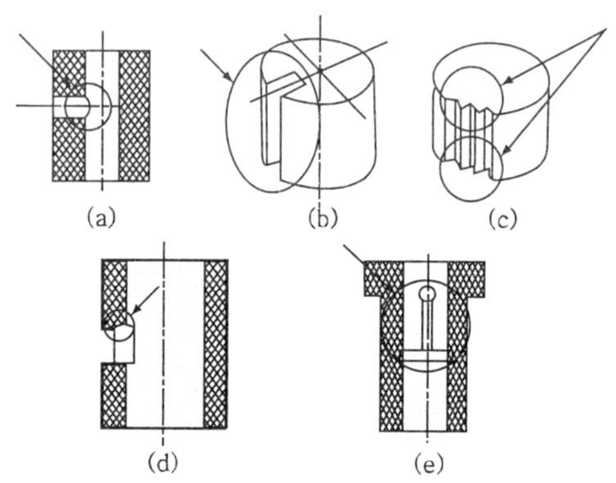

그림 2.5 전해 버어 제거 가공과 면취 가공의 예

4) 전해 드릴링 머시인

전해 드릴링 머시인이란 터빈 플레이트의 냉각구멍과 같이 가공 지름에 대해 가공 깊이의 비율이 현저히 큰 미세 구멍 가공에 적합한 전해 가공기의 일종으로 지름 0.4~2.0mm급의 구멍가공의 고능률화를 목적으로 개발되었다.

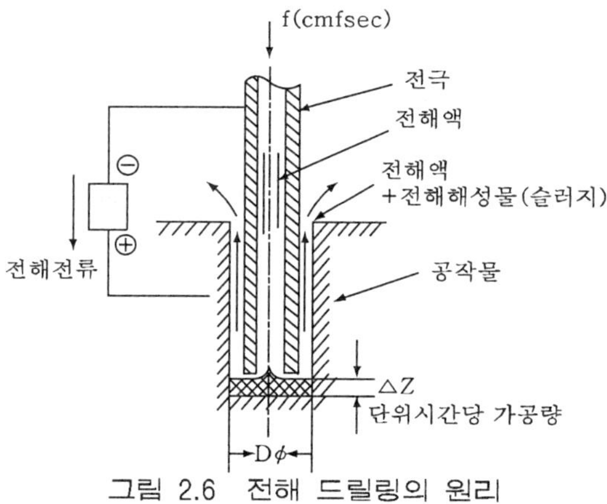

그림 2.6 전해 드릴링의 원리

전해 드릴링의 원리는 그림 2.6에 나타낸 바와 같으며, ±0.1~0.03mm의 가공 정도로 다듬질이 가능하고 스핀들이 회전하면서 가공 이송을 하므로 양호한 진원도가 얻어지므로 직선 구멍뿐만 아니라 경사 구멍, 굽힘 구멍 가공도 가능하다.

(1) 방전가공기(electro discharge machining, EDM)

1) 방전가공의 원리

마을의 아름드리 나무가 벼락을 맞아 넘어졌다는 등, 뇌성번개와 그에 수반되는 파괴력 등의 제현상에 대해서는 누구나 직간접적으로 듣거나 체험하였을 것이다. 이와 같은 현상 즉 고체, 액체, 기체로 된 절연체에 전류가 흘렀을 때의 현상을 방전(discharge)이라고 한다. 이것을 인위적으로 금속가공에 적용하여, 가공할 금속(공작물)을 양극(+)으로 가공전극을 음극(-)으로 하여 절연성의 액체를 넣고 전극에 전류를 가하여 펄스성 방전을 반복시키면 전자충격에 의해 공작물 표면이 고온으로 되어 침식 이온화 된다. 다시 말해, 전극과 공작물 사이에 방전을 일으켜 공작물의 가공점을 불꽃방전(spark discharge)으로 용해하여 가공하는 방법이 오늘날, 금형, 전자, 원자력 공업 등에서 정밀가공의 대명사처럼 된 방전가공법(放電加工法, spark erosio or electrical discharge)이다. 이와같은 방전가공이 금속가공에 활용된 것은 뜻밖에도 근래의 일이다.

방전 가공의 원리를 좀더 구체적으로 살펴보면 다음과 같다.

즉, 절연성이 있는 가공액 속의 전극(-)과 공작물(+)을 넣고 그 사이에서 보통 약 100V의 직류 전압을 주어 양자의 거리를 서서히 접근시켜 방전을 시켜 구멍 뚫기, 조각, 절단, 그 밖의 가공을 한다.

그림 2.7은 직류 콘덴서법의 원리이며, 실제로 방전 가공은 1초 사이에 수백 내지 수십만 회의 방전을 한다.

직류 콘덴서 방전 가공기에서 콘덴서가 충전되고 단자 전압이 올라가 전극과 공작물 사이의 절연액의 절연이 파괴되면 방전을 일으킨다. 이때, 콘덴서의 용량이 크면 가공 속도는 빨라지지만 가공면과 치수 정밀도가 좋지 못하고, 한편 콘덴서의 용량이 작으면 시간이 많이 걸리나 깨끗한 가공면을 얻을 수 있다.

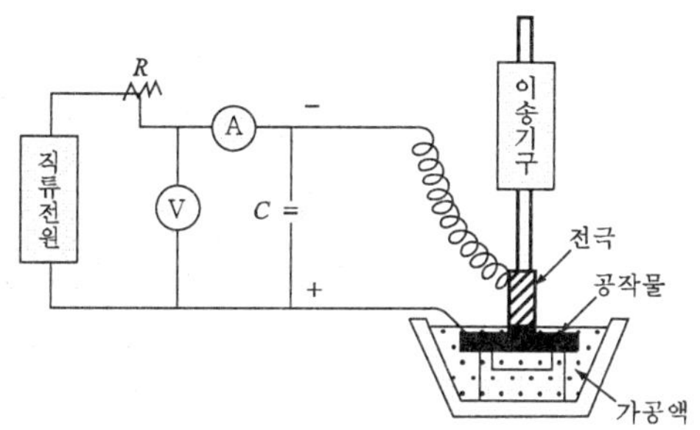

그림 2.7 방전가공의 원리

2) 방전가공의 특성

방전가공법에는 다음과 같은 장단점이 있다.

▹ 방전가공의 장점

① 재료의 경도, 인성에 관계없이 전기 도체이면 매우 굳은 재료, 예를 들어 담금질 강이나 초경합금(超硬合金)등도 쉽게 가공 할 수 있다.

② 공구인 전극은 회전하지 않아 도 되므로 복잡한 모양도 쉽게 가공할 수 있다.

③ 공구는 가공할 형상의 반대 모양으로 전극을 가공하므로, 전극인 공구 가공이 용이하다.

④ 가공정밀도는 방전기, 전극의 정밀도 등 기계적 요인과 방전 현상에 관련된 전기적 요인에 좌우되나, 전극이 정밀하면 가공 제품은 높은 정밀도로 가공된다.

⑤ 자동화하기 쉽고 경제적이다.

▹ 방전가공의 단점

① 가공 시에 작용하는 힘이 적다.

② 가공속도가 느리다.

③ 전극소모가 있다.

④ 피가공물과 전극의 간극을 정밀하게 제어할 필요가 있다.

그림 2.8은 방전가공기로 가공된 여러 종류의 정밀제품들을 나타낸 것이다.

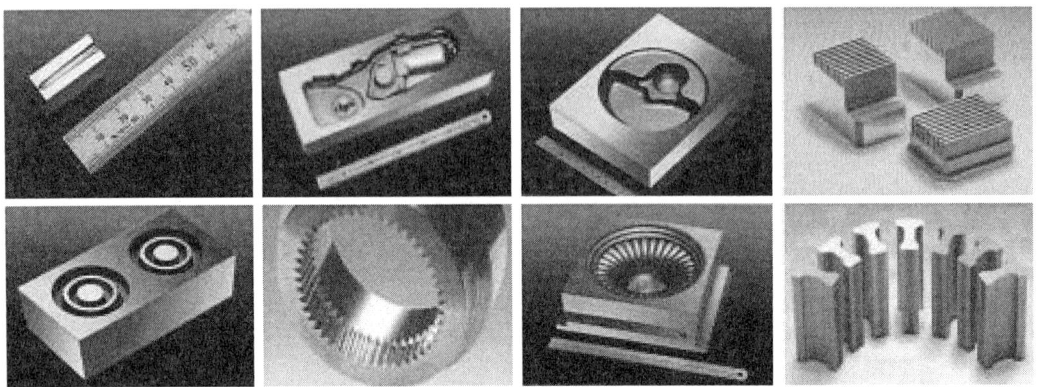

그림 2.8 방전가공에 의한 각종 제품 예

3) 전극용 재료

전극용 재료에는 그림 2.9와 같이 여러 가지 재질 및 형상의 전극이 있는데, 가장 많이 사용되고 있는 동 텅스텐, 은 텅스텐, 알루미늄 합금, 텅스텐 등 금속재와 흑연(그라파이트, graphite)과 같은 비금속재가 있으며 동 흑연과 같이 금속재 및 비 금속을 합한 재료도 사용되고 있다.

전극용 재료의 구비 조건은 우선 소모가 적어야 되며, 전극의 성형성이 용이하고, 가격이 저렴하여야 한다.

전극용 재료로서 가장 많이 사용되고 있는 그라파이트(graphite)의 특성은 다음과 같으며, 총형의 형조각 방전가공기에 사용하는 전극을 가공하는 전용기계로서 그라파이트 전극 가공기를 사용한다.

① 절삭성이 좋고 전극가공이 쉽다.

② 동에 비하여 5배 정도 가벼운 무게이다.

③ 큰 소재를 만들기 용이하고 가벼워 큰 제품 전극에 적당하다.

④ 열변형이 적다.

⑤ 황삭가공에 있어 방전성이 좋다.

⑥ 전극가공 시 분말가루가 많이 비산된다.

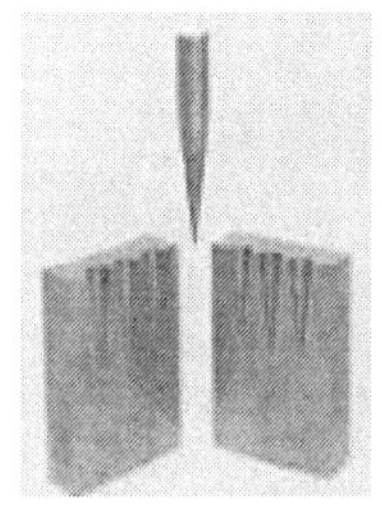    

그림 2.9 각종 전극

4) 가공액

앞에서 설명하였듯이 방전가공에서는 공구전극과 공작물 전극사이에 방전이 일어나므로 냉각 또는 절연을 시켜 주어야 하므로 가공액 속에서 가공한다.

가공액에는 등유, 백등유, 트루오올 등이 있다.

가공액은 방전가공에 의해 생긴 용융금속을 비산시키며 또한 비산된 가공 칩을 극간 밖으로 배제하여 방전가공에 의한 가열부를 냉각시키고 극간의 절연회복을 빠르게 하는데 그 중요성이 있다.

가공액이 갖추어야 할 조건은 다음과 같다.

① 방전효율이 좋을 것

② 적절한 점도

③ 높은 인화점

④ 산화 안전성이 좋을 것

⑤ 냄새가 없는 것

⑥ 가격이 저렴할 것

⑦ 공작물의 부식을 발생시키지 말 것

가공액의 점도와 가공성능과의 관계는 표 2.2에 정리하여 나타낸 바와 같으며 일반적으로 황삭 가공은 점도가 높은 가공액을 사용하고 필터는 거친 입도를 사용하고, 정삭 가공은 점도가 낮은 가공액을 사용하고 필터는 고운 입도의 것으로 한다.

표 2.2 가공액의 점도와 가공성능과의 관계

	점도가 높은 경우	점도가 낮은 경우
가공속도	빨라진다	늦어진다.
면 거칠기	점차 거칠어진다	점차로 미세해진다
간극(clearance)	점차 커진다.	점차로 좁아진다.
필터 교환시기	짧아진다	길어진다.

5) 방전가공기의 종류

방전가공기에는 형조각 방전가공기, CNC 형조각 방전가공기, 와이어 방전가공기, 그라파이트 전극 가공기, 방전 성형기, 방전 연삭기, 방전 절단기 등이 있으므로 산업현장에서 많이 사용되는 것을 중심으로 구성과 특징 등을 알아보자.

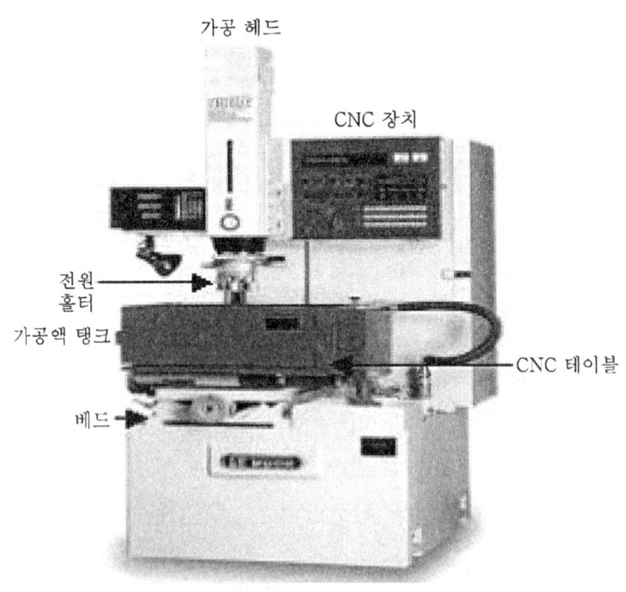

그림 2.10 CNC 형조각 방전가공기

① 형조각 방전가공기

형조각 방전가공기는 기계본체, 전원, 가공액 공급 장치, 전극 등으로 구성되어 있으며, 공작물과 총형 전극 사이에 1,000분의 1초에서 100만분의 1초의 펄스성 방전을 발생시켜, 공작물을 소정의 형상으로 가공하는 비접촉 공작기계로서, 손 연마 공정을 줄이기 위해 분말 혼입 방전가공기도 개발되어 사용되고 있다.

분말 혼입 방전가공기는 유가공액에 실리콘의 미분말을 혼입하여 방전 가공하는 것인데, 황삭, 중삭 가공에는 종래의 방전 가공을 행하고, 다듬질 가공에는 분말 혼입 가공 액에 의한 고속 경면 가공을 행한다.

② CNC 형조각 방전가공기

CNC 형조각 방전가공기는 그림 2.10과 같은 형상으로 형조각 방전 가공기를 CNC화한 공작기계 이다.

각축이 동시에 제어되며, 총형 적극에 의한 가공, 요동가공, 프로그램 위치 결정 가공, 3차원 가공 등 여러가지 가공법으로 적용범위를 넓힐 수 있다.

CNC 형조각 방전가공기의 실용화되어 있는 기능을 정리하면 다음과 같다.

- 가공조건 자동설정 기능 : 최적 전극 재료와 최적 가공 조건 등을 기록하여 두고, 가공시에 작업자가 호출하여 사용할 수 있다.
- 전극의 요동 기구 : 종래의 Z축 이송과 더불어 X, Y양 축을 CNC 제어함에 따라 공구전극과 공작물에 요동운동을 줄 수 있다.
- 전극의 자동 교환장치 : CNC 지령에 따라 전극을 자동으로 교환하여 복잡한 형상의 가공도 단순현상 전극으로 분할하여 가공할 수 있다.
- 전극 소모량 보정 기능 : 전극의 소모량을 자동으로 계측하여 새롭게 설정하여 소모의 허용량을 넘어서면 전극을 자동으로 교환하는 기능이다. 전극 소모를 예측하여 프로그램을 작성할 필요가 없고, 전극을 유효하게 활용할 수 있다.

③ 와이어 방전가공기

와이어 방전가공기는 주로 황동 재질인 와이어(wire)를 전극으로 하여 방전을 통해 가공물의 윤곽 형상을 가공하며, 그림 2.11과 같은 형상을 가지고 있다.

와이어에는 지름 0.05, 0.1, 0.15, 0.2, 0.25, 0.3 mm 등 다양한 종류가 있다.

최근에는 가공정도의 향상으로 래핑이 불 필요한 면 표면거칠기를 얻을 수 있는 와이어 방전가공기가 출현되어 있다.

와이어 방전가공기는 플라스틱 금형, 소결 금형, 프레스 금형의 펀치, 다이 등 정밀 이형 가공부터 부품 가공까지의 다양한 가공에 적합하며, 고정도, 고강성 기계 구조로 안정된 고정도 가공이 가능하다. 가공 액으로 물을 사용하며, 이온교환 수지로 전도도를 일정하게 유지한다.

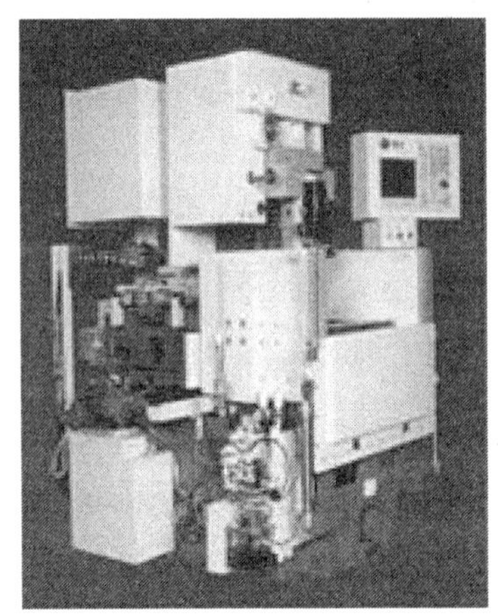

그림 2.11 CNC 와이어 방전가공기

(2) 초음파 가공기(ultrasonic machinine)

초음파 가공이란 입자가공의 일종으로서 초음파 진동을 기계적인 진동으로 공구에 가해지면 공구와 공작물 사이에 알런덤(alundum), 카아보런덤(carborundum) 또는 탄화붕소(炭化硼素)등이 눌러 붙어 공구의 충격에 의한 입자가 공작물에 충돌하여 깎아내는 가공 방법이다. 그림 2.12는 이와 같은 초음파 가공을 위한 장치이며, 그림 2.13은 초음파 가공기를 나타낸 것이다.

초음파 가공의 특징 및 용도는 다음과 같다.

공구는 주파수 16~30kHz, 상하 진동의 진폭은 10~60㎛의 초음파로 진동하며, 가공액 중의 입자는 이 진동을 받아 공작물에 가속 충돌한다.

공구 재료에는 황동과 연강이 많이 사용되고 있으며, 입자는 거친 가공에는 #240~320, 다듬질 가공에서 #400~#1000 정도의 입도를 사용한다.

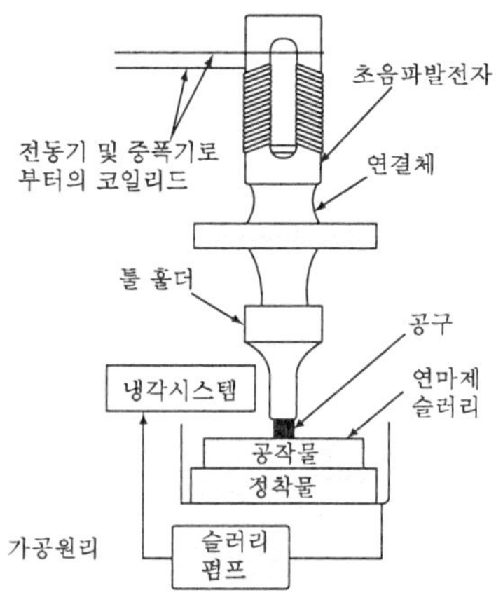

그림 2.12 초음파 가공장치

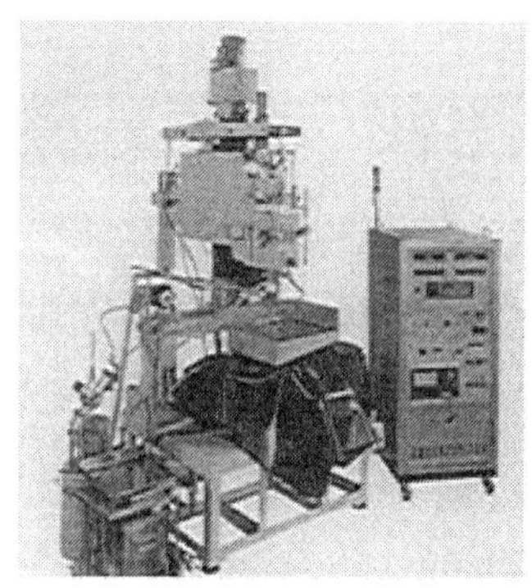
그림 2.13 초음파 가공기

가공정밀도는 표면 거칠기 2.5μ에서 특수 정밀가공의 경우 0.5μ 정도의 거울면과 같이 매끈하게 가공된다.

초음파 가공기를 이용한 가공은 공구의 형상에 따라 진행하므로 깊은 구멍 뚫기, 홈파기, 특수한 형상의 형 제작에 편리하고 정밀도를 높일 수 있으며, 초경질 합금이나 유리, 도기(陶器), 사파이어, 루비, 세라믹(ceramic)과 비금속 재료의 공작물도 가공할 수 있다.

각종 공작물 재료에 대한 초음파 가공조건을 표 2.3에 나타내었다.

표 2.3 각종 재료에 대한 초음파 가공조건

공작물		공구		관통시간	지립		사용 정압력
재료	두께mm	재료	지름mm	Min	종류	입도#	gr/㎟
유 리	3.0	연 강	3.0	1	카아버란덤	400	200
스케어타이트	3.0	연 강	3.0	3	카아버란덤	240	500
애 거 트	3.0	경 강	3.0	2	카아버란덤	320	60
루 우 비	0.5	피아노선	0.5	18sec	탄화붕소	600	1000
다이아몬드	1.0	피아노선	0.8	150	다이아몬드	320	20
게 르 마 늄	3.0	피아노선	3.0	2	탄화붕소	600	60
열처리 강(燒入鋼)	1.0	피아노선	0.8	3	탄화붕소	600	2000
텅스텐 카아바이트	1.5	피아노선	1.0	7	탄화붕소	600	1000

(3) 플라스마 가공기(plasma machine)

플라스마란 저압방전(低壓放電)의 양광주(陽光柱)와 같이 전리(電離)된 기체를 플라스마(plasma)라고 한다. 일반적으로 물질의 상태는 온도를 높이면 고체에서 액체, 기체로 변하고 더욱 온도를 높이면 기체는 전리되어 플라스마가 된다.

플라스마는 정전하(正電荷)와 부전하(負電荷)가 균형이 잡혀서 전기적으로는 중성이 되는데, 플라스마 가공 중, 플라스마 에칭(plasma etching), 플라스마 증착(plasma deposition) 등은 아크 방전에 비하여 압력, 전류밀도, 전리도(電離度), 기체온도 등이 낮은 글로우 방전(glow discharge) 플라스마를 사용한다.

플라스마 가공기는 플라스마 에너지를 이용한 것으로 1955년 알루미늄의 절단을 목적으로 개발된 공작기계로서, 미세한 구멍을 가진 금속제 노즐(nozzle)을 통하여 고온, 고유속의 열원(플라스마류)을 가공부위에 집중적으로 주어 가공한다.

플라스마 가공기는 그림 2.14와 같은 외관을 가지며, 주로 동판의 절단에 사용하지만, 출력의 증강과 제어 기술의 비약적인 향상 등에 의해, 지금까지 두꺼운 판의 절단에 사용되어 왔던 가스 절단의 대체 기계로 새로운 수요가 증가하고 있다. 이는 레이저 가공에 육박하는 고품질의 절단 면 정도를 얻을 수 있다는 것이 가스 절단과 현저하게 다르기 때문이다.

그림 2.14 플라스마 가공기

체크 포인트

1. 화학적 특수가공기
   ① 화학 절삭((chemical milling)
   ② 화학연마(chemlcal polishing)

2. 전기적 특수 가공기
   ① 전해가공기(electrochemical machining, ECM)
      - 전해 연삭기, 전해 버어 제거기, 전해 드릴링 머시인 등
   ② 방전가공기(electro discharge machining, EDM)
      - 형조각 방전가공기, CNC 형조각 방전가공기, 와이어 방전가공기 등
   ③ 초음파가공기(ultrasonic machinine)
   ④ 플라스마 가공기(plasma machine)

연습문제

1. 다음 중 전해 가공기의 종류가 아닌 것은?
   ① 전해 연삭기　　② 전해 밀링 머시인
   ③ 전해 버어 제거기　　④ 전해 드릴링 머시인

2. 다음 공작기계 가운데 주로 동판의 절단에 사용하였으나, 출력의 증강과 제어 기술의 향상 등으로 두꺼운 판의 절단도 가능하며 고품질의 절단면 정도를 얻을 수 있는 것은?
   ① 플라스마 가공기(plasma machine)
   ② 초음파 가공기(ultrasonic machinine)
   ③ 방전가공기(electro discharge machining)
   ④ 방전 절단기(electro discharge cutting machining)

정답 및 해설

1. 전해침식 작용을 이용한 가공법인 전해가공(전기화학가공, ECM) 공작기계를 전해가공기라 하며 전해 연삭기, 전해 버어 제거기, 전해 드릴링 머시인이 있다.

2. 저압방전의 양광주와 같이 전리된 기체를 플라스마(plasma)라고 하며, 플라스마 가공기는 플라스마 에너지를 이용한 것으로 최초에는 알루미늄의 절단을 목적으로 개발된 공작기계이다.
   미세한 구멍을 가진 금속제 노즐을 통하여 고온, 높은 유속의 플라스마 열원을 가공부위에 집중적으로 주어 가공하는 것으로 출력의 증강과 제어 기술의 향상 등으로, 가스 절단에 의존하였던 두꺼운 판의 절단도 가능하며 고품질의 절단면 정도를 얻을 수 있다.

Chapter 3 기타 특수가공 공작기계

학습 목표

1. 고속 가공기의 원리를 설명할 수 있다.
2. 레이저 발진 재료인 CO_2 레이저가 기계가공에 많이 사용되는 이유를 말할 수 있다.
3. 워트 제트 가공기의 가공원리를 설명할 수 있다.

1. 고속 가공기 (high-speed cutting machine)

학습 Point

- 고속 가공기의 특징 = 고능률가공 + 고품위가공
- 기계 가공의 분야에서 많이 사용 되는 레이저 발진 재료 = CO_2 레이저와 YAG
- 워트 제트 가공기 = 직경 0.1~0.5mm 정도의 노즐로부터 초고압수를 고속으로 분사, 공작물의 절단과 구멍 뚫기 등을 행하는 가공을 하는 공작기계

(1) 고속 가공 기술

1) 고속 가공

생산현장에서 납기단축을 대단히 중요한 문제로서, 이를 위해 많은 방법이 시도되어져 그로 인한 효과가 가시화 되고 있는데 그 중 하나가 하드웨어와 소프트웨어 가공 기술의 결합체인 고속가공이라 할 수 있다. 최근 국내외 제조업체들의 동향을 보면 서서히 고속가공기술을 인식하고 도입하여 제품의 개발부터 납기까지의 주기를 줄이고자 하는 업체들이 늘고 있다.

이와 같이 고속가공이란 소재 제거율(MRR: Material Removal Rate)을 크게 향상시킴으로써 생산비용 및 생산시간을 단축시키는 가공기술을 말하며 고속 연삭과 고속 절삭이 있으나 여기서는 고속 절삭에 대하여 주로 알아보도록 하자.

용어해설 고속 연삭(high-speed grinding)이란?

보통의 연삭숫돌 주속도는 최고 1,800m/min 정도지만 이것을 2~3배 높여 연삭 하는 것이 고속 절삭이다.
연삭 속도(연삭숫돌 주속도)의 상승에 의해, 입자 1개 당의 절삭깊이를 일정하게 유지하면서 숫돌의 절삭 깊이량과 공작물 속도를 증가시킬 수 있으므로 연삭 능률의 향상을 얻을 수 있는 동시에 연삭 저항의 저하와 표면거칠기의 향상을기대할 수 있다.
최근에는 고강도의 연삭 숫돌과 고속에도 견딜 수 있는 연삭기의 개발에 의해, 특히 수배의 속도에서 연삭하는 것이 가능하여 초고속 연삭이라고도 불리우고 있다.

2) 고속 가공의 세가지 발전 경향

현재까지 추구된 고속가공은 세가지 방향으로 나뉘어진다.

첫째, 티타늄합금과 같은 고경도 난삭재 가공으로 심각한 공구마멸이 발생되는 문제점이 있으며, 초기에 추구된 것으로 둘째, 소재 제거율을 크게 하여 생산성을 향상시키는 것과 셋째로는 정삭 가공에 고속 가공을 적용하여 가공 표면 품질과 가공 정도의 개선을 추구함으로써, 생산성 향상과 가공 품질 개선 동시 추구하는 것이 그것이다.

(2) 고속 가공의 장 · 단점

고속가공의 장 · 단점은 다음과 같다.

▸ 장점

① 절삭능률이 증가하고, 가공 시간이 단축된다.

② 가공 변질층의 두께가 얇아지게 되어 표면 품질이 향상된다.

③ 고속가공에서는 절삭동력의 감소로 공구의 휨이 작아져 정밀가공이 가능하게 되어 얇은 부품의 가공이 가능하게 된다.

④ 절삭저항의 감소로 인한 전단각의 증가로 칩의 배출속도가 절삭속도보다 크게 되어 칩의 배출이 원활하게 되고 버어(burr)의 발생이 억제된다.

▸ 단점

① 절삭온도가 높기 때문에 내열성이 좋은 공구를 필요로 한다.

② 공작기계가 고속회전에 있어서 진동을 일으키지 않게 하기 위해서는 공작기계의 정밀도가 높아야 하므로 가격이 비싸다.

(3) 고속 가공의 원리 및 특징

1) 고속가공의 원리

고속가공의 원리는 다음과 같다. 즉, 절삭속도를 크게 하면 절삭온도는 상승하지만, 어떤 한계를 넘으면 칩이 갖는 열량이 많아지고, 온도 상승은 적어지며 절삭속도를 더욱 빠르게 하면 반대로 온도가 내려간다. 또, 절삭온도가 어떤 값 사이에서는 절삭이 불가능하지만 다시 크게 하면 절삭이 가능하게 되는 원리를 이용한 것이다. 따라서 고속가공에 필요한 기능은 그림 3.2에 나타낸 바와 같이 고속 이송 제어 기능과 고속 주축 회전 기능, 고속 이송 기능이 필요하다.

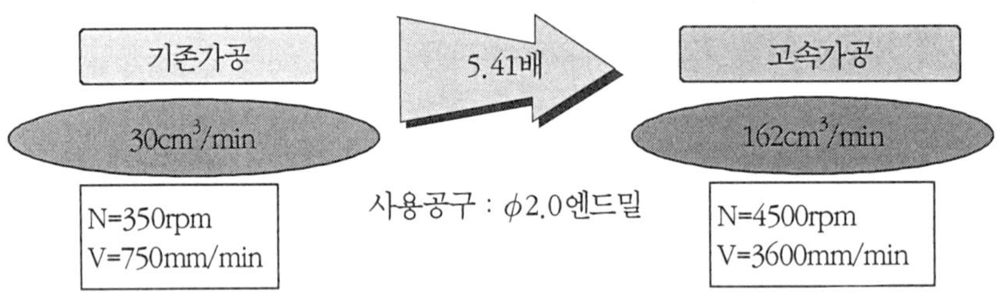

그림 3.1 기존가공과 고속가공의 가공능률 비교

2) 고속가공의 특징

고속가공은 기존가공과 비교하여 고능률 가공과 고품위 가공의 실현이 가능한 특징을 가지고 있다.

고능률가공은 가공속도와 함께 이송을 증가시킴으로써 재료 제거율을 극대화 시켜 가공시간을 단축시켜 가공의 효율성을 추구하는 방법으로 그림 3.1과 같이 기존 가공의 5.4배 이상 단축시킬 수 있다.

고품위가공은 고속가공과 함께 공구경로의 간격을 감소시킴으로써 가공표면의 정밀성을 추구하는 가공 방법이다.

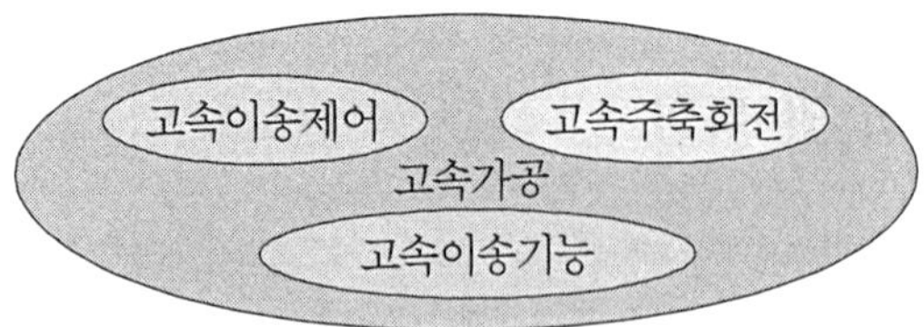

그림 3.2 고속가공에 필요한 기능

(4) 고속가공기와 가공 방법

1) 고속 가공기

현재 여러 가지 형식의 고속 가공기가 개발되어 사용되고 있으며 대표적인 고속 가공기의 외관는 그림 3.3과 같으며 일반적으로 0.001mm도 지령 가능하고, 임의각도의 분할지령이 가능하며, 연속 분할기능도 가능하다는 특징을 가지고 있다.

그림 3.3 고속 가공기

2) 칩절삭유 청소 공구

고속 가공기에서는 초정밀, 고능률적인 여러 가지 기능이 있으나 그 가운데 하나로서 칩과 절삭유의 청소용 공구를 사용함으로써 칩과 절삭유의 배출을 용이하게 하고 있다.

그림 3.4는 날개(wing)의 풍압으로, 공작물작업테이블 크램프 장치의 칩 및 절삭유를 제거하는 장치이다.

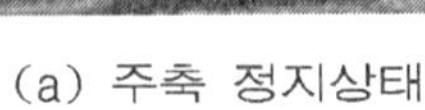

(a) 주축 정지상태 (b) 주축 회전 상태(6,000rpm)

그림 3.4 고속 가공기의 칩, 절삭유 청소 공구

3) 고속 가공기의 절삭 공구

고속 가공의 절삭공구로는 주로 세라믹스, 서어멧, CBN 및 다이아몬드가 사용되고, 고속 주축의 진동 대책으로서 그림 3.5에 나타낸 바와 같이 열 박음 공구를 사용하고 있다.

공구의 선정 기준은 다음과 같다. 즉, 고강성이어야 하는데, 이를 위해서 공구의 길이는 가능한 짧게 하여야 한다. 또한, 진동의 바란스가 좋아야 하며, 고정도이어야 한다.

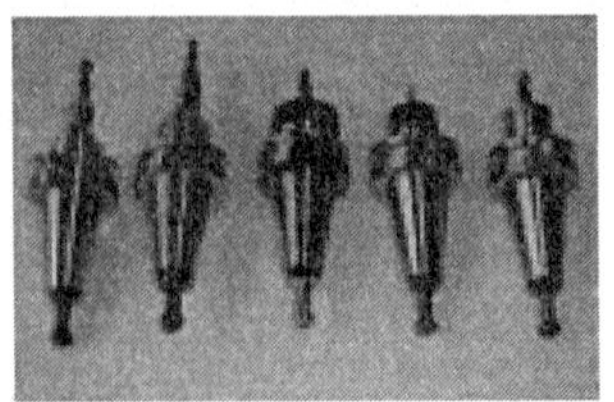

그림 3.5 고속 가공기의 공구

4) 고속가공법

고속 가공에서는 트로코이드(trochoid) 가공법을 채용하고 있으며, 그림 3.6은 이와 같은 가공 방법에 의한 고속 가공의 실제 가공 모습과 가공된 제품의 예를 나타낸 것이다.

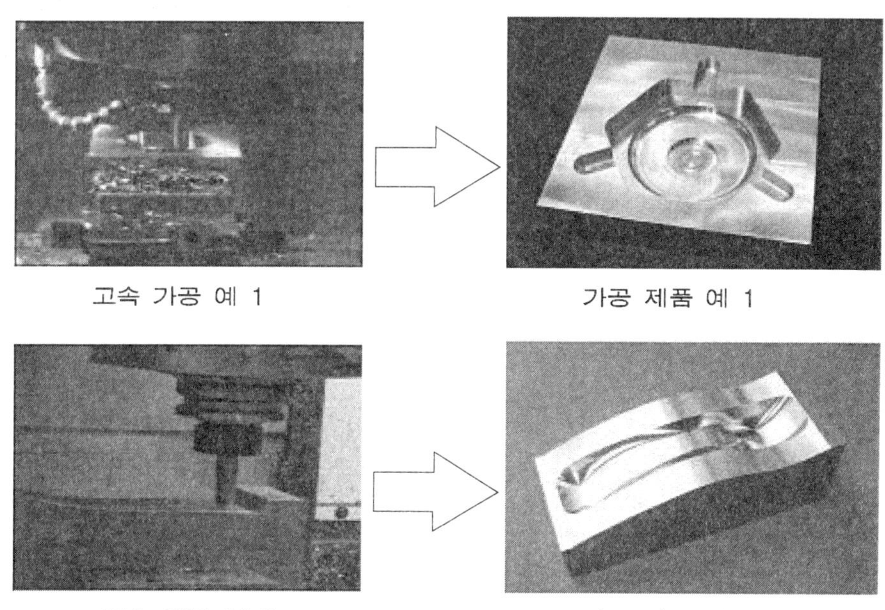

그림 3.6 고속가공 제품 예

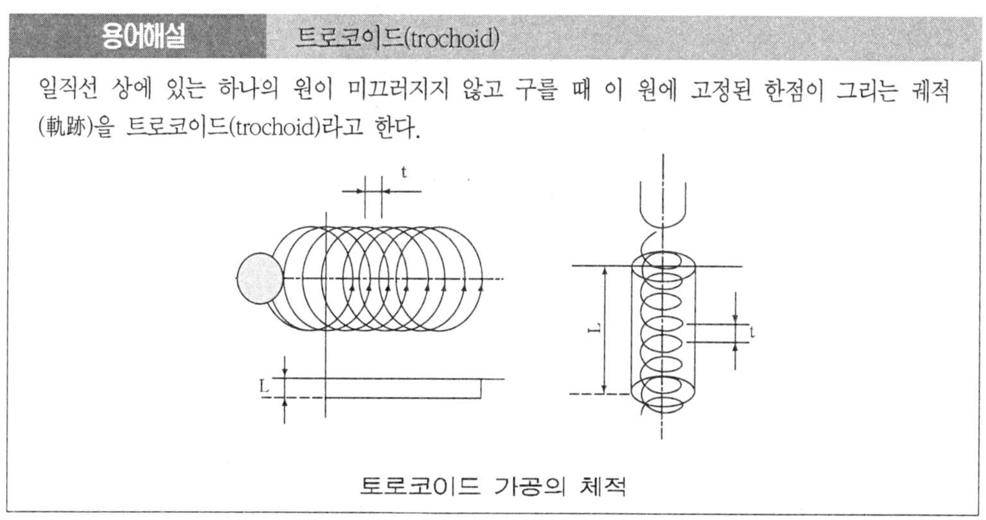

용어해설 트로코이드(trochoid)

일직선 상에 있는 하나의 원이 미끄러지지 않고 구를 때 이 원에 고정된 한점이 그리는 궤적(軌跡)을 트로코이드(trochoid)라고 한다.

토로코이드 가공의 체적

2. 레이저 가공기(laser process machine)

(1) 레이저 가공의 원리

레이저 가공은 레이저(laser: light amplification by stimulated emission of radiation = 유도 방사에 의한 빛의 증폭)이라고 불리는 특수한 빛의 에너지를 열에너지로 변환하여 공작물을 집중적으로 가열하여, 용융, 증발시키는 특수기계 가공의 하나이다.

레이저 가공은 고밀도 열원을 이용하면서 가공 변형과 뒤틀림 등 열변형을 최소한으로 억제 시키며, 극히 고밀도에서 지향성이 높다는 특성 때문에 이용되고 있는 산업분야가 넓다.

(2) 레이저 가공기

그림 3.7은 레이저 가공기의 외관을 나타낸 것으로 용도에 따라 여러 가지 형식이 있으며, 한층 더 진보 된 자동화, 성력화에 힘입어, 레이저 가공기의 수요는 점점 증가하고 있다.

그림 3.7 레이저 가공기

(3) 레이저의 발진(發振) 재료

레이저의 발진 재료로서는 고체, 액체, 기체 등이 있으며, 각각 특징을 가지고 있다. 고체레이저의 경우를 예로써 레이저 가공의 원리를 알아보자.

1) 고체레이저

고체레이저의 가공권리는, 방전관에서 방출되는 빛이 레이저 발진 재료에 모여, 이 재료에서 증폭된 레이저가 되고 증폭된 레이저를 집광 렌즈에서 한 점으로 모아 넣어 공작물에 닿게 하여 가공하는 것이다. 고체 레이저의 일종인 루비 레이저는 1주울(joule) 정도의 출력을 가지는데 이것을 렌즈에 모으면 이10^6~10^9W/cm^{2}라는, 태양광선의 수 백만 배에 달하는 강력한 광선이 되는 것이다.

루비와 YAG 등을 발진 재료로 하는 고체 레이저는 비교적 큰 결정을 만드는 것이 가능하므로 다른 방식에 비해 큰 출력을 얻기 쉽고, YAG 레이저는 반복 속도가 신속하므로 미세 구멍 가공과 전자 부품 등의 마이크로 용접 등에 널리 활용된다.

2) CO_2 레이저

CO_2 레이저는 연속적으로 고출력을 얻을 수 있는 기체 레이저의 대표격으로 10.6 μm의 발진 파장을 가진다.

파장의 특성으로 인해 애초에는 금속가공에 부적합 하였으나 펄스화할 수 있음으로 인해 큰 출력을 얻는 것을 알 수 있었으므로 오늘날에는 금속가공에 보통으로 사용되고 있다.

이와 같은 CO_2레이저는 펄스의 반복이 신속하고, 지향성이 극도로 좋은 특징을 가지고 있으므로 기계 가공의 분야에서는 CO_2(탄산가스) 레이저와 YAG(yttrium aluminium garnet)가 많이 사용되고 있다.

(4) 레이저 가공의 응용

레이저 가공은 고출력을 이용하여 두꺼운 판재류 (板材類)의 절단, 절삭, 용접 등과 난삭재(難削材)의 미세 구멍 뚫기, 난삭재의 미세 용접 등 정밀가공, 재료의 형상을 보정하기 위해 미세 부분을 제거하는 트리밍(trimming) 가공과 바란싱 (balancing) 가공에 주로 사용된다.

그림 3.8은 레이저 가공 제품 예로서 반도체금형을 나타낸 것이다.

그림 3.8 레이저 가공 제품 예

이러한 레이저 가공의 장단점은 다음과 같다.

▹ 장점

① 파워 밀도를 10^7/cm^2 이상으로 매우 크게 할 수 있어서 종래의 가공법으로는 곤란한 재료도 가공할 수 있는데 파워가 날카롭게 집중하기 때문에 인근의 재료에 영향을 주지 않으며 이것은 마이크로 용접 등에서 중요하다.

② 공구에 해당되는 레이저 빔과 공작물 사이에 물리적인 접촉이 없기 때문에 공구의 접촉에 의한 비뚤어짐이 없다. 또 비접촉 가공이므로 공작물에 가해지는 힘이 작으므로 박막을 가공하는 경우, 박막을 손상시키는 일이 적다.

③ 진공 또는 특수한 분위기를 필요로 하지 않으므로 장치가 간단하고 취급이 쉬우며, 작업성이 향상된다.

④ 종래의 가공법으로는 하기 어려운 복잡한 형상의 가공도 가능하다.

⑤ 가공 중 굉음, 진동 등이 거의 없다.

▹ 단점

① 에너지 효율(레이저 헤드에서 입력에너지에 대한 레이저 출력의 비)이 낮으므로 입력의 대부분은 열로서 상실된다. CO_2레이저에서는 10% 정도까지 상승하지만 다른 레이저에서는 1~2% 정도이다.

② 보통의 가공에서는 최소 스폿 지름이 10mm 정도로 짧다. ⇒ 레이저광의 스폿 지름은 빔의 개각과 렌즈의 초점 거리에 의해서 결정되고, 렌즈의 초점 거리를 짧게 하는 데는 한계가 있다.

③ 초점거리가 짧은 렌즈를 사용하는 경우에는 렌즈 자체가 레이저 광이나 제거물의 비산으로 손상을 받을 위험성이 있다.

이상과 같은 장단점을 감안하여 공정 전체의 시간 단축과 생산성 향상을 목적으로 한 공작물 반송장치의 제안도 활발하다.

3. 전자 빔 가공기(electron beam machine)

(1) 전자 빔 가공의 원리 및 용도

전자 빔 가공은 진공 중의 고속 가속에 의해 대단히 높은 에너지가 얻어지므로 합금강과 난삭재, 비금속의 미세 구멍 가공에 적합하다.

전자빔 가공기란 전자가 가진 운동 에너지가 열에너지로 변환, 가열될 무렵의 고열을 이용하여, 용융, 증발 작용 공작면을 국부적으로 가열하여 제거하는 공작기계로서 외관은 그림 3.9와 같다.

그림 3.5 전자 빔 가공기

1) 전자 빔 가공기의 용도

전자 빔 가공기는 빔 지름을 1μm 정도로 극히 미세하게 할 수 있으므로 여러 가지 미세 가공 분야에 사용된다. 즉, 미세부의 용접에 사용되는데, 전자 빔을 용접 열원으로 하여 종래의 방법으로 용접하기 어려운 재료 및 형상을 용접을 하는 것으로 이종 재료, 활성 재료, 다층 용접 등이 있다.

또한 내화 비금속 재료의 구멍 뚫기, 고속 미세 구멍 뚫기, 깊은 구멍 뚫기 등 구멍뚫기에 사용되고, 표면 열처리 분야 및 금속이나 세라믹스 재료의 표면에 미소한 홈을 절삭하고, 조각과 유사한 가공 절단을 할 수 있는 미세절삭에도 사용되고 있다.

2) 전자 빔 가공기의 구성 및 특징

빔 지름을 1μm 정도로 극히 미세하게 할 수 있으므로 여러 가지 미세 가공 분야에 사용된되는 전자 빔 가공기는 전원, 전자총, 빔 제어 장치, 가공실, 진공 펌프 등으로 이루어져 있으며, 전자 빔의 에너지는 공기에 접촉하면 감소 하므로 가공실을 진공으로 유지할 필요가 있다.

전자 빔 가공의 장·단점은 다음과 같다.

▹ 장점

① 용접의 경우, 폭이 좁고 깊은 용입이 얻어 진다.

② 빔 제어의 자유도가 높다.

③ 진공 가공이므로 산화의 영향을 받지 않는다.

▹ 단점

① 레이저 가공에 비해 대용량의 전원이 필요하다.

② 공작물의 크기에 제약을 받는다.

4. 워트 제트 가공기(water-jet machine)

(1) 워트 제트 가공기의 원리 및 특징

그림 3.10과 같은 모양의 워트제트 가공기는 직경 0.1~0.5mm 정도의 노즐로부터 초고압수를 고속으로 분사하여, 공작물의 절단과 구멍 뚫기 등을 행하는 가공을 하는 공작기계로서 미국의 NASA(미항공우주국)와 보잉사에 의해 개발된 특수가공기의 일종이다.

여기서, 물의 분사에서는 가공 능력의 한계가 있으므로 분류(噴流) 중에 주철 그릿(grit), 규사, 가닛(garnet) 입자 등을 혼입하여, 금속과 세라믹스 등 단단한 재료의 가공 능률을 높이는 방법인 어브레이시브 제트법(abrasive jet method)을 워터 제트 가공기는 NC 제어에 의해 복잡한 형상의 공작물도 정밀한 절단이 가능한 특징이 있으며 워트 제트 가공기를 사용함으로써 얻을 수 있는 장점은 다음과 같다.

① 가공시의 열이 발생하지 않으므로 열 영향을 받는 재료와 인화의 염려가 있는 공작물도 가공할 수 있다.

② 공작물의 단면에는 압력이 거의 가해지지 않으므로 변형하기 쉬운 재질도 가공할 수 있다.

③ 절삭 분진이나 굉음 등이 발생하지 않으므로 작업환경을 해치지 않는다.

④ 분류의 직경이 작으므로 필요한 동력도 적다.

⑤ 단위 면적 당 가공에너지가 현저하게 크다

⑥ 물을 사용하므로 유지비가 싸다.

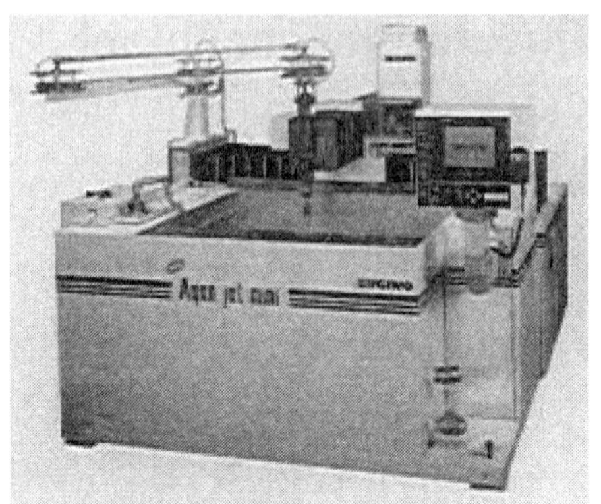

그림 3.10 워트 제트 가공기

체크 포인트

1. 고속 가공기(high-speed cutting machine)
   절삭속도를 크게 하면 절삭온도는 상승하지만, 어떤 한계를 넘으면 칩이 갖는 열량이 많아지고, 온도 상승은 적어지며 절삭속도를 더욱 빠르게 하면 반대로 온도가 내려가는 원리를 이용하여 기존의 가공에 비해 5배 이상의 절삭속도로 가공하여 고능률, 초정밀 가공을 실현할 수 있는 공작기계.
2. 레이저 가공기(laser process machine)
   레이저(laser: light amplification by stimulated emission of radiation= 유도 방사에 의한 빛의 증폭)이라고 불리는 특수한 빛의 에너지를 열에너지로 변환하여 공작물을 집중적으로 가열하여, 용융, 증발시키는 공작기계.
3. 워트 제트 가공기(water-jet machine)
   직경 0.1~0.5mm 정도의 노즐로부터 초고압수를 고속으로 분사하여, 공작물의 절단과 구멍 뚫기 등을 행하는 가공을 하는 공작기계.

연습문제

1. 다음은 고속가공에 대해 설명한 것입니다. 틀린 것은?
   ① 가공속도와 함께 이송을 증가시킴으로써 재료 제거율을 극대화 시켜 가공시간을 단축한다.
   ② 절삭온도가 어떤 값 사이에서는 절삭이 불가능하지만 다시 크게하면 절삭이 가능하게 된다.
   ③ 특수한 빛의 에너지를 열에너지로 변환하여 공작물을 집중적으로 가열하여, 용융, 증발시킨다.
   ④ 절삭에서 절삭온도는 절삭 속도에 비례하여 올라가지만 절삭속도를 어느 점 이상으로 빠르게 하면 반대로 절삭온도가 내려간다.

2. 다음 중 레이저 가공의 주된 용도가 아닌 것은 무엇인가?
   ① 두꺼운 판재류 (板材類)의 절단, 절삭, 용접
   ② 난삭재(難削材)의 미세 구멍 뚫기
   ③ 트리밍(trimming)과 바란싱(balancing) 가공
   ④ 표면처리

정답 및 해설

1. 고속 가공(high-speed cutting)은 절삭속도를 크게 하면 절삭온도는 상승하지만, 어떤 한계를 넘으면 칩이 갖는 열량이 많아지고 온도 상승은 적어지며, 절삭속도를 더욱 빠르게 하면 반대로 온도가 내려가는 원리를 이용하여 기존의 가공에 비해 5배 이상의 절삭속도로 가공하여 고능률, 초정밀 가공을 실현할 수 있는 원리를 이용한 가공 방법이다.
   고속 가공은 가공속도와 함께 이송을 증가시킴으로써 재료 제거율을 극대화 시켜 가공시간을 단축하는 고능률 가공과 공구경로 의 간격을 감소시킴으로써 가공표면의 정밀성을 추구하는 고정밀 가공의 효과를 동시에 가진다.

2. 레이저 가공의 주된 용도는 다음과 같다.
   - ▹ 고출력을 이용하여 두꺼운 판재류 (板材類)의 절단, 절삭, 용접 등
   - ▹ 난삭재(難削材)의 미세 구멍 뚫기
   - ▹ 난삭재의 미세 용접 등 정밀가공
   - ▹ 재료의 형상을 보정하기 위해 미세 부분을 제거하는 트리밍(trimming) 가공과 바란싱 (balancing) 가공

찾아 보기

| ㄷ |

| ㄹ |

| ㅁ |

| ㅇ |

| ㅈ |

| ㅊ |

| ㅋ |

| ㅌ |

| 저자 |

허 성 중

-오사카대학(大阪大學, 일본) 대학원 기계시스템공학전공 공학박사
-기술사/기술지도사
-현재 두원공과대학 교수

공작기계와 절삭이론

2009년 4월 10일 인쇄
2009년 4월 20일 발행

저 자 / 허성중
발행인 / 민선옥
발행처 / 대영사

주 소 / 경기도 파주시 광인사길 115
등 록 / 제2021-000099호
전 화 / 031-942-8091
F A X / 031-942-9213
E-mail / daeyoungsa_21@naver.com

정가 25,000 원

ISBN 978-89-7163-312-0 93560
